"博学而笃志，切问而近思。"

（《论语》）

博晓古今，可立一家之说；
学贯中西，或成经国之才。

作者简介

石长顺，华中科技大学广播电视与新媒体研究院院长、教授、博士生导师，兼任教育部新闻学学科教学指导委员会委员，中国广播电视学研究委员会副会长、中国新闻教育史学会副会长兼秘书长，第二届全国“百优”广播电视理论工作者。

在长达20余年的广播电视创作与高等教育工作中，致力于电视理论与实务的教学、研究，发表相关学术论文80余万字。先后出版专著《电视传播学》、《公共电视》、《电视栏目解析》、《荧屏思索录》、《电视专题与专栏》、《电视新闻报道学》、《电视文本解读》、《电视编辑原理》等。

近年来主持和完成国家社科基金项目及省、部级重点社科课题多项。两项教改课题获省人民政府一等奖。两部专著分别获全国和省级一等奖。《现代电视传媒的文化转换》等7篇论文分别获中国高校影视学会、中国广播电视协会、湖北新闻工作者协会、湖北广播电视学会一等奖，论文《手机电视：新收视时代媒介格局的重构》获湖北省第六届社会科学优秀成果二等奖。

复旦博学

当代广播电视教程·新世纪版

（修订版）

电视专题与专栏

——当代电视实务教程

石长顺 著

復旦大學出版社

内容提要

本书在十一五国家级规划教材《当代电视实务教程》的基础上修订而成，重点探讨电视专题与专栏的实务操作，以适应高校广播电视新闻学专业课程——电视专题与专栏——教学之需。与老版相比，新版体例清晰明确，以电视专题和专栏为主题，进行了全面的分析阐述。

《电视专题与专栏——当代电视实务教程》共分三大部分：

第一部分为基本理论部分，包括第一章和第二章，对电视专题及电视专栏的界定、演变扼要阐述，重点是从策划的高度系统介绍了电视栏目的设置与创新。

第三章至第六章，构成了本书的第二部分——电视专题的创作。四大类电视专题片——叙述型、纪实型、政论型、调查型——在这一部分得到了详尽的描述。

第三部分为电视栏目创作部分，第七章至第十章分别围绕新闻型、社教型、娱乐型、谈话型四种主要电视栏目形态，全面分析了其历史、类型、创作、策略等重要命题。第十一章则从宏观层面给出了电视栏目如何通过整合形成竞争力的原则和策略。

本书体例完备，内容丰富，案例精彩，实用性很强。另外本书还将配备教学课件和相关材料，欢迎使用本教材作为课程用书的教师索取。

修订版序

石长顺

刚刚过去的2008年，是中国电视事业创建50周年华诞。50年来，我国电视经历了从黑白到彩电、从模拟到数字、从传统媒体到视听新媒体的转变，取得了长足的发展，已成为名副其实的中国“第一传媒”。

到2008年年底，我国共有广播电视台2 530座，电视机的社会拥有量达到4亿台，有线电视用户达1.46亿户，均居世界首位，堪称“世界电视大国”。广播电视的迅速发展，极大地推动与催生了广播电视高等教育。

从1959年北京广播学院成立开始，标志着我国广播电视高等专业教育的确立。到90年代初，我国广播电视本科教育院校还只有5个，可是到了2000年年底，我国提供广播电视本科教育的院校就达到31个，十年间新增广播电视教育点26个，是前40年发展的5倍。到了2005年，仅仅5年时间，广播电视新闻学专业教学点就陡增115个，达到了146个。也就是说，新世纪之初的5年时间里，广播电视专业教育点年均增加23个。

广播电视专业教育的快速发展，带来了对广播电视专业教材的迫切需求。正是在这样的背景下，复旦大学出版社于2004年组织了部分“活跃在广播电视教学、研究领域的一流学者”，共同参与编撰了一套“当代广播电视教程·新世纪版”丛书。我有幸受邀主编《当代电视实务教程》(2005年3月出版)一书。该书“对传统的电视采、写、编、评分开编撰的体例进行了根本的改革，将电视节目的采、写、编、评横向打通”，成为一大特色。《当代电视实务教程》出版后，不仅受到高校的欢迎，同时也受到业界的青睐，“一册在手，采写编评全有”。因此，从出版首发后的三年时间里，就印刷了三次，即是明证。但与此同时，也有高校教师反映，希望该教材修订时更贴近广播电视专业主干课“电视专题与专栏”教学的需要。

恰逢此时，《当代电视实务教程》获准列入教育部“普通高等教育‘十一五’国家级规划教材”，根据要求，需作进一步的修订、编写工作。鉴于以上原因，从2008年7月开始用一年的时间，对《当代电视实务教程》从编写体例、结构内容、教材案例等进行了较大的修改，特别是充实了“电视专题”的内容，使之完全符合广播电视新闻学专业《电视专题与专栏》课程教学的需要，故而，书名也由此相应改为《电视专

题与专栏——当代电视实务教程》。

教材第一章至第二章为基本理论，对电视专题与专栏从理论上进行界定、分类、并简要阐述了电视专题与专栏的发展历程，特别是从策划的角度，对电视栏目的设置与创新，进行了较为系统的探讨，让学生通过学习，初步掌握电视栏目设置、创新改版的技巧与方法。

第三章至第六章为电视专题创作部分。按照创作内容和风格的不同，将电视专题分为叙述型、纪实型、政论型与调查型电视专题。

叙述型电视专题有新闻性、社教性和抒情性专题三类，本章从叙述者、叙述视角、叙事结构方面探讨了电视专题如何叙事。尤其是通过大量优秀专题片的写作过程、写作特性和写作风格的分析，加重叙述型专题这一基础节目形态的研究。

纪实型电视专题侧重于电视纪录片的创作模式与摄制技巧的探讨，按照通行的格里尔逊式、真实电影式和访问式等模式编写，从总体上概括了中外电视纪录片创作的基本风格。在此基础上，对纪录片的选题、拍摄、结构等一般创作技巧进行了深入探讨，有助于初学者尽快进入纪录片创作角色。

政论型电视专题一直是理论界颇受争议与批评的一种节目形态，但每每在社会上引起轰动效应的电视作品恰是这类政论片，因此，作为专业教育，这是不可回避的一个话题。本文从论证性、思辨性和评述性三个方面论述了电视政论型专题的创作特征，并注重运用经典案例透析政论片的选题、写作等方法。

第六章调查型电视专题基本上保持了原书的内容体系，只是根据最新发展作了一些微调修改。

第七章至第十章为电视栏目创作部分。其中第七章至第九章是对原教材《当代电视实务教程》第十章的扩展，将新闻型、社教型、娱乐型电视栏目独立成章。修改后的内容更为充实、更贴近创作实际，并反映了当代电视栏目创作的最新趋向，如对民生新闻栏目创作的个性化追求、公共型与对象型社教栏目创作的分析、电视娱乐节目的消费语境与文化批评理性思考等，使本教材既具实践性，又具有一定的理论深度。

谈话型电视栏目创作一章，基本上保持了原著体系与风格，但补充了“电视谈话节目的拓展空间”内容，使其结构更为完整，并体现出一定的前瞻性。

第十一章为电视栏目的编排。如果说前面几章的内容只是独立的单体节(栏)目分析，那么，这一章则要从整体上考虑电视栏目的编排效应，因为“编排也是生产力”。同时，考虑到当代媒体的竞争已由电视栏目竞争发展到电视频道的竞争，因此，如何从频道建设与运营角度来考虑电视栏目的编排策略，则符合当代世界电视潮流趋向。

《电视专题与专栏——当代电视实务教程》就要付印出版了，希望读者提出宝贵意见。

目录

第一章　电视节目创作导论

2008年5月12日14时28分，在中国四川省汶川县发生了里氏8.0级强烈地震，这是新中国成立以来破坏性最强、波及范围最广的一次地震。这场毁坏性的灾害震撼了世界，也考验着中国媒体的应急报道能力。

在这场危机报道中，中国电视媒体反应迅速，及时发布了权威信息，充分发挥了电视第一传媒的“第一影响力”在组织动员和舆论引导方面的巨大作用。

在这场重大突发事件传播中，中央电视台24小时不间断地“现场直播”，全面真实地报道了最近的现场、最近的感动，中国媒介以前所未有的公开透明的报道让世界瞩目，并赢得了积极的评价。

如果说，这次抗震救灾的电视新闻刷新了中国传媒重大事件的报道模式，那么，电视专题节目也在这场灾难报道中发挥了不可替代性的作用。从5月12日至6月12日，中央电视台在汶川大地震报道中，除首播2 678条电视新闻外，还制作播出了219个电视专题、《焦点访谈》21集、特别专题节目《震撼》6集。同时，在《新闻联播》栏目中推出《抗震救灾、众志成城》和《抗震救灾英雄谱》专题报道，讴歌救灾过程中涌现出来的英雄人物和感人事迹。那么，到底什么是电视专题？什么是电视栏目？电视新闻、电视专题、电视栏目的联系与区别是什么？

第一节　电视专题节目的界定

电视专题与电视新闻、电视文艺节目一起构成了我国电视三大节目支柱。为规范电视节目的分类与界定，从1990年、1992年开始分别由全国电视学研究委员会和中央电视台研究室组织专家，对“电视新闻节目”和“电视专题节目”进行了分类界定。

关于电视新闻的分类界定，一共组织了4次专题研讨会：第一次于1990年7月25日至8月1日在山西太原举行；第二次于1991年3月16日至17日在北京举

行;第三次于1991年12月26日在中央电视台研究室举行;第四次于1992年2月15日在河北涿州召开研讨会。每次研讨会都对分类条目修改稿进行了认真的讨论,最后形成了72个电视新闻条目及其界定。通过定义,对电视新闻条目的源流、演变、现状和发展趋势都作了较为准确的阐述,电视新闻的分类界定对指导新闻实践及各类新闻节目评估具有较强的现实意义。

此后,中央电视台研究室又组织专家对"电视专题节目分类界定"进行了三次大讨论:1992年11月21日至24日在北京密云举行首次研讨会;1993年4月8日至12日,在浙江舟山举行第二次研讨会;1993年11月17日至21日在湖北宜昌举行第三次研讨会。先后历经一年多的研讨,最后形成了《中国电视专题节目界定分类条目》。它的理论意义在于对纷繁复杂的电视形态进行了简约化的归纳和整理,并对其所具有的内涵与范围进行了概念表述。在实践上,"界定"对电视专题创作也提供了有益的指导作用。

关于电视专题,"界定分类条目"作了如下阐释:

电视专题节目是指主题相对统一的电视节目,它与综合节目相对应,是电视节目中的一种主要类别。广义的电视专题节目概念包含电视栏目(详见第二章"分类")。

由于专题节目在内容上能对某一主题作较全面、详尽、深入的反映,在形式上可以集中电视各种表现手法、技法之大成,因而它被认为是具有电视特色、较能发挥电视优势的节目。正因为专题节目的不断发展,显示了电视的独立品格,有力地证明了电视是一个既有新闻报道性和社会教育性又有艺术性的现代化大众传播媒介,因此,专题节目在电视节目中越来越被人们关注。

电视专题节目,就其题材来说,可以包括政治、经济、文化、教育、科技、卫生保健、艺术赏析、体育运动等社会生活的各个方面。作为一种教育的重要补充手段,它担负着社会教养和公共教育的任务,有着鲜明的针对性、灵活性、实用性和服务性,在我国的精神文明和物质文明建设中起着重要作用。在有些国家,电视专题节目还被称作"公共教育节目"、"社会教养节目"或"公共服务节目"。

然而,电视专题节目的功能性质,从整体上说又是多方面兼容的,它同时具备着提供信息、普及知识、愉悦观众、服务社会的功能。可以说是"信息窗、知识库、百花园、服务台"①。

电视专题与电视新闻既有联系,又有区别。二者的共性是都具有新闻性,但相比较而言,电视专题在时效性上没有电视消息(新闻)那样强烈,前者更注重时宜

① 杨伟光:《中国电视专题节目界定》,东方出版社1996年版,第5页。

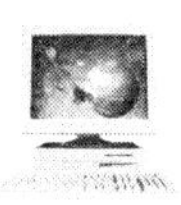

性，而后者则强调时新性，要求报道新近或正在发生、发现的新闻事实。二者的区别在于，电视新闻以迅速、及时、简要、客观地报道新闻事实为特点，而电视专题则要求对新闻事实进行详尽而有深度的报道。如6集系列电视专题《震撼——汶川大地震纪实》，不仅直接取材于"抗震救灾"的新闻报道素材，而且注重题材的挖掘与提炼，并酌情引入有关背景资料，就事实进行分析、解释。该专题节目从《灾难突降》到《挺进孤城》、《生死竞速》、《托起希望》、《生命礼赞》和《大爱无疆》，以每集40分钟左右的篇幅描绘了地震发生后全国人民支援灾区的真实、感人的故事，内容丰富、材料充实、主题深刻，能引起观众的思考并产生共鸣。

在西方国家，电视专题往往被认为是有分量的重点新闻，是大型的新闻特别节目。美国哥伦比亚广播公司(CBS)记者希利曾说，"每个电视记者都希望能有机会从事新闻专题报道工作"，"只有专题报道才能充分发挥电视记者的全部创造力"①。

20世纪70—80年代，由于电视专题节目经常通过固定的栏目与观众见面，因此，在当时，电视专题与电视栏目几乎是同一的，直到今天，许多电视栏目的每期节目都是由一个专题构成的，如《焦点访谈》和《新闻调查》。这或许是我国教育部在公布广播电视专业课程目录中，将《电视专题与栏目》作为一门主干课程的缘由吧。

不过，电视栏目与电视专题在内涵与外延上有较大的区别。电视栏目是电视专题节目编排、播出的一种方式，即将反映同一内容或同一类型的节目归为一栏，使其有固定的栏目名称、片头和时间长度并安排在固定的时段内予以播放。

系统化是电视栏目的特征之一，它要求节目的内容、类型系统化，时间长度规范化，节目编排条理化，这样有利于组织节目制作与播出安排。

固定化是电视栏目的另一特性，它要求有固定的栏目名称、固定的片头、固定的节目长度、固定的播出时段、固定或相对固定的节目主持人等，便于受众定期、定时收看。

综合性(复合性)是电视栏目的第三个特性。栏目类节目可以是文艺性节目的综合，也可以是新闻性、知识性节目的综合，还可以兼有新闻、知识、教育、服务等多方面的内容，如：中央电视台的《东方时空》，它在内容方面有较强的兼容性，手法形式多变——报道、访问、讲话等各种形式交错使用，融教育、服务、故事于一炉，对观众有比较广泛的适应性，可以照顾多层次观众的不同要求②。

为了更好地理解电视栏目的概念，还必须弄清电视栏目以及相关的一些基本

---

① 中国国际广播电台编：《世界广播电视资料》，1988年版，第12页。
② 杨伟光：《中国电视专题节目界定》，东方出版社1996年版，第22页。

概念，分析电视栏目与电视专栏和节目之间的细微区别。

电视专栏的概念来源于报刊专栏。西方早期的报纸在刊印新闻时，开始每行的排版由报纸的左端一直排到右端，然后再另起一行继续由左向右排，直到新闻排完。这样的报纸新闻使读者阅读起来极不方便，每看一条新闻都要由左向右不断地摇动头部。有时，在转行时读者还容易看错行。于是，后来有人就将报纸版面分隔成几个竖长条块，这样的一个竖长条块就称为一栏。

"栏"是报纸编辑的一个基本构成单位。有时，报纸编辑将内容相近或有某种联系的几条新闻编排在一起，在"栏"的周围再用线条加以包围以引起读者的注意，然后在栏上加标题就成了栏目。

栏目如果是刊登在报纸相对固定的版面位置上，又有作家专门定期为该栏目写文章，这个栏目就成了专栏。专栏是编辑稿件的重要方式之一，是报刊上专门刊登某一内容稿件的版面。专栏一般都有固定的名称和位置。专栏在报刊版面中具有相对独立性，可以进行单独而集中的稿件组合。专栏有的有固定栏目，有的没有固定栏目。因此，有时专栏与栏目通用。

电视栏目借用了报纸专栏形式，是电视广播中内容相对专一、具有专门栏目性质的节目类型。电视专栏一词与电视栏目有一定的区别，但在大多数情况下是同一的。电视栏目"一般以栏目名称、特定的标志图像和间奏乐等与节目其他部分区分开。其所有内容或同一主题、同类题材，或同一体裁、同一特征等，又与整个节目和谐统一，使节目布局与结构层次化、精致化、延续化"①。它有一定的播出时间和周期。

电视栏目与电视节目既有联系又有一定的区别。电视节目是电视台各种播出内容的最终组织形式和播出形式。"电视的内容随着时间的推移而依次变化，就像竹竿一样，有着一个个的节，每个节代表着一个时间段，每个不同的时间段播出不同的内容，于是就称这种不同内容的时间段为节目。"②而电视栏目，从本质上讲，是一种节目的编排形式，是电视传播内容的基本单位。因此，人们在习惯上常把栏目叫做节目。

总之，电视栏目具有系统性、固定性、综合性的特征。它要求节目的内容、类型系统化，时间长度规范化，节目编排条理化；它要求有固定的栏目名称、固定的片头、固定的节目长度、固定的播出时段、固定或相对固定的栏目主持人，以便观众定期、定时收看；它可以是内容的综合，也可以是表现形式的综合：即现场与背景报

---

① 甘惜分：《新闻学大辞典》，河南人民出版社 1993 年版，第 248 页。

② 庞啸：《实用电视新闻理论》，中国广播电视出版社 1999 年版，第 117 页。

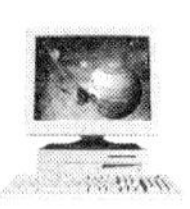

道的综合，或纪实报道与谈话节目的综合等。

第二节　电视专题节目的发展

中国的电视事业从1958年诞生至今，已经走过了50年的历程，其间经历了艰苦创业、曲折发展和全面振兴的发展阶段。与此相适应，电视节目的栏目化也经历了初创期的探索、成熟期的发展历程。回顾电视栏目的发展历史，探讨电视栏目的发展规律，对当今电视节目的创作和未来媒体竞争力的增强都是大有裨益的。

一、多样化的探索阶段(1958—1983年)

伴随着中国电视的诞生，我国第一代电视人开始了对电视节目创作艺术的探索。虽然当时的美国电视已产生了震惊世界的名牌栏目和影响了一个时代的明星主持人，但处于封闭状态下的我国电视工作者，只有从电影的启蒙和对广播的借鉴中，开始了一段自我探索的发展之路。

1. 从电视专题向电视栏目发展

电视节目这个概念相对于电视栏目的单一性而言，具有泛指的意义。狭义的理解，是指电视传播的最小构成单位；广义的理解，则涵盖了电视传播内容的整体。

因此，初创期的一些电视节目虽以栏目相称，但也只是有一个栏目的躯壳而已，其内容的庞杂性与“节目”概念相近，而与“栏目”的系统性相去甚远。

电视栏目是由固定主持人主持、内容主题明确、风格和形式统一、定时定量定期播出的节目单位。它与电视节目的细微区别在于：在主持人的设置上，栏目有固定的主持人，并成为栏目的一个外在标志，而电视节目则无需固定的主持人；在规范播出上，栏目是定时定量定期播出的，而节目则没有延续性，播出时间不固定；在收视对象上，栏目主要为特定的观众服务，而节目的对象则不固定，节目的内容在总体上要比栏目的内容广泛得多。我们看下面这份中央电视台(原北京电视台)试播时的部分节目表：

1958年5月节目表：(逢星期四、日播送)

19:05　第一周：文艺节目

　　　　第二周：对儿童广播节目

19:35　第一周：科技卫生和实用知识节目

第二周：政治节目

1961年1月（开始试行固定栏目）

18:33 儿童节目（星期三、六）
文教节目（星期一、四）
学校生活（星期一、四）
卫生节目（星期一、四）
科技节目（星期二、五）

19:40 商业节目（星期一）
工业节目（星期二）
首都建设（星期三）
祖国各地（星期三）
新人新事新气象（星期四）
农业节目（星期五）
一周工农业节目综合报道（星期六）①

从上表可以看出，在中央电视台成立初期并没有什么栏目之称，最早的电视节目报刊登的也只是各种“节目”的时间表。虽然也有人称上述节目为“固定栏目”，但与现在意义上的“栏目”不可同日而语，它只不过是将同类节目“汇聚”而已，这从栏目的名称上也可以看出来。

从1961年起，北京电视台（中央电视台前身，1978年5月1日改为现名）开始尝试在少儿节目中走栏目化道路，将大而统之的儿童节目分设成一系列专栏，如通过介绍革命文物进行革命传统教育的《革命传家宝》，宣讲国内外大事的《在地球仪上》，传播科技知识的《聪明的机器人》，讲解文艺知识、欣赏文艺作品的《少年俱乐部》，介绍课外读物的《好朋友——书》，教小朋友做手工的《万能的手》和讲述故事的《有趣的故事》②。

栏目的分设与定位，满足了不同收视兴趣的观众需求，这对当代观众细分化情况下的栏目策划是有史鉴意义的。

2. 从社教专题为主向各类专栏发展

1958年4月29日，中央广播事业局党组在给中共中央、国务院的报告中提出：北京电视台“应根据自己的工作特点，担负起宣传政治、传播知识和充实群众文化

---

① 郭镇之：《中国电视史》，中国人民大学出版社1991年版，第28—29页。

② 同上书，第31页。

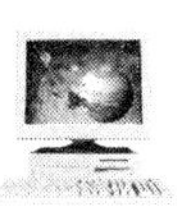

生活的任务”①。这三大任务强化了我国电视的社会教育功能，反映在电视节目的安排上，表现为社教节目的分量突出。在1960年1月北京电视台的固定节目表中，所列的28个栏目中就有17个属于社教类栏目，比率高达60%。之后，还产生了一批较有影响的社教类栏目：《科学常识》(1960年开办)、《文化生活》(1961年开办)、《国际知识》(1961年开办，1977年改为《世界各地》)、《人民子弟兵》(1978年开办)和《祖国各地》(1978年开办)。

事实上，在电视创办初期，社教节目几乎成了电视栏目的同义语。因此，中央电视台从诞生之日起，就有专人负责社教类节目，1963年又设立了社教节目部，直至发展成立社教节目中心。当时一般人认为，办专栏就是社教部的事，因为当时北京电视台挂牌的栏目除了《电视新闻》和《国际新闻》外，只有社教节目不定期地打出了栏目名称，如《国际知识》、《科学常识》、《卫生与健康》、《文化生活》等。

随着电视事业的发展，我国的电视节目已经形成了由新闻、文艺(含电视剧)和社会教育节目构成的三大支柱节目。新闻栏目从开办初期的《电视新闻》和《国际新闻》，到1978年1月《全国电视台新闻联播》(简称《新闻联播》)的成功开办，标志着新闻节目已成为各级电视台节目的主体，“新闻立台”的观念已成为全国电视工作者的共识。

文艺、体育节目从原来的以演播室直播和实况转播为主，也开始向专栏发展，满足了不同层次观众的多种欣赏要求。如中央电视台1977年10月开办的《外国文艺》专栏，着重向观众介绍外国的优秀文艺作品，包括音乐、美术、舞蹈、文学名著等，让人们在提高艺术欣赏能力的同时，又了解了国外丰富多彩的文艺生活。体育节目《体育爱好者》(1960年开办)在“文化大革命”前期同其他类节目一样曾经停办。1971年体育节目率先恢复，除了转播体育实况外，《体育爱好者》开始不定期播出。1978年4月中央电视台又开办了《体育之窗》新栏目，着重向电视观众介绍一些著名运动员和教练员的生活，报道群众性的体育和重要体育赛事消息。此后，全国各地方电视台也设立了专门机构负责体育节目，同时开办了体育专栏。

在多样化的专栏节目发展中，尤其值得一提的是服务性节目的开办，对开拓电视传播功能、转变传播者角色都具有重要的意义。从中央电视台开播之初的《实用知识》、《气象预报》和《节目预告》等节目，到20世纪70年代末，全国电视台普遍办起了定期或不定期的服务性节目，内容有生产建设类服务信息，也有日

① 《当代中国》丛书编辑部：《当代中国的广播电视(下)》，中国社会科学出版社1987年版，第10页。

常生活常识类服务信息。特别是中央电视台1979年8月开办的《为您服务》专栏，在社会上引起了强烈的反响。在此前后，全国各地涌现出了一大批生活服务性节目，如广东电视台的《家庭百事通》（由原来的《群众生活》、《卫生与健康》、《科技天地》3个专栏合并而成），浙江电视台的《生活杂志》（由原来的《生活之友》、《卫生与健康》合并），天津电视台的《观众之友》和云南电视台的《电视与观众》等。

3. 从封闭制作向开放协作发展

电视是“重装备、高消耗”的媒介，每天播放的大量节目如果全靠本台制作，这是任何一个电视媒体都难以实现的。观众的多样需求与媒体自办节目的制作能力，永远是一对难以完全解决的矛盾。为了丰富电视荧屏，电视台开始寻求多种渠道解决节目源问题。交换、选购、协作，是电视媒体早期采纳并使用至今的有效方法。

中央电视台创办之初的《国际新闻》，就主要靠外国电视台寄送和外国使馆赠送。在1958年下半年和1959年上半年，中央电视台将外国新闻片和纪录片编成专辑播出，如《苏联新闻》、《罗马尼亚新闻》、《民主德国新闻》、《捷克斯洛伐克新闻》、《波兰新闻》、《匈牙利新闻》和《保加利亚新闻》等，这些来自原社会主义国家阵营的新闻，虽然时效性不强，但对长期闭关锁国的中国人民了解外部世界，增进中国人民与世界人民的交往和友谊还是起到了良好的作用。

为了进一步扩大国际新闻的来源，1960年中央电视台开始选购英国维斯新闻社(VISNEWS)的新闻素材，并与日本电波新闻社签订了交换电视片的合同。1961年又同古巴等电视台签订了交换电视片的文化协定。1980年4月1日，中央电视台又通过国际通信卫星收录英国维斯新闻社和英美合资的合众独立电视新闻社(UPITN)的国际新闻。这些措施对办好《国际新闻》和其他国际专栏节目都起到了重要作用。

在国内，全国各电视台之间也开始大协作，以1978年元旦开办的《全国电视台新闻联播》最具代表性。1978年7月，全国已有上海、广州、河北、南京、武汉、湖南、河南、成都等省市电视台，先后通过邮电微波干线向北京回传电视节目，为《新闻联播》内容的丰富创造了条件。

二、栏目化的形成阶段(1984—1999年)

电视台节目实行“栏目化”播出，是电视宣传管理的基础工作之一。20世纪80年代初期，中央电视台率先提出宣传管理要实行“栏目化”，1984年7月，酝酿已久

的栏目化播出开始试行，到1985年，中央电视台“全部节目实行栏目化播出”①，当时共开办栏目80多个。

由于当时中央电视台播出的节目数量有50%以上靠地方台提供，为了保证“栏目化”播出，中央电视台于1985年年底制定了一份文件——《中央电视台播出栏目方针、任务说明》。这份文件提出了在中央电视台播出的各类栏目、节目制作的规范、要求和播出量，同时也向全国各地电视台通报了中央电视台1984年对全国播出的第一套节目情况。这个“说明”的产生，是为配合中央电视台实行栏目化播出做准备，同时，也是为与地方台“共同办好面向全国的专栏”做准备。自此，可以说中国的电视广播开始进入“栏目化”阶段，按时播出各种固定的或不固定的专栏节目，已成为我国各地电视台努力的目标。电视栏目成为电视节目生产的最基本的形态。

那么，什么是栏目化？栏目化的标志又是什么呢？

电视节目栏目化，是把“电视节目分成多个专栏的编辑形式和播出方式”②，即将反映同一内容和同一类型的节目归为一栏，使它有固定的名称、标志、开始曲和时间长度，并安排固定的时间播出。

“栏目化”的提出，是基于广大电视观众对电视节目播出的准时性要求的。进入20世纪80年代以后，我国电视事业迅速发展，电视节目大量增加，电视节目种类日渐齐全，电视机也大量普及，但电视台的节目播出经常不准时，严重影响了播出效果。造成这种状况的主要原因就是电视节目的编排和播出时间没有固定化，栏目本身的时间长度也没有规范化。

为了解决这一问题，中央电视台适时提出电视节目“栏目化”，就是为了使电视节目达到规范化、类型化和个性化标准，有利于组织节目制作与播出安排，便于受众定期、定时收看，以保证节目拥有一批相对稳定的观众群。

1. 栏目规范化

栏目规范化，主要是从编排技术层面提出的，这是实现“栏目化”的重要基础，也是检验一个电视台节目管理水平的重要标志。栏目规范化，就是要做到电视节目定时间、定内容、定栏目，按时播出。目前，全国各地电视台都已基本上实现了栏目化和正点播出的目标。

栏目规范化，首先从制定规范的栏目时间表开始。以中央电视台为例，他们在

---

① 于广华：《中央电视台简史》，人民出版社1993年版，第12页。
② 甘惜分：《新闻学大辞典》，河南人民出版社1993年版，第248页。

1984年制定了一套栏目时间表,从7月1日起付诸实行。这个时间表的特点,就是将栏目固定化和长度规范化。各栏目的时间长度分别定为10分钟、15分钟、20分钟、25分钟和30分钟等不同规格,其中大部分栏目为15分钟规格,如《为您服务》、《观察与思考》、《科技与生活》、《卫生与健康》、《体育之窗》和《文化生活》等。30分钟规格的有《新闻联播》、《戏曲常识》等。大型栏目分别定为50分钟和120分钟规格,如电视剧等。到1993年3月,中央电视台第一、二套节目又推出了新的栏目表。其特点之一是以周为单位,对一周中每段时间播出什么栏目进行了严格的规定。同时,对各栏目的时间长度也作了较大的调整,把当时的栏目规范调整为15分钟、25分钟、30分钟和50分钟等若干档次,形成积木式格局。在新的栏目表中,还对各种栏目、节目的长度作了非常具体的规定,要求以秒为单位,可以负5秒,但是必须是正零秒,这种严格的要求,为栏目化的实现和正点播出提供了可靠的保证。现在各种广播电视报刊所登载的节目时间表,既是电视实现"栏目化"的一种标志,又是规范电视媒体准时播出的一种约束机制。有人称之为电视台的"宪法"。

栏目规范化实现的关键在于节目编排。电视节目的编排是节目录制完成后所做的一种计划安排,从狭义上讲,是指"决定具体的各种节目条数、播送时间、播送顺序和播送内容的结构等"。编排的结果在制成的播出节目时间表上得到体现,通常以周为单位制成节目表,这一点已成为各电视媒体的惯例,并随电视节目报向观众提前1—2周预报。电视节目的规范编排,使各种层次的观众通过不同的节目获得信息、知识和娱乐,也使电视栏目的某些时段产生了"新闻时间"的意义或电视"栏目时间"的意义,如中央电视台第一套节目每晚19:00,已在全国数亿观众中留下了长久的《新闻联播》记忆;每晚19:38的《焦点访谈》似乎也成了中央电视台的一种定式。

2. 栏目类型化

栏目类型化,是指电视节目按照不同的内容类别进行系统的编排的一种状况。电视传播的优势,就是能使电视媒介传播的内容无所不包,不论是人类社会还是自然界,均能制作成形声并茂的电视节目。电视栏目类型化,就是要将丰富庞杂的传播内容,按照一定的划分标准将其归类制作管理。

按照内容类型来划分,对电视节目可以分为新闻性、教育性、文艺性、服务性和教学性节目。如果按照收视对象划分,又可分为各种定向性节目,对此,我们将在下一章详细介绍。栏目的类型化,给电视台的内部管理机制带来了极大的方便,避免了一些矛盾的产生。与此相适应,许多电视机构就按节目类别设立,如新闻部、

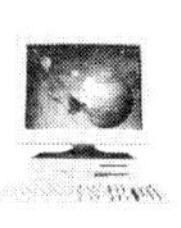

文艺部、影视剧部等。有的按服务对象而设，如军事部、青少部等。栏目类型化，使电视机构内部工作得以有条不紊地进行，如遇同类节目交叉，又可按工作职能分排不同的机构去执行。如文艺节目就按照品种的不同，分别由各职能机构负责，像综艺节目就由文艺部负责；外国影视剧由国际部负责；地方电视台和社会文艺团体录制的电视剧和电影，就由影视剧部负责，而本台制作的电视剧，则由本台电视剧制作中心负责(有的台已划分出去成为独立法人单位)。

栏目的类型化，还便于电视节目的系统化管理。从微观上看，栏目的规范化构成了电视机构日常播出的纵向顺时系统。各电视媒体从社会需要出发，围绕办台宗旨和总体目标设置各类节目，合理规定它们的时间比例和安排播出时段，明确确定每个节目的指导思想和方针、内容取向及各自的风格特点，从而构建起微观节目系统。栏目的类型化是电视节目市场发展和完善的一个重要基础。

栏目的类型化，也便于节目的忠实观众或者潜在观众带有特定期待去观看、解读电视文本。栏目的类型化，符合分众传播的规律，其固定的特色面向特定的受众进行传播，有利于培养观众较固定的收视习惯，从而形成较为稳定的受众群体。

从宏观上看，每一电视覆盖区域都有多家电视机构的数十套电视节目，在同一时间内播出，从而构成了电视节目的横向共时系统。凡处于同一覆盖范围的电视台及其栏(节)目就构成了一种横向的竞争关系。各台在设置栏目和安排时间布局时，只有从宏观全局出发，妥善处理横向共时系统节目之间的关系，才能既找到自己的最佳位置，又充分发挥自己的优势和作用。

栏目的类型化，构成了横向共时节目系统竞争的策略依据。不少媒体借鉴国外同行的一些经验采取了如下一些对策，如关联组合策略，即在编排上形成延绵不断的节目流，将一个时段内相同类型的几个节目组合，构成一个相对完整的板块，以在较长时间段持续吸引有相同爱好的观众。还有反向节目构成策略，就是在同一时段编排不同于其他频道的栏目，以吸引特定的观众。

3. 栏目的个性化

20世纪末的中国电视界，掀起了一场前所未有的栏目改版热。改版的频次和幅度都前所未有，改版给电视人所带来的紧迫感也是前所未有。通过大规模的改版，我国的电视节目更加丰富多彩。各电视媒体在栏目化的运作中，聚集台内外人士的智慧，精心策划、精心制作，为广大观众奉献出了一大批极具个性化的名牌栏目。如果说栏目的规范化是栏目化形成的基础，栏目的类型化是栏目化形成的支撑，那么，栏目的个性化则是栏目化形成所追求的目标。

“个性化”这个词在商业运作中出现较早。在经济学理论中，将某一产品和其

他产品真实或潜在的细微差别称为“产品异质性”。这种具有异质性的产品会使消费者产生对该产品与众不同的认识和感受，从而偏爱该产品。在时下数十个电视频道进入千家万户，成百上千的栏目可供观众选择的时候，如能创作个性化的电视栏目，推出异质性的电视产品，势必增强栏目的竞争力。

电视栏目的个性化，要求在形式和内容上都具有独特性。20 世纪 90 年代以来，我国的电视屏幕进入了一个争奇斗艳的时代，新闻杂志节目的产生、游戏节目的出现、谈话节目的兴起，各种新形式都为中国电视注入了活力。在内容上也随着我国改革开放的进程，报道的领域进一步扩大，反映的层面进一步深入。财经信息成为报道的热门题材，法制节目成为百姓的关注焦点，服务节目成为新的节目类型，科教节目正在成为新的信息源。一批叙事性谈话节目，陆续走上了屏幕，益智类娱乐节目也大开了观众的眼界。

电视栏目的个性化，更重要的是在节目模式上具有首创性。随着国门的打开，我国的电视人也开始向“洋”看世界，各种先进的报道手法、各种有利的电视表现形态也开始引入我国。谁抢先一步将西方电视的新形态本土化，谁就赢得了先机，从而在国人眼中树立起一个影响巨大的品牌形象。中央电视台《东方时空》对新闻杂志形态的借鉴，湖南电视台《快乐大本营》对游戏节目的引进，湖北电视台《往事》对谈话节目的成功运用等，都作为一种独特的电视现象留待理论工作者去研究。电视栏目的个性化，带动了一批名牌栏目的产生，中国新闻名牌栏目两次评选，中央电视台的《焦点访谈》和《东方时空》都是榜上有名。还有更多是在广大观众心目中的名牌栏目，也是值得赞赏与肯定的。

当全国一大批颇具个性化的名牌栏目产生的时候，我们可以说，中国电视的栏目化已经完全形成。

三、专业化的发展阶段(2000 年起)

当 21 世纪的曙光照耀全球的时候，我国电视事业迎来了一个新的时代，随着电视“栏目化”的实现，电视又向着新的“专业化”时代迈进。

电视栏目化的全面形成，经历了相当长的一段时间，它要求栏目的设置、栏目的结构与电视市场和电视观众的收视行为、收视心理呈现出运动与变化中的大体吻合，在动态的过程中逐步完善。从这个意义上说，电视栏目化是一个相当长的历史过程。但从理论上说，栏目化作为电视节目“版面”编辑的基础工作，这个任务已经完成。况且，随着电视事业的发展，栏目化“不可能永远是基础”，“它肯定会被新的形式所取代。目前，以频道为单位的电视节目版面编排方式已经出现”。“以频道为基础的电视节目版面编排方式是电视发展的必然方向，我们应该为它的出现

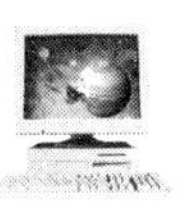

做好充分的准备。"[1]到目前为止，以频道为单位的电视节目版面编排方式已经出现并迅速扩张，央视和许多省级电视台都先后推出了独立的新闻频道、影视频道、少儿频道、综艺频道等等。

现在可以说，电视已进入以频道专业化作为电视栏目设置与编排基础的时代。截至2008年年底，我国已有电视节目1 290套(频道)，另经国家广电总局批准，开播了138套数字付费电视频道，还有31个境外卫星电视频道获准在我国三星级以上涉外宾馆接收。针对这一现状，我们有理由认为，我国已进入多频道时代，从电视节目编排这个专业角度看，完全可以说电视专栏也随之进入了频道专业化的发展阶段。

1. 频道专业化的栏目设置

频道专业化，指的是"电视媒体经营单位根据电视市场的内在规律和电视观众的特定需求，以频道为单位进行内容定位划分，使其节目内容和频道风格能较集中地满足某些特定领域受众的需求"[2]。

频道专业化是在多媒体时代为适应媒体间的相互竞争而提出来的，它立足于受众的需求，并与整个社会发展而形成的越来越多的行业分工相适应。受众在选择众多的电视台节目时，专业频道就具有"门户性"，从而使观众容易辨认获选。由于具有较强的针对性，电视媒体对于不同的目标观众的传播价值也达到最大化，电视栏目的设置也就有了新的意义。

(1) 专业频道与特色栏目

随着社会的发展，一方面，人们的价值观和兴趣爱好趋向多元化，导致对电视节目的需求也趋向多样化。另一方面，电视频道节目资源的丰富，也为满足大众的多种需求提供了可能。这些使得电视观众市场逐渐走向细分，分众的市场对专业频道的定位和栏目的设置提出了更高的要求。

目前，我国的专业频道设置大致包括新闻频道、经济频道、都市频道、影视频道、文艺频道、体育频道、科教频道、少儿频道、信息频道、女性频道和法制频道等。各省(市)卫视频道也从过去单一的综合性频道转向建设具有独特定位的专业化、个性化频道，如湖南卫视主打娱乐频道，江苏卫视主打情感频道，广东卫视主打财富频道，广西卫视主打女性频道。为与专业频道相适应，各省卫视往往设置了相应的电视栏目带，如四川卫视定位于"天下故事"频道，从2006年7月起，每晚在

---

① 王传玉：《电视宣传管理论集》，人民出版社1993年版，第337页。

② 张海潮：《频道分众化与媒体市场》，《电视研究》2001年第4期。

22:15就推出了“天下故事”栏目带，从每周一至周六依次为《真情人生》、《司法档案》、《一级设防》、《魅力发现》、《新婚碰碰碰》和《星随我动》栏目。

创办于1999年3月28日的长沙女性频道，作为全国最早获国家广电总局批准，以“女性”命名的电视专业频道，定位鲜明，具有极强的易识性。该频道的节目涵盖了女性生活服务、教育、母婴、时尚、家庭、人际关系、女性故事等女性服务节目，如《女人故事》、《红尘惊奇》、《妈妈宝宝》、《女人私语》、《美丽俏佳人》等等。

2001年7月9日开播的中央电视台第10套节目——科学·教育频道，以“教育品格、科学品质、文化品位”为宗旨，开办了富有科教特色的27个栏目，如《探索·发现》、《走近科学》、《绿色空间》、《科技之光》、《百家讲坛》、《大家》、《人物》等。

(2) 专业频道与品牌栏目

品牌本是市场营销中的一个概念，原指用来识别一个(或一群)卖主的货物或劳务的名称、名词、符号、象征或设计，或其组合。对物质产品而言，它是一种质量和信誉的保证，代表的是这个产品。借用到电视品牌中，有人把它归纳为电视媒体与受众的感情，也就是拥有广泛的受众忠诚度和重复收视率的电视栏(节)目。

特色栏目奠定了专业频道的基础，从整体上实现了频道专业化的协调一致，但如果所有的栏目都平分秋色，同样也引不起观众的注意。因此，专业频道也要像生产厂家一样树立拳头产品，让部分品牌栏目长久维持观众的热情。据南京地区一次大型电视观众调查显示，有的观众选择某个频道就是因为喜欢某个栏目，选择“对某个栏目有偏爱，只要有就看”的因素，比例高达37.42%①。

中央电视台于2005年提出了“频道品牌化”战略，这是继“节目精品化、栏目个性化、频道专业化”战略实施五年之后的重大战略升级。根据“频道品牌化”战略，中央电视台启动了有史以来最大规模的改版行为，经济频道、体育频道、科教频道等相继改版，并推出了一批名牌、品牌栏目，拉动了全台的收视份额大幅上升。当年，中央电视台首次入选世界品牌500强。

(3) 专业频道与系列栏目

频道专业化使电视媒体有了较为充裕的频道资源，能容纳更多的定向节目内容来集中反映某些特定领域的需求。专业频道是以整个频道为单位进行定位划分的，只有按照各自的专业定位向纵深发展，才能充分发挥专业频道的功能作用。2000年10月，新组建的浙江电视台成立后，就将教育科技频道进行了调整，把晚间主要栏目集中面向青年学生，开办了《青春无限》、《青春攻略》、《青春榜样》、《青春实验室》等系列节目群，以点的深入取代了面的铺陈，突出了“知识改变命运，科

① 季晓敏：《电视频道专业化的调查》，《电视研究》2001年第4期。

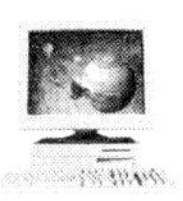

技改变生活”的主色调。

北京广播影视集团于2001年5月28日挂牌成立后，新北京电视台(原北京电视台与原北京市有线广播电视台合并)第七套节目——生活频道，即围绕百姓生活，向纵深设置了“生活全天候”系列栏目：《生活全天候之专家门诊》、《生活全天候之北京健康生活》、《生活全天候之北京精品生活》、《生活全天候之北京社区生活》。这些富有特色的栏目设计，使北京生活专业频道在电视理论界和实务界产生了较为广泛的影响。

2. 制作专业化的节目趋向

面对受众挑剔的眼光，电视媒体的节目产品必须随着市场的变化，以丰富多彩的精品来满足这些特殊“顾客”的需要。一个电视频道好比是一座大型商场，其对“顾客”的吸引力来自不断花样翻新且质量上乘的产品，而要做到这一点，仅靠手工作坊式的“前店后厂”模式是远远不能适应当代社会要求的，否则就会出现“门前冷落车马稀”的状况。解决这一问题的有效方法，就是要拓宽“产品”供货渠道，让一部分节目源通过市场解决。

事实上，我国电视界早已在影视剧和体育节目中实行了市场化运作。但没有从根本上触动电视节目制作体制。随着频道专业化的实行，这种节目制、播的矛盾更加突出。于是，在世纪之交，中国电视理论界展开了一场关于“制播分离”的大讨论。

所谓“制播分离”，就是将节目制作的职能从电视播出机构内剥离出去，成立专门的制作公司，电视台主要负责节目的评估、收购和编排播出，它与独立的节目制作公司是一种买卖关系。

提倡者认为，“制播分离”从改变电视节目制作的产生机制入手，是一条符合广播电视运作规律、提高节目质量、创立广电节目品牌的新路子。反对者认为，从我国电视现行状况看，不宜实行“制播分离”，或不宜倡导，其理由是这种改革涉及广电队伍稳定和宣传舆论权的敏感问题，因此，不宜操之过急。

“制播分离”是市场化的产物，也是全球信息化时代广播电视媒体竞争与发展的需求。在美国，节目一直实行市场化的机制。1997年，英国广播公司也进行了重大改组，主要是将节目供应体系中的制作机构与播出机构分离开来。

在我国，电视机构自开办起，一直以来基本上实行的是制播合一的管理体制，由于节目生产者和播出管理者是同一主体，这种生产管理方式在新形势下日益暴露出很多弊端，如成本意识缺乏、资源效益差、队伍膨胀庞大、人员素质普遍偏低、缺乏创新机制、节目质量不高等。

针对这些弊端，有些电视台开始酝酿或部分实行了“制播分离”的探索。如中央电视台就曾于2000年提出过推进“制播分离”改革的总体目标、方针和具体实施方法，但由于种种原因，曾在电视理论界和实务界出现频率较高的“制播分离”一词，渐渐淡化。

“制播分离”的理论讨论虽暂告一段落，但实际上符合市场潮流的专业化制作机制正在电视领域兴起，并且有“做大”之势。记得在理论界探讨时，还有人谨慎地提出“制播分离”是将新闻节目除外，主要是将社教节目推向市场运作。殊不知，从中国电视史上看，最早参与节目市场交流的就是新闻节目。特别是在国际新闻方面，我国与国外新闻机构的交往合作频繁。早在20世纪五六十年代，我国中央电视台就通过交换与合作的方式，从国外获取新闻片源至今。仅改革开放以来，中央电视台就与19个国家的电视媒体签订了24个电视合作协定。

在国内，电视节目的交换与市场购买，实际上在20世纪末的各电视台之间已广泛开展。像我国城市电视台节目交换网的运行，一直延续到现在。电视节目的市场交易也早已从电视剧的购买扩展到社教节目和娱乐节目。中国巨大的节目市场需求和高利润空间，使一部分媒体开始转向专业化的电视制作市场，并且获得很大成功。电视节目的专业化市场运作，最先引人注目的是社会上专业制作公司的兴起。像赛迪影视制作的一档大型信息科技资讯栏目《环球IT报道》，从2001年开始在北京电视台和上海电视台等全国40余家电视台播出。其节目通过中国国际广播电台的卫星接收最新国际信息科技素材资料，摄制国内信息产业最新动态新闻，制作完成后通过卫星向全国发送。据赛迪影视总经理介绍，他们一直在关注中国电视制播制度的改革，也一直在酝酿寻找一个合适的时机介入电视制作领域。他们认为，IT业在很长一段时间内都将是经济发展的先遣性行业，因此，用电视传播手段向公众介绍中国及世界IT领域的情况，无疑会引发观众的浓厚兴趣，并将直接促进经济发展。然而，目前在电视界反响最大的专业制作公司还不是赛迪影视，而是被称为中国电视新闻族群奔出的一匹“黑马”的北京光线电视策划研究中心。该中心成功地推出了《中国娱乐报道》(现改为《娱乐现场》)等新闻、娱乐类节目。

《娱乐现场》作为中国第一档以栏目化形式或市场化运作出现的电视娱乐新闻节目，从1999年7月推出，在之后一年多的时间里，该节目就在全国300多家电视台联合播出，同时也使该中心从10万元起家的资产上升到过亿元。《娱乐现场》的成功，说明某些专门领域的电视新闻，也是可以制成栏目进行市场化运作的。据报道，已有跨国公司表示愿买断《娱乐现场》的境外播出权，这预示着中国的电视栏目也可以走向世界大市场。

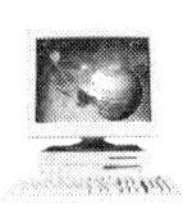

社会上电视专业制作公司的运作成功，也让业内一批精英浮出水面。杨澜的阳光文化网络经营历史人文频道，原中央电视台的著名编导夏骏也曾把北京原有线4频道改造成为北京生活频道。电视栏目的社会化经营、电视频道的专业化经营已经说明，对电视制播机制深化改革已势在必行。具有雄厚实力的传统媒体已经觉醒，开始按照市场的运作规律来策划制作节目。像湖南经济电视台经过改版的《真情》栏目，从2000年开始在中央电视台第四套播出。湖北电视台制作的《往事》谈话栏目，也曾被原北京有线电视台买断了在北京地区的播放权。《中国城市报道》由广州、青岛、沈阳、成都、西安、厦门、杭州、太原等10个电视台联制联播。不同于以往城市电视台之间的交流协作方式，这十家电视台共同策划共同制作的主题性新闻报道节目，可视为电视栏目市场化运作的另一种方式。

在电视栏目的市场化运作中，最显传统媒体实力与气魄的，是具有湖南电广传媒上市公司背景的北京远景东方影视文化传播公司，该公司当初以8 600万元巨资打造了《财富中国》，这个节目是由湖南生活频道《财富》栏目改造而成的，是业内知名的大投入、大制作、大营销品牌。与其他传媒制作方向不同的是，这档栏目的策划，从一开始就是将节目制作者作为资讯节目市场生产的营销商，走的是节目创新与资本运营的路子。根据节目负责人介绍，他们的目标就是要竞争国内市场和国际市场。目前“正在积极探索影视节目产业化道路，致力于建立高速成长的现代电视筹划、生产和营销模式，并在立足全国、面向世界的制高点上，努力建立起一个符合现代传媒发展规律并具有高水准节目理念、人才理念和营销理念的现代化电视节目生产基地”①。

从湖南广播影视集团的运作模式可知，要想在电视节目市场取得一定的优势，必须要有一定的竞争力。虽说大投入、大制作并不等于大作品，但至少是极具市场品牌价值的重要保证。因此，社会上一些公司，如具有香港上市公司背景的北京好合拍广告有限公司，耗资800万元打造了一档名为《世纪攻略》的大型益智游戏栏目向全国各地电视台推出。它的最大特点是益智节目的高度娱乐化，对抗更加激烈，极具观赏性。当然，高额奖品也是吸引观众的一个重要因素。为了做好这档节目，该公司还在北京郊区建造了一个耗资数百万元的最现代化的时尚演播室。

第三节 电视专栏节目的设置

从电视节目的无序播出到电视节目的栏目化生存，这是电视媒体运作的一大

① 刘沙白：《电视节目规模化生产的尝试》，《中国广播电视学刊》2001年第7期。

进步,同时对电视栏目的经营也提出了更高的要求。而一个栏目的设置与经营,首要问题是准确定位。"定位"是栏目设置策划的一个重要内容。近几年来,随着电视改版热的出现,电视策划也成为业内使用频率较高的一个词。中央电视台评论部率先在其栏目中打出了节目策划的名称,并专门设立了节目策划组。正因为策划组的有效运作,所以中央电视台评论部开办的栏目,策划一个成功一个,如《东方时空》、《焦点访谈》、《新闻调查》、《实话实说》等。

策划,本意为筹谋、计划或谋略。现在引申为实现特定的目标,提出新颖的思路对策即创意,并注意操作信息,制订出具体实施计划方案的思维及创意实施活动。策划是以目标为起点,以信息为基础素材,围绕创意这个核心展开的思维活动与实践活动。

电视策划的重要内容是定位,包括频道定位和栏目定位。定位的准确与否,直接关系到栏目的生存与发展问题。

"定位"一语借鉴了广告学的专用术语 Positioning,最早出现在 1969 年 6 月出版的 *Industrial Marketing* 杂志上,其含义是确定商品在市场中的位置。也就是说,定位是指从为数众多的商品概念之中,发现或形成有竞争力、差别化的商品特质及重要因素。一个优秀的营销广告创意,一定伴随着一个明确而精当的定位。换句话说,一个优秀的电视栏目策划,也必然伴随着一个准确而又精当的定位。定位是策划的基础,是对受众对象的认同,也是对媒体风格的认同。具体说来,电视栏目的定位包括栏目的对象、栏目的内容和栏目的形式定位几个方面。

一、栏目设置定位的内容

1. 栏目的对象定位

栏目的定位,首先是对该栏目的受众对象明确定位,这是一个栏目成败的关键之一。所谓受众定位,就是确定栏目的目标受众,它是立足于媒介市场的分析而对媒介产品的市场占位所做出的决策。我们知道,一个重要的商业策划,需要明确的消费对象,一个好的广告策划,也要有明确的诉求对象。一个媒体要获取最大受众量,也要做到有的放矢,才能取得明显的效果,像中央电视台的《夕阳红》,受众对象为老年人,《半边天》主要对象为妇女。

现代社会随着大众传媒的发展和信息量的急剧增加,受众对象接受、选择媒介信息的空间随之增大,主动性增加,随意性加快。选择的结果,是受众大量地分化,由一部分在观念态度、志趣及需求方面趋同的受众,形成了一些相对稳固的受众群体。这时,媒介的定位就是要根据媒介巨大的潜在市场确定自己的受众对象。一方面,要注意寻找受众群体的空白点,开辟新的发展空间;另一方面,要注意对受众

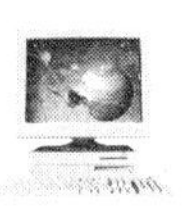

群体进行新的分类重组，获得新的发展天地。比如可根据受众的政治、经济、文化等社会背景的不同，或根据受众的年龄、性别、职业、文化程度和个人爱好的差异确定媒介的受众群体。

中央电视台的《经济半小时》，将收视对象稳定在25岁至50岁之间，月收入平均在1 400元以上、拥有较高的消费能力和投资决策能力的高素质人群，并致力于更加贴近现实，关注民生，用大众化的社会经济新闻拓展更为广泛的收视群体。

湖南长沙电视台的女性频道，能在竞争激烈的湖南电视媒介中脱颖而出，就在于它的受众定位比较明确：完全关注世纪女性的世纪生存，致力于探索21世纪如何做女人。因此，频道的栏目设置都以女性为取舍标准，真正为女性代言。同时，也考虑到关注女性生存与命运的男性，争取所办节目“女人爱看，男人想看”。

2. 栏目的内容定位

栏目的内容定位，主要指栏目的宗旨、性质、文化品位、地方特色等，是立足于受众需求和传播目的而对媒介产品的决策。

栏目的宗旨，是一个栏目的“主心骨”，是栏目的“魂”，它大致规范了栏目的表现范畴，同时也是形成一个栏目特色的重要标志。如原《东方时空》中的子栏目《东方之子》，定位于“浓缩人生精华”，《百姓故事》定位于“讲述老百姓自己的故事”。《焦点访谈》原定位于“时事追踪报道，新闻背景分析，社会热点透视，大众话题评说”，定位语中的“时事”与“热点”，点明了栏目内容报道的范畴，“报道”与“评说”标明了栏目为“述评”结合的评论方式，“分析”与“透视”体现了栏目的报道深度。从1999年起，《焦点访谈》的定位语改为“用事实说话”。根据该栏目原总制片人梁建增的解释，“用事实说话”，一方面是从新闻的角度来讲，新闻要求讲事实；另一方面是从电视新闻评论的特点来看，“我们的评论是用事实来说话，用事实来评论”，而不像报纸社论那样，是包含论点、论据、论证的纯议论文的文体。

媒介的宗旨、性质、功能是根本性的，这是设置一个栏目的出发点，也是一个媒介内容取向的规定所在。如果说，受众定位是解决为谁服务的问题，那么内容定位就是解决为受众提供什么服务的问题，有人称之为媒介的功能定位。中央电视台第四套节目推出的《中国报道》栏目，是一个对外报道的新闻类栏目，它的任务是向世界报道中国，以中国人的视点报道世界。因此，该栏目的内容定位就应满足两个功能需要：一是提供新闻信息和新闻背景；二是提供中国的权威人士的新闻分析和评论。前者由记者的采访获取，而后者主要通过主持人的采访，将专家的观点原汁原味地传给受众。

栏目的内容定位还包括栏目的文化品位定位，这是栏目根据宗旨、受众群体等

因素对栏目内容文化含量、文化风格的定位。电视作为大众传媒之一，其节目有高雅和通俗之分，文化内涵有深浅之别，但总的说来，电视栏目应以大众化为主体，各个栏目可根据特定的对象及栏目的性质而定。中央电视台的《环球》是一档以介绍外国的地理、历史、风土人情、文化艺术、经济、科技等为主要内容的大板块节目，其定位有四条：外国而非中国的；知识性而非文艺或新闻的；高文化品位而非低级庸俗的；活泼的杂志型而非古板的单一型。

改版后的《经济半小时》，在开栏之初曾标榜收视对象为中国的中产阶级和5 000万中小投资者，但现在也开始降低门槛，选题仍是大众化的，报道视角是平民化的。他们的口号是："有经济大事的时候，一定有《经济半小时》的声音，一定有与老百姓有关的声音。"他们提出用经济的眼光看社会热点，选题必须与老百姓相关、与经济相关，如果找不到与老百姓或与经济相关的内容就不做，这就是 2000 年改版后的《经济半小时》的重新定位。

3. 栏目的形式定位

当媒介的内容范畴确定之后，必须进一步考虑的是栏目的表现形式问题。新闻媒介，无论是报纸版面，还是广播电视栏目，都力求内容与形式的完美统一。媒介的吸引力，根本在于内容，但形式因素也不可忽视。内容决定形式，形式又强化和美化内容。

电视媒介的形式，主要表现在栏目的结构形态、表达方式以及时段选择等方面。栏目的结构形态主要有杂志型和专题型两种。杂志型栏目一般以 30 分钟或50 分钟内的节目长度为宜，形式上呈板块结构，综合变化，灵活多样。大多数杂志型栏目内分设若干个子栏目，如电视新闻杂志栏目《东方时空》原来就设有《东方之子》、《百姓故事》和《时空连线》等子栏目。另有一些杂志型栏目借鉴了美国 CBS《60 分钟》结构方式，虽然栏目按内容分为几大块，但并不设子栏目，而是通过主持人承上启下的解说将若干部分板块内容串联在一起。如中央电视台的《生活》栏目，改版前由《背景》、《消费驿站》、《生活留言》、《百姓》和《特别寻呼》等五个子栏目构成，改版后的《生活》栏目，其服务大众、贴近生活的宗旨没有变，但形式上没有原先那种子栏目的明显隔断感，而是通过主持人更具亲和力的方式将各段内容有机地串接在一起。

与杂志型栏目相对应的是专题型结构形式，即每期栏目由一个独立完整的报道构成，没有设计安排若干子栏目。像《焦点访谈》、《新闻调查》等，都是由一部纪录片式的报道、或调查式的报道、或访谈式的报道形式完成一期栏目内容的制作，使报道具有一定的深度。专题型的栏目结构在 20 世纪 80 年代和 90 年代初期，成

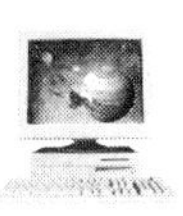

为主流形式。20世纪90年代中期以后，杂志型栏目兴起，成为一种时尚。但很快我们就发现从20世纪90年代末期以来，专题型栏目又受到青睐。发展到当代，专题片与谈话节目方式的融合似乎又成为许多栏目选择和运用的形式，如湖北卫视的《往事》栏目。

栏目时段的确定，是电视策划中需要慎重考虑的因素。一般来说，黄金时段的节目收视率要高一些，所以黄金时段也就成了制片人竞争的热点。但这并不意味着所有的栏目都适合在晚上7点至8点黄金时段播出，栏目的时段选择要依栏目的对象而定。对少儿节目来说，晚上6:30就是它的黄金时段；对老年人和家庭妇女来说，日间就是最好的时段。在栏目时段的确定上，既要考虑所谓黄金时段的首选，又要考虑同时段其他节目可能造成观众的分流，还要了解栏目特定对象的最佳收视时间，如果这几方面都考虑到了，对一个栏目来说，最恰当的时段就是黄金时段。中央电视台的《经济半小时》，原定位在第二套节目的每晚8:30播出，这可以说是真正的黄金时段，但经调查发现，栏目定位的受众对象很少有人能在这段时间坐下来收看《经济半小时》，绝大部分中产阶级的最佳收视时间是在晚上9:00以后，因此，该栏目后来的首播时间便调到每晚9:30。

二、栏目设置定位的依据

电视栏目定位的重点是受众定位、内容定位和形式定位。我们通过对一些实例的分析，已经了解到这些定位方式。但是，我们需要更进一步研究的是，这些栏目为什么要这样定位？也就是说栏目定位的依据是什么？

每一个栏目定位的产生和变更都不是偶然的事件，无论是一个新栏目的产生，还是原有栏目的改版，都是媒介的内部因素和外部因素产生影响的结果。媒介的内部因素包括节(栏)目资源的配置、人力资源的配置、设备资源和资金来源等。媒介的外部因素除了政治、经济、文化、法律等因素外，直接影响栏目定位的因素有媒介的接受对象、媒介的竞争者和控制者等。

1. 栏目定位的外部影响因素

(1) 栏目的接受者因素

在分析媒介的定位时，曾专门论述到媒介的受众定位，前面讨论的是媒介的接受对象是谁，这里要研究的是媒介的接受者如何影响到媒介的定位？

新闻媒介从产业发展角度看，其产品的竞争就是对目标受众的竞争。受众是新闻媒介的服务对象，是媒介产品的消费者，因此，受众群体的变化直接制约和影响媒介产品市场的变化。

从报纸媒介看,全国晚报和都市报为什么在20世纪90年代中期蓬勃兴起?这是因为近20年来,我国新城市不断出现,大城市功能不断扩大,城市人口不断增加,为晚报、都市报的发展提供了广大的读者群体。因此,都市报以报道市民生活、为市民服务为宗旨,以市民为读者对象,以市民视角去选择和报道新闻,从而获得了很大成功。

但受众是一个庞大的群体,是成千上万的不确定的传播对象。尽管晚报的对象是市民,而市民又是一个非常广泛的概念,包括上自政府官员、专家学者,下至普通工人、家庭妇女,只要你生活居住在城市里,你就是市民中的一员,扮演着"市民"这个社会角色。然而,市民的广泛性,是否就意味着"市民报"或都市频道就拥有了广泛的市民呢?事实证明并非如此。

大众媒体的受众是一个复杂、多变的因素,受众的年龄、职业、文化程度、收入水平以及受众的接受心理和行为等都会对媒介的发展产生影响,从而成为制约媒介定位的要素。在现代社会,由于媒体的增加和频道的增加,受众的主权得到了强化,受众的需求也日趋多样化。因此,受众的细分化已成为必然。日本的AM广播就是因为沿用了"听众的选择与分类"方式,即从收听对象的性别、年龄、职业以及接受形态上进行分类,并择其相应的时间和内容进行节目播送。结果,这一针对性极强的编播思想的运作,产生了预期的效果,不但大幅度地提高了收听率,而且使资金来源的广告也效益倍增。

受众细分的标准主要有:

● 受众环境,包括地理区域、城市规模、通信条件等。这一指标对区域性媒介很有参考价值。如都市频道、车迷频道的设立。

● 受众状况,包括人口数量、人口密度、年龄结构、性别比例、收入状况、职业结构、文化程度、社会阶层等。这一指标对媒介覆盖区域中可能达到的"触及率"(指媒介受众在覆盖区域总人口中所占的比率)具有预测价值。如女性频道、亲亲宝贝频道的设立。

● 受众兴趣,包括受众的生活方式、价值观念、利益追求等。这一指标对媒介的内容定位具有指导价值。如靓妆频道、围棋频道的设置。

● 受众习惯,包括特定观众收看电视的时间与频道等。这一指标对媒介的内容与形式定位以及电视的时段安排都有一定的参考价值。如《经济半小时》、《探索·发现》栏目的设置。

对受众细分,在媒介传播中是非常重要、也是很有效果的一种操作方式。2000年6月,笔者在北京参加"中日韩广播电视发展"国际学术研讨会时,就注意到许多中外专家学者提到了受众细分化的问题,像日本大学艺术部的桥本孝良教授、韩国

KBS新媒体中心的孔正杓主任等，都在研讨发言中谈到了受众细分化给编播方式带来的变化。

那么，如何进行受众细分呢？有学者提出可采用市场细分的几种常用方法：

● 单一变数细分法。即根据影响受众需求的某一种因素为标准进行细分。比如，根据受众的年龄划分成不同的年龄段，由于不同年龄段的受众需求有相对的一致性，这就为面向不同年龄段受众的媒体创造了存在的基础。例如可以办面向老年人的频道或栏目(《夕阳红》)等。

● 多种变数细分法。即根据影响受众需求的两种或两种以上的因素进行受众细分。例如根据受众的地理区域、人口状况和兴趣爱好等几项因素，就可以发现地方性的生活、证券、音乐等栏目的发展空间。

● 系列变数细分法。即根据影响受众需求的层次系列，逐步逐层地进行受众细分。这对于综合性、全国性的大媒体较为适用。省级以上电视媒体依照受众的兴趣爱好、职业需求，可首先划分为新闻频道、经济频道、文艺频道、生活频道、教育频道等。然后，可再按受众的职业结构、文化程度、社会阶层、生活方式等进行第二层次的细分，为栏目的设置提供依据。如中央电视台第二套节目改版时，根据上述情况开办了《证券时间》、《艺术品投资》、《财富故事会》和《生活》等栏目。

(2) 媒体的竞争者因素

电视媒体之间的竞争是媒体定位中需要考虑的又一个重要的外部环境因素。在当今时代，信息传播的全球化使传统的传播格局和利益格局被打破，大众媒体从来没有遇到像现在这样激烈的竞争：不仅要面临新媒体的挑战与竞争，还要面临传统媒体间的竞争。这种竞争一方面存在于不同类型的媒体之间，如报纸与广播电视、广播与电视之间的竞争；另一方面存在于同类型媒体之间，如报纸与报纸、电视与电视之间的竞争尤为激烈。

现在全国省级以上电视台都已拥有卫视频道，有50多套节目落地，一般城镇居民都可以收看到几十套电视节目。过去省级电视台妄自独尊的覆盖传播优势已不复存在，电视已从地域性覆盖变为全球或大区域性覆盖，观众凭借手中的遥控器自由选择节目，从而使电视媒体间的竞争更加激烈。

媒体间的竞争，说到底是内容的竞争、节目的竞争。谁拥有高质量的报道内容和精彩的节目，谁就赢得了受众。媒体受众市场的不断细分化，客观上加剧了媒体间的竞争，能否找准合适的市场定位并生产出高质量的媒体产品，决定着媒体的兴衰成败。而媒体定位正是要寻找媒体竞争对手的薄弱环节，发现市场空白点，从而选择正确的发展方向。凤凰卫视开办了一个《非常男女》节目，很受欢迎，前几年国内的电视台还没有类似的节目，大部分地区或单位也不准转播凤凰台节目，所以也

没有看过此类节目。湖南卫视及时抓住这个空白点，开办了一个类似的栏目《玫瑰之约》，节目播出后在全国立即引起轰动，这是一个填补空白的案例。

在媒体的竞争中，要超越对手，并不完全排除跟进，但这决不意味着容忍对别人节目的简单模仿和克隆。在电视节目的策划中，一定要有自己的独特之处，即使在跟进之中，也要有一两个亮点超过对手，有人把这叫做“跟进中的超越”。

北京电视台的《北京特快》，在创办之初定位于新闻专题性节目，以《东方时空》为赶超对象。他们经过分析研究发现，《东方时空》虽然标榜为新闻杂志节目，但新闻性并不突出，《东方之子》定位的不是新闻人物而是名人；《生活空间》（后为《百姓故事》）讲述的不是老百姓的新闻故事，而更多涉及的是百姓情感、生活、家庭方面的故事；唯独《焦点时刻》（后为《时空报道》）具有新闻性。所以从整体结构上看，《东方时空》还不能算完全的新闻性栏目。于是，北京电视台决定把《北京特快》的超越点定在强化新闻性上。另外，《北京特快》的策划者还发现，即使在新闻类节目中，也还有不足之处，如《新闻联播》、《晚间新闻》，几乎都是短新闻的播放，而《焦点访谈》类的新闻专题性栏目又缺少短消息的补充。调查研究表明，如今的观众对新闻性栏目既有量的诉求，又有深度的渴望，希望能在一个新闻性栏目中能同时满足两方面的需要。正是基于这种情况，当初的《北京特快》栏目既设置了消息板块《时讯快递》、《百姓热线》（满足量的需要），又设置了《冷眼观潮》、《特别报道》（满足深度的渴望），从而实现了量与深度的有机结合，深受北京观众的欢迎。

媒体的竞争，既来自不同类型的媒体，又来自同类型的媒体，还来自同媒体内部的栏目与栏目之间。媒体间的竞争促使媒体的制片人更加注重节目的质量。目前，电视台频繁的改版、末位栏目淘汰制就是内部竞争中的产物。各栏目的制片人绞尽脑汁，想方设法从栏目的整体定位上策划出超越竞争对手的卖点。这股强劲的竞争之风也波及栏目内的子栏目之间。像《东方时空》开办之初的子栏目《生活空间》在重新定位于“讲述老百姓自己的故事”后，仍然处于《东方之子》和《时空报道》（现为《时空连线》）两个子栏目的夹缝之间，因此，必须在栏目的运作上即从选题内容和拍摄手法上与之拉开距离，才能找到自己的立足之地。正是基于这种态度，《生活空间》栏目的制片人说：《时空报道》论事，我们就说人；《东方之子》拍名人，我们就去拍普通老百姓；《东方之子》以访谈为主，我们主要拍状态；《东方之子》是现在完成时，我们是现在进行时……这样一步一步地趟出了一条跟踪拍摄记录普通人生活的路子。

（3）媒体的控制者因素

媒体的控制者指能够通过行政手段、法律手段或经济手段对媒体进行控制的组织和个人。一般指政治组织及其领袖，如政府、党派组织，或指经济组织，如企

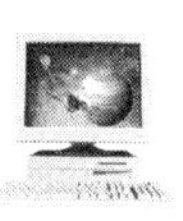

业、财团等。

政治组织对媒体的控制，主要从政策、法规、信息、制度、经济等方面进行制约。比如在政策上对报纸刊号的控制、广播电视频道的审批等。在宣传上，对宣传方针、宣传原则、宣传目标、宣传要求的规定，也是媒体策划定位中要遵循的重要依据。

经济组织对媒体的控制主要用经济手段，通过向媒体投资、控股、提供广告、赞助等对媒体施加影响。有的采取联办栏目和节目的方式，借助媒体宣传自己、扩大影响；有的通过赞助，为企业做带有广告性质的变相的新闻报道，这样就导致了“有偿新闻”的产生。这种影响可能诱使新闻媒体的员工背离职业道德，从而损害大众的利益，最终也损害媒体自身的利益。

在市场化的今天，媒体作为产业要想良性循环，离不开经济的支撑，当然也离不开投资方的经济支持，这些经济组织与媒体实际上是风险共担的利益结合体。媒体既要坚持自己的编辑思想和新闻工作准则，又必须考虑在政策许可范围内，尽可能降低经营风险，使合作者的利益得到保障。这些都是媒体的经营者在媒体定位时必须兼顾考虑的重要因素。

2. 栏目定位的内部影响因素

媒体的受众(接收者)、控制者和竞争者，作为影响媒体决策的外部因素而成为栏目的定位依据之一。而媒体的内部因素，如人才资源、设备资源、资金资源和信息资源等，也是栏目定位的重要依据，有时甚至是决定性的因素。

(1) 软件资源

软件资源主要指人才资源，包括人员数量、人员素质、人员能力。一个好的创意和策划，能否付诸实施，或在运作中能否产生预期的良好效果，最后都取决于人的作用。无论是在媒体策划阶段，还是在方案执行阶段，策划人一定要考虑到是否有足够的合适人选投入。要做到知人善任，用其所长，只有把最恰当的人选安排到相应的工作岗位，才能保证策划的顺利实施。否则，再好的策划也如空中楼阁。有些栏目、节目的策划，甚至首先要考虑的是依据媒体现有人才的优势和长处，因人而设立栏目。有的电视台集中了若干名优秀的文艺编导，那么就可能以文艺节目或娱乐节目为主攻方向；有的电视台纪录片创作队伍阵容强大，那也就可能打纪录片创作的品牌；有的策划出发点是一个特定的人，如果是一个即兴发挥很好的主持人，那么就可以为他策划一个脱口秀节目。

人才资源历来是制约媒体各项策划的重要因素，因为一切策划方案都要靠合适的人去完成。凤凰卫视中文台开设的《小莉看时事》、《锵锵三人行》和《凤凰早班

车》都是因人而定的,或因人的实施而成功。凤凰台最初是一个以娱乐性节目为主的媒体,从1997年开始不断加强新闻节目报道,《凤凰早班车》就是在这样的背景下,于1998年4月1日开播的一档早间新闻节目。其制作方式主要是将每天各种媒体的最新信息进行集约化处理,由主持人陈鲁豫以叙述方式串联、编辑推出,形式简单,制作迅速、简便,颇有点"借船出海"的味道。由于"早班车"独特的节目传播方式使其获得了极大的成功,也得到了专家的好评和观众的青睐。据介绍,这个栏目编制只有6个人,有时只有4个人工作,整个节目由主持人陈鲁豫以轻松的口语化方式叙说,将每日清晨从各路汇集来的信息"说"给大家,从而获得一种人际传播的效果。陈鲁豫说新闻以一对一的谈话方式,也使我们感受到一种与内地播音方式迥然不同的新奇,它消除了传—受关系中的距离感,增强了传播的亲和力。《凤凰早班车》的成功也为凤凰台创造了一种低成本的制作方式,改变了凤凰台早间广告收入为零的状况,并且从1999年以来广告价位呈上涨之势。

凤凰台的《明星三人行》栏目的创办,很显然也是因为主持人窦文涛在《锵锵三人行》(1998年4月开播)节目中的成功,而从1998年7月起每周六增办的一档"脱口秀"节目。《锵锵三人行》的最初设计,按照管理层的意见是希望办成一个政府性的节目,铿锵有力,但后来窦文涛把它办成了一个娱乐性节目,虽安排在非黄金时段,但当时的广告也卖了800万元,周六的《明星三人行》卖了1 200万元,所以,有人说,"以文涛一人为单位的节目卖了2 000万"。这钱怎么来的?恐怕其重要的原因还是他那诙谐调侃式的语言风格,"将私人间的侃谈搬上电视,以百姓之心,看天下之事","不求高度,只求广度;不求深度,只求温度;不求结论,只求趣味"。

(2) 硬件资源

硬件资源包括媒体的资金、设备和技术条件,这是媒体新创办或者改版能否成功的重要保证。如近几年省级机关报创立都市报,一般都要投入几百万至上千万的资金。发行过百万份的《楚天都市报》第一次投入开办资金就达170万元。到1999年下半年,《楚天都市报》为缩短向都市报设在各地市9个分印点的传版时间,让当地读者早一点读到当日都市报,他们又一次投资60万元,安装卫星传版系统,用先进的科技成果缩短了报纸运作流程,这也是该报近几年发行量连续翻番的一个重要原因。

创办一份报纸需要大量的资金,开办一个新的电视频道,需要注入的资金就更多了,往往需要数百万甚至数千万元。据介绍,上海教育电视台创办时,注入资金就达5 000万元,之后每年还要投入2 500万元才能运转。如果要办一个综合电视频道,其投资可想而知将会更大了。

电视是一个重装备、高消耗的媒体,其形声并茂、声画一体的优势在传统媒体

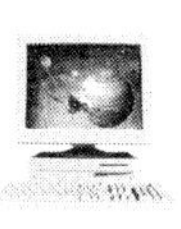

中独树一帜，其受众面远远大于其他传媒。但是要办一个频道，却需要投放大量的现代电子摄录设备和运行资金。即使办一个栏目或一个大型节目，资金与设备的投入也不在少数。12集电视纪录片《望长城》在20世纪90年代初的中国屏幕上确实“火”了一把，它不仅再现了古老长城的厚重历史、纯朴的人文关怀，更重要的是开启了中国电视的纪实之风。对这样一部大制作、大手笔、大成功的作品，硬件的投入也不容忽视，仅日本TBS(合拍单位)投入中方的采访车就有8辆，历时3年才得以完成。

现场直播是当代世界电视发展的趋势，凡有重大活动、重大新闻事件，各大电视媒体都不遗余力、云集现场，以最快的速度、最好的质量向全世界传播，这既是实力的较量，也是世界名台品牌的展现。1997年香港回归中国，这是一个举世瞩目的大事件，为了搞好这一重大事件的报道，中央电视台调动了1 660多人的报道队伍，其中仅赴港人员就达289人。技术系统投入了有史以来数量最多、性能最先进的设备，相当于一个省级台的规模。其中包括11辆转播车、9个演播室、21个卫星转发器、43套中继微波设备、200套ENG、250台录像机、11套多媒体设备和3架供航拍用的直升机，实现了72小时的连续播出。如果没有经济实力和技术设备实力作基础，这一重大报道战役很难展开。

由上可知，媒体的策划，要充分考虑到媒体自身的这些“硬件”因素。虽然不是所有媒体、所有栏目、所有平台、所有节目都需要这样大投入、大运作，但即使是一次小型报道策划，最基本的设备和资金需求也是应当在计划之中的。大投入有大的回报和效益，小投入只要充分发挥“软件”的作用，有时也会产生一些意想不到的效果。总之，媒体的策划者在“定位”时，一方面一定要考虑到“硬件”投入的可能性，否则再好的创意也不可能实现；另一方面也不要因为大投入而产生恐惧感，大多数的节目策划运作都还是比较容易实现的。

(3) 节目(信息)资源

任何一个媒体，要维持每天的正常运作，需要大量的有价值的信息资源，国际与国内的、政治与经济的、文化与生活的、体育与娱乐的等等，各种信息的汇聚能满足不同类型、不同层次受众的需求。在这些浩瀚的信息采集中，一方面要靠自身的力量，利用自身的信息资源优势创办新的栏目；另一方面，仅靠媒体自身的力量从第一线获取信息资源，既不可能，也没有必要，这就需要借助外力，疏通各种权威信息渠道，对信息资源进行有效的整合配置。像各媒体大量转发的国际新闻，电视媒体中的娱乐信息等，都是对媒体资源的配置利用。有人在总结凤凰卫视的办台特色时，曾有“剪刀＋唾沫”一说，“剪刀”即既是对电视信源的有效利用，也是一种较为经济的运作方式，同时起到了一个信息文摘站的作用，“唾沫”即讲述与解说。

媒体的策划越来越引起人们的关注。成功的策划需要对上述内容有一个清醒的认识与把握。媒体定位的外部和内部影响因素作为策划的重要依据，也是媒体策划的重要原则。在实际运作中，对这些依据和原则，既需要认真坚持、遵循规律，又需要灵活掌握、实事求是。事物是复杂多变的，策划也要因实际情况而变化，有些影响因素是经验与教训的总结，有些潜藏的因素可能在特殊情况下才显现出来，有些因素限于篇幅未一一列出，这都要在策划设计中予以注意。

第四节　电视专栏节目的创新

随着数字技术的迅速发展，我国电视频道已从稀缺资源变得相对丰富与过剩，为了与境内外媒体争夺受众市场，电视媒体间的节目竞争已到了白热化的程度，而竞争的焦点就在节目与栏目的创新上。

创新是一个相对的概念，总是在一个具体的时代环境中，体现最前沿、最引人注目的一种电视现象。对于中国来说，和以前有所不同的节目就是创新的节目。

在当代媒体激烈竞争的背景下，电视栏目的创新成为一个非常重要的研究课题，也是业界异常关注的一个很普遍的热门话题。从20世纪80年代以来，我国电视媒体的创新，首先体现在节目与节目之间的竞争，代表性的节目有《话说长江》。到了90年代，电视媒体的创新集中在电视栏目之间的竞争，出现了《快乐大本营》一类娱乐栏目。21世纪之初，电视媒体的竞争、创新体现在频道之间的重新定位，导致一批个性化、特色鲜明的频道诞生，如中央电视台科教频道、广西卫视女性频道等，但频道之间的竞争归根结底还是落实到栏目的竞争，频道的核心竞争力即体现在特色频道的栏目群上。

一、电视栏目创新的意义

电视栏目创新是电视媒体的核心竞争力。在未来媒体的竞争中，媒介市场份额的争夺将成为竞争的重点，而要保持一个媒体（频道）的恒久竞争力，就必须打造一批自主生产、具有原创或首创意义的特色栏目，才能拥有别人无可比拟的核心竞争力。下面简要回顾一下自《东方时空》始十年来的栏目创新历程即可证明。

1993年5月1日《东方时空》（CCTV－1）栏目的创办，开创了中国电视新闻改革的先河，改变了中国内地观众早间不看电视节目的习惯。最初的子栏目《东方之子》，完善了以访谈方式介绍人物的探索；《生活空间》用纪录片的形式为未来留下一部由小人物构成的历史；《焦点访谈》为捕捉热点新闻提供了一个平台。

1994年4月1日《焦点访谈》（CCTV－1）栏目的创办，开创了一条具有中国特

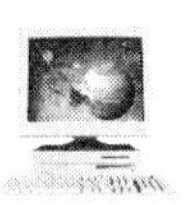

色的舆论监督之路，创造性地提出了"政府重视、群众关心、普遍存在"的选题标准三原则，坚持"用事实说话"的理念，使该栏目成为我国影响最大、收视率最高的电视新闻栏目之一。

1995年1月1日《半边天》(CCTV－1，CCTV－10)栏目的创办，开创了中国电视史上第一个面向全国妇女观众的栏目，被联合国秘书长安南认为是"一个极具影响力的、专门播放有关女性话题的栏目"，同时，被不少人认为是中国人权进步的一个标志。

1996年3月16日《实话实说》(CCTV－1，CCTV－新闻频道)栏目的创办，推动和引领了我国谈话类电视节目的兴盛和繁荣，完善了"脱口秀"节目模式，并使之走向成熟。

1997年7月11日《快乐大本营》(湖南电视台)栏目的推出，立即在中国荧屏掀起了一股"快乐"旋风，开创了中国电视游戏节目新时代。

1998年4月1日《凤凰早班车》(凤凰卫视中文台)栏目的开办，首创了中国"说新闻"的先河，它带来了电视新闻语言叙事的新变化，将一般的信息传播转变为个性化的风格传播。

1999年1月2日《今日说法》(CCTV－1、CCTV－12)栏目的创办，开创了一种举案说法的节目新形态，通过一个个简单的案例故事，深刻地阐释蕴含在民事中的法理。

2000年12月《同一首歌》(CCTV－1、CCTV－3)栏目的创办，创造了中央电视台音乐栏目的收视奇迹，它打通了传统与现代的音乐时空，交融了怀旧与时尚的美好感情，成就了栏目的知名度和美誉度，在全国同类节目中名列前茅。

2001年9月7日《百家讲坛》(CCTV－10)栏目的创办与发展，给中国电视人以更多的启示，栏目定位和"实现定位"同样需要不凡的创造性和勇气。该栏目从2003年险遭淘汰，到2004年形成特色：从历史题材中找故事、以悬念方式吸引人，再到2006年易中天"品读三国"形成高潮，从而使该栏目确立起自己的品牌，以至成为中央电视台第十套节目的顶梁柱。

2002年1月1日《南京零距离》(江苏电视台城市频道)栏目的创办，开创了中国电视民生新闻时代，在全国掀起了一股电视新闻"零距离热"，产生了巨大的社会效益和经济效益。

至今，每年都有享誉全国的名栏目诞生，如江西卫视的《传奇》，江苏卫视的《人间》栏目等，都具有创新意义，并且以一个栏目的影响力带动提升了整个频道乃至媒体的美誉度。

电视栏目的创新也是电视媒体品牌建设的关键因素。从电视媒体整体竞争态

势看，虽然电视剧仍是各电视频道收视率的发动引擎，甚至有些品牌栏目在电视剧大战中趋于边缘化。但从长远看，一个频道的持久影响力和竞争力必然依托品牌栏目，品牌栏目是频道的灵魂，并将成为观众长久识别的标志、频道记忆的重要动因。与电视剧相比，品牌栏目对频道的品牌建设、培养忠实的收视人群意义更为重大。

从2006年全国省级卫视全天24小时收视率排名看，除了稳居前三位的湖南、安徽和北京卫视外，第4位江西卫视、第5位重庆卫视分别比2005年上升了2位、4位，成为全国上升幅度较大的省级卫视。尽管促使一个省级卫视排名升降的有多种因素，但影响最大的还是品牌栏目的作用。

江西卫视凭借《传奇故事》(每天21:30)栏目创造了收视传奇，2006年全年平均收视的同时段排名，在全国卫视中排名第7位，在省级卫视排名第2位。

重庆卫视自定位于“故事中国”频道后，策划设置了六大自办特色栏目，形成了“故事”性栏目带，成为该卫视的核心栏目支撑，包括《雾都夜话》，讲述感动的故事；《龙门阵》，摆人文话题故事；《巴渝人家》，记录幸福的故事；《生活麻辣烫》，串起高兴的故事；《拍案说法》，演绎情与理的故事；《人文天下》，讲述亲人团聚的故事。

二、电视栏目创新的方法

处在激烈竞争中的电视媒体，都试图通过创新吸引“眼球”而独树一帜，它除了产生社会效益外，电视栏目的创新还作为一种创意产业，也产生了可观的经济效益。像《谁想成为百万富翁》这个节目模式，已从英国卖到世界100多个国家，获得了巨额的节目模式营销收入，我国中央电视台的《开心辞典》就是这一节目模式的翻版。

有消息说，世界电视最发达的美国市场有50%以上的节目创新模式来自英国，这些模式经过美国市场运营成功、推广放大。然后，这种电视创新潮流流经日本、港台传到中国大陆。湖南电视台经过市场调查，敏锐地发现了这些新模式的中国大陆空白点，适时转化嫁接，因此成为我国电视节目创新影响力最大的赢家之一。系统地研究湖南电视现象，对电视栏目创新将会有很大的启示。

被誉为湖南电视领军人物的魏文彬在接受《综艺》周刊记者访问时，曾谈到对创新含义的理解，他认为，创新既是对社会历史发展的洞察与判断，也是非常实际、具有可操作性的概念。研究创新，必须从社会历史的高度去看待中国传媒产业发展的现阶段、今后的发展趋势和发展规律，这是湖南电视创新与成功的大背景。他认为，创新首先要研究社会的脉搏和蜕变，研究社会结构的深刻变化、思想观念的深刻变革、利益关系的深刻调整。在此基础上，创新就要做到抢先机、蓄后劲、创名

牌、占市场，本文认为还要重原创。

抢先机。“做任何事情，先机太重要。只要市场需要，新的最好，一俊遮百丑。不是新的，市场百般挑剔。有些点子，有些事，一旦有人做，后面的人就会做得更好，但赢得一片叫好的往往是第一个。这就叫抢先机。”①回顾一下湖南电视台近十年来所走过的路程，之所以一直处于全国卫视前列，恐怕均与这种“抢先机”有关，如《快乐大本营》、《玫瑰之约》、《超级女声》等，都透露出湖南电视的“先机”意识。

其实，这些“先机”的获得相当一部分来自对西方电视节目的“模仿”。最先的模式可能成为一种创新，或称为创新的方法、途径之一。从字面上看，模仿与创新似乎是一对矛盾体，但在特定的地区、特定的时间、特定的社会背景下，这种对新品种、新形式、新风格的模仿，只要是别人没有做过、没有看到过的，也可在一定意义上称为创新。

况且，“艺术从本质上说是模仿性或再现性的，界定所有各种艺术作品并且使它们具有其价值的、为它们所共同具有的特征，就存在于模仿之中。”②柏拉图声称，文学也在完全相同的方式上是模仿性的。

当然，这种模仿品的原物(模本、节目模式)应当是有价值的，是经市场检验的、无市场风险的节目模式。原物愈有价值，模仿物也就愈有价值，原物的所有性质都应该在模仿品中反映出来。

《超级女声》对《美国偶像》的模仿，应当说是一个非常成功的案例，尽管湖南电视台在节目程序上有所改进，但本质上与《美国偶像》模式并无差异。

在节目模式模仿上，有三种方式或途径：

一是引进中的模仿。在“版权”意识愈来愈强的中国社会背景下，完全的抄袭模仿已不被允许，因此，采取节目模式引进的方式已成为当今国际惯例。所谓模式，其本意是指传统印刷的铅版，可大量复制。引申到节目模式，即对节目规则设置的描述和设计，它是节目外部特征的凸显，可反复出现在媒介中。如《开心辞典》对英国《谁想成为百万富翁》节目模式的引进。

但引进模式往往需要巨额资金，因此，国内许多节目创意来自模仿。模仿的关键在于理解被模仿的原创节目的制作环节和基本方式，在抽象的节目规则基础上，根据我国的国情进行本土化的改造和创新，如时下许多真人秀类节目的成功模仿。

二是注重相似中的差异。世界电视节目在逐渐走向市场化的今天，节目形态

① 叶其：《创新的“湖南定义”》，《综艺》2006年第23期。

② 〔英〕安妮·谢泼德：《美学——艺术哲学引论》，辽宁教育出版社1998年版，第8页。

也逐渐呈现类型化的趋向，不论是节目内容，还是节目形式都可根据一定的标准归为一定的类别。但类型化并不意味着单一化，而是于类型中略显出差异。如同是谈话节目，《实话实说》为讨论型，而《艺术人生》为叙事型。即便同是叙事型谈话，也可因嘉宾对象的定位不同，而使每个叙事型谈话节目独具个性。如《艺术人生》讲述的是艺术明星的故事，而《讲述》则讲述的是普通人的不平凡的故事。同是讨论型的谈话节目，《对话》致力于为精英人物提供一个交流和对话的平台，而《当代工人》则致力于为生产第一线的工人提供一个交流和谈话的平台。从谈话节目的形式上看，同是人物类节目，《东方之子》采用访谈形式，而《人物》则采用了以纪录片为主体的形态。

三是跟进中的超越，即在节目形态和内容选择范围上都大致相近，跟进模仿，几乎成为原模式的复制品、替代物或仿造物，这在互为隔绝的跨地域传播中较为有效，如民生新闻的大量复制。但在信息全球化时代，这种封闭的地域性节目生存空间越来越小，因此，在跟进中超越是一条较为捷径的创新方式。如生存类真人秀节目的创新，从《老大哥》到《阁楼故事》、《生存者》直至《学徒》，生存竞争的内核未变，但形式上有了较大的变化。再如从《与明星共舞》发展而来的《与明星滑冰》、《与巨星过招》等，我们还可发展为《与×星××》之类的节目形态。

电视栏目创新还要注重抓市场。占领市场是创新的方向，电视节目作为文化产品必须面对观众、面对市场，与市场接轨、与市场贴近。要研究市场，需要特别注意市场的规模，特别研究受众的需求。谁找到了受众市场需求，谁就找到了一座金矿。美国 FOX 的《美国偶像》连续三次(季)在 18—49 岁的成年收视群中高居榜首。FOX 的高层们在尝到了收视和收入双赢的甜头后，乘势而上，2007 年又酝酿策划推出另一档选秀节目——《美国组合》。该节目与《美国偶像》的结构极为类似，也是从不计风格、不计年龄的海选开始，不同的是报名者必须是以组合为单位，继而以组合进入复赛和决赛。最大的区别在于《美国组合》将着眼于深度挖掘参赛乐队组合背后的故事，以及成名给他们带来的冲击。当这个创意被提出来的时候，“我们不禁问道，如此简单的创意我们怎么就没早些想到呢？这不就是《美国偶像》的自然延伸吗?”参与这个节目策划的《美国偶像》原班策划人马之一福洛特·寇塔兹如此说道。其实创新与创意，有时就在一纸之隔，关键在于我们对市场的感悟和对受众需求的基本判断。

电视栏目创新更要重原创。原创性节目应当是电视栏目创新的最高境界，它为电视媒体带来了可观的经济效益和社会效益，像《生存者》、《谁想成为百万富翁》和《美国偶像》等，从节目模式创意到节目制作营销，乃至衍生产品链，都充满着巨大的诱惑，这一切都根源于节目的创新。创新，凝聚着策划人员的聪明才智，然而，

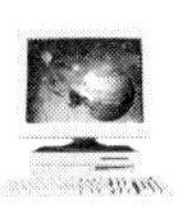

其创意并非凭空而来，更多的是来自丰富的想象力和节目形态融合的联想。

从近年来国内外大量涌现的新节目看，既有内容上的原创，如民生新闻，也有形态上的原创。在形态上常常融合了真实性、游戏性、明星、综艺元素和积极向上的价值导向，组合形态越来越多。

《一日厨师》就是将真人秀节目形态融入服务性节目之中。每期节目由一位意大利明星在一家著名餐厅体验担任专业厨师长的滋味。4位名厨组成的特别小组将辅助这个新厨师长：一位专长于开胃菜，一位专长于主菜，一位专长于肉类和鱼类烹饪，一位专长于点心制作。明星必须为每个类别设计2个新品种，在4位名厨的帮助下现场烹饪，并根据他们的建议加以改进。这些新菜将进入当天的特殊菜单。餐馆开门后，顾客和3位美食家在不知情的状态下点菜，品尝食物。最后，"一日厨师"走出厨房，来到餐厅，接受顾客和美食家的点评。

其实，这个节目形态仍然是明星＋游戏的真人秀组合。

《坐出租车赚钱》表现的是不知情的乘客搭乘一辆出租车，却惊奇地发现自己已然幸运地成为节目的答题选手，司机就是节目主持人，在送你去目的地的途中，他抛出一个个智力问题，每答对一道题可依难易程度赚得10、50、100、500英镑；答错3道题，司机会随时停车，叫选手在半途中下车。选手答题时，可以各有一次机会求助路人或打手机求助朋友，这在严格的游戏规则之外，增加了节目不可预知的戏剧性。节目走出演播室，使每一个人都有机会成为参与者，极大地调动了观众的收视心理。该节目在2005年收视不俗，并产生全球影响，版权输出到10余个欧美国家，包括美国、英国、德国、西班牙、丹麦、挪威、澳大利亚、罗马尼亚等。其实，这个节目的创意就在于，将知识竞赛节目的场景进行了更换而已，与此相应，奖惩的方式也稍作改变。

三、电视栏目创新的步骤

电视栏目的设置与策划，需要精心设计与组织。它不是一般的出点子、靠拍拍脑袋就能办成，而是要遵循一定的规则，借鉴一些前人的经验，按照一定的步骤实施。一般来说，策划需要经过提出目标、收集资料、制造创意、确定方案等阶段。

1. 明确目标

栏目的设置与策划是一种决策性的工作，而正确的决策又取决于对多种信息的掌握和对客观实际以及未来走向的一种准确判断。如果信息不充分，决策就失去了根本依据。信息不畅也可能导致决策失误。

信息的收集是以不同的目标和需求而定的。当今社会，处于信息爆炸的时代，

如果没有明确目标的信息选择，或者不加以限定的选择，将会无从策划，既定的策划也会失去有效的基础。

目标的确定，就是要从复杂的策划内容里发现最有价值的项目。但是仅有价值还不够，还必须找到卖点。有时价值就是卖点，有时价值不属于卖点。卖点是项目赖以出售的那个部分。项目好不好卖，有没有经济市场，能否引起广告主和观众的注意，特别是能否让广告主慷慨解囊，就看卖点如何。

有人说，卖点就是商机。有人说卖点就是节(栏)目的定位。也有人认为，所谓节(栏)目的卖点就是节(栏)目最具有吸引力的个性化品质特征，这是媒体策划的灵魂。因此，既有价值又有卖点的项目，才是策划确定的目标。

当目标初步确定之后，就要围绕这一预定的目标收集资料，以证实这一目标的确定是否正确。上海东方电视台的原《相约星期六》栏目，在筹备期间曾在上海市年龄 20—25 岁，中专至硕士研究生学历的年轻人中做过一个广泛的问卷调查，调查结果显示：有 6%的年轻人感到生活中结识异性朋友的机会较少；有 84%的年轻人承认对爱情婚姻问题存在许多迷茫和困惑，希望交流。而年轻人从媒体上所接触的有关爱情的内容多来自报纸杂志，来自电视的几乎为零。在“通过电视来结识异性”这一问题上，有 60%以上的人选择了“有兴趣，但是有顾虑”这一项。为此，《相约星期六》的主要策划人决心要打破上海电视这个“零”的局面。

目标的确定，还要考虑这样几个因素：频道节目的整体规划布局，具体节目允许安排的时段与时间，相关节目运作的实际状况，制作条件的保障程度(包括人员状况、经费保障、设备保障)等。总之，既要考虑主观条件，又要考虑客观环境，以及本单位的条件是否可能。虽然有时没有条件可以创造条件，但创造条件也要有一定的基础。在具备了以上条件之后，便可将目标具体化了。比如，长沙电视台女性频道创办之初，想以播放电视剧吸引观众的注意和广告客户的青睐，但她们所购买到的电视剧往往并不都是第一流的节目，还不具备与省级大台抗衡的实力，鉴于这个情况，为了提高电视剧的收视率，她们就创办了一个专门配合、服务电视剧的栏目《三个女人一台戏》，每晚请几个社会知识女性就当晚播出的电视剧情节、人物、主题展开评论谈话，以引起广大观众的共鸣，结果在《来来往往》的播放期间取得了意想不到的成功，使这部重播电视剧，在长沙同时段内取得了较其他节目更高的收视率。

2. 收集信息

信息资料是策划的基础，也是目标确定的重要参考因素，一个好的策划，也是从信息的收集开始的。因此，在策划前要重视资料收集，要着重了解观众需求的新

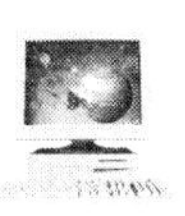

变化，了解兄弟电视台有关栏目的设置与运作情况，了解本台栏目设置的空白点，了解当代电视发展的趋向，力求信息收集的全面、可靠，特别要注意收集系统外的原始信息，这一部分往往是策划当中的点睛之笔的原始依据，如中央电视台对美国CBS的《60分钟》、《现在请看》、《面对面》等栏目信息的收集整理。有人说："策划，从商业角度来说，便是利用别人的金钱和别人的权力、产品与智慧为自己创造利益。"此话虽说得有点尖刻，但不无道理，如《东方时空》的结构、《焦点访谈》的调查报道方式，也离不开对西方电视节目的借鉴。

信息的收集是电视栏目设置与策划的重要依据，因此，在栏目策划运作前期，一定要尽可能全面准确地收集一些有效的信息。一般收集信息的方法有：

(1) 走访调查，即走访其他新闻媒体，走访有关部门的领导、专家学者，走访受众等。

(2) 抽样调查，即通过抽取受众样本、发放问卷、统计数据的方法获取受众信息。

(3) 召开座谈会，即邀请有关领导、专家和受众以及媒体内部的工作人员进行座谈、讨论、研究。

(4) 公开征集意见和建议，吸引社会各界为媒体献计献策。

(5) 个别交谈，即与有关采编人员、管理人员个别交流，获取内部信息。

(6) 文献研究，包括从有关刊物、内部通报、相关文献资料中获取有参考价值的信息。

信息获得后，还得对各类信息加以分析，归类处理，发现栏目策划可以发展的空间，以及原策划方案中的缺陷和问题。

在信息的处理中，要注意信息的真伪辨析，包括信息产生的环境、来源、主流倾向、可行性、可信性等。对某些数据化的信息，在必要时还要进行深入的调查走访，比如，这部分观众为什么喜欢这类节目，以利于进行正确决策的科学依据。

3. 创意构思

创意，是指为了确定和表现栏目的主题而进行的一种创造性思维活动，它以富有创造性的主意、意念或点子贯穿在策划的全过程中，并以新颖的策划方案和可视(听)形态表现出来。

创意是策划的前提，是策划的核心，是策划的艺术境界。如果创意错了，即使再好的策划，也不能取得良好的效果。西方发达国家的创意科学是十分发达的，像美国的许多大学都开设了创意专修课。日本号称"创意人口"几千万。不过，在美国、日本的"创意运动"侧重于与商业运作有关的创意。

创意的价值在于创新，这是电视媒体获得最佳效果的制胜法宝。我们现在看到的很多电视娱乐节目都是互相“克隆”，没有新的创意。创意并不反对借鉴，如果在借鉴的基础上有所超越与独创，仍然是较好的创意。

《东方时空》栏目借用了杂志型的编排方式，吸收了美国著名栏目的表现手法，创造了“中国特色”的新闻杂志节目，受到了广大观众的欢迎。对《东方时空》栏目成功的创意进行分析，于我们进行栏目策划是很有意义的。

《东方时空》栏目开播于1993年5月1日，当初于每天7:20在中央电视台一套节目首播，这是中央电视台第一个早间板块节目，也是新闻评论部标榜的新闻杂志类电视栏目。说它是自我“标榜”，是因为初创阶段的栏目还不是纯粹的新闻杂志型栏目。直到1996年1月27日《东方时空》在播出千期后进行改版，改版后作为纯粹的电视新闻杂志，才拥有了更高的收视率。

《东方时空》的最初创意，是基于满足观众多层次多方面需要的考虑，而在内容的设计上涵盖了栏目的新闻性、社会性、服务性和娱乐性，于是，在子栏目的安排上就有了相应的如下设计：

《东方之子》　　8分钟
《东方时空金曲榜》　　8分钟
《焦点时刻》　　9分钟
《生活空间》　　8分钟

如上着重号所示，将四个小栏目名称里的一个字相连，便有了《东方时空》的名称。后来，由于评论部另一个“焦点”栏目——《焦点访谈》的诞生，而将《焦点时刻》子栏目改为《时空报道》。“金曲榜”栏目由于与“新闻”相去甚远，虽说观众也比较喜爱，但为了“纯粹”，也只得忍痛割爱，从此在《东方时空》栏目中消失，而以子栏目《面对面》取而代之。

《东方时空》子栏目《东方之子》是一个人物栏目。此前，中央电视台曾有一个影响深远的《人物述林》栏目，为了与其专题片式的摄制方法相区别，《东方之子》的策划者选择了访谈方式，其创意策划主要考虑了以下几点：

一是对时代变化的适应。人的个性化发展趋势和与社会交流的要求变得越来越强烈，人们希望传媒提供更多的表现他们自己的机会，那种封闭式的、一厢情愿的、不和观众的心灵情感相交流的节目已经明显地失去观众，处于一种尴尬的境地。而访谈则可以使电视节目和观众的交流更直接、更深入、更真切。

二是为了在屏幕上留下更多真实的话语和面容。不“导演”，不拔高，追求真实自然的流露和记录。

三是为了推出全新的主持人。这个强烈的愿望几乎成了创办这个栏目的最重要的一个因素。

四是出于“技术”上的考虑。如经费问题，考虑到节目的用量大，访谈相对来说制作简单、开支少、周期短。

在表现形式上，《东方之子》采用了三种制作方式——

单一访谈式：主持人与人物在某一固定环境中交谈。背景多以演播室为主，还可利用家里和办公室。

访谈＋现场实录式：在主持人与人物的对话过程中，不断切入同期记录的人物活动；但这种纪实性段落必须体现人物的性格及其行为特点。

访谈＋现场实录＋解说式：如果人物背景材料丰富，为传达更多的信息，可在访谈加现场实录的基础上适当使用解说词。

在人物选择上，《东方之子》注意把握“焦点”，即被访人的独特的业绩与经历，以此作为整个交流过程的核心。它不以介绍人物的业绩和经历为主，不铺陈其成功或经历的具体过程，而着重展示人物独特的内心世界和感受。以写意方法从“焦点”切入，抓住若干主要方面，深入开掘，以点带面，勾勒出独特的人物形象。《东方之子》还注意人物具有的新闻性，但点到即止，不刻意渲染，以区别于常见的新闻人物专访。特别注意挖掘与展示人物未曾被发现的、有价值的、独特的“那一面”。另外，根据当今广大观众的基本需求，《东方之子》侧重揭示人物的“变化”，即对时代快速变化的应变能力、反应能力和相应的行为选择取向，给观众留下一种整体性的感受。

电视栏目的创意往往不能一蹴而就，而是需要一个不断发展的过程。以《生活空间》为例，《生活空间》在创办之初的策划思路，只是模仿《为您服务》定位在一个服务性质的栏目，教人怎么过日子，内容飘移不定，还没有找到自己明确的目标。在尝试了各种改版方案之后，曾有一段时间，定下了三个小板块：第一个板块是《健康城》——通过个案的发生传授健康知识。第二个板块是《红地毯》——文体明星的趣闻轶事。第三个板块为《老百姓》——八小时以外的生活。以上三个节目每个长度为 5 分钟，隔天插花播出。而天天播出的栏目只有两个，即《走天下》2 分钟——旅游节目，《话今日》1 分钟——历史上的今日故事。

1993 年 8、9 月份，《东方时空》召开了一个研讨会，在会上《生活空间》放了一个《老百姓》的故事叫《老两口蹬车走天下》(1993 年 8 月 24 日播出)，讲的是一对老夫妻退休后将旧三轮车改成多功能交通工具，骑着它到全国各地去旅行的故事。这个片子在会上引起了很大反响，有专家说，通过这个片子所看到的这种生活态度而得到的感悟，不亚于读一本书。这个评价引起了领导和制片人的注意，后来，又

加上其他原因的促进(如需要替代方案),就将《老百姓》打通做8分钟节目,在1993年11月8日,《生活空间》打出了自己的标版语“讲述老百姓自己的故事”——节目创意基本定型。

栏目的创意要出新,必须打破框框富于想象力,要在联想、意象的重组中创造机会。要善于反向思维、出奇制胜,超越习惯的思维方式。

创造学理论认为,创意构思是现实生活中并不存在而仅仅存在于头脑思维当中的东西。“人的每一项创意都是运用思维超越性的结果。创意的价值在于指挥人类的活动,当创意实现以后,物质世界就发生了变化。”常用的创意方法有——

(1) 头脑风暴法。这种方法就是“一种与传统会议截然不同的会议方式,给与会者创造一种智力互激、信息互补、思维共振、设想共生的特殊环境,并形成主动思考、大胆联想、积极创新的良好气氛,从而有效发挥集体智慧”。

头脑风暴法是美国创造学家阿历克斯·奥斯本由精神病理学术语引入创造学,随即为世界各国所推广应用的方法。这种方法的核心是高度自由联想。一般是通过小型会议让与会者提出各种构想,相互诱导,追求产生一种创造性的意念。

这种方法有两条非常独特的原则:一条是禁止批评,就是说在讨论过程中,即使是幼稚的、荒诞的、错误的想法也禁止批评,以避免“风暴”被削弱或被扼杀;另一条就是鼓励无所顾忌,无拘无束地自由思考、畅所欲言,思考越狂放,构想越奇特越好。

这种方法还提出一定的创造性设想的数量来保证创意的质量,并注意重视对各种设想的组合,做到每个与会者都要仔细倾听别人的发言,注意在别人的启发下及时修正自己不完善的设想,或将自己的想法与他人的想法进行综合,取长补短,再提出更完美的创意或方案。这种方法早已在我国广告策划中采用,现在在新闻媒体的策划中也比较流行。

(2) 核对表法。核对表法来源于著名的“奥斯本核对表”法,是在工商企业开发新产品时常用的一种创意法。即将影响事物的多种因素用文字或记忆的形式一一排列出来,以便更完整、更丰富地认识事物,找准策划的切入点。由于这种方法使用表式操作,所以叫“核对表法”。

我们在前面讲到新闻媒体定位的依据时,曾讲到北京电视台《北京特快》超越中央电视台《东方时空》的策划,就可用核对表法。策划前将《东方时空》的定位和一般新闻节目中的不足排列出来,最后确定《北京特快》栏目的超越是:从新闻量与新闻深度的结合上,满足观众对新闻栏目的需求和深度的渴望。

(3) 借用法。此法是借用别人的创意,模仿相似的节目,在内容与形式上加以改造而构成新的创意。像湖南电视台的《玫瑰之约》栏目,在它之前已有东方电视

台的《相约星期六》和凤凰卫视播出的《非常男女》，但由于凤凰卫视在很多地方未“落地”，而东方台又未上星，于是湖南台借着卫星覆盖全国的优势，模仿《非常男女》的男女派对的方式，借用长沙“弥赛亚”婚介所每周末的“玫瑰派对”的环节，成功地策划了一个“在电视上谈恋爱”的栏目，立即在全国引起巨大反响。

（4）改变法。此法对原有栏目的宗旨、定位、串联方式、主持人的形象等进行一定程度上的改变，有时会获得意想不到的效果。如《生活空间》栏目，原来是定位于服务型节目，后改用纪录片的方式“讲述老百姓自己的故事”，前后效果和影响大不一样。

（5）变大法。此法是在节目中加上一点内容，往往可以争取吸引一大批观众坐到电视机前。像湖南台的《快乐大本营》就是在节目里加进了抽奖的内容，才吸引了不少想碰碰运气的观众。

（6）减小法。此法是在节目中去掉一些不适宜的内容，反而会使节目定位更准确，目标观众更明确。如《东方时空》将原《东方时空金曲榜》减去后，使栏目真正成为“电视新闻杂志”。

此外，还有类比思维法，即根据两个对象某些相似或相同的特点，从而发现自己的发展空间，这对开拓策划思路具有一定的启示作用。

4. 策划方案（文本内容）

栏目策划的信息收集、创意构思、媒体定位完成之后，就要编制详细的策划方案，并付诸文本。策划方案的写作过程是一个完善策划思路、理清思路的过程。策划方案的文本还是供领导审批的重要依据。因此，策划文本的撰写也是关系到策划能否成功实践的前提因素。

策划文本的撰写因内容和形式而异，也因人的表述习惯而有所不同，“文无定法”用于此也是十分恰当的。不过，策划方案作为一种文书形式，经过许多策划人的实践，仍有一些基本规范是必须遵循的。其基本格式如下：

（1）封面：注明策划栏目标题，策划主体、策划时间等。

（2）目录：与一般书的目录一样，让人由一页而知全貌。

（3）序文（或前言）：主要涉及策划动机、主要特色等，力求简明扼要，一目了然。

（4）目标受众：根据受众年龄、性别、职业、居住地区、文化水平、兴趣爱好、消费水平和消费习惯等因素，可以用不同的标准将其划分为不同的群体，形成不同的受众需求组合。

（5）主要内容：这是策划书最重要的部分。内容因栏目策划的类别不同而有

所区别，应注意具有可操作性，避免学术化的阐释。

(6) 表现形式：包括风格定位。

(7) 运行设计：包括节目流程或组织运作。

(8) 经费预算：整个栏目运作的经费计划，力求准确，包括来源方案也可一并写在其中。

(9) 策划进度表：即把策划活动全部过程拟成时间表，何日做何事，标示清楚，以便策划实施检查落实，保证策划操作有条不紊地进行。

下面以美国著名商业类真人秀《学徒》(The Apprentice)的节目模式①为例，进一步分析和掌握节目创意设计的方法和步骤。

《学徒》于2004年1月8日在NBC开播，到2007年4月，已播出了第六季。一时间《学徒》的内容成为美国高层次消费人群中的话题，“你被淘汰了”(You're fired)成为美国商业写字楼中的流行语言。

《学徒》第一季在18至49岁人群中总收视人口达1 010万；第二季平均收视率为7.8%，总体收视人口(18—49岁)1 240万。2005年1月20日开播的第三季第一集收视率为7.4%，收视人口(18—49岁)为1 560万。

《学徒》在全球的影响力也迅速扩散，引起了广泛的“复制”风。

四、电视栏目创新的样本

(一)《学徒》内容设计

1. 主持人设计：某一领域的大腕做主持人

《学徒》主持人唐纳德·特朗普(Donald Trump)毕业于美国沃顿商学院，资产涉及不动产、博彩业、体育以及娱乐产业等。他与NBC联合拥有世界三大选美赛的电视版权。其经历是美国人成功的典型。他的经历和风格也成为《学徒》节目的重要看点之一。

节目的奖励——年薪6位数美元的职位，成为各位选手参与节目的最终目标。实际上，这也是特朗普公司的真实需要。特朗普拥有纽约及美国各地的大量不动产，随着新项目增加，公司需要能胜任的项目负责人。公司业务的发展为《学徒》胜者能获得诱人的奖金提供了保证。所以，主持人特朗普成为《学徒》情节的关键人物。在《学徒》淘汰选手的过程中，特朗普也会听取两名亲信的意见，但他作为公司老板的权威性，自始至终贯穿节目，他是一个随时能改变选手命运和《学徒》情节

① 鲍晓群：《节目模式报告》，学林出版社2007年版，第77页。

的人。

在《学徒》中特朗普除了主持人需要的老板、裁判身份外，他还表现出是一个社会活动家。比如，在节目中他除了会对选手在各个环节上的表现做出评判外，在第一季的节目片段中，他还有充满激情的演讲。

他本人的社会活动经验和著书立说经历，为他主持人角色增色不少，同时又在节目中得到了广泛的张扬。比如，在第二季中，选手们除了完成各种各样的商业挑战之外，也有完成诸如“为警察局的招募活动做宣传”这样的特殊任务，这些任务提高了特朗普热心公益的形象。

因此，NBC在节目开播前认为，即使这个针对相对高端人群的真人秀节目不能为他们在收视上拔取头筹，但特朗普本人的知名度足以引起大家的关注，他本人的故事应该会成为《学徒》的卖点，所以节目也应由特朗普担纲主持人。现在有业内人士认为，“特朗普”品牌的知名度已不亚于“可口可乐”或“百事可乐”。

2. 环节设计：竞技性的环节设置＋剧情式的故事情节

《学徒》在播出伊始就被认为是美国另类真人秀节目的代表。一般真人秀节目的基本特点是参与者之间互相竞争，逐一淘汰，最后获胜者赢得一个极大的荣誉或奖励（如《幸存者》和《阁楼故事》等），他们常常以性、冒险故事或浪漫史或蛮勇作为吸引观众的看点。而在《学徒》中，没有人为设置的碰撞、折磨等。《学徒》更接近世俗世界，特别是商业社会，是让现实中的生意场上的竞争者们走到一起进行一场脑力竞技，所谓的人生的梦想成为节目的诉求。《学徒》使真人秀节目的真实力量变得强大了。

（1）面试——选出具有可看性的参与者，展现他们的真实个性和思想。

《学徒》的成功要素在于参选人的可看性。第一季中的“学徒”们是从21万参赛选手中遴选出16位选手。《学徒》节目的制片人马克·伯内特（Mark Burnett）是非常有经验的真人秀节目制作人，这类节目的制作人也是“不用脚本”的导演。他最后确定的16名选手被特朗普称为“非常漂亮”的人，这些人的经历是被选上的重要因素。第一季冠军Bill在来应聘特朗普的公司之前有自己的软件公司，第二季的获胜者Kelly则是毕业于西点军校的高级人才。

值得注意的是，这些选手在屏幕上呈现出来的状态，在观众看来与影剧演员无二。每一位选手在面试的时候都有录像面试的环节，并不像通常的职位面试只看选手在现实生活中的表现。这或许是《学徒》能挑选到在镜头面前有表现力选手的办法之一。

在第一季中，一位最后被淘汰的女选手Amy Henry还因为她的美貌、幸运以

及在节目中的出色表现受到观众的追捧，甚至有人为她设立个人网站。

（2）“情节”设置——控制悬念的机制和环节，分组进入节目，并围绕不同商业任务竞赛。

《学徒》节目的基本竞技规则是，把选出来的选手分成两组，每一集，特朗普布置一个商业任务，宣布比赛规则和获胜的评判标准，然后限定时间决出胜负，胜方将获得奖励（比如，到特朗普的豪华私人俱乐部享受阳光午餐等）；输方将回到节目中的所谓“声名狼藉”的会议室接受评判委员会（评判委员会除了特朗普以外，还有他的两个老部下，这两个人负责观察选手的整个参赛过程）的询问，接着由领队率领两人接受最后的淘汰审讯，最终有一名被淘汰。

《学徒》也是个悬念环环相扣的真人秀电视。每一季的《学徒》有两个最主要的情节，一是谁会最后获得六位数年薪职位；一是哪支队伍更强。节目中的队伍组织和人的胜负就是《学徒》节目的基本悬念。

在第一季和第二季的《学徒》节目中，最初是根据性别不同把参与者分成两组，观众可以看到在商业活动中是否像《学徒》第一季开头的第一句话所言“纽约，是座男人的城市”。而在第三季中将《学徒》的参与者按照大学学历和高中学历进行分组，就是将队员分成“教育组”和“经验组”，并且主持人还透露了一个信息，就是目前“经验组”的收入比“学历组”高出三倍左右，从而强化了这一季的大悬念。

此外，节目还会加一些小环节，以控制整个节目的进展。比如，获胜队的领队可以在接下来的一轮免遭淘汰。

（3）剧情式的故事情节

《学徒》节目当中除了主要的悬念线索以外，还设计了各种情节冲突的副线。这种情节的产生并非像影视剧那样通过演员的表演来实现，而是通过对参与者的采访以及主持人的盘问等环节呈现在节目中。

如第一季第 12 集，两组队员除了“看谁以更高的价格把楼层出租出去”这个主要线索以外，还有四条冲突的副线。在这集中，共有五名选手，分成两组角逐胜负。Protégé 队中有比尔、克瓦姆和特罗伊，比尔是有着良好的教育背景的白种人，克瓦姆是有哈佛学位的黑人，特罗伊是没有很好教育背景的白种人。Versacorp 队的选手是漂亮的艾米和英俊的尼克。爱情、友谊、学历和种族这些美国人日常生活中的冲突在其中逐一展现。

① 爱情冲突线

艾米和尼克是这一季中的“绯闻选手”，突出这一情节的手段主要表现在以下几个方面：

a. 通过旁白。

在这一集的上集回顾中，旁白说道："艾米和尼克之间的浪漫感觉正在弥漫着。"在新的一集继续说道："艾米是否会淘汰掉尼克呢？特丽娜（上集中可能被淘汰的选手）是否会重提尼克和艾米的浪漫情事呢？"

b. 通过引导选手回答。

艾米紧接着上面的"旁白"说，"我并不知道自己对尼克的感觉究竟如何。或许我会去了解一下的。"编进片子的这段话也并没有否认两人之间感情存在的可能性。

c. 通过主持人来强调和引导。

在上一集，主持人特朗普询问可能被淘汰的选手：你认为尼克和艾米是否有男女关系呢？

弗西卡（选手）回答："几乎可以肯定。"特朗普（主持人）："真是太让人吃惊了。可是我没看见。现在我不得不说，我必须得看过去的表现，而艾米过去的表现十分优秀。所以我只好淘汰你了。"

在本集中，主持人在比赛开始以前公开两人的玩笑。主持人在宣布比赛规则的时候，谈到胜利方的奖励，看着艾米和尼克主持的节目时说："赢家在乘上王牌公司的飞机到人们心目中最奢华的私人俱乐部去。到佛罗里达的摩洛拉哥去，在帕尔姆海岸享用午餐。那会是顿很好的午餐，很浪漫的。你们要努力啊，或许就能去了。我不知道你们俩之间的关系。你们有关系吗？"

尼克："我们在生意上关系很好。有时她会找我聊聊天。"

特朗普："那太好了。答得好。祝你们愉快。"

在节目已经角逐出艾米和尼克获胜以后，他们获得了乘豪华专机去享用阳光午餐的幸运。主持人又一次提到这个情节。特朗普（主持人）："这架飞机真的好极了。尼克和艾米会过得很愉快的，如果他们真是情侣的话就会尤其愉快了。他们会成为情侣的。在飞机上他们会发觉的。我想他们最好别辜负了我的飞机。"

d. 通过采访选手之间的对话和反应来激起矛盾。

尼克和艾米的爱情关系在节目中也不是那么明确。因为商场（节目比赛）的残酷和各自从前的情感经历为他们两人的感情增添了不确定性。

在一开头，节目就展现了艾米对尼克的某些消极评价以及尼克的"反击"。在比赛前夜，尼克、艾米以及比尔都在会议室里，他们当时还没有分组，面临明天的选人。

艾米："我或许更喜欢尼克一些。但是比尔是个炒股高手。如果让我选择的话，我会选一个能让我离胜利越来越近的搭档。我想比尔可以做到。我想尼克也已经感觉到了，我觉得他还不够机敏。"

（尼克听了要走开，比尔追问）

比尔:“你又想上哪儿去呀?”

尼克:“她用不着在会议室说出来。因为我知道,她的角度是,我是不是个值得提防的人。可能她的信念就是她要赢。可能明天她就会忽略掉我了。”

通过这样简单的情节对照,两人之间的矛盾就显现了出来,而且,贯穿整个节目的商场如战场的理念也暴露无遗。在两个有可能是对手,并不能保证赢的时候,感情是被置后的。而在两人已经获得胜利以后,看似可以有进展的时候,尼克爸爸说的话非常明显地刺激了艾米(节目组为了给两位获胜选手惊喜,将尼克的父亲和艾米的妹妹接到飞机上与他们同行)。

穆斯(尼克的父亲):“艾米是个非常非常有魅力的女孩,她妹妹也是。但我必须提醒艾米一件事,尼克有一段不好的感情历史。”

艾米妹(问尼克):“你们俩在一起了吗? 你是单身吗?”

穆斯:“他有很多女人。”

尼克:“不不,我还是单身。”

穆斯:“那个不愿离开你的多娜呢?”

(艾米面露不悦的特写镜头)

尼克:“爸爸,你在说些什么呀。”

两人的爱情故事就是通过这样的方式渗透在节目当中,让观众不知不觉中进入角色。

② 友谊冲突线。

在这一队中,特罗伊和克瓦姆的友谊被明显地强调和描述,成为后面矛盾冲突的伏笔。

特罗伊,“克瓦姆和我建立了深厚的友谊。克瓦姆有着哈佛学位,他懂得如何与他人互动。所以我可以颇为自豪地说,我这次竞赛最大的收获就是有了个很亲密的朋友。”

克瓦姆:“我和特罗伊的确建立了一种关系,那是真正的友谊,所以我们会互相照顾。”

(特罗伊和克瓦姆的生活场景,两人互相看着装是否合适)

特罗伊:“领带和衣服配吗?”

克瓦姆:“蛮配的。颜色很配。”

比尔:“过去的四个星期中,克瓦姆和特罗伊建立了深厚的友谊,不管是从表面来看还是从内心来看,我会考虑给他们的关系打上满分。”

而在后来他们三人输掉比赛,必然有一人要遭遇淘汰时,特罗伊有选择谁和他一起留下接受淘汰的可能,特罗伊恰恰选择的就是他的好朋友克瓦姆。

特朗普："特罗伊，现在到决定的时候了。有人能够争到上位，有人要被踢出局，可能就是你。那么到底谁会夺得上位呢？"

特罗伊："我想邀请克瓦姆和我一起留在会议室，继续接受甄选。"

特朗普："别开玩笑，别开玩笑。噢，我非常惊讶。（对克瓦姆说）你的朋友挤对你。"

特罗伊："生意归生意，朋友归朋友。"

特朗普："那么，那好。比尔，你胜出了，祝你过得愉快。克瓦姆和特罗伊，你们也到外面去，过一会儿再回来。"

3. 包装设计：增加节目的剧情效果和悬念

节目包装非常强调《学徒》将给选手带来的成功。

（1）候选人的英雄式、明星式的包装

在每一集的片头，候选人都被用大幅照片以及快节奏的音乐打造成行业精英的模样。

（2）特别场景的凸显

在第二季中，主持人特朗普在宣布两组的组队和任务时候，都会站在"王牌世界大厦"的顶层，以突出"君临天下"的英雄主义效果。

（3）在失利队要宣布被淘汰的选手时，整个会议室的布置是非常阴森和凝重的。

在这一方面，中央二台的职场节目《绝对挑战》在雇佣方进行决策时的场景布置与此非常相像。

（4）音乐贯穿整个节目，或舒缓或紧凑，与情节的配合度极高。

（二）《学徒》运营设计

《学徒》经营的特别成功之处是在NBC、特朗普和参加比赛选手等方面创造了多赢的局面。

对于NBC而言，它靠这个节目在美国电视网晚间时段中位居前列；特朗普更是把他旗下所有的产业都亲自宣传了个遍，并且也为他的项目找到万里挑一的人才，更为有意义的是，《学徒》的热播使面临官司的特朗普至少在公众当中赢得信任分，甚至有人说："如果说与媒体的公共关系是一门艺术，特朗普把它变成了科学。"而参加《学徒》的诸位俊男靓女即使解雇了，也被商家看中，或者成为大众明星。

《学徒》是怎么做到这一切的呢？除了制片人和特朗普精心选择内容，并赋予其"美国梦"的积极意义以外，它与观众的互动、与广告客户的互动从《学徒》第二季的网站中可见一斑。

《学徒》网站中的内容非常全面，包括：在线申请、节目介绍、主持人、制片人介绍、节目跟踪、脚本、选手动态跟踪、观众民意的票选以及由节目而来的商业课程、剧情中相关的场景以及产品卖主链接。

与其说《学徒》的网站介绍是它自己的节目网站，不如说是所有有志于实现自己美国梦的人的俱乐部，所有这些内容都以非常直接的方式表现出来。

1. 网站上和观众互动

在线申请包括电话和网上提交申请，《学徒》的工作人员在 28 天之内造访美国 29 个城市。

网站上有各选手的彩色照片，被淘汰的选手照片变灰色。观众可以一目了然地看到选手的竞争状态。

2.《学徒》中的生活起居等相关产品的推广

节目中参赛选手的会议室、休息室、起居室乃至厨房卫生间都以奢华著称。在每集的片段转接中都有长达 1 分钟以上关于选手生活环境的展示。网站上有各个细节物品的产品展示。每张图片点击进入都有更加详细和精致的照片以及厂商和地址。网页上有专门的卖主介绍，有关家具生产厂家的网站和电话介绍。

3. 与剧情相关的商业课程

美国商业管理学会(AMA)根据《学徒》的情节进展，组织专家收看视频，并就其内容——展开简短而实用的组织管理课程的培训，他们每周在网上张贴这些课程的内容。这样的做法既能够满足《学徒》迷们的心理，美国商业管理学会也借此机会做一次推广(见表 1－1)。

表 1－1 《学徒》各集任务环节设计表

集数	任　务	内　　容	课程内容	品牌和行业
1	设计玩具产品	为世界知名的玩具制造商设计玩具，由厂方制作样品进行简单儿童测试，玩具制造商判定胜负。	如何召开一个成功的“头脑风暴”会议	美泰(Mattel)，玩具

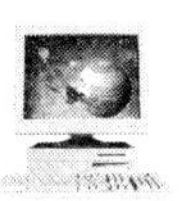

（续　表）

集数	任　务	内　　容	课程内容	品牌和行业
2	开发新口味的冰激凌并销售	为著名的冰激凌公司开发新口味的冰激凌，并进行销售，销售额高的队伍获胜。	如何做出正确的商业决定	芝高（Ciao），食品
3	推广新产品	每队有5万美元的预算，为“佳洁士”牙贴新产品上市造势，由宝洁公司的专业人士判定胜负。	怎样管理商业预算	宝洁（P&G），快速消费品
4	经营餐馆	每队配有一个厨师和一个空置的餐厅，第二天必须开张；有一家权威的行业调查机构从食物、服务以及装修风格三个角度判定胜负。	怎么成为一个受人尊敬的领导	Zagat（世界顶级消费者调查机构），餐饮业
5	定价并销售产品	到一家知名电子产品零售商处，挑选一样产品，对其进行定价，并销售，销售业绩高者获胜。	如何有说服力地进行销售	QVC（年销售量40亿美元），电子零售
6	设计服装	每队带一名时装设计师，完成一个设计，并在“特朗普”的时装秀上向买家推销，销售额高者胜利。	如何做出制胜的竞争策略	Trump（特朗普）服装行业
7	宠物服务项目开发	每队创造一个为狗服务的商业项目，获利润大者胜。	怎样建立凝聚力的团队	
8	举办活动	每队为纽约城市警察局举行招募活动，由广告公司来判定胜负。	怎样成为有激情的领导	Donny Dentsch，广告

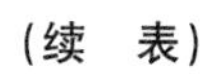
（续　表）

集数	任　务	内　　　容	课程内容	品牌和行业
9	房屋增值	每队有2万美元的费用花几天的时间改造一个公寓，提升公寓价值。最后由专业的评估人员来估价，决定胜负。	怎样解决冲突	Trump(特朗普)，房地产
10	开婚庆公司，并进行排他性销售	每队有一个开婚庆店的空间，设计商业项目，并进行排他性销售。	如何成为有效率的项目经理	Graff 珠宝赞助作为
11	改造旧产品	每队有 Levis 公司库存的牛仔裤，与公司设计团队沟通完成设计，由公司总裁判定胜负。	如何成功地委派代表	Levi's 服装
12	设计包装	为百事可乐设计新包装，并针对一种新口味进行营销，由百事的老板决定胜负。	如何和老板有效沟通	百事可乐饮料
13	制作并销售新糖果	为 M&M 销售一个新品牌的糖果，销售的糖果必须是亲自在该公司标准生产线上制作的。	如何营销新产品	M&M　巧克力
14	面试	只剩下两名选手的角逐，两人接受四家全球顶级公司老总的联合面试。	如何通过面试获得您想要的工作	
15	最后的考验	领导已经被淘汰的六名选手管理一个大型慈善运动会的细节工作，看谁领导才能更杰出。	如何成为顶尖的领导	

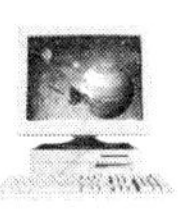

4. 大企业营销内容自然融入节目

《学徒》第一季主要是以特朗普的产业作为节目的资源，与此同时也为特朗普的各个产业做了广告。在第二季中，有报道称世界500强企业纷纷要求进入节目设计环节。

对于这些客户的回报，他们不但可以和一群追求梦想、高素质的美国年轻人的故事捆绑在一起，而且也可以免费地使用这些年轻人的商业头脑和能力。特朗普还安排了这些企业的老板在节目中共同担任评判，并且特朗普本人还会亲自为这些企业做强力的介绍和推荐……种种回报，令企业相当满意。见表1-1中的“品牌和行业”栏。

有评论说美国真人秀节目的类型走向是“收视下降了，但是内容更加健康了”，《学徒》是实现了收视和内容的双赢。

在普通观众看来，《学徒》更像是一部“美国梦”精神的影视剧。在节目收视方面，它已经可以与肥皂剧和情景剧抗衡；在节目形式和内容方面，它创造了一种新的真人秀模式；在商业运作方面，《学徒》获得了多赢的局面。

本章小结

- 电视栏目随着我国电视的诞生而起步，到目前为止已经历了三个发展阶段，即：探索、形成和发展阶段。总体趋向为：从电视专题向电视专栏发展；从栏目规范化向栏目个性化发展；从频道专业化向频道品牌化发展。
- 电视栏目的设置与策划，包括电视栏目的对象定位、内容定位和形式定位。定位的依据涉及栏目的外部影响因素（栏目的接受者、竞争者、控制者因素）和栏目的内部影响因素（栏目的人才资源、硬件资源和节目信息资源）。
- 电视栏目的创新要做到抢先机、蓄后劲、创名牌、占市场、重原创。在方法上，可以先采用模仿的途径，包括引进中的模仿、相似中的差异和跟进中的超越。在创新步骤上，要依次完成目标设计、信息收集、创意构思、撰写方案等。

思考题

1. 电视栏目的类型有哪几种？
2. 电视栏目策划定位的内容包括哪些？
3. 电视栏目设置的影响因素有哪些？
4. 电视栏目创新有哪些方法？
5. 分析某一名栏目的定位。
6. 查看一档境内外电视节目新形态。
7. 设计一档电视栏目并撰写策划方案报告。

第二章　电视专题与栏目分类

电视媒介的迅速发展，推动了电视节目的多样化发展和电视形态的多元化呈现，如不对之进行科学的界定与分类，很难适应我国电视专题节目的创作实践需要与科学管理。在我国首次对电视专题节目界定时，提出了十六字的指导方针，即“涵盖周全、分类准确、界定周密、表述精当”。

“涵盖周全”是要求分类条目基本上能类分现有中国电视专题节目，而且要求留有余地，不致顾此失彼，造成工作上的困难。

“分类准确”指分类条目（在文献分类法中称之为类目）的科学性，既能从类目体系中体现出它们之间的从属关系，又有科学的分野，工作起来有所依据，界限清楚，避免或尽量减少分类交叉，无所适从的状况。

“界定周密”对每一分类条目作出科学的定义，阐释它们的性质和特点。

“表述精当”文字表达要求精当。若表述不当，同样起不到周密界定的作用①。

根据上述指导方针，我国电视专题节目的分类采用按节目构成的表现形式作为分类标准，依次按三级类目分类。第一级分类按专题节目的构成分为四大类，即报道类（含纪录片）、栏目类、非栏目类和其他类，其中前两类与本书研究对象形成直接对应相关。第二级和第三级类目则分别按表现形式和该类的性质、特点分类。

第一节　电视专题分类

按中国电视专题节目第一级分类，有报道类和栏目类，其中报道类应视为狭义上的电视专题，俗称专题片。电视开创时期，习惯把较长的、较深入的新闻报道叫作电视专题片，而把专门就某一方面内容或对象而设立的节目（栏目）叫做电视专

① 杨伟光：《中国电视专题节目界定》，东方出版社 1996 年版，第 72 页。

题节目(栏目)。现在看来,这种称谓不科学,容易造成混淆。故而,本书将电视专题视为一种完整、独立的电视节目形态,即采用无虚构的艺术手法,对事实进行系统分析报道的电视节目——电视专题片[①],以此与电视栏目相区别。教育部关于广播电视专业主干课程《电视专题与栏目》在名录上也是将二者明显区别开来。在实际操作中,电视台往往将那些难以入栏的临时性节目,总是以专题片的类型安排播出,如2008年中央电视台播出的抗击雪灾的《雪战》、汶川抗震救灾的《震撼》。

电视专题片的称谓最早出现在20世纪70年代。1975年中央电视台社教部推出了几个专栏,将专栏里播出的片子称为专题片,1976年,在上海召开的全国电视工作会议上,此名称得到与会人员的认同,将此名称正式确定下来。之所以称为专题"片",是因为当时的专题节目由于摄影(像)技术所限,基本上是用胶片摄制而成的,因此借用电影片称谓,而将电视专题叫做电视专题片。随着时间的推移,到了90年代初期,中央电视台研究室组织部分专家界定中国电视专题节目时,由于其"涵盖面过宽,已经(接近)到了一个大部类专题节目的总称",因此,"在这次成文的界定中,没有重复列入。不可否认,各地电视台已经习惯于把新闻性较强的专题报道采用专题片报道的名称,在实际工作中,是否接受这些界定的分类方法,尚待实践证明"[②]。纵观这次"界定"后的十几年实践,不论是在实际制作中,还是学术研究中,电视专题片的称谓从未消失过,即便是中央电视台在近年来的节目播出中,也频频出现"专题片"的字样。就是在2004年中国最后一次广播影视年度大奖(此后每两年评选一次)中,中国广播电视节目奖优秀电视社教节目评比类别中,仍有电视专题片的评奖类别。在《中国广播影视大奖2004年度社教佳作赏析》(新华出版社2006年版)一书中,还专门收录了"2004年度优秀专题片评奖综述"一文。这说明,在实际创作中电视专题片作为明显区隔于电视纪录片和电视栏目的节目形态,确有存在和发展的必要。但为避免概念上的多义性,本文还是将电视专题片与狭义上的电视专题视为同一概念分类,这也符合业界创作实际和学界理论惯例。

由中央电视台主持完成的"中国电视专题节目界定",对第一级"报道类"的条目又细分为第二、三级分类条目,如表2-1。

---

① 石长顺:《电视专题片定义初探》,载杨伟光主编:《中国电视专题节目界定》,东方出版社1996年版,第197页。

② 夏之平:《历史的呼唤——谈电视专题节目界定》,载杨伟光主编:《中国电视专题节目界定》,东方出版社1996年版,第79页。

表 2-1　电视报道类分类条目

（第二级）形式分类	纪实型	创意型	政论型	访谈型	讲话型
（第三级）性质分类	新闻性 文献性 文化性 综合性	抒情性 表现性 哲理性 愉悦性	评述性 思辨性 论证性	对话性 专访性 座谈性	报告性 发布性 礼仪性

上述报道类的第二、三级分类与电视专题分类最为接近，因此，本书借鉴这一分类法，再对这些纷繁复杂的电视专题节目形态进行简约化的归纳，整理出以下两种分类，见表 2-2。

表 2-2　电视专题分类

形式分类	纪实型	写意型	政论型	调查型
内容分类	新闻类专题、社教类专题、文艺类专题			

一、电视专题的内容分类

以内容作为电视专题的分类依据，是与中国三大支柱电视节目相对应划分的，在电视界已基本达成共识。由于文艺类专题属于电视艺术学讨论范畴，因此，这里重点探讨新闻类与社教类专题。

1. 新闻性专题

新闻性专题即电视专题报道，是专题类新闻中侧重于进行深度报道的一种形式。报道对象必须是新近发生或发现的具有一定社会意义并有深度报道价值的人物、事件、经验和社会现象。新闻专题往往是多侧面、多视角、多层次地展现有关的新闻事实和相关背景材料，从中说明事实发生发展的来龙去脉，前因后果，并分析其现象与本质、内在条件与外在条件之间的相互关系，从而揭示主题的深刻意义。为加深对新闻性专题节目的印象，我们将近 20 年获中国广播电视新闻奖新闻专题特等(别)奖和一等奖名录列表如下(见表 2-3)。

表 2-3　我国历年获奖新闻专题统计表

时　间	获奖新闻专题	制作媒体
1986 年	一个盲姑娘的追求(特等奖) 从一个傻子屯说起 “倚剑玉龙、洗马金沙”	河北台 黑龙江台 重庆台
1987 年	让历史告诉未来(特等奖) 返乡梦初圆 重访大寨录	中央台 福建台 山西台
1988 年	祖国不会忘记(特别奖) 房子会有的——广州市“住房改革千家谈”启示 “红孩儿”现象的背后 爆炸后的爆炸	中央台 广东台 江西台 浙江台
1989 年	神兵天降八千三(特等奖) 浙江五匠遍全国 从大量农民工进城看城镇青年的就业意识	中央台 浙江台 山西台
1990 年	神州圣火 盐碱滩上送粮车	中央台及各省台 黑龙江台
1991 年	商战 择业与创业 遍地英雄遍地歌 灾区琅琅读书声	中央台、河南台 内蒙古台 江苏扬州台 安徽台
1992 年	邓小平同志在广东 迟发的报道 走向市场——一个养猪大户的抉择 来自病床上的报道	广东台 中央台 辽宁台 山西台
1993 年	潜伏行动 中国蓝盔——赴柬工程兵大队采访记 矿山小英雄张喜忠	中央台、海南台 中央台 太原台

（续　表）

时　间	获奖新闻专题	制作媒体
1994 年	三军战三江(上、下) 粤海情融天山雪 敬礼,为了鲜红的军旗	中央台 广州台 云南台
1995 年	难圆绿色梦 西海固连着中南海 胡富国——山西省委书记 第 10 世班禅转世灵童金瓶掣签仪式在拉萨举行 哈尔滨的孩子回家了	中央台 宁夏台 中央台 西藏台 陕西台、哈尔滨台
1996 年	兄弟情 人情猛于虎 郭韶翔——漳州市巡警直属大队队长	山西台、中央台 黑龙江台 中央台
1997 年	在大海中永生 还母亲河以清流 “麦德龙”冲击波 向“警车”亮起红灯	中央台 宁波台 无锡有线台 湖南有线台
1998 年	危险时刻——东航飞机 9·10 成功迫降纪实 国宝今安在	中央台 江苏台
1999 年	回归情——十八罗汉头像归晋记 面对歹徒	山西台 中央台
2000 年	重逢——韩朝离散家属 挑战生命极限 追沙溯源北行记	中央台 山东烟台台、中央台 北京台
2001 年	火烧湿地 被玷污的白衣天使	黑龙江台 中央台
2002 年	调查“神药”治癌 “百姓书记”梁雨润 抗洪中的脊梁	黑龙江台 山西台 陕西台

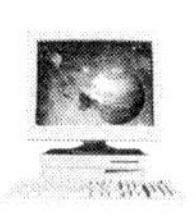

（续 表）

时 间	获奖新闻专题	制作媒体
2003 年	鲜火腿遭遇污染 一切为了“前线”——山东人民支援北京等疫情较重地区反抗击“非典”纪实 云南农村征地调查(一)：规被谁破	中央台 山东台 云南台
2004 年	惊心动魄 22 小时——北京警方破获吴若甫被绑架事件纪实 “香醋”为什么这样涩？ 违章也能办月票？ “6·3”邯郸特大矿难瞒报事件真相是如何浮出水面的？	北京台 中央台 辽宁台 湖北台
2005—2006 年	天价住院费 英雄岁月 长征颂 大国崛起(12 集) 好医生华益德 不容忽视的隐形“毒品” 谎言背后的感恩之旅 被遗忘的村落 沧桑正道——科学发展观纵横谈 神六追踪 难办的证件 一个农民和一部法律 不朽的医魂 好人丛飞	中央台 黑龙江台 云南台 中央台 解放军电视宣传中心 吉林台 河南驻马店台 湖北台 江西台、中央台 酒泉卫星发射中心电视台 成都台 河北台 深圳广电集团 辽宁台

表 2-3 是根据我国历年广播电视新闻奖获奖专题节目整理出来的。1986—2003 年，除注明特等(别)奖外，其余均为一等奖。从 2004 年开始，评奖不设等级，只设优秀电视专题奖。从 2005 年开始，由于评奖制度的改革，中国广播电视新闻奖合并到中国广播影视大奖中评选，每两年一次。由于此前从未有人对历年获奖专题进行过系统的整理，加之资料的搜集与完善具有一定的难度，因此，本表具有较强的史料价值，从中还可追寻到电视专题发展的历史轨迹，触摸到中国社会发展

的历史进程。

2. 社教性专题

社教性专题重在社会教育，是以思想和社会教育为主要特征的专题节目，其与新闻性专题的区别在于不强调时效性，而强调思想教育的针对性，虽然有时也采用现场录制的音像，但那只是用来阐明某一观点的论点和论据。社教专题主要融知识性、服务性、欣赏性为一体，突出在教、科、文、卫、法制、民族等社会领域中选题，制作出服务性和知识性见长的专题节目。下面以历年中国广播电视获奖社教专题节目为例，加深对社教节目的理解(见表 2-4)。

表 2-4　中国广播电视获奖社教专题节目统计表

时　间	社教短片	制作媒体	社教长片	制作媒体
1998 年	生命如歌 雪域情结	株洲台 中央台	为了农民的权利 塞上江南再放异彩	黑龙江台 宁夏台
1999 年	亲历——国歌奏响 和老师在一起的日子	中央台 黑龙江台	老夫老妻 冬日里的眷恋	中央台 威海台
2000 年	愚公云福祥 特殊家庭 村委会“大选”	中央台 荆州有线台 黑龙江台	世纪末的起诉 百年税票 戒毒者自白	湖北经视台 陕西台 中央台
2001 年	凉皮苗老太传奇 走出湿地 母亲	浙江台 黑龙江台 中央台	英苏 远山的瑶歌 我们的河流	北京台 湖北台、中央台 昆明台
2002 年	天地人家 大爷上岗 张玲兴和她的三位母亲	新疆台 北京台 江苏丰县广电台	爱的变奏 追寻往事 我的家	中央台 河北台 山东台
2003 年	专题片： 敢问苍穹 琴键人生——钢琴家许忠 中流砥柱			中央台 上海东方电视台 广东台

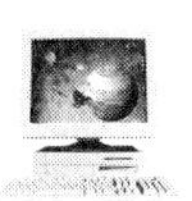

（续　表）

时 间	社教短片	制作媒体	社教长片	制作媒体
2004 年	特别专题：精彩中国 北京风情舞动巴黎 龙腾少林 单本专题：爱的谎言 红崖天书 八千里路云和月 系列专题：中国律师 学者 犹太人在哈尔滨 1943·驮工日记			中央台 北京台 河南台 中央台 福建广电集团 长沙台 湖北经济频道 山东台 黑龙江台 新疆台
2005 年	与新闻专题合并为“优秀专题”（详见表 2-3）			
2006 年	与新闻专题合并为“优秀专题”（详见表 2-3）			

表 2-4 的获奖电视社教专题节目统计是从 1998 年开始的，其原因是中国广播电视社教节目评奖是从这一年才开始按专题短片和长片评奖，而此前基本上是按栏目专题内容分类评奖，如社政类、文化类、人物类等。从 2003 年开始，又推出了传统意义上的专题片评奖类别，以此与首次推出的纪录片评奖类别相区分。2005—2006 年度再次改革，将电视新闻专题与社教专题节目评奖合并为“优秀专题”。从以上历年中国广播电视奖评奖类别的频繁变化看，说明了电视节目形态处于不断发展变化之中，因此，对其科学地界定与分类，还有赖于媒体实践的不断探索和理性的深化研究。

二、电视专题的形式分类

电视专题，就其功能来说，同时具备着提供信息、普及知识、社会教育和公共服务的任务，其容量较大，需要多种手法并用，这样，就产生多种表现形态。从表现形式上划分，可以区分为纪实型、写意型、政论型和调查型。

1. 纪实型专题

纪实型专题节目是指用自然、朴实的方法，真实地报道、反映社会生活和人文现象的电视专题节目。它具有较明显的纪实风格特征，特别注重采用采访拍摄的

方法,保持被摄对象形声一体化的表形结构,记录具有原生形态的生活内容,并通过对生活情状、文化现象或历史事实的记录,来揭示生活本身具有的内涵和意蕴。这种纪实型的专题节目,就是我们常说的电视纪录片。

电视纪录片是电视专题节目中的主要节目样式,适用于任何一种形态。如《潜伏行动》(表2-3)的跟踪纪录、《生命如歌》(表2-4)的人物抒情、《大国崛起》的鲜明政论(表2-3)、《天价住院费》(表2-3)的事实调查等。因电视纪录片的广泛适用性和国际通用性,加上其与电影同时诞生的悠久历史,使其早已成为一种独立形态,本书也将在第四章专门论述,因而在此不再赘述。

2. 写意型专题

写意型专题节目是指"在生活真实的基础上,渗透着创作者浓重的主体意识,具有较强的创造意识的电视节目。它注重营造诗一般的意境,抒发创作者的主观思想感情,蕴含着深邃的哲理意念,给观众以独特的审美感受"①。

写意型专题发端于我国电视创办初期的祖国风貌专题,盛行于20世纪80年代,衰落于90年代。

改革开放后,我国电视工作者的创作激情得以充分地阐发出来,一大批寄情于山水、洋溢着哲理的文化专题片纷纷推出,在社会上引起强烈反响。从80年代初期的《长白山四季》、《泰山》,到80年代中期的《话说长江》、《话说运河》,以及80年代后期的《西藏的诱惑》等,都在中国电视史上留下了光辉灿烂的一页。

《长白山四季》以长白山地区自然界四季的景色为表现内容,分别以《春赞》、《夏赏》、《秋颂》和《冬吟》四篇,来歌颂长白山春天的美好、夏天的清秀、秋天的绚丽、冬天的纯清。专题节目以诗一样的语言来赞美长白山四季,"春天,在积雪中。……像一双双细嫩的小手,抚摸着长白山冻僵的身体。""春天,在冰层下。……像一个个飘游的音符,奏出了长白山的旋律。"

《话说长江》于1983年8月7日在中央电视台开播后,很快就在观众中掀起了收视狂潮,这既有特定的媒介社会语境原因,也有该节目创作本身成功的因素。《话说长江》从长江源头说到长江入海口,按照长江的流向,串接起沿岸的风俗人情,抒写了一曲祖国山河与民族历史的华章。

《西藏的诱惑》更是大胆地以诗画(像)配,直接抒发了创作者主体的情感。专题节目中虽然也引入了四位不同身份到西藏考察的艺术家,但作品无意讲述他们的故事,而是将他们作为一种象征符号,说明了西藏对人的诱惑,是那样的强烈,那

① 杨伟光主编:《中国电视专题节目界定》,东方出版社1996年版,第13页。

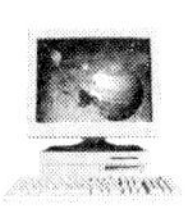

样的不可遏止，就“像旭日诱惑晨曦，像星星诱惑黎明”，“像山野诱惑春风，像草原诱惑骏马，西藏对人的诱惑，那样巨大，那样难以摆脱”。对于敢于追寻的艺术家来说，“我向你走来，捧着一颗真心，走向西藏的高天大地，走向苍凉与奔放。我向你走来，捧着一路风尘，走向西藏的山魄，走向神秘与辉煌”。该片编导刘郎以其独特的审美视角，对西部生活作了艺术的观照，将当代人的思考融汇于西部社会生活和自然景观中，着力抒发了对西藏的热爱，赞扬了西藏人民特有的朝圣精神。

这些写意型专题代表作，不仅丰富了人们的视听，更给广大观众带来了极大的审美享受。虽说随着 90 年代初电视纪实热潮在中国的兴起，使一批擅长于“电视文学式”的专题节目编导淡出了荧屏，但社会对于电视节目多样性的需求，仍然给写意型的电视专题留下了足够的空间，并仍有一定的受众市场，偶尔也会掀起一朵朵浪花。《西藏的诱惑》编导刘郎于多年的电视文学沉寂之后，偶尔也“纪实”了一部《傻子沉浮录》（六集，1996 年），同样取得了成功，这不仅证明了其既能写意，也能“纪实”，于是转而在 1999 年又以精美的文辞、精深的思想、考究的画面，精心编导出一部文化品位极高的《苏园六纪》、一部颇具“风骚”之味的《苏州水》（五集，2001 年）。在娱乐化的电视时代，这些作品仍然受到了市场的追捧，一度成为抢手货。这说明，电视受众的需求是多样化的，不能动则以世俗的眼光来评价、引导电视制作趋向，更不能低估受众的审美品味。在一个个电视潮流热过之后，不定哪天在荧屏上又会劲吹电视文化风。

3. 政论型专题

政论型的节目形态最早应追溯到电影纪录片的制作。在英语世界首次提出并使用“纪录电影”一词的英国人约翰·格里尔逊，他在 1929 年发起了英国纪录电影潮流，成为纪录电影的第一大学派，并为纪录电影的新学派奠定了理论基础。格里尔逊十分强调纪录电影工作者的社会责任感，强调把电影用于教育和宣传的目的。因此，当时的纪录电影主要被用来指“社会评论片”（film for social comment），这种传统被延续至今。2004 年 5 月 17 日，在法国戛纳电影节上首映，并获得戛纳电影节“金棕榈奖”的《华氏 9·11》，就是一部产生了巨大政治影响的政论式纪录片。该片编导迈克·摩尔曾毫不掩饰自己拍摄这部纪录片的目的，他要“让所有的美国人都知道布什发动对伊拉克战争的真相”，揭露布什政府发动伊拉克战争的真正意图，指出了美国对伊拉克发动的战争是一场错误的战争。

纪录片的这种责任与功能，导致了一种政治纪录片形态的产生，并成为纪录片最重要的品性。阿兰·罗森萨尔（Alan Rosenthal）在他的《纪录片的良心》（*The Documentary Conscience*）的导言中说：“纪录片应该被当作是改变社会的一种工具,甚至是一种武器。"①

作为电影孪生兄弟的电视,自诞生以来完全继承了电影纪录片的传统,在电视新闻与电视专题节目的制作中发扬光大,从早期的政论性专题《观察思考》、《迎接挑战》、《河殇》到近年来播放的《大国崛起》、《复兴之路》,都在社会上产生了广泛的影响。

政论型专题节目多取材于重大的政治题材,运用纪实画面、解说和采访谈话,对当前具有普遍意义的事件、问题或社会现象表示意见和态度,在舆论引导上带有鲜明的政治色彩。政论型专题节目一般有明确的主题,在思想见解、价值取向、情感态度、道德判断等方面,其主导的方向是明确的。它的思想与政治、情感与道德的倾向性,主要表现为对历史对人民负责,它所提出、解答、阐释的问题更多以探索性、启迪性、思辨性为特征。有时政论型专题则是评述客观现象,反映不同看法,希冀做到使真理愈辩愈明②。

政论型专题作为一种节目形态,是依据形式划分的一种电视节目类型,因此,它不是仅限于"政论"字面的政治性评论题材的节目,只要具备评述性、思辨性和论证性的评论特征,就都应包含在政论型专题片之中。政论型电视专题在我国电视媒体中一直占据着重要地位,每年一度的优秀电视新闻评奖中,均设有专门的新闻评论节目评奖类别,下面同样将我国历年获奖评论节目篇目整理如表 2-5,以进一步加深对政论专题的理解。

表 2-5　中国广播电视新闻奖部分获奖评论节目统计表

时　间	获　奖　评　论	制作媒体
1986 年	温州之路	中央台、温州台
1987 年	制止滥用公款吃喝(特等奖) 对 11·16 枪声的再思考	无锡台 上海台
1988 年	从一家工厂停产所想到的(特等奖) 潜在的危机——关于童工现象的思考	中央台 广东台
1990 年	丰碑的启示	中央台

① 转引自何苏六著:《中国电视纪录片史论》,中国传媒大学出版社 2005 年版,第 200 页。
② 杨伟光:《中国电视专题节目界定》,东方出版社 1996 年版,第 16 页。

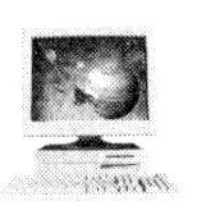

（续　表）

时　间	获　奖　评　论	制作媒体
1991 年	从民办企业招贤看国营企业养闲	陕西台
1992 年	市场不相信权力	陕西台
1994 年	“三国四方”何时拆除篱笆墙 和平：使沙漠变绿洲	黑龙江台 中央台
1996 年	穿越时空的崇高 与联合国秘书长对话	上海台 中央台
1997 年	罚要依法 中国之路	中央台 中央台
1998 年	粮食满仓的真相	中央台
1999 年	土地家庭承包经营不容动摇	云南台
2000 年	铲苗种烟，违法伤农 坡头镇的“橡皮”数字 莫把“脱困”当“脱险”	中央台 陕西台 辽宁台
2001 年	邪教本质、残害生命（特别奖） 违法收缴违民心 发票：期待“透明”	中央台 中央台 四川台
2002 年	造林还是“造字” 一项关于出生的法规“出生”以后	湖北十堰台 吉林台
2003 年	是谁让我坠入黑暗 下山扶贫扶了谁？	上海东方台 浙江广电集团
2004 年	变味的农民新村 是谁夺去这六十五条人命 限价医疗：“限”掉了什么？	广西台 河北台 山东台

时 间	获 奖 评 论	制作媒体
2005—2006 年	根除医药商业贿赂毒瘤 煤之痛 入世五年,大豆遇险 中国古典名著遭日本企业抢注商标的反思	中央台 山西台 黑龙江台 广东中山台

由于篇幅所限,表 2-5 只摘录了部分评论节目的篇目,将明显不属政论型专题的节目剔出,即便如此,上述篇目中,仍有一部分并不属于纯粹的评论片,倒是更接近电视调查报道。

政论型专题有"形象式政论"之称,它将客观的事实与主观的评价相结合,针对重要题材,诸如政法、社会、经济等问题,展开鲜明的叙事、说理,以最佳的判断,来表达时代精神和人民要求,体现鲜明的政治色彩和时代精神。

4. 调查型专题

调查型专题来源于报纸的调查性报道,它起源于 1906 年美国关于腐败和大公司导致的社会问题的深入调查报道,最著名的样本是《华盛顿邮报》记者撰写的关于"水门事件"的报道。自此,这种用调查方法写作深度报道的做法开始流行起来,以致一些有影响的报社专门设有"调查记者"的职位,专门挖掘那些他不挖掘就有可能被藏起来的消息,或是针对那些身处公众信任职位的人的疏忽及错误行为的有关报道。这种报道不仅仅是揭露"坏人",更重要的是解释一个人们已经有所认识的公共问题,或扩展公众对此的理解。

随着媒体间竞争的加剧,调查报道作为深度报道的一种形式,也为电视媒体所运用,最为成功的案例当数美国 CBS 的《60 分钟》。在我国,中央电视台的《新闻调查》、《焦点访谈》节目,基本上是采用调查报道方法制作的。

调查报道本应属于新闻类专题的范畴,它是运用各种调查方式对新闻性较强的事件作深入的专题报道。但由于这种体裁适用的广泛性、形态的突出性而被作为一种独立的类型进行专门的研究。如表 2-3 获奖新闻专题中的《追沙溯源北行记》、《调查"神药"治癌》、《云南农村征地调查(一):规被谁破》、《"香醋"为什么这样涩?》、《天价住院费》;获奖电视评论节目《粮食满仓的真相》、《是谁让我坠入黑暗》、《下山扶贫扶了谁?》、《限价医疗:"限"掉了什么?》等都是运用调查报道的方式制作的。调查报道在西方国家,不仅是媒体的资深记者才能担当此任,就是在各类

传媒专业书籍，或者传播课程设计中，都是单独设置的，因此，在本体例分类中，也将调查型专题与纪实型、写意型、政论型专题并列研究。

第二节　电视栏目分类

正确的栏目分类是搞好栏目策划的基础。面对众多纷繁复杂的栏目形态，需要从多种角度对其进行较为细密的分类和简约化的归纳与整理。从理论层面看，电视专栏的分类是对栏目形态进行归整，并对其所具有的内涵与范畴进行科学的概念表述。从实践上看，它对规范创作与科学管理，均有着重要的意义。

处于不断发展变化中的电视栏目创作，使电视专栏的分类也具有动态性，作为一种分析研究，栏目的分类并不是为了给创作实践设立越来越多的限定，而是以此为基础设立一个创作图版，让实践者既可按图索骥，又能在这种参照体系中不断追求创新，为完善栏目分类体系提供翔实的理论依据。

电视专栏分类，按照不同的标准，可以划分出不同的栏目类别。

一、按栏目表现对象划分

1992 年 11 月至 1993 年 11 月，中央电视台先后三次组织全国部分专家、学者，开展了“电视专题节目分类界定”的大型研讨活动。通过研讨基本统一了对界定标准的认识，拟出了专题分类条目，对分类条目及定义逐条逐目进行了分析。这项界定工作，在“涵盖周全、分类准确、界定周密、表述精当”的方针指导下，将电视专题节目分为四大类，即：报道类、栏目类、非栏目类和其他类。在栏目类下，再根据该类的性质和特点采用了不同的划分标准①。

表 2－6　电视栏目分类表

对象型栏目	公共型栏目	服务型栏目
军人节目	社会性节目	天气预报
青少年节目	经济节目	股市行情
老年节目	文化节目	节目预报
妇女节目	体育节目	广而告之

① 杨伟光：《中国电视专题节目界定》，东方出版社 1996 年版，第 3 页。

（续 表）

对象型栏目	公共型栏目	服务型栏目
残疾人节目 少数民族节目 港澳台节目 对外节目	科技节目 卫生节目	时令节目 示范节目

本着“界定周密”的指导思想，这次界定对每一分类条目给出了科学的定义，使之具有较为规范的内涵和外延限度。

所谓对象型栏目，是指面向特定对象播出并侧重表现特定范畴或兼而有之的专栏节目形态，一般根据观众的职业、年龄、性别、地域等特点分别设置。如按职业设置的对象型栏目有《人民子弟兵》、《当代工人》、《农民之友》、《商界名家》等；按年龄设置的对象型栏目有儿童节目《七巧板》、少年节目《第二起跑线》、青年节目《十二演播室》、老年节目《夕阳红》等；按性别设置的对象型栏目有《半边天》、《21世纪，我们做女人》、《天下女人》等；按地域设置的对象型栏目有少数民族栏目《民族之林》、港澳台栏目《天涯共此时》和对外栏目《中国报道》等。

公共型栏目，是指无特定对象、面向全社会广大电视观众的栏目。其选题应选择电视观众普遍关心的题材，如社会性栏目《焦点访谈》、《今日说法》；专门报道经济问题的栏目《经济半小时》；专门对文化方面的历史、现象、事件和问题进行探讨的栏目《百家讲坛》；专门报道体育活动的《体育世界》；传播科学知识、介绍科技成果的栏目《走近科学》；传播卫生知识的栏目《卫生与健康》等。

此外，在栏目类的二级类目中，这次“界定”还以功能为划分标准分列出了服务型栏目。由于对象型和公共型栏目都是根据服务对象的特点来划分的，显然服务类不能与之相提并论，本书将在另类标准划分中列出。

二、按栏目表现内容划分

原北京广播学院（现为中国传媒大学）电视系学术委员会1993年编写了一本《中国应用电视学》，其中对电视专栏采用了按节目内容分类的方法，把专栏分成新闻信息类、社会教育类、文艺类、体育运动类、服务类五大类别。

新闻信息专栏，主要指电视屏幕上传播新闻信息，分析、解释与评论新闻事实的各种新闻性栏目。它包括消息类新闻栏目，像《新闻联播》、《晚间新闻报道》等；

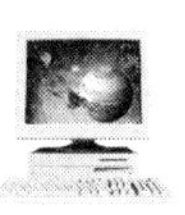

深度报道类的新闻栏目，主要是对当前具有普遍意义的事件、问题或社会现象进行评论之类的栏目，如“焦点”类的栏目。

所谓社教节目是社会教育节目的简称，即以传播科学文化知识，进行社会教育为宗旨的电视节目。它是涉及内容最为广泛、形式最为多样的一类节目。因此，社会教育节目最适宜以电视专栏方式同观众见面，以便有效地组织收视。

社教类专栏按题材和内容可细分为社会政治类，即反映一个时期内重大社会问题、社会现象、重大政治事件、历史事件等为内容的栏目；文化教育类，即以文学、艺术、音乐、舞蹈、美术、戏曲等方面的人物和事件为主要题材的栏目；经济类，即以经济信息、经济政策、经济活动、经济服务为内容的栏目；科技类，即以报道科技信息、传播科技知识、宣传科技人物、推动科技进步为宗旨的栏目。

文艺类专栏是中外电视媒体都非常重视的领域，也是满足广大观众娱乐需求最重要的节目形态。它主要是对舞台上或演播室演出的各种文艺节目进行二度创作，既保留原有艺术形式的审美价值，又充分发挥电视特殊艺术功能。按照《中国应用电视学》的分类，电视文艺专栏又细分为三大类：欣赏性专栏、综合性专栏和竞赛性专栏。以中央电视台第三套节目改版(2000年)为标志，综艺频道较为全面地体现出了文艺专栏的设置情况。这次改版以创作精品栏目，繁荣电视文艺为宗旨，融戏曲、综艺、音乐、资讯服务、文学、谈话、歌舞、广告包装等各类节目为一体，设置了丰富多彩的文艺栏目。

随着电视节目形态的发展，仅以文艺节目来代表娱乐性节目显然不恰当了，比如当代电视热潮中的真人秀类节目就很难用“文艺”类概括，还有更多的游戏类节目也不符合“文艺”的标准，因此，本书拟用“娱乐节目”替代“文艺节目”类，以更符合中国电视的现实状况。

服务性专栏是近年来较为活跃的栏目之一。这类节目是指那些实用性强，采用传信息、做咨询、当参谋、反映群众呼声等方式，为帮助社会各界解决各种实际问题提供方便，对受众的心理和生活需要有直接影响作用的电视节目。这类节目原归类在社教节目类。现在，随着社会的发展和人们对高品质生活需求的增长，相应的电视节目也急剧发展起来，并已具备了单独划类的条件。

服务性节目，根据不同的标准又可进一步细分。如依节目形态可分为单项型服务节目和综合型服务节目，前者如烹调类节目，后者如《为您服务》。另依功能划分标准，又可分为指导型服务节目，如养花、电视直销类栏目；公益型服务节目，如《股市行情》、《节目预告》等；广告型服务节目，如《都市消费》等。

关于体育运动专栏，由于在公共型专栏中已有涉及，因此这里不作详述，有关体育运动专栏的设置情况，可以从各电视媒体的体育频道中得到更为全面的了解。

三、按栏目表现形式划分

研究电视的表现形式，不能不解析电视专栏，因为它囊括了所有的电视形态；研究电视表现形式的多样化，也不能不解析电视专栏，因为它是最能融合多种表现形式，以致不断衍生出五彩缤纷的全新组合形态。如果把电视栏目的表现形式罗列出来，将是一个十分庞杂的体系，且因为有些栏目对多种表现形式的兼容，很难用一个界定比较清晰的形式概念将其归类阐述。因此，这里只将电视专栏最基本的形式类别做一些分析，以便在各种电视专栏的解析中，进一步了解这些基本形式和体裁的适应性，并希望以此作为开拓电视专栏创作新思路的基点。

1. 电视纪录片式

电视纪录片是电视专栏节目中最基本、最常用的形式。它是“以摄像或摄影手段，对政治、经济、军事、文化、历史事件等作比较系统完整的纪实报道，并给人以一定的审美享受的电视作品。它要求直接从现实生活中取材，拍摄真人真事，其基本报道手法是采访摄像或摄影，即在事件的发生发展过程中，用等、抢、挑或追随采撷的摄录方法，记录真实环境、真实时间里发生的真人真事，在保证叙事报道整体真实的同时，要求细节真实”①。

电视纪录片作为电视专栏最常用的体裁，与我国电视诞生之初的节目单一形态有关。直到20世纪80年代中期，绝大部分电视媒体的栏目，仍基本上是由专题片充任。关于电视专题片，在理论界有一种倾向把它归入电视纪录片，认为是同一类别的两种表现手法，电视纪录片更趋向纪实性，电视专题片则趋向表现性。至于二者的区别，我们在第三章会进一步详细解析。由于当时电视专栏几乎可以等同于电视专题片，因此，电视专栏的单一结构形态保留至今。现在，许多电视专栏就是由完整的电视纪录片构成，像中央电视台的《见证》、北京电视台的《纪实天下》、上海电视台的《纪录片编辑室》等。

电视纪录片作为电视专栏最常用的表现形式，以其鲜明的纪实性，受到了当代电视工作者的青睐，无论在哪一类电视栏目中，我们都可以看到纪实手法的成功运用。像新闻栏目的《焦点访谈》、《新闻调查》，社教类栏目中的法制节目《法制在线》，经济类栏目《经济半小时》，生活服务类栏目《生活》中的原子栏目《消费调查》等。即使在文化娱乐栏目中，也大量运用纪实报道手法，如美国真人秀节目《生存者》、湖南电视台的《超级女声》等。

① 杨伟光：《中国电视专题节目界定》，东方出版社1996年版，第8页。

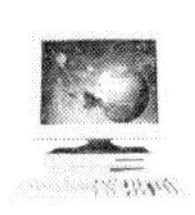

2. 电视访谈式

电视访谈式节目是继娱乐节目热之后，在当今电视台最为活跃、最普遍使用的节目类型之一。电视谈话节目作为电视专栏中重要的形态之一，不仅适用于新闻的深度报道，而且还大量应用于教育性、知识性、服务性甚至娱乐性节目。

电视访谈节目是"以访问、谈话的形式展开叙述视角，表现鲜明主题的"，"大都带有强烈的主观色彩，有比较明确的目的性。因内容相对集中、单一，结构连贯，国外称之为'话题节目'(talk show 译为脱口秀)。它以具有一定程度的交流感为特点，要求公允待人、平易近人、亲切感人的说理态度，通常选热门话题，顺应观众思路，针对疑问展开论述。由于交流、启发加强了观众的参与感，使节目生动活泼"①。

电视谈话节目在 20 世纪 50 年代兴起于美国，现在谈话节目已占全部电视播出时间大约 1/3 的比例。在我国，据统计，早在 21 世纪初就已有 179 个谈话类节目②。

从现有谈话节目的创办宗旨看，电视谈话栏目的内容主要有以下一些：时政话题，如河北电视台的《国人笑谈》；社会话题，如湖南电视台的《有话好说》；经济话题，如中央电视台的《对话》；市民话题，如上海电视台的《有话大家说》；女性话题，如湖南电视台的《天下女人》；人生话题，如凤凰卫视中文台的《鲁豫有约》等。

从谈话方式看，电视谈话栏目有讲座式，如中央电视台的《实话实说》；辩论式，如凤凰卫视中文台的《一虎一席谈》；访谈式，如凤凰卫视中文台的《时事开讲》；对话式，如中央电视台的《对话》等。

从谈话场景看，有演播室内谈话节目，像上面介绍的一些节目，也有演播室外的谈话节目，如中央电视台的《当代工人》等。

可以预测，随着让媒体主导一切的"电视时代"的过去，一个与公众平等对话、开放交流沟通的电视时代必然会到来，在已经可见的媒体"对话"中，预示着电视的"脱口"一定会普遍"秀"起来。

3. 电视杂志式

电视杂志式节目最早由美国全国广播公司(NBC)西尔维斯特·韦沃(Sylvester Weaver)创立，他于 1952 年和 1954 年先后开办了《今天》(*Today*)和《今晚》(*Tonight*)两个杂志型新闻节目。这种节目就是在一个统一名称的栏目下，由几个相对单独的节目单元组成。当时，这两个栏目除了报道一些动态消息外，还

① 杨伟光：《中国电视专题节目界定》，东方出版社 1996 年版，第 19 页。
② 何树青：《一切都是对话》，载《新周刊》2001 年第 9 期，第 31 页。

对国内国际重大新闻事件作深入报道，进一步介绍事件发生的来龙去脉和可能产生的影响。之后，这种形式的节目对美国乃至世界电视节目的发展都产生了重大影响。

到了20世纪60年代，是杂志型新闻节目蓬勃发展的时期，先后诞生了一大批名牌栏目，像美国CBS的《60分钟》、ABC的《20/20》、《黄金时间实况》等。

我国中央电视台最早于1987年1月开办了《九州方圆》大型杂志节目，由于内容过于庞杂，最后以失败告终。现在中央电视台较为成功的杂志型栏目为《东方时空》，该栏目曾在1995年、1996年两度被评为中国名牌栏目。

杂志型栏目，是运用多种表现手法，包含多种内容与形式的一种电视节目。它借鉴杂志手法，将长短不一、表现形式各异的专题节目，按栏目的宗旨加以取舍，有机地组成一个定期定时播出的单元。一般由固定的节目主持人主持播出。在结构上，杂志型节目还设有若干小栏目，相对固定地播放某类节目。小栏目之间多以板块结构方式组接贯穿，故而生动活泼、富有节奏变化、具有较强的吸引力。在我国电视节目开始实行栏目化运作的时候，大都以杂志式编排结构出现，所以当时也有"电视节目栏目化、电视栏目杂志化"一说。

杂志型栏目最大的特点是"杂"，在内容上丰富多彩，新闻性、知识性、服务性、趣味性的内容应有尽有。在形式上，多种手法交叉运用，或报道式，或访谈式，或纪录片式，皆为"我"所用，不拘一格。总之，只要是符合栏目主旨，便于表达主题内容，形式上可以灵活多样。如调查报道式，既可在新闻性杂志节目中采用，又可在服务性杂志节目中采用，前者有美国CBS的《60分钟》，后者有我国中央电视台的《生活》栏目，皆为调查报道的成功例子。

杂志型栏目的"杂"，由于其内容上的包容性和形式上的灵活性，被各电视媒体的栏目广泛采用，极大地丰富和活跃了电视节目。但是，杂志栏目中的"杂"，并不意味着杂乱无章，而是要"杂而有序"。从形式上看，杂志栏目由各个子栏目构成，显得有点"杂"，但各个栏目都以其明确的栏目定位而相对固定下来，并以板块化的结构编排，界限清晰、明白，杂而不乱。有的栏目在设计之初，为了求得栏目的丰富性，往往设计十几个子栏目，在固定的播放时间内"轮流坐庄"，这并不是理想的杂志型栏目，这样的栏目也不可能形成稳定的收视群体，其影响力也会大打折扣，不宜提倡。

本章小结

电视专题节目根据报道内容和报道形式的不同，可以分别划分为新闻性、社

教性专题和纪实型、写意型、政论型、调查型专题。

电视栏目的分类是电视节目策划的基础。按照栏目表现对象、表现内容和表现形式的不同，可以划分不同的类别。按栏目表现对象可划分为对象型和公开型栏目；按栏目表现内容可划分为新闻、社教和文艺、服务性专栏；按栏目表现形式可划分为电视纪录片式、电视访谈式和电视杂志式。

思考题

1. 电视专题的类型有哪些？
2. 何为公共型和对象型栏目？
3. 按栏目表现内容可划分为哪几类栏目？
4. 分别概述电视纪录片式、访谈式和杂志式电视栏目的特征。
5. 请将中央电视台第四套节目的各类节目分别按类型整理表述。

第三章　叙述型电视专题：专题片

叙述作为一种话语方式，在电视节目制作中被广泛运用。而话语本身也是一个非常宽泛的术语，它通过语言的扩展，可以覆盖到非文字语言，包括电视画面语言。叙述的含义在叙事学中与叙事一词是可以通用的同一概念，但在这里，叙述则强调一种以述为主的话语方式。

叙述型电视专题是从电视实践中发展起来的表达系统，其目的是表达或传播关于某个重要主题域的一套连贯的意义，这些意义产生于不同电视话语的组成方式。只要这样的话语是由电视制作产生的一套常规所构建，而这套常规又被媒体业与受众默认与接受，它们就常常会变成固定的格式，尤其是在电视媒体上如此。

20世纪80年代，在我国以叙述型为表征的电视专题片，成为电视节目的主要支撑，只是到了90年代初期，由于纪实热潮的兴起和中国电视专题节目的理论界定，专题片这个名称才逐渐被淡化。但到了2003年，以中国广播影视大奖为标志的国家政府奖，在评奖项目的设置上，重新将电视专题片与纪录片分设奖项，这是尊重电视实践、尊重中国特色的电视理论体系的重要表现。

广义的电视专题应包括纪实型、政论型、调查型专题片，为了深入探讨与分析，本书将与之相对应的叙述型专题区别开来，设专章研究以解说词话语为主导的叙述型电视专题，包括新闻性、社教性、散文性电视专题。从本质上看，调查性电视专题应当属于新闻性专题的范畴，但由于调查性报道的普适性和突出性，将单列研究。

第一节　专题片的类型

电视专题片按内容的不同，可以划分为新闻性、社教性和散文性专题，与此相适应，电视专题片也就分别具有上述特征。

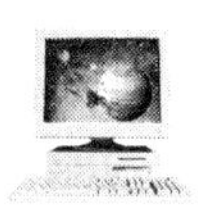

一、新闻性专题

新闻性专题区别于其他专题节目的主要特征在于：它必须围绕新闻事件或新闻人物展开，并尽可能及时编制播出。

2008年初春，在中国南方部分省市，遭遇了一场百年不遇的罕见的雪灾，冻雨形成的冰柱对电力传输线路造成了毁灭性的破坏，南北要塞的京珠高速公路、京广铁路也一度中断，以致上百万人滞留于广州火车站和公路沿线。湖南告急！贵州告急！广州告急！这场突发灾害危机事件牵动着全国人民的心，军民共同开展了一场抗击雪灾的"雪战"。中央电视台和相关省市电视台也同步开展了一场雪灾危机直播报道，对沟通信息、稳定社会、激发爱心、抗击雪灾起到了不可替代的重大作用。在大量新闻报道的基础上，中央电视台利用抗击雪灾报道的新闻素材，及时编制播出了三集新闻专题《雪战》——第一集《暴雪突击》、第二集《千里融冰》、第三集《雪寒血热》。专题片集中呈现雪灾危害怵目惊心、军民雪战振奋人心、全国支援温暖人心。

雪灾刚过，"5·12"四川汶川大地震又爆发。2008年5月12日14时28分，北纬31度，东经103.4度，山崩地陷、江河呜咽。8.0级的强烈地震，将百万生命推到生死边缘，近10万人死亡和失踪。这场新中国成立以来破坏性最强、波及范围最大的一次地震，震惊了世界。与此同时，中国开展了一场气壮山河的生命大救援，其间迸发出的世所罕见的中国速度、中国力量、中国精神也感动了世界。

然而，在这场抗震救灾中，另一个震撼世界的是中国传媒，尤其是电视传媒的快速反应、公开报道，让世界瞩目。在这场信息传播中，电视新闻工作者刷新着中国传媒对重大事件的报道模式，中央电视台、四川电视台等媒体对汶川大地震全程进行了24小时不间断的连续性直播。当救援、救灾还在同步进行时，中央电视台及时制作了六集新闻专题《震撼——汶川大地震纪实》：第一集《灾难突降》、第二集《挺进孤城》、第三集《生死竞速》、第四集《托起希望》、第五集《生命礼赞》、第六集《大爱无疆》。《震撼》专题片以震惊世界的大地震为题材，以灾难的震撼、救援的震撼、爱心的震撼、生命的震撼再次"震撼"着观众。该专题运用大量的新闻直播和现场报道镜头，以最直接的影像语言叙述了地震发生后全国人民支援灾区的真实场景和一个个感人的故事。节目一经播出，便创下了同一时段的最高收视率，并获得观众好评。

新闻专题的新闻性不仅在于所报道事件和人物的时新性，而且还在于新闻专题能够把握住时代的脉搏，抓住社会中的"热点"问题进行深入的挖掘。表2-3中所展现的题材，如《商战》之所以能获得全国大奖，其关键因素即在于此。

新闻系列专题《商战》由中央电视台和河南广播电视中心联合摄制，这是一部自改革开放以来，第一次全方位、多侧面、客观而深刻地反映我国商界在深化经济体制改革中开展市场竞争的专题报道。该系列专题共分六集：第一集《烽烟突起》、第二集《公关大战》、第三集《广告大战》、第四集《价格大战》、第五集《服务大战》、第六集《环境大战》。新闻专题《商战》把郑州股份制企业亚细亚商场同其他五大商场之间那种"兵来将挡，水来土掩"、明争暗斗、扑朔迷离的情景真实而生动地展示给观众。其意义就在于，《商战》制作者能够在当时进一步深化改革、搞好国营大中型企业，转换企业经营机制、逐步把企业推向市场的背景下，从宏观着眼，从微观入手，以敏锐独特的视角抓住了郑州商战这个典型，通过解剖郑州六大商场"商战"的典型事例，向我们揭示出深化经济体制改革中具有普遍意义的问题。

二、社教性专题片

社教性专题片与新闻性专题片相比，新闻性并不突出，它所强调的是社会性与教育性，兼具知识性与服务性。与此相对应，中国广播电视新闻奖评选，每年分为两大系列专题评选：一是新闻类，二是社教类。社教类专题评奖通常按专题的长、短分为短片与长片评奖。2005 年后，中国广播电视新闻奖改革为中国广播影视大奖，每两年举办一次，且将新闻专题与社教专题合并为"专题"评奖项目。

从 2005—2006 年度电视专题获奖的 14 个节目中，自然可以清晰地分辨出新闻与社教专题等节目，见表 3－1。

表 3－1　中国广播影视大奖获奖电视专题节目表(2005—2006 年)

新闻专题	"神六"追踪
社教专题	英雄岁月、长征颂、一个农民和一部法律、好医生华益慰、谎言背后的感恩之旅、不朽的医魂、好人丛飞
政论片	大国崛起、沧桑正道——科学发展观纵横谈
调查报道	天价住院费、不容忽视的隐形"毒品"、被遗忘的村落、难办的证件

从表 3－1 看出，新闻性专题《"神六"追踪》具有较强的新闻性，它追踪报道了 2005 年 7 月 13 日—10 月 12 日"神舟"六号飞船，从抵达酒泉发射中心开始到发射成功的全过程。而社教性专题，除了具有较强的时代精神外，毫无"时新"性可言。如文献性社教专题片《英雄岁月》和《长征颂》分别叙述了 70 年前的抗日战争和红

军长征的故事。《英雄岁月》讲述了东北抗日战争隐蔽战线英雄的故事，如第一集“刻在大地上的红色档案”，讲述的是共产国际情报组织中国支队对日本军事情报进行侦破，对打击日本和阻击日本进攻苏联起了重大作用。《长征颂》更是给我们讲述了一些长征途中闻所未闻的故事：为了保证长征途中女红军即将分娩的生命，首长下令“打出2小时生孩子的时间”；几百个红军战士在经过异常艰难的过草地、吃皮带的生活后，却熬不到长征胜利的最后一刻，几百个战士在草地上相倚背靠、席地而坐，永远定格在黎明之中，无一人苏醒。这一个个鲜活的生命，犹如一尊尊不朽的雕像，永远活在人们心中，它给观众带来极大的心灵震撼，它使我们认识到，今天幸福、稳定的生活的确来之不易，它是由千百万战士的鲜血和生命换来的，应当倍加珍惜、万般呵护！由此，这类专题片的社会教育意义显而易见。

社教专题的社会性体现在题材选择的广泛、多样性上，即使是历史文献题材，也要与时代紧密联系，蕴含着当代精神。在人物专题报道中，要突出人物的精神风貌和社会示范作用。表2-4中的社教人物专题《凉皮苗大娘传奇》讲述了一个普通老大娘，为使大批下岗职工走出困境，脱贫致富，无私地将自己的绝活手艺传给一群下岗工人的事迹。该片从平凡人物中发现典型，在普遍性中寻找特殊性，塑造了苗大娘扶弱济困的形象，使作品具有强烈的感染力和冲击力。

社教专题从社会现实出发，注重题材的贴近性：贴近生活、贴近实际、贴近群众，反映社会焦点，紧扣时代脉搏，弘扬社会正气，与社会政治、经济、文化及社会现实生活同步发展，在引导社会风气、推动社会和谐发展方面发挥了重要的不可替代的作用。

三、散文性专题片

20世纪80年代，如果要问主导中国电视潮流的专题节目是什么？那么，可以毫无疑问地回答是散文性电视专题。一大批优秀电视节目将散文性专题片推向顶峰，像《话说长江》、《话说运河》、《让历史告诉未来》、《西藏的诱惑》等等。

散文性电视专题注重电视片的文学性、抒情性。不论是山水风光，还是历史文献，或人物素描，其专题表现的不在“事”，而在于以“事”抒“情”，借“景”写“意”。散文性专题的主观表达与新闻性专题的客观叙述形成强烈的对比，其解说词的写作往往采用诗、歌、散文的笔法创作，文学性十分突出，如果抛开画面语言，电视散文性专题的解说词就是一篇散文或一篇长诗。

《话说长江》可以称得上是散文性专题的扛鼎之作。1983年8月7日开始，中央电视台在每周日晚上黄金时间播出25集电视专题片《话说长江》，播出时间长达半年之久，其受欢迎的程度是“空前”的。一方面，与当时的媒体环境有关；另一方

面,《话说长江》优美的画面、精彩的解说为该作品增色不少。《话说长江》从长江的源头开始,顺流而下,分集介绍了长江沿岸某一地区的山水风光、历史文化和风土人情。该片既没有曲折的故事,也没有贯穿始终的中心人物,但它却以充满激情的想象,将唐宋诗词与沿岸风景民俗融为一体,构成了一幅壮丽的山川河流图景。

继《话说长江》之后,1986 年 7 月 5 日至 1987 年 3 月 28 日,中央电视台又连续在 9 个多月的时间里,定时播出了 35 集的《话说运河》。这部片子吸取了《话说长江》的经验,在文学欣赏性上进一步下工夫,专门邀请了京杭大运河沿途四省二市的著名作家、艺术家参与创作。他们站在文化的高度来撰写专题片解说词,并以哲学家的睿智和历史学家的深厚来审视运河的历史与现状,为作品增色不少,同样创造了较高的收视率。

20 世纪 80 年代,以中央电视台《地方台 50 分钟》栏目(后改为《地方台 30 分钟》)为平台,安排播出了一大批以散文性见长的电视专题,同时也成就了一批优秀的电视专题编导。像原青海电视台的编导刘郎(现为浙江电视台编导)的代表作《西藏的诱惑》;湖南电视台编导刘学稼的代表作《湘西,昨天的回响》;新疆电视台的编导章德益、李光明的代表作《明天的浮雕》等。这三个电视专题片分别被誉为电视文化片、电视散文片和诗化的电视报道的经典之作。尤其是《西藏的诱惑》,可以称得上是散文性电视专题的典范。该作品创作于 1989 年,时长 50 分钟,作品辞藻华丽,不囿于客观的再现和平铺直叙的介绍,而着力于主观情感的抒发,对西藏教徒“朝圣”精神的赞美——“人人心中有真神,不是真神不显圣,只怕是半心半意的人”。该作品画面优美,但不囿于西藏秀丽山川的展现,而是通过四个艺术家的西藏之旅,着力表现了西藏对人的诱惑是“那样的强烈,那样的不可遏止”。“像山野诱惑春风,像草原诱惑骏马”,“像旭日诱惑晨曦,像星星诱惑黎明”。编导刘郎以他的作品写出了他对西部生活的独特观照与感受,他不仅将自己的思考融汇于西部社会生活和自然景观之中,更是透过西部的山水风情,揭示了西部文化的性格、气质和精神境界。

到了 90 年代,电视纪实潮的兴起和综艺节目热,使散文性电视专题逐渐淡出人们的视野,尤其是随着一些电视批评文章对该类电视专题的责难,让人觉得这种文学性极强的电视专题将会永远退出电视媒介市场。未曾想,新世纪之交,刘郎的专题作品《江南》(1998 年,六集)、《苏园六纪》(1999 年,六集)和《苏州水》(2001 年,五集)所引起的强烈反响,似乎又让人看到了这种散文式电视片的希望。这说明,多样化的题材与风格仍然是当代电视观众的期望,高品位的审美作品同样有着较大的受众市场。《苏园六纪》一经播出,即成为苏州街谈巷议;《苏州水》的播出,也赢得了一些批评家的热情赞扬。

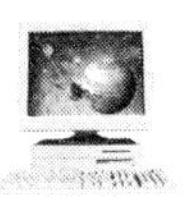

编导刘郎在《苏州水》[①]的编导阐述中曾这样谈到了他的创作意图和结构：

“苏州寻水”

（一）

置身于寒山寺的晋明塔作姑苏远眺，有看不尽的城烟水霭。在这样一个“浪下三吴”之地，到处都是水，难道这水还要“寻”吗？

本片要寻的，不仅是具象的水、现实的水，而且是历史的水、文化的水。水文化是吴文化的放大，苏州城是水文化的浓缩。我们要寻的，是一座已有2 500年悠长历史的文化名城的精魂。

苏州的水域很阔大，但浓缩到一座园林里，却不过是一泓之水；苏州的水面很简静，但它却连通着五湖四海，就说苏州的刘家港吧，当年的郑和，就是从这里下的西洋。

（二）

本片的拍摄，当从以下这处内容入手，水与古城，水与平民，水与园林，水与文化。在分量与篇幅设置上，这些内容，不能等重，也不能等长。经过了数月的激动与煎熬，才最终写成了《与水为邻》、《吴中底蕴》、《长河回望》、《水影花光》与《水乡寻梦》五个章节，也有点暗喻五行的意思。

中国哲学两个最早的源头，是阴阳与五行。“阴阳说”而不是“阳阴说”，恰说明水的优先地位。《尚书·洪范》论列五行的排法，即为“一曰水，二曰火，三曰木，四曰金，五曰土。水曰润下，润下作咸”。水，既是构成世界的五行之首，又是构成苏州古城的要物。当然，在五行之中，水与其他诸物都是相互依存的关系，水与苏州，道理亦然。五行之水与苏州之水，从来就不是孤立的，所以，一定要写好水在苏州文化当中的渗透。从客观与微观的双重角度，写好水与文化的关系，将是本片最具意义的求索。

中国哲学是订单的哲学，是阴阳五行的关系，启发了本片的创作初衷，因此，它力求一种写意的格调，虽然它最终要以细节构成。

（三）

若要以影视手段追溯吴文化，却不比纸上写文章，仅一枝妙笔就可生花，好的意思一定要有好的画面作支撑，作前提。可恰恰这些亮点统统都是“过去时”。众

① 石长顺：《电视文本解读》，武汉大学出版社2008年版，第212页。

所周知，影视手段最拿手的是“进行时”，而这些吴文化的亮丽之处如何再现呢？这真是本片的难题，同时，也是影视艺术的共性。

鄙人坚信，在艺术世界里，有多少创作的难题，就有多少变通解决的方式。至少有一点可以肯定，本片所遇到的难题，逼得人直把自己的目光从吴中的古代移向了苏州的今天。但刘郎向来认为，拍摄表现苏州题材的作品，即使着眼于今天，吴文化的底功却一定要下够。明代作家张宗子曾言“木坚而焰透，铁实而声宏”，实在道出了一种至理。仲呈祥先生也有这样的说法，“在日益激烈的影视艺术竞争中，创作者最终拼的是思想，拼的是学养，拼的是功底”，亦是言也。

（四）

古城中众多的古井仍然在使用。青石井台上，那一条条深深的绳印，分明是千百年苏州水养育苏州人的见证物。桃花坞的年画照旧在印刷，那纯净之水，每天都在调制浓艳照人的万紫千红。这古老的木版，分明是江南地区书业鼎盛数朝的活化石。

这只是水与苏州人的生活，水与苏州城的文化直接关系的表征之一二。作为一部文化艺术片，《苏州水》将更多着眼于对后者的挖掘。

吴冠中先生笔下的不少意象萌发于苏州，反过来又被作为苏州刺绣的底本，形成了对苏州文化的艺术滋养。

陈逸飞先生的一些水乡题材取材于苏州，由于那些油画蜚声海外，也使全世界的人对苏州之水产生了深深的向往。

是的，水，一旦进入文化的领域，它的魅力便可以无限扩展，寻水的思路也可以不断地延伸。

这便是一种水的传递，也是一种以水为焦点的循环。

（五）

水的主题，对于人们来说，从来没有像现在这样重大，这样敏感。一听说刘郎在作《苏州水》，朋友们都立刻觉得这是一个好题材。但是，也有朋友很正常地产生了误解，以为这是一个与环保相关的话题，一如“救救太湖”之类。一部高品位的艺术片，想让作品富有较深内涵，如果不脱离浅显的教化和直白的功利，其前景是难以设想的。

海德格尔曾对现代文明的负面影响做过这样简洁的概括：“机器破坏花园。”苏州概莫能外。有一次，在拍摄田野景观的时候，我曾观察到即将干涸的小河道里，几尾小鱼接近生命尽头的状态。那一些生命原本的轻灵变作了挣扎的沉重。即便

如此，在一摊污浊的液体中，它们还仍然做着生命最后的跳跃。鱼，有时比人不知顽强多少倍。有时我窃想，在文学作品中，先秦寓言很伟大，因为它们简练而精到地把主观与客观、人物与事物的关系交融得如此天人合一。往古先哲的思想，就是伸展出寓言的翅膀，做出了越历千年的遥远飞翔。由此想到，只有让水的话题像寓言一样，具有思考的价值，才能让人真正地珍视起人的生存根源，同时也真正地珍视起一种文化的母体。

经过对前贤著述的仔细披阅，同时也经过对当代苏州的具体体验。我个人认为，吴文化的最大特点之一，就是将精神世界、文化情趣与现实生活交融于一体，并产生新的水一般的融化力。苏州的水简静平流，绝无风生水起之态，然而，在幽幽水巷之内，在夕阳古寺之间，苏州的故事却是那般的烟水迷离。苏州的水的变迁告诉给人们的主题，恰就是本片采自江南水乡华滋温润的精魂。

苏州的历史，即是水的历史。从历史的角度讲，任何文明都会失落，只有它的经典意义能够长存。往昔的苏州之水，曾经那样的通明剔透；现在的苏州之水，也肯定在将来面目全非，由水乡成为一个梦乡。但是，由水派生出来的曾经深深地影响着中国历史的吴文化还在深深地影响着一代又一代的人，这就足够了。

（六）

这时节，复苏的万物，都充满着生命的浆汁与活力，也特别地渴望着水的滋养。顺着这一思路作苏州寻水之旅，这水，我们一定能够寻到的。寻到了它，就寻到了东方文化的诗眼，寻到了中国水土的文心，也便寻到水城苏州的精魂。

著名电视艺术评论家仲呈祥对《苏州水》给予了诗一样的评价：

“看刘郎的作品，从《西藏的诱惑》到《上下五千年》，再从《江南》到《苏园六纪》，直至新近问世的《苏州水》，其解说词思想的精深、文辞的精美，其画面构图的匠心、用光的考究，交融整合出作品具备的难能可贵的思想品位、文化品格和美学风貌。观众会强烈地感受到荧屏背后的编导刘郎是一位货真价实的有思想、懂艺术的‘行万里路，破万卷书’的电视人。他拍《苏州水》，不仅遍查水巷园林，做了大量的采访，而且饱览群书，精心研读了三百多部相关的典籍与史料。他要表现的不只是具象的水、现实的水，更是历史的水、文化的水。在他看来，水文化是美文化的放大，而苏州城则是水文化的浓缩。他以当代人的全新意识和眼光娴熟地运用电视视听语言，对一座已有 2 500 年悠长历史的文化名城的精魂——‘水’，进行了‘思’的诠释和‘美’的表现。观众获取的是东方文化的诗眼，是中国水土的文心。因此，我认为，在当今人类文化创造和审美鉴赏日趋开放和多样化的伟大时代，面对一股来势

不小的媚俗思潮，刘郎的追求，连同刘郎的作品，都是中国电视界的骄傲和幸事。

“一方水土，因风雅而美丽；一座城市，因教养而文明。作为一个异乡人，刘郎对苏州和苏州人民，怀有极深的感情，他对博大精深的吴文化、水文化怀着‘敬畏’之情。正是创作主体的这股生气，令《苏州水》水滴石穿，神游象外，具有东方美学特有的意味与魅力。

“有创作激情无文化眼光，《苏州水》可能四溢横流，无所指向。有创作激情更有文化眼光，《苏州水》才会流向‘文化与人’的题旨，才会自然而然地流淌出幽深的人生诗情。刘郎凭借深厚的文化功底发现：苏州的水，从古到今，不仅繁荣了经济，而且滋养了文化，更影响到了人的性格。‘承传本体，它能够上接主流；含纳支流，又能够兼容并蓄。’他对‘一泓淡淡的苏州水’的这种颇具现代意识的人文观照，深刻而又生动地揭示出作为中国传统文化重要组成部分之一的美文化理应张扬的优势与品格。由是，他从‘水的内向、水的灵秀和水的温柔’营造的‘环境的恬恬静静’中，看到苏州这座状元数量曾居全国之最的城市里人们‘心态的不躁不浮’和‘读书好学传统’的当代价值，从而是为中国优秀传统文化的伟大复兴注入了新的时代内容。文化是培育人、塑造人、凝聚人的重要精神力量。《苏州水》正是含而不露地以建设先进文化为指针，既继承继续弘扬中华民族的优秀传统文化和民族精神，又自觉吸取改革开放的现实生活的新鲜丰富的文化营养，并加以交融、互补、融合，由水而论及文化，由文化而论及人的精神，从而在荧屏上升腾出催人奋进的人生诗情。”

第二节　专题片的叙事

世界上的叙事数不胜数。人类自从有了历史，就有了叙事。无论在什么地方，没有叙事的民族是不存在的。叙事是国际性的、跨历史的、跨文化的：它是一种存在，就像生命的存在一样，并不在乎好的和坏的文学之分[①]。

叙事和语言是各种社会所共有的两个主要的文化过程：它们“像生活本身一样，是一种存在”。叙事就像语言一样，是表达我们真实体验的基本方法。如果说叙事是一个非常重要的文化过程，那么电视的表现方法主要是叙事式的也就不奇怪了[②]。

---

① 〔法〕罗兰·巴尔特：《叙事作品结构分析导论》，载王泰来等编译：《叙事美学》，重庆出版社1987年版，第61页。

② 〔美〕约翰·菲斯克著：《电视文化》，祁阿红、张鲲译，商务印书馆2005年版，第185页。

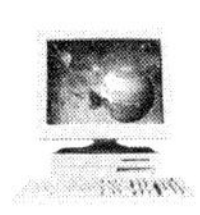

电视剧显然是叙事的，但是新闻也是叙事的，作为以叙事为主的电视专题与电视纪录片更是应用叙事结构来表述它们的主题。

一、叙述者

叙述者是叙事学中最核心的概念之一，即指叙事文中的"陈述行为主体"，或称"声音或讲话者"，它与视角一起，构成叙述。

叙述者与作者的区别：作者是生活在现实世界的人，叙述者则是作者想象的产物，是叙事文中的话语。二者不可混为一谈。叙述者一经创作出来，就脱离了作者，成为作品内的一个构成因素。

叙述者类型：传统上，根据叙述者的声音，叙事文本被称为"第一人称"或"第三人称"。热奈特认为，"叙述者在叙述中只能以第一人称存在。"巴尔进一步解释说，第一人称与第三人称叙事文的"区别在于表达的对象上"，或者是"我"讲我自己的事，或者是"我"讲别人的事，而不在讲话者本身[①]。

国内有学者在整理前人研究成果的基础上，提出如下几种叙述者类型[②]。

1. 异叙述者与同叙述者

根据叙述者与叙述对象的关系划分，将叙述者分为异叙述者与同叙述者。

(1) 异叙述者。不是故事中的人物，他讲述的是别人的故事。其优势在于可以凌驾于故事之上，掌握故事的全部线索和各类人物的隐秘，对故事作详尽全面的解说。同时，采用纯粹的观察记录，能有节制地发出信息。

专题节目《惊心动魄 22 小时——解救吴若甫纪实》，摄制人员置身于指挥部和抓捕嫌犯两个现场，对整个事件全知全觉。节目叙述者既了解两种人，警察与歹徒，又能全程观察破案过程，通过选择 6 个场景组合讲述了一个"惊心动魄 22 小时"的故事。异叙述者的劣势是不能表现人物的心理活动。如："解救吴若甫"中，犯罪嫌疑人王立华被拘捕后，不时看着墙上的钟表，那么，他在想什么呢？叙述者不知，只能通过侦察员同期声来阐释：他（犯罪嫌疑人）看着表呢，我估计他现在可能约定时间了。

(2) 同叙述者。故事的人物，他（她）叙述自己的或与自己有关的故事。其优势在于能剖析人物内心活动，特别是处于各种矛盾中心的主人公的叙述在某种程度上更容易与受众产生共鸣。《半边天・张越访谈》就是以独特的视角直面男人和

① 转引自胡亚敏：《叙事学》，华中师范大学出版社，1994 年版，第 39 页。
② 同上书，第 41 页。

女人从生理到心理的同与不同，探讨性别的内涵和两性相处的经验，在男性、女性思想和情感的碰撞中，寻求和谐完美的共处世界。在“任兰”访谈专题中，节目以同叙述者的身份讲述了任兰个人独特的生存方式和心路历程：从“天”（母亲）护卫下的无忧无虑地生活到“天”塌下来（被姐夫所杀）后，任兰要像“母亲”那样独立坚毅地支撑一个家；从一个纯洁、善良的女孩到一个疾恶如仇的复仇女人任兰（只身进山7年寻找潜逃的杀人嫌疑犯）。该节目进入到任兰个人的心理纵深，以此来认识社会、解读生活与命运的奥妙。任兰为什么只身进山，7年执著寻仇人？节目通过任兰的亲诉（同叙述者）使观众产生了“共鸣”：要学会坚强，像母亲一样守护家人；要学会宽容、善待别人（双重意义）。

同叙述者还可作为故事的次要人物或旁观者，以此拉开观众与主人公的距离，增加节目的层次感和客观性。

专题节目《面对歹徒》讲述的是北京市一家三口人与入室歹徒搏斗的故事。故事讲述采用同叙述者与次同叙述者互为补充的方法，让事件亲身参与者绘声绘色地讲述亲历的故事过程，声情并茂地再现了正义与邪恶搏斗时惊险无比又精彩绝伦的一幕！节目中的同叙述者（讲故事的主角）：陈焕与妻子共同讲述了一个生死攸关的时刻，父亲如何反抗、儿子如何呼应、妻子怎样搏斗、邻居怎样表现的故事情节。

次同叙述者有：节目中的儿子、妻子相对父亲、丈夫的角色转换，在故事讲述中，作为父亲回顾叙述的补充，儿子随时作为次同叙述者补充细节！“我”爸带那（歹徒）走进书房，……我爸“哎哟”两声（被歹徒连刺数刀）……妻子补充：我爱人喊了一声……在这里，故事讲述的次同叙述者作为旁观者的补充，使作品的层次感增强，也加深了故事的感染力。

此外，故事中还穿插了其他次同叙述者的讲述：居委会主任报警，治保主任堵逃，邻居秦新国援助，派出所长介绍案情，整个故事都以同叙述者和次同叙述者的身份娓娓道来，增强了节目的真实性。故事从一个情节发展到另一个情节；从心理反应到行动反应的变化；从持刀搏斗到空手搏斗的转换；从家人反应到邻居小伙的出现；从歹徒的挣扎到邻居的救援，故事按时间顺序发展，节目剪辑在悬念剧情中连接，一环扣一环，高潮迭出，引人入胜。

2. 外叙述者与内叙述者

外叙述者作为第一层次故事的讲述者，在故事中居支配地位，起框架作用。在电视专题《面对歹徒》中主要指主持人与无形的叙述者。

内叙述者主要指故事内讲故事的人，或说，故事中的人物变成了叙述者，如陈焕一家三口人。

内、外叙述者呈现出一种因果关系。在节目中，内叙述者充当理解的角色，通过他的叙述回答外叙述者的问题：如《面对歹徒》中一家三口如何与歹徒斗争。

3. 客观叙述者与干预叙述者

这是根据叙述者对故事的态度划分的叙述者类型。客观叙述者，即只充当故事的传达者，不表明自己的主观态度和价值判断。客观叙述者一般表现出两种趋向：一是对外部世界的“实录”；二是对内心世界的“复制”，干预叙述者指具有较强的主题意识，它可以或多或少自由地表达主观的感受和评价，在陈述故事的同时具有解释和评论的功能。

美国新闻专题《在路上》就基本上是以干预叙述者的身份讲述了一个历史故事。美国名作家查尔斯·库拉尔特，曾制作了一个题为《在通往'76的路上》(简称《在路上》)的特别节目，以纪念美国独立200周年。其中的一条报道是反映蒙大拿州历史上的“小巨角羊”战斗情况的，距他们报道时已有100年了，当时不可能留下任何图像资料。用库拉尔特的话说：“那里没有可采访的人，除了青草、河水和墓碑，什么都没有，但无论如何，我都要做出报道来。”怎么报道？库拉尔特在昔日的战场上来回走动、沉思，花了一整天时间，什么镜头也没有拍。然后，他回到车上根据书上有关这场战斗的故事，先写报道文稿，再拍昔日战地的空镜头，这样完全“颠倒了工作程序”，居然也获得了成功。事后他说：“如果你有一个精彩的故事，那么你光自己说不用采访，你就能顺利地完成报道。”

在　路　上

蒙大拿

1975年9月4日

库拉尔特在镜头前	这里微风轻拂、芳草离离。山脚下河水流淌。 这里只有轻风、芳草和河流，但在我眼中，这里却是全美国最令我伤感的地方。
浮光波动的河	这条河印第安人把它叫做“肥草”；白人则把它叫做“小巨角羊”。
镜头从鞍形山谷拉到广阔的草原	由这个山谷向东，乔治·卡斯特少将正率领他的第七骑兵团于1875年6月25日清晨，向“小巨角羊”进发。
俯看河流	卡斯特先派遣了一支小分队，由马库斯·雷诺带队，去袭击他认为有敌意的苏族人的村庄。而他自己则带领部下从山脊后面向村庄的北部包抄过去。

镜头	解说
镜头从山上移下 镜头移到山下的 广袤的平原	当卡斯特带领231名骑兵最终爬上山顶，往河的方面俯看时，他看到的是绵延2英里半的15 000名印第安人已经在山下扎营。
镜头快速向河流推近	这是有史以来印第安人的最大一次聚集，1 000名骑马的印第安勇士正向卡斯特扑来。
山脉的镜头	与此同时，雷诺和他的手下已经被印第安人击败，残兵败将一路被追赶着过了河。
镜头回到山上草丛间 的墓碑	此时正在一个无名的山头拼命抵抗。
镜头在草丛间 来回移动	他们围成了一小圈，中间的一块低地就成了一名幸存的医生的临时野地医院，医生竭尽全力抢救着受伤的士兵。
镜头停在墓碑的十字架上 浅战壕………往里看	这块地方现在已经被草淹没了，草长满了那天用刀、锡杯和手指挖出来的浅浅的战壕。
库拉尔特在镜头前	士兵查尔斯·温多尔夫和朱利安·琼斯就在这里并肩作战，他们战斗了一天一夜，没有合过眼。他们不断说着话。两个人的内心都很害怕。
镜头下摇到墓碑	查尔斯·温多尔夫说："第二天早上，战斗开始时，我对朱利安说：'我们最好把外套脱了'，但他一动不动，这时我看到有颗子弹射穿了他的心脏。"
从山头俯视	查尔斯·温多尔夫幸活下来，获得了国会荣誉勋章。他活了98岁，直到1950年才去世。这么多年来，他没有一天不想起朱利安·琼斯。
远景，远处有一些	卡斯特的士兵，离这里大概也就是4英里吧。
白色的石头	草丛里的那些石碑会告诉我们卡斯特士兵们的故事。
一块石头上写着	所有的石头上都叙说着同样的故事："美国士兵，第七骑兵团，在这里倒下，1876年6月25日。"
从草切到石头， 从一两块石头切到 一堆石头 更多的石头 镜头急推到草丛 到刻有卡斯特名字	印第安首领盖尔率领着部下先对卡斯特发起了进攻，并冲散了卡斯特的部队；另两个部落发动了第二次进攻。当卡斯特带领他的残余人马想占领一个山头时，几百名印第安勇士骑着快马向山上进攻，直冲卡斯特的部队。事后，参战的印第安人承认了两点：一是卡斯特和他的部下异常勇猛，二是半小时后，他们全部战死沙场。

的石碑	
战场的远景， 远处是石碑 更多的草丛和石碑	不用说，这年冬天又来了军队。军队打败了苏族人和夏安族人，并把他们赶回没有粮草的印第安人特居地。在一个名叫“松树脊”的印第安特居地，那里死去的妇孺老人比卡斯特战败的士兵还要多。
库拉尔特在镜头前	这就是这里成为一个伤心之地的原因。对于卡斯特和第七骑兵团来说，他们的勇猛带来的只有死亡；对苏族人和其他印第安部落来说，他们的胜利最后也只能导致重创。
凄凉的战场画面	什么时候，你可以到这里来一趟，你会感受到这里悲风阵阵、芳草萋萋，连河水也在哭泣。
最后推向河水	哥伦比亚广播公司新闻记者查尔斯·库拉尔特在蒙大拿为你报道《在通往’76的路上》

这是一个历史事件报道的经典案例，“小巨羊”战斗已过去100年了，历史性镜头的缺失并没有成为哥伦比亚广播公司对重大题材系列报道的障碍。凭着库拉尔特在昔日荒凉战地的精彩报道，我们仿佛看到了一个骑兵部队与印第安人浴血战斗的场景：这里只有“微风吹拂、芳草离离”，却似千军万马遍布山谷，这里只有“河水流淌”、“墓碑”、“石堆”，却似尸骨遍野、壮怀惨烈景象浮现在眼前。由于库拉尔特对历史性题材的精彩报道，使得他获得了“作家中的作家”的赞誉，许多电视网的记者也都承认他们从库拉尔特的新闻稿中受益匪浅。

在这个特别专题节目中，记者开头就发出了感叹：“这里只有轻风、芳草和河流，但在我眼中，这里却是全美国最令我伤感的地方。”那么，是什么使记者伤感呢？接着记者以异叙述者的身份讲述了“小区角羊”战斗故事。节目最后，记者又作为干预叙述者，直接点明了“这里成为一个伤心之地的原因”，并表达了主观的评价和感受：“对于卡斯特和第七骑兵团来说，他们的勇猛带来的只有死亡；对苏族人和其他印第安部落来说，他们的胜利最后也只能导致重创。什么时候，你可以到这里来一趟，你会感受到这里悲风阵阵、芳草萋萋，连河水也在哭泣。”

二、叙述视角

叙述视角是指叙述者与或人物与叙述文中的事件相对应的位置或状态。或曰，叙述者或人物从什么角度观察故事。根据观察角度的不同，叙述视角可分为以下几种类型——

1. 非聚焦型

这是一种无所不知的视角类型,叙述者或人物可以从所有的角度观察被叙述的故事,并且可以任意从一个位置移向另一个位置。其特点是:

非聚焦型视角擅长作全景式的鸟瞰,尤其描述那些规模庞大、线索复杂、人物众多的史诗性作品。中央电视台为纪念建军六十周年而制作的专题《让历史告诉未来》(12集)就体现了这种视角。

该片于1987年7月27日—8月7日在央视首播,以磅礴的气势和动人的诗情再现了我军60年的光辉历程。在表现方式上,充分利用电视的优势,大跨度跳跃,大反差对比,全方位联想,时空交错,上下纵横,角度多变,挥洒自如。

如第2集《苦难风流》,从今天骑"雅马哈"飞驰的年轻人到遥远而又遥远的长征的传奇故事的跳跃;从蒋介石以五十万军队发起对中央苏区的第五次"围剿",到毛泽东领导的工农红军被迫长征;从张国焘的分裂红军到刘志丹的苏区建立,从项英、陈毅率领的游击队到李先念率部西进的西路军,节目纵横捭阖、大气磅礴,写尽了红军的"苦难风流"。

运用非聚焦型视角,还能从容把握各类人物的所作所为,所思所想。

在《让历史告诉未来》第七集《为了和平》(抗美援朝)中写麦克阿瑟将军就运用了各种视角,把一个骄横跋扈、不可一世的傲慢形象暴露无遗。节目首先运用叙述者视角对麦克阿瑟的狂妄作了一个铺垫:"10月19日夜里,当二十万志愿军部队隐蔽地渡过了鸭绿江时,麦克阿瑟刚刚在太平洋的威克岛与美国总统杜鲁门进行过会晤。他告诉总统,中国共产党不会出兵,并且保证在感恩节前结束战争,在圣诞节把第八集团军撤回日本。"然后,运用非叙述的评论者视角,对麦克阿瑟作了一个极具反差的调侃与讽刺:"直到这时麦克阿瑟将军才发现,与中国军队作战,并不像他在学校里获得网球赛冠军那样轻松。当圣诞节来临的时候,士兵们等到的不是圣诞老人的礼物,而是'死神的亲吻'。倒是被俘的美国士兵,能够安全愉快地过一个节日。"

2. 内聚焦型

即从故事人物的角度展示其所见、所闻、所思。"每件事都严格地按照一个或几个人物(主人公或见证人)的感官去看、去听,只转述这个人物从外部接受的信息和可能产生的内心活动,而对其他人物则像旁观者那样,仅凭接触去猜度、臆测其思想感情。"①

内聚焦型特点是,多叙述人物所熟悉的境况,而对不熟悉的东西保持沉默。这种视角能充分敞开人物的内心世界,淋漓尽致地表现人物激烈的内心冲突和漫无

① 胡亚敏:《叙事学》,华中师范大学出版社1998年版,第27页。

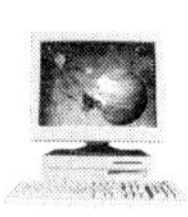

边际的思绪。

电视片《三节草》，讲述了摩梭人最后一位土司压寨夫人肖淑明的人生故事。45年前，她在雅安中学还未毕业时，就从一个活泼的少女被父母强制嫁到泸沽湖畔，经过一个月的跋山涉水，到达远离家乡的“最后一个母系社会”里作了土司喇宝成的夫人，随后在这里生儿育女，过上了一段纵马驰骋、随心所欲的贵夫人的生活，但唯独排解不了的是那种思乡的苦恋。全片主要以故事人物肖淑明的倾诉为基本视角，展示了她的“所见、所闻、所思”：

我的经历——远嫁泸沽湖
我的家庭——引出“二女儿的三女儿”拉珠的故事
我的文化——知识女性形象的自然表现
我的思念——回成都老家
我的荣华——飞马打双枪
我的性格——宽容、干练、自信
我的思想——开明(拥护共产党、解放后主动上缴枪支等)
我的焦虑——孙女拉珠是否到成都工作，实现我回到家乡的夙愿
我的失落——伤感，正在消失的泸沽湖
我的感叹——“我”45年前走进泸沽湖
45年后我的孙女“拉珠”走出泸沽湖，成为“我”生命的轮回
我的感叹——圆梦成都、探亲之旅。

3. 外聚焦型

即叙述者严格地从外部呈现每一件事，只提供人物的行动、外表及客观环境。在这种视角中，“观察者像一台摄像机，摄入各种情景，但却没有对这些画面作出解释和说明，从而使情节也带有谜一样的性质”①。这种视角在以解说词为主导的电视专题片创作中最为普遍和常用。但由于当今电视节目的创作，往往是各种手段、多种视角并用，可通过人物活动反映出“动机、目的、思维和情感”，也可通过采访探知对象的内心世界，这是电视专题创作与小说创作不同之处。

4. 新闻视角

在新闻报道中，有一个与叙述视角相近的概念——新闻角度或新闻视角。如

① 胡亚敏：《叙事学》，华中师范大学出版社1998年版，第33页。

果新闻是一颗钻石，那么，角度就是记者所选择拿到光底下给大家看的钻石的那个部分。因此，新闻视角是指记者在采写报道新闻中认识和表现新闻事实的着眼点和侧重点。由此看来，叙述视角和新闻视角也有所区别：前者是对故事叙述者而言，而后者则是对被讲述的新闻故事而言。

新闻报道的着眼点，是要找出报道焦点，即新闻点是什么？事件最重要的地方是什么？寻找那些使报道变得更富有戏剧性的重要时刻，如：何时事物发生变化？何时事物不再相同？何时我们不知道事物的结局将会怎样？

新闻专题《“麦德龙”冲击波》（’97 江苏无锡有线台），以国际超市进入无锡造成的强烈反响为切入点，从“四个冲击波”的新闻角度巧妙构思，层层推进，形成了一个完整有序的新闻专题。

冲击波之一：互惠方能互利（商企关系）
冲击波之二：刚好就是最好（实行会员价，低利润）
冲击波之三：公开、公平、透明（超市无回扣，以诚为本）
冲击波之四：有为亦须无为（摒弃大而全的经营方式）

该片围绕“麦德龙”的全新商业营销理念，从四个侧面层层展开推进，给人以视听震撼。

新闻角度还意味着可以从各种不同角度报道某一事件，不断从新的角度发掘这个事件，制造出不同的版本，就如同故事连载。

如中央电视台在 20 年前的 1984 年播出了 25 集《话说长江》，20 年后的 2004 年再次启动拍摄《再说长江》33 集（2006 年）。前者侧重美丽的长江沿岸风光、风俗，后者突出新、奇、变——

变，是以比较的视角，在历史与现实、东部与西部、中国与世界的多种对比中，充分展现出长江的巨变和发展。

奇，是从发现的视角，力求呈现长江流域的难闻之事、难见之景、难得之音。

新，是从发展的角度，聚焦那些极具时代感、现实感、贴近感的人物、事件和故事。如同属长江三峡的拍摄，《话说长江》第 11 回《壮丽的三峡》；而《再说长江》则用三集分别展现了三峡遗存和三峡大移民，包括第 14 集《三峡存证》，第 15 集《告别家园》，第 16 集《他乡，故乡》。前者，《话说长江》还在“设想，如果去三峡修建水电站，会是什么模样呢?”后者《再说长江》，设想已变为现实：伴随着三峡大考古，证明这里曾有大唐盛世和明风宋韵之奇；伴随着三峡水位的升高，这里开始了世界移民史上空前的人口大迁徙之变；伴随着 16 万人的离别家园，成就了一个伟大的水利工程之新。

新闻角度，还可以对老题材从新视角报道，也可以对同题材从异视角报道。

在电视创作中，常常会显出同类题材“撞车”的情况。当今信息时代，独家事实、独家人物报道已很难做到。但是，没有了独家新闻，却可以有独特的视角。以什么角度介入新闻事件，对于同类题材来说，是其成功与否的一个重要因素。

2001 年 10 月，四川电视台和湖南电视台同时制作播出了一个同类题材的节目，即德国商贸集团麦德龙“透明发票”引起的思考，并且双双获同年度中国广播电视新闻奖一等奖。不仅如此，翻开历年中国广播电视新闻奖目录，我们发现早在 1997 年江苏无锡有线电视台就以《“麦德龙”冲击波》为题材问鼎了当年度中国广播电视新闻奖一等奖。如果说，从播出的角度来看，由于地市电视台覆盖的局限性还允许不同媒体做同样题材的话，那么，同类题材在相隔 4 年后再次双双出现，并在同年同获我国广播电视新闻最高奖，就值得思考了。是什么原因使得同类题材既获得观众的认可，又受到评委的青睐呢？作为选题实务研究实有进一步探讨的必要。

从体裁上看，上述三个电视台关于“麦德龙”的节目均不同。江苏无锡有线台制成的是新闻专题，而四川台和湖南台虽都是评论节目，但四川电视台是采用电视述评的方式，而湖南电视台则是新闻访谈的形式。

从选题角度来看，江苏无锡有线台采用的是全景扫描麦德龙冲击波给商界带来的震撼，而四川台和湖南台则集中在麦德龙“透明发票”这一点上，深入地探讨商业运作如何与国际接轨的问题。

在距江苏无锡有线台报道麦德龙冲击波之后，四川电视台再选同一对象报道，似乎题材重复。其实不然，除去两个是不同地域的媒体因素外，他们选题的角度也不一样，无锡有线台的切入点是麦德龙遭遇国内商界的抵制，而四川台的切入点是麦德龙在入川两个月后的销售旺季居然遇到大批量退货。如果说，前者是遭遇商界同业的抵制，而后者则是遭到部分顾客的抵制，其性质不一样。在选题策划时，两台虽然都集中在对问题原因的深入探讨，但无锡有线台的选题角度是麦德龙冲击波所带来的先进经营理念对国内商界的启示，而四川台的选题角度则是麦德龙“透明发票”折射出的国际经营惯例的社会影响和积极作用。这个节目在我国加入世贸组织的当天播出，其意义不言而喻：我国商务工作应破除传统陋习尽快与国际接轨，融入经济全球化环境中。

如果说，四川电视台和无锡有线台因在麦德龙事件的表象上完全不同而导致选题角度有所区别的话，那么湖南电视台和四川电视台的节目几乎就是“同题写作”，播出时间相差也不远，四川电视台制作的评论《发票：期待“透明”》播出时间为 2001 年 10 月 11 日，湖南电视台的评论《麦德龙“透明发票”带来的启示》播出时

间为2001年10月23日。但在选题角度上，四川台选择以社会各界人士的视角来看待“麦德龙退货”事件的影响，他们采取了“焦点”述评的模式，通过麦德龙“透明发票”与国内部分商业的“模糊发票”对比，巧妙地阐明媒体的正确立场。而湖南电视台却直接以四川台评论“麦德龙退货”事件为话题，邀请专家在演播室就商业游戏规则和商业伦理问题作评论，然后以国外跨国公司“非价格因素”的商品竞争优势警醒国人，成为该节目的点题之处。

从以上实例分析我们受到一个启示，就是在扩大选题来源的时候，不必纠缠于选题是否重复的问题，关键在于如何选择恰当的角度表现。就像每年的高考一样，数十万学生同作一个作文题，然而结果却有高下之分，这全在于每个人的思考角度不一样。

三、叙事结构

结构是对人物生活故事中一系列事件的选择，这种选择将事件组合成一个具有战略意义的序列，以激发特定而具体的情感，并表达一种特定而具体的人生观。

（一）叙事结构序列

结构主义叙事学视普罗普（1968年）对100个俄罗斯民间故事的结构主义分析为经典。普罗普在被分析的每个故事中都发现了一个相同的叙事结构，他把这个结构描述为32个叙事序列，并把它们分为六大部分：

准备

1. 一个家庭的某个成员离开家。
2. 对主人公施加禁令/限制。
3. 这个禁令/限制被打破。
4. 一个坏人企图窥探。
5. 这个坏人打探到受害者的一些情况。
6. 这个坏人企图欺骗受害者以便占有他或者他的财产。
7. 受害者受坏人的欺骗或影响，在不知情的情况下帮助了他。

复杂化

8. 这个坏人伤害了这个家庭的一个成员。

8a. 这个家庭的某个成员缺少或希望得到某个东西。

9. 这种缺乏或不幸被公开；主人公被要求或被迫去执行一项使命/探索。

10. 探索者（往往是主人公）制定对付坏人的计划。

过渡

11. 主人公离开家。
12. 主人公受到考验、袭击、盘问，结果得到一个有魔力或有帮助的物件。
13. 主人公对未来捐赠者的行动作出反应。
14. 主人公利用这个有魔力的物件。
15. 主人公被带到他的使命/探索的目标地区。

斗争

16. 主人公和坏人展开直接斗争。
17. 主人公大显身手。
18. 坏人被打得落花流水。
19. 最初的不幸或缺乏得到解决。

返回

20. 主人公返回。
21. 主人公受到追击。
22. 主人公得到营救。
23. 主人公回到家里或其他地方，但没有得到赏识。
24. 一个假主人公说了一番假话。
25. 主人公接受了一项艰巨任务。
26. 这项任务得以完成。

得到赏识

27. 主人公得到赏识。
28. 假主人公/坏人被揭露。
29. 假主人公被改变。
30. 坏人受到惩罚。
31. 主人公结婚并受到加冕。

普罗普把这32个叙事词素称为“功能”，因为他想强调的是，他们在推动叙事时做了什么比它们自身是什么更重要。例如上述叙事序列14中主人公利用的“有魔力的物件”，在电视叙事中，这种功能可能由某种超人的机械能力来替换完成。按照普罗普的说法，叙事的功能总是按照同样的顺序，而且所有的童话都是如此，尽管不是每个故事中都具备所有这些功能。

约翰·菲斯克发现，“非常流行的叙事，大体上也完全遵照这样的结构。有时候这种一致性准确到令人惊讶的地步”。他专门验证了《仿生女人》一集中的结构

后还发现,标题之前的顺序和“准备”部分的序列一致①。关于功能的这种形态学已经被不折不扣地用于现代电影和电视。

根据普罗普的解释,叙事就是在探索故事角色斗争中的人的因素和社会因素。托多洛夫(1977 年)的叙事模式强调的也是社会因素。在他看来,“叙事是以平衡状态或社会和谐开始的。这种平衡与和谐常常被坏人的行动所打破。叙事规划了这个不平衡的进程,并在另一种比较理想的、提升了的或者更加稳定的平衡状态中得到最终的解决。”②

(二) 叙事结构范式

根据托多洛夫的叙事模式,故事中的事件总是围绕着谜和解谜的基本结构来组织的,表现为打破平衡—重找平衡的结构模式:故事开始的时候,往往有一个意外的事件打破了业已存在的平衡与和谐世界。然后,叙事电视的任务就是着手对付失衡的世界,并重新找回世界的平衡与和谐。事件结构规律往往依因果关系组织,使叙事事件之间具有逻辑联系。

电视专题节目《爱的变奏》(央视,2002 年),讲述了两个家庭在医院分娩时抱错女儿,11 年后面对这一事实所表现出来的对爱的不同理解。

故事结构(符合叙事基本结构):女儿金子的“秘密”开始打破平衡,由此引起浙江来晋的裁缝施良飞、朱爱月(金子的生父母)夫妇街头寻子、电话调查、亲子鉴定、真相大白的震惊。然后是施、段(金子的养父)“两家”认女,试图重找平衡,其间出现了施家、段家反应与换女的矛盾。而抱错的“两女”(金子、娟子)却采取了逃避的态度,这又再次打破平衡。节目最后是,施、段两家决定暂放弃换回生女的愿望,以尊重爱女——一个没有结局的故事告终,意在“为孩子的心灵建起一座避风的港湾”,至此,又暂时恢复了平静。故事虽然发生在施、段两家两代人身上,但故事矛盾的斗争与解决,却因深层的社会因素使故事趋向错综复杂。

结构方法以符合叙事因果逻辑为基本依据,故事以悬念式开头,通过金子的秘密而奠定了叙事的基调,暗示了故事的走向。从施家寻女、段家认女(两家父母),到梦娟(施家养女、段家生女)逃避、金子拒认(两家女儿),这一系列的因果关系组织,使“寻女”、“认女”、“换女”等事件之间具有一种严密的逻辑联系。

专题节目依据观众的心理期待对故事的因果关系内容做了顺序编排:

金子的秘密是什么?

---

① 〔美〕约翰·菲斯克:《电视文化》,商务印书馆 2005 年版,第 196 页。
② 同上书,第 199 页。

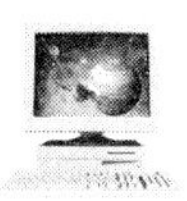

施家为何寻孩子？

孩子为何被抱错？

亲女是谁？能否找到？

谜底揭开，施、段两家有何心理反应？

两个抱错的女儿有什么想法？

最后的结局怎样：两女是否回到亲生父母身边？

伴随着一系列因果关系的是一系列的冲突式情节，有内心的冲突——真相大白后的施、段两家心里煎熬；有交换的冲突——换女与不换女的痛苦；还有情感的冲突——11年的抚养感情与对孩子尊重的矛盾冲突。这个冲突的结局以意料之外告终，这从记者对两个女儿的采访中可以找到答案，同时也充分证实了施、段两位父亲对养女和生女的真正的爱。这种爱是以对自己亲情的割舍为代价换得的。下面是该节目中的一段采访，充分证实了叙事冲突结构对节目表现起着重要的影响作用。

［采访梦娟］

记者：你第一次见到金子的妈妈的时候，你觉得你和她长得像不像？

娟：我逃避，我逃避了！……

记：你当时有没有想着去找自己的亲生爸爸妈妈呢？

娟：我并没有想，因为我在这边就过得挺好的，我就害怕爸爸妈妈不要我了。……

记：可是我看你还经常邀请金子到你的家来，为什么？

娟：如果说金子不去我家，我爸爸妈妈就不高兴了，我得顾着两方。……

［采访金子］

记：你知道你和梦娟的爸爸是什么关系吗？

金：知道。

记：是什么关系呢？

金：不告诉你！

……

记：如果爸爸妈妈就是不告诉你（秘密）呢？

金：那我自己调查！

记：你怎么调查！

金：我以前也没有注意到，户口本有血型（O－A型）。

……

记：是他(金的生父)对你不好?

金：他老逼我……他老觉得现在是把事实说出来好，而我爸爸、大爸都觉得，我现在还有点小，说出来恐怕接受不了。他就不管别人的心，光管他的心，自私！……都11年了他们让我回去，我就回去，我不成那个忘恩负义的人了！……

(三) 叙事结构技巧

叙事结构序列与叙事结构范式，分别揭示了叙事结构的规律和逻辑，而在媒体激烈竞争的当代，要想吸引受众的"眼球"，仅仅在事理上探讨是不够的，还必须在竞争等级上探讨叙事结构的技巧。

有研究者认为，中华文化几千年，许多知识都是在故事中传承的，讲故事培养了中国人的教育习惯。而讲故事的一个重要技巧，就是巧设悬念，使之像钩子一样紧紧抓住电视观众的收视欲望。为了有效增强节目的吸引力，电视专题编导者往往在广泛搜集素材的基础上，对之进行精心构思，巧设连环悬念。

下面以美国NBC"9·11五周年纪念"特别节目的设计为例，分析新闻专题节目的叙事结构技巧与表现方法。

NBC所做的专题节目为《汤姆·布罗考特别报道：美国永远记得"9·11"那天的飞行调度员》。专题节目通过全美近20位飞机调度员的回忆，向观众呈现了当时如何发现、跟踪恐怖分子以及和驾驶员一起与恐怖分子周旋、斗争的过程。

整个专题以"9·11"事发当日飞机的动向为顺序，透过在全美总控制室、三个地区飞行指挥室、雷达控制室的30多个当事人诉说亲自遭遇，再现恐怖袭击全过程。节目表现元素丰富多样，画面包括片头、主持人演播室导语、当事人在演播室叙述、工作现场叙述、工作场景再现(飞行指挥室、雷达控制室)、资料镜头(当年飞行监视画面)、三维飞行地图动画、雷达屏和一些交代情绪的空镜头(如云层)交叉组成，声音包括主持人旁白、被采访人叙述、主持提问和资料现场声等。

板块设计是根据观众收视特点而设计的，60分钟的节目被广告分成5段，每段7至11分钟。每个广告插播前均巧妙设计悬念，最大限度防止观众转台。这是美国商业电视台严格遵守的"格式化播出"原则。具体板块设计如表3-2。

表3-2　NBC"9·11"五周年特别节目设计板块表

板块	时　　间	内　　　　容
片头	00分00秒—00分30秒	大片头

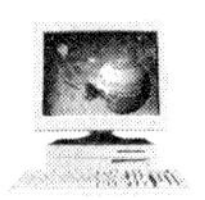

（续　表）

板块	时　　间	内　　　　容
第一段	00 分 30 秒—01 分 15 秒	主持人在演播室开场白
	01 分 15 秒—04 分 40 秒	5 年前的 9 月 11 日，飞机控制室的工作人员忙碌地工作，雷达屏上一切正常。
	04 分 40 秒—09 分 30 秒	6 位工作人员被请入演播室，与主持人交谈，回忆当日的情形：一位工作人员发现“美航 11 号”偏离预定航线，按照程序他设法和飞行员联系，但没有反应，他估计是通信故障，立即报告上级。
	09 分 30 秒—10 分 40 秒	“美航 11 号”再次转向，工作人员听到阿拉伯语从麦克风中传来，估计飞机被劫，并且可能会折回机场……
广告一	10 分 40 秒—13 分 45 秒	广告一
第二段	13 分 45 秒—19 分 00 秒	纽约雷达控制室的 3 位工作人员也被请入演播室回忆：他们也在密切注意“美航 11 号”的飞行轨迹，不断试图和飞行员联系。发现“美航 11 号”在空中转了个大弯后飞向纽约市，消失在雷达屏上。
	19 分 00 秒—20 分 50 秒	在搜寻“美航 11 号”的时候，他们突然发现另一架飞机“联航 175 号”也发生异常动向，整个工作站变得混乱，大家都意识到将有恐怖事情发生……
广告二	20 分 50 秒—23 分 00 秒	广告二
第三段	23 分 00 秒—25 分 00 秒	在新泽西机场，“美联 93 号”起飞。事后才知道这架飞机上的乘客与劫机者英勇搏斗，飞机在一个空旷的地区坠落。

（续 表）

板块	时　间	内　容
第三段	25分00秒—28分00秒	就在"美联93号"起飞不久，机场人员透过玻璃看到远处的世贸大厦冒出滚滚黑烟，大家明白一定是失踪的飞机撞上大楼。这时两架F16战斗机出发，去保护纽约的领空。
	28分00秒—32分00秒	一切已晚，第二架飞机撞到世贸大厦。控制站的工作人员感到惊讶、恐惧、无助和悲伤。同时，负责人打电话给白宫，提请让美国所有飞机停止飞行……
广告三	32分00秒—35分40秒	广告三
第四段	35分40秒—39分40秒	工作人员发现"美联93号"和"美联77号"被劫，向华盛顿飞去。
	39分40秒—42分00秒	从"美联93号"传来劫机者的声音，因为飞行员在临死前打开麦克风。
	42分00秒—44分40秒	控制室里人们手忙脚乱地安排飞机降落在就近的机场。监控"美联93号"的工作人员看到飞机消失在雷达屏上。飞机上的乘客用自己的生命捍卫了白宫的安全。
广告四	44分40秒—48分00秒	广告四
第五段	48分00秒—54分25秒	美国飞机基本得到控制。6个工作人员谈对"9·11"的感想以及自己如何摆脱心中的阴影，重新投入工作。生命总是充满了遗憾：如果战斗机早一步到达纽约，另一幢世贸大厦可能得到保全；如果"美联93号"能晚几分钟起飞，多少无辜的生命能够挽回。
	54分25秒—55分00秒	主持人在演播室总结
广告五	55分00秒—60分00秒	广告五

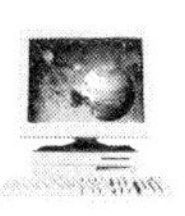

从表3-2可以看出，该节目在五个板块中，共设置了若干个悬念：美航11号是否被劫？联航175号发生何种异常动向？两架飞机撞到世贸大厦，白宫是否采取了措施？美联93号如何在雷达屏上消失了？节目通过对这一个个悬念的解答，解开了当时飞机上发生的事件之谜。

(四) 叙事结构层次

电视作品的结构框架是电视节目制作者在制作中始终都必须反复考虑的问题，因为它直接关系到节目的成败，无论你前期拍摄的素材多么丰富，如果结构不好仍然不会产生好的作品。结构的任务就是把前期拍摄获得的纷繁复杂的素材根据一定的主题需要，恰当地组成一个有机的整体。结构有两层含义：一个是外部结构，这是对作品整体形式的把握，使作品层次分明，结构完整；另一个是内部结构，这是对影片中各局部之间的构成和转换的把握，使作品上下连贯，过渡自然。

1. 外部结构

结构不仅是一部专题片的骨架，也是一部片子的内容。对创作者来说，结构是掌握全局的重要手段，也是创作者思想观念的体现，同时，也是观照自我、观照人生、观照世界的体现。

专题片的结构形式有着很大的自由度和灵活性，因为它不像故事片那样受既定故事情节的限制，不同的作者更是有不同的风格。但是我们仍然可以从大量的作品中总结出一些有共性的结构样式来。

(1) 中心线串联式

这是电视专题片最常用的结构形式之一。所谓“中心线串联式”，就是把几部分不同的材料用一条或若干条主线依序串联在一起，从事物的不同方面展现同一个主题。我们熟知的一些大型电视片如《丝绸之路》、《话说长江》、《黄河》、《望长城》等采用的都是这种结构方法，通过一条条或自然或人为的中心线，将纷繁复杂的内容串联起来，构成一部又一部的宏伟作品。在这种结构形式中，通常中心线本身并不是节目的主题，而只是为了便于反映主题而选择的一个由头、一个话题、一条供叙述之用的元素。如在《望长城》中，贯穿整部片子的中心线是长城，由于长城这条中心线的作用，创作者们能够用比较清晰的思路来拍摄“沿线”的风土人情、民间习俗和人文景观，描绘生活在长城脚下的中国人的风貌。中心线串联式的合理运用，可以使一个庞杂的主题变得清晰明确；同时还可以给后期编辑带来意想不到的方便。

(2) 逐层递进式

这种结构形式是按照事物发展或人们认识事物的逻辑顺序来安排层次的。这

种安排方法使整部作品有明显的发展线索，循序渐进，层层递进。它可以以时间为线索来安排结构层次。所谓按时间结构，是以时间为轴线，按人物活动的线性发展、事物进程的自然秩序组织安排材料，具有较强的叙事性和较严格的生活逻辑。上海电视台摄制的《半个世纪的乡恋》就是这种结构方式的佳作。《半个世纪的乡恋》真实地展现了第二次世界大战期间，一个13岁就被日军从韩国抓到中国，成为日军“慰安妇”的李天英老人长达半个世纪的人生经历和情感世界。该片以李天英回国探亲的归程为主线，展开了一个凄婉哀怨的故事。

专题片还可以以认识事物的顺序来安排层次，也可以以时间推移为纵轴，空间展开为横轴，纵横交叉式地安排作品的层次。《我们的留学生活》同时反映了多个主人公的经历，就其中一个人物而言，片中是以时间为顺序来讲述他(她)的生活的，而整部片子则是采用了纵横交叉式的结构方法，这样就把同一时间不同地点发生的事情紧凑地交织在一起。

逐层递进式的结构方法很常用，因为它比较符合人们认识事物的特点，人们认识事物总是由浅入深，由现象到本质的。这种结构的另一优点就是它便于讲述故事，便于设置悬念，从而克服了电视节目中一个常见的缺陷——平铺直叙。

(3) 放射式

这种结构形式是先确立一个比较明确的主题，然后将几大块相对独立的内容并列地组织在一起来说明这个主题。用这种方式结构作品，材料的使用有很大的随意性，可以不受严格的逻辑要求限制。层次演进不再是单线条式的从开头到发展再到结尾，而是呈放射性线条，每一部分相对独立的内容沿自己的方向向外发散，而所有的放射线又都有同一端点，这个端点就是一个题目或作者的一种想法。如《半个世纪的爱》，共介绍了14对金婚夫妇的具体生活历程，显然是由14块素材组合而成。全片真实地再现了14对不同类型老人的真情生活，他们都围绕着一个人类最珍贵的“爱”这个主题而从横向上构成了开放型的结构。

国外电视片用放射式结构的比较多，其具体形式往往是由一个主持人或类似的人物提出一个题目，然后用不同的材料来说明或证实它，具有强烈的主观色彩。

(4) 漫谈式

“所谓漫谈式就是创作者以自己的目光为线索，看到哪里就谈到哪里，就像人们置身于生活之中，用自己的眼睛观察生活一样，真实，亲切。”①这种结构方式的特点是非常自然，没有人工雕琢的痕迹，是电视纪录片表现普通人的普通生活的常用方式。如北京电视台摄制的《芝麻浆还要慢慢调》，讲述的是一个非常普通的老

① 钟大年：《纪录片创作论纲》，北京广播学院出版社1997年版，第249页。

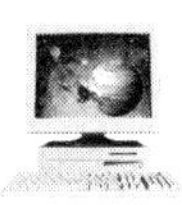

人，他有两个爱好和一个习惯，一是爱唱京戏，二是爱看足球，还有一个习惯是他家的芝麻浆一定要调八遍。他为了能唱京戏，常求别人给他拉胡琴，每次先给人家点一支烟放在旁边，趁人家拉过门时把烟递过去。他对足球的痴迷到了无以复加的程度，时不时发表评论，写发言稿时，一会儿用老花眼镜，一会儿用放大镜，写不出字时还查字典。片子就是通过这一系列的生活片段，把这位普通老人对生活的热爱表现得淋漓尽致。这部片子在播出后深受好评，其原因就是它以平民化的视角反映了普通人真实的生活。

在采用漫谈式结构时，要注意用独特的视点来观察生活，注意抓取能反映人物个性的细节，在平凡的生活中见光彩，切忌一般化材料的堆砌。

2. 内部结构

电视专题节目写作的一个重要任务是写好开场白、结束语、场面转换及段落衔接、悬念设置、戏剧化的矛盾冲突与高潮等，这通常被认为是节目的内部结构。

(1) 开头

我国著名电视人陈汉元先生在一次纪录片讨论会上曾幽默地说道："电视片的开头就像一个人的脸，一个小伙子一眼就看上了一位姑娘，还不是那丫头有一张让小伙子受感动的脸。"①

美国学者罗伯特・赫利尔德认为："从大量录像材料中认真选出几段相关人物的简短陈述，迅速把它们提供给观众，以便获得他们的注意和兴趣，并直接、具体地告诉他们节目是关于什么问题的。质朴无华的开头——没有介绍语、没有音乐、简单的陈述——能使开头有力。应尽早让观众获知电视节目将采取的态度。"②

下面看几例专题片的开头：

例一：《雕塑家刘焕章》

俗话说，外行看热闹，内行看门道。有人说他是木匠，有人说他是石匠。然而，他不做家具，也不砌墙。是啊，他从少年时代开始就同木头、石头打交道了。

起初，大概是因为好玩儿，后来却成了他拆不开、放不下，棒打不回头的爱好和职业了……

例二：《让历史告诉未来》(二)"苦难风流"

天黑了。没有一个人知道，自己是否能活着走到下一个宿营地。然而靠着那不死的生命，红军队伍仍在前进……

① 陈汉元：《水淋淋的太阳》，北京广播学院出版社1994年版，第10页。
② 〔美〕罗伯特・赫利尔德：《电视广播和新媒体写作》，华夏出版社2002年版，第163页。

长征是他们的苦难，苦难是他们的光荣。

对于今天驾着“雅马哈”飞驰的年轻人来说，长征已变成了一个老掉牙的传奇故事了，遥远而又遥远。

例三：《义务兵的母亲》

母亲是伟大的，它是善良、慈爱、牺牲的化身，母亲的身上集合了人类最美好的品质和性格。慈母情深，谁都不要有负于母亲。

上述第一例的开头语，语言平实，但却充满着悬念：他是谁？带着疑问，开篇马上把观众带进节目中。第二例开头具有强烈的抒情性，作者用诗一样的语言，充满激情的叙述，在巨大的反差对比中拉开了长征的故事序幕。第三例，以议论方式开头，直接点明了本片的主题，全片紧紧围绕义务兵的母亲是伟大的母亲这个主题展开情节，从而一开始就引导观众沿着这条主线去思索、去寻觅。

专题节目的开头方法各种各样，无定式可循，主要视作品的内容和作者叙述风格而定。要有一个好的开头，需要有“语不惊人死不休”的严谨态度。据说，陈汉元先生在撰写《话说运河》第一回时，为寻到一个好的开头，竟在中国地图前凝视了3天，才写出电视解说词的“神来之笔”：

你看，这长城是阳刚雄健的一撇，这运河不正是阴柔、深沉的一捺吗？长城和运河是中国人为人类所创造的两个人工奇迹。

作者充分发挥想象，从中国地图里看出了长城与运河所组成的图形正好显示出中国汉字里的一个最重要的“人”字，人类的人，中国人的人。在导语中，人、历史、文化就这样紧紧地联系起来了。这“一撇一捺”有如石破惊天之势，将千里秀美的运河画卷在这惊人的比喻中徐徐展开。

(2) 结尾

结尾对于一部电视专题片来说是非常重要的一部分。一条新闻的结尾可有可无，然而一个专题节目的结尾则是结构的一个必要组成部分。好的结尾可以收到“言有尽而意无穷”的效果。因此，在电视讲完了故事以后，不要就此结束。要通过采访与解说，暗示事件中还有比人物、事件、时间和地点更多的东西，要使作品能引起观众的共鸣，能引起观众的思索。

为了加深理解，这里还以本章在“内部结构”阐述时所举三个电视节目为例，分析几种常见的结尾方式：

例一：《雕塑家刘焕章》

假如你要寻找刘焕章的家，那是太容易了。你不必背记门牌号码，而只要记住

胡同就行了。因为在他家的窗户外面，长年累月垒着那么多怪里怪气的大树桩。

那么，刘焕章在不在家呢？

你听——

（深沉的劈木、凿石之声，一直延续到本片职员表完）

例二：《让历史告诉未来》（二）“苦难风流”

（红军长征胜利。张学良、杨虎城发动了西安事变）

红军战士们怎么也想不到，由此发生的一系列变故，将导致他们摘下戴了十年的红军帽。

中华民族，危亡在即！

例三：《义务兵的好母亲》

（妈妈屋内满墙锦旗，各地来信落入画面，孩子们拥向赵妈妈，妈妈在花丛中）

教子成才，当今岳母，

胸怀全局，爱国拥军。

普通而又伟大的母亲啊，您付出的巨大辛劳，您作出的高尚而又自觉的牺牲，儿女们永远不会忘记。

例一的结尾，可以说是解说词写作“大家”陈汉元先生的经典之作，曾被无数次引用分析。当时，在电子摄录机的功能尚未充分发挥、同期声的作用尚未重视开掘的历史背景下，这部作品对解说词的表现功能作了大胆尝试，将解说词与画面作了天衣无缝的组合，巧妙地运用音响声应和解说之声，给观众以遐想的广阔空间，真是令人耳目一新、拍案叫绝。这段结尾解说词与整部作品风格一致，看似清雅朴实，实则韵味无穷，那一唱三叹、余音绕梁的结尾给人留下了回味无穷、意犹未尽的思考。这就像一部好的电影，让观众走出电影后仍然围绕人物命运、事物的发展谈论不休，难以忘怀。

例二的结尾，在电视专题节目中运用较多，一般总是用充满激情的语言，给人以鼓舞、给人以号召、给人以希望。《让历史告诉未来·苦难风流》这一集专题反映红军二万五千里长征的故事，当红军爬雪山，过草地，被迫西行突围，打破了国民党军队的无数次围追堵截，历经九死一生，终于在甘肃会宁会师，胜利完成了战略转移任务的时候，却要让每一个红军战士摘下红星帽，换上国民党的青天白日徽，多少战士想不通啊，多少人从睡梦中惊醒过来！正是面对着这一“变故”，撰稿人怀着对红军战士的同情心，突然笔锋一转，以极其简练的语言、充满迷茫的感叹，准确地描写了广大红军战士此时的心情与态度。然而，为了团结抗日，为了救中国，解说词结尾以震撼人心的口号“中华民族，危亡在即”，唤醒民众，顾全大局、共赴国难。

同时，这段结尾解说词在系列专题节目之中，又好比一篇文章中的段落结语，还要为下一集抗日的《血肉长城》起着承上启下的过渡转场作用。

例三采用了总结式结尾方法，以抒情式的议论照应开头，一气呵成，给人以水到渠成之感。如果说开头部分是中华民族概念化母亲形象的虚议，那么，结尾则是对义务兵的好母亲忍辱负重的高尚情怀的实论，这种由衷的议论是对模范人物最真实、最贴切的评价总结，也概括了全片的意义。

(3) 悬念与高潮

悬念与高潮的设置是电视专题节目片创作中至关重要的环节，它是一部作品成功与否的关键。优秀的文学作品和电影故事片，必须要有完整的情节和戏剧冲突，才能引人“入画”；电视作品亦然。

系列片《让历史告诉未来》几乎都是用历史文献的“碎片”画面构成，它没有长镜头的过程展现，很少出现戏剧性场面，但它却可以通过后期编辑和解说词的有机串联、铺垫，给我们设置一个个高潮。如第三集《血肉长城》，反映抗日战争时期的平型关大捷、击毙日军“名将之花”的陈庄战斗、振奋人心的“百团大战”、震惊中外的“皖南事变”等，都以重笔描绘而令人惊心动魄。尤其是作品中运用对比的手法，对抗战两个阵营泾渭分明的描述突显出“抗联”战士的悲壮，使全片达到一个新的高潮：

人和人十分相像，又十分不一样。有人壮烈战死，也有人屈膝投降。就在我们的孩子把买糖的钱都捐献出来、支援抗战的时候，国民党副总裁汪精卫却公开投降日本，成了中国最大的汉奸。抗战期间，投降的国民党将军以上的官员有五十多人，倒戈投敌、充当汉奸和伪军的中国人多达八十万。数量如此之多，难道不令人痛加思考吗?

然而，有人低头，有人挺胸！千千万万不愿意做奴隶的中国人民在战斗。

八个姑娘，普通的抗联战士，在敌人包围紧逼的情况下，投入牡丹江。至今人们仍在传说着“八女投江”这个悲壮的故事。

1940 年 2 月，抗联军第一路军总指挥杨靖宇将军，率部与日军激战几个月后，仅剩下他一个人，弹尽粮绝，壮烈牺牲。日军将他的遗体运回解剖，杨靖宇将军的肠胃里竟然没有一粒粮食，全部都是草根、树皮和棉絮。

在场的中国人流泪了，日本人震惊了，他们无法想象世界上竟会有如此坚强的人！是的，他们终于明白，中国的大好河山，不是他们随意征服的王道乐土！中华民族不是随意践踏的民族！

电视专题节目高潮的形成，一般都在事情发展到最重要或情绪发展到最饱满

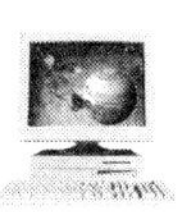

的时刻，所以，在这样的内容出现时，要利用一定的手段加以强化。《让历史告诉未来·血肉长城》在抗日战争最艰难的环境里，选择情绪最饱满的时刻，将抗联战士"八女投江"、杨靖将军的壮烈牺牲演绎得荡气回肠。这时情感的凝聚点被充分展示，作品的主题得以升华，节目的感染力也达到了新的高潮点。

高潮的形成，一般而言都是在最后时刻才发生的，有时也可成为一个扩展的动作，推动故事进展的过程。这种过程既和矛盾冲突、危机紧张相连，又与悬念的设置、解扣有关。

"悬念是纪录片的重要组成因素，但不必仅仅是那种发现将发生什么事的悬念。因为纪录片建立在事实基础上，在多数情况下，我们知道将要发生什么事。悬念可以存在于对事件涉及的人物动机、内心情感和态度的了解中，即使那个真实的事件是旧话重提。"①

罗伯特的这段话明确了悬念产生的几种方式：将要发生什么事；事件涉及人物的动机；人物的内心情感和态度。在一部专题片中，往往通过各种形体语言表达和情感表达，构成一个个情节，把故事推向一个个高潮。"所有的这些因素应该相互联系，互为基础，并且共同把悬念发展到扣人心弦的地步"。

《达比亚》讲述了云南怒族达比亚(一种乐器)唯一传人欧得得一家由达比亚的传承而激发的种种矛盾和冲突。欧得得与村支书、与女儿、与村民(两个光棍汉)的种种矛盾互为关联、层层推进。每一个看似即将解决的矛盾冲突，却又由此引发出一个个新的悬念，环环相扣。从"杀羊风波"到"饭桌风波"，直至欧得得"哭坟"，最后才给观众解开了悬念之谜：达比亚作为一种传统文化的符号，在现代文明的冲击下，被表面上由三女儿的叛逆引发的一系列矛盾冲突击得粉碎(欧得得在父亲坟前摔碎达比亚)。

看过《达比亚》的人，都惊叹于摄像师对"杀羊风波"、"饭桌风波"中两个长镜头的运用，对记者的冷静观察、客观纪录过目难忘。其实，对这两个事件产生的背景、原因、悬念的设置与推进，解说词文稿起到了不可忽视的建构作用。我们看"杀羊风波"一段：

【解说】

按照这里的规矩，不管谁家的牲畜吃了别人家的东西，它家的主人都得杀鸡宰羊向受损失的人家赔罪。但由于欧得得不知道昨天发生的事情，结果兄弟俩认为欧得得不讲道理，所以很生气。

① 〔美〕罗伯特·赫利尔德：《电视广播和新媒体写作》，华夏出版社 2002 年版，第 164 页。

【画面：光棍兄弟到欧得得家的羊圈里抓羊、在欧得得家门前杀羊——约长达6分钟的长镜头】

在这里，客观的纪录与主观表达在对真实的共同追求中，体现了两种功能：纪录与说明。正是这两者的结合构成了电视专题的本体，从而使它有着真实感和权威性。

第三节　专题片的写作

电视专题片与电视纪录片最大的区别在于：电视专题片所表现的事件结果是已知的，而纪录片所要拍摄的事件与人物的结局是未知的。已知的事件使电视制作者能全盘驾驭事件，从而完全正确按照编导者的意图设计处理素材，以致完全可事先写好专题片的解说词，在此基础上，寻找拍摄所需画面。而纪录片则只能跟随事件的发生、发展过程，纯粹观察式的纪录，这是二者的主要区别。由此，写作也成为电视专题片的主要研究对象。

一、专题片写作过程

(一) 写作选题

电视专题节目写作，首先要明确写什么？就是选题问题，这是写作前的重要环节，也是整个写作过程的基础。电视专题节目与纪录片都属于纪实报道类节目，它们有着某些共同的特征，表现在选题上，有相通的一面，但也有各自不同的分类。

电视专题节目按选题内容划分，有以描写人物为主的人物专题；有以记述事件为主的事件性专题；有以反映社会生活为主的社会性专题；有以记述历史事实为主的历史性专题节目；还可选择以揭示文化底蕴为主的文化专题节目。

人物专题主要以人物命运、人生轨迹、思想情操及卓越贡献叙述为主。事件性专题要抓住瞬息万变的社会生活中层出不穷的新生事物，展现事件的发生和发展过程。社会性专题节目主要选择与社会密切相关的重大题材，以事实本身的影响调动观众的注意力和思考力，以加深观众对重大社会问题的认识与感悟。历史性专题，则要运用多种电视手段，对重大历史事件或历史发展进程，给予多角度、多侧面、全方位的回顾与审视，以符合当代社会教育的现实观照来把握历史事实。文化电视专题则要从风物、人物、文物入手，充分展现某一文化的厚重、历史的悠久及风光之秀美，既要有意境，又要有知识、哲理。

相比较而言，电视纪录片的选题比较单纯，一般分为两大类：一类是人文与社

会类题材，即指那些同人们的社会生活联系紧密的、同历史或现实有直接关系的题材。另一类是自然与环境类题材，这主要是指那些和人们的社会生活联系不那么紧密，以自然界和自然物为主要表现对象的题材。目前，国际上的影视节纪录片评奖，概以这两类题材分别评奖。

以上从概念和选题范围两方面对电视专题节目与纪录片进行了形态的区别，但这并不意味着二者是"大路朝天，各走一边"的关系。相反，作这种区别分析，是为了通过深入地了解各自特色，以便在实际创作中相互借鉴、相互融合，达到完美地表现电视题材的目的。从一开始我们就曾明确指出，二者在创作规律、写作技巧方面有许多相通的地方。正是基于这一观念，我们在下面的研究，将包含电视专题节目和纪录片共同的写作技巧，有时甚至将二者作为同一概念来使用。

（二）写作程序

电视专题节目和纪录片都要遵循从大纲写作到脚本完成的过程。在初步确立了节目主题和基本思路之后，撰稿人就要尽可能地列出完整的提纲，做出较为详细的程序表。在大纲计划中，要确定一些预期获得的资料，包括现场采访、必备镜头、过去的影像资料、家庭照片、日记以及其他资料，在此基础上，开始撰写脚本。具体来说，其写作程序如下——

1. 确定主题

主题即立意，或说是中心思想。无论制作什么节目，都有一个基本目的，总是要说明点什么，或介绍某事，或宣传一种思想，或表达作者的某种情绪和感受。创作者在深入生活、观察社会的过程中，对许多社会现实、自然风貌、人物形象等都会表达出自己的态度、看法和主张，这些引起创作者创作冲动的基本事实和问题的提炼，就成为一件电视作品的主题。

主题的确立，"通常有两种方法：一种是'意在笔先'，即创作之初已定下一个主题，然后根据这个主题来选材、结构。另一种是在创作中不断修正、深化主题，有时到节目接近完成时才最后形成"①。这种情况在创作中经常遇到。但是解说词的中心思想不能凭空而出，必须以大量的形象材料作基础、作铺垫，从事实的分析中得出结论。中央电视台文化系列片《江南》的主题就经过了这样一个过程。

拍摄《江南》，自然要涉及其山川、水乡、园林、戏剧、民居、名胜古迹、民间工艺等。摄制组的最初分集方式也是根据以上内容制定的。于是，解说词的写作就按

① 钟大年：《纪录片创作论纲》，北京广播学院出版社 1997 年版，第 279 页。

所拍摄内容分为“江南园林”、“江南水乡”、“江南民间工艺”、“江南饮食文化”、“江南历史人物”、“江南地方戏曲”，照此构建，也未尝不可，但创作者总觉得无法找到江南的神韵，无法体现作者的思想感情，也无法为后期编辑以及解说词的撰写找出主题思想的支持与贯通。于是，创作者为了找出这部文化系列片的文化感觉，也从作者的个性出发，经过反复琢磨，终将所有内容集中为三大部分，即《水墨江南》、《倾听江南》与《感受江南》。这样一来，撰稿人也便找到了解说词写作的“线索”或“主脑”。

无独有偶，著名编导刘郎在写苏州专题片的时候，也存在一个选题、写作视角与立意的问题。他在编导了表现苏州园林的《苏园六纪》之后，又应邀续拍苏州，那么，最能体现苏州的还有什么呢？——当然是“水”了，从水切入，符合苏州的特点。于是，刘郎继而又创作了一部关于《苏州水》的电视文化专题片，同样取得了很大的成功。《苏州水》的创作者抓住了水，以水为线索表达了一个很古老的文化。然而，写园林可以花窗月影，也可以银霜雪月，可写苏州之水就不同了。如何不同？这就涉及立意问题了。刘郎在介绍该片立意过程时曾说过如下一段话①。

“难就难在不是写环保之水，物质形态的水，而是写苏州的历史与文化；不是追踪典型事件和人物个案，而是要面对一个又一个过去时，这实际上触及了文化专题片如何实现多元化的命题。既要让这部片子为苏州立传，又要让其具有风骚的味道。从自然形态看苏州的水很浅，但是从历史文化的角度看，苏州的水非常之深。建于春秋，兴于唐宋，盛于明清，衰于民国，全面振兴于当代，读懂了苏州，也就读懂了中国的传统文化。我在清代史志上看到：‘读书为乐是吴中民俗。’安塞腰鼓是民俗，窗花剪纸是民俗，龙舟和粽子是民俗，但是苏州的民俗是读书为乐。营造文化的不仅是白居易和刘禹锡们，不仅仅是范烟桥和陆文夫们，而是全民。正是有了这种深厚和宽广的社会基础，我们的传统文化才能得以传承和发展。

苏州不愧是经济强市、文化名城，科技是生产力，文化也是生产力。苏州人的聪明之处在于不仅能将自己的文化、历史不断地转化为一种资源，用苏州文化营造文化苏州。苏州人策划这部电视片正源于这种高度，我也明白了《苏州水》的使命：给苏州印名片。名片内容是水，内容和格式已定，我们的工作就是当一名印刷工，印得高雅而爽目。在印刷的过程中我有三点体会：纵横的思维、储存的使用、手法的转换。纵横的思维：写苏州不能就苏州写苏州，而要寻找全国意义上的平台，纵向上从重剑尚武到重教尚文的重大转型，南北则是从苏州到京华的文化传递。储

① 石长顺：《电视文本解读》，武汉大学出版社2008年版，第217页。

存的使用：我们一定要向书籍文化探胜取宝。当然仅仅掌握一些典故、掌故、资料还无法进入创作的层次，资料不等于知识，不等于思考，更不等于提炼。真正的读书是读出自己的思想成果，并和自己的思想感受相综合，把事理、哲理、心理在一部文化片中融合起来。手法的转换：我对自己的要求是史学为体，文学为用；学术为体，艺术为用；文化为体，影视为用；哲理为体，意象为用。"

刘郎写《苏州水》的高明之处，就在于他刻画了水，赋予了水人的品格。在刘郎的艺术中非常明确，由水来推及文化，更主要的是由文化写到了文化与人的关系。写以水为邻，写井台周围老百姓的生活，反映了人与人之间的沟通，人与人心灵的呼应，人与人之间的亲情。通过水反映文化，反映人与人之间的关系，抓住了中国文化的特点：以人为本。这就使得极有可能拍成教科书的那种作品变成了富有血肉的、富有抒情意味的，能够和电视观众密切呼应沟通的一部很出色的、有人性的一部作品。

2. 列出提纲

提纲是为拍摄和解说词写作确立一个大致的方向，提纲内容包括：故事或节目梗概；对主要镜头、情节和片断的描述；节目的开头、中间串词和结尾。由于电视节目制作是一个集体合作的结晶，因此，提纲能使他们开始工作之前就明白共同的目的。尽管提纲会改动甚至推翻，但仍具有很高的价值。一旦将提纲写成文字，人们都会认真对待它。聪明的撰稿人或制片人是不惜在提纲上花费工夫的。

提纲一般有拍摄提纲和写作提纲。下面是中央电视台制作的大型专题片《百年中国》中关于纪念碑这一部分的写作提纲。

纪　念　碑

在幽远而虚静中，构建心灵净化的祭仪

一、题旨

纪念碑是凝固的历史，是一个民族命运的见证。选择七座有代表性的纪念碑，运用精细的拍摄手段和富有创造性的结构方式，连接过去、现在和未来，通过历史碎片的拼接，完成对民族精神的追问和凭吊。创造一种神圣而悲凉的悼亡诗境界。

二、内容

纪念碑——历史资料——城市环境——见证人的诉说——现在的生活

三、选题

1. 克林德牌坊(八国联军、第一次世界大战、五四运动)

3. 黄花岗烈士碑(广州起义)1911 年

4. 三·一八烈士碑

5. 苏军烈士碑(武汉空战)

6. 南京大屠杀纪念碑(南京)

7. 抗美援朝纪念碑(丹东)

8. 人民英雄纪念碑(北京)

寥寥数语,已经使我们明白了这段电视片的画面内容以及导演风格。一般说来,这一类提纲的最初设计可能与最后完成作品相去甚远,甚至完全不一样,这是很正常的。

事实上,随着纪实主义创作方法的兴起,越来越多的纪录片的提纲趋于简化,甚至一些创作者在确定拍摄题目后就直接进入事件的记录过程,不管有什么先拍下来再说,在获取了大量的素材之后,再在编辑室中对素材进行分析、提炼、筛选,最终完成作品。

3. 采集、研究

在提纲的指引下,撰稿人于写作前还必须搜集相关资料,包括图书文本资料、原始音像资料、现场人物访谈、脚本衔接素材等。撰稿人在收集事实、准备采访时,为了保证效果,必须精心准备采访的背景材料和问题——答案的大纲。当这些基本素材收集下来以后,撰稿人要对材料做详细、认真的研究,正式确定节目采制中具体的采访对象,并要根据已收集材料的摘要向被采访者提出一系列相关问题,同时,还要建议制片人和编导进一步获取某些特殊的材料,并介绍从哪些渠道获得这些材料。

4. 撰写脚本

在上述过程完成之后,撰稿人就要正式进入写作,形成一个包含解说词,采访录音材料说明和画面提示的双栏完成脚本,并和制片人、编导商量修改之后,最终形成播出台本。

播出台本和专题片写作格式有两种:一种是表格式;一种是文本式。表格式的专题片台本,一般分两栏,即画面提示和解说词,其左右位置分布和表格框框视个人习惯和文本内容而定。如下例:《丰碑:网里神州——腾飞的中国电信业》完

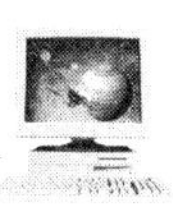

成文本格式。

画　　面	解　　说
西单科技广场(外景) 打手机镜头一组字版(手机用户) 移动电话营业大厅(运动镜头) 打手机的女孩 柜台内出售的手机	在今天的中国,手机成为增长量最快的业务项目。中国从有了第一部手机发展到1 000万户,用了整整10年时间,而从1 000万户猛增到1亿户只用了不到4年时间,发展速度创下了世界之最,也使得中国拥有世界第二大手机用户群。而每3个月就有一款新手机诞生,使得中国用户目不暇接。
大哥大(特写) 买手机的老人 手机柜台(运动镜头) 行驶的公共汽车 打公用电话的女孩 解放前使用的电话机 80年代的电话机 打公用电话的人 打电话的小孩 字版(固定电话用户)	(20世纪)80年代末,这种价值几万元的大哥大是少数人才用得起的奢侈品,而今天我们只花上1 000元就能买到一部小巧、漂亮的数字多功能手机。在今天的中国,不仅手机的增长速度快,固定电话的业务发展也突飞猛进。1949年,我国的电话用户是21.8万,平均2 000人才能拥有一部电话。如今,2亿多的电话总量使不到6个中国人就能拥有一部电话。这些昔日高不可攀的通信工具,大踏步地步入了今天中国百姓的生活。

文本式脚本写作,一如文学和戏剧文本,将画面提示与文字解说分段组合编撰而成,如第五章政论片案例《复兴之路》的完成文本。其好处是简洁,而劣势也显而易见,它不便于后期画面编辑制作。在文本式完成台本中,还一种更为简洁的格式,即只有简单的语言提示,而无画面提示说明,如人物专题片《“百姓书记”梁雨润》片断。

【画面】
梁雨润与百姓在一起,穿插百姓访谈
【同期】
村民:我也想哪里有这么好的书记呀!
村民:清官啊,梁书记真的太难得。
村民:我们看梁书记是真正的共产党员。

村民：我们给梁书记起了个“百姓书记”。

【字幕】

“百姓书记”梁雨润

【解说】

梁雨润，现任山西省运城市纪检委常务副书记，1992年开始从事纪检工作。2002年受到中纪委通令嘉奖，被誉为优秀纪检监察干部的代表。

1998年开始，记者对梁雨润进行了持续4年的采访。从一个个急民之苦、解民之困的故事里，一位百姓书记走进了越来越多百姓的视野……

【字幕】

山西运城河津市上梁乡胡家堡村

村民畅春英家

拍摄于2001年10月20日

【解说】

这里是山西运城河津市胡家堡村，13年前一桩人命案使村民畅春英相继失去了儿子和丈夫，由于对法院判决不服，两具装着亲人尸体的棺材一直停放在家里。2001年10月20日，运城市纪检委副书记梁雨润踏进了这个几乎与世隔绝的小院，成了10多年中第一个走进她家的领导干部。

【同期】

山西省运城市纪检委副书记梁雨润：他多大年龄去世的？

山西运城河津市胡家堡村村民畅春英：59岁？

梁雨润：59岁？现在人就在里面放着呢？

畅春英：嗯。

梁雨润：几年了？

畅春英：1995年没的。

梁雨润：你现在还在这儿住？

畅春英：嗯。

梁雨润：回来吃饭还在这儿？

畅春英：嗯，还在这儿。

【解说】

这个供着照片的小桌就是畅春英每天吃饭的地方，她日夜守着丈夫的棺材已经生活了7年多，而旁边一间屋里还有一副棺材，存放着他儿子的尸体，已经将近13年了。这就是畅春英的长子姚成孝，是个退伍军人。1989年3月15日因几句口角被村支书记的两个儿子无辜捅死，法院当时以故意伤害罪判了主犯12年、从

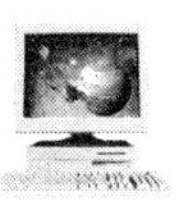

犯3年徒刑，畅春英不服，认为自古以来杀人偿命，就把儿子的尸体停放在他生前的房间，和丈夫一起为儿子申冤。

【同期】

畅春英：人一死啊就应该入土为安，我这个事情不能说，开庭没有通知我到庭就刑事判决了，我告的就是因为一审没有通知我到法庭去。

【解说】

因贫病交加，1995年畅春英的丈夫在上访的路上猝死，她又把丈夫的棺材放在床前，不顾一切地继续上访。然而13年中虽然手里拿到的领导"批示"有二三十份，但一级一级落下来却仍然没人过问她的案子。而常年上访使她家一贫如洗，畅春英常靠捡破烂维持生计，家里是活人死人同处一屋，村里人也很少和她家来往。2001年秋天梁雨润的到来震惊了整个村子，然而他面对的不仅是两口沉甸甸的棺材，还有这个受尽屈辱磨难的畅春英一家的怀疑和误解。

【同期】

"我觉得她并不是对我梁雨润个人有意见，而对我们党的干部长期给她这个问题得不到解决这种作风有意见。所以两副棺材不能再在家里放了。如果继续放下去，那么对于我梁雨润来讲没有任何损失，损失的是党的形象，损失的是干群关系。"

【解说】

梁雨润经过调查发现，案件并不像畅春英所想的杀人就必须偿命，主犯当年从轻判决的主要原因是年龄还不满18岁，而且现在已经刑满释放了。为了切实解决这个历史遗留的问题，梁雨润一面向法院申请重新审理，替畅春英补回刑事附带的民事赔偿，一面协调各级政府给畅春英经济上的补助，还反反复复做畅春英一家的思想工作，劝说将棺材入土为安。

【同期】

梁雨润：我们的工作没有做好，那么我们今天解决这个问题就是一种道歉，所以……

【解说】

在历时半年多的时间里，梁雨润和纪检干部先后20多次到小梁乡解决畅春英的案子。

【同期】

梁雨润：我不解决你这个问题，我良心上过不去，因为我已经给你表了态，你这个问题我必须给你解决，所以我后半夜4点钟都睡不着觉，今天四级领导都在这儿，我说话算数，多少(钱)、什么时候来乡政府，还是我们这些人双方见面，把钱

领走。

【解说】

在梁雨润真诚耐心的劝说和抚慰下，畅春英心中仇恨和冤屈的坚冰渐渐融化了，终于在协议书上签了字。

【同期】

畅春英二儿子：哎呀，我13年来总算从这个阴影中出来了，梁书记能给我解决，我说梁书记，我啥话也不说了。

【字幕】

拍摄于2002年5月8日

【解说】

今年5月8日，梁雨润带领运城市纪委与河津市、乡村三级干部50多人早早来到畅春英家，在姚家停放了13年的棺材终于起灵了，这时候梁雨润冲上前去，抬起灵柩，亲自为死者送葬。

为什么在很多人眼里像这样难以解决推来拖去甚至无人问津的案子，梁雨润却能把它扛下来呢？在我们对梁雨润持续四年的跟踪采访中曾做过一个统计，他仅在夏县两年零九个月里就处理群众上访250多起，平均每四天就要为老百姓办一个案子，而且其中大部分都是这种几年、十几年、甚至几十年的难缠案，起初同事们经常劝他不要做这种自找麻烦的“夹生饭”，但他不仅有案必接，而且结案率高达百分之百。时间一长，同事们发现总结了他办案的四部曲：“流泪听状子，承诺拍桌子，调查进村子，处理快刀子。”

二、专题片写作特性

电视媒介不同于报纸，它是为耳朵而写作；电视也不同于广播，它是为眼睛而写作，它读起来不像一篇完整的文章，它听起来似乎也没有华丽的辞藻——这就是电视写作的特性。

（一）为听而写

文字稿最终是以声音的形式由播音员或主持人现场讲述的，因此文字内容应尽量做到简明口语化、清晰，让受众听得清楚、听得明白。

1. 口语化

所谓“口语化”，是指节目内容在播报时要像说话一样，通俗、简单、易懂。电视

文字稿要做到口语化，首先，力求精练，即多用短句、直叙句，能用简单句表达清楚，绝不用复合句；能用主动句说明，就不要用被动句描述；能只交代一个时间点就把故事的前因后果说清楚，就决不用更多的时间点来困扰受众。其次，强调动感，删掉一些不重要的信息文字和一些不易让受众听清楚，甚至可能产生误解的文字，尤其是形容词，能不用就不要用。总之，电视专题写作要永远追求简单、明白，远离复杂。写稿的时候，不妨反复“读”几遍，力求文辞通顺流畅。

下面这一则解说词稿口语化就运用得比较好。

主持人：说起城市交通外环线，在平原城市如北京、上海，早已有了外环乃至四环、五环。而在重庆这样一个山环水绕、深丘重岭的城市里打造高速外环，却是难上加难。今天，重庆的外环高速路终于呈现在世人面前。为了这条路，重庆历经了10多年的运筹，6年的鏖战。

配音：为了解决过境交通和主城区交通拥挤的难题，20世纪80年代末，成渝高速公路正在修建时，市交委就大胆提出了修建外环高速公路的设想。有关专家进行了近两年的研究和论证，拿出了一个十分科学的规划：巧妙地将沪蓉、渝湛高速公路重庆段分别作为我市外环线的西北环和东南环。与此同时，集中精力建设上桥至界面石这道23公里长的西南环。

1995年11月，随着嘉陵江高家花园大桥的开工礼炮声，外环线建设拉开了序幕。自那时起，重庆人就开始了长达6年的艰苦建设历程。整条线路投资高达45亿元。为了筹集建设资金，市交委打破了长期由政府贷款修路的惯例，组建了上界高速公路有限公司，由企业去筹集资金来修建。如今，在全长75公里的外环线上，包含了3座跨江大桥、18座立交桥。在重庆这座山环水绕的丘陵城市中铺开如此大的工程，遇到的困难是可想而知的。数万建设者克服了地质条件差、地形恶劣的困难，一个个建设中的硬骨头被啃了下来。10年艰辛奋斗终于换来丰厚的收获，重庆人终于有了如今这条最宽敞、最舒适的第一条外环高速公路。重庆的交通历史，在今天终于得以改写。

（《外环线：十年运筹　六年鏖战》　重庆电视台）

用简单的语言向受众传达了他们身边发生的事，既引起他们的兴趣，又让他们听得清楚明白。因为受众群非常广泛，未必都具有丰富的阅读经历，未必能理解那些华丽的词汇。电视节目是稍纵即逝的，如果要观众停下来思考前面的内容，很可能又错过了下面的内容。因此，电视解说词一定要写得口语化，明白易懂。

2. 简明

文字稿要求像说话一样的口语化，但人们日常讲话会流于啰唆，所以在撰写电视专题文字稿时要尽量口语化却不啰唆。电视文字稿本身也是一种很强调节奏的语言表达，不必细描细画原因与过程。简明的具体要求是要少用形容词、副词和复杂句式，善于运用有力量的动词，让句子简洁有力而紧凑。适时地让图像来说明事实，可使节目更紧凑。以黑龙江电视台一期节目为例。

画　　面	解　　说
	【主持人】：哈尔滨市62岁的李伦老人是一位钟表收藏爱好者，凭借着30多年的不懈追求，他收藏的钟表终于获得了吉尼斯之最。
李伦拨钟表 钟表全景 钟表特写 “南京钟”全景，“南京钟”钟座、钟面 瓷壳座钟全景 皮筒钟全景 打开钟罩上发条 吉尼斯之最奖状	【解说】：在李伦的藏馆里，有从17世纪末到当代的中、美、德、法、瑞士等几十个国家和地区出品的近万件钟表。 这座清代生产的“南京钟”造型古朴典雅，曾在1915年巴拿马国际博览会上获得特别奖；英国瓷壳座钟是产于17世纪30年代的皇家用品；德国皮筒钟是现代闹钟鼻祖；这种“故又鸣钟”上一次发条能走400天，是机械钟里走时最长的钟。 经上海大世界吉尼斯总部审核，李伦的钟表收藏以种类之多被列为吉尼斯之最。

（《哈尔滨：收藏钟表　我是大家》）

这些解说词用语都是大家所熟知的。在新闻专题报道中选择简洁、清晰的词汇，对受众的理解非常有效，同时也避免了陈词滥调和冗长乏味。总之，解说词的写作一定要寻找一种简明的表达方式，直截了当地报道新闻专题。

3. 清晰

电视节目是线性传播的，信息就稍纵即逝，不可重复收看。所以电视文字稿的写作非常强调清晰化，这包括结构的清晰和语言的清晰。具体说就是将复杂的事情条理化，用时间要素或逻辑力量来理顺，而且在叙述中不要用生涩难懂的词语，太文气、太生僻和太新潮的都不可选。不要用同义词，因为用同义词会显得累赘；

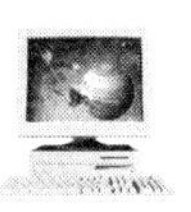

也不要用“前者”、“后者”等必须花脑筋的代用词。可以多用短句，适当的时候采用重复的字词来强调某些重点，以加深受众的印象。请看下例：

画　　面	解　　说
	【主持人】今天上午8点，牡丹江市一名患者突发脑溢血，急需输入2 000毫升RHO型阴性血，由于当地血站没有这种特殊的血液，医院只好向哈尔滨红十字血站求援。于是，一场爱心救助活动拉开了序幕。
护士为患者输液 护士推药车 病人家属在医院焦急等待 医生会诊病情 医生讨论X光片 “哈尔滨市红十字中心血站”大楼外景 医生打电话联系 献血者献血 献血记录单 慕杰献血 200毫升血袋 流动献血车“热血托起生命”	【解说】：患者张宝国在早晨上班时突发脑内大出血，必须手术。但由于病人是非常少见的RHO型阴性血，拥有这种血型的人不足千分之一，而目前牡丹江市这种血浆的储备量为零，手术一时无法进行，张宝国的处境极端危险。 上午10点30分，得到消息，哈尔滨红十字血站一边火速将仅有的800毫升RHO型阴性血送往牡丹江，一边与全市60多位拥有RHO型阴性血的市民取得联系。10点50分，第一位献血者赶到了血站，到中午12点，共有42位拥有RHO型阴性血的市民得知情况后主动到血站无偿献血。其中一位叫慕杰的献血者尽管年初已经献过血，但还是放下手头的工作赶到血站，献出了200毫升殷红的鲜血。晚上6点20分，哈尔滨红十字血站将市民献出的6 000毫升RHO型阴性血送到牡丹江市。

（《牡丹江：稀有血液告急　两地紧急救助》，黑龙江电视台）

这篇文字稿中用“早晨上班时、上午10点30分、10点50分、中午12点、晚上6点20分”五个时间要素把新闻事实的经过连缀起来，让受众随着时间的线索对事实经过一目了然、一清二楚。同时“RHO型阴性血”一词在文中一共出现六次，这不但不让受众觉得重复，反而加深了印象，对新闻主题理解得更准确，这不能不说是重点词语重复的力量。

（二）为看而写

文字解说词弥补了画面所不能传达和未能传达的事实和细节，从而构成声画

合一或声画对位的关系，使声画两者互为补充、照应，形成复合语言，使新闻信息传播进一步强化。

1. 现场感

所谓现场感，是指在新闻专题报道中运用形象的手法来描述新闻事实，给人以置身现场的感受。《中国新闻大辞典》将此概念表述为：诉诸充实的具体形象的文字报道，作为一种文体，归类为现场新闻，常用于“见闻”、“目击记”之类的新闻报道。现场感强烈的文字稿，不同于平铺直叙的文字表述，它将记者采访中获得的大量的生动材料有机地组织起来，传达给受众，使受众从文字中“看到”新闻事实中的人物表情、现场情景、场面与氛围、地域特色等，这种报道有更大的可信性，也有更强的感染力。曾经两次获得普利策新闻奖的美联社特派记者雷尔迈，在谈到自己的采访经验时曾这样说过：“一篇理想的新闻报道应该把读者带到现场，使他能看到、感觉到，甚至闻到当时所发生一切。”如下例：

（全景：围观群众）

[记者现场] 各位观众，这里是杭州萧山坎山镇的横山村，5 月 23 日下午接近 3 点的时候，由于这条河河边的护堤突然塌方，致使一名正在水下作业的潜水员被困河底。据说潜水员的腿部以上都被石块儿卡住，无法浮出水面。我们现在看到有很多战士都在进行营救。营救人员除了施工单位的人员外，还有浙江武警一支队五中队和二中队的 100 多名战士。到现在为止呢，采取的营救措施一共有三项：一项呢就是借助这个吊车的力量把潜水员拉出水面，当然这项还没有实施。还有一项呢是清除塌方河堤旁边的杂物，以防止再次塌方。还有一项呢就是派潜水员下去帮助被困潜水员清除身边的杂物和石块。现在，潜水员被困时间已接近 24 小时，我们看到营救工作还在紧张地进行。

[采访] 营救人员：现在把 3 米长的水管放下去，把人捆起来。

[记者] 水管放下去，用人力拉上来吗？

[营救人员] 哎，对，用人力拉。

[记者现场] 水下潜水员穿的就是这样的潜水服。非常重，据说有 200 斤。这几个战士正在打氧气水泵，主要是给施救的潜水员给氧，在河的对岸，还有一台氧气泵，主要是给被困潜水员供氧。现在呢，水下的情况非常复杂，营救不上来的原因也是非常多。比如我们刚才看到的这个潜水服，非常重。河底的泥沙也非常多，这是一个非常大的困难。另据了解，这个潜水员是湖北人，今年 28 岁，名字叫冯谷兵。

……

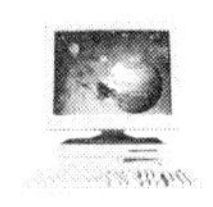

［解说词］在经过28小时紧张的营救之后，被困在水底的潜水员终于被救了出来。在场的群众报以热烈的掌声。现在，营救人员正在把被救的潜水员送往武警医院。

（《紧急营救被困潜水员》，浙江电视台）

从上例看出，记者以现场目击者、参与者的身份作现场口头报道，这是现场报道的典型特征之一。从现场解说的情况看，记者将自己所见、所闻、所感全用口语化的语言表达出来，现场感非常强。记者把当时紧张的气氛，扣人心弦的事态进程表达得简洁而生动，真实、准确地再现了营救潜水员的情况。

2. 信息量

信息，按照信息论的奠基人、美国数学家申农的定义，是指“不确定程度的减少量”，也就是说减少受众认识中的“不确定性”程度越多，即告诉受众未知事情越多，信息量就越大。作为现代传媒的电视新闻报道，其实就是一个信息采集、传递与接受的过程。随着现代社会生活节奏的加快，人们对各种信息的需求增大，同时也要求在最短的时间内用最简单、便捷的方式获取更多、更有价值的信息。请看《百万群众大转移》报道案例。

画　　面	解　　说
气象专家聚集开会 气象图 巨浪袭击堤岸	省气象台专家最终确认，今年第11号强台风今晚9点前后在我省沿海登陆。此时，台风中心正以每小时25公里至30公里的速度向我海岸扑来。
被风刮倒的树 省防汛指挥部工作人员开会	窗外狂风呼啸，大雨滂沱，省防汛指挥部内气氛凝重。省委书记李泽民、代省长柴松岳等党政军主要领导正在召开紧急对策会议，省委书记坐不住了。
李泽民讲话	【同期声】“凡是台风登陆和经过的地方，我看就要下死命令，该转移要转移，该撤退要撤退。”
刘锡荣给在场工作人员布置工作 命令文件 准备撤退的人群 转移物资	副省长刘锡荣当即操起电话，给几个市县一一下达了紧急撤退命令，一场和平时期最大规模的大动员、大转移十万火急地在沿海各地迅速展开。

（续　表）

画　　面	解　　说
部队官兵背老人撤退 党政干部现场指挥	部队官兵上去了，党政干部上去了，电话、传真、广播、电视等一切手段开始高速运转。
巨浪拍打堤岸 巡堤人员 巨浪拍打堤岸 搬运行李	“人在大堤在。”“左”的年代我省曾发生过上千护堤群众被台风卷走的惨剧，自然灾害是不可抗拒的。家园可以重建，人的生命高于一切！
官兵协助群众撤退 分析气象图 省委书记决定利用广播 省委书记讲话 省长打电话	时间在分秒流逝，台风在步步紧逼。下午6点，离台风登陆只有3个小时了，焦急不安的省委书记打电话给省电视台：新闻播出是否可以打破常规？时间不等人哪！
路上风雨交加 电话报告记录 冲锋舟转运群众	天渐渐黑了，风更大，雨更紧。台州报告，部队的两艘冲锋舟和三艘橡皮艇已成功靠上了蛇蟠岛。
撤退海上作业人员	温州报告，正在南海六号钻井平台作业的96名中外技术人员安全撤回到龙湾基地。
人员冒着风雨撤退	宁波报告，一线海塘和危险山体水库下游人员已全部转移到安全地带。
车队前往现场 领导现场办公 领导在岸边视察 官兵垒沙包	放心不下的柴松岳匆匆赶到钱塘江一线海塘，他要亲自看一看，群众是否已真正转移了。听说海塘内的部分养殖户死活不愿撤离时，他下了死命令：对那些真正不肯走的，要采取强制措施，架也要把他们架走。
汽车在风雨中前行 台风、巨浪 巨浪拍岸 风雨刮倒的树 岸边巨浪	晚上9点30分，11号台风在台州登陆，其强度之大，为我省历史所罕见。虽然只有短短的五个多小时，全省却突击转移了近百万群众，人员伤亡减少到了最低限度。 本台报道。

在这篇解说词中，把台风流向、紧急会议、大规模动员、台风紧逼、领导焦急、部队抢救、三地报告、安全转移等大容量信息快速播出。解说词以与现场画面相适应的快节奏，报道了“百万群众大转移”方方面面的信息，并且生动地表达了台风压境时党和政府关心人民、关注人的价值、关注人的生命的主题。节目虽然不长，但主

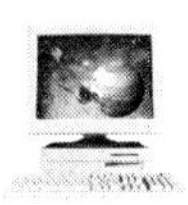

线清晰、信息量大，通篇没有废话。

需要注意的是，解说词的写作中，一方面要在有限的篇幅内传达更多的信息，另一方面又要防止在较短时间内的信息流量超载而让观众产生迷惑。

(三) 为思而写

电视媒介的主要特色在于它的视觉形象的现场性，因此，电视节目对现场画面的真实性和即时性要求极为严格。但随之而来的是，电视的这种特性在面对表现过去与未来、思维与内心方面缺乏表现力，在多义与模糊的事物面前缺乏说服力。因此，需要借助解说词的写作来弥补电视视觉语言“思”的不足。

1. 过去与未来的弥合

电视的基本特点是形象性和现场性，形象性增加了电视节目的生动感，现场性激发了观众的参与感，这既是电视的优势，同时也给电视带来了一定的局限：对那些已经发生过的历史事件，而记者又未能及时拍下现场图像时，电视影像报道就显得无能为力了。这一点在文献片、历史性报道中显得尤为突出。为了弥补图像资料的不足，有的记者就采用“空镜头”表现方法，配以故事性的叙述解说，同样收到良好的效果(详见《专题片的叙事》一节中的“客观叙事者与干预叙事者”的案例分析)。

2. 思维与内心的揭示

人的思维活动存在于人的大脑内，属一种精神范畴的活动。人的内心世界也处于一种隐秘状态，摄像机无法透视。尽管人物某些心理活动，可以通过外在的动作表情，做一定程度的间接揭示，如手握拳头表示紧张或愤怒，来回踱步表示不安或焦躁，但其真正的含义究竟是前者还是后者，却无法直接准确地判断。再如，一个人在办公桌前和房间里长时间静静地坐着，眼朝窗外做凝神状，从表象上看，我们知道这个人在思考，但思考什么？却不得而知。因此，对思维与内心的揭示，往往要依赖于解说词的旁白。

纪录片《我的家》，反映的是山东姑娘亚君寻找失散8年的小弟林林的故事。亚君的家，原本是一个幸福的家，但由于爸爸经常酗酒、赌博，闹得妻离子散，妈妈在弟弟被父亲当作赌债抵押给人家时，一气之下杀死了父亲，从此，妈妈被关进了监狱，亚君和小妹妹后又因家中失火而流浪街头，被派出所的叔叔、阿姨带大。后来在监狱干警的帮助下，亚君从山东到东北，经过艰难曲折的寻找，终于找到了失散多年的弟弟。故事充满了人间真情，令人落泪。其间，亚君感叹颇多，然而这一

切无法用纪实画面表现，只有借助解说词强化纪实节目的效果，如当监狱干警到一个村子里查找弟弟下落时，亚君一个人坐在车里的感受："查寻弟弟的人都还没有回来，我一个人坐在车里有些伤感。过去我常常这样一个人望着窗外伤心落泪。我多么多么地想有一个完整的家啊！"这里只有解说词才能真实地反映亚君此地此时的心情。再如，当亚君随弟弟回访跪拜东北一家（收养他的）人时，看着善良、朴实的人家，亚君内心深受感动："一切都将变得遥远，东北的土地、山村和那些我刚刚熟悉过来的乡亲们，一切都将会存在我和弟弟的记忆里，让我们常常铭记的是那些人间最珍贵的东西。"

这里的画外解说，正是亚君的心声诉说，且与现场音像融为一体，即便有些议论性的解说，亦化为主人公的所见所感，使创作者的主观情感得以自然地呈现出来。

3. 多义与模糊的分辨

电视画面具有形象的直观性，但由于观众的人生经历与对事物理解力的差异，对某些画面的理解可能产生歧义。这从反面说明，画面的可塑性具有多义性的解释。威尔伯·施拉姆认为，画面是一种"模糊语言"，由于画面本身的含混性，因而就具有多种解释、多种指向的可能。

电视文字稿运用准确的语言解说可以消除画面的多义性和模糊性，使新闻信息准确可靠，能够拓展画面深度。画面的长处是形象、直观、易懂，但有时画面又很难表达具体的信息，即使一些标志型的主体画面，也需要在一些特定语境中才能获得正确理解。一般而言，绝大多数画面需要给予限定、解释，才能让观众明白其含义。

据报道，在俄罗斯军队围剿车臣叛军的一次战斗中，一位俄罗斯记者拍摄了一个掩埋被击毙的叛军尸体的片断，他把未加解说的素材送给了一位德国记者。谁知，这盘录像带在德国电视台播出时，竟然被解释为俄军屠杀车臣平民的暴行，引起了俄方的抗议。这个例子非常典型地说明了，画面的多义性需要电视解说词给予正确的说明。

此外，电视新闻报道的"五 W"要素，有些要素只有用解说词才能交代清楚，如画面中人物的身份与姓名、新闻事件发生的时间与地点，以及事件发生的原因等，都无法从画面中直接读出来，这都有赖于解说词的辅助介绍。

三、专题片写作风格

风格是什么？亚里士多德认为，修辞的高明就是风格。古印度毗首那他认为，

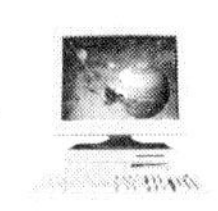

风格只是连缀词句的特殊形式。德国学者威克纳格甚至把“语言的表现形态”作为风格的定义。文学理论将风格定义为“作家创作个性与具体话语情境造成的相对稳定的整体话语特色”①。纪录片创作论认为，风格是创作者对现实生活进行艺术观照的方式，以及艺术形式的组织类型②。

上述定义实际上概括了风格含义的两个方面：一是艺术类型，二是作品话语。风格只能通过特定的话语情境表现出来，话语情境又由文本的词语、体裁、结构和形象等构成，也就是说话语、体裁与风格紧密相连。尽管风格因人而异，但作品体裁对风格具有一定的限定作用，特定的体裁规定了相应的作品风格。

根据电视创作的主客体关系和电视作为媒介意识形态对现实的不同反映方式，我们把电视专题节目的风格分为三种：叙述性、抒情性和议论性话语。

（一）叙述性话语

“叙述性话语是指用自然、朴实的方法，真实的报道、反映社会生活和人文现象”。叙述首先是一种美学风格，是一种与真实的关系。它是强调以写实的方式再现客观现实，其基本特征是再现性和逼真性。这种再现几乎就是物质现实的复原，“它比几可乱真的仿印更真切：因为它就是这件实物的原型”③。

叙述话语作为一种风格，是对现实生活进行艺术观照的方式，而不是创作目的。“真正的目的是创作者借助可视形象寄托自己的情感，并以此去震撼观众的心灵，是创作者通过对客体的关照，实现与观众的情感交流”。这种交流，一方面靠真实记录的影像过程感动观众，另一方面还要借助解说去触动观众的心灵。

叙述性解说词必须与节目风格一致，对外在客观现实状况作具体刻画或模拟。这种刻画或模拟就像一面“镜子”，应当直面现实，正视现实，忠实于现实生活，而不是再造生活，它是“把生活复制、再现，像凸面玻璃一样，在一种观点之下把生活的复杂多彩的现象反映出来，从这些现象里面吸取那构成丰满的、生气勃勃的、统一图画时所必需的种种东西”④。

著名电视编导、原中央电视台副台长陈汉元先生的解说词风格就兼具朴实、自然、亲切、幽默，观众能从中品出优雅，读者能从中读出“文学意味”，看似质朴，却显出非凡的功力。他在专题片《雕塑家刘焕章》中介绍刘焕章的家庭环境时这样写

---

① 童庆炳：《文学理论教程（修订版）》，高等教育出版社 1998 年版，第 249 页。

② 钟大年：《纪录片创作论纲》，北京广播学院出版社 1997 年版，第 190 页。

③ 〔法〕安德烈・巴赞：《电影是什么》，中国电影出版社 1987 年版，第 12 页。

④ 〔俄〕别林斯基：《论俄国中篇小说和果戈理君的中篇小说》，《别林斯基选集》第 1 卷，上海译文出版社 1979 年版，第 154 页。

道：他家里“没有电视机，也找不到电冰箱和洗衣机”。他的小院子小得“几乎转不开身”，即便是他的那些苦心雕琢而成的艺术品也常常“出世以后，因为一时找不到安顿之所，往往先在这个做饭炒菜的地方和刘焕章一起共享饭菜香”。在专题片的结尾，他写道：“假如你要寻找刘焕章的家，那是太容易了。你不必记门牌号码，而只要记住胡同就行了。因为在他家的窗户外面，长年累月垒着那么多怪里怪气的大树桩。那么，刘焕章在不在家呢？你听（深沉的劈木、凿石之声，一直延续到本片职员表完）。”作者对刘焕章的家作了朴素的交代，丝毫不加雕饰，然而却于不着痕迹的刻画中显出其笔力的真功夫。

特别是在陈汉元作为总撰稿的《话说长江》的创作中，将这种平实的风格发挥到极致，成为《话说长江》的创作基调。在他负责撰写的四川、成都、重庆这几集节目中都充满了浓烈的地域风味。他写四川，“冬季温暖，春天来得早，夏天比较热，秋天很凉爽，冰冻时间短，雨水很充足。当然，农业生产的发展不能只靠老天爷的恩赐，只要不人为地乱折腾，那么，这个风调雨顺的好环境，是有可能让这个盆地年年五谷丰登的。”

他写重庆，“重庆的台阶特别多，好像是数不尽的钢琴键。勤劳的山城居民们不分男女老少，从黎明到午夜，就这样共同演奏着生活的交响乐，就这样弹出了时代的最强音。”

他写成都，把成都的闲适表现得淋漓尽致。即便是成都茶馆里的倒茶伙计，也能让他写出几分情趣：“射程多远，范围多大，凭的是手腕功夫。不射则已，一射准保无误，而且不溅水花，真不愧是高明的‘射流技术’！”

他写游人，游泰山的姑娘们因为不知“高处不胜寒”，结果，只得“裤子套裙子，裙子套裤子，真所谓乱套了”！

陈汉元还写过《收租院》、《话说运河》、《泰山》、《下课以后》、《唐蕃古道》、《黄河》等。对陈汉元的作品不能仅凭只言片语妄加评断，要真正领会其风格的精髓，还必须深入到陈汉元的全部作品中，从整体上细细品味专题片解说词撰写的真谛。

在专题片的写作中，同样于平实之中见气势、叙述之中见艺术功力的另一个电视解说词写作高手，当推中央电视台原军事部主任刘效礼少将。其作品每部都在社会上引起很大反响，从《说凤阳》、《千枝梅颂》到《让历史告诉未来》、《望长城》、《毛泽东》、《邓小平》等，都可称得上经典。

刘效礼撰稿的专题片《让历史告诉未来》，于 1987 年 7 月 27 日至 8 月 7 日在中央电视台首播后，受到各界舆论的一致好评。许多不同层次的观众通过写信和打电话，称赞这是一部主题思想鲜明、编辑手法新颖、资料运用充分、解说生动感人的好片子。这部专题片“以新的视角，回顾了我军六十年走过的光荣道路，不搞编

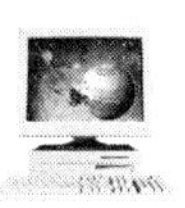

年史，却大事不漏，脉络清晰；不搞传记片，却在个人的点滴小事中让你领悟出历史的真谛。在明快的节奏中，60 年的历史被浓缩在 240 分钟的节目中；在精选的事件及人物中，你却如读一部军史。这部大型节目，激情与深沉同在，歌颂与思考同行，对历史的尊重，对现实的思考全在一场精心剪裁的场景中。”①下面，我们还是通过完整阅读《让历史告诉未来》中的一集，以领略这部专题片解说词的优美的文笔。

《让历史告诉未来》(共 12 集)第七集：《为了和平》

(歌声：一条大河波浪宽，风吹稻花香两岸……)

结束了二十二年的战争，中国人民获得了渴望已久的和平。在这片新生的土地上他们播种希望，医治创伤，开始建设幸福美好的家园。

然而，1950 年 6 月 25 日，朝鲜半岛爆发战争。两天后，美国海、空军武装入侵朝鲜，第七舰队进逼台湾海峡。7 月 2 日，第一批端着卡宾枪的美国士兵，就踏上了朝鲜国土。三千里江山陷入浓烟烈火之中。

9 月 15 日，麦克阿瑟将军指挥四万美军在朝鲜仁川大规模登陆，不顾一切地向北线推进。十五天后，战火已烧到鸭绿江边。

怎么办？出兵迎战还是坐视不动？北京的最高统帅面临严峻的选择。

10 月 4 日，彭德怀将军突然被召去北京。中南海里正在开会，讨论出兵援助朝鲜问题。中国朝鲜，唇齿相依。毛泽东在会上说：“别人危急，我们站在旁边看，怎样说，心里也难过。”

但是出兵又如何？千疮百孔的国民经济有待恢复；新区土地改革刚刚开始；国内残匪还未肃清。况且对手又是海空军力量堪称世界第一的美国。他手中的原子弹可以在刹那之间让北京上海变成广岛第二……

彭将军当晚在北京饭店怎么也睡不着，从沙发床搬到地上睡，还是睡不着。第二天发言的时候，他力主出兵。

战还是不战？经历了二十二年战争生涯的毛泽东，闭门思考了整整三天三夜。10 月 8 日，他终于下达了出兵朝鲜的最后决定：“现将东北边防军改为中国人民志愿军迅即向朝鲜境内出动，协同朝鲜同志向侵略者作战并争取光荣的胜利。”

[字幕：彭德怀受命挂帅出征]

[字幕：志愿军大军中，也包括毛泽东的长子毛岸英]

10 月 19 日夜里，当二十万志愿军部队隐蔽地渡过鸭绿江时，麦克阿瑟刚刚在

① 《中国青年报》评论，转引自《1987 年全国优秀电视新闻选》，北京广播学院出版社 1988 年版，第 538 页。

太平洋上的威克岛与美国总统杜鲁门进行过会晤。他告诉总统，中国共产党不会出兵，并且保证在感恩节前结束战争，在圣诞节把第八集团军撤回日本。

正如丘吉尔喜欢在休息时打毛线，杜鲁门爱打桥牌一样，麦克阿瑟将军的爱好，是浏览世界杰出领导人的传略。不过，当他以指挥仁川登陆的成功而名声显赫的时候，不幸竟忽略了研究彭德怀这样的中国军事对手的情况。他应当知道彭德怀是酷爱下棋的，并且布棋如布兵，大胆果断，每盘必杀出输赢才罢手。

三十六年之后，当我们来到当年的志愿军总部指挥所时，似乎又回到了极度紧张的日日夜夜。志愿军司令员兼政委彭德怀，副司令员兼副政委邓华，副司令员洪学智、韩先楚，参谋长解方，政治部主任杜平等等，都在这一百八十平米的作战室里指挥着刚入朝的志愿军部队，向悠然自得开进的美伪军展开袭击。

这是一场武器装备力量极为悬殊的战争，志愿军入朝二十天，汽车就被敌机炸毁六百多辆。铁路瘫痪，物资积压。在零下三十几度的严寒中，许多战士没有鞋穿没有棉衣，冻伤了手脚。“一把炒面一口雪”，志愿军战士就这样，同人民军战友并肩作战，创造了令全世界惊奇的战绩。

志愿军出兵六十五天，连续两次攻势凌厉的反击战，一下把麦克阿瑟从鸭绿江赶回到三八线以南，歼敌五万多人。美国报纸把第二次战役称为“美国陆军史上最大的失败”。直到这时麦克阿瑟将军才发现，与中国军队作战，并不像他在学校里获得网球赛冠军那么轻松。当圣诞节来临的时候，士兵们等到的不是圣诞老人的礼物，而是“死神的亲吻”。倒是被俘虏的美国士兵，能够安全愉快地过一个节日。

对于志愿军战士来说，最贵重的是祖国人民的信任和支持。在国内，家家户户都动员起来为前线做干粮。周恩来总理曾亲自同大家一起炒面。那是一个齐心团结、人人唯恐贡献太少的年月。全国各界人民的捐款总数，价值相当于三千七百一十架飞机。

1951 年 3 月，朝鲜天空第一次出现了中国人民志愿军年轻的战鹰。大队长李汉首创 3∶0 的战绩。而他呢，空中英雄王海，今天的中国空军司令员，怎么也想不到三十多年后会同被他击落的美国飞行员加布里尔将军握手相逢。

“我打下你们两架。”

“我可打下你们三架！”

看来，“不打不相识”的说法确有道理。

在当时，最令美国飞机疯狂的是志愿军运输补给线。路，炸了再修；桥，断了再建。英雄的司机们不顾生命危险，终于建立了当之无愧的“钢铁运输线”。

仅仅在几个月前，麦克阿瑟还被杜鲁门总统誉为“非常伟大的战士”，但在他接二连三的惨败之后，1951 年 4 月 11 日，杜鲁门宣布撤销了麦克阿瑟的盟军总司令、

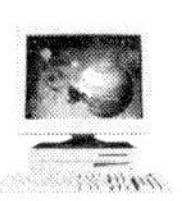

联合国军总司令、美国远东总司令、美国远东陆军总司令四项职务。现在他连一架轰炸机也无权调动了。

经过五次战役的较量，打掉了侵略者的气焰，双方在三八线一带转入阵地对峙状态。1951年7月10日，停战谈判终于在开城开始。三天后美国报纸不禁慨叹地说："一个美国司令官，在美国政府命令下，插起白旗前去和敌人谈判，在美国立国一百七十五年来的历史中，这是第一次。"

为了维持"霸主"的体面，挽回败局，美军又把攻击的突破点选在了一个名叫上甘岭的地方。

发生在上甘岭的战斗，称得上是世界军事史上的奇观。小小三点七平方公里的高地，四十三天中承受了一百九十万发炮弹和五千多枚炸弹。美国和南朝鲜军队为了夺取它投入了六万多兵力，飞机轰炸了三千多架次。整个山头被削低了两米。谁能想象，在任何生命都不复存在的这片焦土上，上甘岭的守卫者们竟以罕见的英勇，反击了美伪军近三个师的九百多次冲锋。潮水一般涌上来的敌人，在阵地前伤亡二万五千多人，损失飞机三百多架。但坑道里仍然坚守着我们的志愿军勇士，等待冲锋号响，把胜利的旗帜插回主峰！

就是这个枪眼，夺走过多少中华儿女的生命。特等战斗英雄黄继光，当年就用自己年轻的胸膛堵住了罪恶的枪弹。

上甘岭的英雄们，今天你们又在何方呢？

哦，他们在这里！被命名为"上甘岭特功连"的英雄部队，今日已成为一支现代化空降兵部队。

比起令人窒息的坑道，现在这片天空多么开阔！一切都变了，但上甘岭赋予他们的光荣作风没有变。在茫茫雪海，在十万大山，他们进行严格艰苦的野外生存训练。让我们把他们的笑容，带回今日的上甘岭。

当年激烈战斗的痕迹依稀可见。随手抓一把泥土，里面就有这么多弹片、弹壳。战后的上甘岭，没有留下一棵树、一根草。人们曾怀疑过，这样的土地上还能不能生长出有生命的东西。

可是今天这里已是满山绿色！

每年6月25日，朝鲜战争爆发纪念日，老人们都要上山看树。这位阿妈妮已经七十四岁了。她知道自己活不上多少年了，但她希望上甘岭的树能活得长久，全朝鲜的树能活得长久，全世界的树都能活一万年……

1953年夏季，志愿军和人民军并肩作战，为迫使美国老老实实回到谈判桌上来，发起了1953年夏季攻势。这时指挥志愿军的，是志愿军代司令员兼代政治委员邓华以及副司令员杨得志。

在宽达二百公里的正面上，中朝人民军队协同作战，一举突破敌人四个师二十五公里纵深的防御正面，歼敌十二万三千余名，收复了二百四十平方公里土地。

6月7日，美国总统艾森豪威尔写信给南朝鲜伪总统李承晚说："我们已在一起遭受到成千上万的伤亡。我深深相信，在这种情况下，接受停战是联合国和朝鲜所需要的。"第二天，在板门店的朝鲜停战谈判全部达成协议。

板门店，因此成了一个举世闻名的地方。1958年7月27日上午10时，联合国军总司令克拉克将军在朝鲜停战协定上签了字。他描述自己签字时的心情说："我成了美国历史上第一个在没有取得胜利的停战协定上签字的陆军司令官。"从这一点看，他的两个前任麦克阿瑟和李奇微，倒是比他幸运得多了。

板门店，为朝鲜战争画了一个句号。但同时又从这里，把朝鲜国土、朝鲜民族分割为两半。

三八线从这房子中间穿过。桌上的几根电线，就是这所房子里不可逾越的军事分界线，为了这条线，美国等十六国军队和南朝鲜军队的一百零九万人死伤在这片土地上。三十七万中国人民的优秀儿子，在这里流血牺牲。

毛泽东主席的儿子毛岸英，八岁就和母亲杨开慧一起坐过牢，受过刑，是毛泽东所钟爱的儿子。1950年11月25日，他牺牲在敌人的凝固汽油弹下。彭德怀含着眼泪当夜起草了给中央的报告。后来回国向毛泽东汇报了岸英牺牲的情况，说没有保护好岸英，请求处分。毛泽东语调沉缓地说："岸英是属于成千上万牺牲了的革命烈士的一员，一个普通的战士，不要因为是我的儿子，就当成大事，不能因为是我，党的主席的儿子，就不应该为中朝两国人民共同的事业而牺牲，哪有这样的道理啊……"

于是，岸英的遗骨没有运回父亲身旁，而是和千万志愿军烈士一样，永远留在了朝鲜的土地上。

这里有共和国主席的长子、刚刚分到土地的农民、指挥员、女战士，还有更多的无名烈士。守墓人柳东浩说："……他们牺牲的时候，还都是孩子。他们的父母知不知道他们的孩子在这里呀？父母没能来看他们，可我每天都要来……"

哲学家说："任何人的生命都是一个过程。"他们，以极其壮丽的方式完成了自己的过程，赢得了人民的和平，赢得了中国人民志愿军光荣的凯旋！

《让历史告诉未来》在该类题材创作方面的成就与高度，至今无法逾越。该节目制作组在创作过程中深深感到：人民军队的六十年，是一部有声有色、神秘壮观、引人入胜的史诗。它有壮烈的牺牲，也有背叛投敌；它有挫折失败，也有辉煌大捷；它有人才大略的施展，也有催人泪下的动情点。这一切既有美学价值，又有诗的意境。然而如何经过电视创作打动观众呢？中央电视台军事部总结该片创作经验时，提出了

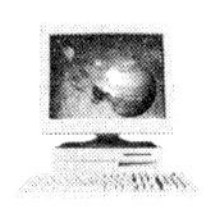

"五个要"：即要真实(客观)、要有气势、要有人物、要有联想、要多角度①。

关于作品的气势，我们从《为了和平》这一集的字里行间可以明显感受到。不仅如此，我们从该专题片的整体结构到各集风格，包括总片名和各集片名的命题，都可以感受到作品的深沉凝重、气势磅礴，给人以不可战胜之感，如第一集《血的奠基》、第二集《苦难风流》、第三集《血肉长城》、第四集《醒来的黄河》、第五集《命运的决战》。

电视专题节目无论是记事或写人，都离不开人物。特别是一部历史性专题片，如果没有人物，留下的印象只是编年史。在人物利用上，《让历史告诉未来》将他们的命运与当时的历史环境结合在一起，明显地增加了历史的厚度，让枯燥的历史活了起来。

第七集《为了和平》如果只写志愿军"雄赳赳，气昂昂"就没有力度，必须写最高领导层的决策，写领袖人物面临难关的内心活动。如彭德怀睡不着搬到地上睡；毛泽东三天三夜的犹豫和思考。领袖也是有血有肉、有喜有忧的凡人，这样一下子把观众与领袖彼此沟通了。后来又写毛岸英的牺牲，这样使观众与抗美援朝在感情上接近了，就像发生在自己身边的事。

富于联想，是使一部作品充满文学意味的重要手法。《让历史告诉未来》在历史的叙述表现方式上，尝试进行了大跨度的跳跃、强烈的对比和广泛的联想，打破了时空距离，充分利用电视的手段，让观众的心绪在历史的长河中追随历史人物的命运变迁，自由地驰骋。从爱打桥牌的杜鲁门到喜欢打毛线的丘吉尔，从爱好浏览世界杰出领导人传略的麦克阿瑟将军到酷爱下棋的彭德怀，从朝鲜战场王海击落美军飞行员到三十年后重逢北京……这些看起来偶然巧合的事件，里面却带着深刻的历史必然性。

在"创作谈"中，该专题节目制作组还谈道，"文学创作的一个现代手法之一是意识流，这部片子与其他文学创作的意识流有共通之处。有些看似无关的人与事，随着你意识联想的自由跳跃被联在了一起，这就增加了厚度，增强了感染力"②。

(二) 抒情性话语

电视专题片的写作风格从本质上说，应当与节目类型一致。传统上习惯将电视专题节目划为纪实与表现型，相应的风格应当是写实与写意。写意性电视专题片，在节目的整体构思和艺术表现上，不注重生活情态和事件过程的具体展现，而更注重表现题材意境的营造和创造者的主观抒情，从而让观众于作品特定的意境

---

① 中国电视台军事部：《〈让历史告诉未来〉创作谈》，引自《1987年全国优秀电视新闻选》，北京广播学院出版社1988年版，第539页。

② 同上书，第543页。

中感受到生活的优美和诗情,体味人生的真谛和哲理。刘郎在为自己的创作思想和风格辩护时声称:“风格依然是写意”,尽管写意式电视片在90年代争议较多,“但我还是矢志不渝”。

写意、抒情、散文化表现,常常混为一体互为表达。实际上,写意常表现为电视节目类型的风格,散文化表现为一种文体(类型),而抒情作为一种表现型电视专题片的话语方式,在这里侧重于诗情画意的表达,它与表现型专题写意性风格和散文体解说具有割舍不断地紧密联系,但作为一种话语的独立,它同样可用于纪实性专题节目的主观表情达意。刘郎虽“矢志不渝”地走创意型电视片之路,在充满诱惑的“西藏”片、诗情灌注的《苏州水》中创造意境、抒发情感,却也在其编导的纪实型电视专题《傻子沉浮录》中表达了浓重的主观色彩。

抒情性话语是指在生活真实的基础上,渗透着创作者浓重的主体意识,具有较强的创造意识的电视话语。它注重营造诗一般的意境,抒发创作者的主观思想感情,蕴含深邃的哲理意念,给观众以独特的审美感受。如果说纪实型作品是要将作者思想情感、主观评价隐藏在事物的描绘之中的话,那么,抒情性话语就是要把内在的主观世界状况(如情感、想象、理想、幻想等)在表现型专题中直接表达出来。

表现型专题节目在我国20世纪80年代的荧屏上得到长足的发展,出现了一大批以抒情性解说词著称的专题节目,像《泰山》(1983年)、《长白山的四季》(1983年)、《祖国的旗》(1984年)等。尤其是在中央电视台《地方台50分钟》(1989年初创办,后改为《地方台30分钟》)栏目开办后,出现了一批令人耳目一新的专题节目。一些抒情性解说词撰写高手也通过这个平台展露才华,一次次走向了我国各类电视节目大奖的领台,像《西藏的诱惑》、《湘西,昨天的回响》、《明天的浮雕》、《半个世纪的爱》等等,作品中透露出作者浓重的深情,以及对自然的颂扬、对新事物的赞美、对人物的敬仰与关爱。

表现与纪实本是电视节目创作风格的两翼,“纪实是缝纫,表现是刺绣。纪实类纪录片就像是一个人脚踏缝纫机,沿着针角儿结结实实地走一遍;表现类纪录片如同一个人手握绣花针,去挑明你思想的情绪的以及创作的意象”①。

表现与纪实,作为两种风格是电视专题节目或纪录片创作方法的两种表现,无所谓优劣之分。每个时代都有那个时代的主要创作倾向,分别适应那个时代受众的需求。但需求是多样的,此消彼长或共时生存的环境都不容独自尊大。古今文学史发展证明,不同的文学类型交相辉映,影响了世人数千年。电视的当代发展走向也足以说明表现型电视专题节目仍然受到青睐。以刘郎的创作实践为例,充分

① 高峰、肖平:《电视纪录片论语》,中国广播电视出版社1999年版,第344页。

证明了这一点。

20世纪80年代，刘郎以婉约淡远之风、豪放忧伤之情闻名我国电视界，其作品多次在全国获奖：《羯鼓谣》、《梦界》、《西藏的诱惑》分别获全国第一至第三届电视文艺“星光奖”一等奖，成为“星光奖”三连冠的唯一获奖者。刘郎原在青海电视台工作，他说，创作这些片子的过程，其实就是寻找自我优势的一个过程，就是寻找自己的文化修养与西部生活、西部题材的契合点，找得越准，片子也才越成功。他说：“我已不满足于介绍风情民俗，而想揭示西部大自然某种文化形态的内在联系，揭示某种境界与精神。”①

他写《西藏的诱惑》，虽然提到了四位艺术家和四位朝圣的僧侣，但他并没有讲过这几个人在西藏的故事，而是把他们作为艺术与宗教的符号，营造出一种西部的独特情怀：西藏的诱惑，不仅因为它的地理，更因为西藏是一种境界（本片题记）。正是出于对这种境界的追求，刘郎作品对西藏诱惑的阐释才出现了如下诗一般的语言：

画　　面	解　　说
云海，佛塔	我向你走来，捧着一颗真心，走向西藏的高天大地，走向苍凉与奔放。
云海，大昭寺	我向你走来，捧着一路风尘，走向西藏的山魂水魄，走向神秘与辉煌。
雅鲁藏布江江畔，山路绵延	令人神往的西藏啊，多少人向你走来，——因为“西藏的诱惑”，因为那条绵延的雪域之路；
甘丹寺遗址。刻有经文的牛角	令人神往的西藏啊，多少人向你走来，——因为“西藏的诱惑”，因为神奇的西藏之光……
片名：《西藏诱惑》 山野之晨	像旭日诱惑晨曦，像星星诱惑黎明。西藏对人的诱惑，那样强烈，那样不可遏止。对具有献身精神的艺术家来说，像蓝天诱惑雄鹰。
饮水的双马（叠化）湖泊	像山野诱惑春风，草原诱惑骏马，西藏对人的诱惑，那样巨大，那样难以摆脱。对敢于追寻的艺术家来说，像大海诱惑江河。
闪闪波光之中，肩扛摄像机的孙振华行走在雅鲁藏布江江边 孙振华徒步考察（照片），右上方打出字幕：“如果我……”	因为西藏的诱惑，一位中国的电视工作者，离开了养育自己的淮河山水，走上了那条朝圣的路。数年之间，他踏遍了西藏98%的地区，并且历时一年之久，徒步考察了横贯西藏的雅鲁藏布江。

① 转引自高鑫：《电视专题片创作》，中国广播电视出版社1997年版，第169页。

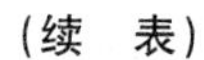

画　　面	解　　说
	在条件极其艰苦的情况下，他留下了一份遗书： “如果我不幸遇难，请按照藏族的习俗，将我天葬。”
肩扛摄影机的孙振华	究竟是什么原因，使孙振华决心如此之大，热情如此之高呢？ 答案只有一个，这就是：西藏的诱惑。
羌塘草原。雪山。莽野。长长的流水	凡是到过西藏的人，都会有一种强烈的感触：博大的西藏，你是这样的超拔与旷远，你是这样的剽悍与雄浑！走遍地北天南，只有在这里，才能见到这样鲜明的民族色彩；只有在这里，才能见到那样醒目的塔影佛光……
康巴汉子。藏女。流沙古道。布达拉宫旁边的电视发射塔。云海	由于前人的铺垫，现在进藏，已经无须像当年的文成公主那样，颠簸春秋冬夏，历尽路途风霜。现在进藏，驱车能以直入，天路更可高飞。然而，在有志之士的眼里，进藏的终点，并非是贡嘎机场，并非是川藏、青藏两条公路汇合地点的两路之碑，而是江之源，而是地之谷，而是天尽头。 ……

刘郎的解说词将他的深沉感情融入西部的山水、西部的风情、西部的文化之中，自然地流溢出一种浓郁的诗情，这诗情便是一种发自内心深处的真挚的爱。刘郎在谈到创作体会时说：“我绝不反对展现风俗，但有创意的片子，还是应该从描摹走向表现，从写实走向浑化。”[①]正是在这种思想指导下，刘郎面对藏族少女洗浴那一节画面，吟出了“世上人人都洗浴，未必都在水之中。忏悔是心灵的洗浴，醒悟是血肉的再生”。

十年之后，在经历了“纪实”的潮流、“傻子(沉浮录)”的探索之后，刘郎又回复到“取势恢弘、张扬写意”的创作风格上，先后于1999年和2001年分别创作了《苏园六纪》(六集)、《苏州水》(五集)。这两部作品的问世既赢得了“喝彩”，又令人“叫绝”。作者表现的不仅是具象的、现实的园林与水，更是历史的、文化园林与水。他

① 转引自高峰、肖平：《电视纪录片论语》，中国广播电视出版社1999年版，第345页。

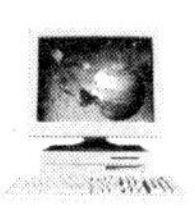

以当代人的全新意识和眼光，娴熟地运用电视视听语言，对一座已有2 500年悠久历史的文化名城的精魂，进行了“思”的诠释和“美”的表现。

(三) 议论性话语

电视专题片(以下简称专题片)的基本任务是客观报道事实，它基本上用的是纪录式的报道手法，这就决定了专题片的解说词一般应以叙述为主。但这并不妨碍在解说中适当地加以议论。我们从大量的优秀电视专题片中可以看到，正是由于作者在形象地叙述客观事物的同时，直接抒写了自己的主观感受，对人物及事物做出了适当的评价和精辟的议论，才更加突出了画面的视觉形象，深化了作品的思想深度，增强了作品的艺术感染力。

就创作而言，作者在创作过程中，有时为专题片中的人物和事件所感动，这时作者感到，仅仅用客观事实的描述，已不能充分表达出自己的情感，于是乎中断叙述的描写，代之以理性的思辨，这样的议论往往是潜藏于作者心灵深处、久经酝酿的对于生活的真知灼见。唯其如此，才会给观众以“人生的启迪、哲理的思考和审美的陶冶”。

1. 议论的作用

(1) 揭示事物本质

专题片主要靠事实和形象说话。因此，作者在创作过程中，总是依据一定的目的，选择一些具有典型意义的形象来表达主题思想。如果我们专题片中能恰到好处地做一些画龙点睛的议论，那将有助于揭示事物的本质，帮助观众的认识升华。

如《荷叶颂》在赞美荷花时，对荷叶有过这样一段议论：

当人们赞美荷花时，欣赏荷花，甚至忘记它(荷叶)的存在时，它从不计较什么，静静地陪衬、默默地工作。上催芙蓉赤，下助玉藕白。甘居陪衬地位，把阵阵清香送来！从来不争角色，不出风头！

这里，作者通过议论，揭示了荷叶甘居陪衬、默默无闻、任劳任怨、无私奉献的本质。荷花虽好，但如果没有绿叶的扶持，那孑然独立的荷花，就会失去“色夺歌人脸，香乱舞衣风”的姿色。我们赞美荷花，也更应赞美荷叶！

(2) 深化作品主题

任何一部电视片的创作过程都贯穿着一个立意问题。立意首先是主题的确立和主题的深化。主题的确立是通过素材的合理选择与利用来实现的，而主题的深化则常常依赖于议论来实现。

我们来看这样一例：专题片《祖国的旗》，通过五星红旗这条主线，表现了一个伟大的时代，它为我们展开了中华人民共和国成立35周年来的壮丽的历史画卷，在专题片的结尾处，作者有这样一段议论：

啊，五星红旗，祖国的旗。/祖国的历史那样悠久，你是骄傲的旗。/祖国的今天那样壮丽，你是庄严的旗，/祖国的未来那样美好，啊，你是希望的旗……

三个排比议论句连在一起，把祖国的昨天、今天和未来，通过"骄傲的旗"、"庄严的旗"、"希望的旗"组接起来，融为一体，深化了这样一个主题："五星红旗下，是一个正在升腾的中国！"

(3) 表明作者的态度

一部专题片要求客观地报道事实，但作者在创作过程中，常常于动情之处，撇开事实的叙述，直抒胸臆，发表议论，表明自己的态度，以影响感染观众。如《祖国的旗》写到法卡山前线的群像时，出现了这样一组画面：烈士墓地，排排墓碑。面对庄严肃穆的场景，作者发动情之议：

伴着青山，长眠着为国捐躯的烈士们。这哪里只是几块青石，几抔黄土啊，他们是妈妈眼中的儿子，妻子梦中的丈夫，我们活生生的战友。有了他们，才有了你、我和祖国的安全。

这段议论，充分表达了作者对当代中国军人的崇敬之情，同时也歌颂了一代军人对祖国母亲的赤子之心，观众看到这里也和作者一道产生了强烈的共鸣。

(4) 衔接作品的内容

一部专题片往往要容纳很多的内容，有些从表面看好像是互不相关的材料。即使同属一个主题相类似的事实也很难有机地自然组合在一起，这就需要一个承上启下的语言来转换，而议论则能很好地完成这个任务。例如《让历史告诉未来——血肉长城》，在表现抗战期间，国共两党对日本帝国主义的不同态度时，前后举了七八个例子，作者就是通过"人和人是这样的不同。有人壮烈战死，也有人屈膝投降"的议论线索，把整个专题串联起来了。专题片在解说抗战期间投降的国民党官兵数量之多的情况时，有这样一段议论："然而，有人低头，有人挺胸，千千万万不愿做奴隶的人民在战斗。"接着专题片给我们讲了"八女投江"和杨靖宇将军遗体解剖后，肠胃里竟然没有一粒粮食，全部是草根、树皮、棉絮的故事，这时，作者又有一段议论：

在场的中国人流泪了，日本人震惊了，他们无法想象世界上竟会有如此坚强的人！是的，他们终于会明白，中国的大好河山，不是他们随意征服的王道乐土，中华

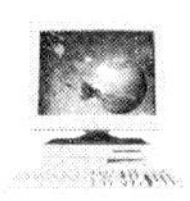

儿女不是可以随意践踏的民族。

议论之后，电视片接着又给我们介绍了“百团大战”日军的故事。纵观《血肉长城》全集，是恰到好处的议论将一个个分散的故事串联在一起，集中表现了一个主题：共产党领导的军队是中华民族的脊梁。这样的一支军队和中国的老百姓用血肉之躯筑起了一道新的“长城”，阻挡了日本帝国主义的侵略铁蹄，保卫了祖国的大好河山。

2. 议论的特点

(1) 强烈的抒情性

在专题片中，作者对所写的人和事，产生强烈感情，不吐不快时，于是借助议论来抒情。这种议论，是作者思想感情撞击时迸发出来的火花，是作者强烈爱憎的主观陈述，因此，具有强烈的抒情性。

例如，在《话说长江——巨川之源》的结尾处，有这样一段议论：

通天河，藏族同胞叫它为珠曲，意思是通天河的奶牛水。多么美好的名字啊！正是这滔滔东去的奶牛水，滋润着中华大地；正是这奔腾不息的奶牛之水，养育着千古风流！

这里，作者通过富有激情的议论，抒发了对母亲之河的崇敬之情。同时也使观众受到极大的感染，一条高原之河的伟大价值重新被人们认识，那巨川之源消融的雪水和不断涌流的泉水正从这里逐步汇聚成了一条奔腾不息的世界长河，它与黄河一样，同是我们中华民族的摇篮。

(2) 鲜明的形象性

专题片的议论伴随着形象产生，它给作者提供了广阔的联想天地，作者以形象为基础开展议论，以议论的口气描绘形象，避免了空洞抽象的理论说教，给观众留下很深的印象，因而，这种议论具有鲜明的形象性，它是一种有形象的议论。

如《让历史告诉未来——为了和平》，在朝鲜战场上，麦克阿瑟将军统帅的美国陆军被我志愿军赶回“三八线”以南，遭到惨重的失败后，有这样一段议论：

直到这时麦克阿瑟将军才发现，与中国军队作战，并不像他在学校里获得网球赛冠军那么轻松。当圣诞节来临的时候，士兵们等到的不是圣诞老人的礼物，而是“死神的亲吻”。

这里作者借助于“网球赛”冠军这一形象来反喻与中国军队作战的艰难，有力地讽刺了麦克阿瑟不可一世的狂妄骄态，同时也反衬出志愿军的胜利给美军的打

击是多么的沉重。

(3) 深刻的哲理性

专题片的议论常常出现在人物性格和事件发展的关键时刻和高潮阶段,它是对现象的提炼和升华,具有哲理性。

"所谓'哲理',也就是深沉、含蓄而不外露的思想。有了这种哲理,电视专题片的思想深度就得以加强,从而进一步引起观众对时代、社会和人生的追求和探求,潜移默化的、不知不觉地受到作品思想的启迪和教益。"①

如《让历史告诉未来——醒来的黄河》结尾在周恩来和田中握手画面定格时,打出了字幕:"昨天已成为历史,但历史是不能忘记的!"这是中国人民在抗日战争中付出了两千万生命的代价,才换来的至理警言。在《让历史告诉未来》第十一集《啊,军歌》中,引用了一个青年军人的诗句:"在此,我谨向全世界提醒一句:从我们这一代起,中国军人决不再给任何国度的军人提供立功授勋的机会。"这些富有哲理性的议论,都会给人启发,引起人们沉思。

3. 议论的方法

在一部电视片中究竟怎样议论?这要因作品题材和作者习惯而异,各有千秋。但从大量的专题片分析来看,还是有一个基本的规律可循的。从议论在电视片中的位置来看,有如下几种方法。

(1) 先议后叙。就是在电视片的开头,针对所要报道的内容,先提纲挈领地发一番议论,然后开启全片,从而起到开宗明义的作用。

如《义务兵的母亲》是这样议论开关的:

> 母亲是伟大的,它是善良、慈爱、牺牲的化身,母亲的身上集合了人类最美好的品质和性格。慈母情深,谁都不要负于母亲。

这段议论,以简洁的语言开头,点明了本片的主题,全片紧紧围绕义务兵的母亲是伟大的母亲这个主题展开情节,从而一开始就引导观众沿着这条主线去思索,去寻觅。

此外,电视片还常常在某一段的开头写上一句或几句议论,统率下文对事实的叙述,也应当属于先议后叙的方法之列,限于篇幅,本文不再赘述。

(2) 先叙后议。就是在叙述一件事情之后,针对所叙述的事实发表议论。它包括全片结尾处总结性的议论。这种议论起到总结全文、深化主题、概括报道事件

① 高鑫:《电视专题片创作》,中国广播电视出版社 1993 年版,第 68 页。

的本质、加深观众认识的作用。

如本文前面所举例《祖国的旗》，在最后结尾处面对上下五千年的历史，纵横几千里的大地，发动情之义："五星红旗，祖国的旗。……"这面旗记载了中国人的骄傲和庄严，也记载着中国人深切的希望。这里是感情的凝聚、内容的回顾，更是主题的自然升华，它把人们的思想带入了一个更高的境界。

（3）夹叙夹议

就是把事实的叙述和作者的议论有机地结合起来。这种议论加强了文章的说服力和感染力。

如《迎接挑战》在叙述了我国50年代在科学技术领域取得一个又一个成就后，议论说："但是，曾几何时，共和国的巨轮偏离了航线，终于酿成了那不堪回首的史无前例的岁月，灭顶的大灾难，历史的大倒退，已经站起来的中国人民坐失了又一次跻身于世界文明之林的大好时机。"议论到这里，作者又叙述了我国在党的十一届三中全会以后出现的伟大的历史性挫折，然后接着又议论："在通向未来的道路上，谁能站在科技发展的前沿，谁就控制了走向巨大进步的钥匙。"议论之后，该片又叙述了世界各国，特别是发达国家，如美国、联邦德国、法国、日本不约而同地用危机感，激发人们去奋斗、去竞争的事实，这时，作者又议论道："世界各国厉兵秣马，枕戈待旦，一场技术、经济领域的激烈角逐已经白热化。"《迎接挑战》全片就是这样通过叙述、议论交替进行的快节奏，给人造成一种紧迫感：中国人应当警醒，迎接挑战。只有抓住时机，后来居上，这才是光明的前景和历史的必然。

以上我们从议论在全片中的位置探讨了电视片议论的方法，如果把这些都看成是直接议论的话，那么我们从大量的电视片中还经常听到这样一些议论，就是引入一些名人的警句、格言等，使叙事和议论熔于一炉，从而提高电视片的思想性。如笔者在提到议论的哲理性特点时，引用一个青年军人的诗句议论一例。

4. 议论的要求

如何搞好电视片的议论？我认为应该要求做到以下几点：

一是因事而议。就是尽量从事实中引出实事求是而又富有哲理的议论，力求避免空洞的说教。如前文所举议论事例，都是以事实为基础来支撑印证的议论，并不是硬贴上去的。这样的议论，观众是可以接受的。

二是有感而发。就是不要无病呻吟。作者的议论必须是在动情之后的有感而发，而决不是空喊的几个干干巴巴的口号。电视片《奋起啊，中华》第一集《屈辱的时代》中，画面上出现了当时唯一取得及格赛标准的撑竿跳运动员符宝卢那一跃而起的照片，然而那根撑竿却是向日本选手借来的，每借一次都要给人家鞠躬。这是

多么令人心碎的历史，这是中华民族的耻辱！该片编导石洪说："我写到这儿哭了。"观众看到这里，不禁也要哭了。正是由于这些触动人心的感情，作者才发出了"为了祖国的荣誉，我也要奋飞"的议论，使广大观众也产生了一个"奋起啊，中华"的共同志向。

三要画龙点睛。电视片的议论不像论文那样在提出论点以后，需要展开论证，而只是就所描述的事实作出论断，无需展开，因而显得简洁、明快，在这一点上和议论的"论断性"特点是相通的。

四要注意掌握时机。电视片究竟在什么时机开展议论，是要认真琢磨的。如果该议论的时候不议论，就会使读者感到"闷得慌"，反之，在读者感情还没有起来的时候，就不可能引起共鸣。电视片的议论，应该出现在叙事写人的高潮地方，作者写到这里，感情再也不能抑制，情不自禁地站出来议论，观众看到这里，感情也很激动，这时看到作者替自己说出了心里话，就会拍案叫绝。

以上从专题片议论的作用、特点、方法和要求四个方面探讨了电视片创作的一些带有规律性的东西，但这并不是说每一部专题片的议论都具有以上一些特点，或凡有所议论，都必须依照上述方法和要求进行。笔者在这里只是为了论述的全面性才做这样的安排。在实际创作中，作者可以根据自己的情况加以选择，借鉴或创新，因为"艺术往往产生于例外"。

电视专题片的议论是一个客观存在的实际情况，除政论型专题片外，它在其他专题节目中虽不能独立成篇，却有必要引起高度重视，并作为一种话语方式独立地提出来加以研究。

"在中国的电视作品中，解说词一直被看成是一门艺术。人们说它不是散文，比散文还散；它不是诗，但又的确属于诗。它不是说明文，也不像叙述文，又不像议论文，但是，它需要说明，需要叙述，需要议论，它是一种特殊的文体。"①中国电视专题片的解说词受民族文化的影响，具有独特的语言魅力。优秀的解说词不仅担负了事件叙述、写意抒情、理论诠释的任务，更可以作为一种独立文体研究，作为一种专业能力培养。解说词的写作过程是电视专题节目制作的重要部分。陈汉元在总结解说词创作体会时，提出要做好多方面的努力②：

首先，要直接参与电视纪录片的创作，最好是亲自参与采访，亲自动手编片子，即使不这样也起码要做到事先参与片子的结构和总体设计。只有使画面的选择和解说词的撰写处在同一感情的基础上才能进行创作。无数事实证明：只有亲自参

① 石屹：《电视纪录片——艺术、手法与中外观照》，复旦大学出版社 2000 年版，第 179 页。
② 转引自石屹：《电视纪录片——艺术、手法与中外观照》，复旦大学出版社 2000 年版，第 187 页。

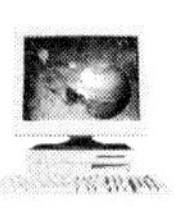

与采访、编辑画面、编写、解说，才能使电视纪录片的感情基调保持统一，才能使电视纪录片的解说和画面搭配和谐。

其次，要使自己进入创作角色。即使自己兴奋起来，自始至终处于创作状态之中，达到忘我的境界。在解说词的写作操作上，要树立一个“语不惊人死不休”的雄心壮志。要给受众留几句令人回味、撞击心扉的话语。生动、惊人的解说词能够帮助受众解读电视纪录片中所孕育的深刻含义，从而达到较高层次的审美境界。

再次，解说词的作用应该是暗示的、启发式的。尤其是讲社会问题的，涉及道德、情操和风土人情的影片解说，更应该是潜移默化、耐人寻味和令人深思的，切忌说教。《话说长江》等作品，获得观众的好评和赞许，从客观上看，就在于它们不是居高临下地对人们进行灌输，而是晚辈对长者的汇报，一个外出考察归来的人对亲朋好友所作的介绍，所作的一番感慨，注意到了让事实去说话。

本章小结

- 叙述型电视专题是从电视实践中发展起来的表达系统，其目的是表达或传播关于某个重要主题域的一套连贯的意义，这些意义产生于不同电视话语的组成方式，包括新闻性专题、社教性专题和散文性专题。
- 作为以叙事为主的电视专题显然是应用叙事结构来表达它们的主题。专题片的叙事总是围绕着谜和解谜的基本结构来组织的，表现为打破平衡——重找平衡的结构模式。结构方式有中心线串联式、逐层递进式、放射式和漫谈式。
- 叙述型电视专题的写作，首先要明确写什么，即选题，然后是确立主题，并在采集、研究的基础上写作解说词。专题片解说词的写作要遵循为听而写、为看而写和为思而写的原则，根据电视专题创作的主客体关系和对现实的不同反映方式，分别采用叙述性、抒情性和议论性话语风格，完成电视专题的创作任务。

思考题

1. 请思考叙述型电视专题的分类及特征。
2. 请思考叙述者与叙述视角的内涵及类型。
3. 请思考叙事基本结构模式与结构技巧。
4. 重点分析一部优秀电视专题片的结构思路与方法。
5. 分别选择一部叙述性话语和抒情性话语风格的电视专题片，对其解说词文本进行解剖分析。
6. 试根据某一类型专题片创作需要，撰写一部相应作品的解说词。

第四章 纪实型电视专题：纪录片

纪录片与世界电影同步诞生，至今已有100余年的历史。作为与故事片相对应的一种非虚构影片形式，它早已成为电影的两大类型之一。随着电子技术的发展，电视媒介完全继承了电影的传统，成为影片的另一种传播方式，电视纪录片也将电影纪录片的观念带给了新的观众。

如今，在精彩纷呈的电视荧屏上，作为一种无法替代的独特节目形态，纪录片始终占有重要的一席之地。电视纪录片虽然从电影纪录片那里继承了基本的创作原则和方法，但是凭借电视传媒的优势和先进的创作手段，电视纪录片无论在反映生活的深度和广度方面，或是在形式、风格以及技法的丰富多样性上，都已经远远地超越了电影纪录片。

纪录片是所有纪实性电视节目的母体。从广义上来讲，一切采用纪实手法的节目形态都是电视纪录片在具体节目形式中的运用，电视纪录片可以说是当代电视节目最主要的表现形态。

第一节 纪录片的发展历程

一、纪录片的开端

国际影视界公认，法国卢米埃尔兄弟最初的拍片活动实际上代表着纪录电影的开端，他们的两位摄影师初步确立了两种纪录电影的风格。1895年，法国的路易·卢米埃尔兄弟制作的12部有名的短片就是最早的纪录片，如《工厂的大门》、《火车进站》。但从当代纪录片的观念来看，最早的完整意义上的纪录片，当属1922年美国人罗伯特·弗拉哈迪拍摄的《北方的纳努克》。此前，卢米埃尔兄弟的两位摄影师（弗利克斯·麦斯基什、弗朗西斯·杜勃利埃）虽说只是确立了两种纪录片的雏形，但却分别代表着纪录电影的两个极端："对现实的描述"和"对现实的

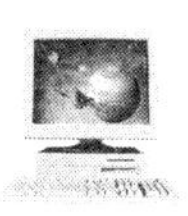

安排”。纪录电影的全部历史便是在这两个极点之间形成和发展的。

据拉法艾尔·巴桑和达尼埃尔·索维吉介绍①，第一次世界大战后，许多国家的电影工作者都试图赋予非虚构电影（纪录电影）一种独特的风格。1922年，罗伯特·弗拉哈迪的《北方的纳努克》将这一愿望具体化了，这部影片既是一部纪录片，又是一部艺术作品。弗拉哈迪深入爱斯基摩人的实地，与自己将要拍摄的人长期生活在一起，细心观察和研究他们的生活习俗，请他们参加影片的拍摄，必要时就让他们搬演某些生活场景。与格里尔逊相反，弗拉哈迪拒绝事先对世界做出某种预想后再去拍片。在拍摄《北方的纳努克》之前，他首先悉心观察爱斯基摩人纳努克及其家人是如何生活的，然后才将他们的生活场景记录在胶片上。通过这种拍片方式，弗拉哈迪打开了通往富有诗意的纪录片和人类学电影的道路。

1918年以前，原苏联著名电影理论家吉加·维尔托夫一直从事新闻纪录片电影摄影工作。在十月革命中，他意识到了对电影进行美学和社会内容革新的可能性，窥见了蒙太奇的无限可能性。出于对故事片的极端反感，他在1922年制作了一部用资料片编辑而成的编年史影片《内战史》。维尔托夫的这一实践奠定了他的“电影—眼睛”学说的基础，这个学说认为电影应当“出其不意地捕捉生活”（即在没有准备以及不让被摄对象知道的情况下），运用蒙太奇的功能重新组织素材以产生意识形态方面的意义。1924年，他在拍摄一部长片时应用了这些学说，这部影片的片名就叫《电影—眼睛》。在他以后拍摄的大部分影片中，我们都能找到“电影眼睛”学说的影响，如《前进吧，苏维埃！》（1926年）、《在世界六分之一的土地上》（1926年）、尤其是《带摄影机的人》（1929年），可以看做“电影—眼睛”的代表作，但在拍摄这部“都市交响曲”式的影片时，维尔托夫既继承又超越了上述学说。

爱瑟·苏勃与维尔托夫一样，对汇编电影发表过精彩的见解，她清醒地意识到新闻时事片中存在着双重的内容：可见的视觉事件（影片描述的事实）和可供重新塑造的视觉元素。在1927年和1928年，她制作完成了表现1896年至1927年的俄国历史的三部曲：《罗曼诺夫王朝的没落》（1927年）、《伟大的前程》（1927年）以及《尼古拉二世的俄罗斯与列夫·托尔斯泰》（1928年），这些影片中的所有镜头都不是她亲自拍摄的。做剪辑师的经历有助于她从来源各异的成千上万米胶片中选取恰当的资料编辑新的影片，但她并非按照表面意义将这些资料连接下来，而是根据事先制定的计划，使它们产生出符合马克思主义历史的新意义。

这种利用影像资料编辑纪录电影的做法已被我国电视专题片的编导继承和发

① 〔法〕拉法艾尔·巴桑、达尼埃尔·索维吉：《纪录电影的起源及演变》，参见单万里主编：《纪录电影文献》，中国电影出版社2001年版，第8页。

扬，并产生了一些具有较大社会反响的作品，像首次被作为“电视现象”引起批评的政论片《河殇》，就是利用纪录片《黄河》编辑完成后剩下的影像镜头资料编辑而成的。2008年中央电视台播出《雪战》和《震撼》也充分利用了抗击雪灾和汶川大地震的现场报道新闻资料，重新按主题汇编而成。

在纪录片的开端中，被称为纪录电影先驱的约翰·格里尔逊的贡献功不可没。他不但首次提出并使用了“纪录片”的概念，而且在1929年发起的英国纪录电影潮流，成为纪录电影的第一大学派。

1929年，格里尔逊拍摄了表现渔民在公海捕鱼的纪录片《漂网渔船》。《漂网渔船》不仅在当时社会上产生了巨大反响，而且对纪录片的创作也具有深远的意义。这部影片能够引起人们的关注，主要因为其在纪录片的主题开掘方面开创了新天地。当时的英国电影被束缚在摄影棚内，在这种情形下，一部在现实生活中实地拍摄的影片简直称得上是具有革命意义的作品。格里尔逊拍摄的有关北海捕鲱生活的简单故事为当时的英国电影注入了新鲜血液，画面极富冲击力。这部纪录片首次将普通英国人的生活搬上银幕。今天，人们可以在成千上万的纪录片中看到类似的场面，可是在当时，这样的影片却是令人吃惊的新发现，它将纪录片的眼光从偏远的历史文化题材拉回到关注现实生活中来，实现了其社会学的而不是美学的纪录电影运动的愿望：在平常的生活中发现“戏剧”，而不是从非同寻常的猎奇生活中编造戏剧。应当说，这个问题在历经80年后，仍然没有得到彻底解决。一些纪录片编导专为获奖而做，热衷于偏远文化部落的纪录，而对现实题材却极不关注，甚至视而不见，使纪录片远离了生活，远离了观众。

在世界纪录片发展史上，中国也于19世纪末和20世纪初开始拍摄纪录电影。最早的一些镜头，记录了清朝末年的一些社会风貌、八国联军入侵中国的片段和历史人物李鸿章等，然而这些镜头都是由外国摄影师拍摄的。1911年年底，武昌起义时，日本摄影师桉屋拍摄了《辛亥鳞爪录》，这可看做是第一部完整记录中国社会的纪录片。

1938年，在中国共产党领导下成立了延安电影团，拍摄了《延安和八路军》(1939年)、《南泥湾》(1942年)等纪录片。这是较早的中国人自己拍摄的完整纪录片，直到1953年7月，中央新闻纪录电影制片厂诞生，标志着我国纪录片拍摄制作的专业化时代的开始。

二、纪录片的本质

纵观百年电影史，人们对“什么是纪录电影”总是争论不休，但不管怎样争论，其焦点总是在“纪录”与“虚构”两个极点之间来回游移。最初使用“纪录片”

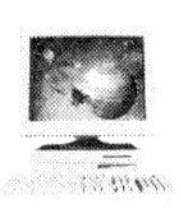

(Documentaire)一词的是法国人，用以指称电影诞生初期大量出现的旅行片。

首先在英语世界提倡使用“纪录电影”一词的是英国的约翰·格里尔逊，源自法文的英文词汇 documentary 最早出现在他为 1926 年 2 月 8 日出版的纽约《太阳报》撰写的一篇评论上，这篇文章主要是评论罗伯特·弗拉哈迪的第二部影片《摩阿纳》。这部影片描写了南海各岛土著居民的生活，“是对一位波利尼西亚青年的日常生活事件所做的视觉描述，具有文献资料价值”。稍后，他还将“纪录电影”更加明确地定义为“对现实的创造性处理”(the creative treatment of actuality)。

近百年纪录片的发展，应当说在理论上和实践上都趋于成熟。然而，当我们试图给纪录片下一个准确而公认的定义时却犯难了。因为随着时代的发展、科学的进步，纪录片不断注入了新的表现因素，社会审美思潮的变化和创作者的探索动机造成了纪录片不同的创作理论和创作风格，也大大丰富了纪录片的表现形态。尽管如此，作为一种学术研究和探讨，给纪录片一个较为公认的概念，仍然是十分必要的，同时，也是纪录片研究的基础。

什么是纪录片？这是一个从纪录片诞生之日起就一直在争论不休的问题。在回答这个问题之前，让我们先来看看一些关于纪录片的著名定义：

迄今为止，我们把所有根据自然素材制作的影片都归入纪录电影范畴，是否使用自然素材被当作区别纪录片与故事片的关键标准。①

——〔英〕《纪录电影的首要原则》，约翰·格里尔逊

纪录片，一种排除虚构的影片。它具有一种吸引人的、有说服力的主题或观点，但它是从现实生活中汲取素材，并用剪辑和音响来增进作品的感染力。②

——〔美〕《电影术语辞典》，美国南伊利诺斯大学、南加利福尼亚大学、休斯顿大学、俄亥俄州立大学联合编辑

具有文献资料性质的，以文献资料为基础制作的影片称为纪录影片。……总的说来，纪录影片是指故事片以外的所有影片，纪录片的概念是与故事片相对而言，因为故事片是对现实的虚构、搬演和重建。③

——〔法〕《电影辞典》，拉·巴桑，达·索维吉

纪录片是这样一种电影形式：在这种形式中，电影制作者放弃了对影片制作过程的某些方面的某种程度的控制，并以此含蓄地向人们昭示该影片在某种程度

① 单万里：《纪录电影文献》，中国电影出版社 2001 年版，第 500 页。
② 任远：《电视纪录片新论》，中国广播电视出版社 1997 年版，第 271 页。
③ 〔法〕拉·巴桑、达·索维吉：《电影辞典》，法国拉鲁斯出版社 1991 年版。

上的"真实性"和"可信性"。

——〔美〕罗·C·艾伦,《美国真实电影的早期阶段》,《世界电影》1991年第3期

纪录影片是对某一政治、经济、军事、文化生活或历史性事件作系统、完整记录报道的影片。纪录影片所拍摄的内容必须是生活中的真实的事实,不允许任何虚构。由于题材和表现方法的不同,纪录影片可分为:时事报道、文献、传记、自然和地理等纪录片。

——《辞海》,上海辞书出版社,1980年2月第1版

电视纪录片:通过非虚构的艺术手法,直接从现实生活中选取形象和音像素材,真实地表现客观事物以及作者对这一事物的认识的纪实性电视片。

——钟大年《纪录电影创作导论》,引自单万里主编《纪录电影文献》

以上几种关于纪录片的定义基本上代表了中外纪录片理论界的认识。然而,纪录片创作者们的看法与理论界却不尽一致。1993年,日本NHK放送文化研究所曾就纪录片的定义和编导思想对欧美七国富有经验的著名制片人和编导进行了调查。来自美国、英国、加拿大、法国、德国、意大利和澳大利亚的23名纪录片制作者在回答"一般意义上的纪录片定义是有还是没有"这个问题时,作出"没有"回答的有19人,占总数的82%;在回答"你所认为的纪录片的定义是什么"时,回答者们则分成了明显的两派:"纪实派"主张节目应该"客观、公正、平衡",而"表现派"则"强调制作者的见解和解释性"。

由此可见,我们不可能为纪录片确定一个公认的和一成不变的定义,而是应当以一种多元化的思维来看待纪录片这种充满活力的艺术。纪录片发展的历史在不断地丰富它的艺术内涵和表现方法,我们这里试图从本体意义上把握纪录片的几个基本特征:

第一,无假定性的真实。真实是纪录片的本质属性,是纪录片存在的基础。所谓无假定性的真实,是相对于艺术的真实而言的。与故事片、电视剧中的假定性的艺术真实不同,纪录片所面对的客体对象必须是现实生活中真实存在的事物和人物,不容许虚构事件。"它的基本手法是采访摄影,即在事件发生发展的过程中,用挑、等、抢的摄影方法,记录真实环境、真实时间里发生的真人真事。这里的'四真'是纪录片的生命。"[①]而且这种真实能使人从屏幕上感受到,同时也是摄影师有可能拍到的真实事件。

第二,形声一体化的表现结构。电视纪录片记录现实生活中真人真事的功能

① 任远:《电视纪录片新论》,中国广播电视出版社1997年版,第271页。

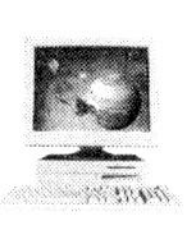

是通过摄像机这种特殊的电子工具来实现的。现实世界中，客观事物的存在与运动都以形声一体化的完整形态进行，摄像机以一种特殊的记录形态再现了客观事物直观的形声结构和运动过程。这种记录形态强调记录行为空间的原始面貌，强调记录形声一体化的行为活动，使得电视纪录片中人和事物的活动具有一种符合人们日常生活经验的逼真感。正是这种纪录片的纪实本性——客观物质现实的复原，才使得纪录片有着其他节目形态所无法替代的独特价值和永恒的魅力。

过去，由于技术手段的问题，在用摄影机去记录生活时，声音和图像画面往往被机械地分离了。长此以往，由于"宣传"的需要，电视图像脱离了声音，脱离了具体的情境，变成了一种形象记号，使人变成了一个抽象的类概念，人物的活动也变成了某项活动的类概念，这样的图像可任由人们去理解与解释，这样就不能准确地还原出现实的真实。我国纪录片自《望长城》的一声"呐喊"，开始了电视观念的一次革命，人们开始重视现场声音在画面中的作用。

第三，情境化的叙事方式。情境化的叙事，就是要使纪录片的图像符号所表现的抽象内容具有一种"可经历"的情景意义。纪录片的创作者既不能像故事片的创作者一样用虚构的方法来安排情节，也不可能将生活完完全全地记录下来，而只能以真实自然的生活流程为素材，通过择取一个个有"意义"的瞬间和片段来"再现"生活的原貌。这种"再现"是建立在情境完整性的基础之上的。所谓"情境"，应包含三大要素：① 人物活动的具体时空环境；② 人物面临的具体事件或情况，即过程；③ 由此构成的特定人物关系。一部纪录片正是由多个具有一定逻辑联系的"情境"按一定的结构组成从而达到叙事的目的。

以往的电视作品，叙事系统通常是建立在观念表达的基础上，生活内容通常以横断面的方式为主题服务。生活的横断面由于脱离了具体的时间、具体的活动、具体的行为目的，往往变成具有象征意义的抽象化了的材料。

三、纪录片的轨迹

纪录片历经百年，虽说风格多样，思潮迭起，但主导世界纪录片的潮流仍然没有超出两大主流倾向，格里尔逊与真实电影两大传统，并且影响至今。这在下一节"纪录片的创作模式"中将会有详细的阐述。

卢米埃尔兄弟作为纪录片电影的开端，表现在他们对于真实生活的片断记录，但由于受摄影技术设备的限制，他们初期的作品只能是一个短短的活动场景，还构不成较长篇幅的故事情节。而罗伯特·弗拉哈迪作为纪录片史上第一个重要的人物，其作品《北方的纳努克》(1922 年)，则可以作为第一部严格意义上的纪录片被奉为经典。

《北方的纳努克》的重要性在于它创造了一种新的风格。它不仅是表现了罕见的北极风光和一个陌生的民族,更重要的是它改变了长期以来以商业为目的的游戏制作心理。

弗拉哈迪把正在迅速消失的文化特点用影片记录下来,甚至有意地排除了现代文明对它的影响。他在描述纳努克一家人的生活时,让他们回到了几十年前爱斯基摩人传统的生活方式之中,这表现了他对纪录片的理解,他曾经这样写道:"白种人不单破坏了这些人的人格,也把他们的民族破坏殆尽。我想在尚有可能的情况下,将他们遭受破坏之前的人格和尊严展现在人们面前。我执意要拍摄《北方的纳努克》是由于我的感触,是出自我对这些人的钦佩。我想把他们的情况介绍给人们。"弗拉哈迪用自己独特的方式为一个行将消失的文化唱起赞歌。在这里,"感触"成了创作的动机。这一点,影响了以后的纪录片创作,创作者的主动性和目的性对于纪录片创作的重要性不再被忽视了。

《北方的纳努克》对后人产生的重要影响,还表现在它对生活的记录方式上。弗拉哈迪跟随纳努克一家人的远行,记录了远行过程中的自然生活形态,尽管由于弗拉哈迪的出发点以及技术设备的局限,这种生活形态不具有严格意义的真实性,比如他们造的冰屋是专为拍摄建造的特大的"电影冰屋",再比如纳努克一家睡觉是在室外刺骨严寒的阳光下拍摄的等等,但是,它给人的生活气息和人情味却是无可置疑的。"结果要真实,这是弗拉哈迪恪守的信条,即使需要独辟蹊径,他也不会动摇",这就是弗拉哈迪对"纪录片价值"的判断①。

从这个意义上说,世界纪录片史也是一部关于"真实性"理解与运用的发展史。格里尔逊坚持了他一贯的为公共事务服务的宣传电影主张,在大多数情况下,他所领导的纪录电影小组,"都在自己效力的公共关系机构建立起了热情和明智的理解",这些导演都具有强烈的社会学意识。在第二次世界大战前,格里尔逊曾与苏格兰政府合作,制作了一批反映苏格兰的民族特征与传统、工业经济发展计划、农业、教育和体育等方面的情况。这些影片对苏格兰的成就和未来进行了独特和引人注目的描述。然而,这些反映英国为解决自身的社会和工业问题而斗争的纪录片却没有被英国议会选中参加纽约世界博览会。为此,这部苏格兰影片和其他一些纪录片卷入了被格里尔逊称作"维护真实性的战斗"中,这场争论实际触及了格里尔逊坚持为之奋斗的事业的精髓。结果,格里尔逊的坚强意志取得了胜利。

作为真理电影先驱的荷兰著名电影艺术大师尤里斯·伊文斯也对纪录电影的

① 钟大年:《纪录电影创作导论》,载单万里主编:《纪录电影文献》,中国电影出版社2001年版,第374—375页。

“真实性”有着独特的理解。他早年虽说是先锋派运动时期的一位活跃人物，其作品《雨》、《桥》就是受先锋主义影响创作的两部杰作。到了20世纪30年代，他转变成了一名“社会活动电影家”，“飞翔”在美、苏、中、法、德、荷兰、波兰、捷克、古巴、越南等国之间，拍摄了一批“战斗”电影。他在中国拍摄了反映《愚公移山》。他把“真实”看做自己的信念，指导着全部的艺术实践。伊文斯曾说过，“真实比一切都重要，宁可在画面质量上有些问题，也要求真实”。他相信主动的、积极的，甚至可以说是主观的真实，而从来不相信什么绝对客观的真实。他认为“纪录”和“纪录片”是两个有区别的词，纪录片除了向观众反映情况、使他们感动之外，还应当鼓励、动员他们，让他们对影片中反映的问题采取积极态度①。只有这样的真才能动人，只有这样的真才能永存。

相比较而言，在1922年至1932年间的德国的一种论战电影则把纪录电影的“真实性”推向了另一个极端。随着第二次世界大战的开始，如同大多数参战国一样，德国利用资料片制作了一些宣传电影。《火的洗礼》(1940年)表现了波兰战场的战况，《西线的胜利》(1941年)反映了法国战场的情况，这两部蒙太奇电影最能说明这个时期的德国宣传电影的特征。与传播人道主义和提供信息服务的美国和英国电影相反，这两部影片(弗立兹·伊普勒监制)摆出了德意志民族史诗的气派，旨在摧垮易受攻击的个体的观众，将预先制造的真实性强加给他们，而他们又无法进行反驳。

“纪录片的本性，应当是纪实性——客观物质现实的复原。科学技术的进步，使得人们可以用磁带和胶片，来记录客观世界纯真的面貌。”②然而，由于历史的原因，中国的电视纪录片从诞生到确认纪实风格却走了很长的一段路。

1958年，中国国家电视台——北京电视台(中央电视台前身)成立。中国电视纪录片也由此起步。那时，新闻性节目的摄制队伍由原来电影厂纪录片的摄影师和编导组成，他们是电视纪录片的开拓者。电视纪录片的内容也主要是报道型的，以介绍先进典型、宣传党的方针政策、报道领导人出访等重要活动和重要节日为主要任务，同时也有一些表现中国的锦绣山河、人民生活风貌和风土人情的纪录片。这个时期代表性的电视纪录片作品有：《芦笛岩》、《长江行》、《周恩来访问亚非14国》、《战斗中的越南》、《收租院》等。在形式技巧方面，受前苏联的“概述片”模式和纪录片是“形象化的政论”的观念的影响，比较注重纪录片的教化作用，画面、音乐

---

① 胡濒：《法国新浪潮中的真理电影》，载单万里主编：《纪录电影文献》，中国电影出版社2001年版，第71页。

② 安德烈·巴赞：《什么是电影》，中国电影出版社1987年版，第13页。

都十分注重形式美、造型美，倚重解说词和蒙太奇剪接效果，几乎没有用写实音响。

1966年至1976年“文化大革命”期间，极“左”路线占统治地位，许多电视纪录片也打上了政治的烙印，被利用为极“左”路线和帮派宣传服务，出现了一些标语口号、形式主义以至假报道的作品。这个时期的纪录片的内容、形态和风格都受到了社会政治的影响，“责任意识放大，主体意识缺失”①，总体上题材面非常狭窄，艺术形式和手法僵化，自然风光、名胜古迹、历史文化这些题材被禁锢而不得问津，诸如知识性、娱乐性的题材被贬斥，不得涉猎；在表现形式上，从镜头运用、音乐音响处理到解说词的写作都有烦琐的不容逾越的清规戒律。在这样恶劣的环境中，纪录片艺术被窒息了。

“文革”结束后，电视纪录片的创作进入了初步繁荣期，其特点是，从题材内容到表现形式，迅速冲破极“左”的禁锢，涌现出一大批好作品，如《周总理的办公室》、《长白山四季》、《雕塑家刘焕章》等。1979年8月，《丝绸之路》中日联合摄制组开始拍摄活动，揭开了与国外合拍大型纪录片的序幕。以后《话说长江》、《话说运河》、《让历史告诉未来》、《祖国不会忘记》……如雨后春笋般地接踵而至。也就在这个时期，电视屏幕上相继出现了专门播放纪录片的专栏，如《祖国各地》、《人物述林》、《兄弟民族》、《地方台30分钟》(原《地方台50分钟》)等。这一时期的纪录片，内容题材涉及广泛，无所不包；体裁形式也突破了单纯报道性的传统新闻纪录片形式，出现了散文式、抒情诗式、音画式、调查报告式等。到20世纪80年代以后，ENG电子新闻采集设备的广泛运用更是为电视纪录片的创作带来了极大的便利。但是画面加解说词的模式仍是这一时期我国纪录片的主要样式。1991年中央电视台四集(每集分上、中、下三部)大型纪录片《望长城》的问世打破了这一局面。“这部片子全方位地遵循了纪实主义的创作方法，解决了以往我国电视纪录片创作方式上众多疑惑的问题，改变了长期以来电视屏幕主观意识过强、说教味浓的局面，为中国电视纪录片恢复纪实本性，起到了正本清源的作用，成为中国电视纪录片发展史上重要的里程碑。”②

在过去的十余年中，我国的电视纪录片创作出现了空前繁荣的景象。随着纪实主义手法的逐渐成熟，中国纪录片在20世纪90年代开始引起世界的瞩目，在海内外受到广泛的欢迎。

1991年，辽宁、宁夏电视台合作拍摄的《沙与海》荣获“亚广联”纪录片大奖，这是中国纪录片首次在国际上获大奖，编导高国栋、康建宁。同年，四川电视台拍摄

---

① 何苏六：《中国电视纪录片史论》，中国传媒大学出版社2005年版，第13页。
② 石屹：《电视纪录片：艺术、手法与中外观照》，复旦大学出版社2000年版，第29页。

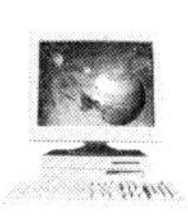

的《藏北人家》荣获四川“金熊猫”国际电视节纪录片大奖，编导王海兵。吉林电视台拍摄的《家在向海》获第五届意大利桑迪欧自然纪录片电影节三项大奖，编导申晓力。

1992年在上海国际电视节上，上海电视台的《十字街头》获得短纪录片大奖。

1993年中央电视台孙曾田编导的《最后的山神》和陈晓卿编导的《远在北京的家》双双夺魁，前者获“亚广联”纪录片大奖，后者获1993年度四川“金熊猫”国际电视节纪录片大奖。同年，辽宁电视台的《两个孤儿的故事》获日本福冈亚洲电影电视节纪录片大奖，编导高国栋。

1994年上海电视台的《茅岩河船夫》又获得“白玉兰”上海国际电视节大奖，编导宋继昌。最为辉煌的是1995年，我国共有8部电视纪录片获国际大奖，它们是《龙脊》、《人·鬼·人》、《壁画后面的故事》、《回家》、《龙舟》等。

1997年，独立制片人段锦川的作品《八廓南街16号》获法国真实电影节纪录片大奖，中央电视台孙曾田编导的《神鹿啊，我们的神鹿》荣获第二届帕努国际传记电影节“评委会特别奖”、爱沙尼亚国际影视人类学电影节大奖。

1998年上海电视台的《回到祖先的土地》获“亚广联”信息类纪录片最高奖。

1999年沈阳电视台出品的《好大一个家》在第二十届东京影视节上获最高奖；独立制片人张元编导的《疯狂英语》获意大利米兰电影制作人电影节最佳影片奖；杨荔钠编导的《老头》获日本山形电影节优秀奖、法国真实电影节评委会奖。

2000年上海电视台的《一个叫做家的地方》获“白玉兰”上海国际电视节最佳人文类纪录片奖，编导王小平。

2001年，湖北电视台的《英与白》获四川“金熊猫”国际电视节最佳长纪录片奖、最佳创意奖、最佳导演奖、最佳音效奖四个奖项，编导张以庆。

2002年，《探索·发现》栏目制作播出的3部纪录片接连获得国际电影节大奖：《红柳的故事》荣获法国儒勒·凡尔纳电影节“科技与社会奖”；《楠溪江》荣获联合国国际环境、自然与文化遗产电影节最高奖项“评委会大奖”；《寻找滇金丝猴》荣获自然银幕电影节“TVE大奖”。《小屋》入围第十届罗马尼亚国际短片电影节并获得纪录片大奖。

2003年(第七届)四川电视节，中国电视纪录片参评获得大丰收：中央电视台的《达巴在歌唱》和四川电视台的《抉择》、云南电视台的《落幕》分别获人文及社会类最佳长纪录片和最佳短纪录片奖。在自然及环境类纪录片评选中，广西电视台的《海边有片红树林》和四川电视台的《萨马阁的路沙》分别获最佳长纪录片和最佳短纪录片奖。纪录片《船工》获第十一届“白玉兰”上海国际电视节评委会大奖和最佳人文类纪录片摄影。《丹顶鹤的故事》获得四川国际电视节“2003环境保护电视

节目大奖赛”评委特别奖;《龙井纸事》获得广州国际电视纪录片研讨会“学术奖”,《老镜子》获得评审团大奖。

2004年(第十届)上海国际电影节上,湖北电视台张以庆编导的《幼儿园》获最佳人文类纪录片创意奖。此外,许多系列纪录片如《丝绸之路》、《话说长江》、《话说运河》、《望长城》、《广东行》、《毛泽东》、《庐山》、《中华之门》、《中华之剑》、《邓小平》、《共和国外交风云》、《再说长江》、《故宫》等,虽然因为篇幅较大没有机会在国际电视节上获奖,但它们在海内外观众中产生的反响或许更为强烈。

2005年《小小读书郎》获亚洲电视节最佳长纪录片奖。

2006年《蜕变》获得第16届东欧“媒体震撼”国际影视节“最佳长纪录片奖”,这是亚洲人首次在这一国际影视节中获奖。

以上这些成就标志着中国纪录片已跟上了世界纪录片纪实主义的潮流,迈入了成熟期。

第二节 纪录片的创作模式

电视纪录片发源于西方的纪录电影,电视纪录片的基本创作原则和手法都是从电影纪录片那里继承来的,人类从最早的纪录电影法国卢米埃尔兄弟拍摄的《火车进站》、《工厂的大门》,到如今的电视纪录片,尽管千差万别,风格多样,但从基本创作手法及模式来看,仍然可以归于四类主要的创作模式,分别为:格里尔逊式、真实电影式、访问式和反射式。

一、格里尔逊式

格里尔逊式又称直接宣导式。这个模式是以英国著名纪录片导演约翰·格里尔逊(John Grierson)而命名的。1929年,在英国出现了以格里尔逊为首的“英国纪录片运动”,其特点是影片内容重视社会功用,形式上依靠解说词来配合画面,强调把电影用于教育和宣传的目的。正如格里尔逊公然宣称的:“我把电影视为讲坛,用作宣传,而且对此并不感到羞愧,因为在尚未成型的电影哲学中,明显的区别是必要的。”①这种模式把纪录片当成了传播与劝服的工具,认为它是一种直接宣传的手段。

格里尔逊的纪录电影主张,与其本人1924年在美国学习社会科学有关,他在美国三年的学习时间里,潜心研究传播手段影响人类思想的威力及其根源,这段学

① 单万里:《纪录电影文献》,中国电影出版社2001年版,第9页。

习经历决定了他未来的选择及纪录电影主张。

格里尔逊反对不加选择地传播事实，"主张根据事实对人类的重要性对事实进行有选择的戏剧化的可能性。通过戏剧化的媒介对事实进行阐释能够使个人产生一种相同类型的思想和感情模式，个人可以借以有效地处理现代生活中的复杂事件"①。

在这一主张下，格里尔逊于1929年成功地拍摄制作完成了第一部纪录片《漂网渔船》。在这部反映北海捕鲱生活故事的纪录片中，漂网渔船从灰雾蒙蒙的狭小港湾驶向茫茫大海；渔网从颠簸摇曳的船上撒开；渔夫们紧张繁忙地劳作着，日复一日年复一年。这部纪录片第一次将普通英国人的生活搬上银幕，也是一部在现实生活中拍摄的影片，在当时简直称得上具有革命意义的作品。这部纪录片的成功，使格里尔逊更加坚信电影是实现自己作为一个社会学家的意图的最有效的媒介。在他的带领下，英国纪录电影逐渐形成了格里尔逊式（直接宣导式）的风格。

这个学派的代表作品有《锡兰之歌》、《住房问题》、《夜邮》等。"第二次世界大战爆发后，他们全力以赴地为战争宣传服务，在创作上出现了两种倾向：一是以保罗·罗沙为代表的'纪事体裁'，即通过解说词把现成的画面串联起来，用以体现特定的富于教育意义或宣传目标的主题。另一个倾向以汉弗莱·詹宁斯为代表，强调纪录片的人情味和幽默感，让真实生活中的人去表演。"按照美国电影理论家比尔·尼柯尔斯的看法，格里尔逊式传统的风格是第一种被彻底用滥了的纪录片形式。为了迎合那些追求长篇说教者的口味，它使用了那些表面上权威十足，而实际上却是自以为是又脱离画面的解说。在许多作品中，解说词明显地压倒了画面。

格里尔逊后来将纪录电影定义为"对现实的创造性处理"，这是对他的纪录片主张和实践最好的注脚，并影响至今。所谓"对现实的创造性处理"（the creative treatment of actuality），主要是指采取戏剧化手法对现实生活事件进行"搬演"（reenactment 或 staging）甚至"重构"（reconsturuction）。在纪录电影的社会功能方面，格里尔逊与罗伯特·弗拉哈迪不同，他反对将眼光投向天涯海角，主张纪录电影应拍摄"发生在家门口的戏剧"。在影片的样式方面，由于格里尔逊坚持把电影用作一种新的"讲坛"，发展了以解说为主的影片样式，以至于数十年间许多观众心目中的纪录片就是这种样式的影片。格里尔逊十分强调纪录电影工作者的社会责任感，因而，当时的纪录电影主要被用来指"社会评论片"（film for social comment）。从这里不难理解，为什么格里尔逊式纪录片创作模式的主要特征是以

---

① 〔英〕弗西斯·哈迪：《格里尔逊与英国纪录电影运动》，见单万里主编的《纪录电影文献》，中国电影出版社2001年版，第33页。

解说词为主来结构全片的。

在方法论方面，格里尔逊将电影用做“打造自然的锤子”，而不是“观照自然的镜子”，正如他所说的那样：“在一个充满活力和迅速变化的世界上，观照自然的镜子不如打造自然的锤子那样重要……我对这种来到我的有些烦躁不安的手上的媒介的使用，是把它当作锤子而不是镜子。”在他的这种思想指导下，英国纪录电影运动中的许多影片都带有人工“打造”的痕迹。比如，表现夜间运输邮件的火车为主题的影片《夜邮》（巴锡尔·瑞特、哈莱·瓦特，1936年）即是其中的一例。在30年代，如果想在火车上实地拍摄的话，当时的录音条件很难做到。这部影片的实际拍摄过程是把火车拉到一个摄影棚里，让邮差到车厢里去，经过打灯布光之后才进行拍摄。为了制造整个事态像是真的发生在火车里一样，就在车厢底上装上弹簧，使车厢晃动，演员经过排练后进行拍摄。这跟现在的大部分人所理解的纪录片拍法非常不同，但在30年代的英国却是普遍使用的，而且当时被认为是拍摄纪录片的一种手法，也就是所谓的“对现实的创造性处理”①。

格里尔逊在美国学习期间，潜心研究新闻、电影和其他影响公众舆论的传播手段。这首先是因为，他并不将电影看做一种艺术形式，而是将它当作一种影响公众舆论的媒介手段，格里尔逊从不掩饰这种观点，而是经常强调它，以至于我们今天仍把它作为一种影响巨大的纪录片创作模式。

但格里尔逊从不将刻板的模式强加给编导，而是鼓励他们根据不同的主题尝试使用丰富多彩的风格和样式。他说：“无论如何，所谓纪录电影意识，无非是要求把我们这个时代的事件搬上银幕，至于形式，只要能够激发想象力，能够对事件进行细致入微的观察就可以。影片的视觉形象可以是新闻体的，也可以提升到诗歌和戏剧的高度，另一方面，影片的美学质量也可以建立在对事件所做的纯粹而清楚的展示上。”②但是，在格里尔逊领导邮政总局电影部的末期，影片在风格方面的变化总体来说还是非常明显的。

与风格的变化相比，格里尔逊所领导的电影群体，在纪录主题方面的变化更为醒目。如《工人与工作》、《住房问题》，对那些在伦敦贫民窟过着悲惨生活的人们倾注了热情的关心，这些都给纪录电影带来了温暖的新感觉。

当代中国电视专题片从形式到创作手法都与直接宣导式一脉相承。直接宣导式导致了中国电视专题片的诞生，也在理论上形成了纪录片与专题片的概念之分。

---

① 转引自《格里尔逊与英国纪录电影运动》，载单万里主编：《纪录电影文献》，中国电影出版社2001年版，第9页。

② 同上书，第40页。

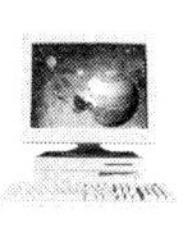

纪录片的概念来源于电影，而专题片则是电视所特有的概念，甚至是中国电视所特有的概念。它的名称来源于中国电视界约定俗成的称呼。所谓“专题”，主要是与电视屏幕上大量存在的“综合”性节目形态相对应的。“它是集中对某一社会现象和人生课题给予深入的、专门的报道和反映的电视节目形态。尽管采用的也是纪实性手法，但允许创作者在作品中直接阐述对生活的理解、认识和主张。”①

“电视纪录片”和“电视专题片”本来是可以区分的两种节目形态，但目前在电视理论工作者和实际工作者中却未能统一认识，存在着等同说、从属说和独立说等不同的观点。

所谓“等同说”，即认为专题片就是纪录片，它们只是一种形式不同的叫法而已。

“从属说”，即指“纪录片从属于专题片”，或“专题片从属于纪录片”两种看法。认为纪录片从属于专题片者，是把专题片当作“专题节目”和“专栏节目”这个更大范畴的概念来看待的，因为专题节目或专栏节目所使用的形式很多，除了纪录片外，还可以采用讲话、访谈、座谈会、演示、竞赛、表演等多种多样的手段和形式。纪录片则是专题和专栏节目中最常使用的形式。说专题片从属于纪录片者，则是把专题片等同于专题报道或专题新闻，把它归为纪录片形式中的一类，就如同纪录电影中新闻纪录片和文献纪录片、风光纪录片和历史纪录片并列存在一样。

“独立说”认为，专题片与纪录片是两种不同的形式，认为虽然两者都取材于真实的现实生活并都以真实性为生命，但专题片允许“作者对生活的艺术加工”、“有较强的主观意念的渗透”、“允许表现”等区别于纪录片的特点，是一种独立的节目形态。

本文认为，当代电视专题片与电视纪录片是两种不同的节目形态，虽然电视专题片是由纪录片里的直接宣导模式发展而来，但随着时代的发展，电视专题片在形式、功能和创作方法等方面与纪录片已经有明显的差异，专题片已经逐渐成为一种相对独立的片种，并在实际创作中被大量运用。因此，无论在理论上还是实践上，专题片从纪录片中分离出来的时机已经成熟。电视专题片虽然与电视纪录片有较多的共同特征，但同时也有着许多不同于纪录片的明显特点：

（1）创作思维不同。电视纪录片的创作思维是要“客观”地“再现”社会生活，不允许创作者主观意识的直接表露，主体意识要尽量隐蔽，让事实本身说话，创作者的思想渗透在对生活的展现之中。而电视专题片的基本思维是揭示思想，具有较强的主体意识的渗透，它直接表现创作者对生活的看法和主张，允许采用“表现”的手段艺术地反映社会生活。

① 高鑫：《电视纪实作品创作》，北京广播学院出版社2000年版，第12页。

（2）表现生活的手法不同。因为要“再现”生活，电视纪录片纪实手法较为单一，一般多采用长镜头或同期声展现生活的真实，能反映真实“情境”的画面（包括同期声）在片中处于主导的地位。由于题材多为反映“一般现在时”的生活，所以较多地运用跟拍、抓拍、偷拍等拍摄方法；而电视专题片则由于“表现”生活的需要，较多地运用象征、联想、烘托、对比等艺术手法，根据特殊的创作需求，甚至允许在一定程度上的扮演、补拍、追述和摆拍。在电视专题片中，声音往往居于主导的位置，而画面在大部分情况下只是声音的注解和说明。电视专题片的时空处理也较纪录片自由，它可以根据主题的需要以解说词为引导任意地转换时空，而将自然时空“撕得粉碎”。

（3）结构形态不同。电视纪录片由于要“纪录生活的流程”，其结构一般是以“时间”变化为依据的“纵向结构”；而电视专题片因为以思想阐述为主，往往是“主题先行”，依据主题的需求而选材，材料与材料之间都是破碎的、不连贯的材料组合，故而多采用以“空间”变化为依据的“横向结构”。

钟大年先生在谈到电视纪录片的界定后说，在定义的客观外延中，电视纪录片（特别是社会性的纪录片）有两个大的类别：一类是报道性的，以新闻性、贴近现实、使用报道手法为主要特征，这类节目实际上就是我们通常所说的专题片，专题报道或特写，是过去纪录电影中新闻类纪录片的替代物，只不过由于电视媒介的日常性、定期性、迅速性、栏目化等特点，它变得更大量、更专门、更有对象性和目的性；另一类是纪录性的，以人文性、文化内涵、使用记录手法为主要特征，我们通常把这类节目明确地叫做纪录片，与我们已知的具有百年发展历史的纪录电影有着相同的文化特征和审美特征。这两类节目在价值取向、审美特性、与现实的关系、创作手法等众多方面都有不同①。

然而，不论是格里尔逊式纪录片还是专题片，从表现方式和风格上，都可以归属于“直接宣导式”，至今仍然活跃在中国荧屏上。20 世纪 80 年代末期播放的史诗性巨片《让历史告诉未来》让我们记忆犹新。虽说充满了格里尔逊式的解说，但片中那大气磅礴的气势、激情洋溢的文笔，听来荡气回肠，观之心灵震撼。在经历了 20 世纪 90 年代的纪实风潮后，这种方式在特定的年代又有了它的用武之地，在人们看腻了“跟腚派”作品后，这种方式的文学性、政论性相反会给人以思想上的震撼。如 2008 年中央电视台播放的专题节目《雪战》、《震撼》等，都可以看出格里尔逊式的创作模式痕迹。

---

① 钟大年：《纪录电影创作导论》，载单万里主编：《纪录电影文献》，中国电影出版社 2001 年版，第 392 页。

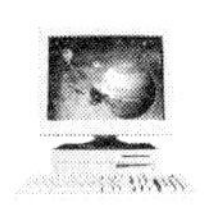

二、真实电影

直接宣导式的继承模式是"真实电影"式。所谓"真实电影"是对20世纪60年代出现于欧美等国的"真理电影"(法语 cinéma vérité,汉语也可译成"真实电影")和"直接电影"(direct cinema)的统称。"真实电影"的观念可以追溯到1922年前苏联导演兼理论家吉加·维尔托夫倡导的"电影眼睛"学说,这位最早的苏维埃纪录片工作者主张一种"无演员、无布景、无剧本、无表演","出其不意地抓取生活"的影片,然而由于社会和技术的原因,"电影眼睛"学说在当时未能顺利发展下去。而第二次世界大战以来出现的纪实主义文化浪潮为"真实电影"的产生提供了社会土壤,便携式摄影机的出现和同期录音技术的突破又在技术上为"真实电影"铺平了道路,"真实电影"就这样应运而生了。

"真实电影"强调纪录片应对现实进行"客观"展示。从影片样式来看,这种模式可以说是对格里尔逊式以解说为主的纪录片的反叛。"最纯粹的'真实电影'甚至视解说为天敌,通篇没有一句解说词,只是'客观地'记录被摄对象的声音。"由于对"真实"的理解有所不同,"真实电影"又分为两个流派。

1. 直接电影

"直接电影"是20世纪60年代初美国纪录片制作中一次独具风格的电影运动,它主张摄影机和拍摄人员应该像"墙上的苍蝇"一样,不与被拍摄者发生任何瓜葛,以求能拍摄出即使摄影机不存在时也同样发生的事,在不介入的长期观察中捕捉真实。在这方面进行探索最具成效的是罗伯特·德鲁在纽约《时代》周刊组织的电影小组,其代表作品有《初选》(1960年)、《幸福母亲的一天》(1963年)等。

1960年,德鲁小组在美国威斯康星州拍摄了反映民主党总统候选人的初选活动(约翰·F·肯尼迪对休伯特·汉弗莱)的《初选》。这部纪录片的制作者们"不再说话而让画框里的动作来讲述故事"。当两位候选人在群众大会上演讲、在街头散发传单、在咖啡馆里逗留、准备电视采访、在汽车和旅馆房间里抽空打瞌睡,以及观看电视上播放的竞选结果的时候,摄影机和话筒都跟随着他们。

《初选》在直接电影的美学发展中是一部里程碑式的影片,其表现的真实电影美学是:不加控制情境的同步声外景拍摄、最低限度地解说和纪录片制作者在剪辑时所表现的"客观性"。

直接电影的结构原则是:无论就一个镜头中影像之间的关系而言,还是就镜头之间的关系而言——都是由被拍摄事件的"即发性"决定的,而不是被纪录片制作者强加于素材的。也就是说,直接电影作品希望给予观众一种正当摄影机前的

事件展开之时“身临其境”的感觉，如上述《初选》纪录片。这些影片“表明了自发的、不受约束的拍摄影片的可能性，并且第一次直接触及了这一做法所派生出来的主要美学问题。德鲁小组实际上为美国真实电影作了界定，他们创建了一种强有力的方法，其影响至今仍起着主导作用”①。

著名电影理论家罗伯特·C·艾伦曾把电影生产类型分为三种不同的控制层面。第一层面，包括拍摄前、拍摄中和拍摄后的控制。大多数故事片都可归入这一类。第二层，只对如何记录事件和怎样剪辑记录该事件的影片保持控制权。纪录片通常归于这第二级控制层面。第三层，通常影视制作者只在一部影片拍摄之后才去控制它。这种只依靠剪辑的影片属第三控制层面，叫做专辑片。电视专题《震撼》类似于这一层面。上述主要适用于纪录片和专题片的第二、三层形式中，影视制作者放弃了对制作过程的第一层的控制，以此向人们昭示了该影片在某种程度上的真实性和可信性。

直接电影作为一种纪录片的风格，其基本目的是尽可能准确地捕捉一个正在发生的事件并将纪录片制作者的干预或阐释降低到最低程度。史蒂夫·芒贝曾这样评论直接电影的目的：“它是以忠实于未加操纵之规定、拒绝损害自然呈现的生活形态为基础的一种实际工作方法。”②

用来达到上述目的的制作策略有：

(1) 依靠同步录音，避免画外解说或音乐所提供的“阐释”。

(2) 将社会事件中的节目制作者的干预降至最小限度，绝不影响影片主体的言语内容或行为方式。影片拍摄过程要尽可能不引人注目。

(3) 在剪辑过程中避免“暴露剪辑观点”。也就是说，剪辑不能用来体现制作者对影片主体的态度，而是要尽可能忠实地再现观者将要亲眼看到或亲耳听到的东西，如同他们亲身见证了影片叙述的事件一样。

德鲁的真实电影作品的剪辑师帕特里夏·贾菲，在1965年写道：

“直接电影……是以记录某一时刻在摄影机前存在的生活为基础的。此时，电影制作者的作用是绝不要用指导动作来使自己干预影片——绝不要改变正在发生的事件……他的工作仅仅是记录他在那儿看到的事情。”③

总之，直接电影的风格特色是：避免音乐和画外解说，坚持尽可能忠实地记录

---

① 史蒂文·芒贝：《美国的真实电影》，转引自单万里主编：《纪录电影文献》，中国电影出版社2001年版，第77页。

② 同上书，第79页。

③ 帕特里夏·贾菲：《剪辑真实电影》，《电影评论》1965年夏季号，转引自单万里主编《纪录电影文献》，中国电影出版社2001年版，第80页。

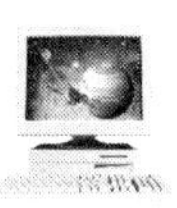

不加控制的现象。

"直接电影"绝不采用访问，一般利用同期声、无画外解说和无操纵剪辑，尽可能忠实地呈现不加控制的事件，让观众自己下结论，而无需任何含蓄或直率评论的带动，并给观众一种正当摄影机前的事件展开之时"他们身临其境"的感觉。我国成都电视台拍摄的电视纪录片《平衡》就是一部"真实电影"方式的成功之作。作者以崇高的敬业精神，以亲历者的身份在青藏高原可可西里跟拍了三年，运用挑、等、抢的纪实摄影手法，真实地记录了反偷猎队打击盗猎分子惊心动魄的战斗场景。对主要人物长篇访谈，全片不用解说词，却能真实地展现环保勇士们的鲜明形象，这是"真实电影"手法的娴熟运用。创作者用全部的心血感受生活，记录生活，捕捉到视觉和听觉统一完整的形象，具有强烈的震撼力，使纪实美得以升华，是当年纪实作品的成功力作，并获 2001 年第 19 届电视金鹰奖最佳纪录片作品奖。

2. 真理电影

20 世纪 60 年代，在法国电影银幕上出现了关注社会问题的影片，电影干预社会的倾向日趋明显，这股潮流在当时被称为现实主义潮流。后来这股潮流逐渐演变为影片的主题，最后在人种学电影和电视的影响下出现了现实主义内容与形式相统一的真理电影。

真理电影的先驱是荷兰著名电影大师尤里斯·伊文思。他认为纪录片除了向观众反映情况、使他们感动外，还应当鼓励、动员他们，让他们对影片中反映的问题采取积极态度。在纪录片的真实性问题上，伊文思从来不相信什么绝对客观的真实，这种观点影响了后来整整一代真理电影工作者。

受伊文思的影响，以法国人类学电影工作者让· 鲁什为代表的一派承认摄影机的存在可以对现实产生影响，理论界将他们称之为"真理电影"派。"真理电影"最重要的代表作品是让·鲁什和社会学家埃德加·莫兰在 1961 年合作拍摄的《一个夏天的记录》，它提出了新的纪录片观念："纪录片制作者不再是躲在摄影机后面的局外人，而是要积极参与被拍摄者在被拍摄的那一刻的生活，促使被拍摄者在摄影机面前说出他们不太轻易说出的话，或不太轻易做出的事。"

《一个夏天的记录》(1960 年)这部纪录片，反映了同年夏天作者本人的一段真实经历。作者在巴黎遇到了一些工人、学生、服务员、外籍人、工作人员等形形色色的人物，并向他们提出了一系列相同的问题，诸如"你们生活得幸福吗？……""你们如何生活？"回答者在不同的场合，有的倾诉了个人的经历与烦恼，有的又好像在有意做戏。镜头里有真挚的泪水、有歇斯底里的发作等，镜头真切、新鲜、感人。

相对于直接电影来说，法国的纪录电影概念得到更新。这种更新表现在：将

镜头重新对准被摄主体，让被拍摄对象自己说话，而不是将作者的话语强加给事先组织好的场面，这是真理电影的纪录方式。为了避免直接电影与真理电影模式的混淆，单万里在对大量的纪录电影文献研究后建议：① 将 diréct cinéma 译作“直接电影”，既用来指法国导演鲁什 60 年代以前的纪录电影观念与实践，又用来指 60 年代初以德鲁小组为代表的美国纪录电影运动和电影风格；② 将 cinéma-vérité 译作“真理电影”时是指 60 年代初以鲁什为代表的法国(包括法语地区)的纪录电影观念与实践。

除了《一个夏天的记录》，“真理电影”的代表作还有《美丽的五月》、《向变化挑战》、《孤独的男孩》、《至关重要》等。这些电影持续影响了整个 70 年代直至今日的法国电影，在法国电影史上占有重要位置。

“直接电影”与“真理电影”虽然都是以追求真实为目的，都是在同期录音的实践中发展起来的，但二者之间的区别还是很明显的。美国电影史学家埃里克·巴尔诺把它们的区别总结为四点：① 主张“直接电影”的纪录片工作者手持摄影机处于紧张状态，等待非常事件的发生，而让·鲁什式的“真理电影”纪录片人则试图促成非常事件的发生。② “直接电影”艺术家不希望抛头露面，“真理电影”艺术家则主张参加到影片中去。③ “直接电影”艺术家扮演的是不介入的旁观者的角色，“真理电影”艺术家起到的是挑动者的作用。④ “直接电影”作者认为事物的真实随时可以收入摄影机，“真理电影”是以人为的环境能使隐蔽的真实浮现出来这个论点为依据的。

简而言之，“直接电影”与“真理电影”的区别，关键在于对“纪录”与“虚构”的看法存在根本分歧。前者认为纪录电影应该是对现实的纯粹记录，在被动状态中捕捉真实，反对在纪录片中使用虚构的手法；后者则认为纪录电影不应该纯粹地记录现实，而应该主动地去挖掘真实，不排斥在纪录电影中采用虚构等策略。

鲁什在拍完《夏日纪事》几年后接受采访时重申，他确信电影具有“揭示我们所有人内心世界中虚构部分的能力，尽管很多人对此表示怀疑，但对我而言这正是一个人的最真实的部分”。摄影机是否具有刺激人们在它面前展现他们内心的虚构部分，展现他们作为想象、幻想和神话的生物部分的能力：这正是被鲁什称为“真实电影”实践的试金石[①]。电视纪录片《我们的留学生活》中，就大量运用了主动采访被摄对象，让拍摄对象对着摄像机讲出他们不太轻易说出的话，如《初来乍到》一集中，初来日本留学的韩松及王尔敏的多次对内心活动的倾诉。

总之，真实电影式纪录片，采用了现实主义创作方法，关注日常生活，关注同时

---

① 单万里：《纪录电影文献》，中国电影出版社 2001 年版，第 12 页。

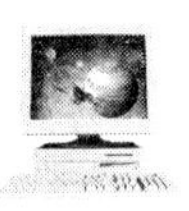

代的问题和普通人，尽量不歪曲地复制现实，在拍摄客体和事件时，主创人员尽力再现出现实本身的丰富性，记录现实生活的真实。真实电影的美学，表现为不加控制情境的同期声外景拍摄，最低限度的解说及剪辑时的“客观性”。其风格表现为：自然的布光和音响，平实的拍摄和剪辑风格，真实的交谈般的对话，简单的“生活源”般的情节安排。真实电影的结构标志是，无论就一个镜头中影像之间的关系而言，还是就镜头之间的关系而言，都是由被拍摄事件的“即发性”决定的，而不是被制作者强加于素材的。典型的案例如电视纪录片《达比亚》中的“杀羊风波”、“饭桌风波”场景。

“真实电影”试图给人以完全客观的真实感，但它们经常使人困惑为难，因为“真实电影”很难得向观众提供历史、社会背景以及对前景的预见和推测，以至于创作者感到不能尽所欲言而观众又往往觉得不知所云。因此，到了20世纪70年代，又出现了第三种模式。

三、访问式

每一种方式的产生都与社会背景和观众的心理有关。正如前面所述，“直接宣导”式的衰落，在于它的“说教”，在于那种脱离画面的解说。因此产生了纯粹“观察式”的纪录片。而这种观察式又因纯自然的观察记录而无法满足观众想要得到更多的历史、社会背景及其真实的心理活动，于是由真实电影的孕育，产生了访问式纪录片。

访问式是在20世纪70年代纪录片美学观念发生重大革新的情况下出现的。纪录片工作者们不满足“直接电影”对创作主体的限制，又不甘心重蹈格里尔逊说教模式的覆辙，他们在让·鲁什“真理电影”风格基础上创造了一种全新的“访问式”。这种模式的纪录片完全由访问和谈话组成，一个访问接一个访问，整部片子是建构在访问上面的。针对“真实电影”的不足，访问式将被摄对象或解说员、主持人直接面向观众的讲话与采访、会见形式结合了起来，这首先出现在美国女权主义的一些纪录片中，以后又为政治性的作品所普遍采用。“见证人——事件参与者，直接站在摄像机前讲述自身的经历，时而做发人深省的揭露，时而做片言只语的佐证，形成了当代纪录片的标准模式。”①

这种模式似乎是20世纪60年代女性主义运动中的直接结果。女性主义理论对纪录片中强势的写实主义表现方法持反对的立场，“它们的目标并非单纯地只在

① 北京广播学院电视系学术委员会编：《中国应用电视学》，北京师范大学出版社1993年版，第330页。

影片中以女性的声音来取代男性的声音，它们更想打破的是过去传统与被动的观影方式”①。

访问式弥补了“直接电影”那种含糊其词的似是而非所造成的困惑，又避免了格里尔逊式的直接说教，呈现出一种主观性和客观性彼此交融的状态和辩证的特质，使人感到作品公正、客观、可信。但是，它也存在缺陷，“最严重的问题，就是要保留被访者声音与主题整体声音之间的差异”。“当被访者对事件表达得不清晰，而影片又未再提出疑问时，问题就再明显不过了”。访问式纪录片中最著名的当属美国哥伦比亚广播公司的节目《60分钟》。我国中央电视台的《新闻调查》也属于这一模式，1999年，《新闻调查》栏目制作的反映中国农村民主化进程的纪录片《海选》获蒙特卡罗国际电视节银奖，表明我国访问式纪录片的创作已逐渐得到国际认可。

四、反射式

“反射式”是在拍摄过程中，把拍摄者与被拍摄者之间如何运作和互动的关系呈现出来，也就是被拍摄者像一面镜子一样把拍摄者给“照”出来的一种创作模式。这种模式有效地集中了前三种纪录片的优势，混合了观察、访问以及摄影机前后人物之间互动等多种记录方式，使“纪录片永远不再是再现的形式”。也就是说，这种由纪录片创作者全然主导的纪录片创作方式，给予了被拍摄对象参与的空间，同时也给予了观众在观看纪录片时的思考空间。美国电影理论家比尔·尼柯尔斯是这样评述它的：“影片工作起来像个自由的整体，影片比它的所有组成部分都伟大而且将各部分组织结构起来：① 吸收进来的人声，吸收进来的背景音响和画面；② 影片整体的风格讲出的‘声音’（它的方法是多种多样的，包括同吸收进来的声音有关的，如何结构一个单一的、主导的形式）；③ 历史环境，这是影片本身的声音无法成功地超越和完全控制的。这种历史环境也包括对事件本身的观察。”②

在“反射式”纪录片作品中，制片人本身成为事件的见证人——参与者，也是作品社会积极意义的创立者，被摄者与拍摄者之间的互动过程被坦率而清晰地表现出来。比如我们经常可以在这类作品中见到拍摄者伸出手与被拍摄者握手，拍摄者在摄影机后面和被拍摄者讲话等镜头，这些镜头有些是不自觉地做的，有些是创作者刻意追求的。纪录片创作者一方面告诉观众影片是经过纪录片工作者过滤和构建出来的；同时也表明纪录片工作者只是也只能是一位诠释者，他的看法无法取

---

① 王亚维：《纪实与真实》，台湾远流出版事业股份有限公司1996年版，第521页。

② 任远：《世界纪录片史略》，中国广播电视出版社1999年版，第25页。

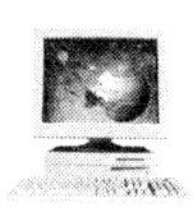

代事实本身。

“反射式”的应用关键是培养摄影机与被拍摄对象之间的一种关系。澳大利亚纪录片制作人鲍伯·康纳里（Bob Connolly）夫妇拍摄的《队伍中的老鼠》（*Rats in the Ranks*）中的莱耶放下电话就对摄像机说话，这是因为他已经同摄像机相处了7个月时间，这就是自然的流露。例如《我们的留学生活》中许多对摄像机讲话的镜头，也是这种方式的灵活运用。这中间的关键是应该用技巧来培养这种关系，从开拍之初，心中要有一种培养这种关系的想法。

通过对世界纪录片模式演变的回顾，我们可以看到纪录片在宣传策略上自我完善的历程，它清楚地表明：纪录片在创作模式上的演化，是以对纪实的追求为原动力的，具体体现为叙事方式由封闭型向开放型的过渡。同时我们还可以看到，纪录片概念的内涵丰富，它没有一个对题材或是对内容和形式的限定。这种宽松给了创作者一种自由思维和行动的空间，形成了纪录片的多元化的风格、形式和创作手法。

第三节　纪录片的摄制技巧

电视纪录片的创作，是一个创作者对客观事物的感悟与思考进行艺术化表述的过程。就是要用镜头来真实、完整、客观地反映我们的所见所闻和所经历的事物，提供正常的信息，改变人们对事物的一些看法，并欣赏这些事物。总之，电视纪录片就是讲故事，纪录片的创作就是要解决讲什么样的故事，如何讲故事，把握好讲故事时的技巧。这个讲故事的过程，涉及许多创作环节——选题、采访、构思、提纲撰写、拍摄、剪辑、解说词的写作、配音配乐合成等。其中从采访到图像、音响素材的获得，我们一般称之为前期拍摄；从剪辑、解说词写作到整部片子制作完成，一般称之为后期编辑。不论是前期还是后期，都必须紧紧围绕“如何讲好故事”来探讨、实践。

一、电视纪录片的选题

纪录片讲故事，首先遇到的是讲什么故事，也就是从生活中选取什么样的题材和素材来从事创作。在纪录片创作中，可以说好的选题是成功的一半。纪录片的选题范围是不受限制的，一切非虚构的题材都可以成为纪录片的选题。但是要从大千世界中找到一个好的题材，并以此创作出一部好的作品却并非易事。这要求创作者在社会生活中，通过对历史和现实的研究，对某些社会现象和历史内容产生认同。其中，创作者的审美情趣、价值取向、素质高低也都对题材的选择产生着重

要的影响。但是,无论纪录片创作者选择什么样的事实作为题材,这种事实都必须具备一定的基本条件,才能成为纪录片所表现的对象。所以,对于一个创作者来说,了解选取题材的最一般的要求是必要的。

纪录片从题材形式上大致可以划分为两类:一类是人文与社会类的题材,一类是自然与环境类的题材。这两类题材的选择各自有着不同的要求。

1. 人文与社会类纪录片题材的选择

人文与社会类的题材,是指那些同人们的社会生活联系紧密的、同历史或现实有直接关系的题材。这是纪录片涉及最多的题材。具体说来,人文与社会类纪录片的选题应该具备如下几个方面的特性:

(1) 时代性

记录历史是纪录片的主要功能之一,优秀纪录片的内容总是与时代同步的。"所谓'时代性',就是指题材能够反映特定时代的风貌,触及时代的矛盾,揭示时代的本质,体现时代的精神。"①如果题材本身不具有时代性,即使创作者有十分娴熟的创作技巧,也很难创作出富有时代感的好作品。时代感不是一个空泛的概念,它是特定历史时期的主流倾向在社会生活中的反映。

20 世纪三四十年代,正值第二次世界大战爆发之际,这个时期的纪录片有相当一部分是以战争作为题材的,如《伦敦大火记》(1943 年,英国,汉弗莱·詹宁斯)、《战斗中的列宁格勒》(1942 年,苏联,罗曼·卡尔曼)、《沙漠大捷》(1943 年,英国,洛丁·布尔丁)、《我们为何而战》(系列纪录片,1942—1945 年,美国,弗兰克·卡普拉)、《四万万人民》(1938 年,荷兰,尤里斯·伊文思)等,这些作品都因记录了这场人类历史上最残酷的战争而成为纪录片史上的经典之作,它们的作者也因此闻名于世。

纵观中国荧屏也是这样,凡是能引起社会轰动效应的电视纪录片,无一不是把握了时代的脉搏,贴近了人民大众的生活。荣获 1993 年度中国四川国际电视节电视纪录片"金熊猫"大奖的《远在北京的家》,通过讲述几个安徽姑娘到北京当保姆的故事,向观众展示了当代中国从农村到城市的恢弘画卷,由点到面折射出农村生活的巨大变迁。20 世纪 90 年代以来,出国留学在中国成为一股热潮,国内的人们渴望了解留学人员在异国文化中的生活,《我们的留学生活》的编导敏锐地抓住了这一时代题材,制作了这部反映日本的中国留学生生活的系列纪录片,在国内播出后引起极大反响。

① 钟大年:《纪录片创作论纲》,北京广播学院出版社 1997 年版,第 249 页。

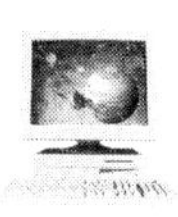

虽然时代性蕴含在社会生活当中，但有些题材的时代特征是鲜明的，而另外一些题材看似远离社会，实际上蕴含着深刻的时代性，这就需要创作者有独到的发现和挖掘。1993 年获亚广联纪录片大奖的《最后的山神》，通过真实地记录鄂伦春族最后一个老萨满孟金福的独特生活过程、独特的文化心理和具体情状，表现了他对古老文化的依恋和执著，同时对现代文化的向往追求，反映了社会变迁中人的心态，这种心态实际上是传统文化与现代文化相碰撞的反映，它也反映了一种民族文化的时代性，深刻地揭示出了社会发展后，历史演进过程中的规律和不可抗拒的人类文明法则。在授予《最后的山神》第 30 届亚广联纪录片大奖的颁奖典礼上，评委会主席宣读了如下的评语："评委会高度赞赏《最后的山神》自始至终地表现了一个游牧民族的内心世界，这个民族的传统生活方式随着一代又一代的更迭而改变着，本节目选取这个常见的主题描绘了新的生活。"①

题材的时代性与电视纪录片的传播效果是紧密相关的，电视观众希望能在纪录片中看到自己关心的事物，看到同自己的生活息息相关的东西。因此，纪录片创作者应该有意识地注意我们时代的发展，随时发现新矛盾、新事物、新问题，及时发现代表时代精神的新人新事，并把它们通过纪录片反映出来。有些题材看上去是很普通很不起眼的小事，实际上却蕴含了深刻的时代精神，如果不是有意地去发现和挖掘它，很可能就会被忽略过去。荣获 1998 年度中国电视社教节目特别奖的《中国人——农民潘根大》（中央电视台），就是创作者从一条新闻中掌握的素材，经过挖掘，讲述了一个普通农民复垦土地的故事。"土地复垦年年都在讲，是个并不鲜见的主题，如果按照一般的提炼，充其量做成一个宣传土地法的片子。""但把它放在当代中国的大背景下观照，却反映了千百年来农民和土地的感情，并由此提炼出人与自然、人类与环境相依关系的主题。"②

2006 年 11 月，12 集大型电视"纪录片"《大国崛起》在央视经济频道推出，该片试图以历史的眼光和全球的视野，来解读 15 世纪以来世界性大国崛起的历史，探究其兴盛背后的原因，为当下中国的现代化发展寻找镜鉴。"用一种媒介传播的质量升华了媒介传播的数量，用一种媒介传达的深度置换了媒介传达的广度，从而体现了媒介的理性影响力。"③刘效礼认为，"该片没有把着眼点放在对历史细节的考证和历史真相的探询上，而是以一种宽广的胸怀和海纳百川的气概，用分析、探索的眼光，寻找其他国家迅速崛起的主要推动力，以此来为中国的发展之路提供参考

① 张明：《记录正在消失的文化》，《现代传播》2000 年第 6 期。

② 徐风：《农民潘根大创作谈》，《电视研究》2001 年第 1 期。

③ 尹鸿：《媒介一思考，上帝就会发笑吗？》，人民网——传媒频道（http://media.people.com.cn/GB/22100/76588/76593/5263449.html）。

和借鉴。正是这种立意与‘务实’的风格，让该片超越了传统纪录片的欣赏人群，引起了社会的广泛关注。”①罗明认为，“所有的历史都是当代史。没有人能够真正还原历史的岁月，著史和读史的人都免不了当下的情怀与眼光。因此，《大国崛起》对历史的解读，代表着今天的审美眼光和认知高度”②。

（2）新鲜性

新鲜性，就是题材具有人们所不熟悉的，又普遍感兴趣的有别于事物常态的性质。

新鲜性对纪录片的选题是很重要的，题材的新鲜性与观众的收视兴趣密切相关。钟大年在《纪录片创作论纲》中认为，纪录片题材的新鲜性主要是从以下几个方面体现出来的——

首先，从及时性上体现新鲜。这是一个从新闻角度选择纪录片题材的问题。把生活中刚刚发生的重大事情及时地报告出来，直接触及社会最敏感的神经，必然会引起较大的反响。震撼人心的八集系列纪录片《中华之剑》，可以说是明显地代表了这种价值取向。当毒品在中国大地死灰复燃，成为一个不容忽视的社会问题时，以完全纪实手法拍摄的《中华之剑》与观众见面了。在中央电视台首播时有 60 多个国家的十几亿观众同时收看了这部纪录片。就连境外的毒枭收看这部纪录片后也感到了巨大的舆论压力，导致了贩毒集团杨茂良部 128 师的哗变，造成了权力的再分配和贩毒集团力量的削弱。可见一部触及了现实生活敏感神经部分的纪录片具有多么大的威力，据称“这也是中国缉毒史上第一次‘不战而屈人之兵’”的实例。纪录片的及时性与新闻的及时性是不完全一样的，纪录片的时效性没有新闻那么强，纪录片的价值在于它所反映的内容是否能够及时地抓住生活中最新的现象，及时解答人们的疑问。

其次，从特殊中体现新鲜。电视观众在看电视时有一种窥视的心理，特别是对于自己不熟悉的、以前没有见过的事物，这种心理更为强烈。这里的特殊包括特殊的人物、特殊的环境、特殊的事件等等，题材特殊的纪录片往往会引起观众的兴趣，这方面的成功例子很多。在曾获中国电视纪录片学术大奖的《舟舟的世界》一片中，主人公舟舟是一名 19 岁的先天弱智型青年，父亲是一名提琴手，母亲是一名普通工人。虽然有着先天的残缺，但舟舟从小在父亲所在乐团的耳濡目染下，凭着对音乐的挚爱和出众的模仿能力学会了交响乐的指挥，并出现在世界级的交响乐指挥台上，体现了一个弱智者的生命尊严。特殊人物的特殊命运使这部纪录片播出

① 刘效礼：《〈大国崛起〉有一种哲学的味道》，《中国电视报》2006 年 12 月 4 日。

② 罗明：《电视人也在铸史》，《光明日报》2006 年 12 月 2 日。

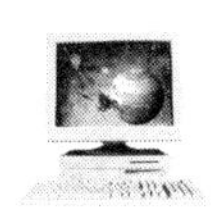

后在观众中引起了极大的反响。

这里需要指出的是，纪录片选取特殊的题材决不等于纪录片要去猎奇，这是一个创作者选取题材时很容易走入的误区。近年来我国的纪录片热衷于边缘题材，这类节目刚出现时，确实震撼人心，但是经过很多人不断地没有新意的重复后，只会让观众感到单调乏味。我们在选取题材时更应该注意抓取普通事物的特殊点，而不应该盲目地求“奇”、求“怪”。

（3）复杂性

复杂性是指题材所提供的内容不能过于简单，要有一定的容量，它所涉及的材料要足以支撑所要表达的主题和相应的时间长度①。纪录片的体裁与功能决定了纪录片需要有一定的深度，有一定的典型意义和艺术性。这些都必须有一定的篇幅和足够的内容来保证。纪录片题材的复杂性具体表现在以下几点：

第一，曲折的人物经历。选取的题材，最好是主人公的经历较丰富曲折，这样才容易引起人们的兴趣和情感上的共鸣。一个平平淡淡的经历，即使是名人也不大容易拍出好片子。纪录片《三节草》讲述了一个16岁嫁入泸沽湖摩梭人土司作压寨夫人的汉族女子肖淑明传奇般的人生故事，反映了她从一个正在接受现代教育的中学生转变成为摩梭人母系社会的土司夫人所经历的心路历程，主人公丰富的经历本身就为选择素材提供了余地，同时也容易调动观众的情绪。

第二，较深刻的思想内容。题材的复杂性还体现在纪录片应该具有较丰富的思想内涵，而不是停留在简单的现象罗列上。表象的真实不等于真实，纪录片应该努力反映表象下面的深层次的意义。中央电视台的《神鹿呀，我们的神鹿》在第二届帕努国际传记电影节上荣获“评委会特别奖”，片中的主人公柳芭属于饲养驯鹿的鄂温克族，她从中央民族大学美术系毕业后分配到一家出版社，由于始终觉得自己无法融入汉文化的氛围，她又返回了祖居地——大兴安岭的最后一块原始森林。森林、驯鹿、姥姥、妈妈、画家柳芭组成的一个童话般美丽的世界后面却隐藏着传统文化消失的无奈和挥之不去的沉重。14年没有怀孕的神鹿在拍摄期间奇迹般地怀孕了，然而这唯一的神鹿最后却死于难产，同时有孕在身的柳芭也在痛苦中生下了一个女孩。作者孙曾田从文化的角度解释了柳芭和神鹿的命运悲剧：神鹿是一个文化符号，是一个象征，神鹿最后死了，象征文化的没落。这部纪录片渗透了作者对山林民族的人文关怀和人类学思考，弥漫着对人类文化多样性丧失的忧虑和怜悯之情。这样的纪录片无疑是具有丰富的思想内涵的。

第三，较广泛的涉及面。由许多方面的内容组合在一起构成一个题材，或一个

① 钟大年：《纪录片创作论纲》，北京广播学院出版社1997年版，第253页。

题材内容涉及广泛的范围都能体现出复杂性。这对于大型系列纪录片来说尤为重要。如我们所熟知的《话说长江》、《话说运河》、《望长城》、《中华之剑》、《中华之门》等题材都是内容广博、主题深刻的纪录片。《中华之剑》作为建国以来第一部大规模反映我国禁毒领域的电视纪录片，也是世界上首次用300分钟以上的电视纪录片向公众展示所面临的毒品问题的纪录片。该片编导行程13 000多公里，真实地拍摄了公安干警与贩毒分子的枪战情景，表现了吸毒者的懊悔和悲惨的下场以及我缉毒干警在艰苦的工作环境中顽强战斗乃至献出宝贵生命的鲜为人知的事迹。该片共8集，涉及禁毒、缉毒的各个方面：第一集《失乐园》，第二集《谁之罪》，第三、四集《剑之威》，第五集《剑之光》，第六集《剑之魂》，第七集《再造方舟》，第八集《共同期待》。

第四，较完整的事件情节。通过一个完整的叙述，构成一个故事。纪录片的题材应该注重故事性是满足观众收视兴趣的需要，也是纪录片纪实手法发展的必然结果。美国《60分钟》总制片人唐·休伊特说过：如果我们能使节目的主题多样化，并采用讲故事的手法，那么收视率就能翻一番。与故事片相比，纪录片的故事更真实、更生动、更有感染力。它是现实生活的再现，因此更贴近观众，更容易引起观众的共鸣。

在国内引起较大反响的《我们的留学生活》就采用了讲故事的叙事方法，整部片子由一个个情节完整的故事构成。如留学生韩松一下机场，摄影机就开始跟踪拍摄，随后按照事件的发展顺序记录了他艰辛的生活直至他考上大学的全过程。观众看到了他住在简陋、脏乱差的租房里；他"一年把这一辈子的碗都洗完了"；他每天学习到凌晨4点，却只能吃到最廉价的鸡腿，青菜想都不敢想……这些过程的记录十分感人。最后，韩松终于考上了他向往的大学。那一刻，他近乎疯狂，泪流满面，与朋友紧紧地拥抱，甚至说话都语无伦次。但是观众都能够体会，甚至和他一样激动，一样泪流满面。这部片子之所以具有如此魅力，很大程度上来源于题材自身的故事性。在谈到《我们的留学生活》的创作时，制片人张丽玲说她先期采访了300多人，选取了66人作为拍摄对象，但最后绝大部分都因为缺乏完整的故事情节而舍弃了。

(4) 人文性

所谓题材的人文性是指题材的性质应该蕴含人类普遍的生存价值和道德意义，应该引起人类普遍的情感体验和审美感受。"纪录片直接关注人，着重人的本质力量，人的生存状态，人的性格和命运，人与自然的关系，人对宇宙和世界的思维。它是以人为核心向外辐射出世界的纷纭、社会的动态、科学的进步等。题材的

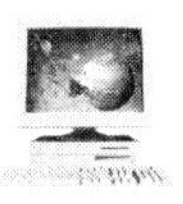

人文特征是纪录片的特点，它的主题趋向于更为深层更为永恒的东西。”①人是纪录片永恒的主题。在表现生与死、爱与恨、善与恶、喜与悲，对生活的追求与抗争，对人生的感慨与探索等内容时，尽管受到价值观念、生活经历和意识形态的影响，但是作为一种人类本质普遍的精神体验却具有永恒的生命力。这种永恒的生命力，源自民族的社会生活之中，在于它真实地反映社会生活的情状。如《望长城》、《德兴坊》、《最后的山神》、《远在北京的家》、《八廓南街 16 号》等节目，这些题材就具有普遍的人文价值和人生意义。人文性的核心是人，是人对社会的叛离与亲和。《德兴坊》与《十字街头》在上海国际电视节的落选与中奖，说明人类尽管受到价值观念、生活经历和意识形态的影响，但作为一种人类本质普遍的精神体验却具有永恒的生命力。《我的家》反映山东女子监狱的警察们既严格执法，又不忘人道主义关怀。通过“抚养”、“寻找”，用平等的视角观察，用平等的心态记录，关注拍摄对象，展现人间真情，体验人生冷暖。人或人的存在，在艺术审美活动中，不仅仅作为一种暂时的现实存在被人们感知和评价，而且作为一种永恒的存在被人们去认识②。

中国的电视纪录片在 20 世纪 90 年代的崛起并真正成为中国电视人的自觉追求，恰是源于纪录片对普通人的生存状态、生活情感的人文关怀。中国的电视纪录片要走向国际，题材的人文性是不容忽视的一个重要方面。

2. 自然与环境类纪录片题材的选择

自然与环境类的题材，主要指那些和人们的社会生活联系不那么紧密，以自然界和自然物为主要表现对象的题材。如山水风光、名胜古迹、动物世界、海洋奇观等等。在国际著名的电影、电视节上都专门设置了人文及社会类和自然与环境类纪录片大奖，以四川国际电视节为例，就专门设置了自然与环境类的奖项：最佳长纪录片、最佳短纪录片、评委特别奖、最佳创意奖、最佳导演奖和最佳摄影奖。

近几年来，自然及环境类纪录片频频在国际电影(视)节获大奖，并获得了较高的影院上座率，像 2003 年荣获奥斯卡最佳纪录片奖提名的《迁徙的鸟》。而《帝企鹅日记》更是成为“一部全家老少可以一起看完的罕见纪录片”，它真实再现了一个奇妙族类迁徙的过程，成为影史上第二卖座纪录片(仅次于《华氏 9・11》)，在 2005 年轰动全球，摘取了包括奥斯卡在内的多个最佳纪录片奖。

纪录片《帝企鹅日记》讲述的故事是：每年 3 月开始，南极洲进入了持续 9 个

① 朱羽君：《现代电视纪实》，北京广播学院出版社 2000 年版，第 98 页。
② 钟大年：《纪录片创作论纲》，北京广播学院出版社 1997 年版，第 255 页。

月的寒冬。正是在这个时候，成千上万的帝企鹅便离开了他们的海洋家园，来到这一片冰川、荒凉孤寂的南极洲上。为了找到一个安全的环境繁衍后代，企鹅们放弃海里的悠闲生活，冒着昏天黑地的大风暴，如婴儿学步一般地开始一段漫长而艰辛的旅程。凭着天性和南十字星的引导，企鹅们准确无误地向着自己的出生地前行。他们在那里组成一对对的“夫妇”，繁殖和抚育后代，直到企鹅宝宝第一次尝试潜入南极海水中。

影片用纪实的方法，记录了成年帝企鹅求爱、成婚及在小企鹅诞生、成长过程中必须面对的艰险。影片运用旁白方式，拟人化地介绍企鹅们的生活。观众为之震撼，为风雪中来不及孵化就冻裂的企鹅蛋而难过，也为失去了自己孩子的企鹅妈妈抢夺他人子女的做法而动容。影片是美妙惊奇的，同时也是发人深省的，因为美丽无辜的企鹅所遭遇的环境威胁其实也正是我们人类自身正在面临的问题。

在我国，随着我国政府对环保工作的加强和人民群众环保意识的增强，新闻媒体加大了对环保题材的报道力度，甚至开办专门性的环保栏目。作为以人类与自然为报道主题的电视纪录片，在这一世界性的话题中尽显出报道优势和威力。从我国2000年度纪录片学术奖的获奖作品来看，环保题材占了相当比重。获奖作品《平衡》（成都电视台）生动地记录了发生在青藏高原可可西里地区偷猎珍稀野生动物的真枪实弹的武装斗争；《中国金丝猴》（中央电视台）、《孤岛护鸟人》（大连电视台）、《潜水日记》（海南电视台）等作品，以新颖的视角生动地反映了我国人民全新的环保意识和积极行动。

在2003年第七届四川国际电视节上，广西电视台的《海边有片红树林》获得了自然及环境类最佳长纪录片奖。影片立意高远，不单是鞭挞了对红树林资源的掠夺性开发，更警示人们换位思考：不是我们该如何保护红树林，而是红树林在如何庇护着我们。

这一类电视纪录片的选题要注重知识性、观赏性和寓意性。一般来说，国外的自然及环境类纪录片较为注重知识性和观赏性，其运用高超的摄影技巧和大投入的制作，往往是我国纪录片工作者难以企及的。像《皮肤面面观》就是一部可看性很强的自然类纪录片。我们知道，皮肤覆盖着人体的全部，可我们对于皮肤究竟了解多少？该片从具体的生活情景切入，将生活中的实践和科学的原理进行有机的结合。片子一开始时的那段展示裸体的“行为艺术”，既表现了皮肤的美，也引发了观众对“皮肤的奥秘”的兴趣。

二、电视纪录片的拍摄

电视纪录片的前期拍摄，是向生活选取素材的过程，也是把创作者的构思物质

化的过程，通过摄像机拍摄在录像带上的素材，它所占有的时间和空间，它所记录的形象、声音是一种物质材料，是物化了的生活现实，可以对它进行保存、编排和复制。在研究纪录片技巧时，必须把时间本身当作一个美学元素考虑进去。理想的纪录片技巧是：交替使用叙事的或逻辑性展开的形式。逻辑性展开的形式在用于表现实验室工作过程时也是一种叙事的形式，如描述小鸡如何从卵细胞发展到孵化成形的过程①。由于纪录片的取材特点，纪录片的拍摄不但要求拍摄者具备扎实的基本功，而且还要有很强的观察力和想象力。

1. 纪录片的构思

纪录片拍摄前的准备工作主要有前期采访和撰写提纲，纪录片的构思工作主要就是在这两个环节中完成的。

一般说来，在确定电视纪录片的拍摄题目之后，在正式开机拍摄以前，编导应该先对拍摄对象进行前期采访，在采访过程中编导要了解大量的实际情况和背景材料，获得丰富的感性认识，并逐步发掘主题和寻找立意。在采访过程中还要熟悉所要表现的人物和事件，搞清事件的来龙去脉及其与周围环境的关系。在掌握大量有关拍摄对象的素材的基础上，编导要按照事物发生发展的一般规律来为未来的纪录片确定一个大致的设想，并形成文字——拍摄提纲，然后根据这个提纲的立意到现实中进行拍摄。在拍摄过程中，事物会按照自身内在的规律去发展变化，其结果并不一定符合创作者的主观愿望，这个时候创作者就要使自己的思想符合实际，去随时修正原来的提纲，按照生活的本来面目去反映生活，而绝不能去导演生活，这是由纪录片的纪实本性所决定的。

纪录片拍摄提纲的撰写是没有一定之规的。由于题材内容不同，创作者不同，纪录片拍摄提纲的撰写方法也不尽相同。但一般说来可以分为两种：

一是有较完整细致的构思甚至详细的分镜头计划的提纲。这种提纲适用于那些内容已经相对固定，一般不会有新的变化出现的题材，如历史文献片、政论片、风光歌舞片以及按照一定程序进行的预发性事件等。在香港回归十周年之际，中央电视台新闻中心推出了10集大型纪录片《新香港故事》(2007年6月18日)，该片历时一年多摄制完成。在策划构思时，其叙述方式就没有采用一般政论式，而是采取讲故事的方式，将聚焦点放在一个个具体人物身上。每一集试图通过三四个人物的亲身经历和口述，描绘出回归十年香港社会发生的巨大变化，这些变化包括

① 〔美〕帕·泰勒：《故事片中的纪录技巧》，单万里主编：《纪录电影文献》，中国电影出版社2001年版，第401页。

“边界的模糊”、“普通话的流行”、“北上的热潮”、“本地文化的复兴”、“赛马会的变迁”和“金融服务业的崛起”等。

二是无具体的拍摄细节，只是对事物的发展趋势作了大致预测的提纲。使用这种拍摄提纲的一般是创作者对未来的拍摄只有一个粗略的构想，这个提纲主要是为未来的拍摄提供一个大致的方向而用的。这种提纲一般包括片子的主旨、风格、大致内容等，而没有列出具体的分镜头。

2. 纪录片的拍摄方式

电视纪录片是纪实的艺术，是一种特殊的纪录形态，它强调记录行为空间的原始面貌，也就是那种“带毛边的生活”；它强调了纪录形声一体化的行为活动，忌讳那种强加上去的“上帝的声音”；它强调再现事物发展的逼真效果，使画面人物具有一种符合人们日常生活经验“可经历”的逼真性。因此，它的纪实本性决定了电视纪录片的拍摄必须重视与生活同步的记录，重视过程，重视声音和画面的同构关系。

（1）前进式纪录

电视纪录片的拍摄内容主要是采取一种向未知取材的方式，与生活同步摄影，在动态的选择中向未知索要素材。已经过去了的事件很难作为纪实的画面来展现，因为它失去了事件行为动作的外在氛围和内在动因，失去了鲜活性。而正在发生或将在未来发生的事情，是生活的自然流程，它包括可以预期的或是突如其来的未知因素，未来的事情总是充满悬念和期待的，是可以与观众一起探求、一起体验的真实时空。时间的一维性决定着纪实画面的链条只有向前，才会具有纪实节目的鲜活性、动态性，具有全方位信息的特质。

电视纪录片这种向未知取材的特点使拍摄者在拍摄时总是处于一种紧张的探索状态之中。在实际拍摄中，拍摄者经常要对事物的发展做一定的估计并有预见地提前开机，以抓住事物在生活自身的发展之中的第一感觉、第一反应，让兴奋点在你的前面，让过程展开在镜头之中。我们有些摄像师习惯于在高潮的时候才开机，或者看到有意思的东西才开机。其实对于电视纪录片来说，这个时候开机已经晚了。而且，如果有价值的事件发生前观众没有一点心理准备，也难以领会它的意义，它的价值也就得不到完整地体现，其应有作用也就不会完全发挥出来。

绝大部分纪录片都是在没有完整分镜头剧本，更不可能经过事先排练，甚至在没有架好三脚架的情况下，现场突发意想不到的情况，而且是非常精彩的段落，这就要靠摄像师在多变的现场面前表现出过人的理解力、灵敏的反应能力和重新组织镜头的能力。荣获2001年中国纪录片学术奖的《达比亚》（中央电视台）仅用短

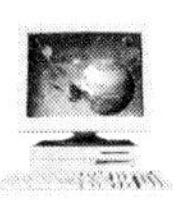

短30分钟时间，为电视观众讲述了一个发生在20世纪末云南怒族福贡县架究村中，一个名叫欧得得的怒族民间乐手，作为怒族古老乐器“达比亚”的唯一传人，因祖传乐器继承问题引发出的一段伤心故事。故事一波三折，令人扼腕长叹，但更令人拍案叫绝的是纪录片创作者的卓越才能，面对陌生的环境、陌生的语言、陌生的习俗，凭着对镜头内容的高度感知力，创作者始终从容智慧地把握着画面，在多次出现连续的突发情况面前，如拍摄杀羊风波、饭桌风波等事件过程中，我们处处感受到摄像师杰出的感知力、预见力和熟练的技术处理能力。在拍摄这些场景时，摄像师能随突发事件的发生、发展、高潮而同步记录下完整的过程，充分表现出创作者良好的心理稳定性，做到了在关键环节上无一遗漏。

（2）过程式纪录

电视纪录片要重视“过程”的纪录，也就是要注意表现事物发展的连续性。生活本身是发展着的，生活本身就有许多矛盾冲突，当把这种冲突和矛盾加以提炼和概括时，纪录片的叙事就变成了有起因、发展、高潮、结尾的叙述过程。一个完整的过程胜过许多支离破碎的内容，电视纪实就需要在完整的动态发展过程中传达人文信息。

美国著名纪录片制作人弗雷得里克· 怀斯曼（Frederick Wiseman）认为，影片很重要的一点就是纪录过程，过程就是纪录片的情节。他说过，他的片子的最基本单位是一个段落，即一组镜头形成的一个段落；他在建构影片时，先把段落处理好，每一个段落可以四五分钟，而每个段落就像一个岛屿一样，然后他再寻找岛屿之间的小关系，形成一个列岛，所以，“过程”就是岛屿的形成，要不然，每一个段落都是一个孤岛，也就没有过程。过程式纪录的一个重要特征就是情境化的叙事方式。情境，包括“具体”的意义，某地、某时、某个特定的环境；情境，又包含“个体”的意义，某人、某事、某种行为；情境，还包含“整体”的意义，完整的时空、完整的过程以及在这个过程中事物与外界的关系及反应。由此可见，情境化的叙事方式是以对事件过程的完整记录为基础的。注意过程的记录也就是注意事物发展的延续性，这也是电视纪录片中长镜头比较多的主要原因。纪实性长镜头的主要特征就是“单独的一个镜头记录一个完整的动作和事件，它不依赖于同上、下镜头的连接就能以独自的含义而独立存在”，以及“时间空间的真实，使得特定的事件或动作能在一段连续不断的时间里延伸发展”。中央电视台《万里海疆》大型系列片摄制组曾经拍过一个放生海龟的情景，编导对摄像师所拍摄的镜头十分不满，他事后这样回忆：

当时海龟入海的情景很令我感动，它慢慢爬向大海，在整个过程中停顿了三

次，其中有一次还深情地晃动了几下脑袋。海龟停了三次，我们的摄像师也停机三次，仿佛他的职责只是纪录海龟如何爬行，而且是同机位、同角度的三次。

我问："你的镜头为什么要断？"

他说："它不走了，我拍它干吗！"

我说："正因为它不走了，才应该拍，而且要精心地拍摄它如何不走。"①

编导与摄像师产生分歧的根本原因在于摄像师采用了拍摄新闻的手法来拍摄纪录片。这个例子生动地说明了电视纪录片的拍摄与电视新闻拍摄的一个重要区别：电视纪录片的画面注重对过程的记录，多用长镜头；而电视新闻的画面则多由成组的分镜头组成，对过程的描述更多地是由解说词来完成。

（3）观察式纪录

电视纪录片是发现的艺术，即直接取材于现实生活或历史资料，要求创作者从自己的经验世界里，去发现最典型、最有意义、最有趣、最鲜明的事实、细节、场景。而这种发现，终将得益于认真的观察。从拍摄角度讲，纪录的过程实际上是一个创作者对被摄对象的观察过程。

当代电视纪录片越来越趋向于开放式的叙事结构，创作者力图做到只是把真实的世界展示在观众面前，最后的结论由观众自己去把握。这种创作观念对电视纪录片拍摄产生的影响就是拍摄者越来越把自己摆在了一个观察者的位置上。观察式纪录可以分为两种：纯粹式观察与参与式观察。纯粹式观察主张主客体截然分开，拍摄者应该像"叮在墙上的苍蝇"一样不介入生活，而摄像机则像"没有记忆的镜子"一样把直观事物呈现在观众面前。由西藏文化传播公司和中央电视台联合摄制的电视纪录片《八廓南街16号》，以一种非常沉静的态度和纯粹的纪录语言，把西藏拉萨一条街上的一个居委会里发生的事，哪怕是极其琐碎的小事都记录下来。该片编导段锦川说，他拍这部片子时是像上班一样在居委会待着，并且开始并不急于开机，很耐心地等待，所以片中似乎不经意拍摄下来的事情，都是有一番成熟考虑的，这体现了导演的一种"观察者"身份。有人在分析此片成功的原因时，也指出来自制作者在作品中坚持的"观察者"立场和风格，像怀斯曼那样，花很多时间在现场，不打扰对方，让被拍摄者习惯摄像机的存在。编成后的片子，既没有音乐，也没有利用旁白对居委会的事情说好说坏，它给观众一个机会，让观众自己去考虑，去得出自己的结论。这部纪录片后来获得了第19届法国真实电影节（1997年3月）最高奖 Le Prix du Cinema du Reel。电影节评委会对此片的评语是："这部

① 高峰：《电视纪录片及其审美选择》，中国广播电视出版社1996年版，第28页。

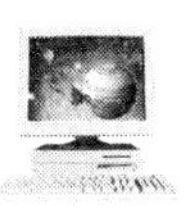

影片不但向我们提供了一个广阔的空间，让我们自己主动地去了解今日西藏的真实现状，同时也展示了一个我们从来不了解的西藏。”

另一种观察方式为参与式观察。参与式观察受互动理论的影响，认为正如足球赛中的观众的情绪与呼声都会无形中影响到球员的场上表现，从而也影响到比赛结果一样，拍摄必然会对被拍摄对象产生影响，坦率地承认这种影响才是反映了真实的世界。由此我们可以看出观察式纪录的核心理念，无论是哪一种观察方式，其目标都是力求在拍摄中抓取到那些最能反映真实的元素。

三、电视纪录片的结构

电视作品的结构框架是电视节目制作者在制作中始终都必须反复考虑的问题，因为它直接关系到节目的成败，无论你前期拍摄的素材多么丰富，如果结构不好仍然不会产生好的作品。结构的任务就是把前期拍摄获得的纷繁复杂的素材根据一定的主题需要，恰当地组成一个有机的整体。

电视纪录片的结构有两层含义：一个是外部结构，这是对作品整体形式的把握，使作品层次分明，结构完整；另一个是内部结构，这是对影片中各局部之间的构成和转换的把握，使作品上下连贯，过渡自然。

结构不仅是一部纪录片的骨架，也是一部片子的内容。对创作者来说，结构是掌握全局的重要手段，也是创作者思想观念的体现，同时，也是观照自我、观照人生、观照世界的体现。

纪录片的结构形式有着很大的自由度和灵活性，因为它不像故事片那样受既定故事情节的限制。不过，虽说不同的作者有着不同的风格，但是我们仍然可以从大量的纪录片作品中总结出一些有共性的结构样式来。

（1）中心线串联式

这是电视纪录片最常用的结构形式之一，这在前文中已经提到。即把几部分不同的材料用一条或若干条主线依序串联在一起，从事物的不同方面展现同一个主题。

中心线串联式的合理运用，可以使一个庞杂的主题变得清晰明确；同时还可以给后期编辑带来意想不到的方便。如在庆祝香港回归10周年时，中央电视台海外中心制作了8集大型电视纪录片《香港十年》（2007年6月22—29日播出）。这部片子“以真实为灵魂，以人物为主角，以故事为载体，以情感为核心”，用影像记录了香港10年来的风雨历程，向世界昭示了中国政府“一国两制、港人治港、高度自治”实践的成功。

第一集《十年见证》总领全片，主要着眼于香港回归及回归后10年来的发展。

第二集《历练之路》回溯了香港回归10年历程中的几个重要命运转折点，展现

香港政府和民众经历风雨后走过的一条历练之路。

第三集《和谐相融》以和谐为主题,聚集了最普通、最典型的香港人的生活。

第四集《活力重现》讲述了回归以来,香港金融、航运、贸易等几大行业在全球的中心地位未曾改变,得到了国际社会的肯定和大量资本的注入。

第五集《背靠祖国》回顾了中央政府为恢复香港经济而制定的CEPA和自由行的实施等重大历史事件,讲述了一些在祖国支持下香港发展的故事。

第六集《我是中国人》通过香港人对中国人身份的认同,表现了这一回归以来最大的"变化"。

第七集《血脉相连》将从生活在深港边界禁区的罗湖人家——袁仁基一家迎接新年开始,讲述内地和香港的血脉之情。

第八集《龙腾香江》记录了香港新一代协会"明日领袖"们自上海回港后探讨香港未来的经历,在这个过程中,责任、使命和创新成为香港未来不可或缺的核心价值观。

大型纪录片《香港十年》以香港的十年为中心线,串联起香港重要命运的转折、普通人的和谐生活、全球中心地位的不变与身份认同的最大"变化"。在创新上,寻找与十年前央视拍摄的12集纪录片《香港沧桑》的"延续"关系,从内容的延续性到场景的延续,涵盖了一个最核心的主题,即回归后人心的变化。

(2) 逐层递进式

这种结构形式是按照事物发展或人们认识事物的逻辑顺序来安排层次的。这种安排方法使整部作品有明显的发展线索,循序渐进,层层递进。它可以以时间为线索来安排结构层次。

所谓按时间结构,是以时间为轴线,按人物活动的线性发展、事物进程的自然秩序组织安排材料,具有较强的叙事性和较严格的生活逻辑。上海电视台摄制的纪录片《半个世纪的乡恋》就是这种结构方式的佳作。《半个世纪的乡恋》真实地展现了第二次世界大战期间,一个13岁就被日军从韩国抓到中国,成了日军"慰安妇"的李天英老人长达半个世纪的人生经历和情感世界。纪录片以李天英回国探亲的归程为主线,展开了一个凄婉哀怨的故事。

纪录片还可以以认识事物的顺序来安排层次,或以时间推移为纵轴,空间展开为横轴,纵横交叉式地安排片子的层次。《我们的留学生活》这部电视纪录片同时反映了多个主人公的经历,其中就某一个人物而言,片中是以时间为顺序来讲述他的生活的,而整部片子采用了纵横交叉式的结构方法,这样就把同一时间不同地点发生的事情紧凑地交织在一起。

逐层递进式的结构方法也很常用,因为它比较符合人们认识事物的特点,人们

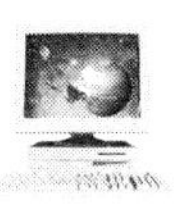

认识事物总是由浅入深，由现象到本质的。逐层递进式的另外一个优点就是它便于讲述故事，便于设置悬念，从而克服了纪录片一个常见的缺陷——平铺直叙。

另外，还有放射式结构，漫谈式结构，与叙述型电视专题片类似，此处不再赘述。

第四节　纪录片的发展走向

对任何事物的未来进行展望必须以它的过去和现在为基础。纪录片从诞生到现在已经有100多年的历史，电视纪录片的创作也有近半个世纪的历史，回顾过去，我们可以清楚地看到影响纪录片发展的几个关键因素：(1) 不同的历史时期有着不同的时代主题，纪录片工作者有着不同的历史任务；(2) 科学技术的发展不断地为纪录片的创作提供新的表达手段；(3) 社会审美思潮的变化和创作者的动机造就了不同的创作观念和风格样式。这些因素必将继续影响着电视纪录片创作的未来走向。

一、纪录片选题的多元化

纪录片的选题可以说是无所不及、无所不能，一切自然的、非虚构的题材都可以用来创作纪录片。然而以前纪录片的选题范围是很狭窄的，大都局限于人类学的范畴，关注个体的人，关注现实的社会条件下的普通人的生存状态和内心世界。而对当今世界发生的重大社会变革、科学文化潮流以及自然环境状况等题材有所忽视。形成这种局面的原因大概有两个：一是由于我们过去过于强调纪录片的教育功能和宣传功能，而忽略了纪录片的其他功能；二是由于电视管理体制的原因，纪录片的创作者们没有遇到大的市场压力，其主要创作动机是为了获奖，以至于很多纪录片创作者热衷于选择边缘题材，热衷于表现底层和边缘人物的命运，而对社会的其他内容关注较少。当前我们正处在一个多元化的时代，人们对电视纪录片的功能也提出了多样化的要求。世界纪录片发展的一个显著趋势就是纪录片在发挥教育和信息功能的同时，也具有极强的娱乐性功能，这就促使纪录片创作者的选题视野向更广阔的领域拓展。美国探索频道在某种意义已成为“最佳纪实娱乐”的代名词。2003年，我国中央电视台《探索·发现》栏目也提出了“娱乐化纪录片”的理念，明确提出要拍观众喜欢的纪录片。

随着我国市场经济的发展，电视纪录片将逐步走向市场，纪录片的选题必须考虑到市场(观众)的需求，不然将无法生存。除了电视台以外，国内将产生越来越多的纪录片专业制作公司和独立制片人参与纪录片的制作。这些完全按照商业规则运作的公司和个人，将带着现代市场意识去生产能够满足各类观众需求的纪录片，这必然会大大拓展纪录片的选题范围。科学技术的发展也为纪录片选题范围的拓

宽提供了手段。随着计算机和图像处理技术的进步，人工图像和实拍镜头可以完美结合，以前一些被认为是很难用影像来表现的题材也逐渐进入纪录片的选题视野。在1992年，美国导演莫里斯制作完成了《时间简史》。这部纪录片以科幻片样式向人们阐释了英国科学家霍金的经历以及他的宇宙大爆炸理论，进入了对传统纪录片来说完全陌生的纯科学领域。

二、纪录片创作的多样化

纪实性是纪录片的本质属性。人们总是不断地在重申纪录片必须真实，必须以真人真事、真实环境为取材基础。但我们还应该认识到，"纪实手法"只是纪录片的一种主要创作手法，它不等于真实。反映真实可以采用多种创作手法和技巧。

20世纪90年代中国的纪录片逐步与国际接轨，符合纪录片创作的主流。然而与此同时，西方纪录片的创作已经悄然发生变化，出现了否定"非虚构片"的"新纪录电影"运动。

"新纪录电影"一词是美国电影理论家林达·威廉姆斯对20世纪90年代以来西方纪录电影创作界出现的新倾向的概括。他认为，"新纪录电影"作品尽管丰富多彩，但有一个共同点，即满足了部分观众了解现实的渴望。这些纪录片在处理题材时所采取的态度更为辛辣，它们所表现出来的真实与人们期待的纪录电影的真实相吻合，而这种真实是纪录电影作者通过操纵性的手段制造和构建的。

"新纪录电影出现在上世纪末期的西方发达国家，可以说是电子时代的纪录片人对传统纪录片表现手法提出的质疑，是对传统纪录片的真实观发出的挑战。生活在高科技时代，人们愈来愈分不清真假，对周围的一切都会产生怀疑，正如当代未来学家约翰·奈斯比特对周围的事物发出的疑问：'她的乳房是真的吗？他的头发是真的吗？探索者号火星登陆舱所拍的照片不会是在亚利桑那州拍的吧？他的'劳力士'是假的吧……'"①高科技时代的事物比以往任何时候都更加真假难辨，传统的表现"真实"的技巧遇到了巨大的挑战：表象的"真实"等于真实吗？纪实会是"真实的谎言"吗？纪录片会不会像故事片那样，由于主题和角度的主观选择问题而成为同样具有主观特点和人为形态的产品？严格地区分虚构形式和纪录形式似乎不再有意义。纪录片制作者不得不重新确定纪录片概念的外延。新纪录电影肯定了被以往的纪录片所否定的"虚构"手法，认为纪录片可以而且应该采用一切手段，包括故事片的虚构手段与策略以达到"真实"。正如美国电影理论家林达·威廉姆斯所评价的：它们明显引入了一种更新的、更偶然的、相对的、后现代

① 单万里：《纪录电影文献》，中国广播电视出版社2000年版，第14页。

的真实，这是一种远未被放弃的真实，当纪录片传统渐渐消退的时候，这种真实依然强有力地发挥着作用。

由此我们可以看出，“新纪录电影”表面上好像是否定了传统纪录片的真实，实际上是一种对真实的认识的螺旋式上升。事实上，纪录片创作者们这种对“真实”认识的不断深入，在历史上一直在进行着，以后也不会停止。采用故事片的“重演”手法来表现过去了的事件在国际纪录片创作界方兴未艾，越来越多的西方以及部分东方国家如伊朗、日本等国的纪录片导演采用了表演和纪录混合而成的形式来制作纪录片。很多故事片导演也开始学习纪录片的创作手法，如我国著名导演张艺谋的《秋菊打官司》、《一个都不能少》等片中都可以看到纪录片的影响。纪录片与故事片的界限变得相对模糊了，这也证实了纪录片大师伊文斯的著名论断：“纪录片向故事片靠拢，故事片向纪录片靠拢。”而我国纪录片在 20 世纪 90 年代以后似乎走入了“纪实主义”的误区，纪实手法一统天下。由于无法容纳“纪实”以外的创作手法，造成了我国纪录片创作手法的单一化，从一定程度上阻碍了我国纪录片创作的繁荣。进入新世纪以来，这种情形在发生着变化，用“重演”（真实再现）手法创作的纪录片在国内已经出现。中央电视台拍摄的电视纪录片《故宫》就大量采用了这种新纪录电影的摄制手法。

不过，对“真实再现”手法的运用应有一定的限度，徐舫州认为：在题材上，“真实再现”主要应用于历史电视纪录片上，而且在实践上应该离现在较远；在具体的手法处理上应做到：在同一部作品中，扮演、重构部分的比例不能超过纪实的部分；“真实再现”手法应该“宜虚不易实”；“真实再现”必须对观众作出明确说明。

目前国内纪录片界出于对新手法的追求，对格里尔逊模式已冷落得太久。事实上，这一手法由于具有信息量大这一优势，正大量地被西方电视台采用，他们播出的纪录片，绝大多数都是这种手法。在各种电影节上，这种风格的纪录片一般也占入围片总数的 1/4 和 1/3。

当然，矫枉不能过正，纪实仍然是也必然是纪录片的主要表现手法，但纪录片的表现手法应该而且已经趋于多样化是不争的事实。

我国著名电视纪录片编导张以庆的作品《幼儿园》，在 2004 年（第十届）上海国际电影节中获最佳人文类纪录片创意奖后，曾引发了我国纪录片理论界的一场讨论，赞赏者有之，于欣赏中的担忧者有之，如我国纪录片学术委员会名誉会长陈汉元先生所说，张以庆很有激情，他不太在意社会的时尚理念，他要顽强地表达自己各方面的感受，但这样做是要冒风险的。而中国传媒大学朱羽君教授则更直接地批评说，严格地说《幼儿园》不属于纪录片，该片把孩子当成了符号，来组织自己的思维，来表现他自己内心的东西，而不是表现生活本身的东西。朱羽君说，纪录片应该是纪实的，而该片是属于艺术的。她认为，纪录片再自由、再宽泛，它也应该有自己最严谨的内核，张以庆已经超越了这个界限①。

关于纪实与艺术的关系问题，早在帕·泰勒的《故事片中的纪录技巧》一文中就已经有所阐述，他认为，纪录片仿佛处在艺术与实况纪录之间的分界线上，因为纪录片首先必须尽量简洁地和逻辑地安排一系列有既定顺序的事实。而在想象力特别强调的纪录片中，对事实的逻辑安排则变成了重新安排，造成一种几乎是诗的而不是逻辑的顺序，用文字语言来说，就是成了讲真人真事的高级叙事散文。他说，当初使格里尔逊羡慕不已的正是弗拉哈迪早期作品中这种流畅的叙事散文式纪录片：使人感到是在处理一个不仅真实，而且是美的题材②。笔者以为，张以庆的《幼儿园》在艺术表现方面做到了优美、和谐，可以称得上“至善至美”，作为一种风格，在纪录片的长河中应当有它的一个位置，也应当鼓励、发扬光大。

三、纪录片经营的市场化

第六届四川国际电视节上，有人针对中国电视纪录片创作的一种现象表示了担忧——只为获奖拍片，只为任务拍片！有人为此诘问：获奖，是不是就意味着被认可？如果被认可，它是被谁或谁们认可？而认可的谁和谁们又是不是作品本应该面对的群体？这些问题的提出，实际上反映了我国电视纪录片是否面向市场的问题，这也是我国纪录片创作最为迫切的问题。

纪录片由于自身的纪实本性，使其成为当今人们实现文化沟通的最先进、最生动又最有效的形式之一，优秀的纪录片在国际电视节目市场上极受欢迎。近些年来，国内获奖的纪录片虽然不少，但是可走入市场受老百姓欢迎的片子却难以寻觅。形成这种巨大反差的原因是多方面的，既有纪录片创作的内部因素，如缺乏受众意识、选题范围过窄、缺少标准化时长等等，也有外部因素，主要是我国纪录片市场规模太小，未能建立起一个现代意义上的规范市场。

长期以来，我国纪录片的制作大都采取政府或电视台拨款的方式，创作者主要关注影片的社会效益，却很少考虑观众（市场）的需求，缺乏市场运作的意识。随着我国社会主义市场经济体制的逐步确立，影视片的投资者、创作者考虑经济效益成为理所当然的事情；另外，我国加入世界贸易组织以后，本国的纪录片市场也必然会受到国际纪录片市场的冲击。因此，中国纪录片以商品的形态步入市场之中，走

① 刘洁：《关于〈幼儿园〉的专家评论》，《纪录手册》2004年8月。

② 〔美〕帕·泰勒：《故事片中纪录技巧》，单万里主编：《纪录电影文献》，中国广播电视出版社2001年版，第402页。

市场化的道路势在必行，否则中国纪录片将难以生存和发展。

市场化问题现在已经成为我国纪录片创作和发展的瓶颈。纪录片市场化的趋势要求中国纪录片创作上的转型。这种转型的中心是确立受众本位意识，纪录片的创作必须重视受众（市场）的需求，纪录片的选题要同市场相结合，叙事方式要适应受众的收视心理，制作水平要向国际标准看齐。

市场化的标准是什么？中央电视台著名纪录片编导魏斌认为，就是要形成流畅的市场供需体系，要有足够丰富、一定规模的产品供应；要有比较规范流畅的交换渠道；要有广泛而持久的产品的需求者。为达此标准，就对创作者、创作方式、创作观念都提出了变革的要求①。

在创作上，要摒弃个性至上、漠视收视对象的观念，要真诚地用心琢磨观众喜欢什么样的纪录片？魏斌认为，观众一般喜欢听故事而非说教；喜欢有思想、有情趣的讲述，而不是肤浅的现象的介绍。

在创作方式上，还要摒弃作坊式的个体手工打造，建立流水线式的专业分工制作体系，包括建立策划、导演、拍摄、剪辑等专业化的程序，以及流水线创作的管理结构和机制，以便于类型化的纪录片市场体系运行。在这方面，作为全球最大的纪录（实）片制作商及买家，美国探索频道已为我们树立了市场化运作成功的先例。

美国探索频道目前已通过 15 颗人造卫星，用 24 种语言，向全球 160 个国家和地区播放，每天大约有 4 亿家庭用户收看探索频道的节目，在中国也已有 23 家电视台播放探索频道的节目。这个频道在 2003 年的年利润为 171.70 亿美元，其中广告收入占六成，用户使用占四成。探索频道成功的经营原则是：

● 坚定不移地保证质量，永远不会为了迎合顾客而牺牲优质的节目内容。

● 永远记住故事与生俱来的价值。

● 全球化思考，区域化执行。

● 努力提高社会团体精神。通讯的新方法已经使地球成为一个全新的大城镇。

● 将全力赋予观众，我们不仅给观众提供信息，还必须提供对他们有用的新闻，提供能帮助他们更好生活的工具。

● 运用最新的传媒技术，拓展教育机会。

● 运用突破性科技成果为人们平衡工作与家庭之间的关系。

● 我们永不骄傲。我们必须保持开放和好奇的心境，随时准备迎接技术革新

① 魏斌：《略论中国纪录片的市场化》，《纪录手册》2003 年 6 月。

所带给我们的惊奇。在我们面前的疆界永远都是变化的，除此之外我们都不能肯定①。

市场化的运作除了要有制作的优质产品外，还必须为这些产品提供市场交换的渠道。近10年来，我国纪录片界从对市场的漠视到对市场化的逐渐熟悉、青睐，已从整体上对纪录片的市场化表示认同，并迈出了实际的步伐，这从广州国际纪录片大会得到证实。

中国（广州）国际纪录片大会，从2000年开办以来，目前已举办了四届。这个大会的一个明显特征是为纪录片搭建一个交易市场，引进了国际纪录片交易市场上的一个交易方式documart（纪录片制作方案预售），在2004年付诸实践。这是一个非常着重过程的纪录片交易，在我国当属首次。

过去，我国的纪录片交易方式，往往采取在参展会上摆摊位看成品的方式，这样，由于大多数作品不符合国际电视机构的标准而成为"看品"。而纪录片预售方案相对于成片来说，是使买卖双方从纪录片制作一开始就介入整个流程，更有利于制作出符合买方需求的片子。其方式是，由制片人或导演带着预售方案在交易会上推介，寻找对他们的方案感兴趣的国家。一旦达成协议，就意味着预售方案获得了国际融资。2006年12月，在第四届中国（广州）国际纪录片大会上，参加交易的纪录片方案已达423个，其中我国就有十几个方案获得包括探索频道在内的国际市场的不同程度的合作。通过这种交易平台，使中国的资源和国际的资源碰撞交流，把中国的产品推向了国际，也通过纪录片宣传了中国的文化和中国的社会发展。

四、纪录片播出的栏目化

随着卫星电视和有线电视的飞速发展，电视频道越来越多、越来越专业化以适应不同层次和不同爱好的电视观众的需要，这已成为一个大趋势。作为电视节目的重要组成部分的电视纪录片也不例外。在欧美国家，纪录片是最重要的电视节目形态之一，各大电视节几乎无一例外地设有纪录片交易和纪录片评奖活动。一些国家早已办起了纪录片频道，如美国的国家地理频道、探索频道，日本的高清晰度电视频道，法国甚至拥有两个纪录片频道。中国有世界上最多的电视观众，随着他们文化水平和欣赏水平的不断提高，将会有越来越多的人关注纪录片，设立专门的电视纪录片频道的必要性显得越来越迫切。在这方面，上海电视台纪实频道已作了成功的尝试，取得了良好的效益，2002年收入2 200万元，2005年就已达到

① 唐世鼎、黎斌：《世界电视台与传媒机构》，中国传媒大学出版社2005年版，第81页。

4 800万元，实现了翻番。

另外，综合频道已没有纪录片的立足之地。纪录片由于其篇幅较长、节奏较慢，区别于其他电视节目的短篇幅、快节奏，穿插在综合频道中便显得格格不入。许多播放电视纪录片的综合频道不得不把纪录片挪到非黄金时段播出，其结果便直接影响了它的收视率和知名度。改变这种现状的有效办法，就是实现纪录片播放的栏目化，可以使纪录片的发展获得一片广阔的天地。上海的《纪录片编辑室》自不必说，北京电视台的《纪录》栏目则又是一个成功的案例。在电视栏目群雄竞争的年代，其收视率仍高达 14%，其辉煌程度不亚于当年的上海纪录片栏目。据介绍，从 2000 年该栏目创办后的第二年开始，广告商就与北京电视台签订了投资合同，这从另一方面说明了纪录片栏目化运作的成功。

进入 21 世纪，有人预测，最有前景的五类电视栏目是教育类栏目、体育娱乐栏目、电视纪录片、求职类栏目和军事类栏目。作为最有发展前景的五大栏目之一的电视纪录片，市场潜力是巨大的，其"朴实无华的表现手段往往能真正做到'以人为本'，这是一个很具品位但缺乏宣传的领域"。

纪录片，作为一种非虚构性的影片开始在西方诞生时，对观众的震撼，来源于那种真实的生活纪录、寻常人的自然表演，它引发了观众对"真实电影"的极大热情和广泛认同。由此，也推动了纪录片创作的发展。

长期以来，纪录片这一独特的节目形态似"天马行空"独往独来。纪录片创作上的独立性、播放上的随意性，使纪录片创作始终难以形成巨大的节目市场和观众市场，以至当我国上海电视台首次以纪录片命名的栏目《纪录片编辑室》开播后，引发了一场不大不小的讨论。有人甚至担心，纪录片进入栏目化播放后，将会因此制约纪录片的创作和发展。事实上，在我国电视栏目诞生时，就与纪录片有着广泛的联系，从广义上说，几乎所有的栏目都是纪录片栏目的翻版。就此而言，也可以说，纪录片是电视栏目的主要节目样式。

在世界媒体竞争激烈的今天，中国电视界已经提出了"频道专业化、栏目个性化、节目精品化"的改革目标。那么，作为电视节目主要样式的电视纪录片，在电视栏目化的生存过程中，能否顺应这一潮流发展？它与电视栏目是什么关系？这是下面要讨论的话题。

1. 纪录片是电视栏目之母

早在 1994 年，中央电视台《东方时空》的创办人之一童宁就曾撰文谈论"栏目与纪录片的关系"，文章结论是："纪录片是电视栏目之母，电视栏目脱胎于纪录片。只有纪录片再上台阶，栏目才能有水涨船高之势，只有纪录片的大发展，才能带动

电视栏目的大提高。”①

事实上，我国初期的电视栏目是与电视社教节目同日而语的，而社教节目的主要报道形态是纪录片(专题片)。纪录片孕育了电视栏目的诞生，而纪实类栏目的诞生，更是由纪录片直接催生的结果。如中央电视台于1978年9月开播的《祖国各地》就是纪实类栏目的先导。栏目播出的内容主要是采用纪录片的形态，介绍了我国的山川风光、名胜古迹、民俗风情等。自此，电视纪录片也有了一个较为固定的播出栏目。据统计，当初在1980年到1981年的13个月时间里，《祖国各地》栏目共播出电视纪录片87部，其中有介绍山水风光、城市风貌的《大连漫游》、《三峡的传说》；有介绍名胜古迹、风土人情的《嘉峪关》、《瑶山行》；也有介绍文化与事业发展的《国画之乡》和《藏医》；还有报道人物的纪录片，如《青年采煤队》等。

在中国电视发展初期，一方面，大量的电视纪录片丰富了电视栏目的内容；另一方面，电视栏目的运行探索，又促进了电视纪录片的创作繁荣，其中功不可没的当推中央电视台的《地方台50分钟》(1990年改为《地方台30分钟》)，以及上海电视台1993年推出的《纪录片编辑室》栏目。前者为全国地方台开辟了一个展播优秀纪录片的窗口，同时培养了一大批优秀纪录片编导。《地方台50分钟》开办之初的部分节目已历经时间的考验而成为经典作品，至今被作为教案经常出现在各种教学和理论研究之中，如《明天的浮雕》、《湘西，昨天的回响》、《土地忧思录》、《西藏的诱惑》等。

2. 纪录片靠栏目融入市场

中国影视领域长期以来存在着一个“叫好不一定叫座，叫座不一定叫好”的问题，纪录片领域也不例外。据报道，在2001年第六届四川电视节上，大部分获电视节“金熊猫”奖的纪录片作品都是第一次与受众(仅限于参加电视节的业内人士)见面。有的纪录片甚至在获得多项大奖后，至今仍然没有公映过。为此，有人不禁要问：这些纪录片到底是拍给谁看的？有人质疑：国内纪录片拍出来以后真正进入市场，进入受众视野的片子又有多少？难怪有人担忧：中国的电视纪录片是否会步中国电影“金鸡”、“百花”的后尘——只为获奖拍作品！

造成这种状况的原因固然有很多，但与电视媒体对纪录片的地位与作用的模糊认识，与对电视纪录片传播效果的估计不足恐怕也有很大关系。我们从大多数电视台对纪录片播出时间段的安排就可以看出，只是将纪录片作为一种填补空白

---

① 童宁：《栏目与纪录片关系之我见》，《电视研究》1994年第12期。

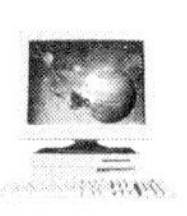

的替代节目。

与众不同的是上海电视台，以其对纪录片审美价值和社会价值的高度认识，以颇具前瞻性的眼光，从20世纪80年代中后期就推出了播放纪录片的固定栏目《纪录片编辑室》，该栏目受到了上海观众的普遍欢迎，据说还曾出现过万人空巷看纪录片的盛况。1993年初，上海电视台国际部与北京广播学院共同举办了一次上海电视台创作的纪录片研讨会，笔者参加了这次研讨会，并观摩了上海电视台部分代表作品，不禁被《纪录片编辑室》栏目关注普通人的命运、关注普通人的生存、关注普通人的情感而深深感动。同时，也为上海电视台《纪录片编辑室》培育出一批优秀的纪录片而钦佩：如反映上海石库门弄堂居民生活的《德兴坊》；反映老年人再婚社会问题的《老年婚姻咨询所见闻》；报道初中生学习负担过重的《十五岁的初中生》；纪录最后一个母系社会摩梭文化的《摩梭人》；尤其引起人们心灵震撼的《半个世纪的乡恋》，反映了日本"慰安妇"老人长达半个世纪的人生历程和情感世界，揭示了战争与和平的世界主题。

上海电视台坚定不移地坚持纪录片的栏目化制作与播放，在众多电视台中起到了规范化操作、规模化生产以及示范性的带头推动作用。除此之外，中央电视台在第一套节目中也设置了《纪录片》(后改为《见证》)固定栏目。另外，中国视协电视纪录片学术委员会从20世纪90年代以来，与全国百余家会员电视台合作共同开办了《中国纪录片》(30分钟)栏目。该栏目以市场运作为主线，采取带贴片广告播出的方式运行，既减少了各台"独家"自办纪录片栏目制作力量不足的问题，又满足了各台交流节目、丰富纪录片内容的需求。近年来，中国电视纪录片学术委员会采取了新的市场运作方式，改变了过去交费发放播出节目的模式，进一步巩固了《中国纪录片》的阵地。

然而长期以来，缺少标准化时长，没有固定的播出平台，这是中国纪录片不能很好地融入市场、贴近广大受众的主要原因之一。在第六届四川电视节上，组委会特地为此安排了一个《电视纪录片制作与国际市场营销研讨会》，专门研讨中国纪录片市场的现状与发展问题，以在中国建立和发展一个面向新世纪、具备竞争力的、健康的中国纪录片市场。

3. 纪录片带动了栏目的繁荣

在谈到纪录片与栏目的关系时，有人说："栏目是一种普及型的艺术，纪录片是一种提高型的艺术。只有栏目水平提高，纪录片才能在普及的基础上百尺竿头更进一步。而纪录片的先锋作用，在中国电影史上已有辉煌的纪录。每一次纪录片

的创作突破，又会给栏目带来豁然猛醒的新感受。”①

从电视节目的发展来看，纪录片的每一次创作突破，都对栏目发展起到了推动作用。纪录片《话说长江》的出现，曾带动了电视栏目《祖国各地》的向前发展；纪录片《雕塑家刘焕章》的艺术尝试，带来了《人物述林》栏目的繁荣；纪录片《让历史告诉未来》的问世，使得一批电视栏目提高了节目的穿透力和历史感；纪录片《望长城》的播出，使电视栏目从中汲取养料，增强了对纪实性的深层次理解，并带动了纪实性报道手法在各类型栏目中的普遍运用。2001 年央视创办的《探索·发现》栏目开播六年来，据央视综合指标调查报告显示，该栏目观众流入率暂居央视第一，栏目满意度总排名位列前十名②。这一栏目取得的巨大成功，正是借助于 1 000 多集涵盖战争调查系列、地理发现系列、考古发现系列、历史发现系列等多个系列的集自然与历史于一体的纪录片。

从当代我国电视栏目制作的现状看，一些名栏目对纪实手法的运用都有成功的案例。例如中央电视台社教类栏目《社会经纬》，生活服务类栏目《生活》中的子栏目《消费调查》，《为您服务》中的子栏目《旅游风向标》，美国采用“真实电视”或纪录手法拍摄的“真人秀”节目《生存者》，也曾在中央电视台的《地球故事》和凤凰卫视的有关栏目中播放。此外，近年来在我国掀起娱乐狂潮的湖南卫视真人秀节目《超级女声》，也正是吸取了《美国偶像》的纪实性手法，创造了栏目制作与运营的神话。

如果说纪录片是报道类节目的主要样式，那么，也可以说，纪录片是电视栏目最基本的报道方式。纪录片除了作为同名栏目存在外，更多的是以其独特的报道手法和风格，为当代电视观众所喜爱，因此，也成为各类栏目制作的基本手法之一。即使在谈话类节目中，也有许多以短纪录片作为话题开端，推动谈话节目情节发展。因此，对纪录片的研究，就不仅仅是专题节目讨论的范畴，也应当是栏目设置、创作和借鉴需要研究的内容。

在第六届四川电视节上，组委会特地安排了为期一天半的《电视纪录片制作与国际市场营销》研讨会，研讨会的中心议题是挖掘、建立和发展一个面向新世纪的、具备竞争力的、健康的中国纪录片市场。会议认为，“叫好的不一定叫座，叫座的不一定叫好”的问题在纪录片领域长期存在。在本届电视节“金熊猫”奖国际纪录片评选的获奖作品中，大部分是第一次与受众(仅限于参加电视节的业内人士)见面。有的也只不过在圈内小范围的展映中出现过。以至于有人发问：这些电视片到底

① 杨伟光：《中国电视专题节目界定》，东方出版社 1996 年版，第 117 页。
② 熊忠辉：《自然与历史的扩展性表述——浅析〈探索·发现〉的特点》，《中国电视》2007 年第 4 期。

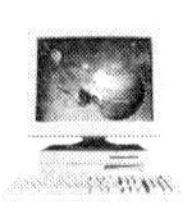

是拍给谁看的？

我国纪录片的发展面临着许多困难，一方面，纪录片创作者听不到来自市场的声音，更感受不到市场的需求，使其与市场拉开了一定的距离；另一方面，我国纪录片缺少标准化时长，没有固定的播出平台，也是其不能很好融入市场、贴近受众的原因。而加强电视纪录片的栏目化创作与播出，是使其与“国际惯例”接轨，形成稳定的观众群体的一种有效的措施。

上海电视台1985年开播的《纪录片编辑室》是我国最早使纪录片栏目化运作的范例，它以每周一期的播出方式，受到上海市民的欢迎。这个纪录片栏目，一度成为仅次于中央电视台《新闻联播》和《上海新闻》的高收视率的节目，收视率高达20%以上。据介绍，纪录片《毛毛告状》在栏目播出时，曾在电视剧大战最为火爆的上海盛夏荧屏成为最为热门的电视节目。

近年来，上海电视台在实现体制重大变革后，专门推出了“纪实频道”，频道内起核心骨干作用的自办栏目就有5档：

● 《纪录片编辑室》(30分钟)，是该频道的品牌栏目，该栏目主要反映社会中普通人物的情感和命运。

● 《文化中国》(20分钟)，是一档纯文化题材的日播栏目，2006年由原《看见》栏目改版而成，主要通过主持人的讲述和专家的解析，回顾一个个富于文化内涵的历史故事，深入浅出地介绍中国文化。

● 《往事》(22分钟)，是一档用记忆唤起对往事回溯的口述历史系列节目。

● 《档案》(22分钟)，力图打开尘封的历史，解读世间沧桑。这档栏目先后推出了纪念中国电影诞生100周年的20集纪录片《老上海、老电影》，以及记录20世纪商界风云人物的52集纪录片《百年商海》。

● 《经典重放》(60分钟)，主要播放国外优秀的访谈式纪录片。

上述纪录片全部采用栏目化的生产方式进入频道编排。

按照国际惯例，大多数电视公司(台)都规定了纪录片的长度是1小时，或是半小时，很少有例外。而且大多数的国际性电视公司(台)每星期都有固定的纪录片栏目(时段)，美国甚至早在1985年就出现了专播纪录片的频道，如探索频道(The Discovery Channel)，内容涵盖科技、自然、历史、探险和世界文化等领域，他们无一例外都遵循这种规则。

栏目化的生产，对制作人的创造性提出了更高的要求——在规定的时间内以最有效的方式讲述故事。这样，既控制了节目的生产成本，又缩短了制作时间。同时，也可培养出一批高水平的欣赏群体。

综上所述，中国电视纪录片要真正走向繁荣应该设立纪录片专业频道和实行

栏目化制作。只有这样,才会使纪录片创作者有自己的阵地和归宿,必将激励他们创作出更多的优秀纪录片,并与观众见面;才会使纪录片有固定的播出平台,以至相对地集中电视纪录片的目标受众,提高电视纪录片的收视率。有了专业频道和固定栏目,必然会加快电视纪录片的市场化进程,从而促进电视纪录片生产的良性循环。

4. 纪录片栏目的品牌化建设

我国电视节目市场目前仍然以新闻和娱乐节目为"主打"产品,纪录片一直未能形成市场"潮流"。

国内第一个纪录片频道——阳光卫视于2003年6月开播后,也一直步履艰难,虽定位于"人文历史","讲述昨天、纪录今天、探索明天","主流文化、精英话语、知识受众",但难见经济效益,黯然退场。

上海电视台纪实频道经历短暂辉煌后即入困境,后逐步转向走市场化路线。

重庆卫视在2004年曾誓言,"卧薪尝胆、埋头苦干、最多三年、一鸣惊人"。但在短期内难见效益。

纪录片出现困境的原因,并非节目本身质量问题,而囿于节目的评价指标体系、节目的编排思想、媒体经理人的认识等,而最为关键的是未形成纪录片的品牌。

从专业角度看,纪录片仍是当今国际电视节目市场最活跃的形态,也是我国电视"用世界语言讲中国故事"的最好途径。当我国大部分纪录片栏目还在为收视率苦苦挣扎的时候,凤凰卫视却以《凤凰大视野》等栏目为标志,掀起一股凤凰纪录片旋风。栏目广告在2004年就达到了900多万元。其栏目影响,已在观众心目树起了一个具有凤凰影响力的品牌。

凤凰卫视纪录片栏目《凤凰大视野》和《凤凰大放送》之所以能形成对有观众强大吸引力的品牌,关键在于坚持利用和满足了受众的一种需求:即用最热点的新闻吸引观众,用翔实的背景、平民化的视角和个性化的解读吸引观众持续收看。

凤凰卫视的纪录片专栏《凤凰大视野》、《凤凰大放送》,"和着新闻同步起舞,使纪录片拥有了前所未有的魅力"。

如2004年5月9日,车臣共和国总统艾哈迈德·卡德罗夫在恐怖爆炸事件中身亡,第二天,《凤凰大视野》就推出了《政要谋杀案》的纪录片。

同年,台湾"大选"中,发生了"3·19"枪击案,27日《凤凰大放送》就播出了《戏中戏——枪击案引发台湾乱象》。2005年7月16日,台湾国民党主席选举结果揭晓后不到三个小时,《凤凰大放送》播出《谁主沉浮——国民党主席选举直击》。

这些纪录片因为满足了人们对重大新闻事件深度了解的需求而获得较高收视

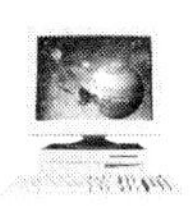

率。凤凰卫视副总裁钟大年教授在谈到凤凰纪录片的成功时曾说："新闻性的收视拉动，是他们在整个纪录片运作时的一个基本出发点。当纪录片与时事、政治及人们关心的热点结合在一起的时候，它就不光是纪录片，而是一个社会重大新闻事件的背景提供，所以这就拉动了做纪录片的要点。"

纪录片作为电视节目中的贵族，它以高品质诉求于精英文化，因此需要"精耕细作"。但在市场化的今天，媒介人对电视节目的商业性追求，使大多数纪录片制作人不得不考虑"大众"的口味；信息时代的节奏，促使电视纪录片制作人在坚持精英路线的同时，也不得不考虑纪录片反映当代社会"火热生活"的敏感度与制作时效。

凤凰卫视敏锐地捕捉到电视市场的这一需求变化，创造了一种"与新闻共舞"的纪录片制作方式，从新闻出发，由"点"到"面"，揭示新闻背后的大千世界和人生百味。同时，也创造了一种"最极致"的纪录片制作速度，像报道新闻那样"纪录"新闻事件。例：《唐人街》纪录片系列。

除了纪录题材的突破，凤凰卫视为铸造品牌，在纪录片的形式上也有较大突破。

传统的纪录片模式主要表现为三种：格里尔逊式、真实电影式和访问式。而凤凰卫视根据本公司的节目制作特性，创造出"演播室＋主持人＋专题片"的纪录片形式，使纪录片适应栏目化播出，同时保证了纪录片的新闻性制作需要。

传统的纪录片将制作人、采访人隐蔽在摄像机后，避免对客观纪实性的主观介入，而凤凰卫视恰恰借用主持人的名气来吸引观众，吸引广告商，同时，也有效地串接"新闻纪录片"。如纪录片《迈克尔·杰克逊》的主持人窦文涛、《中国知青民间纪录》中的主持人陈晓楠、《巴以恩仇录》中的主持人吴小莉、《父老乡亲——来自田野的报告》中的主持人曾子墨等。据凤凰卫视介绍，《凤凰大视野》栏目主持人在纪录片中发挥了四大作用：调整结构——适当调节纪录片节奏，防止观众的疲惫感；丰富信息——由主持人弥补画面的不足；减少成本——主持人的串场可适当减少片子制作的时长；增加卖点——即使内容不够吸引人，至少可以通过品牌主持人留住观众。

本章小结

纪录片随着世界电影的诞生而诞生，其本体特征是：使用自然的素材（无假定性的真实）、形声一体化的表现结构、情境化的叙事方式。

纪录片的创作模式或风格主要有：格里尔逊式、真实电影式、访问式和反

射式。

- 纪实型纪录片的记录技巧关键在于把握三个方面：一是纪录片的选题，在人文与社会类纪录片的题材选择中要坚持时代性、新鲜性、复杂性、人文性原则；二是正确运用纪录片的拍摄方法，主要采用纪实性的过程纪录方式；三是合理设计纪录片的结构，主要有中心线串联式、逐层递进式和放射式结构。
- 纪录片的发展可能趋向于选题的多元化、创作手法的多样化、经营的市场化和播出的栏目化。

思考题

1. 请说说纪录片与专题片的联系与区别。
2. 请说说格里尔逊式纪录片的创作特征及现实意义。
3. 试比较真实电影纪录片两个流派。
4. 请谈一谈访问式纪录片创作方式在当代电视节目制作的运用。
5. 请谈一谈人文与社会类纪录片的选题原则。
6. 请谈一谈举例分析纪录片的结构方式。

第五章　政论型电视专题：政论片

2004年，一部揭露布什政府发动伊拉克战争的真正意图的纪录片，在第57届戛纳国际电影节上荣获大奖，继而在美国社会乃至整个世界都造成了不可低估的反响，这个纪录片就是美国导演迈克·摩尔拍摄的《华氏9·11》。在美国好莱坞大片征服世界观众、娱乐电视风靡全球的时候，却仍然拍出了绝对政治化的影片，并且受到广泛关注，这在娱乐电视大行其道的媒体业界的确引起了不少的震动。这反映出人们不仅需要娱乐，也需要传播公众议题，需要评论公共事务。

2006年11月13日至24日，在我国中央电视台经济频道推出了12集大型电视专题(纪录)片《大国崛起》，同样受到了社会各界的广泛关注，《人民日报》、《中国青年报》、《南方周末》等媒体纷纷发表报道文章，从各方面对其评价。观众更是热情高涨，许多网友在各大网络媒体也对《大国崛起》作出了积极反响，称"每个中国人都应该看"。更让人始料不及的是，几乎与《大国崛起》播出同步发行的同名DVD光碟，一上市就出现了供不应求的情况，光碟上市第一周就已名列中国音像商务网百科类排行榜第二名。

上述两部影视片，一个偏重国际政治，一个偏重经济政治，为何受到如此广泛的反响？这除了该片具有强烈的视觉冲击力外，还有一个更重要的就是：这两部影视片都是具有很强的思想震撼力的政论片，该片对心灵的震撼远大于视觉，这种震撼源于思想内容的深刻。

第一节　论政性政论片

政论片，顾名思义为政治性论述(或评论)片。"政治"性界定了该类型片的内容题材范畴。阿兰·罗森萨尔在他的《纪录片的良心》(*The Documentary Conscience*)导言中就说过："纪录片应该被当作是改变社会的一种工具，甚至是一种武器。"这种"工具""武器"论，实际上把影视当作了一种宣传工具，在政治、经济、文化等社会领域，发挥着意识形态的宣传作用。

纪录片理论“教父”格里尔逊丝毫不回避“宣传”这个词，他曾公开宣称：“我把电影看成一个讲坛，并以一个宣传家的身份来利用它。”他认为，他的使命就是要使纪录片作者把问题及其含义以富有教益的形式加以戏剧化，进而给人们带来希望。在这个意义上说，政论片的内容属性应该是泛政治化的，即凡属社会问题评说、政治宣传、文化批评，甚至是经济评论一类的电视片都可归于政论片。

政论片的“论”，体现了这一类型片的表现手法主要在于“论”(述)。就是说，电视专题在真实反映客观社会生活的同时，也应当表达创作者对社会生活的看法及观点。这是一个无需回避的主观性问题，因为任何创作者，无论是有意识或无意识的，都必定把自己的思想、倾向、情感、认识和观点带入到作品中来，对它表现的对象进行理性的观照。平面媒体视“评论”为旗帜，电子媒体虽说以视觉形象展现为主要特色，但作为一种媒体的社会功能同样要求其承担起“教育”的社会责任，传播先进的思想观念。基于这一总体特征，政论片的具体特性表现为论证性、思辨性和评述性，相应地就有论证性、思辨性和评述性政论片之分。

论证性政论片兼有评述性、思辨性的某些特征，相对后两者而言，它更强调问题的结论，更注重结果。这类节目往往取重大的政治主题，从历史的视角去表现当代的重大课题，通过对历史事件和社会文化现象的深刻剖析、论证，得出令人信服的结论。论证性节目通常性带有强烈的主观色彩和论战气息，它的指导思想和目的都很明确。好的论证性节目常常采用犀利的语言，论战的方式，用层层递进，不断深入的逻辑推理，对其所表现的事件、人物及其所剖析的问题，作出令人折服的评价和结论。由于论点明确，论据充实，说理透辟，态度鲜明，思想深刻，因而使得这类节目常具有高屋建瓴的气势。思想新颖独到、战斗性、科学性和逻辑性的统一是它的特征①。

中央电视台于2007年播出的《复兴之路》就是一部典型的论证性政论片。这部片子全面、系统地阐释了中国近现代历史，是一部站在新的历史起点上，回首过去，展望未来的大型电视政论片。全片以全球视角、整体视角、现代视角第一次梳理了中国自1840年至今，为实现民族伟大复兴所走过的历程，用丰富的史实，有力地诠释了只有选择马克思主义、选择中国共产党、选择社会主义道路，才能实现中华民族的伟大复兴。这部片子在央视一套播出后，在广大观众中引起了热烈反响。

《复兴之路》共分六集：

第一集《千年局变》(1840—1911)，以第一次鸦片战争至辛亥革命期间，中国社

---

① 杨伟光：《中国电视专题节目界定》，东方出版社1996年版，第18页。

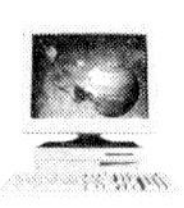

会各阶层救国图强的各种探索为主要内容。其间在历经洋务运动、维新派君主立宪改革政体的探索失败之后，提出了复兴中华民族的历史性课题。政论片指出，直到孙中山提出"振兴中华"的口号，领导辛亥革命摧毁了封建专制制度，才为中华民族的进步打开了闸门，实现了"千年"的"局变"。

第二集《峥嵘岁月》(1912—1949)。辛亥革命的"局变"并没能解决中国的问题。只有在中国共产党诞生之后，才提出了反帝反封建的问题，其间经历了大革命失败后的独立探索救国之路、建立抗日民族统一战线、战胜国民党破坏和平建国主张和政权腐败。历史证明，只有中国共产党的正确领导，才能实现民族独立和人民解放。

第三集《中国新生》(1949—1976)：新中国在三大改造基本完成后确立社会主义制度。虽然由于缺乏经验、急于求成而导致社会主义道路遭遇曲折，但是党的第一代领导集体在探索适合中国国情的社会主义建设道路上仍然取得了伟大的成就。

第四集《伟大转折》(1976—1992)："四人帮"被粉碎后，关于真理标准问题的大讨论掀起了全社会的思考。这期间，党的十一届三中全会作出了把工作重点转移到社会主义现代化建设和改革开放上来的战略决策，又经历了转折过程中的种种矛盾和苏东剧变国际大气候的多重考验，因此，邓小平的南方谈话再次为人们对社会主义建设的思考指明了方向。

第五集《世纪跨越》(1989—2002)：党的十五大确立了建立社会主义市场经济体制的目标后，中国经济实现"软着陆"。在沉着、负责地应对亚洲金融危机、取得抗洪胜利和加入世界贸易组织后，中国赢得了世界的赞许，同时在和世界相互了解中一步步走近。党的十六大胜利召开，党和国家的中央领导集体再次实现平稳交替。

第六集《继往开来》(2002—2007)：党中央坚持执政为民的理念，巩固和完善社会主义市场经济体制，提出坚持科学发展，促进社会和谐的重大战略思想，明确了中国特色社会主义事业的总体布局。

以上简要介绍了6集《复兴之路》的主要内容。为了加深对论政性政论片的理解，下面将第四集《伟大的转折》文本摘录于下，以对读者提供一个学习的范本。

《复兴之路·伟大转折》

[序]

2007年，北京工人体育场正在为迎接奥运会进行大规模的改建。30年前，这里曾经成为世界的焦点。在1977年的一场足球赛上，从公众视线中消失了两年多

的邓小平第一次公开亮相。

日本共同社描述道:“数万观众撇开比赛,霎时都站立起来,向他报以狂热的掌声。”

美国《新闻周刊》的评论认为:“在经济事务方面,预计他将逐渐发挥关键作用。”

当时的中国,刚刚结束了长达10年的灰暗岁月。10年间,中国百姓的生活几乎没有得到改善。1977年,全国农村的贫困人口超过两亿。中国经济与世界的差距也在日益拉大。而就在这一时期,中国大陆的四周出现了经济迅猛发展的亚洲“四小龙”。

中国将如何选择前进的方向?在这样一个特殊历史关头复出的邓小平,将如何带领中国实现伟大的转折?

镜头画面:[1976年粉碎“四人帮”][1977年2月7日《人民日报》“两个凡是”]

1976年10月,“四人帮”被粉碎,经历了十年磨难和挫折之后,人们开始企盼着新的生活快些到来。

但是,很快出台的“两个凡是”再次让人们陷入困惑:凡是毛主席作出的决策,我们都坚决拥护,凡是毛主席的指示,我们都始终不渝地遵循。这是否意味着中国还是要继续走“文化大革命”的老路?

采访:天儿慧　日本早稻田大学亚太研究中心主任

当时复出的邓小平认为,应该用更有弹性的思想,更加积极地提高经济活力,否则中国就不可救药了。在这种情况下,必须突破某种思想框框。

镜头画面:[恢复高考　科技大会]

1977年秋天,刚刚复出的邓小平果断决策,恢复因“文革”而中断了10年的高考制度,使570万中国青年获得平等考试的权利;几个月后,邓小平在全国科学大会上提出了一个响亮的口号:“科学技术是生产力”,数千名重新回到工作岗位的科学家获得了新生,科教领域的拨乱反正逐步展开。

采访:李正华(当代中国研究所第一研究室主任)

邓小平、陈云等老同志坚决反对“两个凡是”的错误理论,他们认为毛泽东是人不是神,中国要前进,必须要突破“两个凡是”的束缚。

镜头画面:[70年代末中国　1978年5月11日《光明日报》]

人心所向,正在汇成一股推动历史前进的力量。1978年5月,《光明日报》发表了特约评论员文章《实践是检验真理的唯一标准》,剑锋直接指向“两个凡是”的错误思想。

采访：王强华(时任《光明日报》哲学版主编)

这篇文章是用一种理论的形态来批驳“两个凡是”的。文章发表的当天晚上，新华社就全文播发了，第二天，《人民日报》、《解放军报》、中央人民广播电台又全文转载和转发，引起了提出和支持“两个凡是”的人的强烈反对，认为文章政治上是反动的，理论上是荒谬的。

……

镜头画面：[邓小平　各大报纸表态文章]

一场关于真理标准的大讨论就此在全社会展开。邓小平说，现在发生了一个问题，连实践是检验真理的标准都成了问题，简直莫名其妙。随后，各省、市、自治区和各大军区主要负责人纷纷表示支持。真理标准大讨论，为“文化大革命”后的中国实现历史性转折奠定了思想基础。

……

镜头画面：[中央工作会议会址　邓小平发言提纲原件]

1978 年 11 月，中央工作会议召开，邓小平作了一个主题发言。在三张 16 开的白纸上，他写下了后来影响中国进程的 400 多字的发言提纲。

邓小平(同期声)：

一个党，一个国家，一个民族，如果一切从本本出发，思想僵化，迷信盛行，那它就不能前进，它的生机就停止了，就要亡党亡国。如果现在再不实行改革，我们的现代化事业和社会主义事业就会被葬送。

邓小平的这篇讲话，题为《解放思想，实事求是，团结一致向前看》，它实际上成为随后召开的十一届三中全会的主题报告。而“解放思想、实事求是”则贯穿了中国改革开放的整个进程。

采访：石仲泉(中央党史研究室原副主任)

没有这样一个思想解放，就不可能有现在的改革开放，就不可能现在取得这么伟大的成就。

镜头画面：[雪中北京　十一届三中全会]

1978 年 12 月 18 日，这一天的北京白雪皑皑，空气很新鲜。有了之前充分的思想舆论准备，十一届三中全会开得热烈而又轻松。会议否定了“以阶级斗争为纲”的指导思想，作出了把工作重点转移到现代化建设上来和实行改革开放的战略决策。

采访：杨春贵(中央党校原副校长)

十一届三中全会是在“文革”结束之后，中国面临向何处去的这个重大历史关头所召开的一次关系党和国家前途命运的一次极为重要的会议。这次会议实现了

思想路线、政治路线、组织路线的拨乱反正，实现了建国以来我们党的历史上的一次伟大转折，开辟了中国社会主义现代化建设的新道路。

采访：芮立(E. Wright 英国诺丁汉大学中国政策研究所顾问委员会主席)

我相信大多数人会同意，这次会议是中国几十年来发生的最重要的变革之一，或许称得上是最具勇气的一次变革，因为它彻底改变了中国从 1978 年到 80 年代、90 年代，一直到今天的经济发展方式。

镜头画面：[安徽小岗村　经济特区建设　1979 年邓小平访美]

以十一届三中全会为起点，中国进入了改革开放和现代化建设的历史新时期。

1979 年，中国农民以特有的首创精神奏响了改革的序曲，安徽和四川等一些农村开始试行家庭联产承包责任制。

同一年，深圳、珠海等 4 个经济特区开始筹建，打开了中国对外开放的窗口。

这一年，一次跨越太平洋的行程，构建了中美两国新的合作基础。时任新加坡总理的李光耀评价道：中国开放的大门，以后恐怕再也关不上了。

镜头画面：[80 年代的美、英、日、苏]

中国在变，世界也在变。20 世纪 80 年代，全球经济展开了新一轮的竞争。

面对通货膨胀和经济的不断下滑，美国里根政府和英国撒切尔政府，逐渐放弃 20 世纪四五十年代采取的凯恩斯主义。

欧洲货币体系的建立，促使欧洲向统一市场迈出决定性步伐。

日本通过全球贸易，登上了经济强国的位置。

苏联依然陷于物质短缺困顿，人们开始找寻改变现状的新途径。

镜头画面：[中共十二大]

此时的中国，改革的初步成果催生了人们的信心和希望，一场奋力图新的社会变革如春潮般涌动。走出一条属于中国自己的道路，是几代中国人始终不渝的奋斗目标。经过几年改革开放的尝试与探索，1982 年，一个决定国家未来发展的重要命题被提了出来。

邓小平(同期声)：

把马克思主义的普遍真理同我国的具体实际结合起来，走自己的道路，建设有中国特色的社会主义，这就是我们总结长期历史经验得出的基本结论。

……

采访：章百家　中央党史研究室副主任

建设有中国特色的社会主义，这个崭新命题也使我们能够突破以往对社会主义认识的局限，根据中国的国情，尝试许多新的做法，进行体制创新。

镜头画面：[人民大会堂内景]

要进行体制创新，必须有制度的保障。1982年，“文革”中被破坏的人民代表大会制度，中国共产党领导的多党合作和政治协商制度终于得以完全恢复，并通过了《中华人民共和国宪法》修改草案。

采访：信春鹰（全国人大常委会法制工作委员会副主任委员）

经过了“文革”的破坏，我们的经济，我们的法制已经是被破坏到了一个相当的程度，很多事情要从头开始。1982年宪法实际上是在新的历史条件下，要总结过去的经验和教训，这一点是非常重要的。

中国的政治生活在宪法的保障下逐步回到正常轨道。

但是，传统的思维惯性不是一朝一夕能够改变的。今天看来有些不可思议的故事或许能帮助我们理解那是怎样的一段光阴。

镜头画面：[温州柳市“八大王”在茶楼聚会]

浙江温州柳市，今天，中国的百强城镇之一。50平方公里的土地上有上千家电器企业，年产值超过百亿元。20多年前，这里有一批最早闯荡市场的弄潮儿。

当年的温州，有八位从事不同行业的个体户，人称“八大王”。其中做得最好的“五金大王”胡金林，年收入高达几十万元。

……

镜头画面：[档案资料　中南海怀仁堂]

不久温州“八大王”先后因“投机倒把罪”被逮捕入狱。侥幸逃离的胡金林成了全国通缉犯，在外流浪了两年多。

一时间，红火的工厂关门了，商店收摊了，柳市镇的工业产值一年减少了七千万元。

基层传来的信息，看似一个经济现象，实则是社会问题。在新事物面前，很多人的思想还无法摆脱长期以来形成的禁锢。

1983年8月，中央明确提出：从事个体劳动是光彩的。“八大王”的命运由此发生逆转。

采访：袁芳烈（时任温州市委书记）

（我说）市委决定对“八大王”平反，在电视会议上。这一家伙声势大了，当时平（反）是平了，法院就是寄了一个通知，影响不大。我是要扩大影响，那抓“八大王”谁都知道，这个影响就大了。

镜头画面：[今天的“八大王”在车间店铺]

1984年，袁芳烈代表温州市委、市政府为“八大王”平反。这是一个温州经济发展开辟新天地的信号。而中国的改革，此时仍处在早期的探索阶段。

镜头画面：[1984年邓小平视察深圳]

“八大王”平反了，人们对经济特区的质疑却还在继续。1984 年，邓小平专程去了中国的南方。此时的深圳，已从一个小渔村变成了全国瞩目的经济特区，工农业总产值 4 年里增长了 10 倍，一个现代化城市初见轮廓。

采访：闫建琪（中央文献研究室第三编研部主任）

它的发展速度非常快，同时确实也带来了一些很多新的问题。这种情况下到底怎么看待深圳？当时有个极端语言，说除了红旗，其他都变成资本主义了。

镜头画面：[珠海罗三妹山　邓小平题词]

邓小平一路上都在默默地观察和思考。几天后，80 岁的邓小平登上了珠海罗三妹的山顶，当有人建议原路返回时，他却意味深长地说：我从来不走回头路。

世事如登山，“不走回头路”。邓小平的南方之行为特区建设留下这样一段题词：“深圳的发展和经验证明，我们建立经济特区的政策是正确的。”

这是中国领导人对坚持改革开放的郑重表态。

采访：郑永年（英国诺丁汉大学中国政策研究所研究主任）

这个国家能不能发展得好，能不能生存得好，用比较容易说的话，容易懂的话，就是能不能给老百姓提供一个实惠的问题，提供经济福利的问题，所以邓小平当时就说：贫穷不是社会主义。

……

镜头画面：[国有企业“松绑”公开信　沈阳防爆器械厂破产]

建国初期，计划经济体制曾在当时条件下起重要作用，国有企业成为国民经济的支柱。但是，随着经济的不断发展，这一体制统得过死的弊端逐渐显露，国有企业在很大程度上失去了活力。改革开放为数以万计处于困境中的国有企业提供了转机。

1984 年 3 月 23 日，福建省 55 位国营厂长、经理联名向省委、省政府写了一封公开信，信中写道：“现行体制的条条框框捆住了我们的手脚，企业只有压力，没有动力，更谈不上活力”，“为此，我们怀揣冒昧，大胆地向你们伸手要权”。这封“松绑”公开信很快轰动全国。在随后的几年里，中国大量的国有企业相继实行了各种形式的扩大自主权的制度。首都钢铁公司等一批最早开始承包制试点的国有企业取得初步成效。

到 1986 年，国有企业改革又迈出实质性一步。这年的 8 月 3 日，沈阳市防爆器械厂宣布破产。公有企业破产倒闭，这在中国是第一次。就在当年的 12 月，我国开始试行《企业破产法》。

……

镜头画面：[1984 年国庆 35 周年庆典“小平您好”的标语][邓小平讲话]

1984年10月1日，中华人民共和国迎来了第35个金秋。刚刚进行了5年的改革开放，已经让人们感受到了变化和希望。在这个特殊的日子里，中国人用这样的方式向改革的倡导者致敬。

邓小平(同期声)：

今天，全国人民无不感到兴奋和自豪。当前主要的任务，是要对妨碍我们前进的现行经济体制进行有系统的改革。

在群众的拥护和爱戴中，改革开放的总设计师将改革进一步推向深入。

镜头画面：[天安门《中共中央关于经济体制改革的决定》]

国庆盛典结束20天后，十二届三中全会召开并通过了一项重要的决定。

采访：刘国光(中国社科院原副院长)

十二届三中全会提出社会主义经济是有计划的商品经济，这是社会主义经济理论一个重大突破。因为这个理论，第一次把社会主义同商品经济联系起来。

……

镜头画面：[美国纽约证券交易所 邓小平赠送股票给约翰·范尔霖的照片 飞乐股票]

美国纽约证券交易所，收藏着新中国成立后公开发行的第一支股票——上海飞乐股票。1986年11月14日，邓小平在会见美国证券业代表团时，把它赠送给了纽约证券交易所主席约翰·范尔霖。范尔霖高兴地说，我很荣幸成为社会主义企业的第一位外国股东。

股票的出现，引来了国际社会的注目，这一长期被视为资本主义专有的特殊商品冲击着中国人的观念。

采访：刘鸿儒 中国证券监督管理委员会首任主席

争论这个股票市场就是两个原因，根上的一个问题是姓“资”姓“社”的问题没解决。具体说两面、两个原因：第一个国有企业能不能改成股份制企业，会不会私有化；第二个搞股票市场，会不会助长私有化、助长投机、助长贫富差别，甚至引起社会不安定。

镜头画面：[上海第一个股票交易柜台等照片]

像之前许多新举措一样，股票市场在争论中迈出了第一步。1986年，新中国的第一个证券交易柜台在上海诞生。当时，公开交易的股票只有两支，成交价经口头协商后，写在黑板上，通过柜台进行买卖。尽管中国资本市场的真正活跃还要再等待若干年，但这些实验性的举措，已经预示着中国经济将会迎来新的突破和飞跃。

……

采访：冒天启（中国社科院经济研究所研究员）

在1987年准备对价格进行改革，改革的方法是先调后放，准备用1、2年的时间来放开价格，实行市场定价，但是，由于这个方案超出了老百姓的社会承受心理能力，因此出现了一些不必要的问题。

镜头画面：［商品抢购风］

1988年，一场抢购商品的风潮席卷了全国。3个月内，居民储蓄存款减少300亿，95%的物价都在上涨，电视机、电冰箱等家用电器普遍上涨了20%至50%。

价格问题还只是中国在改革之路上需要解决的诸多困难之一。破除旧体制的过程中产生的矛盾，逐渐积累并触及经济、社会等各个领域。

1989年1月1日，《人民日报》的元旦献词有一段这样描述：我们遇到了前所未有的严重问题。最突出的就是经济生活中明显的通货膨胀、物价上涨幅度过大，党政机关和社会上的某些消极腐败现象也使人怵目惊心。

中国面临着1978年以来最不平静的一段日子。1989年5月到6月，北京发生了一场政治风波。这场政治风波的背后，既有国内小气候的原因，也有国际大气候的影响。

字幕：

1989年9月开始，波兰等东欧社会主义国家相继发生剧变

1990年10月3日，德国统一

1991年12月25日，苏联解体

采访：邢广程（中国社科院俄罗斯东欧中亚研究所所长）

在国际上，几乎是所有的西方国家的主流形态都认为中国也必然会改变颜色，所以，西方一些预言家甚至认为他们有一个计划，在21世纪初要在红场举行一个埋葬社会主义这样的一个葬礼，这是公开讲的一个事情，中国也肯定要（改变），多米诺骨牌也要在中国发挥作用。

镜头面画：［天安门广场夜景］

面对错综复杂的国际国内形势，中国将往何处去？

邓小平坚定地说：基本路线要管一百年，动摇不得；不要认为马克思主义就没用了，失败了，哪有这回事？

在风云变幻的关键时刻，认准中国特色社会主义道路，坚持改革开放，这是果敢的选择，也是明智的选择。

镜头画面：［1992年邓小平在武昌、深圳、珠海、上海等地］

对于如何看待改革中出现的新事物和新问题，邓小平提出：不要搞争论。“不争论，是为了争取时间干。一争论就复杂了，把时间都争掉了，什么也干不成。”发

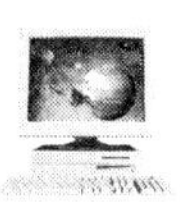

展才是硬道理。

发表这些意见时，88 岁的邓小平再次来到中国的南方。1 个多月的时间里，他在武昌、深圳、珠海、上海发表了多次谈话。10 多年后，当人们再次聆听这些朴素的话语，依然能感受到深深的震撼。

邓小平（同期声）：

资本主义发展了好多年了，几百年了，我们才多长的时间，我们尤其是被耽误几十年了，不耽误这几十年，我们现在的面貌就完全不同了，再耽误不得了。

中国只要不搞社会主义，不搞改革开放，发展经济，逐步地改善人民的生活，任何一条路都是死路。

邓小平指出：计划多一点还是市场多一点，不是社会主义与资本主义的本质区别，计划经济不等于资本主义，社会主义也有市场。计划和市场都是经济手段。

邓小平深刻揭示了社会主义的本质：解放生产力，发展生产力，消灭剥削，消除两极分化，最终达到共同富裕。

邓小平的论断，对社会主义理论的创新具有里程碑的意义。

……

采访：骆思典（Stanley Rosen，美国南加州大学东亚研究中心主任）

1978 年 12 月的十一届三中全会和 1992 年邓小平的南方之行，是了解中国改革非常关键的时间点。

镜头画面：[孙中山　毛泽东　邓小平]

一位 88 岁高龄的老人，在改革开放的重要关口，再次以他特有的改革精神为中国指明了道路。他不仅留下了宝贵的邓小平理论，而且留下了宝贵的邓小平精神。

有人说，在中华民族伟大复兴的征途上，推翻封建帝制的孙中山，为中国打开了思想进步的闸门；建立起新中国的毛泽东，让中国人民从此站了起来；而挽救了社会主义的邓小平，为中国找到了一条使国家强盛、人民富裕的道路。我们将永远铭记，改革开放的伟大事业，是以邓小平同志为核心的党的第二代中央领导集体带领全党全国各族人民开创的。

镜头画面：[新华门升旗　天安门晨景]

当人们回首 20 世纪时，会发现：整个人类都处在大变局之中，各种社会思想的演变、竞争，影响着不同国家和地区的命运，也改变了世界的格局。

20 世纪的最后 20 多年，在世界的东方，中国进行了一场卓有成效的社会变革。解放了思想的中国人，焕发出蓬勃的创造力，书写了一个时代最为传奇的一页。

在民族复兴的征途上，中国特色社会主义的道路将如何继续？新世纪的晨光中，世界将看到一个怎样的中国？

《复兴之路》按历史线索逐集表现中国如何在国家危亡之际开始民族觉醒，如何在民族救亡的探索中选择前进道路，如何在国家建设中实现改革开放的历史性突破，如何建立市场经济，又如何在新的历史时期提出科学发展和和谐社会理念。

渴求复兴，企盼强国，是中国人久远的梦想。如何紧扣“复兴”这个20世纪中国的鲜明主题，实现21世纪企盼的蓝图，是历史赋予我们的任务。中央电视台作为国家级媒体，以高度的社会责任感，将“前事不忘，后事之师”的精髓呈现于方寸荧屏，正所谓“鉴前世之兴衰，考当今之得失。嘉善矜恶，取是舍非”。我们愿意用游动于千家万户的影音符号来传承文明，开拓创新，为国家发展、民族振兴、人民福祉思考并发出自己的声音①。这是中央电视台台长赵化勇为《复兴之路》同名书出版作序中的一段话，实际上道出了中央电视台制作该政论片的缘由。当然，作为该政论片选题的依据，也还有另外一个外界因素的推动，那就是在此前中央电视台制作播出的另一部大型政论片《大国崛起》在海内外都引起了不同反响。这部片子论述了世界九大强国的崛起之路，然而作为大国的中国，何时能崛起？这是每一个中国人在观看了《大国崛起》后所引发的联想和思考的问题。为了呼应国人的需求，满足中国观众的强烈愿望，还是由中央电视台制作《大国崛起》的原班人马，构思制作了《复兴之路》。

政论片的选题，要立足于历史学的眼光、文化学的高度、政治学的思考、社会学的观察；要有气势、高瞻远瞩，以一个媒体的社会责任意识，关注公共话题引导公众舆论。正是基于这种思考，面对世界强国的“崛起”，中央电视台集中外百余位专家学者的智慧，凝聚成了中国作为第“十个”大国②的“复兴之路”。

论证性政论片更强调问题的结论，这就要求政论片在选题之后，首先必须立论，确立“主题思想”，然后据此展开论证。《复兴之路》从历史的视角，试图探索自1840年以来160多年中华民族的艰难历程，以此来论证一个基本结论：在走向复兴的进程中，中国必须走自己的道路，建设中国特色社会主义。这是中华民族收获的历史结论，也是《复兴之路》制作组的基本认知。

认识历史，需要求证，也需要见识和胆略，更需要平和的心态。媒体人员绝不是照本宣科地记录历史、讲述历史，而是作为历史进程的思考者，以今天的审美眼光和认知高度来阐释强国之路。

---

① 赵化勇：《复兴之路》，中国民主法制出版社2008年版，序。

② 《大国崛起》表现了葡萄牙、西班牙、荷兰、英国、法国、德国、日本、俄罗斯、美国等九国的崛起。

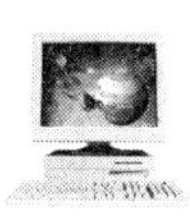

《复兴之路》在整体结构上，透过三个视角去“丈量中华民族160多年的历史”：

第一，整体视角。从160多年历史的整体出发，系统观照各阶段、多阶层对中国发展、道路的探索与实践——辛亥革命摧毁了封建专制制度，中国共产党的正确领导实现了民族独立和人民解放，“急于求成”的路线导致了社会主义道路的曲折遭遇，社会的“转折”探明了中国特色的社会主义道路，市场经济体制的确立和科学发展观的提出，进一步强化和完善了中国特色社会主义的“复兴之路”。政论片《复兴之路》用6集的篇幅，将论证思考的成果告诉公众，以正世界人心，以聚民意士气，以利国家天下。

第二，现代视角。从中国社会自新中国成立以来、尤其是改革开放近30年来所取得的伟大成就出发，回望160多年中国的历史变迁。第四集《伟大的转折》就立足近30年来我国改革开放的伟大成就，围绕“中国走什么路”的问题，反思了30年来的艰难探索之路。这种“转折”包括对“两个凡是”的否定、“真理标准”的讨论、党的工作重点的转移、改革开放的推行、法制建设的强化、经济特区的试验、市场经济的确立、“初级阶段”理论的阐述和社会主义本质的揭示等，都从各个阶段的典型事件的反思中，递进式的论证了最终走向“中国特色社会主义”道路的各种重大转折。

第三，全球视角。在全球视野内观察中国发展道路的创新对世界的意义，同时观照世界格局的变化和国际环境对中国发展的影响。对中国这艘巨轮，在经历了各种伟大的转折，驶向中国特色社会主义复兴之路时，它不仅出于自身强国的梦想、艰难曲折的探索，还由于国外政治、经济环境的巨变，推动了中国的改革开放。《复兴之路·伟大的转折》截取近30多年来国际政治、经济两大领域巨变的转折，进一步印证中国之路探索的世界意义。《伟大的转折》在20世纪80年代美、英、日、苏快速闪动的镜头画面中，伴以“论战”式的解说：

中国在变，世界也在变。20世纪80年代，全球经济展开了新一轮的竞争。
美、英逐渐放弃了20世纪四五十年代采取的凯恩斯主义。
欧洲货币体系的建立，迈出了欧洲统一市场的步伐。
日本通过全球贸易，登上了经济强国的位置。
苏联于物质短缺的困顿之中，开始找寻改变现状的新途径。

在社会主义阵营方面，波兰等东欧社会主义国家相继发生剧变，德国统一，苏联解体等，都对中国走什么道路提出了考验。正是这一切国内外环境的巨变，有力地推动了中国的“伟大转折”，用事实雄辩地证明：历史选择了马克思主义，选择了中国共产党，选择了社会主义，只有中国特色的社会主义道路，才是中华民族伟大复兴的自由之路。

以上通过对《复兴之路》的案例分析，揭示了论证性政论片的一般创作规律，它对其他论政性政论片也具有较强的阐释力，如论证改革开放之路的《十年潮》等，都具有上述创作特色。

在结构方式上，论政性政论片追求严谨、缜密、完整；在审美表现上，它力求达到理性与感性、形式与内容的美感统一；在表现手法上，灵活多样，它可以运用对话、座谈、采访的交替穿插，历史资料与现实景观，以及不同国度文化、经济发展对比等方式，多角度、全方位地展开叙述视角，凝练和深化主题，不断加强论证的说服力和思想深度。如《伟大的转折》，在形式上就大量运用采访，通过专家、学者的访谈，从理论上论证、深化主题。在这一集中，节目制作组专访了国际人士，包括英国诺丁汉大学的中国政策研究专家 E. wright、郑永年、日本横滨市立大学名誉教授矢吹晋和美国南加州大学东亚研究中心主任 Stanley Rosen 等，他们以旁观者的视角研究中国，或许更为客观、清晰，代表了一种国际观点，对中国正确选择独具特色的社会主义之路的观点更具说服力。

第二节　思辨性政论片

2006 年和 2007 年，中央电视台先后播出了两部大型电视政论片《大国崛起》和《复兴之路》，人们形象地把它们称为姊妹篇，以此来说明二者在寻找中国强国之路上的紧密关系。实际上这两部政论片正好代表着两种不同类型的政论片。《复兴之路》代表着论证性政论片，《大国崛起》代表着思辨性政论片。前者的重点在于"证"，以大量的史实和观点证实某一结论，后者的重点在于"思"，以严密的逻辑思辨来回答某一重大问题。如果说前者要以事实为证据来解决"是什么"的问题，那么，后者则是要以观点为依据，来回答"为什么"的问题。

关于思辨性政论片的特征，《中国电视专题节目界定》是这样阐述的：思辨性政论片是根据某种客观存在，提出、分析、思考问题，并带有强烈的思辨色彩的专题节目。创作者对所报道的历史和现实，不满足于客观的叙述和表层的评价，而往往对所提出的问题赋予探索性、启示性、多义性。这类节目常常并不侧重于对问题作出结论，并不强调结果和解答，而在于引导观众去接近客观真理，寻找问题的症结。当然，这并不妨碍它对某些应当和可能作出结论的问题表明态度、提出见解，作出思想的、道德的、政治的、经济的、文化的、哲理的、美学的评判。思辨性节目给观众更多的思考天地，编导者和主持人提供给观众更多的深入剖析的问题，发人深省的信息，在诸多的问题和见解中表达出强烈倾向。例如：《少年启示录》、《土地忧思录》、《横断的启示》、《住房见闻录》等都具有思辨性特征。

大凡政论片，都较易在社会上引起轰动性的效应，这可能与政论片的思想性、批判性、犀利性，甚至是文学性相关，它给人的绝不是那种浅薄的嬉闹、浮躁的喧嚣，而是触及心灵的震撼。

回顾中国电视史，首次震动观众并引发人们对一种“电视现象”进行争鸣的政论片，当数1988年6月11日在中央电视台播出的6集电视片《河殇》。

这部片子共六集：《寻梦》、《命运》、《灵光》、《新纪元》、《忧患》和《蔚蓝色》。该片按照创作者的意图为：“反思古华夏文明命运，揭示悲剧性民族心态。”它对古今中外的广征博引，对历史文化的独到反思，对旧事物的尖锐批判，都以酣畅淋漓的气势震动着人们。但该片对中国传统文化近乎全盘的否定及对西方文化的特别偏爱，却招致众多知名学者的严厉批判。中国向何处去？该片提出了一个值得深思的问题，这是值得肯定的。但该片对问题的回答却是不科学的，“中国的希望在世界”、“中国的许多事情都必须从‘五四’重新开始”，这些观点作为学术探讨，自由的争鸣是可以的，但作为媒介作品，其立论的正确与否、舆论导向的社会影响是必须理性考虑的。不过，该片引发的社会巨大反响是值得重视的。

思辨型节目是对提出的问题多以探索性、启迪性、思辨性阐释为特征。如俗称为“三录”的节目：《少年启示录》、《土地忧思录》、《住房见闻录》，针对社会生活中最关键的三个领域展开了深沉的思考。《住房见闻录》尖锐地提出了人们普遍关注、涉及千家万户，乃至于每个人的生活条件得以改善的重大社会问题；《少年启示录》则尖锐地提出了对青少年的培养和教育问题，而这又恰恰是有关我们民族未来和国家兴亡的重大社会问题；《土地忧思录》则提出了土地被大量占有，可耕地逐年大面积减少的重大社会问题，这些问题都关系到人类的生存环境。下面看《土地忧思录》的一段解说词：

画　　面	解　　说
演播室内。主持人出像。背景画面是巍巍青山	观众朋友您好，今天的《地方台50分钟》节目由我们济南电视台主办，欢迎大家收看。 现在咱们在向小康生活奔波的时候，人们的目光往往集中在这样一些焦点上，比如市场行情，工资奖金以及孩子的教育，家庭的布置等等。我们围绕自身权衡利弊，从头到脚无所不想。但是，我们却恰恰忽视了一个很重要的问题，这就是我们脚下这片土地。

（续 表）

画　　面	解　　说
山梁。挥舞的锄头深掘着贫瘠的土地	谈到土地，也许有人会说，土地与家庭与生活太遥远了。谈到土地，我们又往往陶醉在“幅员辽阔，地大物博”这样一个概念里。可是事实上呢？我们是人多地少，我们是用占世界不到7%的耕地，养活着占世界将近22%的人口；而从1957年到1985年这28年的时间里，我们的人口增长了4亿多，而耕地却减少了2亿多亩，这样的数字对比说明一个什么问题呢？

这段解说词充满着思辨性，记者从人们对土地问题的忽视、对忧患意识的淡化，直到一组怵目惊心的数字对比，顺理成章地提出了一个重大的社会问题。对这个问题的思索、对问题原因的探讨、对问题可能产生的严重后果的预测都体现出新闻工作者的一种社会责任，字里行间透视出记者的一颗关注社会、热爱生活的赤子之心。

思辨型的节目语言通常带有强烈的主观色彩和论战气息，并采用犀利的语言、论战的方式，层层递进，逻辑推理，对其所表现的事件、人物及所剖析的问题，作出令人折服的评价和结论。下面通过系列片《世纪行》第四集解说词片断来进一步体会思辨型电视节目的特点。

《道路篇·选择与挑战》

再有10年，一个新的世纪就要来临。回顾过去的两千年，在人类的旅途上，充满了苦难、战争、贫困和压迫。于是从很久很久以前，就出现过许多伟大的梦想家，他们在梦想一个完美的社会。

林尽水源处有一绝境，土地平旷、屋舍俨然，有良田美池桑竹，男女来往耕作，怡然自乐。这个不知今昔何年的人间仙境，就是东晋大诗人陶渊明笔下的桃花源。可惜，这位闲云野鹤的感怀，只是战乱年代的一种自我躲避罢了。

1535年，英国首席大法官托马斯·莫尔被斩首示众。头被砍了，却砍不断他的梦想。那双浅蓝色的眼睛大睁着，好像还在凝视着他憧憬的《乌托邦》。在那块新月形的岛国，人人都是“穷人”，因为没有私有财产。金子银子都失去价值，只配去做尿桶和垃圾箱。在莫尔诅咒的“羊吃人”的英国社会里，乌托邦真像一朵缥缈

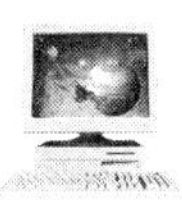

的彩云。

空想也是理想。异端的空想也会招来迫害的疯狂。莫尔死后60年，意大利的康帕内拉，也经受着炼狱般的酷刑。33年监禁，转换50所牢房，使康帕内拉构思出不朽名著——《太阳城》。在那座天堂里，大家每天只从事4小时的义务劳动，其他时间就去唱歌跳舞健身。人人都在公共食堂吃饭，孩子们都有书读。

19世纪的欧文、圣西门、傅立叶，这些空想社会主义大师，用道德的批判和大慈大悲的心肠，给受苦受难的众生送去了慰藉，但正像俄国作家契诃夫所说的，这只是“上帝给乌鸦的一小块奶酪”。只有当马克思解剖了资本，并在历史发展的规律中找到了打开社会主义大门的钥匙，理想才不再是空想。

20世纪，在俄罗斯、在东欧、在亚洲的大片土地上，出现了真正的科学社会主义的“太阳城”。

……

《世纪行》一共分为四篇，分别是：《智慧篇·真理的召唤》、《意志篇·民族的脊梁》、《团结篇·伟大的磐石》、《道路篇·选择与挑战》，这四篇分别对应于“四项基本原则”。解说词以无可辩驳的事实、以高屋建瓴的气势、以充满激情的论说、以深邃独到的思辨，明确地告诉观众：四项基本原则是历史的经验总结，是百年革命的见证，是中国革命走向胜利的基石，是社会主义走向繁荣富强的保证。《道路篇·选择与挑战》透过古今中外的历史证明：只有社会主义才能救中国。全片论点明确，论据充分，说理透彻，思想深刻，震撼人心。

思辨型电视节目同样追求严谨、缜密，力求达到理性与感性、形式与内容的统一。虽具论战性，但也不一定是板起面孔教训人，它的形式可灵活多样，比如也可运用对话、采访交替穿插，历史资料与现实景观对比，多方位、多角度地展开叙述、论证，以增强作品的感染力。

中央电视台2006年播出的政论片《大国崛起》就是近年来不可多得的一部思辨性政论片。《人民日报》在2006年12月1日的一篇文章给予该片高度的评价：“《大国崛起》体现了一种特殊的媒介理性价值。它将历史考察与现实关怀相结合，学术思考与电视呈现相结合，全球意识与本土立场相结合，用镜头触摸历史，用历史感悟未来，为观众提供了一个在500年历史跨度中反思人类现代化进程，反思国家兴衰规律，反思今天的世界从何处来向何处去的一个机会”，“用一种媒介传播的质量升华了媒介传播的效果，用一种媒介传达的深度置换了媒介传达的广度，从而体现了媒介的理性影响力”。

《大国崛起》全片共12集，每集50分钟，以九国崛起的大致时间为序。

第一集：海洋时代（开篇暨葡萄牙、西班牙）
第二集：小国大业（荷兰）
第三集：走向现代（英国·上）
第四集：工业先声（英国·下）
第五集：激情岁月（法国）
第六集：帝国春秋（德国）
第七集：百年维新（日本）
第八集：寻道图强（沙俄）
第九集：风云新途（苏联）
第十集：新国新梦（美国·上）
第十一集：危局新政（美国·下）
第十二集：大道行思（结篇）

该片以世界性大国的强国历史为题，探索了15世纪以来九个强国崛起的历史，探究其兴盛背后的原因。它试图以历史的眼光和全球的视野，为当下中国的现代化发展寻找镜鉴。

《大国崛起》以一种思辨的眼光，从经济、文化、历史等各个方面探寻着国家兴盛、经济发展的原动力。

这部片子鲜明的思辨性，首先表现在深刻的历史逻辑上。15世纪以来，人类社会的发展进入了一个新的阶段，原先割裂的世界开始真正意义上地连成了一个整体，彼此隔膜的各国开始相互认识和了解，也展开了相互竞争。在近现代以来的世界舞台上，上述九个国家在不同的历史时期先后登场，对人类社会发展产生了重大影响。荷兰崛起的历史告诉我们，无穷无尽的资本力量可以创造奇迹，“如果说，最早开始远洋冒险的葡萄牙和西班牙，主要是依靠暴力去进行赤裸裸的财富掠夺，那么，紧随其后的荷兰人由于缺少强大的王权和充足的人力资源，十分自然地选择了依靠商业贸易来积累财富，同时也积累着足以让自己强盛起来的竞争技巧和商业体制。”

英格兰的崛起告诉我们：一个国家的崛起需要科学与文化思想的支持。在18世纪和19世纪的时候，英国这个仅有24万平方公里、在今天也只有6 000万人口的岛国，却统治着世界上930万平方公里的三亿多人口，殖民地遍及亚洲、非洲、美洲、大洋洲所有大陆板块。“究竟是什么原因，让这个原本在海洋中安详飘荡的小岛，孕育了超凡的能量，改变了自己，也影响了世界呢?”该片以雄辩的事实证明，当法国、俄国、日本、中国还处在封建君主专制时代的时候，英国已率先到达现代文明

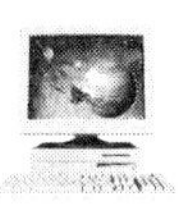

的入口。并以一种崭新的生活方式，成为世界上第一个工业化国家，开创了影响深远的自由主义经济模式，从而建立起一个地跨全球的“日不落帝国”。

法兰西告诉我们以武力征服世界，不能使征服者长时间地站在王者的位置上；德意志则用第一次与和二次世界大战的失败更为深刻地证实了法兰西的教训，即征服世界不能单凭武力；日本告诉我们：要使国家崛起，就要不断学习，不断完善自己；苏联的兴衰告诉我们：伟大的社会变革不仅需要勇气还需要智慧。

美国告诉我们：要寻找适合自己的道路，才能迅速崛起。“这个国家的出现，虽然只有230年的历史，但却演绎了大国兴起的罕见奇迹。它在欧洲文明的基础上，独创性地走出了一条自己发展道路，将世界第一经济强国的位置占据了一个多世纪。”

《大国崛起》虽然将五百年来世界大国的历史立体地、直观地呈现给了观众，但它并不拘泥于历史的支脉，也不进行文明的比较，而是注重历史带给现实的思考，展示了九国以不同方式、在不同时期内完成的强国历程，既体现出各自鲜明的不可重复的时代特征和民族个性，同时也探讨了某些相通的规律。

政论片《大国崛起》的思辨性，还表现在它的严谨的理论逻辑上。第十二集《大道行思》(结篇)，可以说是对九大国500年来兴衰浮沉历史的总体思辨，它通过“大国之道”、“大国之惑”、“大国之路”和“大国之思”，提示了大国发展与崛起的过去、现在与未来，触摸到大国的灵魂和它们的社会核心、文化核心，同时也是通过思辨，对当前中国在世界格局的位置和面临的任务进行思考后的一次表达。

《大道行思》(结篇)以“大国之谜”开篇，引导人们去寻找，寻找大国崛起的谜底。当通过大量权威人士的采访，得出了造成大国崛起的各种综合因素后，政论片又带领观众思考“怎么维持一个大国”的“大国之惑”？500年历史证明，单纯依靠战争来保持和扩大利益，最终都会走向失败。

“500年争霸的历史一去不返了，无论是曾经的帝国，还是今天渴望强大的新兴力量，都必须更加理智地在21世纪寻找新的大国之路”——具有强大的创新能力；具有强大的人力资源。正如一位学者所说：“凡不曾培养出真正受到良好教育公民的国家不能称其为泱泱大国。”美国正因为拥有全世界最庞大的高等教育系统，才使它获得了信息时代的核心竞争力。

“大道行思”在获得“大国之路”的明确答案之后，又引导人们开始寻找新的答案的“大国之思”：当今世界，究竟什么样的国家，才称得上是大国？怎样才能成为一个大国？国家体制、思想人文、软实力和硬实力相结合等等，都可能成为理想的世界大国的途径。

“所有的历史都是当代史。没有人能够真正还原历史的岁月，著史和读史的人

都免不了当下的情怀和眼光。”[①]《大国崛起》让我们看到世界的过去，带来的是对现实的思考，以严谨的逻辑推理，引导人们在思考中去寻找推动经济发展的根本力量，寻找属于全人类的文明成果。

第三节　评述性政论片

评述性节目采取“评论”和“叙述”的手段，客观报道、分析评判，这是它的基本特征。评述性政论片针对特定事件、问题，以及事件的进展、动向，进行客观的评述。它要求对观众关心的时效性强的问题，进行有分析评介的报道；要求在客观叙述的基础上力求对所报道的事件和问题作出公正的评判，并对观众关注的热点问题，尽力作出有见识的预测。好的评述性节目当由事阐理，以理评事，事理相连，相得益彰。这类节目以夹议夹叙的风格为特色，有赖于记者或主持人有见地的精彩报道。它评述的公正应以客观全面的报道为基础；它所追求的客观和全面则应以达到公正的评述为目的。如中央电视台《焦点访谈》栏目中播出的节目多具备典型的评述特性[②]。评述性政论片更多接近电视新闻述评，因此，具有与电视评论相同的特征和制作技巧。

一、评述性政论片的特征

电视评述或电视述评是一种夹叙夹议的报道形式，即融新闻报道和评论于一体，通过画面、同期声、论述语言、字幕等手段，既报道事实的具体情况，又对事实进行分析评价。它以事实的报道为基础，但对事实的报道又不是平铺直叙的，而是力求透过纷繁复杂的事态表层，抓住其本质和内在逻辑，引导观众思考，并作出自己的判断。目前，这一类型的评论节目已成为时下评论节目的主流形态。

电视是声画结合的艺术，评论是逻辑推理的产物，充分运用电视的画面、音响、文字和解说为报道事实和评析事实服务，这是电视述评的优势所在。在述评节目中，记者往往以调查者的身份出现，在新闻事件的现场进行采访报道，讲述事件发生发展的来龙去脉，通过节目当事人、各界群众、政府官员、权威人士等，对新闻事实作出客观的记叙和评论。在节目的开头和结尾，往往是由固定的主持人在演播室出境，对节目进行画龙点睛式的点评和总结。

---

① 罗明：《大国崛起》，中国民主法制出版社 2007 年版序。
② 杨伟光：《中国电视专题节目界定》，东方出版社 1996 年版，第 17 页。

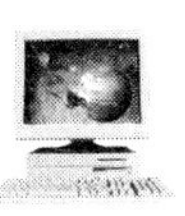

1. 述与评的结合

一个好的新闻述评性节目，除了要有严谨的结构、流畅的陈述之外，关键还在一个“评”字。评论在于说理，说让人信服的道理，而说理则是为了引发思考和共鸣，恰如其分的评论能够提升节目的思想内涵。从述评结合的要求出发，记者在采访过程中坚持以理性目光审视事物，透过现象挖掘本质，采用多侧面、多角度、立体化的叙事说理方式使观众透彻了解事件的来龙去脉。节目摒弃以往评论节目所采用的那种带着观点找例子的说教模式，把观点蕴含于巧妙的结构安排、恰当的内容选择上，现场记者不直接对事件进行评论，而是通过对节目所反映的客观事实进行分析来引导观众作出合乎情理的判断。

讲究述与评的结合最关键的是用事实说话。电视评论节目最终传达的是一种态度、一种思想，但抽象化的意识形态只有被事件化之后才可能被最多的观众接受。因此，用事实说话成为电视评论的基本方式。用事实说话，就是通过报道事实，向读者阐明一种思想和观点，用叙述事实来发表意见，把记者的意见和观念寓于事实的叙述之中，让读者在报道中得出应有的结论。

用事实说话，就要重视过程的记录，让过程本身成为电视评论的内容。只有记录事件的过程，有了真实的、活生生的过程，事实本身才具有一种说话的力量，说出来的话才可信。《焦点访谈》的许多成功制作，都是选择令人关注的新闻事件，采取调查取证的方式，通过对事件的发生、发展以及记者的调查采访过程的忠实记录，利用形象的真实和声音的真实来衬托环境的真实、氛围的真实和心态的真实。如《“罚”要依法》中对于违章罚款过程的记录，它所提供的动态消息和实况氛围，带来了观众对新闻事件结果的全新感知，使新闻评论的立场、观点自然而然地隐含在对事件的叙述之中。无论是正面报道，还是监督性报道，电视记者都要善于掌握用事实说话的技巧，特别是监督性的报道，更要重视证据、重事实。“这种评论形式由事阐理，以理评事，事理相连，易于接受。”

电视的优势在于视听兼备，生动直观，以形象思维见长。正因为此，许多人将电视称为“感性的媒体”。而评论靠的是逻辑推理，以抽象思维为主。因此，电视评论自诞生之日起就存在这样一个矛盾：电视要求直观、声画结合，可视性强；评论则要求说理，进行抽象思维，思辨性强。做好电视评论节目，关键是做到电视的直观可视性与新闻评论抽象思辨性的统一，通过强化可视性这一电视本身所具有的优势来达到增强评论说服力的目的。

选择典型的画面和声音是体现节目形象思维的关键因素。画面满足了人们“眼见为实”的心理需求，并能传达出强烈的现场气息，这在一定程度上能给观众以丰富的感性认识，成为观众进行形象思维的良好前提。画中人物的语言、现场的自然声音能进一步减少观众心中的不确定性，增强画面的真实感，使论据的感染力增强。《焦点访谈》(1998年10月20日)播出的节目《“盖子”被揭开之后》出现过这样的镜头：当一位老太太向记者讲述了当地搞假渗灌工程的真相后，乡长顿时愤怒得不得了。为了制止老太太的揭发，他对记者和老太太大吼：“谁胡说，我马上收拾他!”这句话将乡长霸气十足的蛮横作风暴露无遗，此时无需多加评论，观众自然会对假渗灌工程有一番公正的评论。

电视评论的抽象思维在电视评论中有时幻化出形象的不同组合呈现，它将评论者的观点隐藏在事实的展现之中。为此，许多优秀的节目制作者长于节目画面的巧妙编辑。节目的编辑是理性思维的重要体现。好的节目编辑不仅可以使画面的信息更加丰富，而且可以通过画面的不同组接方式给观众以充分的想象空间，产生强烈的感染效果，从而调动起观众逻辑思维的积极性。《焦点访谈》的著名记者、制片人赵微曾说：“我在编辑的时候，选择什么素材，怎么剪接，素材的编排顺序，都有极强的主观性。通过平行、矛盾剪辑的手法，把展现不同视点、心态的语言和场景组接在一起，在观众心中产生撞击，这样做既增强了客观事实报道的说服力，又以强烈反差的对比报道增强了报道的评论色彩。我想，是不是应该明确这样一点，让观众在收看电视评论的过程中，通过记者提供的事实的理性思考，共同参与完成对事件的评论。”①可见在电视评论中对于画面的编排不可小觑。

此外，解说词的写作也不可忽视。画面和声音带给观众思维的材料，解说词声在一定程度上起了说明、引导观众完成思维过程的辅助作用，并提升观众对整个事件的理性认识。同时，记者的提问也是引导观众进行思考的有力方式。

电视评论作为形象思维和抽象思维结合的产物，在运用形象化的表现手段时，其条理性、画面、声像运用、先后搭配、片中点评、解说等无不体现出逻辑思维的作用和魅力，严谨的逻辑思维在电视评论中与形象思维有机的结合，使得电视评论更具魅力。由于大多数电视评论集叙事、采访和评论等多种任务于一身，要使观众在生动的形象后面悟出深刻的道理，这就要运用一切手段使电视新闻评论抽象与具象结合、主观和客观融合、理智和与情感渗透的特点得到最好的发挥。如在《焦点访谈·违法收缴违民心》节目中，记者对画面的选择、节目悬念的设置、采访的安排、素材的取舍都具有极强的逻辑性和目的。节目主持人首先在开场白中设置悬念，接着切入一些热闹的运动场景，高堡乡乡政府一系列荒唐的举措层层展现在我们面前：五花八门的收费项目，“严打队伍”抓人、撬门、抢物品，责令学校停课等极端手段令观众怵目惊心，事实的层层递进，不仅体现了记者严密的逻辑，同时也使

① 袁正明、梁建增：《聚焦焦点访谈》，中国大百科全书出版社1998年版，第289页。

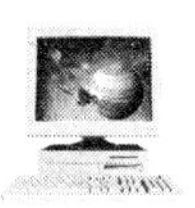

得整个事件直观、可感。在节目最后，主持人在形象表述的基础上，进一步进行理论的概括："国家开展'严打'的专项斗争，就是为了让社会更加安宁，让老百姓过得更安全、更幸福，可是高堡乡却荒唐地把'严打'对准了父老乡亲，弄得鸡犬不宁、人心惶惶。一项好的政策，居然让高堡乡歪曲和利用成这个样子，的确令人深思。"简短的点评，却蕴含着对违法行为的有力谴责和鞭挞。

评论的魅力在于说理，就典型事件或具有普遍意义的社会现象发表议论说出"人人心中有，个个口中无"的道理，以逻辑的力量打动观众。因此电视评论不仅要利用"形象性"、"声画兼备"的优势，而且还要抓住叙议结合，把握好形象思维和逻辑思维相结合的特征。

2. 论据的形象性

电视评论的最大特征在于其可视性。因此，电视评论用事实说话，首先就是要用形象说话，注重画面的表现力。"电视评论尽管以论说语言为主体，但画面形象展示的配合也很重要，它是增强电视评论可视性，吸引观众的重要手段。"①

电视评论的形象化传播是实现电视情景再现功能的重要手段，它以纪实性的手法如实地记录现场，具有直观的视觉冲击力和感染力。如《造林还是造"字"》就是针对当地一些干部大搞形式主义，劳民伤财的事实所作的一期电视评论。节目中有这样一个片断：

【记者】观众朋友，我现在是在陨西县店子镇姜家沟村。我们现在看到我身后这座山叫太平寨山，这个山上清晰地写着"封禁治理"四个大字。这四个字的意思就是封山、禁伐、治理荒山。

【解说】在村民的带领下，记者来到其中的一个"封"字跟前，由于字体太大，记者很难将该字完整地拍摄下来。

【记者】观众朋友，我现在站在封禁治理的"封"字的一个大点上面，大家可以看到，这个"封"字的点是多么大，字长我估计了一下大概有 6 米，宽大概有两米五到两米八这个宽度，而且这个坡度是非常陡峭的，现在我估计有 70 度的坡度，可以想象当初村民在这儿建这个"封禁治理"的"封"字时是多么的艰难。

记者爬到 70 度的山坡，通过有代表性的画面还原整个事实，为的是让观众对当初农民造字的艰难有一个直观形象的认识，从而为后面对事实调查的深入和评论奠定了一定的事实基础，这样才能言之有物。

① 叶子：《电视新闻学》，北京广播学院出版社 1997 年版，第 233 页。

电视离不开画面，不管是论点的提出，还是论证的过程，现场述评自始至终都伴随着画面，因而用以论证论点的论据是形象化的论据。同样是对309国道乱罚款现象的报道，节目《国道行》是这样表现的：

记者采访附近的司机。

记者：乱收费、乱罚款的有多少个人？

司机甲：有10来个。

记者：都以什么名目罚的你呀？

司机甲：有的是超载，他也不看车。

记者：到那就叫你交20块钱。

司机甲：一罚就是50元，说点好话，不要票给20元就过去了，要票50元。

司机乙：如果你问他为什么要罚我们，就加倍罚。你说一句话，他就给你撕一张票。

记者：不容人分辩？

司机丙：对，我被罚过100元。

而《焦点访谈·"罚"要依法》节目则更注重对画面的运用。

山西黎城县境内。

309国道上。

一辆卡车被交警刘代江截住，刘不由分说撕下一张20元的罚款单递给司机。

司机：多少钱？

刘代江：20。

司机(祈求地)：给10块算了。这是什么钱？

刘代江：来，来，你下来我告诉你。

司机：你给我写吧。

刘代江：我给你写的有啊。

司机(可怜地)：照顾一下吧！

刘代江(蛮横地又撕下一张罚款单递过来)：再来20！

司机(惊恐地)：谢谢。

刘代江(凶狠地吼道)：拿来！

司机(无可奈何地)：你照顾一下好吗？

刘代江(怒吼)：快点！

司机(哀求地)：空车，谢谢。

刘代江(愤怒地把罚款单扔进驾驶室)：40！

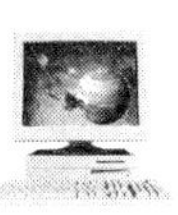

两相比较，前者采用静态的实地采访，后者则用现场画面传递形象信息。正所谓：百闻不如一见。我们通过画面不仅了解了述评的事实，而且对整个评论的环境也有了更为直观的认识。人们对电视视觉符号真实性的信赖，取决于视觉符号是一种最接近人类感性认识的符号，能够提供全景式的观察视野，这是迄今为止最能保持生活素材的完整性和原始形态的传播媒介。

3. 论证过程的群体参与性

论证的群体性就是指主持人、政府官员和专家、当事人等多方参与评论典型事实的特征。它既包括主持人的主体论证，也包括专家、官员、群众的客体论证。三者有机融合，相得益彰，共同完成述评任务。在这种节目形态中，“说话”的主体主要有：一是当事人述说。在节目中直接引用双方当事人的话语来解释新闻事实，便于让观众直接了解当事人的态度，从而直观地展现新闻事实，这种论证方式有利于避免主观臆测，力求客观公正。二是目击者述说。在节目中我们往往无法让事实重现，因此，采用立场较为中立的目击者述说能够客观真实地再现事实。三是权威人士说。在述评节目中大量采用专家、学者和政府官员的话大大增强了对新闻事件的解释性和说服力。在述评节目中，记者通过镜头把事件的前因后果先展现给观众，在“叙事”的过程中，记者一般不直接发表评论，观众在记者的深入调查过程中彻底明白了事件的来龙去脉，自然有了自己的观点。同时，演播室的主持人点评也是点到为止，不作深究。当然，也不排除主持人作为评论者，向观众直抒自己的感受，表明自己的观点和态度。这种主要以“相关人物述说”的信息传播方式，改变了“画面＋解说”的老套路，使得报道更加客观真实，观众更容易接受①。

目前，我国的电视述评节目逐渐形成了较为稳定的基本形态。大多数述评节目开始意识到用事实说话的重要性，“论证过程事件化”成为电视述评节目的发展趋势。但作为电视评论节目，在充分吸收和发挥纪录片、谈话、纪实等节目形态的优势时，如何体现评论节目相对独立的节目特点，凸显“评”的个性，则是电视述评发展过程中值得思考的。

4. 评述主体的多元性

新闻评论的主体主要是由职业新闻评论工作者和广大受众组成。以目前的影响力来说，前者依然占主导地位。随着电视评论形式的日益多样化，越来越多的人参与到电视评论中来，评论的主体呈现多样化的趋势。

---

① 赖浩峰：《此“说”不同于彼“说”》，《中华新闻报》2004 年 3 月 10 日。

在以受众为中心的信息时代，电视不再是“话语霸权”下的产物，它将逐步成为平民百姓享有话语权的平台。电视评论的话语权已从职业新闻工作者手中逐渐回归大众，成为表述普通人观念和价值的公共论坛。职业新闻评论主体也由以前唯我独尊、高高在上的意见主导者，逐渐转向意见主导、交流、引导并存的格局。与此同时，电视画面表述的直观性使它难以成为“一人说了算”的评论。这是因为，面对“现在进行时态”的客观现象，每个人都根据自己的心理图式进行解读，表现出进行评价的欲望和权利。这样，电视评论就会体现出包括受众参与的群体论证和群体评判的特征。在这个“群体”中，还包括进入节目的专家、官员以及参与评议的被采访者等，这在电视述评节目中体现得较为明显。如四川电视台《今晚十分·“欺”房是怎样产生的》节目中，有这样一个片断：

【解说】

房子拿不到，钱又退不了。在与开发商多次交涉无果后，徐慧把自己的遭遇向省消委进行了投诉。徐慧的投诉引起了省消委的高度重视。

【同期声】

谷岩：这个投诉一送到我们这儿来，就引起我们高度的重视。为什么呢，按照省政府的文件规定，这个房产开发项目不够发预售证的条件，但是开发商竟然拿到预售证了。省政府的文件竟然可以不执行？执行谁的呢，执行自己的吗？谁给你钱，你就自己搞一套吗？另外，这个工程没有达到银行按揭的条件，但是银行竟然也同意按揭了。

……

【同期声】

主任：省上确实制定了这么一个东西，但是我们成都市掌握，如果要六楼的话就执行不通（省政府明文规定：六层以上商品房项目，应完成主体六层结构才能取得预售资格），等于成都市的市场马上就垮了，明天就没有了，都不卖房子了，都不去修房子了，都卖现房了，就已经共产主义了。

【解说】

对于成都市房管局为什么不按省政府的文件执行，购房者徐慧也提出了同样的问题，而这位主任的回答更是语出惊人。

【同期声】

主任：我现在可以这样说，你买房子的时候咋不找这些文件呢？你咋不去学习一下呢？你就应该把《毛主席语录》全部学透了，才去买房嘛。咋个出了问题才开始学习文件呢？就是应该这么说，现在如果是我来说他就是这个样子的。你买

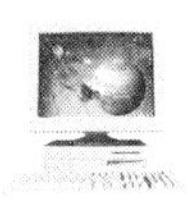

房子之前，你应该把《毛主席语录》全部学通了才去买，否则我就不买。对了，我就不会上当。×妈哟，买完了，最后开始来学文件了。

谷岩：政府职能部门的个别人吧，这些人他忘记了他拿的是纳税人的钱，他的所作所为完全是站在房地产商的立场上，而且站在不法房地产开发商的立场上，他拿的是昧心钱，因此他不是为人民服务，不是为了整个房地产市场的健康发展服务。

……

【同期声】

谷岩：你说消费者相信谁，第一相信政府。政府给他发的预售许可证，那消费者当然就放心地购房了。第二相信银行，因为银行直接承担风险，银行同意办按揭了，显然这个消费者就认为我没问题呀，买这房子放心了。就这么两道最重要的保护屏障，竟然会失去作用。

……

【同期声】

记者：有哪些地方不满意呢？

市民：因为有关职能部门在这方面有的时候做得不够。因为它有时候会收一些……这个，其实一般人都知道，你不用我说得太明白。

市民：因为在房地产行业当中，具体所谓的购房纠纷中，往往是首先由于我们相应的手续、法律、规范的东西没有完全到位，我们执法过程中，人为的因素比较重。

市民：法律和程序已经制定了，但是在具体监督上还稍微差一点。

【解说】

从问卷调查的结果来看，市民们对政府部门在规范房地产市场中的表现总体上是不满意的。从“爱舍尔花园”违规取得预售许可证这件事上尤其可以看出一些部门的工作还存在不少问题。“爱舍尔花园”有一句广告词叫“你的黑夜比白天多”。我们没能理解这句话的含义是什么，但可以肯定的是，对于像徐慧一样的众多购房者来说，目前的情况真是黑夜比白天多。

对于“欺”房的产生，为什么会产生，记者没有独自主观论证，而是与消费者、省消委、银行、市政府公务员和市民一起完成，使整个节目有了看点。消费者、省消委与市民一起完成了“正方”评论，而对立方观点则成了观众驳论的对象。尤其是成都市房地产管理局产权处的那位负责人，面对记者和镜头所表现出来的麻木与冷漠以及对事件过程发出的惊人之语，给观众留下了极其深刻的印象。在这期评论

节目中，被采访者有当事人，有知情人，也有相关部门人士，他们的发言或对话是围绕主题而展开的，他们既是论据的展示者，也有是论证的参与者，身兼陈述事实、评论事实的双重功能。即使是对事件本身的回忆陈述也是一种论证的形式，因为他们的回忆不再是事件的重现，而是在个人经验认识基础上的重新结构。重构事件的过程蕴含着论证的过程。

论证主体的多元化决定了论证主体代表的广泛性和多层次性。他们来自社会方方面面，代表不同的文化背景和文化层次，又正是这些来自不同文化背景不同社会层面的人的评说，揭示了事件本身的多重意义，避免了论证的缺陷与立论的偏颇。同时，论证主体的多元化，打破了记者包打包唱的传统模式，构建了一条全新的能满足受众沟通与交流的理性通道，有着事半功倍的效应。

二、评述性政论片的制作

(一) 选题

好的选题是节目成功的前提和保证。选题是一个栏目生存发展的源头活水，选题自身的质量和选题的可操作性，决定着节目运行的质量。凡是取得成功的电视节目，他们无不把选题当作一件重要的事情来做。评论的价值首先在于所选择讨论问题的价值，在于这些问题是否选得准、选得好、选得及时、选得有意义。

1. 选题的标准

强调对选题的重视，首先要确定选题的标准。尽管节目每天都会报道不同的题材，但这些题材选取的原则都是一致的。中国新闻名栏目《焦点访谈》总结其长盛不衰的成功经验，一个基本的共识就是坚持评论节目的选题标准，概括为三句话：政府重视，群众关心，普遍存在。

(1) 政府重视

电视评论作为舆论监督的重要节目形式，必须紧紧围绕党和政府在一个时期、一个阶段的重点工作进行；同时，政府重视的问题，又恰恰是政府迫切希望在工作中解决的问题，也就是说代表党和政府的意志，这也是我国新闻报道的出发点和切入点。要寻找政府重视的选题，就需要研究不同时期的工作重点，目前有什么政策要推行，有什么问题需要注意或解决，应该怎样避免出现的问题？这里需要考虑的关键因素是把握好导向，考虑揭示这些问题对政府工作是不是有促进作用，要害是促进。节目的播出要有利于问题的解决、有利于满足观众的文化需求、有利于社会健康有序地发展。

1997 年 11 月 25 日，《焦点访谈》播出了反映 309 国道山西黎城、潞城地段交通

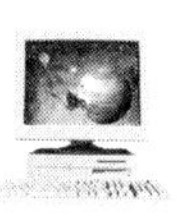

民警乱罚款的报道《"罚"要依法》。这个选题涉及的乱收费问题一直为政府重视，而且就在1997年10月份，国务院纠正行业不正之风办公室还向全国通报批评了三起乱收费的问题，要求各地举一反三、引以为戒。因此，记者在接到群众反映后，觉得这个顶风而上的问题应该揭露。《焦点访谈·"罚"要依法》播出后，引起了强烈反响。中央领导也认为节目播得好，全国纠风办向全国通报这一事件，要求全国严查"三乱"现象，节目中的违法民警也受到了处分。这个节目之所以在全国产生如此大的影响，在于选题本身所具有的能量。

（2）群众关心

由于电视强势媒体的独特优势以及评论节目舆论监督的广泛性，这使得我们的选题必须是群众所关心的事情，从而实现节目的接近性和广泛性。比如随着住房制度的改革，各地都要逐渐取消福利分房，但许多工薪阶层根本买不起房，因此，如何解决居民的住房困难问题，这是许多百姓都关心的问题，《焦点访谈》针对这个问题做了一期节目《老百姓需要什么样的房》。记者通过广泛的采访调查，针对群众的疑问，层层剖析，并提出解决问题的办法，这样的节目自然能够赢得观众的欢迎。

（3）普遍存在

电视评论的选题要抓住社会生活中的热点、难点和疑点问题，帮助受众释疑解惑。但我们生存的社会每天都有各种各样的矛盾和问题，以及许许多多的国内外大事，电视评论不会也不可能一一予以评说。因此，它需要把握那些具有代表性的人或事，以个别来反映一般，通过对典型事件的分析，得出具有普遍指导意义的观点。实践表明，电视评论的社会反响如何、社会效果如何，很大程度上取决于是否抓住了典型的新闻事件。这条原则，对其他同类原则也是适用的。

如《发票：期待"透明"》节目中，记者抓住2001年11月10日中国加入世贸这样一个时机，选取日常生活中普遍存在的"乱开发票"的问题展开调查和评论。类似的经济生活的问题，与世贸规则背离太远。对于这些现象，政府虽然屡屡严厉禁止，却未能从根本上得到遏制。因虚开、增开发票产生的采购黑洞，便是一个极为典型的例子。有学者甚至把它称作"全民腐败"，并指出"如果听任这一现象泛滥，直到人们熟视无睹，将有可能导致社会伦理道德底线的全线崩溃，后果不堪设想"。而麦德龙发票的出现恰逢其时，从源头上堵住了这一漏洞。可以说，这样一个选题同时具备了政府重视、百姓关心和普遍存在的衡量标准。

2. 选题的来源

（1）党和国家的方针政策

党和国家的方针政策是电视评论选题的重要来源。一般来说，党和政府制定

的重要的方针政策、战略部署，党和国家领导人所做的一些带有全局性和普遍意义的重要指示，电视评论都应该采取恰当的方式进行阐释和宣传，切实发挥好"喉舌"作用。同时对于有关政策的实施，电视评论也应该做好舆论监督的工作。

(2) 日常生活中选题

新闻评论依托于新闻事实，许多新闻事实都产生于人们的日常生活。实际生活中的事件和问题，一般都是与群众利益密切相关的，都是广大群众关心的。从日常生活中选题，往往能反映人民群众的要求、愿望和呼声。除了人民群众所关心的热点、难点、疑点问题外，党的方针政策执行情况如何？还有哪些需要尽快解决的问题？哪些做法违背了党的方针政策，损害了国家和人民的利益？……所有这些都是电视评论需要加以评析和引导的。因此，要勤于观察、善于分析，认真思考，这样才能从日常生活中找出有新闻价值的事实。

(3) 其他媒介信息

报纸、广播和网络上的大量的新闻报道都是现实生活的直接反映，也是电视评论选题的重要来源。媒介各自有自己的特色和传播方式，影响的程度和覆盖的范围也不尽相同，其他媒介报道过的信息，电视也可以报道，具有再传播的价值。

(4) 群众来信来电

群众来信来电现已成为媒体重要信息来源。据介绍，《焦点访谈》90%以上批评报道的线索都是由群众来信、来电、来访等方式提供的①。随着网络科技的引入，我们通过短信平台和因特网，使得评论的信息来源更加广泛，更加方便及时。

找准选题是电视新闻评论的首要因素，电视新闻评论节目的策划、制作，只有号准社会脉搏，找到"领导重视、群众关心、普遍存在"的结合点，才能真正起到弘扬真善美、鞭挞假恶丑的作用。

(二) 结构

确定了节目的选题，如何组织这些题材成为关键。评论内容的不同将直接决定着评论的谋篇布局，同时，评论采取何种方式还取决于不同的评论形态和风格。一般来说，评论的结构方式主要有以下几种：

1. 递进结构

这种结构形式的电视评论是按照事物发展或人们认识事物的逻辑顺序来安排层次的，这也是目前电视述评节目中采用最多的一种结构形式。采用这种方法谋

① 孙杰：《"焦点访谈"的实践与舆论监督的策略》，《中国记者》1999年第1期。

篇布局，可以使整个节目有明显的发展线索，并做到循序渐进，层层深入。这种结构形式的评论犹如层层剥笋，随着对事物的认识由表及里，由浅入深，从而不断地深化主题，使节目的力度不断加强。

湖北十堰电视台于2002年11月15日播出的电视述评《造林还是造"字"》，就采取了递进的方式来安排整个结构：

画　　面	解　　说
太平寨山"封禁治理"四个字的全景	【导语】观众朋友，你们好，欢迎收看《车城全景》。一条标语长达5公里，一个字有两个半篮球场那么大，这样庞大的标语你见过吗？近日，记者在郧西县就见到了这样的标语。
移动拍摄山上四个字的全景	【解说】这样的标语就是郧西县的石头标语。为了了解建造这种石头标语的情况，11月13日，记者首先来到郧西县店子镇。 （记者在现场报道的开头场景，见前述"评述"性政论片的特征"之二"论据的形象性案例）
一村民在"封"字前介绍造字过程	【解说】在姜家沟村，几位村民给我们讲述了当时造字的过程。 【同期声】记者：当时你参加了没有？ 村民：参加了。 记者：这个材料是什么材料呢？ 村民：这个材料开始是用石头铺的，后来用水泥和沙做浆，把它糊起来。 村民：开始先搬草皮子，搬完了之后把字打成印子，打成印子挖槽子，挖槽子以后搬石头上去齐齐排，排罢了之后，慢慢和水泥浆，往上抹。
采访村民 "封"字的特写 采访村民 记者在"封"字前采访一村民 从山下小河摇到山的全景	【解说】这位村民说，造字所用的石头、沙、水泥等都是从山下运上来的，从河中挑一桶水到"封"字跟前要四五十分钟。 ……
"理"字特写及全景	【解说】与国内标准篮球场364平方米相比，这里每个字都超过了篮球场的2.5倍。如此之大的石头标语，花费的人力财力是可想而知的。那么这里为什么要建造这样大的石头标语呢？ ……

(续　表)

画　　面	解　　说
“封”字特写及全景 采访村主任	【解说】就这样，造林运动变成了造字运动。对于这种大规模的造字运动，村民们更多地表现出无奈和不满，村干部则考虑的是如何完成任务。 ……
字的特写 采访镇领导 四个字的全景	【解说】这种造字运动不但违背了村民的意愿，而且花费的人力财力是相当惊人的。这位店子镇党委副书记给记者测算了建造“封禁治理”4个字所花的费用。 【同期声】副书记：
采访镇领导 移动拍摄字的特写	整个4个字的用劳力、用工大概是1 800个，用了60方沙石，用了2吨水泥，总共字的成本价，就是5 200块钱左右。要是按每个劳力10块钱折合，整个(4个)字花了12 000块钱。
山路上移动采访	【解说】而始终参与店子镇造字活动的林业站工作人员余秀武也给记者算了一笔账。 【同期声】余秀武：
采访余秀武	店子镇前前后后上了2 000多人，我们这么算了一个账，我们只按他们每个人只干了10天，10乘以2 000就等于2万个劳动日；2万个劳动日每个农民每天只算10块钱的工钱，光人力一项，店子镇在这4个字上就花了20万。你比方说太平寨那地方就做那几个大字，当初(县)林业局给店子镇24 000块钱的奖金，这是县委领导授意的。给了24 000多块钱的奖金，用24 000多块钱买一毛五分一棵的松杉苗子，大概要买16万株，16万株就可以把这个山绿化12遍多。 【同期声】记者：这个钱如果用在真正植树造林方面会植多少树呢？
采访镇领导	副书记：植树至少按照这一万多块钱，我们这个地方植树从树苗成活率的保证，大概可以植树30亩左右。 【同期声】记者：你感觉花这么大的代价
四个字的全景	值不值得呢？

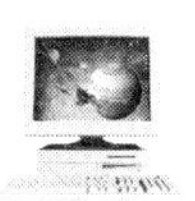

（续　表）

画　　面	解　　说
采访镇领导	副书记：花这个代价我们认为还是值得的。因为我们做这几个字不仅仅是为了我们这一座山，而是为了整个全镇的农民，为了增强他们的造林意识。
记者从字上走过	【解说】那么村民们是如何看待这种造字运动的呢？
采访村民	【同期声】村民： 从（河）对岸可以看到这边一排字好看，它只能说在对面过车来去，当干部的看了好看。
采访村民	村民：要依老百姓说都不值得，那山上啥东西都不长，搞了没啥意思。
采访余秀武	余秀武：我认为造林应该是实打实地造林，不应该把这个造林运动变成一种造字运动。当时以为恐怕将来会有一个很好的宣传效果，可是四年过去了，山上荒山还是荒山，这么一看就是一个劳民伤财的工程，也是一种形式主义作法。 点评：封山育林，绿化山川，是我们各级政府部门义不容辞的职责。陨西县部分乡镇加强封山育林的宣传本无可厚非，但要劳民伤财地去“造字”不造林，那也只能是违民意、毁民财、失民心了。陨西县是国家级贫困县，至今还有不少农民未解决温饱，花费如此浩大的人力、财力来建造这样的石头标语，说到底还是一种不注重实绩、只做表面文章的形式主义。好，感谢收看本期节目，再见。

评论开篇设问，直接切入新闻点，从一条长达5公里的标语开始。记者首先采用现场调查的方式向观众展示了造“字”的事实，接着分析为什么要建造这样的石头标语（干部与百姓各执一词），石头标语的用途何在，花费大量的人力物力和财力建造石头标语到底值不值得，最后记者在事实调查的基础上分析议论造石头标语的目的何在（造林运动变成了一场造“字”运动，是一个劳民伤财的工程，也是一种形式主义的做法）。

整篇评论思路清晰，结构合理。以调查的手法全面展示了造字运动的前因后果、来龙去脉，并揭示了造字运动的本质和内涵，为受众提供了完整的真实内容。从提出问题、摆出事实到分析评论问题，节目环环相扣，层层深入，从而体现了整个评论的深度和力度。

2. 总分结构

这种结构方式包括演绎式和归纳式两种。演绎式的结构方式即采取发散型思维，从某一个中心出发，向多方面展开。在节目中，首先表明观点，然后引入相关的材料佐证观点。归纳式结构则采用聚合式思维，节目围绕评论的主题，逐层运用材料说明观点，最后得出有说服力的结论。采用这种总分结构，可以做到条理清楚，也符合受众认识事物的逻辑顺序。

《焦点访谈》曾经播出的《推杯换盏话饮酒》就采用了这种结构形式。

画　　面	解　　说
	【主持人】无酒不成席，无酒不成宴，这是中国人的习惯。逢年过节就更是如此。一家老小亲朋好友，举杯相庆，其情浓浓，其乐也融融。但是酒无常性，在不同的场合，以不同的名义和不同的人喝酒，这酒的味道呢，也有所不同。
朋友聚餐场面 碰杯 北京四合院过年场景	苏叔阳(作家)：酒这种东西呢，它是植物加工后的产物，这证明着人类对植物不再是取其天然而人为，这是一种巨大的生产力的进步；第二由于有了酒，人们的生理状态就多了一层，这种层呢，就叫做醉，由于有了这种生理状态，又引起了心理上复杂的变化。
朋友聚会 鼓掌	某甲：何以解忧，唯有杜康。我说今天是只有喜没有忧，男女朋友雄赳赳美酒一杯喝下去，草原的感情不能丢。
	乔羽(词作家)：我是爱喝酒，特别是年轻的时候，我这酒量还不能算小，喝酒不一定非喝醉不行，喝出酒的味道来，这个味道包括酒本身的味道，也包括喝酒时候产生的一种人生的趣味。 ……

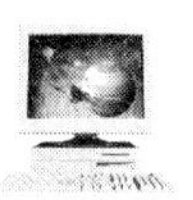

（续　表）

画　面	解　说
	苏叔阳：多么伟大的事情，美好的事情，动人的事情都是因酒而起；也有很多罪恶、丑恶和阴谋，也是因酒而起，那么现代人就应该认识到酒的好处和坏处，因酒起祸，因酒杀人，因酒办缺德事、办阴谋诡计的事也是有的。
酒宴 （一、二、三）喝酒！	某甲：喝酒不一定必须闹事，如果认为喝酒的人就是必须该闹事的人，这就是错的，再一个说了啊，不管您是《焦点访谈》还是哪儿，您可以……
醉后手舞足蹈	某丙：这个大家也经常再一起聚一聚，高兴了，就把酒杯捡起来了，这一捡可倒好，一下就捡到医院里了，幸亏抢救及时，治疗方法得当，要不，我现在就不可能跟你说话了。
商店酒柜台	记者：你这都是洋酒啊，有人买吗？ 售货员甲：有人买，买的人还不少，送礼的多。 记者：为什么送礼要送酒呢？ 售货员甲：送礼送酒现在好像是一种风气似的，其实好多人买了送人不见得就是想人家喝，我觉得中国人对洋酒好像喝得不是特别习惯，就为了面子，还有打通关系，办事什么的。 …… 苏叔阳：酒啊，自从变成了人们的人际关系的润滑物或表达中国传统的人际关系的哲理的这个东西以来，随着世风的发展，酒也起了不同的作用。 某公司业务员：作为公关手段，喝酒看来是很正常的，这对于我的工作。因为什么呢？因为很多事情如果它有五分把握的情况下，如果在酒桌上谈的话，就可以七到八分。 …… 某公司经理：一杯酒的价值，如果你知道吧，就这一扎啤酒，在这儿喝肯定是八块钱，如果在高级饭店，像三星级以上的饭店，一扎是八十元，如果我请两千块钱的饭，酒水可能是一千块，要

（续　表）

画　　面	解　　说
	一瓶洋酒XO是八百多块，普通的洋酒也要三百多块，所以这个酒就不得了，有些饭店的利益主要是挣你的酒钱。 字幕：据统计，中国人一年喝掉的酒相当于一个西湖。1 000人中有4个酒精中毒者。在喝酒成风的地区，1/3的交通事故和离婚案件与喝酒有关，50%的饮酒者基本用公款。 【主持人】酒杯虽小，却能盛下一个西湖，酒桌不大，却能摆下亿万钱财。有一句非常流行的民谣是这样说的：喝坏了风气，喝坏了胃，喝得单位没经费。酒从欢庆喜乐的兴奋剂变成了败坏社会风气的腐蚀剂，这违背了人类发明酒的初衷。酒可以使好事变得更好，锦上添花，也可以使坏事变得更坏，雪上加霜。

这期电视评论从喝酒说起，记者首先指出酒作为中国人的一种传统文化，给人们带来了欢乐，并创造了许多美好和动人的事情，以此作为分论点之一。接着记者又阐述了酒的另一种作用，即"变成了人们人际关系的润滑物"，送礼送酒成为一种风气；第三，喝酒也是一种公关手段，"因为很多事情如果它有五分把握的情况下，如果在酒桌上谈，就可以七到八分"；第四，喝酒会花费大量的钱财。最后，在四个分论点的基础上，得出总的结论："酒从欢庆喜乐的兴奋剂变成了败坏社会风气的腐蚀剂，这违背了人类发明酒的初衷。酒可以使好事变得更好，锦上添花，也可以使坏事变得更坏，雪上加霜。"

3. 对比结构

这种结构形式是指将两个性质相反或差异较大的事物联系起来进行谋篇布局。这种结构形式可采用多种多样的对比来表现同一主题。可以采取单位与单位之间的对比，个人与个人之间的对比；不同时期同一事物之间的纵向对比；同一时期不同事物之间的横向对比；可以进行归类对比、散发性对比等，使之形成对比鲜明，反差强烈，易收到令人回味的效果。

2001年11月10日，四川电视台记者抓住中国入世的时机，以"发票"作为切入

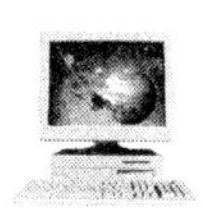

点制作了一期节目《发票：期待"透明"》，节目中较好地运用了对比的手法：

画　　面	解　　说
摇摄商场外景 商场内货架 超市收银处	【解说】麦德龙成都青羊商场的老总怎么也没有想到进入四川两个月，在销售旺季居然会遇到大批量退货，而造成卖单损失的始作俑者竟是作为公司特色之一的"透明发票"。 ……
采访朱军	【同期声】 ［朱军］这个发票，它的特点就是真实地记录了每一笔采购，就是说某个单位的采购员来我们这里采购东西，它没有一点变通的余地，因为我们不可能给他提供手写发票。使用这种清单式的正规的发票，是由我们的目标客户群决定的，我们的客户是专业采购，而不是个人采购。 ……
特写"透明发票" 超市收银台 暗访收银台 售货员开发票	【解说】然而这种符合国际流通惯例的"透明发票"正是因为太清晰、太严格而让一些人望而却步。据商场初步调查，随着麦德龙入川，"透明"发票投入使用以来，从市场的反应来看，总的来说，两种态度泾渭分明。 【麦德龙成都青羊商场客户服务咨询部助理戴更生同期声】
采访戴更生	［戴更生］根据客户的反映意见，基本上归纳为两种。第一种就是对我们这种发票非常支持，这种公司一般集中在一些大的企业，还有一些外资企业中，他们就对我们这种清单式发票表示能够接受，而且非常拥护。但另外一种就是截然不同的一种观念，认为我们这种发票可能对他们不太适应。
从"透明发票"宣传海报摇摄到货架 街道外景 记者暗访进商场	【解说】不管怎样，"透明发票"确实让麦德龙损失不少收入。麦德龙的做法在时下的成都商界显得有点特立独行。那么其他商家是怎样给顾客开发票的呢？记者伪装成消费者，前往好又多、人民商场、家乐福等商场进行了暗访。
成都人民商场黄河商业城营业员同期声	【成都人民商场黄河商业城营业员同期声】 ［营业员］开几千块钱的东西啊？

(续 表)

画　　面	解　　说
好友多中天店营业员同期声 家用商品特写 “模糊发票”特写	[记者] 啊。 [营业员] 你补税,你要开几千嘛? [记者] 开个7 000多,不到8 000元。 [营业员] 你开多了划不着,你实在是要多开,要补税,你要登记,要登记你的身份证号码哦,登记你的身份证号码,也就是说不出事就算了,出了事要负法律责任。 【好友多中天店营业员同期声】 [记者] 你给改成办公用品,单位我自己来填。 [营业员] 先生,你买几万块钱或者几十万块钱也是一样的,给你改成办公用品了。 …… 就这样,这些商品一下子就变成了办公用品,而魔术师就是市面上流行的与麦德龙“透明发票”截然相反的“模糊发票”。正是这种“模糊发票”成了某些人损公肥私的遮羞布,商家则可以半遮半掩地作为一种促销手段。那么成都的商家对两种发票是怎么看的呢? ……

比较,是认识事物和说明事物的最好方法。德国的麦德龙和我国的某些企业有着相同的特征,但是他们对于“如何开发票”却有着不同的认识和表现。麦德龙入川两个月以来,“按照国际惯例开展经营活动,甚至不惜牺牲一些眼前的经济利益”,但是在连续遭遇退货的情况下,麦德龙仍然坚持自己的原则,而同一座城市的其他商家,“发票上开什么品名都行,至于金额开多少都是可以商量的”。对待发票的两种截然不同的态度,一种是“透明”,一种是“模糊”,与世贸规则一比,谁对谁错,观众心中已经有了结论。

电视评论的结构方式并不是固定不变的,评论采取何种结构形式组织材料,主要的依据是事物内在的逻辑关系,同时也同记者如何认识和分析事物矛盾的方式方法有关。要使整个评论做到“言之有序”,就必须在充分掌握材料的基础上,合理的安排层次结构,这样才能满足观众的收视需求。

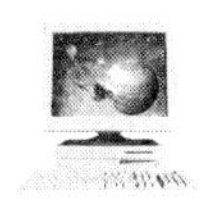

（三）论证

在电视评论节目中，"述"是基础，"评"则是提炼和升华。我们不可能只讲述而不作评价，也不可能长篇累牍地进行评论。那么，在叙述新闻事件的同时，如何进行"画龙点睛"的评论，就需要记者掌握好电视评论的基本手法。

1. 让事实说话

"用事实说话，就是通过报道事实，向受众阐明一种思想和观点，用叙述事实来发表意见，把记者的意见和观点寓于事实的叙述之中，让读者从报道中得出应有的结论。"①只有记录了事件的过程，有了真实的、活生生的过程，事实本身才具有一种说话的力量，说出来的话才可信，否则，电视的评论就如空中楼阁。在《焦点访谈·"罚"要依法》节目中，记者通过采访得知309国道上存在乱罚款的现象，但记者没有满足于此，而是用自己的亲身经历来向观众展示这一现象，节目中展示的违法交警"20!""再来20!""40!"的呵斥，结尾处与记者的扭打，事件本身的矛盾在这里体现出来，观众自然会根据这些事实来作出自己的判断。

用事实说话，对电视来讲，就是用镜头说话。记者要善于抓住过程性的东西，用镜头叙事，重点突出，这样报道才有力度。如《焦点访谈》记者在采访非法棉花加工厂时，记者一到，人去楼空，但记者的镜头敏锐地对准了还在冒着热气的茶杯（说明人是刚刚走的），对准了厂内一妇女头发上的棉花（说明她就是加工厂的工人，但她却说自己是"来玩的"），这些无声细节的精心捕捉，胜过千言万语的解说。

事实胜于雄辩，有了事实，评论才有了基础。清楚地展现事实，本身就会形成一种张力，从而形成一种评论的力量。

美国《华氏9·11》的著名导演迈克·摩尔，在他另一部影片《超码的我》中，亲身体验一个月一日三顿麦当劳的生活，并以其对人的身体产生巨大损害的结果来警告那些经常去麦当劳餐厅就餐的人们，在美国数量庞大的快餐族中产生了巨大影响。

在这部影片中，迈克·摩尔利用导演的亲身经历来告诉观众肯德基、麦当劳等快餐食品对人们健康的侵蚀，这个主题也是契合了当时美国一些营养学家的社会讨论，即对麦当劳、肯德基日渐成为美国人民生活饮食密不可缺的一部分的担忧。当媒介敏锐地发现了这些人们潜在的、萌芽状态的关注点时，用影像的语言把它表现出来并传播出去时，就产生了更大的影响。很多时候，它考验的是一个节目编导对社会观察力和对社会时事、历史的敏感程度。

① 罗明、孙玉胜等主编：《电视新闻评论的理论与实践》，中国海关出版社2002年版，第63页。

2. 让"第三人称"说话

随着人们知识水平的提高和独立思考能力的增强,新闻消费需求已由被动接受变为主动选择,由消极顺从转向积极参与,因此,电视评论的传统形式已经不能满足观众的需求,而应该从向受众灌输观念转变到启发受众思维,让除记者以外的其他人参与评说,从而增强评论的客观性。

在一部反映郑州六大商场竞争的《商战》中,为不使节目带有主观性,同时也为了更深入地挖掘主题,《商战》让各种身份的人对竞争进行评说,保留了大量的同期声。其中,有顾客作为"上帝"的一些感受和体会;有营业员对服务态度的一些认识。比如:有的说,"我不敢拿自己的饭碗开玩笑","同顾客吵架是要开除的,一般自己受了委屈,宁肯自己掉眼泪也要接待好顾客"。这些话真实地反映了营业员在严酷的竞争中不得不规范自己的服务行为和服务态度的心理压力。还有各大商场经理所谈的一些想法、苦衷、得失和难处,如市百总经理丁福森谈到的公关费用问题,道出了国营企业受各种束缚"不得已甘拜下风"的苦衷,这种竞争中的不公平使他无可奈何;商业部长从全局的立场上评价这场竞争的典型意义,提出了国营大中型企业要搞好的关键问题是转换机制;经济学家从理论和实践的结合上谈这场竞争的启示,一是"把企业推向市场",二是"市场必须有竞争",三是"竞争要有秩序",并进而建议政府有关部门对竞争"在法制规则上怎么完善,整个市场机制怎么更加完善,怎么更加符合市场要求"等问题进行研究和探索。这些来自各界人物的同期声,从内容和思想内涵上大大丰富了《商战》,加强了节目的广度和深度。

与"第一人称"相比,让"第三人称"说话,也在一定程度上丰富了电视评论群众性的表现方式。它一方面为"释放群言"提供了场合与机会,让"群言"有了更多的发表渠道和表达方式,另一方面电视评论变零散的言论为相当规模的"群言",从而形成"合力",更好地起到了舆论监督的作用。

比如《焦点访谈·惜哉,文化!》一片,记者先是将博物馆失火后群众的痛惜之情与当地有关领导麻木不仁的工作态度做鲜明的对照,但为了进一步揭示事情的本质和问题的严重性,记者又采访了相关文物专家,通过"第三人称"之口说出馆藏文物的价值,从而进一步揭示事件所引发的思考,深化节目主题。

3. 记者(或主持人)出镜点评

电视评论传播的是意见性信息,因此记者(或)主持人的出镜点评是完全必要的。记者可以在访谈中通过提问、叙事等方式发表自己的观点。评论宜少而精,有评则长,无评则短,或述而不评,或述中带评,或夹叙夹议,以说清事实为原则,以说明问题为目的。

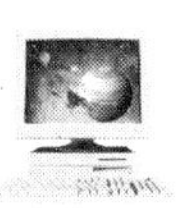

（1）提问式评论

记者的提问往往是有备而来的，它蕴含着记者的立场和观点。记者在现场采访既要获取能够作为新闻事实的那部分信息，又要获取两种特殊的新闻信息：一是获取论据，二是请群众和专家参与论证。电视述评节目记者要紧紧围绕这一目的进行采访和后期制作，要尽力避免现场采访的无序性，避免与主题无紧密联系的现场采访，使评论精练有力。如白岩松在谈到自己采访一个在深圳拍卖文稿的人时，用四个提问就将整个评论展现出来：① 请问你这次文稿拍卖，作为组织方是否想从中获利？（我不想获利，我要做公益的事情。）② 是否你身边组委会都同意你的意见？（他们都同意。）③ 市场经济搞文稿竞拍是否是市场行为？（是市场行为。）④ 我说让这样的组委会做这样一个仿佛圣人的事情，是否跟市场经济有违背的地方？记者没有发表任何评论，但是这样的提问已经构成一种评论[①]。

（2）现场点评

评论节目需要理性的成分，如果在以事实为主的前提下，在事实的基础上，记者在现场能够适时地加以点评，会起到点"实"成金的功效。记者章伟秋在拍摄《洋河污染导致大片农田绝收》时，就污染问题去采访河北张家口市负责同志。办公室人员告知记者，"十一名市长都很忙，没有时间"。这种将老百姓冷暖置之度外，麻木不仁的官僚主义，令人痛惜。观众看到这里，胸中憋着一肚子气。如果节目只是将事实摆在这里，显然只做了一半的功，此时此刻特别需要记者对这种行为进行点评。于是观众在随后的节目中听到了记者这样的评论。"从上午 8 点 20 分我们就来到了张家口市政府，要求采访市长，可到了中午 12 点，市政府办公室负责人还不知市长到哪去了，说因为地市合并，工作太忙。但是，我们认为，老百姓的吃饭问题也是很重要的，也需要忙一忙。"这个点评正好与观众心中的看法相吻合。

（3）演播室点评

电视述评节目在节目形态上大多采用"演播室主持＋现场采访"相结合的方式，这样演播室点评就成为评论节目的关键一环，可以说，节目主题的深化正是在这部分完成的。

如在《焦点访谈·"罚"要依法》这期节目中，主持人在演播室是这样点评的："在采访的时候我们的记者注意到，在山西省 309 国道的路边竖着一个大大的宣传牌，这个宣传牌的一边写着：有困难找交警。另外一边写着：视人民如父母。我们现在身后大屏幕上放的就是这个画面。那么我们看到今天节目中的这几个交警的所作所为，难道是按照这个宗旨行事吗？……我们相信，他们的这些所作所为，不

① 罗明、孙玉胜等主编：《电视新闻评论的理论与实践》，中国海关出版社 2002 年版，第 101 页。

但是公路沿线的这些司机们所无法接受的，也是全国人民不认可的，更是广大公安干警所无法容忍的……同时法律也要求执法者必须遵守这些法律，这是公正严格执行法律的一个最基本的前提。”《焦点访谈》作为一档观点性的栏目，表达观点的主要方式之一便是主持人的点评。在这期节目中，主持人运用对比手法，将乱罚款的交警言行与交警身旁的公益宣传牌语相对照，以此“反照”出交警的违规行为及不良形象。这时，主持人的点评既可以画龙点睛，又可以起到拾遗补缺的妙用。

本章小结

政论型电视专题在这里所指为一种泛政治化的政论片，它包括社会问题评说、政治宣传、文化批评，甚至是经济评论。这些评论运用电视手段，以声画一体的电视语言对新近或正在发生的重大事件或重大社会问题发表意见、进行分析和评述。

政论片的特征具有论证性、思辨性和评述性，相应地就有论证性政论片、思辨性政论片和评述性政论片之分。论证性政论片相对后者而言，更强调问题的结论，更注重结果。这类节目往往取重大的政治主题，从历史的视角去表现当代的重大课题，节目通常带有强烈的主观色彩和论战气息。

思辨性政论片并不侧重对问题作出结论，并不强调结果和解答，而是引导观众去接近客观真理，寻找问题的症结。它往往根据客观存在，提出、分析、思考问题，并带有强烈的思辨色彩。

评述性政论片，采取评论和叙述的手段，对事实及问题客观报道、分析评判。其特征是评述结合、论据的形象性、论证过程的群体参与性和评述主体的多元性。

思考题

1. 联系实际谈谈你对当前我国电视评论类节目个性特征的理解。
2. 举例分析政论型电视专题的类别。
3. 分析《焦点访谈》的选题、结构及点评的技巧。

第六章　调查型电视专题：调查报道

1996年5月17日，被称为中国电视新闻业的一艘"航空母舰"——中央电视台《新闻调查》栏目正式开播。"这是一个能与世界大台对话的栏目。"开办10多年来，《新闻调查》栏目不仅成为中国电视的一个品牌栏目，更重要的是带给中国电视人一种电视操作理念。从调查节目到调查报道，《新闻调查》所探寻的一种适合我国国情的主流报道模式，已在各类型电视节目中普遍采用。

第一节　电视调查报道的界说

从一般意义上说，每一个记者对所报道的事实都必须进行调查，但并不能据此认为所有的新闻报道都可以称得上是调查报道。美国学者特德·怀特等在他们所著的《广播电视新闻报道写作与制作》一书里，曾对新闻报道作了一个很通俗的举例说明。他们认为，对一场火灾事件的报道，如果没有对潜在线索的执著追求，没有得出无可否认的证据，有关这场火灾的报道就仍是那种充斥广播电视节目时间的最新突发事件的新闻报道。但如果当局怀疑有人故意放火，而且记者也查到文件记录，证明确有为得到保险金而采取诈骗行为的人，这条新闻就称得上是调查报道。

一、调查报道的界定

调查报道作为一种报道形式，最初起源于20世纪初叶美国新闻界的"扒粪运动"。尽管从1910年到1912年扒粪运动逐渐消失，它的许多价值观和传统却在新闻界保留着。在进行"水门事件"报道的时候，"调查型报道"才被用来做一种报道的名字。调查报道一般有两个目的：其一是针对那些身处公众信任职位的人们的疏忽或错误行为，去挖掘有可能被隐藏的信息；其二是解释一个人们已经有所认识的公共问题，或扩展公众对此的理解。

作为一种普遍采用的报道方法，调查性报道有着广泛的适用性，但作为一种相对独立的报道体裁、样式，它应当有着严谨的内在规定性。从十九世纪中叶西方严格意义上的调查报道诞生开始，至今一百多年来，经过中外数代新闻人的探索与实践，调查报道的定义林林总总，现就一些有代表性的界定辑录如下：

普利策奖获得者、《新闻日报》记者鲍伯·格林给调查报道定义为："调查报道是对某人或某集团力图保密的问题的报道"，而且"报道的事实必须是你自己发掘出来的"。他并举例进一步说明，五角大楼越战档案事件是一条很好的新闻，但不是调查报道，因为最初的工作不是记者而是兰德公司做的。而关于水门事件的新闻则是调查报道的"一个完美的样本。因为一些人力图使这些信息保密，而伍德和伯恩斯坦却把它们公之于世"①。

密苏里新闻学院的学者们认为，调查报道"指的是一种更为详细、更带分析性、更要花费时间的报道，因而它有别于大多数日常报道"。它的目的"在于揭露被隐藏起来的情况，其题材相当广泛，广泛到涉及人类活动的各个方面"②。

美国新闻史学家埃德温·埃默里认为，调查报道是指"利用长期积累起来的足够的事实和文件，就事件的意义向公众提供一种强有力的阐释"③。

我国新闻工作者在引进西方调查报道方式后，理论界也开始了对调查报道定义的不同探讨。一种意见是直接引入、介绍西方相关定义。如李良荣在《西方新闻事业概论》一书中提出，调查性报道"又称'揭丑'报道。它是西方国家报刊上的一种特殊报道形式，专门用来揭露社会阴暗面、政府里的黑幕、大企业的罪恶勾当以及黑社会的内幕等等"④。

彭朝丞在对一篇调查报道文章的评论中则结合中国的新闻报道实践，提出了自己的见解，他认为，调查报道主要是"记者对社会公众关心的新闻事件、新闻人物或深藏的潜在的社会问题、社会现象，经过周密的调查研究，用活生生的第一手资料和可靠的数据，写出的具有一定的权威性报道的一种报道形式"⑤。

甘惜分主编的《新闻学大辞典》将调查性报道界定为："一种以较为系统、深入地揭露问题为主的报道形式。此为西方新闻学用语，中国新闻界类似的提法为'批评性报道'。"而批评性报道是"对现实中的缺点、错误或问题的报道，俗称'批评

① 〔美〕特德·怀特等：《广播电视新闻报道写作与制作》，中国广播电视出版社1987年版，第294页。

② 〔美〕密苏里新闻学院编写组：《新闻写作教程》，新华出版社1986年版，第384页。

③ 〔美〕沃尔特·李普曼等：《新闻与正义——普利策新闻奖作品集（III）》，海南出版社1999年版，第313页。

④ 李良荣：《西方新闻事业概论》，复旦大学出版社1997年版，第134页。

⑤ 彭朝丞：《一篇有中国特色的调查性报道——评〈百家三资企业调查表明：在华投资大有可为〉》，载《新闻界》2000年第5期。

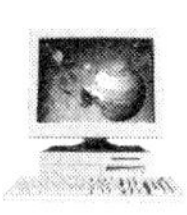

稿’。因新闻事业的性质不同，中国的批评性报道不同于西方的‘调查性报道’。批评性报道的宗旨不在于‘揭丑’，而在于‘治病救人’，所以在进行批评报道时，记者应从正确的立场出发，客观地提出问题，全面分析，公正报道。”①

从以上各种界定，可以得出电视调查报道的一些基本特征。西方的定义强调调查报道的揭丑性、原创性和证实性。正如现代调查报道的创始人普利策在论述这种报道的定义时所指出的，如果人们想要和世界上的罪行、邪恶和灾难作斗争，他们必须知道这些罪行，因为这些罪行、邪恶和灾难正是在秘密的基础上才得以孳生。因此，普利策将不断地揭露社会弊病作为他的终生办报宗旨之一，就是要将隐藏的罪恶曝光于公众面前。

美国新闻界素有“曝光”、“揭丑”的传统，这对社会的发展将起到一定的推动作用。但在强调报道之前预先定位于“揭丑”，似有失公正之嫌。调查报道同所有报道样式一样，目的是揭示事实真相。媒体的立场应当是建立在事实真相全部揭示出来的基础之上的。若在全部的事实展示出来之前，将调查报道定位于“揭丑”是不科学的。

与“揭丑”相关联的是调查报道的原创性问题，就是强调在调查报道中，调查和收集材料必须是记者的原创行为，选题和采访必须由新闻媒体独立进行。这种“独家新闻”在当代媒体竞争中固然有其重要的新闻价值，但在实际应用中却显得过于理想化，例如作为一个栏目来运作，其持久性就有相当的难度。实际上，大部分的调查性报道的题材都不是媒体独家发现的，包括美国认为是最“完美的样本”的“水门事件”的报道，其窃听事件也是首先由警方发现的，《华盛顿邮报》记者所作的“原创性”只是由媒体独立发起的调查本身。事实上，调查报道中的有些事实业已受到大众传媒的关注，如果调查记者挖掘到的内幕仍有报道的价值，可不拘泥于事实都必须是自己发掘出来的。

反观我国学者对调查报道的界定，与西方的相关定义相比要宽泛得多。首先，我国新闻界关于调查报道的理解侧重于采访、报道方法上的技巧和策略，即调查。这是一种能为人接受、并符合我国电视实际应用情况的。其次，在调查报道的题材选择上，我国的相关界定既涵盖“揭丑”式的题材，也把经过深入调查的批评性、中性和正面的报道纳入调查报道的范畴，使调查报道在题材上有了更大的包容力和内涵。

二、调查报道的发展

调查报道在美国最早可以追溯到18世纪。但揭丑性报道真正见诸报刊则是

① 甘惜分：《新闻学大辞典》，河南人民出版社1993年版，第153页。

在19世纪70年代以后。如1870—1871年,《纽约时报》、《纽约导报》等联合对市府塔曼尼集团的讨伐;1896年《世界报》对贝尔电话公司的垄断行径以及纽约市议员受贿协同承包商谋取特许权的揭露等。

到20世纪初,调查报道的主阵地由报纸转向流行杂志,揭露的领域由以经济领域为主,开始向政治领域扩展,如1902年《麦克卢尔氏》杂志发表的重要报道:《城市的耻辱》、《美孚石油公司的历史》和《工作的权利》等,从而把揭露性报道推向极盛时期。这时美国第26届总统西奥多·罗斯福曾得意地将写揭露性新闻较著名的记者,比作英国小说《天路历程》中一个不仰头望天,而只顾拿着粪耙扒集粪便污物的人,"扒粪"(muckraking)之名由此而来,这也就是人们常说的美国新闻界早期的"扒粪运动"。

1972年,美国《华盛顿邮报》对"水门事件"的揭露,将这一时期的调查报道推向了顶端,并直接导致了美国总统尼克松的下台。1973年春,美国参议院授权成立水门事件调查组,由此揭开了电视新闻全面报道的序幕。电视新闻在水门事件中的报道促进了一系列调查性电视新闻节目的产生和发展,《60分钟》就是其中的典型代表。

美国哥伦比亚广播公司(CBS)的《60分钟》奠定了电视在调查报道中的显著地位。对社会热点和历史事件精辟的调查分析使《60分钟》成为一档声望极大、收视率极高的名栏目。1979年至1980年,它的收视率达到28.2%,而当时的黄金时间娱乐节目的收视率是26.3%。在1991年海湾战争期间,《60分钟》曾连续两年成为黄金时间收视率最高的节目。《60分钟》"伏击式"采访和报道方式也深深影响了其他广播公司调查报道节目的风格,如ABC《20/20》、NBC的《日界线》和ABC的《黄金时间实况》等。许多地方电视台也开始制作调查性新闻节目,在晚间新闻节目时段中,大大增加了调查报道的比例。

在欧洲,电视调查报道的出现比美国还早。从1963年开始,英国Granada电视台就开始播出系列时事调查片《世界在行动》,这个栏目每集长度大约为26分钟,被誉为英国有史以来最大型、最成功的调查性报道。英国广播公司(BBC)也同步制作了类似的节目,同样获得巨大成功,并掀起了全国调查报道的热潮。据对1995年英国电视节目报告数据库搜索表明,仅当年,英国本土的电视中就有300个节目可以被纳入调查性报道之列。90年代英国的许多时事系列节目,也在不同程度上开展了调查报道;BBC的《内幕报道》、《公众视界》、《40分钟》,独立电视台的《重大报道》、《电视网优先》、《第一个星期二》,第4频道的《刀刃》、《街头法律》等。另外,在英国还有许多系列专题节目也对历史事件等进行了调查报道,如BBC的历史系列节目《时钟》和纯调查性系列节目《此时此地》、《大致公平》、《私人调

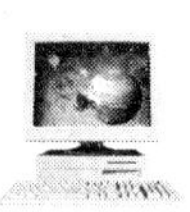

查》，第4频道的《目击者》对爱尔兰民族主义政党新芬党与纳粹主义之间的关系所做的调查及纯调查性系列节目《乡村探秘》、《英国探秘》，独立电视台的纯调查性系列节目《事先报道》、《比姆和达·席尔瓦》、《伪装》等①。

与西方相比，我国的调查报道起步较晚。最早且最有影响的当推1903年沈荩所做的调查报道。当时，沈荩几经周折调查出清政府与俄商定卖国密约内幕，进而投稿到日本报纸上发表，引起了社会强烈反响。结果清政府将沈拘捕，以"杖刑"处死。此后，因种种政治气候的不宜，我国的调查报道屡遭重创。直到20世纪80年代，《工人时报》发表了一篇关于"渤海二号"钻井船在拖航中翻船的报道，才又开启了调查报道的新局面。从这篇锋芒直指政府高官渎职和官僚主义的相关报道开始，引发了一系列以揭露社会矛盾和还历史真相为主题的调查报道，如《人民日报》发表的《白衣下的污垢》、《蒋爱珍为什么杀人》等，都是直接揭露现实生活中阴暗面的代表作。

20世纪90年代中期以来，电视调查报道在我国电视荧屏中也悄然兴起。中央电视台1980年开播的《观察与思考》，是中国较早运用调查手段的电视新闻栏目，而大规模的调查报道的出现应该是在20世纪90年代。1993年中央电视台《焦点访谈》栏目中就有不少节目属于典型的调查报道。而被认为中国最具代表性的新闻调查性报道的电视栏目乃是1996年中央电视台开创的《新闻调查》。《新闻调查》每周一期，每期长达45分钟，它以记者调查采访为主要形式，对社会普遍关注的事件或现象进行多侧面、多角度、深层次剖析的电视调查。在实践中，《新闻调查》的栏目定位不断调整，从1996年"新闻背后的新闻，正在发生的历史"，到2001年"探寻事实真相"，再到2003年提出的要做真正的调查报道，《新闻调查》定位的调整过程也是我国电视调查报道探索、发展、成熟的过程。

我国的电视调查报道是西方调查报道理论与我国电视新闻实践结合的产物，在内容和形式上，它对西方新闻界传统的揭丑型的调查报道进行了扩展。其调查内容不限于追踪某一特定罪犯或揭露丑闻黑幕，它还可以系统地调查研究政府机构、公司企业以及整个社会体制中存在的痼疾和缺陷。调查的手段也不仅仅为秘密的内线联系，还可通过搜集已经公开的资料文件，对其加以组织、归纳、分析，从中发现问题，借以促进社会的发展。

随着我国电视的发展，作为电视文本的调查报道不仅在电视新闻节目中进一步拓展，调查报道作为一种手法也频频使用于社教类、生活服务类电视节目中。譬

① 展江：《中国社会转型的守望者——新世纪新闻舆论监督的语境与实践》，中国海关出版社2002年版，第259—260页。

如，《今日说法》、《经济半小时》、《每周质量报告》、《生活》栏目中的《热线 3·15》板块、《为您服务》栏目中的《非常调查》板块都经常使用调查报道这一形式采制节目。

调查报道的兴起满足了电视观众日益增长的信息需求，结束了电视无深度的时代。随着媒体的发展，尤其是电视媒体的发展，受众接受的信息越来越丰富，置身于信息海洋中的人们已不满足于信息的广度，而要求信息要有深度，希望知晓新闻发生的来龙去脉。在这场深度报道的竞争中，以"快"取胜的电视媒体一度处于劣势，在这种形势下，电视人开始了具有电视特色的深度报道的种种尝试，电视调查报道兴起则就是在这种背景下开始的。

电视调查报道彰显了电视语言理性的思辨。电视调查报道围绕新闻中的"how"(怎么样)和"why"(为什么)将报道深入，力求查出事件原因、找出事件本质并预测事件发展趋势，体现了电视语言的逻辑思辨能力，满足了观众的求知欲。

电视调查报道突现了电视语言的形象感和参与感。理性的思考、判断来源于感性的认知，而感性是电视语言的天赋，电视调查报道在开拓电视语言理性表达能力的同时，也充分发扬了电视语言声画并茂、形象可感的优势。通过声画一体的记录，记者的调查过程历历再现于观众眼前。调查中充满了待揭晓的悬念，充满了矛盾冲突的细节情景，记者在采访调查过程中的斗智斗勇也使调查添了几分戏剧性和刺激性，这些都增强了对观众的吸引力。

无论在我国还是在西方发达国家，优秀的电视调查报道成就了一批名栏目，也成就了不少名记者，美国 CBS《60 分钟》的许多调查报道还被改编为好莱坞电影，可见，电视调查报道的魅力无穷。

第二节　电视调查报道的分类

根据不同的分类标准可以将电视调查报道作以下分类。

一、根据调查内容分类

1. 人物调查

围绕一个人物进行采访调查的节目，一般是通过对话的方式讲述人物的人生道路，探析人物的心路历程，展现人物的性格特征，最终通过典型的人物以小见大，折射社会现象和社会问题。

(1) 新闻人物调查。新闻人物是在一段时间内人们关注的热点人物。比如《新闻调查》中的"贪官胡长清"，原是江西省副省长，因贪污受贿罪被最高法院核准判处死刑，他是当时新中国成立以来因贪污腐败罪被处以死刑的最高官员，自然成

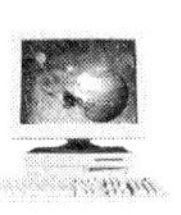

为当时人们关注的焦点。节目通过对胡长清行刑前的独家专访向观众讲述了他是如何走上腐败之路，以及他自己如何认识和看待自己的罪恶行径这些内情。《与神话较量的人》节目中的刘姝威，她对蓝田股份财务状况的质疑以及因此引发的与蓝田的纠葛受到全国各大新闻媒体的高度关注，成为一段时期以来舆论漩涡的中心。《与神话较量的人》也是通过访谈的形式讲述了刘姝威与蓝田股份较量的过程，展示了刘姝威的内心世界，体现了正义的力量。

（2）普通人物调查。普通人物虽平凡普通，却代表了某个受关注的群体。例如《新闻调查》的《戒毒者的自白》节目中的宋玉生、《艾滋病人小路》节目中的卢鼎盛（别名小路），他们都是芸芸众生中的普通人，但他们的经历和感受却分别代表了戒毒者和艾滋病患者这两大人群，通过对他们的关注可以折射出这个群体的生存状态。在《戒毒者的自白》中，宋玉生袒露了他从开始吸毒、戒毒到再复吸、再戒毒的艰难历程。《艾滋病人小路》则展示了艾滋病患者卢鼎盛的真实生活状况和真切的内心感受，这些独特的感受和体验超出了人们的日常生活经验，它展现的不仅是对这些社会边缘群体的关注，而且还有对生命的尊敬和珍爱。

2. 事件性调查

通常是围绕一个新闻事件展开调查，有时也可能是由某一新闻事件而引发的对一系列事件的调查。事件调查从选题、采访到制作的过程要注意以下环节：

（1）事件的显著性。调查的事件首先必须具有重大性。比如，《经济半小时·追寻1 700台问题起搏器》，这期节目是对走私心脏起搏器的调查，它关系到起搏器安装者的生命健康。《焦点访谈·城管的一次非常执法》节目中，记者调查了安徽省淮南市城管行政执法大队的执法人员在一次执法行动中，将华联商厦的十几名员工打伤的事件，这不仅仅是十几人受伤的问题，它涉及政府的形象等重大问题。

（2）展现事件过程。事件性调查应该充分展现事件的过程，让事实说话。例如，《新闻调查·寻亲十八年》一期节目，详尽讲述了5岁时从陕西拐卖到600公里以外的河南农村的程娜娜寻找亲生父母的18年漫漫历程；《焦点访谈·城管的一次非常执法》节目也通过采访事件当事人、事件目击者回顾了事件的始末，让观众看清事实真相。

（3）揭示内幕。事件调查过程中往往会揭开一些鲜为人知的内幕。例如《生活》之“热线3·15”板块节目《上海市场出现摇身变脸垃圾肉》，通过记者的调查揭开了上海市场上不能食用的垃圾肉怎么样蒙混过关、瞒天过海被加工成猪油，并销售到外地市场的内幕。《经济半小时·揭开偷渡的暴力黑幕》节目中，记者跟随潮

州市公安边防支队的官兵，记录了该市15年来最大的一宗偷渡案件破获的全过程，并通过对当事人的采访，揭露了蛇头怎样招揽偷渡客、组织偷渡等黑幕。

(4) 分析原因。对事件的调查不仅要交代事件发生的始末，还应该分析造成事件的深层次原因。例如，《经济半小时·不同的矿难，相同的原因》，在节目中记者调查分析了19天时间里，山西连续发生4起煤矿事故，夺去113名矿工的生命的原因，让人警醒。《六省"三农"问题报告——冗员篇》中记者报道了安徽省农村税费改革后农民减负、乡镇财政压力却有增无减的情况，并调查分析了背后的原因。

(5) 预测趋势。事件性调查不仅展现事件真相，分析事件原因，还往往预测事件的发展趋势。《新闻调查·双城的创伤》一期节目中，记者不仅调查出了双城的几名小学生自杀的真正原因，在节目的最后记者还了解到"各省市的未成年人保护条例正在修改中，专家提议应该在全国中小学校增加心理教师"，这表明青少年的心理问题日益受到国家和社会的重视，加强未成年人心理教育和辅导是大势所趋。

3. 主题性调查

即针对某种问题或现象而展开的专项采访调查。主题性调查内容包罗万象，它强调对于主题的发现和挖掘，具有较强的针对性和导向性。

(1) 对社会问题、社会现象的调查。这类调查是对社会问题或社会现象做全面的调查、分析，透过现象揭示其本质。它可以是正面的关怀，也可以是负面的批判，注重引导观众去关注、思索某些问题。例如《新闻调查·白血病儿童》，这期节目就是通过对几个个案的采访调查，反映我国白血病儿童以及他们的家庭的情况，显现出了我国大多数白血病儿童都因其父母承受不了高昂的医药费而濒临死亡边缘的问题，从而引起全社会对白血病儿童和他们的家庭的关心。《经济半小时·洋大学机密》节目针对我国"洋大学"热的现象，揭开了在中国招生办学的国外大学的面纱，呼吁相关教育管理制度的完善。

(2) 对新问题、新事物的调查。党和国家新的方针、政策，社会生活中的新事物、新问题都是人民群众关心的焦点，这类调查与上述的社会问题、社会现象的调查在内容上有重叠交叉的部分，但它更强调时效性，突出了一个"新"字，给观众新的知识、新的启迪。例如，《新闻调查·上海再就业的新思路》，对上海为解决四十岁以上的女性和五十岁以上的男性的再就业问题而出台的"4050工程"的运作情况进行了采访调查，为其他省市的再就业工程提供了宝贵的经验。《新闻调查·性教育课堂》这期节目，对我国首部关于青春期性教育的教材第一次走进中学课堂的情况进行了调查，对其他学校的青少年性教育以很大启发。

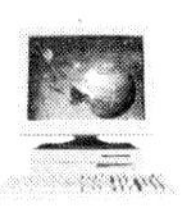

(3) 对思想观念的调查。调查人们对某一事件、现象、问题的看法，探讨社会伦理、人生价值观等问题。随着人们价值观的多元化，这类调查日益受观众欢迎，它给了人们一个表达观点的舞台，一个理性思考的空间，引导正确的价值观、人生观。例如，2002 年 8 月 7 日，北京大学山鹰社五名品学兼优的学生在西藏希夏邦马峰登顶途中遭遇了雪崩而不幸丧生，五位年轻生命的消逝引发了一场有关探险活动的争论，为此《新闻调查》制作了《探险之路》这期节目，采访了各方代表、各界人士，探讨了"人为什么要挑战自然？人为什么要超越自我极限？在恶劣的环境中追求实现精神价值的同时，如何保持一种科学与理性的态度"等问题，发人深省。2001 年 4 月 10 日，荷兰议会上议院以 46 票赞成、28 票反对、1 票弃权的表决结果通过了将安乐死在特定条件下合法化的法案，这一法案的通过顿时引起了全世界关于安乐死的新一轮讨论，《新闻调查》记者走访了我国两位不堪忍受病痛折磨而请求安乐死的重病患者和他们的家属，采访了法学专家、医学专家、中国临终关怀专业委员会主任委员，采访了普通百姓，探讨安乐死的伦理、法理问题，制作了《死亡可以请求吗?》这期节目。

(4) 对消费生活调查。随着我国经济的发展，人们生活水平的提高和消费意识的觉醒，消费生活调查节目有很大的生存、发展空间，这类调查揭露消费市场中的违法、违规行为，倡导健康科学的消费观念，是观众的消费指南针。例如，《生活》之"热线 3·15"板块的《央视〈生活〉千里追踪　揭秘垃圾明胶》这期节目，记者通过调查揭露出了河北、浙江、山东等地的一些加工厂把皮革废料加工成食用明胶的黑幕，提醒相关部门和广大消费者的注意。《为您服务》"非常调查"板块的《凉席今年流行保健》节目中，记者通过采访商家、找科研单位核实、咨询医疗保健专家，调查出了一些"保健凉席"不保健的科学结论，还消费者知情权，以防消费者上当受骗。

二、根据调查目的分类

1. 揭露性调查

这类节目往往是通过采访调查来揭露隐藏在事件、现象背后的内幕和问题，它比较接近西方传统揭丑式调查，在舆论监督中发挥着重要作用。

(1) 揭开一些不法活动、不法行为的黑幕。这类调查让人们更清楚这些不法活动、不法行为的危害，让全社会都提高警惕、远离之、抑止之。例如《经济半小时·亲历传销骗局》节目就在广东肇庆揭开了某传销组织的骗局内幕，以引起群众的警惕和有关部门的注意；《揭开偷渡的暴力黑幕》揭露出了偷渡组织的幕后运作过程，让人怵目惊心。

(2) 揭露一些"合法外衣"掩饰下的违法、违规活动。一些违法、违规行为披着

合法外衣,不容易被人看出破绽。对这类问题的调查最能体现新闻记者的洞察力和正义感。例如,《新闻调查·深圳外贸骗局揭秘》就揭开了深圳一些貌似手续齐全、合法经营的外贸公司怎样空手套白狼,诈骗中小企业的秘密;《焦点访谈·慈善义演幕后》节目,揭露了打着"捐助贫困儿童和孤寡老人的"慈善公益演出的幌子,而实际将门票收入最后落入演出中间商和一些演艺明星的口袋这一欺骗行为。

(3) 揭露国家司法机关、行政机关工作中的不当之处。这类调查是媒体作为群众的耳目喉舌对党和政府、国家公务人员行使监督的权利,它代表了群众的利益,反映了群众的呼声,能有效地促进政府工作的改善。例如《焦点访谈·城管的一次非常执法》节目中,就披露了安徽省淮南市城管行政执法大队的执法人员在执法中对群众恶语相向、拳脚相加的不当行为。

2. 揭示性调查

这类节目大多是通过对某一典型事件或典型人物的调查采访,揭示出其背后的原因和深层次矛盾,抓住其本质,以引发人们对这一典型事件、典型人物所代表的同一类问题或现象作深层次的思考。

例如,《经济半小时·八达岭:万辆汽车大拥堵》节目中,记者首先驱车亲赴现场亲历堵车滋味,接着记者调查分析了堵车造成的巨大经济损失。如果作为普通的报道,节目做到这两层,任务也完成了。但作为调查报道,记者并没有止于对现象的形象展示,他们还进一步分析出了造成堵车的原因,原来道路的维修只是直接原因,根本的原因还在于货车司机的严重超载使路面不堪重负。这则报道于2003年10月播出,不仅引起了人们对八达岭高速路的关注,还引起了国家有关部门和人民群众对公路运输中的超限超载现象的关注,它已经成为危及人民群众生命和国家财产安全,影响社会经济协调健康发展的一个突出社会问题。为此2004年5月,国家交通部等七部委便联合开展了治理车辆超限超载的行动。再如《新闻调查》之《双城的创伤》一期节目报道,2003年5月下旬,在甘肃武威连续发生少年服毒事件,六天时间有6个人服毒,其中2人死亡,4人获救,他们当中有五个人是同一所小学的六年级学生,正值人生的花季。获救之后孩子们一直没有向家长开口解释服毒原因,于是记者在琢磨"是什么使这些十三四岁的少年选择了这样极端的方式",围绕这个问题记者展开了调查。记者经过详细、确凿的调查,终于解开了这个谜,这起少年连续服毒事件并没有幕后操纵者,也不是因为孩子们经受了在成年人看来多么痛苦的事情、打击,原因竟在于孩子与家长、老师的沟通障碍。事件的原因比事件本身更让人痛心、发人深省,它引起了全社会对青少年心理问题和心理教育问题的关注和重新思考。

三、根据调查模式分类

《镜头里的第四势力》一书中，著者将美国《60分钟》的所有报道分成三种模式，分别为侦探模式、分析者模式和游客模式。不同的模式中记者的角色定位不同，对调查事件的介入方式不同，调查手段也略有区别。在西方，传统意义的调查报道都是侦探模式，我们这里讨论的调查报道是一个更宽泛的概念，这三种模式在我国的调查报道中均有使用。

1. 侦探模式

在这类调查中，记者是智慧与正义的化身，记者像侦探一样介入某调查对象，力求在善与恶、是与非或真与假的二元对立中，挖掘出事物的真相，揭开恶、非、假的面具。从搜寻线索、搜集证据、质问坏人到揭开罪行，记者积极地介入调查事件或人物、事物，如《新闻调查·深圳外贸骗局揭秘》这期节目中，记者通过调查揭开了深圳假冒外贸公司的骗局。假的外贸公司，用假的外商合同、假的预付款收取了企业的各种现金费用，数量、金额相当惊人。在这个调查中，记者好比机智的侦探，通过采访受骗者、采访从事行骗多年的知情人，用镜头记录一家企业受骗过程等调查手段，使骗局的内幕一层一层被揭示出来。

2. 分析者模式

这类调查中，记者是以社会评论员的角色或以精神分析学家的角色，客观地描述人物、事件或现象，透视人的心灵深处，透析事件的深层矛盾和原因，透过现象看本质。例如《双城的创伤》(《新闻调查》)就是典型的分析者模式。记者的调查并不拘泥于事件本身的始末，调查的目的也不在于揭示被人掩盖的黑幕，记者通过调查事件的直接原因从而分析出掩藏在事实背后的深层次的矛盾和问题——成年人与青少年的沟通矛盾、青少年心理问题和心理教育问题。此刻，记者不是以侦探的身份介入调查，而是以社会评论员的身份调查分析问题。再如，《新闻调查》之《艾滋病人小路》、《戒毒者自白》等人物调查中，记者则是以精神分析学家的角色透析人物的内心世界，展现他们的挣扎、痛苦，展示他们的毅力和乐观的生活态度，在一定程度上消除人们对吸毒者和艾滋病患者的偏见甚至是歧视。

3. 游客模式

这类调查中，记者作为亲历者或目击者介入调查事件或现象，对事件本身的干扰较小，原汁原味地展示事物面貌，调查的过程更具客观性、现场感，也更能调动观

众的参与感。例如,《经济半小时·亲历传销骗局》就是记者亲历型的调查。记者通过线人进入传销组织的秘密现场,目睹了传销人员煽动气氛、编造神话、诱骗新人加入组织的种种招数,这样的调查过程颇具形象性和信服力。

当然这三种模式并不是截然分开的,有时在一个节目里,两种甚至三种模式均有体现。例如,《经济半小时·八达岭:万辆汽车大拥堵》,记者首先开车亲赴现场报道堵车路段的现场情况,这就是采用的亲历型的游客模式,随后记者又调查分析造成堵车的直接原因并挖掘背后的因素,这又转换成了分析者模式。

第三节　电视调查报道的方式

电视调查报道要做到客观、真实和权威,就必须遵循调查报道的基本规律,采用有效的方式、方法。本节将着重探讨电视调查报道的调查方式、结构方式和一些调查的技巧。

一、调查方式

1. 纯粹调查式

这是调查报道独有的样式,记者对某一新闻事件或社会问题进行客观的调查,在调查中发现问题、揭示问题,能透过现象看本质,不被表面现象所迷惑。西方传统揭丑式的调查报道通常采用纯粹调查式,在我国它也是电视调查报道常用的一种形式,对调查的事件和问题进行明察暗访,揭开鲜为人知的事实真相。所谓真相就是正在或一直被遮蔽的事实,这些真相通常呈现为两种状态:一种是属于所谓的内幕和黑幕,它或被权力遮蔽或被利益遮蔽;另一种真相是复杂事物的混沌状态,那是被偏见、道德观念和认识水平所遮蔽的真相。在纯粹调查式的调查报道中,记者积极介入调查事件和问题,作为公正、正义和公众利益的代表勇敢而冷静地与假、恶、丑作斗争,调查过程极富矛盾冲突、悬念和戏剧性。这种表现方式能融合更多的调查手段,形式比较灵活。前面提到的《城管的一次非常执法》(《焦点访谈》)、《追寻1 700台问题起搏器》(《经济半小时》)、《央视〈生活〉千里追踪　揭秘垃圾明胶》(《生活》)、《深圳外贸骗局揭秘》(《新闻调查》)等等都是属于纯粹调查式的调查报道。在纯粹式调查报道中,应注意:

(1) 调查取证的确凿性。调查取证是调查报道的重要环节,调查取证的确凿性,是保证调查报道客观公正、不偏不倚的基本条件。要做到确凿,记者在调查取证时,就应尽力找到第一手资料、第一当事人,多项材料应环环相扣、前后吻合。"一个忠实可靠的新闻来源,一个没有个人图谋的直接证人(有高度可信性记录),

比两三个甚至四五个根据二手资料或者三手消息道听途说的新闻来源都强得多。”

调查取证材料应是指具有代表性和说服力的人、物、事。例如，《深圳外贸骗局揭秘》中，记者采访了几个上当受骗者，其中有被骗后无可奈何的，有正与骗子勇敢斗争、想积极挽回损失的，还有刚掉进圈套，还不相信自己被骗的，他们被骗的前前后后的经历已经让骗局的真相昭然若揭。记者还采访到了一个从事行骗多年的知情人，他的叙述使骗子行骗的种种伎俩和招数都浮出水面。

(2) 展现调查过程。调查过程是事件本身的发展过程，也是观众通过节目认知事件的过程。调查过程的展示对提高调查报道可信度、增强可视性和观众参与度、发挥电视传播优势都至关重要。例如，《深圳外贸骗局揭秘》就逐步展示了受骗人盛先生对某外贸公司从信任、怀疑到认识其骗局的全过程，盛先生认识的转变过程也是记者的调查过程、真相的揭露过程。

记者：我听你的朋友说他一直在提醒你这个里面可能有诈？

盛先生(受骗人)：对。

记者：你不相信？

盛先生：假的真不了，真的假不了，我说。

……

盛先生：我每天还是和他联系，他也讲的很好。

记者：联系得上吗一直？

盛先生：联系得上。

记者：他怎么说？

盛先生：每次都是推托。

记者：你一直在等吗？

盛先生：在等。

解说：直到最近一次给粤佳公司打电话，小盛才真正产生了怀疑。

盛先生：打了他办公室电话。座机说没有登记这个号码。

解说：虽然电话又恢复了正常，但小盛的疑虑依然没有打消。

……

解说：下午，我们跟随小盛来到粤佳公司。跟他签订合同的余总临时出差外地，公司的李总接待了他。小盛首先问到了预付款何时能到账的问题。

李总(粤佳公司总经理)：明天下午账一开出来，几天的时间就到了。

解说：小盛又借口总公司的要求，希望看一下粤佳公司和外商签订的外贸合同订单。

李总：订单在余总那里，他今天走得比较匆忙，他明天就回来。

解说：虽然关于预付款和外商订单的事，李总一律推给余总，一问三不知，但是公司还在正常经营，并没有直接证据能证明粤佳公司有诈骗嫌疑。

严先生（受骗人）：现在他为什么没有关门，是因为像打渔一样，他收网的时间没有到。

盛先生：这个事情没有到最后一步，没有水落石出的时候我还真是不相信。

……

为了进一步寻找证据，记者和小盛一起来到深圳海关，希望查询一下深圳粤佳公司以往在海关的进出口记录。

陆军（深圳海关综合科科长）：通过对我们深圳海关企业档案管理数据库进行调查，结果出来这家企业，深圳市粤佳投资发展有限公司，在深圳海关没有注册，没有注册记录。

记者：那说明什么？

陆军：说明他在深圳海关没有经营进出口业务的权力。

记者：我看他营业执照的营业期限是从1994年开始。

陆军：对。

记者：您的意思是说十年间，他在海关没有做进出口业务的记录？

陆军：我们现在在企业档案数据库里面查不到这个记录。

解说：至此，小盛彻底相信这是一个骗局……

以上的调查通过声画并茂的电视镜头记录下来并呈现给观众，让观众形象地看到了真相一步一步、层层剥笋式的显现出来，增强了调查的故事性和可信度。

纯粹式调查的最终目的不仅仅是揭露出被掩盖的真相，还应该找出真相之所以被掩盖的社会背景和因素，使调查进一步深入。《深圳外贸骗局揭秘》在揭露骗局的内幕后，记者的调查并没有戛然而止，记者还走访了工商、派出所、法院等机关，暴露出了国家立法和执法中的一些漏洞。

（3）敏锐观察、随机应变。要在错综复杂的表象中找出真相，肯定会遇到很多困难，真相的掩饰者通常都不会积极配合采访，因此记者在采访过程中必须具有敏锐的观察力和灵活的应变能力。在观察中，记者应全方位调动视觉、听觉、触觉、味觉、嗅觉等感觉器官，获得对事物全面的感性印象，再将感性的认识上升到理性的思考。例如，《焦点访谈·收购季节访棉区》这期节目中，记者敏锐的观察让调查增色不少。记者赴一家棉花加工厂调查该厂是否存在违法收购棉花的情况，当地镇政府得知记者要去采访的消息，立即下令工厂关门，所以等记者到达工厂时，工厂

的办公室和车间都空无一人。虽然面对的是一座空厂，但记者凭敏锐的观察力还是找到了工厂收购棉花的证据。首先，记者在空无一人的办公室里发现了桌上有衣服、茶杯，此时记者调动触觉，摸了摸茶杯，还有温度，于是告诉观众："茶杯余温尚在，看来主人刚刚离去。"在同样空无一人的车间里，记者调动嗅觉观察，向观众说："空气中弥漫着尘土味，看来这里刚刚打扫不久。"接着，记者调动视觉，在院子里看到了几个躲躲闪闪的人，她们都说自己是来厂子里玩的，但细心的记者发现了她们的头上或身上黏着棉花，并以特写镜头将其展现给观众。虽然记者没有拍到棉花收购的场面，但透过这些蛛丝马迹，相信观众已经心知肚明。

2. 访谈式调查

此类调查以访谈的形式展开，这种表现方式的运用比较广泛，常用于人物调查、问题调查中，有的事件不便于或没有必要在事件发生现场进行调查采访，就通过对亲历者、目击者和相关者进行访谈的形式展开调查。访谈的方式虽然少了几分事件现场的形象感，但话语更容易表现细腻的情感和思想的锋芒。《新闻调查》的《与神话较量的人》、《戒毒者的自白》、《探险之路》、《死亡可以请求吗?》等节目都属于典型的访谈式调查。

(1) 平等交流、真诚沟通。不论被采访者从事什么职业，有什么职称，扮演什么样的社会角色，记者都必须不卑不亢，把被采访者视为与自己人格平等的人，真诚与被采访者沟通，这样才能让被采访者敞开心扉，表达出真实的意愿和心灵深处的矛盾。例如，《双城的创伤》(《新闻调查》)中，记者的主要采访对象是对成年人失去信任、心存戒备的孩子，他们觉得自己不能被成年人所理解，他们宁愿选择死亡也不愿意和家长、老师沟通，那么记者作为陌生的成年人，更不容易取得孩子的信任。但是记者最终还是凭着对孩子的尊重，凭着真诚的心，让孩子们说出了他们对家长和老师毫不透露的真心话，找到了孩子们轻生的真正原因。

(2) 话语交锋、思维碰撞。在调查报道中，访谈是形式，调查是目的，因此在访谈过程中，记者应该始终掌握话语的控制权，提问时虽不宜咄咄逼人，但问题要针锋相对，在交流中碰撞出智慧的火花，使调查步步深入。《与神话较量的人》有一段对话就充分体现出了话语的交锋、思维的碰撞，堪称经典。

记者：你指的这个因素是什么？

刘姝威：就是什么呢？作为一个上市公司的话，瞿兆玉哪有那么大的本事上天入地：他为什么能那么迅速地就能拿到《金融内参》呢？如果这个因素你不消除的话，保证我们的信贷安全是很难的。

记者：你指的这个因素是在商业游戏规则之内呢，还是之外？

刘姝威：我想这不是市场经济允许的。要是在一个健康的市场经济当中，这些因素是不可能存在的。这些因素呢，会威胁到我们国家社会主义市场经济的健康发展。而我以前的研究，就像瞿兆玉对我的评价一样——你太学术了，我对这些因素原来关注得太少了。

记者：你指的这个因素是权力吗？

刘姝威：你说呢？

记者：我问你。

刘姝威：我问你。你听了我的讲述的话，你认为这个因素是什么？

记者：你是当事人。

刘姝威：这个问题我想应该让公众来分析吧。现在的问题是如果是权力的话，这就有一个他为什么会用他掌握的权力干出这种事？怎么才能够制止他运用手中的权力干这种事？这是我们应该思考的问题。那么对于决策部门来讲，是不了了之呢，还是要一查到底呢？如果你这个问题你不一查到底的话，以后他还这么干；如果这个因素你再纵容它存在下去的话，银行没法办，行长无法当，这是很危险的。

这段对话中的几个反问让记者和被采访者都有些意外和尴尬，双方都没有直接说破谜底，但通过这段话的言外之意、弦外之音，问题的实质已经揭晓。

3. 记录式调查

这是一种借鉴了纪录片表现手法的调查方式，是用纪实的手法对客观的调查过程作真实的记录。采用记录式的调查，记者不必以积极的姿态介入事件，而是静观其变，真实客观地记录事件，原汁原味地展示事件。有的新闻事件进展过程和事件背后并没有被表象、假象所遮蔽、掩饰，事物本来就以真实的面目呈现，且这类新闻事件折射出了重大的社会变革与发展，对此类事件的调查就宜采用记录式的表现方式，将事件的原貌呈现给观众，让观众自己去思考、体味。

(1) 抓住事件发展过程中的矛盾冲突。记录式调查中，记者在保持静观、维持事件原貌的同时，也要注意捕捉细节，突出事件的矛盾冲突，并要注意巧设悬念，以吸引观众的眼球。例如，《大官村里选村官》记者就抓住竞选演讲结束后，村民在“海选”现场的一段精彩的提问。

一村民：我问个问题给王臣，古话说：“新官上任三把火。”如果你这次被选为村长，你这三把火咋给群众烧？

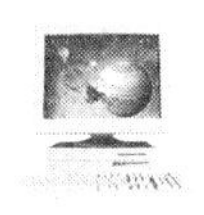

王臣：这个问题我解释一下，我上来第一件事就是把原有的摩托车作价拍卖，再骑摩托车，骑个人的，烧油烧个人的。

一村民：我请问刘晓波同志，在这次竞选中，如果你能连任，你认为哪方面值得肯定？哪些地方有不足之处？怎样把它改过来？

刘晓波：我干的这两年工作，大伙对我的印象，不大吃，不大喝，脚踏实地地工作，我认为我有两个毛病，一是工作当中没有魄力，二是没有开拓心。

一村民：关键是能不能说的和做的完全一样？

一村民：能不能真正为老百姓办点儿实事。

一女村民：是不是仗势欺人，是不是为三亲六故服务。

王臣：你放心，我王臣干，就是为了主持公正才想干的。

刘晓波：我上任，决不仗势欺人，平常我的为人，大伙知道。

这是选举过程中最热烈、精彩的一幕，这些尖锐的提问充分显示了村民当家做主的民主意识和民主权利。

(2) 记录中不忘调查。和纪录片不同，记录式调查中，记录不是目的而只是方法，记者在记录事件原貌的同时也要积极调查。记者的调查不是为了影响事件的发展进程和结果，而是展示事件本身不能清晰表明的事件背景、人物内心世界等等，让事件中暗含的矛盾冲突、事物之间的对立联系明晰起来。例如，《大官村里选村官》中，两位通过海选选拔出来的正式候选人在选举过程中不同时刻的不同心情，虽然从画面中他们各自的神情可以看出，但他们内心真实的想法还是通过记者的采访才让观众得知。同样广大村民怎样看待、评价这种选举方式也是在回答记者的提问中表达出来。

二、结构方式

1. 悬念式结构

悬念式叙事结构指的是调查者和受众对调查事件的结果信息都处于零获取状态，这种叙事结构因为结果的不可预知性而充满悬念，也称结果未知型叙事结构。这类调查一开始通常不会向观众交代调查事件的结果，而只是告诉观众什么地方发生了什么样的事情(现象)，至于这个事情将会怎么发展，结果会怎么样，记者与观众都无法知晓。于是一开始记者就给观众留下了一种悬念，让观众形成一种强烈的期待感。例如，《寻亲十八年》(《新闻调查》)中，记者叙述了5岁时被拐卖到他乡的程娜娜18年寻找亲生父母的过程：报案→回忆童年→河南、陕西两地公安积极查找→焦作打工→无奈同居→寻亲广告播出之后社会各界好心人帮忙寻亲，这个过程展示了程娜娜十几年坎坷的道路，报道的故事性极强，同时程娜娜能不能找到亲生父母这一悬念也始终牵引着观众的心。节目到了最后才揭开悬念，程娜娜终于和亲人相认。

2. 推理式结构

推理式叙事结构指的是调查者在调查之前已经知晓事件的最后结果，并将结果告知给观众，因此这种结构也可以称为结果已知型叙事结构。与悬念式结构叙述过程相反，推理式结构通常会在节目开始时交代事件的最终结果，然后以此作为源头，去探寻事情发生的原因。这类调查的重点不在于事情的最后结果，而在于找出造成结果的深层原因。通过对原因的调查分析或揭示出事件背后一些鲜为人知的内幕消息，或分析出事件所反映的社会弊端。采用推理式结构的报道，其重点不在讲述跌宕起伏的故事，而在于突出理性思辨。例如，《河流与村庄》（《新闻调查》），节目开头就交代了该村癌症患病率和死亡率畸高的事实，记者要调查的问题则是村庄被癌症阴影笼罩的原因。调查思路和过程是：癌症患病率和死亡率高是自然现象还是另有他因？通过分析认为，很有可能出现了生态问题。问题聚焦在食物、空气和饮用水，究竟是哪一个基本生存条件发生了质变？调查结果为食物和空气都没有问题，很可能是饮用水污染。经核实，离水近的地方发病率高。通过勘测水质，并经当地环保监测站和疾病预防控制中心化验、检测，是饮用水严重污染。接着找出水污染源头为工业污水。记者调查还发现，工业污水虽然已经引起国家有关部门和当地政府的重视，但治污力度不够，治标未治本。节目中记者的调查思维缜密，逻辑清晰，展示了理性的魅力。

3. 混合型结构

混合型叙事结构通常是在同一调查报道中，将结果未知型叙事与结果已知型叙事交替进行。在混合型叙事结构里，报道一开始通常采取的是结果未知型的叙事方式，随着调查的进行，事件结果在节目进行之中就浮出水面，于是记者就接着采用结果已知型的叙事方式，进一步深入调查，找出这件事情产生的原因，实现由现象到本质的深化认识。在这种结构里，解开悬念、得知事件的结果是调查的开始，而调查的重点和关键还在于推理部分，即调查潜藏在事件背后的原因。混合型叙述结构较之前两者更为多见，例如，《新闻调查·透视运城渗灌工程》，节目一开始记者就提出问题：渗灌工程动工之初有专家对大面积推广此项技术表示担心，结果到底如何。在节目的中间，记者的调查就已经解开了这个悬念，渗灌面积并没有 100 万亩，渗灌池很多都不能发挥效用。悬念虽已揭晓，但调查还没有结束，记

者进一步调查渗灌工程大面积推广的前因后果，将主题深化。

三、调查技巧

电视调查报道中，记者要调查出被掩盖的真相，需要一些手段、技巧。

1. 信源证实

按照普利策奖获得者鲍伯·格林的观点，调查报道“必须是你自己发掘出来的”。这种“发掘”实际上是对各种潜在的线索、内幕消息等各种信息来源不断证实的过程。根据格林的经验，“得到的秘密消息必须用文件来证明。调查报道记者的作用就是利用文件、记录、私人访问和二手、三手的消息来源证实他得到的信息”①。

著名调查报道记者克拉克·莫伦霍夫也发表了同样的看法，他认为“一个忠实可靠的新闻来源，一个没有个人图谋的直接证人（有高度可信性记录），比两三个甚至四五个根据二手资料或者三手消息道听途说的新闻来源都强得多”②。他说，调查报道的“每一段落都用文件或独立的证人，或者两者共同来证实。在这种情况下，从可靠的新闻来源得出的信息只是作为通向公共记录、其他文件和直接证人的向导，而这些记录、文件和证人则可以被引用以证明信息的准确无误”③。

调查报道对新闻来源的可靠性的重视，是许多美国著名调查报道记者所强调的，为了发掘、发展、证实消息来源，调查记者应当作深入细致、耐心持久的调查工作，甚至有记者用“学者式研究”方法来查阅有关文献，在他们播出的调查报道中大约有一半是“纸上的事实”，这些事实在某些地方的公共档案中都可以找到，调查记者“要做的事情不过是翻阅它们”。

2. 隐蔽摄像

隐蔽摄像是指在被采访对象不知道的情况下，用隐蔽摄像机对被采访对象的言行进行拍摄。有的采访对象会阻止或用假象干扰记者的采访拍摄，在这种情况下，记者要采集真实的画面资料就必须掩藏自己的摄像机，甚至有时要隐藏自己记者的身份。例如，《上海市场出现摇身变脸垃圾肉》（《生活》）这期节目中记者就是用隐蔽机拍摄到了上海市场上的垃圾肉走出市场、在作坊里加工成猪油的过程，如

---

① 〔美〕特德·怀特等著：《广播电视新闻报道写作与制作》，中国广播电视出版社 1987 年版，第 296 页。

② 同上书，第 297 页。

③ 同上书，第 298 页。

果记者不采用隐蔽摄像的方式，违规违法者的种种行迹是不会暴露出来的。

中央电视台的“焦点访谈”栏目组在为制作开播五周年的纪念节目时，组织了一个有28人参加的拍摄小组，分别乘轿车、面包车、货车、长途客车，动用了多台摄像机，进行了一次大规模的隐性采访。以后制作成系列报道《在路上》，在观众中引起强烈反响。主持人敬一丹介绍这次采访的做法时说：货车的玻璃是特制的，从外面看不见里面，从里面却可以看见外面，北京电影制片厂的专业道具师在车上搭了个玻璃屋，我们的摄像在必要的时候钻进小屋，就可以极其方便地偷拍了。

隐蔽摄像往往与隐性采访分不开。所谓隐性采访就是“新闻记者在采访对象不知情的情况下，通过偷拍、偷录等记录方式，或者隐瞒记者的身份以体验的方式，或者以其他的方式，不公开猎取已发生或正在发生而并未披露的新闻素材的采访形式”。

隐蔽摄像可以更加真实客观地获取第一手新闻事实素材，从而更好地发挥媒体的舆论监督职能。媒体传播新闻的社会功能之一，就是要抨击丑恶，追求公正，实施舆论监督，批评性报道无疑是最为有力的抨击手段。但是，由于不难理解的原因，要想获得批评报道的第一手新闻素材，往往是十分困难的。于是，新闻记者广泛采用了隐蔽摄像的手段。

对新闻媒体来讲，隐蔽摄像是新闻竞争中获胜的法宝之一。以重庆电视台大型新闻栏目《有线报道》为例，2001年这个栏目日均综合收视率最高达29.1%，最低也有21.7%，栏目段的广告收入全年突破千万元大关，无论从收视率还是经济效益，均居全市各电视台新闻栏目中第一位。取得这样突出的品牌效应，一个重要的原因就是，在保证舆论导向正确的前提下，注意在报道中贴近生活、贴近实际、贴近群众，注意反映老百姓的心声，歌颂改革开放中的新鲜事物，抨击社会转型中的丑恶现象。而在完成这样的光荣使命时，记者就注重采用了隐蔽摄像的手段。据统计，《有线报道》批评性的舆论监督稿件中有1/5是隐性采访的新闻，很好地再现了新闻事件的第一现场，准确传递了新闻事实，取得很好的传播效果，实现了新闻竞争从外延到内涵的观念转变。

隐蔽摄像可以给受众以最大限度的“可信度”。真实是新闻的生命，客观的报道是真实性对媒体的基本要求。客观有两层含义，一是新闻事实必须客观存在，不能造假；二是媒体运用文字、声像手段报道新闻必须客观，不能歪曲事实。隐蔽摄像则是获得客观的声音、图像，更好地再现新闻真实的一种有效采访方式。

揭露性题材的隐蔽摄像问题，自然会涉及隐私权与公众的知情权的矛盾。有人反对隐性采访中的隐蔽摄像，并且提出了多个理由：

第一，缺乏法律依据。在中国，不但法律上没有对新闻采访者的权利作出明确

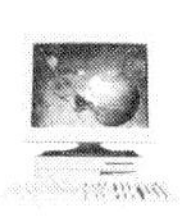

规定，也没有制定相应的新闻法规。采访者有没有正常的暗访权，对于记者有没有自由录音录像的权利等一系列问题都处于一种含混不清的尴尬境地。记者往往是依靠自己的职业习惯和道德自律来决定如何采访或者运用什么样的方式来采访。换句话说，隐蔽摄像得以存在，只是依据法律没有禁止便可以做的一般原则，它所获得的法律保障相当脆弱，媒体也因此常常被告上法庭，面临复杂的法律纠纷。

第二，公众利益难以界定。到底应该怎样界定“公众利益”？又要用一种什么标准去判断“侵害”公众利益的程度呢？事实上，只有在个人的私生活真正侵犯了公共生活或者公共利益的情况下，隐蔽摄像手段中的行为才具有一定的合理性。

第三，社会诚信与媒体公信度问题。隐蔽摄像报道本身所带有的“不坦诚”甚至“撒谎”和“欺骗”的行为比较容易引起人们的反感和抵制。

事实上，中国在法律上已经对偷拍、偷录有些说法，只是还不完善而已。从2002年4月1日起，最高人民法院新出台的《关于民事诉讼证据的若干规定》正式实施，按照这个《规定》，在不违背社会公德和侵犯隐私的情况下，新闻记者采取“偷拍偷录”的方式进行采访被视为合法，所取得的证据，也会被酌情作为法律依据。合理的、适度的“偷拍偷录”不仅没有社会危害性，反而有益于国家、社会和百姓。

那么，如何把握“偷拍偷录”的限度？我们认为，是否可以“偷拍偷录”，应当以“公共”二字为衡量标准。一方面，对于公共人物（如政府官员和其他公职人员），由于其言行多与公众利益相关，老百姓就有了解他言行举止的“知情权”，他就应该放弃一部分隐私权，接受媒体更多的监督。对于那些并非公共人物的普通人，当他们涉及公共利益时，新闻媒体也有采访的权利，百姓也有权了解真相，如果他们拒绝采访或者弄虚作假应付采访，就可以采取“偷拍偷录”手段予以曝光。另一方面，不管是公共人物还是普通人，但凡和“公共”二字没有关系的个人私事，应被视作个人隐私而受到法律保护，他们便有权拒绝新闻媒体的采访，记者便不可以采取“偷拍偷录”的方式强行报道。打个比方说，一个普通人的身体状况属个人隐私，他有权拒绝媒体发布相关信息；而某个重要政治人物的身体状况涉及公众利益，便不再是个人隐私，新闻媒体有权利进行报道。

在这方面，中央电视台《新闻调查》栏目对是否采用隐蔽摄像手段的调查，作出了以下四条原则：

第一，有明显的证据表明，我们正在调查的是严重侵犯公众利益的行为；

第二，没有其他途径收集材料；

第三，暴露我们的身份就难以了解到真实的情况；

第四，经制片人同意。

其实，《新闻调查》的操守对全行业有一定的借鉴意义。

3. 伏击采访

伏击采访指记者在采访对象将要出现的地方伏击等待，待到采访对象出现后立即把话筒伸过去采访，并立即用摄像机记录现场。对于刻意回避记者、拒绝接受采访的对象，可以采取这种出其不备的“突然袭击”式采访。这种方式的采访往往不能让被采访者如实、流利地回答记者的问题，但被采访者在无足够心理防备的情况下面对记者和摄像机的神情举止常常比他们的回答更具说服力。

伏击采访是一种极具“现场感”的采访，采访的关键在提问。记者在采访当中的角色就是一个问询者、探询者，提问几乎就是采访最核心的内容。掌握提问的技巧是一个记者最重要的业务能力，从这个意义上说，一个会提问的记者就是一个好记者。

在伏击采访过程中问什么，怎么问，需要我们认真探讨。

问什么——提问内容与问题设计。在新闻采访中，对有些记者来说，感到最难的是不知道向现场的采访对象问什么问题，因此，在突发新闻事件现场往往问一些“你是怎么想的”之类大而空的问题。一般来说，应根据新闻报道内容的需要和观众的心理来设置问题，围绕验证“何事”、探问“何因”、寻求“何法”、了解“何议”的思路来选择提出具体的问题。

怎么问——提问方式及提问原则问题。关于提问原则，一般在新闻采访学教科书上都有较为详细的论述，如问题要具体、问题要简明，问题要适宜，问题要问到关键点，对这些原则都适用于电视现场伏击采访。

问题要具体，是因为伏击采访中时间有限，要在较短的时间内获得有效的信息，就必须提出具体的能使采访对象直截了当、简明扼要回答的问题，最忌讳提那些大而抽象的问题。

问题要简明，即是要让采访对象和观众一下子就能听明白。有时我们在新闻记者招待会或新闻直播中，看到个别记者的提问像是一大段个人的演讲词，不知道他究竟要问什么？而且，如果“提问”太长，对方不明意图，还可能听了后头忘前头，回答的效果也可想而知是难尽如人意。特别是在抢险救灾、重大灾难等突发性事件现场，由于气氛紧张、人员忙乱，更需要提问简明，让对象一听就能随口答出来。

问题要适宜，就是提问要恰当、得体。为此，记者必须事先做好提问准备，尽可能多地了解新闻事件及采访对象的背景材料，拟出一些针对性强、为群众所关心的问题。问题要适宜的含义还包括要针对不同的采访对象，以不同的话语方式提出合适的问题。如在一条新闻中，记者问一个老乡：“为什么这个县的水利恢复工作赶前了一步呢？”老乡哑然。对这样一个带全局性的只有领导才能回答得了的问

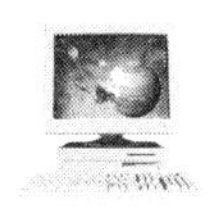

题，向一个普通农民提出，显然是不合宜的。在一般情况下，还要注意尽量不提别人仅仅以“是”或“不”就能回答的问题。要善于设计、提出一些复合型的问题，即问题中既包含了对事物肯定或否定的判断态度，又回答了“怎么样”的问题。

问题要问到关键点，就是要问到事件的要害处，对这些问题的回答是验证事实、说明观点、表明态度、凸显主题必不可少的关键。特别是在一些批评性报道中，采访对象往往是避重就轻，迂回躲闪，甚至答非所问，这对记者来说是一个严峻的考验，智慧的较量。

伏击采访主要是通过记者对采访对象的提问来完成的，优秀的记者无不是善于提问者，他们往往精通提问技巧，善于在一问一答间获得主要新闻事实，完成新闻报道。

在伏击采访中时间极其有限，要在较短的时间内使采访对象谈出有新闻价值的内容，记者就应针对不同的采访对象和不同的采访内容，以不同的方式提出合适的问题，诸如正问法、反问法、侧问法；单刀直入式，追述提问式，移情采访式、虚心求教式等等，根据每个人的不同习惯和风格，还可以列举出许许多多的提问方式。

（1）单刀直入式

实际上单刀直入式与正问法是一种方式的不同称谓而已，本质上都主张向采访对象正面提问。在现场采访中，只要记者拿起话筒进入镜头，事实上的新闻报道就已经开始，时间不允许你徐徐道来。报道一开始就要单刀直入，把要采访的问题，直截了当地提出来，这是在采访实践中运用得最多的一种提问方式。

（2）追述提问式

指在现场采访中，记者发现了某些重要事实，但对方谈得比较笼统，这时记者就要依照对方谈话的思路线索，打破砂锅问到底，不达目的不罢休，从而最大限度地挖掘出新闻报道所需要了解的事实材料。有时候，采访对象的回答又流露出新内容，或对某些关键问题支支吾吾，遮遮掩掩，甚至要转移话题，而这些内容又是十分有价值的，这样就应该深入追问，迅速捕捉，以求深化报道。

（3）激将反问式

即对某些一定要对象去回答，而对象又不愿作答的问题，记者可采用心理刺激的方法，提出一些不符合真实情况的说法，或是通过设问故意错问、故意反问，以激发对方情绪，迫使对方不得不予以解释说明或反驳、答辩，这样就有助于采访对象回答出记者想要获知的信息。一个著名的例子是意大利著名记者奥琳埃娜·法拉奇 1972 年采访美国国家安全顾问基辛格时，要他谈谈越南问题，基辛格不愿意谈，法拉奇便激将他：“很多人认为您和尼克松接受那个协议实际上是对河内的投降，对此您也不愿谈论吗?”此时，基辛格如要不反驳就等于承认了“投降”这一主要事

实。出于无奈，只好把对越南问题的看法和盘托出。因此通过激发式提问，可以激发采访对象的感情，可从另一角度把事实弄清楚。

电视新闻《昔日逃荒路，今日致富路》也是采用激将反问法做现场提问的。这条新闻反映的是昔日的陕西饥民逃荒要饭到内蒙古"走西口"，如今却在改革大潮中，生活发生了根本转变的情况。在这条新闻中，我们看到采访对象挑着一担菜正走在赶集的路上，记者随着赶集的人流，边走边采访一位农民：

记者：你是保德人吗？
农民：是。
记者：家里过去有走西口的人吗？
农民：有。我爷爷和我父亲走过。
记者：那你现在不也在走西口吗？
农民：我现在"走"和他们不一样。
记者：咋不一样？
农民：我现在富起来了。

这真是一段绝妙的激将反问式问答。记者于家常式的谈话之中，机敏地抓住关键话题，自然地发起反问，"那你现在不也在走西口吗？"逼使对象回答新旧社会走西口的本质不同，"我现在（通过走西口）富起来了"。回答既精练，又朴实，很好地实现了报道意图。

（4）迂回提问式

即指访问中遇到障碍，对方回答不清或不愿回答提问时，就要放弃正面提问，也不能采用激将反问法，而是要采取迂回式提问法，从侧面迂回，逐渐引入正题。这种提问方法西方有人叫"漂近法"，即先提出若干过渡性问题，然后逐渐漂近到易引起采访对象误解、反感、避讳的敏感问题。在过渡中会使访问对象逐渐熟悉记者、解除原有的戒备心理，而记者又有意把敏感问题隐蔽在一般问题之后，使对方不自觉地回答记者所提出的敏感性问题。有时访问对象可能会认为自己步步设防，滴水不漏，不曾想正是因为其自负地回答而落入了记者迂回提问的"套子"。《焦点访谈·惜哉文化》节目反映的是吉林市博物馆一场大火，造成了很大损失，包括"一具珍贵的恐龙化石已经付之一炬"。引起这场火灾的起因是租用市博物馆的房屋改建而成的银都夜总会。围绕夜总会是否经过消防验收，记者与负有领导责任的分管副市长展开了一场迂回曲折的较量。

记者：夜总会在开业的时候有没有经过消防部门的审查？
徐祚祥：有。

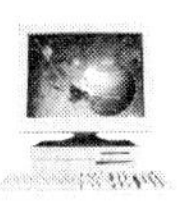

记者：有验收吗？

徐祚祥：有。

记者：验收通过了？

徐祚祥：要不开不了业，这是程序、手续，必须有。

记者：就是说如果没有消防单位的验收应该是不能开业的是吗？

徐祚祥：不能开业，这是肯定的。

记者：那么当时他有这个手续吗？

徐祚祥：那肯定有啊！没有他不能开业啊！

记者：您是……

徐祚祥：这，我昨天核对这个问题了。

记者：您已经核对了？

徐祚祥：哎。有。

记者：您是看到这个文件了……

徐祚祥：我没看文件。我需要听汇报。那，我哪能不相信我的局长呢？

记者：是文化局的同志汇报的？

徐祚祥：哎。

在这段采访中，记者就"消防是否验收"、"验收是否通过"、"不验收是否不能开业"、"当时是否有这个手续"、"是否对此进行了核对"、"是否看了这个文件"、"是谁给你做的汇报"等逐一发问，一连串问题如同连珠炮，把一个失职的带有几分孤傲的、面对采访还若无其事地编织着与事实并不相符的"情况"的副市长暴露无遗。

关于现场采访中的提问艺术，还可举出许多行之有效的方式。每个人都可根据采访对象、采访内容、采访环境等情况的不同，使用不同的提问方式，只要能达到采访目的，都可尝试用最好的方式去实施。比如中央电视台《面对面》的主持人王志，一向以质疑风格著称，他在谈话中把质疑强化了。只有带着疑问进入，才能避免信息的单边化，使节目的内容更真实、更客观，通过质疑探询才能够展示人物的个性，从采访对象的回答中传达出真相。比如在《与神话较量的人》这期节目中，王志的采访对象是"刘姝威"，这位学者曾以一篇600字的短文对"蓝田神话"进行了质疑，而王志又以观众的视点，甚至以假想的"蓝田"立场向刘姝威频频发问。当王志以质疑的眼光向刘姝威发难提问的时候，他没想到碰到了一个强硬的对手，结果使它们之间的对话就像电影中的对白一样精彩。

质疑是一种状态，而不是一种形式。在王志身上，质疑已成为一种本能，他通过机智的对话完成对事件的调查和印证，用尖锐的提问深入事件更深的层面，从而

最大限度地去接近真相。正因如此，王志眼镜片后面闪动着的总是冷峻的目光，沉着却毫不迟疑地掷出了一个又一个夹带着怀疑、否定甚至不信任的问题。也正因为如此，他面对“非典”时期刚刚就任的北京市市长王岐山发出一连串的问题：

“我非常同意你的看法，但现在看来你这个说法几乎是不可能的。”“制订这些措施，你的依据是什么?”“你所说的这些我们其实也看到了，但有一个很奇怪的现象，那就是市民的恐惧并没有降低反而在增加。”这些问题可谓是句句锋利逼人、击中要害。

4. 扮演角色

在某些情况下记者要调查到真相，仅仅隐藏自己的记者身份还不够，还必须以某种特定的身份才能接触调查人物、参与调查事件，调查到真相，这种调查方法就是扮演角色。在揭露式的调查中，这种手段经常被记者采用，比如，扮演成买票者调查票贩子倒票内幕，扮演成顾客调查商家的不法销售行为，扮演成准下线调查非法传销的秘密活动等等。这种方法以记者的亲身经历展示调查过程，具有实证性，调查显得真实、客观；由于记者隐藏真实身份，以扮演的身份介入事件，潜藏着让被采访者识破的危险，所以调查过程呈现出戏剧性和刺激性。当然，也有人为这种做法担忧，针对这种担忧，《60分钟》制片人唐·休伊特辩解说，关键是看我们的事业是否为电视观众提供了确凿的有关错误的恶行的录像证据。

5. “透露采访目的”

这是美国《60分钟》节目经常采用的调查手段之一。但这种“透露”并“不会将新闻的主要内容向所有人公开”，而只是以一个中性的概念麻痹被采访对象的防范意识，这样即便是在录像报道引起争议或“官司”之后，调查者也能处于主动。例如，要调查报道某银行经理挪用了公款，采访时你会对他说，“我想和您谈谈你们银行的事物以及您与银行的关系”；而用不着对他说，“我还要和您谈谈你贪污公款的事”。对后一种采访目的的“透露”，无疑是一种自找麻烦的愚蠢行为。

以上种种方法、技巧在调查过程中很有效，往往能发挥非常重大的作用，但这些手段，必须慎用，使用不当就会造成损害道德和违反法律的问题。例如隐性采访调查中涉及的法律问题。隐性采访在我国虽然没有法律法规对其明文禁止，但记者在采访时隐瞒自己的身份和采访目的，必然造成对被采访对象的权利和自由的干涉、限制甚至是侵犯，它带来了一系列法律上的权利和冲突。我们知道公民隐私权是受到法律保护的，它是有关个人信息、个人私事的权利，它属于宪法保护的人格权的范围，对其保护的必要性来源于人们对人格尊严的关注。然而，当电视记者

隐性采访时，往往会在未经采访对象同意的情况下获得了其个人隐私。这一行为本身就是对公民隐私权的侵犯，从而导致了舆论监督与公民隐私权保护的冲突。

另外，记者的采访权和报道权都以公民的言论自由权为基础。但是，在隐性采访时，采访对象都是在不知情的情况下表达自己思想的，他(她)愿不愿意表达或在多大范围内、通过什么方式表达等权利都被忽视或侵犯了。

隐性采访的泛滥化与侵权倾向现在已经成为一个世界性的问题，世界各国的新闻管理机构纷纷制定各种形式的新闻职业道德条例对隐性采访可能带来的不良社会后果加以法律法规的限制。

国际新闻记者协会、英国、澳大利亚、土耳其、马来西亚等国家的新闻职业道德条例都明确规定新闻记者应当采用"公正"、"诚实"、"正当"的手段获取"新闻、图片、胶片、磁带和文件"等新闻信息，而不能采用任何"欺骗的手法"。但同时也有一些国家对隐性采访的报道方式给予了一定程度的认可，例如，印度新闻协会1996年8月制定的《新闻记者行为准则》就规定："采访时未经当事人的知晓与同意不得进行录音，除非录音对于保护新闻工作者的合法行动非常必要，或基于其他迫不得已的正当原因。"

有些国家则对新闻记者在采访过程中故意隐瞒身份或伪造假身份的行为进行了较为严格的限制，如意大利、法国等国家都有相关的规定，澳大利亚在1944年和1984年颁布的《新闻工作者职业道德准则》中两次重申"对于内容要发表的采访，应该说明自己的身份和所属的机构"。西班牙新闻联合会于1993年11月制定的《新闻道德法规》前言中就明确指出，"新闻工作者也应考虑到，当在他们的职业范围内行使法制规定的言论自由和信息自由的权利时，他们的行为也会因为为了避免侵犯他人基本权利而受到限制"。

相比而言，我国记者隐性采访在电视调查报道中还有着较为广阔的生存空间。目前我国还没有制定关于隐性采访的法律法规，只在《新闻工作职业道德准则》中有一条规定："要通过合法的正当的手段获取新闻，尊重被采访者的声明和要求。"但隐性采访是否属于"合法的正当的手段"，在多大范围和程度内可以使用，我国并没有明文规定，但必须接受来自社会心理和群体价值判断的种种道德评判，坚持一定的道德原则。

第一，必须坚持公众利益原则。隐性采访的出发点和落脚点都应定位在维护公众利益上。维护公众利益是记者和媒体基本的价值取向，也是确定是否有必要用隐性采访手段和把握新闻事实的标准。只有新闻事件涉及公众根本利益，或为满足公众的知情权需要，而记者不能或不便通过显性采访获取新闻信息，这种情况下隐性采访才是必要的。例如，当采访对象及其行为违反国家法律、法规、政策或

社会公德，且严重影响公众利益，对其曝光是必要的。

第二，要坚持公正原则。它要求记者在选材、立意时，站在公正的立场上来客观、全面地看待社会事件，勇于揭露社会生活中不公正、不平等、违法乱纪和腐败现象，并从法理和道义上加以评判，促使社会公正。近年一些调查报道中，记者通过隐性采访，报道乱收费增加大众负担、欺行霸市侵害群众利益、地方保护主义干扰市场平等竞争秩序、执法不公以及以罚代法等现象，都体现了对社会公正的追求。

公正，不仅要体现在隐性采访的报道主题上，更要落实在记者的采访过程中，应平等地对待采访对象。不可侵害个人的名誉权和隐私权；要尊重被采访者的声明和正当的要求；如果对个人的道德人格提出指控，记者在采访中不能以违法和不正当的方式获取新闻，只有为了维护公众利益、对付违法犯罪行为，才可以假扮其他身份，而且有的身份是决不可以冒充的，如人大代表、政协委员、军人和公安、工商、税务等执法人员。记者只能客观地观察、记录新闻事件，不可以人为地改变事件进程，甚至设陷阱将采访对象引入圈套而做出违法害理的事，这样即使逃出引诱犯罪之责，也应负道义上的责任。在报道时，摆正自己的位置，客观、全面地看待采访对象，对新闻事件的性质判断分寸要得当，做到褒贬有度；对涉及当事人各方要平等视之，不可因为轻信、失察和个人的好恶而偏袒一方，贬损一方；即使是对被批评者，也要注意分寸，留有余地。

第三，要坚持公共性原则。隐性采访尽量选择公共性场合，如果某人在公共场合的行为违反了社会公共利益，新闻媒体将其曝光，因有利于公共利益而不易受到非议。

新闻工作者无论是以观察、体验还是实验的方式介入到隐性调查的事件中，如果为了维护公共利益而在调查过程中不可避免地出现了侵权行为，应该在报道公开时尽可能地隐去可能带来侵权诉讼的敏感部分，或采取一定的技术手段对当事人的私权加以保护，力求损失减至最小。

调查报道这一体裁被引入我国后，已作为一种调查方式和手段而广泛运用于各类电视节目形态之中。中央电视台《新闻调查》经过多年的探索，已形成一种调查性的外在品质形态。而作为这种形态的榜样节目是《新闻调查·透视运城渗灌工程》。这个节目据称是符合了《新闻调查》定义的最重要的因素："它是纯粹的电视调查文体，它是新闻背后的新闻，是揭秘性调查"，即使从调查揭露某一集团损害公众利益的角度来衡量，这个节目也毫不逊色。下面以这个节目为例，分析调查报道的运作方式。

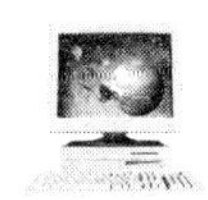

透视运城渗灌工程

让人疑惑的数字

1996 年 2 月，在一份给省委的汇报提纲中，运城地区完成渗灌面积是 103 万亩，配套面积达 76.7 万亩。

仅 2 个月后，在运城水利局长的一篇文章中，完成面积达 106 万亩，配套面积达 84.8 万亩。3 个月后的一份讲话里，配套面积是 81.2 万亩。

1998 年上半年有记者前往了解情况，之后，运城地委监察室做了一个调查，结果完成的配套面积锐减，降到 5.36 万亩。

面对历次统计数字的不统一，现任运城地委书记、1995 年推广渗灌节水工程时任运城地区行署专员、渗灌节水工程的总指挥黄有泉说："1995 年统计的数字可能就是八九万亩，基层统计得不准确，现在的统计数字比较准确，是十一二万亩。"

究竟是多少，运城水利局局长裴都红说："目前我们统计的数字，大概是 11 万亩多一点。建成的池子是 5 610 个，配套的池子是 5 047 个。不能用和无法配套的渗灌池，经各县汇报，均已拆完。"

按照水利局长的说法，目前我们在路边看到的这些渗灌池基本都是配套的，为了弄清事实真相，记者对全地区节水渗灌的两个典型县——临猗县和芮城县进行了调查。

这不是作假吗?

记者首先前往的是临猗县。临猗县当时承担的任务位居全地区第一，达 12 万亩。

记者随意在路边停下车："这些田间地头的渗灌池，有哪些用过?"

农民："没有用过，劳命伤财。"

记者："为什么呢?"

农民："没有水，用啥?"

记者来到一个叫张村的村子，全村共 398 户。

据村书记董创成说，1995 年大约有 70 来户搞了渗灌，主要是路边。当时要求在路边，县上和乡上领导检查比较方便一些。然而只用了十个八个，也就是14.3%发挥过效益。渗灌不起作用，没有达到预想的效果，现在已把大部分管子给卖了。

记者又来到了芮城县节水渗灌典型乡学张乡，全乡共有 34 个渗灌池。

乡长任干军说，全乡渗灌 90%配套。

记者："为什么很多渗灌池要建在路边呢?"

任干军:“你这给我问住了,我也不知道该咋说。”

为了落实全乡有多少渗灌池用过,记者请任乡长一起来到学张乡建有渗灌池的公路边。先看了4个渗灌池,乡长说这4个有3个都用过,最后来到了离乡政府最近的一个渗灌池边。乡长说这个池子也用过。“下水管在哪儿呢?”“那不是。”“哪儿?”“那不是。”记者还是有点疑惑。

“这地里有没有埋管子。”记者问身边的一个农妇。“没有埋管子。”“那个池子用过没有?”“没有。”“从来没有用过?”“没有用过。”

任干军:“她一个老太婆,整天不在地里,她怎么能知道?”

农妇:“我老在地里。”

记者:“那个池子没有放过水?”

农妇:“没有放过水。”

任干军:“谁胡说了,我马上就收拾他。你哪能这样搞?咱们实事求是,你如果再这样说,我不管你,你随便上哪儿去就上哪去。”

为了弄清楚学张乡公路两边这些渗灌池是不是真正能发挥作用,记者请来运城的水利局专家一块鉴定。首先来到的就是这个离乡政府最近的渗灌池。

他们找到了这个渗灌池的出水管,但这个管子是断开的,显然不可能有通向地里的水管。

运城水利局局长陈仰斗说:“这个池子,从咱们目前检查的状况看,没有进水管子,也没有往地里头埋出水管子,只是建了这么个池子,肯定没有用过。”

记者又请专家看了那天他们没有把握的5个渗灌池,结果只有1个完全能用,其他4个都是不能用的。又看了路边的另外5个渗灌池,全都是不能用的。

在对学张乡的抽查中,使用过的渗灌池只有10%,其余的都是没有用过或不能用的。

推广100万亩渗灌面积,只完成了10%,在完成的10%中,3年来发挥作用的渗灌更是少数。

这不是作假吗?

农民有苦难言

1995年运城地区完成100万亩渗灌工程,主要依靠下属的各县市,而各县市又是怎样完成任务的呢?

芮城县平王村,全村360户人家,建成的渗灌池只有40个。

村民石保国说:“没有人想修这个,没有一户愿意修这个,只是当时那个形势,非叫你修不行,全是靠路边修的。不靠路边都不修。”

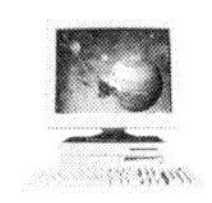

记者："如果这些人想修呢？"

石保国："想修人家也不叫你修，全县统一靠路边。"

村长主动带记者看当时为了应付检查修起的渗灌池子。薄薄的一层，水很难存住，很快就渗下去了，还有比这更糟糕的。

石保国："老百姓没法，上边有压力，不建不行。"

在村头，一位大队会计告诉记者：当时，到处插着运动红旗，上边一次次来检查。他们是村干部，尽管很不情愿，但必须响应号召带头建渗灌池，否则，农民们不会建。然后，建成后，水无法渗进池里，没法用。这样，他们白白扔了600多块钱。

检查参观的人从不到里边仔细看，所以很难发现问题。

农民们大都迫于上边的压力，很不情愿地建造出许多专供人参观的渗灌池。但也有例外，运城市北相镇北相村农民李隋忙觉得池子用泥坯肯定不能用，坚决不建。当上级检查时，他用脚把一个池子蹬坏，想给检查团看。结果，他被派出所、乡里抓起来痛打一顿。……

推广100万亩的决定是如何做出的

渗灌节水技术能否大面积推广？

"不行！"陕西省水利厅副总工程师张国祥说。

渗灌节水技术，19世纪中叶在德国开始采用，我国引进是在1974年，由于管道埋入地下，水管上的水孔极容易堵塞，这一技术难题至今没有很好解决，所以国内很少大面积推广，目前我国全部渗灌面积也不足50万亩。

张国祥，清华大学水利系毕业，从70年代就致力于研究和实验渗灌技术。张国祥想了很多解决抗堵塞的办法。比如，搞个抗堵塞滴头，但还是堵塞，抗堵塞滴头究竟应修在什么方向，还没研究好。现在"九五攻关"把渗灌列进去了，到目前为止，进展不大，这是全世界都没有解决好的问题。

1996年5月下旬，全国20多名渗灌专家曾对运城地区渗灌技术进行过考察，专家一致认为堵塞难以避免。……

运城水利局高级工程师陈仰斗："堵塞，对渗灌来说，这是一个致命的问题，并没有从根本上得到解决。"

陈仰斗："我说建议搞10万亩。我们局长跟领导怎么说的，就不知道了，以后回来定的就要搞100万亩。因为没有一定的数量就显不出工作规模。"

当时地委和行署没有让水利局进行论证，提出可行性报告。从布置这件事到于志成书记的讲话，只有两三天的时间。

张国祥曾就运城推广渗灌的现状写出若干技术问题的参考意见，陈仰斗发表

了渗灌工程中应注意的几个问题的文章。然而这些声音迅速被渗灌高潮淹没了。

高潮掀起后，建设100万亩渗灌面积所需的设备、技术人员远远跟不上。

张国祥："大面积推广是不行的，只能在一定的条件下试用。"

当时建了多少，后来又拆了多少，谁也说不清。

面对这些拆除渗灌池后留下的废料残渣，原运城地位书记于志成进行了反思。

于志成："劳民伤财，给党和人民带来的损失太大，不应该这样做……"

为了确保任务的完成，运城地区不仅制定了任务表，还有完成任务的进度表，号召人们不干不行，小干不行，必须大干快上，并提出40天完成50万亩的任务。

从报纸上可以看到，一共掀起了3次高潮。第一次是迎接地区现场会，第二次是为迎接全国现场会。在现场会开过之后，就再没有掀起高潮了。

开现场会，主要是希望能够得到省领导和国家领导的重视，多一些贷款。果然，成为典型以后，水利部、省水利厅就在投入上给予倾斜。省里给了100万，水利部给了200万。……

《透视运城渗灌工程》是《新闻调查》非常成功的一期调查报道，在调查思路、调查手段、采访技巧等方面，该节目都给我们很多的启发。

一位作家在看过该节目后撰文评论说，就一篇电视调查报道而言，我看出了它在特殊社会条件下介入社会生活的巨大能量：摄像机在有头脑的记者手中，它仍然可以是一支笔——一支沉重却灵巧的笔，实现对人的心灵甚至是灵魂的刻画；只有今天没有昨天的摄像机，依然可以将凝固的事实（昨天）和正在运行发生着的事实（今天）较为自由地组合起来，创造一种立体、生动的新鲜感①。

调查报道与一般新闻的区别就在于它是对潜在新闻线索的执著追求，寻找无可否认的证据。因此，电视调查记者的一个重要任务就是运用摄像机这把"锐利的解剖刀"，摄取合适的画面，充分地展示证据。一位摄影记者在看过电视调查报道《透视运城渗灌工程》之后对此深有同感：该节目以毋庸置疑的图像，将废弃的渗灌、倒塌的砖砾、发芽的木桩、遗留的标语特写，将干部、群众、科技人员之间矛盾的冲突，将这一虚假工程的来龙去脉表现得层次分明、清晰流畅。他认为，真实而又充分地展示"证据"，起了决定作用②。

《透视运城渗灌工程》是自《新闻调查》开播以来第一次面对一个尚未受到查处

① 麦天枢：《公开的尊严》，中央电视台新闻评论部编：《正在发生的历史》，光明日报出版社1999年版，第388页。

② 贺延光：《用镜头展示证据》，中央电视台新闻评论部编：《第1现场》，南方日报出版社2000年版，第388页。

的问题工程。这一工程因其铺展面大、涉及参与干部数量多而显示了较高的调查难度，因为记者面对的不是一个小群体或仅存在于一个地点的工程现象，而是散布在广阔的土地上涉及千百万人的利益而曾经得到中央有关部门、省政府及山西运城地区各级相关领导支持或参与的、涉及面广的工程现象，记者进入这样的采访对象，如果没有足以说明问题的第一手材料和相应有力的逻辑推论，是无力构成针对这一庞大问题的成功揭发的[①]。那么，这个节目是如何完成这一"揭盖"任务的呢？

由于调查报道所调查的对象都是比较错综复杂的事件、现象，记者要冲破表象、揭开真相，首先必须要有清晰的调查思路。我们来看看《透视运城渗灌工程》这则报道中记者是怎样一步步展开、深化调查的。

调查切入口：运城地区完成的渗灌面积历次统计数字不统一，真实的情况到底是什么样的？这里面是不是暗藏了什么问题？带着这个悬念，记者展开了调查。

初步调查：第一步——亲临现场考查渗灌池，发现很多渗灌池都没有投入使用。

探寻原因：第二步——既然渗灌池没有发挥作用，农民为何要修建？

调查真相：第三步——推广渗灌工程的决议是怎么做出的？

记者的调查思路非常清晰，从表象到真相，从结果到原因，调查步步深入、层层深化，事实真相由表及里、层层剥笋似的被揭开。

如果把调查思路比作记者调查过程中的指南针、引导调查进行，那么调查手段就是记者调查过程中的有力武器。《透视运城渗灌工程》中，记者采用了多种调查手段发现问题、搜集证据、核实问题，让事情的始末因果逐一呈现给观众。

现场访问是记者现场调查的重要手段之一。记者亲赴渗灌工程的两个示范县调查，到达目的地后，第一项调查工作便是现场采访村民。渗灌工程的直接受益者应该是当地的广大农民，渗灌工程成功与否、渗灌池能否发挥作用，农民最有发言权。记者通过渗灌池现场随机采访，从农民口中得知很多渗灌池都没有发挥作用，农民所言的情况是否属实，记者还需要进一步调查。

各级相关领导是新闻调查第二类重要的采访对象，对这些直接相关的责任人的采访，是一个艰苦的，颇需耐心、智慧和持久性的过程。记者通过此前的调查已经充分证实了运城地区的很多渗灌池都是中看不中用的空架子，农民们对此怨声载道。那么这些情况上级领导是否知道，如果他们知道，为什么这么做，又为什么

---

① 夏骏：《回望九八》，中央电视台新闻评论部编：《正在发生的历史》，光明日报出版社 1999 年版，第 446 页。

把渗灌池都建在路边,带着这些疑问记者走访了相关的各级领导,终于调查出了问题的实质——领导的官僚主义、形式主义作风导致了决策的不科学、执行的不合理。

专家鉴定对一项技术性较强的工程问题调查是必不可少的。记者请来了水利局的专家到现场查看渗灌池,通过事实揭示出工程的假象,在专家面前,村民和乡干部谁说的是真话、实话顿时真相大白。

记者丰富的调查手段不仅体现了记者思维的严密、调查过程的客观及调查结果的信服,而且还充分调动了感性因素,兼顾了调查过程形象性、生动性,发挥了电视声画并茂的传播优势。例如,学张乡乡长威胁农妇的场面几乎可称为《新闻调查》的经典镜头,这就是电视的魅力,突如其来的神来之笔使事实足以震撼每位观众。调查女记者王利芬双手支撑渗灌池沿跃入渗灌池的场景和拔起虚设的输水管道的细节,使之成为一种无可辩驳的铁证,让观众也直接触摸到了事实。

《透视运城渗灌工程》从山西运城地区对渗灌工程的现象透视出"官出数字、数字出官"的形式主义,这种调查的深度入木三分,给观众提供了一个广阔的认识空间。

本章小结

目前在我国的电视荧屏上,不论是新闻节目、社教节目还是生活服务类节目,调查报道都是一种常用的体裁和手法。我国的电视调查报道既吸取了西方的调查报道理论,又不局限于西方的传统揭丑式调查报道,在发展过程中形成了自己的风格和特色。

电视调查报道根据调查内容、调查目的不同,可分为不同的类别,前者可分为人物调查、事件性调查和主题性调查;后者可分为揭露性和揭示性调查。电视调查方式有纯粹调查式、访谈式调查和记录式调查。调查技巧,借鉴CBS《60分钟》的调查手段有:信源证实、隐性采访、伏击采访、扮演角色等。电视调查报道在采制过程中一方面要体现理性的思辨,调查过程要力求准确、翔实、严密。另一方面,电视调查报道应该充分发挥电视的传播优势,注重过程性、形象性、充分体现现场感和调动观众的参与感。此外,电视调查报道还必须注重伦理,在一定的法律和道德的范围内进行。

思考题

1. 西方新闻界关于调查报道的定义是什么,我国电视调查报道在内容和形式

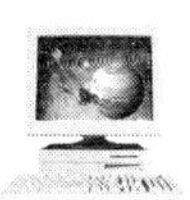

上与西方传统的调查报道有哪些异同？

2. 电视调查报道按照不同的方法可分为哪几类，结合你所熟悉的电视调查报道节目，分析该节目按照不同的划分法，分别属于那种类别？

3. 分析电视调查报道的几种典型的调查方式各有什么特点，分别在什么样的情况下适用？

4. 试论述电视调查报道采制过程中怎样做到感性和理性的有机结合？

第七章　新闻型电视栏目创作

电视新闻在20世纪30年代开始萌芽，第二次世界大战后得到迅速发展，迄今，已成为电视媒体赖以生存的基础，同时，也成为西方各大电视媒体展开角逐的主要节目领域。从初期的要闻简报，到如今多样化的体裁呈现；从新近发生的事实的报道，到正在发生的事实的同步传播；从大杂烩式的汇编播出，到明确的栏目定位的形成，如今，电视新闻以成熟的节目形态，受到广大观众的青睐，并在世界范围内发挥着空前巨大的传播威力。

第一节　电视新闻栏目化

当今的电视新闻基本上都是以栏目的形式出现的。以中央电视台新闻频道每天的新闻编排为例，除了整点新闻播报外，其余的新闻栏目依次为：6:00的《朝闻天下》、12:00的《新闻30分》、18:00的《新闻》、19:00的《新闻联播》、19:39的《焦点访谈》、20:00的《国际时讯》、21:30的《东方时空》、22:00的《新闻1+1》、23:00的《晚间新闻》、00:00的《午夜新闻》等。

其实，在电视诞生的最初10年间，电视新闻只不过是西方广播公司偶尔为之的“试验品”。直到1947年，美国的《骆驼新闻大篷车》出现，标志着世界上第一个新闻专栏节目的诞生。5年后，由哥伦比亚广播公司(CBS)的著名主持人爱德华·默罗创办的《现在请看》(*See It Now*，1952—1958年)成为有影响的电视新闻栏目。随后，美国三大广播公司又先后创办了《今天》、《今晚》、《60分钟》、《ABC今晚世界新闻》等较有影响的新闻栏目，其中不少栏目的出现具有里程碑的意义。

在我国，最早的电视新闻栏目应该是作为中央电视台前身的北京电视台于1958年建台之初创立的《电视新闻》。该栏目每周播出三次，每次10分钟。其后又陆续创办了《图片报道》、《简明新闻》、《国际新闻》等栏目。但内容却只是图片、新闻片、纪录片和口播文字的简单组合。直到1978年元旦《新闻联播》开办，真正

的电视新闻栏目才得以问世。在此后的30余年间，一批又一批较有影响的电视新闻栏目如雨后春笋般地涌现在中国荧屏上，以独特的方式影响和改变着人们的生活。像中央电视台的《观察与思考》、上海电视台的《新闻透视》、福建电视台的《新闻半小时》等，都颇负盛名。尤其是在1993年以后，中央电视台陆续推出的《东方时空》、《焦点访谈》、《新闻调查》、《新闻30分》等为代表的一大批优秀新闻栏目的出现，使得我国电视新闻栏目化的进程大大加快了。

一、电视新闻栏目化的意义

所谓电视新闻栏目化，是指把电视新闻节目分成多个专栏的编排方式和播出方式，并在电视媒体中普遍运用的一种现象和过程。确立栏目化意识，即强调栏目的类型化、个性化在新闻栏目策划制作中的思维指向作用。这种个性除了表现为内容选择上的独到之处外，还表现为主持人的播报风格、演播室的设置以及整个节目的包装等等。电视新闻走向栏目化，无论是对媒体，还是对受众，都有着重要意义。

1. 告别电视新闻的无序时代，走向规范化

电视节目走向栏目化，是由过去松散拼凑、大杂烩式的粗放型样式，向追求传播效果最优化的集约型样式的合理转变，是电视节目走向成熟的重要标志。

在电视发展的早期，由于技术条件以及人力、物力等客观条件的限制，电视新闻的播报基本上是“汇编”型的，根本谈不上特色和“定位”。随着电视事业的进一步发展，电视新闻也在告别无序，快步走向规范与成熟。标志之一，便是电视新闻栏目的产生、发展与壮大，并且产生了像美国CBS《60分钟》这样历经40年之久而不衰的经典性新闻栏目。

近年来，随着通信技术的飞速发展，人类在不经意间已经步入了信息时代。仿佛是一夜之间，各大媒体的新闻与信息大战已打得如火如荼、狼烟滚滚。不少媒体仓皇之间马失前蹄，惨遭淘汰。电视新闻也同样面临着广播、报纸，尤其是后起之秀第四媒体——网络的威胁。要想在这场激烈的竞争中赢得主动，除了加强新闻密度外，还要推出更多有特色的新闻栏目，让新闻更精彩，以吸引更多的观众，才是电视新闻发展的必由之路。

2. 适应不同层次观众的多种需求，走向风格化

大众传播学的研究早已证明，受众在传播过程中绝不是应声而倒的靶子。对于媒体传播的信息，他们是积极地、选择性地接受的。不同的受众对同一信息有着

不同的理解与反应；而同一信息因为不同的传播模式，传播效果也会大相径庭。作为传播媒体，必须以受众为中心，从受众的角度，从“人”的角度来决定自己的传播内容与传播方式。这样由于人本身的固有差异，更由于当今社会中人们思维方式、价值观念、生活需求所体现出的从单元到多元、从整合到分化的发展趋势，大众传播不得不由“广播”走向了“窄播”。这就要求传播者不再把受众当成一个无区别的群体。

电视新闻作为社会公共性节目走向栏目化，首先能够促进栏目风格的转变，满足大多数人的多种需求。凤凰卫视的《凤凰早班车》之所以能够使人津津乐道，原因之一就是主持人陈鲁豫首开了“说新闻”的播音风格。这种亲切、口语化的传播方式，从几十年不变的一板一眼、字正腔圆的“播音腔”中解脱了出来。其次，栏目化后的电视新闻在内容上给观众提供了更多的选择余地。比如，《新闻联播》为观众提供的是权威的国内外重大时政要闻；而《世界周刊》则是关于国际重要新闻的深度解读；湖南台的《晚间新闻》则用娱乐化的方式展示湖南本地的社会新闻。同时，栏目化的电视新闻能够准时固定地播出，有利于培养观众的收视习惯，使栏目拥有一批相对稳定的观众群，从而为栏目的“名牌效应”打下基础。

3. 优化电视新闻的传播效应，走向系统化

系统论认为，系统是在若干相互作用和相互联系的要素的有机结合下，形成的具有一定结构和功能的整体。其本质特征就是有机的整体性。各要素所能单独发挥的作用微乎其微，而组合在一起却能收到“1+1>2”的效果。

对一个电视台来说，新闻传播应该是一个有机的整体。如果仅仅是动态消息的汇集，难以满足观众的求深心理，于是，深度报道的出现，无疑是对这种缺憾的一种弥补。以中央电视台为例：《新闻联播》中播出的一些重大新闻，仅仅是以动态消息的形式出现的。为了更鲜明地表明态度立场和揭示事件的前因后果，《焦点访谈》经常承担起了这项任务。《新闻联播》中播音员一句“此事在本台今晚19:38播出的《焦点访谈》节目中将有详细报道”的预告语，把这两个节目有机地串联在一起，收到了相得益彰的传播效果。一个电视台正是通过各个栏目之间的这种协调、合作、同步与互补，而达到新闻传播整体最优化的效果。相反，如果设置新闻栏目时不从“大新闻”的角度加以考虑，不仅是对栏目资源的一种浪费，而且是对电视台新闻栏目整体传播效应的一种破坏。

对于特定栏目来说，电视新闻一旦以栏目的形式出现，就必然要求该栏目有一定的系统性、长期性和固定性。连续报道与系列报道应该是维护栏目新闻传播连

续性与可持续发展的两个“法宝”了。

二、电视新闻栏目的形态

电视新闻栏目形态，即电视新闻栏目的播出和表现形式。依据不同的划分方式，电视新闻可以有不同的栏目形态。一般来说，应以栏目的结构形态为划分标准。这样，我们可以把电视新闻栏目大致归结为以下几种形态。

1. 集纳型

这是最早出现，也是我们在电视屏幕上最常见的一种新闻栏目。这种栏目一般是动态消息的组合，能够最简明、最快捷地告诉观众最新的新闻事件。像中央电视台的《新闻联播》、《新闻 30 分》、《国际时讯》和凤凰卫视的《凤凰早班车》，以及各地方台的早、晚间新闻栏目等，都属于此种类型。

2. 杂志型

此种节目形态与简报型栏目相比，信息含量更大，节目形式也更为灵活多样。最明显的节目特征就是其板块化的节目形态。一个杂志型新闻专栏往往由若干板块组成。我国最早的杂志型新闻栏目是上海电视台的《新闻透视》(1987 年 7 月)，而真正产生巨大影响的则是中央电视台 1993 年 5 月 1 日开播的《东方时空》。

3. 专题型

电视新闻深度报道的兴起，促进了专题类电视新闻栏目的产生。简报型新闻栏目往往只报道动态消息，杂志型新闻栏目又涉猎范围过广。为了满足观众对新近发生的某一重大事件的前因后果、发生发展的深入了解欲望，单一专题型新闻栏目应运而生。中央电视台的《焦点访谈》、《新闻调查》；东方台的《东视广角》以及其他各地方电视台的“焦点”类栏目，都属于此种类型。

4. 谈话型

谈话型电视新闻节目是指“以面对面人际传播的方式，通过电视媒介再现或还原日常谈话状态的一种节目形态。通常是围绕新闻事件、社会热点等当前群众普遍关心的问题，在主持人、嘉宾和观众之间展开的即兴、双向、平等的交流，在本质上属于大众传播活动”①。如中央电视台的《新闻会客厅》和《面对面》栏目。二者

① 徐舫州、徐帆：《电视节目类型学》，浙江大学出版社 2006 年版，第 38 页。

都以新闻事件中的人物为关注对象。不同的是，前者强调开掘新闻事件中当事人和关联人的亲历、亲为和亲感，突出新闻中的人性和新闻性的结合。后者秉承的理念是面对面的接触、面对面的交流、面对面的碰撞、面对面的印证。

第二节　集纳型新闻栏目

集纳型新闻栏目，是指消息类电视新闻节目的汇编单位和划分形式。依据不同的分类标准，集纳型新闻栏目可以划分为不同的类型，如根据栏目内容的不同，可以分为时事类、经济类、体育类、娱乐类和综合类栏目；根据报道地域的差别，可以分为国际新闻栏目、国内新闻栏目以及地方新闻栏目等。

一、集纳性新闻栏目的编排

1. 编排定位

(1) 时段的选择

在当今时代，最能体现栏目各自特点和风格的分类方法，似乎应该以播出时段为依据，划分为早间新闻、午间新闻、傍晚新闻、晚间新闻。

电视出现以后，甚至是在固定的电视新闻栏目出现以后的很长一段时期里，人们的收视时段仍然习惯性地锁定在晚间——黄昏以后、睡觉之前，早间时段被广播所垄断。直到 1952 年，时任美国全国广播公司(NBC)副总裁的西尔维斯特·韦沃创立了《今天》(*Today*)，才打破了这种局面，开辟了早间新闻时段，填补了早间新闻栏目的空白。该栏目每天早晨 7 点播出，时长两小时。《今天》一问世，就以其轻松活泼、令人耳目一新的风格吸引了大批观众，收视率节节攀升，持续保持全美早间节目收视率第一，风行至今已足足 50 个年头了。同时，它也为美国早间电视新闻栏目奠定了一种格调和模式，并且引发了美国另外两大广播公司(CBS、ABC)的效仿，相继推出了《早晨》(*Morning*)和《早安，美国》(*Good Morning, America*)，从而促进了美国乃至世界早间电视新闻栏目的发展。

在我国电视发展的初期，早间电视新闻栏目同样是一片空白，充其量只是重播头天晚上的新闻，称不上真正意义上的早间新闻栏目。到了 20 世纪 80 年代中后期，一些地方电视台较早地开始了这方面的尝试。如杭州电视台的《早上好》(1986 年)，广东电视台的《早晨》(1987 年)等。而早间电视新闻栏目的真正发展，是在 20 世纪 90 年代以后，以中央电视台《东方时空》(1993 年)的开播为标志，早间新闻栏目的竞争大战正式打响。各地方电视台也纷纷创办或改版自己的新闻栏目，如北京电视台的《北京，您早》、湖南电视台的《潇湘晨光》、上海电视台的《上海早晨》、广

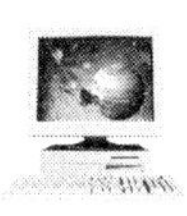

东电视台的《岭南早晨》等，凤凰卫视《凤凰早班车》的闪亮登场，又为这场大战增添了许多精彩和亮点。

需要指出的是，目前我国大部分电视台的早间新闻栏目(《东方时空》除外)，虽然大多以若干板块的形式结构全篇，甚至有不少还自称为“杂志型”新闻栏目。但事实上，它们还遵循着简明新闻的编排方式，距真正意义上的新闻杂志还有相当的距离。因此，我们仍把它们归为集纳型新闻栏目。

如果对早间新闻栏目的诠释仅仅是“一档在早间播出的新闻栏目”，那就未免流于简单和肤浅了。由于所处时段的特殊性，早间新闻栏目与其他时段的新闻栏目相比，无论在内容上，还是在形式上，都有自己较为鲜明的风格与特征。下面仍以早间新闻栏目为例，从内容选择、形式选择两方面继续探讨电视新闻栏目编排的定位。

(2) 内容的选择

随着现代社会开放程度的拓展、生活节奏的加快和向老龄化时代的转变，固定的早间时段的收视群体正在形成。当新的一天开始的时候，人们希望了解在刚刚过去的这个夜晚，世界上发生了什么重要新闻，对国家、对个人有什么影响：“9·11”恐怖事件的最新进展？本·拉登命运如何？纳斯达克有何起伏，对股票是利好还是利空？有毒大米到底有没有流到本市？CIH病毒是否会如期发作？天气预报、交通状况、市场价格……这些老百姓关心的热点话题，也正是早间新闻所要报道的内容。一般来说，新闻节目在内容的选择上应该遵循三个原则：

第一，强化时效性。比如，早间新闻应当对前一天发生的事件作变动地连续报道，这样才使得人们对早间新闻有着特殊的关注，“昨夜今晨”正是早间新闻栏目的用武之地。另外，清晨时光往往是在人们匆匆地洗漱就餐、收拾行装中度过的，人们很难有时间和精力坐在电视机前从容地欣赏电视节目。所以，早间新闻只有提前给观众最新的要闻简报，才能吸引观众的注意力。如果还是把昨日的消息搬出来“炒冷饭”，那等待它的只能是“门前冷落鞍马稀”了。

第二，增强服务性。电视作为大众传播媒介，对受众而言，本来就具有不可替代的服务功能。而对于早间新闻栏目来说，观众对这种服务功能的需求，显得更为强烈、直接、具体和迫切。电视观众除了关注昨晚发生的天下大事外，更想知道新的一天的天气状况、交通状况、市场物价等与自己一天生活质量密切相关的信息。所以，早间新闻栏目不能把目光囿于时事新闻报道，还应拓展自己的视野，多一点人文关怀，照顾观众的多种服务信息的需求。

对于服务性信息的内容，不应只局限于天气、交通、物价这些方面。其实，凡与老百姓的日常生活息息相关的生活资讯，比如股票、彩票、电影票、出版、人才市场以及就医等信息，同样是老百姓非常关心的。而且，这种服务信息应该是具体的、

灵活的。比如，夏秋之交，武汉市民爱吃香辣蟹，但是如果食用不当，就会引起食物中毒或其他疾病。湖北卫视的《新闻早班车》，就在节目中及时地给大家提个醒，并告诉大家正确选购和食用蟹的方法。再如，秋季到来，冬装开始上市，《新闻早班车》又关切地提醒大家，服装也有保质期，并告诉观众服装标签上的数字到底代表什么意思，使观众增长了一些选购衣物的知识。不过，对这样的服务信息要注意找好新闻由头。“民之所欲，常在我心”。多站在观众的立场上思考，早间新闻栏目的服务性才能加强。

第三，注重贴近性。一个栏目能否成功，最根本的在于观众是否认同或欢迎。首先需要解决的当然是栏目办给谁看，突出什么内容和特色，也就是我们通常所说的栏目定位问题。本来，面向大众是电视最本质的特征之一。但这个特征在很长一段时间里却被严重地忽视了。近来的新闻改革终于明确提出了“平民化”的口号，开始把绝大部分的精力投入到对每一个个体生命的生存状态和个性状态的关注上来。强调以观众的普遍关注程度为标准的社会性，以观众感兴趣为标准的趣味性，以符合观众审美要求为标准的可视性，力求最大限度地贴近百姓生活。

在材料的选择上，大多选择观众感兴趣或与观众生活具有贴近性的时政新闻和民生新闻为主要报道内容，减少大量一般性会议或工农业四季歌之类的报道。强化观众本位思想，就是要使栏目的传播意识更多地思考“观众要不要看、想不想看这样的新闻”。

湖南台的《晚间新闻》，大胆地抛弃了时政要闻，而完全以社会新闻尤其是百姓生活新闻为报道对象。其内容通常是由这样几个部分组成：一个人物特写，一个人物事件，一个社会问题的曝光，一个治安案例，再配上一些要闻轶事等软性新闻。不论是国内新闻，还是国际新闻，全部把镜头对准了广阔的社会。其实，这种完全世俗化的报道在为一个个平凡的生命勾勒出生活的剪影，吸引他们的关注的同时，也折射出整个时代的广阔背景。

在叙事风格上，宜采用娓娓道来，或设置悬念的讲故事的方式。美国CBS《60分钟》的制片人休伊特曾经十分强调他们的节目“一定要有故事性”。在国内，也有人甚至给电视新闻下了一个这样的定义：电视新闻就是利用现代电子技术传播一个鲜为人知的故事。

在这种叙事意识的主导下，一般除了在题材上选择故事性较强的内容外，更注重利用各种手段彰显新闻的故事性。比如，对导语和串词进行精心设计、设置悬念，以求引人入胜等。

(3) 形式的选择

NBC的《今天》从创立之初，就因在栏目风格上的成功定位而牢牢地树立了自

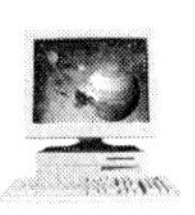

己在早间新闻中的地位。ABC 于 20 世纪 70 年代末创办的《早安，美国》因混合了新闻和娱乐也获得了成功。而 CBS 开播的《早晨》却因风格过于严肃沉重，收视率一直处于低迷状态。直到 1982 年，该栏目在形式上大动手术、改头换面，使节目的节奏加快，风格更为活泼，状况才略有好转。国内电视界目前已普遍接受了这种“轻松传播”的理念。比如，《上海早晨》的栏目广告语便是：“充满活力的一天，从《上海早晨》开始。”以早间新闻为例，节目形式的设置，可作如下尝试：

首先，演播室的家庭化。家，永远是一个温馨亲切的象征，也是最容易让人放松的地方。因此，家庭化的演播室与早间新闻栏目轻松活泼的风格是非常吻合的。家庭化的演播室一般应包括四个景区：客厅风格的主景区——此景区最能体现家的味道；新闻演播室风格的新闻景区——此景区用于向观众播送“要闻回顾”或时政新闻；起居室风格的服务景区——此景区用于播报与观众生活密切相关的生活资讯；多功能的移动景区——可以为任何一个景区做配合。

其次，解说声的广播化。清晨的观众，很难坐下来认真地注视电视画面。所以，早间新闻栏目除了强化电视的图像传播功能，还应向广播靠拢，靠解说传达信息。美国学者赛弗林和坦卡德认为：大众传播，要传播到尽可能多的受传者。所以必须写得(或用其他形式表现得)尽可能明白易懂。这种大众传播的“易读性理论”以及人际传播中的“人情味理论”，都为当下颇为流行的“说新闻”提供了理论基础。

“说新闻”的播报方式，自从凤凰卫视的陈鲁豫在《凤凰早班车》中首开先河以来，迅速风靡全国。在这种播报方式下，主持人娓娓道来，轻松诉说，再加上面部表情、体态语言等其他传播符号的使用，使得传播者在传播基本信息的同时，也能够完成一定的情感交流，语言风格实现了从宣传型向服务型的转变。在这种状态下，主持人的言谈举止中充满了对传播对象的尊重和体贴，同时也营造出了轻松活泼的栏目风格。

但是，在当下国内风靡一时的“说新闻”中，也有一些不和谐之处。最明显的，就是导语的口语化与解说的“播音腔”之间的不协调，使整个节目的风格难以统一，反而显得不伦不类。为此，记者在写稿时，一方面应该注意从书面语言向口语的转变，同时还要注意推广许多电视台都已经开始施行的“主编主播制”；另一方面，要多拓展一些“说新闻”的方式。比如，采取主持人聊天的方式，异地连线采访嘉宾或外勤记者即时场外报道的方式，以及主持人通过笔记本电脑为观众介绍网上新闻的方式等。

再次，节目编排的板块化。新闻栏目的编排，体现了电视媒体的立场、风格以及对当天新闻的整体把握。同时，对于栏目的吸引力以及观众的持久注意力也起着关键作用。美国电视媒体有一些经验和做法值得我们借鉴。

下面以美国 NBC《今天》栏目为例，分析新闻栏目的编排①。

《今天》于 1952 年 1 月 14 日开播以来，节目时长一直为两个小时，每天清晨东部时间 7:00—9:00 和观众见面。2000 年 10 月 2 日，NBC 对该栏目扩版，时长为三个小时，从每天清晨东部时间 7:00—10:00 播出。表 7-1 是某一期《今天》栏目的编排情况和节目内容样式。

表 7-1　NBC《今天》节目编排表

时间		播出内容
第一小时	7:00～7:25	新闻：① 科罗拉多发生森林火灾，介绍其原因和审判过程，4 个工人被指控；② 4 月份发生的重大绑架案，主持人电视连线联邦调查局人员，询问具体情况；③ 巴勒斯坦的局势；④ MM 牌巧克力变新颜色。 天气：西部天气情况，空气质量，一周的天气走势。 连线访谈：① 森林火灾带来的危害，采访当地受害人；② 现场电视连线小布什夫人(关于少年读书的问题)。 插播演播室外热情观众的画面。
	7:25～7:35	地方新闻和天气、交通情况。
	7:35～7:50	专栏：《图书俱乐部》，介绍新书《海洋公园的皇帝》(*The Emperor of Ocean Park*)，邀请作者和相关人士探讨。
	7:50～7:55	专栏：《婚礼》，有四对夫妻参加节目庆祝自己的婚庆。
	7:55～8:00	地方新闻和天气、交通情况。
第二小时	8:00～8:20	新闻：① 科罗拉多火灾目前的情况，灾情已扩展到6 000英亩；② 绑架案，回顾几个月来的详细过程。 天气：中西部有大雨雪；一周天气走势，天气逐渐变热。 新闻：深度报道绑架案，连线被绑架者父母。
	8:20～8:30	专栏：《美容与时尚》，主持人邀请一位知名消费记者讨论美容咨询：注射胶原质和抽脂。

① 《今天》的节目内容，参考了苗棣等著：《美国经典电视栏目》，中国广播电视出版社 2006 年版，第 26—34 页。

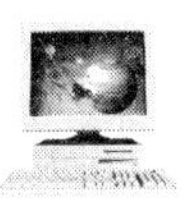

（续　表）

时间		播出内容
第二小时	8:30～8:35	互动：主持人来到演播室外和观众在一起，访问现场观众：喜欢《美国偶像》里的哪个选手。 天气：西南部比西北部冷，中西部比较湿，有大暴雨。 穿插地方节目。
	8:35～8:45	专栏：《生日快乐》，给六个百岁老人送去生日祝福；《娱乐》，电视连线《美国偶像》的三位选手，交流他们的参赛表现和观众的热情，插播他们在《美国偶像》中的表演镜头。
	8:45～8:55	专题：回顾女性在体育中的角色变化。1972年，尼克松签署了一项决议，让美国的女性有了平等受教育的权利，影响了女性在体育中的地位。节目采访了一些往年的金牌获得者和体育专家。
	8:55～9:00	地方新闻及天气、交通情况。
第三小时	9:00～9:05	简明新闻：火灾情况；绑架案，盐湖城警官介绍绑架情况，联邦调查局采取行动与盐湖城协作；阿拉法特府邸遭袭击。
	9:05～9:15	连线访谈：女性的社会机会。
	9:15～9:25	专题访谈：关节炎疼痛的药物治疗。
	9:25～9:30	地方新闻。
	9:30～9:45	专栏：《书吧》，《社会犯罪》(*Social Crimes*)的作者作客《今天》，探讨社会上的犯罪存在的原因等。
	9:45～9:55	专题访谈：① 邀请专家来探讨毒品对女性的伤害，通过研究对比，毒品对女性的伤害远大于男性的伤害。② 时尚专家为观众提供最新的服饰，美容等方面的资讯。
	9:55～10:00	地方新闻及天气情况。结束：大火新闻。

* 穿插在各时段之间的广告未列入上表。

从表7-1可以看出,《今天》的编排采用整点的划分方式,整点播报新闻和天气,半点开始播放各种小专栏和专题节目。新闻内容是“硬”(新闻)“软”(新闻)兼施,专题和专栏节目侧重服务性、娱乐性和知识性。《今天》栏目的专题节目编排如表7-2。

表7-2 NBC《今天》栏目中的专题节目编排表

星期 \ 专题	服务性专题	娱乐性专题	知识性专题
每天		娱乐	图书俱乐部
周一	今日理财		
周二	今日健康		
周三	今日厨房		今日葡萄酒
周四			社会关系
周五		时尚与美容	
周末	教儿育女		

《今天》的专题除表7-2所列外,还有《居家与园艺》、《婚礼》、《名人》、《穿越世界》(每周一期)等。

一般来说,美国的早间电视新闻栏目在编排上都分为七大块:

第一部分,是整个节目的缩影,通过短短的报题表现整个节目的情调、节奏和特色。

第二、三、五部分,一般安排突发性新闻、介绍情况的成套新闻以及有关健康科学的专业新闻。

第四部分,往往安排一则新闻特写,以形成“峰谷技巧”编排。所谓峰谷技巧,就是把电视节目想象成一系列的山峰,错落有致、高低不平。每次新闻节目,都用当天最新、最重大的消息做头条,越往后,紧迫性和价值就越小。在低谷状态下,应找出一个办法,使节目重回高峰状态。在这里,当前面两部分新闻重要性依次递减的情况下,一般采取新闻特写的方式制造高潮。

第六部分,一般是体育新闻。

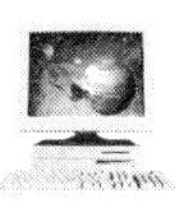

第七部分，内容回顾和最新消息。最后一条一般选用新闻特写或风趣新闻，使观众在清新隽永的结尾中轻松结束。

早间时段是一个很有潜力的市场。在美国，20 世纪 50 年代以来早间新闻的竞争从未停止过，而且有愈演愈烈之势。2000 年，NBC 在其早上 7 点播出的全美同时段收视率最高的《今天》之后，又开办了一个 9 点播出的新栏目《稍晚的今天》。其他两家电视台的动作也不小：ABC 起用了观众缘极好的实力派女主持戴安娜·索雅作为《早安，美国》的新的当家花旦，且在曼哈顿区百老汇开设了新演播室；CBS 也开播了新的《早间节目》，用以代替早上 7 点的《早晨》。在国内，早间时段新闻栏目的开发尚处于起步阶段，还有很大的发展空间，需要更多的探索与开拓。

2. 编排技巧

(1) 强化"两个意识"

新闻栏目在内容选择上，应更加注意新闻的接近性，在节目编排制作上则应该鲜明地树立起策划意识和直播意识。

第一，强化策划意识。当新闻理论界还在为"新闻能否策划"，"新闻策划与策划新闻区别在哪里"等问题争论得不可开交时，新闻报道策划早就作为一种新闻报道手段走进了各新闻媒体。午间和晚间新闻节目时段，由于有较为充足的时间对报道内容进行精心策划，可形成一定的规模效应。

以《新闻 30 分》一期节目为例。近年来由于沙尘暴频频发生，并有愈演愈烈之势，国人十分关注。为了解除观众的种种疑惑，《新闻 30 分》在一年春季——正是北方沙尘暴肆虐的季节，精心策划组织了一批专家学者组成科考队，远赴内蒙古、甘肃沙漠地带，进行实地考察。并派记者全程跟踪采访，及时发回相关报道。再如，在植树节那一天，当全国各大媒体报道的大多是各地植树造林的动态消息时，《新闻 30 分》则精心策划报道了一组关于我国水土流失的报道，在陕西、甘肃、宁夏、内蒙古等几个报道组中，记者向观众展示了怵目惊心的水土流失及其造成的严重后果。在植树节当天编发这样一组报道，其意义更为深远。

第二，强化直播意识。电视直播因为能够带给观众亲眼探求"未知"的新奇感和同步亲历事件的满足感，而成为电视的魅力所在。但现场直播本身是技术发展的产物，它很大程度上受制于技术、人力等客观因素。而对于午间新闻栏目来说，这种限制与其他时段的新闻栏目相比，降到了最小。由于播出的时段多在 12:00 到 13:00 之间，午间新闻采访、摄制、交通，甚至人员配备的难度都要比其他时段小得多，拥有现场直播的众多有利因素。

1998 年，凤凰卫视曾对开启金字塔进行过直播。《凤凰午间特快》栏目通过画

面的切换，使前方记者的现场报道能够清晰地展现在观众面前，新闻报道的叙事时间由以前的过去时变成了现在进行时。2001 年 10 月 9 日的《凤凰午间特快》对“9·11”恐怖事件的一些后续报道就直播切换了驻美国、欧洲及中东记者的现场报道。这种报道形式或许会由于技术的原因产生一些小的差错，但瑕不掩瑜，相比之下，它带给观众的现场感、冲击力及随之而来的信任感是更为强烈的。《凤凰午间特快》作为凤凰卫视中午的强档新闻栏目，每期内容都是从当天上午 9 时到 13 时的国际经贸、社会、财经及政治新闻中精选，力求在第一时间为观众呈现。2008 年“5·12”汶川大地震期间，中央电视台新闻频道打开直播的窗口后，几乎没有停止过现场报道，它以最新、最近的新闻报道吸引了全国乃至全世界的关注，从而也把电视新闻直播推向了极致。

(2) 注重节奏安排

不论在国内还是在国外，新闻栏目的时间一般都在 30 分钟、一个小时或更长。特别是在 18:00—19:00 傍晚时段的新闻，国内已经形成了从内容到形式都非常鲜明统一的“联播新闻”模式。因此，我们在这里主要分析晚间时段的新闻节目。

在美国，傍晚 6 点(东部时间 7 点)被认为是一天中最重要的新闻时段，而且，此时观众的收视状态较为从容专注，不像早间那样忙碌不停。同时，从电视台节目整体的收视率考虑，“晚间新闻是当晚电视节目的封面”，它的精彩与否直接决定着后面节目的收视率。因此，此时段被各大电视媒体极为看重。美国三大广播公司在此时段安排的节目分别为 CBS 的《CBS 晚间新闻》，NBC 的《NBC 晚间新闻》，ABC 的《ABC 今晚世界新闻》，时长都是 30 分钟。三大广播公司晚间新闻的节目构成，多是当天发生的时效性强的突发性事件和重要的时政新闻的报道。节目编排一般由中间插播的商业广告分割成五个“新闻段”(news block 或 news segment)组合而成。

第一个新闻段：A. 画面精彩、重要的硬新闻
B. 与头条新闻相关的背景新闻(或重要新闻的后续报道)
C. 预告以下的新闻

(广告时间—1)

第二个新闻段：A. 重要性稍次于头条的报道——国际或国内新闻
B. 软新闻或新闻事件特写
C. 新闻人物或事件特写
D. 预告以下新闻

(广告时间—2)

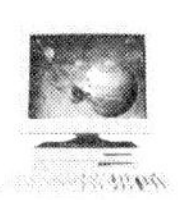

第三个新闻段：A. 重要性稍次的国际或国内新闻
B. 新闻特写、特别报道
C. 预告以下节目
（广告时间—3）
第四个新闻段：A. 重要性再次的社会新闻
B. 较轻松的社会新闻
C. 预告以下节目
（广告时间—4）
第五个新闻段：多是一条调查性事件特写或人情味新闻或人物特写①

从美国三大广播公司晚间新闻节目的编排中，能够再次看到“峰谷技巧”的纯熟应用，它将新闻栏目分隔得富于节奏感。

第一个新闻时段总是最重要的一环。因为它不仅确定着当天新闻报道的重点和风格，而且担当着吸引观众看下去的重任。其中头条新闻应当把当天最重要的新闻事件公布出来以满足观众求新求快的心理要求。第二条新闻一般是头条新闻的背景新闻或相关的新闻。

第二个新闻段中的新闻价值略低。从内容上讲，该时段往往安排有关健康、科学或社会新闻。一般把与普通观众生活相关度最密切的新闻安排在该段中的头条。

第三个新闻段由于刚好处于整个节目的中间，正是观众的注意力开始分散的时候。所以，此时安排的新闻往往是重要性仅次于头条新闻的重要新闻，而且，一般是画面丰满、动感强烈的硬新闻。

第四个新闻段一般是体育新闻。

第五个新闻段往往安排一则充满情趣或人情味浓厚的“软”新闻，多是人物特写和事件特写，给当天的新闻留下一个动人的结尾。

从以上新闻编排看出，新闻特写在美国新闻节目中的运用是非常普遍的，这在各新闻段中起到了回升收视曲线的重要作用。

所谓新闻特写，是指“对新闻事件、人物活动和场景中富有特征的局部，作细致描绘和再现的报道形式。它的形象化表现，既有强烈的视觉效果和情感效果，又有诱发联想的力量”②。在我国电视新闻报道中，比较经典的新闻特写是广州电视台在香港回归我国的当天所编排的一组《广州新闻》（1997 年 7 月 1 日）。新闻编排第

① 王纬：《镜头里的第四势力》，北京广播学院出版社 1999 年版，第 157 页。
② 赵玉明、王福顺：《广播电视辞典》，北京广播学院出版社 1999 年版，第 84 页。

5条《新闻特写——别了，彭定康!》，利用末代港督彭定康告别仪式上的现场音乐和降下英国国旗的场景，配上对应的具有调侃意味的字幕“别有一番滋味在心头”、“早知今日，何必当初”等，把英方在香港殖民统治的终结、末代港督彭定康在大势已去时无奈无言的复杂心态淋漓尽致地表现了出来。

新闻特写本是在20世纪60年代，报刊为了应付电子新闻而出现的一种体裁，其文体风格从一个极端的新闻分析，到另一极端的对新闻事件所进行的描绘式、煽情式、富有人情味的报道，成为那些希望在专业上有所成就的报刊记者所应具备的一项重要的技能，同时也成为电子媒体应对平面媒体竞争的一个重要形式。

(3) 兼顾深度报道

在一般人的印象中，简报型新闻栏目很难兼顾深度，深度报道似乎只属于杂志型、专题型节目。其实不然，消息类的新闻报道可以通过连续报道、系列报道、观点报道或长消息报道增加新闻的深度，同时也可通过组合式编排、主题式编排来做成有深度的新闻报道。

湖北卫视《新闻空间》曾播出过一则《开学了，香梅学校停课了》的报道。记者从接到家长投诉入手，在现场先后采访了无所适从的家长与学生、满口无奈的任课老师以及闪烁其词、百般逃避的学校领导，以大量的同期声再现了现场气氛。同时，也逐层剥笋般地把事情的真相揭露出来，俨然一个小型的新闻调查。

新闻的组合报道，也是深度报道的一种重要方式。它采用多种体裁，通过一组多角度、全方位、立体式的报道来满足观众对某一新闻事件求知、求新、求深的欲望。

组合报道大都由这样几条构成：头条一般是对事件的概述报道，第二条一般是背景资料，最后一条通常是一则评论。这样，基本上完成了对某一事件的透视报道。

以黑龙江电视台《新闻联播》一期组合式报道为例：

本期节目围绕黑龙江籍运动员杨杨44秒改写中国冬奥史、实现金牌零的突破的事件，编发了9条相关新闻：

a. 杨杨：44秒改写中国冬奥史(从美国盐湖城发回的现场报道)

b. 新闻背景：冬奥会，中国人的足迹

c. 新闻述评：梅花香自苦寒来

d. 杨杨夺冠精彩回放

……

这一组新闻，从单条新闻看，只是一则则新闻简报，但从整体看，则是一个新闻事件的深度报道，既有消息报道，又有消息的历史背景和新闻分析，完成了新闻深

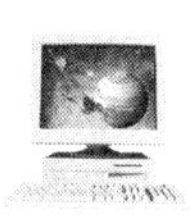

度报道所具备的各种要素组合。

而且，这种组合报道还能够通过连续或系列报道的形式达到增加深度的目的。如中央电视台的《晚间新闻报道》关于《聚焦婚姻法》的系列组合报道就采用了这种方式。当天播出了《我国将修正婚姻法》的消息，随后播出了《新闻背景：婚姻法的沿革》，介绍了历次婚姻法修改的历史状况；此后，又接着报道了关于家庭暴力的《婚姻法修正案（草案）反家庭暴力旗帜鲜明》、《新闻背景：反家庭暴力——全球共同的行动》；第三天又报道了《婚姻法修正案（草案）关注重婚包二奶现象》、《重婚的认定成为婚姻法修正的焦点》、《重婚、包二奶将承担法律责任》。三天的报道逐层深入，层层递进，有选择地报道了婚姻法的修改情况。

二、集纳型新闻栏目的个性化

个性化，即差异化。个性化栏目是指具有一种不可替代性，从而使之具有同类节目无法比拟的优势。在电视栏目众多、媒体竞争日益激烈的情况下，差异化战略对于电视媒体的节目而言，具有更加重要的意义。电视新闻栏目的个性化，是对“注意力经济”的深刻理解和栏目创新的基本要求。

《凤凰早班车》1998 年 4 月 1 日开办，开创了“说新闻”的方式，应当是颇具个性化的栏目。主持人以通俗的口语，讲述摘要新闻的内容，将每天的报纸、广播、电视和网络的最新信息做集约化处理，用平实的语言向观众传递。其意义在于：个性化传播——与传统的严谨庄重、字正腔圆的新闻播音产生了极大的反差，带来了电视新闻语言叙事的新变化。人际化传播——把新闻的传播过程变成一种一对一的对话，增强了信息传递的对象感和交流感，把主持人定位在与观众平视与对等的基础，强化了传播效果和节目的亲和力。

凤凰卫视的《有报天天读》2003 年 1 月 6 日开办，也是一档个性鲜明的栏目。该栏目定位为“填补重要的言论资讯落差”，成为一档信息评论节目。该栏目不同于一般只摘录报纸消息的做法，而是主要摘报世界各地以及中国大陆和台湾、香港等地区华文报章杂志的“头条”及其他新闻言论。既让观众看到外国人对一个事件是怎样看的，又反映主持人杨锦麟对他们的“看法”是怎样看的（个人化点评）。其特点：荟萃每天国际媒体和海外华文媒体的言论精华，以“读”的方式，将有关的国内外媒体对大事的评述扼要介绍给广大观众，满足他们获取更多信息的需求，努力做到“一个事件，多种声音”。

如关于“朝鲜六方会谈”的报道：

英国《卫报》：美朝无意延续六方会谈

韩国某大报：朝鲜表示六方会谈有害无益
新加坡《联合早报》：六方会谈仍有作用
韩国某大报：朝鲜无理是一贯行径
香港《亚洲周刊》：朝鲜不再信任中国……

上述几篇报道，表现出不同的意识形态立场和各自的利益观点，体现了一种多元价值观。

在新闻栏目的个性化方面，表现最为突出的是在全国首创“民生新闻”的《南京零距离》。该栏目于 2002 年 1 月 1 日由江苏广播电视总台城市频道创办。每晚 18:50—19:50 首播。收视表现强劲：开播第 2 周，即进入 AC-尼尔森南京地区电视节目排行榜前 50 名；第 28 周进入前 5 名；从第 36 周开始，名列 AC-尼尔森南京地区电视节目排行榜第一名，并一直保持领先，直到 2008 年 8 月，仍以平均收视率 6%，排名南京市电视节目收视前 10 名。

《南京零距离》栏目创造了巨大的经济效益和社会效益，其影响力可以从两个方面看出：一是栏目的广告收入：2002 年 5 千万元；2003 年 8 千万元；2004 年 1.008 8 亿元；2005 年 1.038 8 亿元；2006 年 1.068 8 亿元。

二是在《南京零距离》的带动下，全国劲吹民生新闻之风，如安徽台《第一时间》、湖南经视的《都市一时间》、河南台《都市报道》、湖北经视的《经视直播》等，通过向《南京零距离》学习，并借鉴其成功的运作模式，在本地化的经营方面都取得了良好的社会效益和经济效益。

下面以《南京零距离》民生新闻为例，分析新闻栏目的个性化运作。

所谓民生新闻，按照创办者的初衷是：以平民化的视角关注平民百姓，而追求民生则是栏目不遗余力表现的内容。一句话，即反映民众生活的新闻。

《南京零距离》主要从社会事件、生活投诉、实用资讯这三个角度来反映平民百姓方方面面的生活，主打民生新闻，无疑给人耳目一新的感觉。这些民生的内容是事件化的（即通过具体的事件来呈现他们的真实生活）；这些事件是过程化的（即通过曲折的过程来揭示他们心灵的冲突）；这些过程又是细节化的（即通过丰富的细节来还原生活的本真）。我们从《南京零距离》的一期节目串联单中可以看出该栏目选题体现出的民生取向：

提要
广告
主持人
《今日快报》

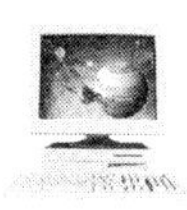

1. 九华山隧道正式动工
2. 无锡青年受刺激，悄悄潜入敬老院
3. 零距离调查：你相信东郊有老虎吗？
4. 司机拒载，醉汉受伤
5. 这里的路堵何时休？

广告

下节“零距离”提要

6. 女菩萨入户行骗，众乡邻揭开骗术
7. 假和尚上门行骗，机警市民当场揭穿
8. 开选矿厂，请不要牺牲环境
9. 护照丢了之后……

下节零距离提要

广告

10. 少妇大胆，吓着行人
11. 洗头是假，盗窃是真
12. 车主打盹，布匹被偷

《孟非读报》

孩子入园赞助费该填多少？(现代快报)

“人造美女”生丑儿，赔夫百万(南京晨报)

广告

《今日快报》

13. 银行“适度从紧”，房贷门槛提高

《小璐说天气》

下节零距离提要

14. 中央门南站又现街头骗局
15. 新闻追踪：圣鹰防盗门收费有点“横”
16. 龙虾店为何无故被砸？
17. 依法施工，文明执法
18. 孩子他爸，回家吧！

广告

19. 好心居民烧垃圾，执法人员来制止

“零距离”调查结果：参调人：7 266 人

相信东郊有老虎的人：1 814 人

不相信东郊有老虎的人：5 452 人

从本期《南京零距离》印证出该栏目的基本理念“平民视角、民生内容、民本取向”。在这个理念指导下，栏目内容追求与南京市民的“零距离”。主持人采用即兴串接词的表达方式，妙语连珠、幽默诙谐、勇于自嘲。最有特色和不可复制的是该栏目的个性化评报。子栏目《孟非读报》几乎是为主持人孟非量身定做。孟非的评论，充满了个性，给人留下深刻的印象，并成为《南京零距离》收视率最高的子栏目。其成功的经验在于：

- 选报标准——有话要说；
- 点评依据——能使观众产生共鸣，但大多数观众又说不出来的话；
- 评说角度——以受众的眼光来看待；
- 评说原则——真诚、公正；
- 评说方法——多提问题，少下结论；
- 评论撰稿——个人撰写，有利口语表达。

民生新闻以对普通百姓现实生活的关注，让群众真切地感受到媒体对自身的“依赖”和自己对媒体的“话语主导权”。正如《南京零距离》主题词所表达的：“家长里短，有‘零距离’的耳朵倾听，世事变迁，有‘零距离’的眼睛见证”。但正是这种定位的操作，也招来了一些评论者的批评，有人认为，民生新闻在现在出现了“三化”和“三伪”问题，即民生新闻题材的琐碎化、民生新闻对象的边缘化和民生新闻报道的肤浅化。“三伪”指“伪民生”，造成了日常生活琐事的视觉疲劳；“伪人文”，形成对私密生活空间的肆意侵入；“伪监督”，对焦点问题报道的浅尝辄止。上述批评，虽有些偏激，但相关问题应引起媒介人的高度重视。为解决上述问题，我们认为应对“民生”概念再认识，使民生新闻报道的题材从“市民”生活走向“村民”生活，从日常生活走向社会生活；从民生事件走向民本内涵（以人为本，以民为先）。根据《南方日报》的经验，应开展多层次的民生报道，即第一层次，提供与公民有关的政治层面的民生服务；第二层次，提供与个人发展有关的观点、法律层面的民生服务；第三层次，提供与公众生活息息相关的资讯层面的民生服务。目前，民生新闻主要集中在第三层次，应向第二、一层次延伸、扩展。

第三节　杂志型新闻栏目

杂志型节目的概念最早是由美国全国广播公司（NBC）前任副总裁西尔维斯特·韦沃在20世纪50年代初提出的。而且，韦沃本人还身体力行地创立了世界

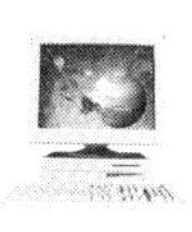

上第一个杂志型新闻栏目《今天》。《今天》的创立不仅仅在于韦沃为 NBC 打造了一个 50 年来长盛不衰的名牌栏目，更在于它作为一个开创者所带给后人的启发与引导意义。从此以后，杂志型节目成为电视新闻栏目里不可或缺的一个组成部分。其中不乏经典之作，像 CBS 的《60 分钟》(*60 minutes*，1968—　)、NBC 的《日界线》(*Dateline*，1992—　)、ABC 的《20/20》、《黄金时间实况》(*Primetime Live*)等。这些栏目在参与甚至改变历史的同时，也走进了校园的教科书。

杂志型新闻栏目在我国起步较晚。我国第一个新闻杂志栏目是上海电视台 1987 年 7 月开办的《新闻透视》。该栏目采用大板块小栏目、主持人点评串联播出的形式，不仅使栏目风格生动活泼，更使得电视节目增加了深度与思辨色彩。这在当时是很难得的。因此，刚一出现，就受到了电视界的好评。随后，不少电视台陆续推出了自己的杂志型新闻栏目，如福建电视台的《新闻半小时》、北京电视台的《看世界》、浙江电视台的《晚间 60 分》等。而杂志型新闻栏目真正产生影响、并且作为一种观念被广为接受，则是在 1993 年中央电视台大型早间新闻杂志节目《东方时空》开播以后。《东方时空》的开播带动了新一轮更大力度的新闻改革，杂志型的样式被广为采用，许多栏目还创造了自己的特色。如，东方电视台的《东视新闻 60 分》等，都在以自己的方式演绎新闻杂志节目。

杂志型新闻栏目按照编排形式划分，可分为事件组合式和栏目组合式。

一、事件组合式

事件组合式杂志型新闻栏目，就是在每期节目中播出几则深度报道，通过记者或主持人的点评串联，使之形成一个有机统一体的杂志形态的新闻栏目。美国 CBS 的《60 分钟》便是这种形态的典型代表。下面以《60 分钟》为例，分析事件组合式新闻杂志栏目的特征。

1. 报道内容的思辨性

《60 分钟》是美国 CBS 广播公司于 1968 年 9 月创办的杂志型电视新闻节目，现在每周日晚 7:00—8:00 播出。栏目成功挤进了美国收视率前十名的队伍，而且连续保持了 22 年，曾 10 次获得艾美奖。《60 分钟》每期节目通常由三则报道构成，每则报道时长 13 分钟，报道之间由广告隔开。

《60 分钟》栏目关注的内容非常广泛，"从社会热点到历史事件，从名人轶事到凡人琐事，几乎无所不包"。吸毒、健康、时政、黑社会、新闻人物、社会体制、教育弊端、传统与现代的冲突、个人与制度的矛盾、文明之间的对立等，都可以成为《60 分钟》关注的内容。更为重要的是，《60 分钟》对这些问题的关注不仅仅是停留在报

道的层面上,而是想方设法使事件或社会问题向纵深拓展。在早期播出的节目《马丁·路德·金一家的圣诞节》中,麦克·华莱士首先介绍了金一家在金遇刺后是如何度过这个没了丈夫和父亲的圣诞节的。但是,如果仅仅是泛泛的介绍,那节目的意义就要大打折扣。相反,《60分钟》通过对金夫人及其孩子的采访,肯定了这个家庭从失去亲人的混乱和无序中走出的能力。不过,华莱士的目光并未就此止住,他只是以此为由头,引出了对金的遇害给整个美国民权运动造成的影响的分析,为当前的社会现象做出注脚,对民权运动的发展做出预测。

2. 叙事形态的多样性

美国CBS《60分钟》的叙事,时而严肃认真,时而诙谐幽默,节目风格好像总是在随报道主题的变化而变化。尽管如此,40多年来,《60分钟》还是形成了自己基本的模式与特色。

在节目的编排上,大致由节目介绍、具体报道和专栏评论三部分组成,有时还会有观众来信选播。在具体报道的安排上,通常每期播出三则报道。如"9·11"事件后,《60分钟》的一期节目由如下内容构成:

第一则报道:《沙特艾华利王子》

报道从沙特王子在"9·11"后给纽约市长捐款1 000万元开始,通过一系列采访、报道、反映了沙特人对"9·11"的看法及对美国的态度。

第二则报道:《(美)军方家庭暴力案》

节目通过对一些美军家属被虐、杀的采访报道,指责美军对施虐军人监管不力而造成的恶果。

第三则报道:《伊斯兰教学校》

通过对几个信仰伊斯兰教学生的采访,探寻人体炸弹者的心理状态。

这几则报道分别采用了如下叙事方式①——

(1) 侦探式

叙述的基本步骤是:介绍侦探和罪行;重组犯罪情节并寻找线索;对质嫌疑人和证人;说明解决方式和结局。《军方家庭暴力案》基本上遵循了上述基本步骤。

介绍罪行:〔美〕肯塔基的甘宝堡驻军三名军人家属遭家庭暴力。五年来,总共有58 000对军人配偶成为家庭暴力受害者。

---

① 《60分钟》叙事方式参考了王纬主编:《镜头里的"第四势力"》,北京广播学院出版社1999年版,第203页。

重组犯罪情节：罗尼史宾斯被杀、中士句·沙弗利和卓西尼安纳残害妻子。

对质证人：军方有关人士和法官等。

解决方式：军队相关制度的严格执行与法律制裁。

侦探式是最能体现《60 分钟》本质特征的叙述方式。在谈到《60 分钟》的成功因素时，该栏目的创始人和总制片人唐·休伊特曾说：《60 分钟》成功的公式是简单的，它可以简化为几个字，那就是：给我讲一个故事，就这么容易。什么是好故事？——"就是说，抓住你的注意力，让你在瞬间觉得这个东西你不知道，那就成为好的新闻素材，然后你去挖掘它、报道它。"（莫里·塞弗，2004）

《60 分钟》的侦探故事主要围绕以下两个冲突展开：

第一，安全与危险的冲突。这主要体现为维护美国社会所认同的主流价值观，如安全、诚实、忠诚、公正等。在《沙特艾华利王子》节目中，一方面通过对王宫的参观和对王子与平民的会见，展现了一个童话般的故事；另一方面通过"9·11"事件后对沙特王子及沙特人的采访，以及对"9·11"的看法和"沙特人真的爱美国人吗"的回答，让美国人彻底丢掉对沙特人的幻想。正像节目结束语所表达出的《60 分钟》节目鲜明的立场和观点："我们做出报道后王子继续捐款，上个月，为巴勒斯坦人给一个沙特政府电视节目捐了 2 700 万用来买食物、衣服、药物和捐给巴勒斯坦恐怖组织烈士家属，该组织包括自杀式炸弹袭击者。"结束语鲜明地表达了节目的制作者的立场和倾向。

第二，诚实与欺诈的冲突。《60 分钟》是怎样达到它的目标的？是什么让它与众不同？唐·休伊特说："我们做得最好的事情是用探照灯照亮黑暗的角落，如果躲在黑暗中的人正在做着他们不应该做的事情，我们能做的就是将探照灯照过去。"这是对侦探式最好的诠释。

（2）分析式

在这种叙述模式中，记者承担着社会评论员或精神分析者的角色，并赋予叙述以结局和道德含义。其结局不在于抓获某个罪犯或解决某一罪行，而是肯定某种价值观和道德观。记者作为调查员，像审讯员一样采访提问，节目就从客观冷静的调查报道中体现出客观公允立场。

《60 分钟》从节目提要、解说词的说明、提问的巧妙设置，再到各式人物的采访和节目最后的评论都或隐或现地表现其观点。我们从《伊斯兰教学校》报道提要中便可以看出："这并非一般的美国学校，而是数以百计回教徒为自己开的学校，教师提倡尊重每个宗教，谴责暴力和自杀。'我们不容许校内外的仇恨'，'自杀是违背伊斯兰教义的'，但这些孩子是否收到信息？'如果我要自杀式炸毁海军基地，我会

上天堂'。"——提要通过对节目的概述、学校教师和学生话语的引语,并加以巧妙编排,于互文反应中显示出节目制作者的立场、观点。

为了达到客观报道的目的,《60 分钟》往往在节目中寻找提问的最佳切入点,抓住事件的最核心部位和关键点向对方发问,以期得到想要的答案。

访谈提问(采访 4 女 3 男):

你们自觉是美国人?

你们喜欢这个社会什么?(言论、宗教自由)①

年轻人总想挑战世界,你们可有反叛的感觉?(要遵守教义,如异性关系)

奉行五大教义的回报是什么?(登极乐,能上天堂)

能上天堂是什么样的回报?(像退休、度假)

当自杀式炸弹者的教徒能上天堂吗?(当然)

你们认为他们是烈士吗?(女生:是)

你们认为这些自杀式炸弹袭击者会上天堂吗?(男生:我认为会)

最近出现几名女性自杀式袭击者,你们有何看法?(女生:她们很勇敢,若你了解巴勒斯坦人的生活,我们都会这样做!)

两星期后,在校长的要求下,被采访的学生们要求修改答案。

这些提问与回答,都是观众最感兴趣的问题,也是观众急于想知道的问题,它从心理等方面回答了自杀式炸弹袭击者的思想基础,表达了节目制作者对某教信仰者的明确态度和观点。

这种分析式报道主要涉及个人与社会、传统与变革之间的矛盾。报道中经常出现道德标准曾偏离价值观的人物,并由他的变化来解决这些矛盾。如上述采访片断的节目中,被采访学生事后要求对提问答案进行修改。尽管可以看出并非出自本意,但这种结局(态度改变)也是节目制作者所提倡与希望的。

(3) 游客式

这种叙事报道中记者的任务是:作为观众的代理人探索并描述新鲜的或陌生的事物;寻找真实(报道的核心)。这些报道主要调节三种冲突:传统与现代化、自然与文明(或乡村与城市)、个人与制度,例如《沙特艾华利王子》。

《60 分钟》作为典型的事件组合式新闻杂志节目,其成功的关键在于讲好每一个故事。然而,是什么成就一个好故事?唐·休伊特提出了一个与众不同的见解,就是"为耳朵写作"。他说,"我关注故事听起来是怎样的,而不是看起来是怎样

① 括号内为学生回答内容,下同。

的。”“真正吸引观众，使观众成为忠实受众的是写作，是语言。”他还进一步强调：最好留住观众的方法是——与其抓住观众的眼球，不如抓住观众的耳朵。这就是《60分钟》与后来的追随者不同的原因，也是《60分钟》近半个世纪以来一直名列十大电视节目之一的原因。他说：“我们坚信，尽管是电视节目，在每个星期天，观众收看我们的节目是因为我们的故事而不是因为我们的画面。”

为“耳朵写作”实际上道出了“讲”故事的基本特点。江西卫视的《传奇故事》基本表现手法就是主持人为我们讲述一个新闻故事。央视《焦点访谈》的“访”与“谈”的形式定位，可以看作是对《60分钟》为听而“写”的一种阐释。凤凰卫视中文台关于“剪刀加唾沫”的节目经营特色，想必也是不自觉地强化了听电视的功能。

二、栏目组合式

栏目组合式新闻杂志栏目就是在一个统一的栏目名称下，把形态不一、内容各异的多个小栏目经过精心编排组合而成的播出节目形态。该形态最忠实地代表了杂志型栏目的倡导者、NBC前副总裁韦沃的意图。在世界范围内，NBC的《今天》是栏目组合形态的典型代表，迥异于以《60分钟》为代表的事件组合形态的杂志型新闻栏目风格。

在国内，人们对杂志型新闻栏目的理解更多地倾向于这种形态。所以中央电视台的《东方时空》被公认为典型的新闻杂志节目。从1993年至2008年，《东方时空》在经历了数次的改版与调整后，已经成为中国电视新闻杂志领域里的一面旗帜。在此，我们不妨以《东方时空》为例，循着其开办以来的演变与发展轨迹，解析栏目组合式新闻杂志节目的内容和形式。

1. 栏目创立

1993年5月1日6时58分，一组以万物复苏为主题的画面在清新舒缓的MiDi音乐伴奏下出现在千家万户的电视屏幕上。喷薄的朝阳、振翅的飞鸟、生长的新芽、奔流的江河之后节奏骤然变强，“东方时空”四个大字从天际飞来。这艘后来被称为“中国电视的航空母舰”的崭新栏目扬帆起航了。

创立之初的《东方时空》，除了早间新闻之外，包括四个较为固定的子栏目，按照播出顺序依次是：《东方之子》、《东方时空金曲榜》（后改称《音乐电视》）、《生活空间》和《焦点时刻》。总共时长40分钟。

按照最初的设想，《东方时空》只是用来填补中央电视台早间空白的一档节目，整个栏目以及各个子栏目的定位并不明确，显得较为零散。经过一段时间的播出，子栏目大致找到了自己较为明确的定位：《东方之子》——“浓缩人生精华”；《音乐

电视》——“高歌民族曲，激荡中国魂”；《生活空间》——“讲述老百姓自己的故事”；《焦点时刻》——“时代写真，社会纪实”。

在这几个子栏目的定位过程中，《生活空间》的探索尤显艰难。该栏目内容最初限制在情感婚恋、世相风物、信息咨询以及其他居家琐事上。像“夫妻关系大家谈”、“果蔬美容法”、“如何教育孩子”这类较浅层次的服务性内容，以及“弯弯绕”（益智节目）、“绝活”（普通人的拿手好戏）这类娱乐性的小栏目，成为节目的构成主体。从内容上看，它有些类似中央电视台20世纪80年代的老栏目《为您服务》；从节目构成上看，则显得杂乱无章，也难以形成自身的风格与体系。经过艰难的蜕变与再生之后，在《东方时空》四个子栏目中突出了自己鲜明的节目内容与形态。而《东方时空》的整体形象也在各个子栏目的探索中，逐渐形成了自己独有的文化特色，成为中国电视屏幕上一个日益亮丽的品牌。

2. 栏目发展

从1996年1月27日第1001期开始，《东方时空》做了一次较大的改版。这次最大改动之处在于将《音乐电视》割爱，代之以全新的主持人言论小栏目《面对面》。同时，将《焦点时刻》改为《时空报道》，并在选题上侧重社会新闻。而且，不再设小栏目主持人，由一名总主持人贯穿到底。

这次改版是本着栏目定位更加明确，整体效果更加统一协调流畅的原则进行的。《音乐电视》正是由于过于轻松活泼、青春朝气，与《东方时空》“电视新闻杂志”的整体定位明显脱节而被改掉的。取而代之的《面对面》则由主持人就一些社会问题直接面对观众进行点评，显然，在内容上和整体定位上与栏目较为相符。《焦点时刻》的调整主要由于它在名称和选题上与中央电视台每晚19:38播出的《焦点访谈》撞车，自己的个性得不到张扬。因此，从名称到选题的改动，使之与《焦点访谈》相区别。最后，由一名总主持人代替原来的子栏目主持人，也是出于栏目整体性的考虑。由一名主持人一以贯之，更利于栏目的整体策划和协调，使节目风格更加流畅协调。

3. 栏目新生

任何事物都是在超越中发展的，超越同类，超越自身，在一次又一次的否定之否定中完善自己。4年之后，2000年11月27日，《东方时空》再次改版。这次动作之大，连栏目标志和片头都改头换面了，决非以前的调整改版所能比，从内容到形式，都更像一次新生。

首先，在栏目时间上，播出时长由原来的40分钟骤增到150分钟，开播时间由

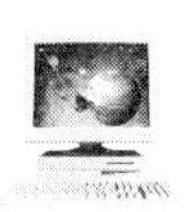

7:00 提前到 6:00。

其次，在栏目内容上，改换了一批老栏目，增加了一批新栏目。增加的新栏目有：三档正点滚动播出的《早新闻》、新闻性栏目《传媒连接》、资讯性栏目《时空资讯》、四档《天气预报》及周日版的《纪事》(《百姓故事》精华版)、《世界》(一周国际热点)、《直播中国》(中国电视第一个直播栏目)。

本次改版的理念集中表现在三个方面：新闻性的追求、信息量的加大以及人文关怀的再度拓展。

新闻性的追求。在日常版的新《东方时空》中所增加的栏目全都是新闻或新闻性子栏目，保留下来的经典栏目也都或多或少地加强了新闻性。如由《东方之子》演变而来的《面对面》走下"神坛"，不再盯着名人专家，而将目光锁定在真正的新闻人物身上；《百姓故事》在《生活空间》的基础上进行改革，突出现代感，加快了叙事节奏。与《时空报道》相比，《直通现场》加大了纪实报道部分，强调记者的现场报道和强烈的现场纪实语言，选题侧重于新闻实践过程的丰富性、层次性，从而让观众"感受真实，直通新闻现场"，这是增强新闻性的另一个表现。

信息量的加大。在延长的 110 分钟时间里，新闻资讯类栏目就达 80 分钟，占 73%。同时，还缩短了新闻长度，实行滚动播出，及时更新。2000 年 12 月 1 日的《早新闻》中，6:00 播出新闻 14 条；7:00 播出 17 条，更换 5 条；8:00 播出 20 条，更换 9 条。平均更换率达 37%，平均每条新闻时长不足 1 分钟。

新《东方时空》另一个明显的变化就是服务性的强化。四档滚动播出的《天气预报》，三档囊括文化、交通、时尚信息的《时空资讯》都重在满足观众的信息需求上。

人文关怀的再度拓展。在播报上，《东方时空》采用了"准口语"的方式，以期能够在拉近与观众的距离的同时，还能维持国家电视台的新闻的权威性。比如，《传媒连接》这个栏目有两个定位，一是报纸摘要的新闻传递，但它同时又是一个谈话节目，要有说话的对象感，对一些枯燥的文字和数字通过交流的方式强化理解。

4. 栏目完善

由于《东方时空》栏目的名牌效应，2000 年 11 月的改版吸引了众多关注和期待的目光。在新版刚推出的一段时间里，评论四起，褒贬不一，单从其他媒体的报道来看，似乎贬者稍占上风。《东方时空》在考虑观众的反馈信息之后，又断断续续地对节目构成和形态进行了调整和完善。

第一，恢复《东方时空》的原有片头和标志。改版仅两天后，《东方时空》就做了这个调整，原因是观众难以适应。

第二，主持人由双人到单人。这主要是为了避免双人主持的不易协调，以增加节目的流畅性。

第三，取消《面对面》，恢复《东方之子》。这主要是连续几个月，许多观众来电来信表达他们对《东方之子》的热爱和怀念。在保留《面对面》的相关优点后，推出新的《东方之子》。

第四，栏目结构重新调整。从2001年11月5日起，原来从早上6:00开始到8:30结束的长达两个半小时的《东方时空》，具体分为《新闻》和《东方时空》两部分。6:00—6:30、7:00—7:15是两档正点新闻，7:15—8:00是调整后的《东方时空》栏目，8:00—8:30播出新开辟的新闻栏目《新闻早八点》。同时，推出一个新的子栏目《时空连线》，对观众关注的新闻事件进行深入报道，由新闻当事人、相关人士和专家从不同角度解读新闻背景，分析事实内涵。到目前为止，《东方时空》栏目由如下三个子栏目构成：《东方之子》、《百姓故事》和《时空连线》。

发展和完善总是相对的，从这个角度看，《东方时空》的每一次调整和改版都只是在以一种不完美代替另一种不完美。但不论怎样，它总是在前进，也总能给我们的电视理念尤其是电视新闻理念不少的启发与冲击。

栏目组合式作为一种杂志形态，自1952年韦沃首创以来，迅速风靡全球，仅美国各大电视网就都有自己的杂志型栏目。但是，近两年来，杂志型节目风头渐减，呈现出走下坡路之势。

新闻杂志节目收视率下滑的原因很多，其中一个不可忽视的因素是娱乐节目的冲击。《60分钟》的制片人唐·休伊特在新闻杂志节目如日中天时曾经说过："在每一个伟大的新闻杂志节目背后，就有一部失败的情景喜剧。"他预言，当美国西海岸节目再次出现轰动时，新闻杂志节目的播出时数就会减少。

残酷的现实不幸被休伊特言中。一个叫《谁想成为百万富翁》的游戏节目，以及火爆全美的《生存者》节目，使得新闻杂志节目的处境十分窘迫。据尼尔森收视率统计公司的数据显示，在这两个游戏节目的播出期间，新闻杂志节目在11个晚上中有9个晚上观众数目大幅削减。

但这并不意味着新闻杂志节目已经日薄西山、穷途末路。因为，与娱乐节目相比，新闻杂志节目还有一个相当明显的优势，那就是低廉的制作成本。而且，从现实来看，游戏娱乐节目像走马灯式的更换，以博得观众的欢心，而保持不变的杂志型新闻节目则一直成为媒体的中坚，其生命力远远强于娱乐节目。

总之，杂志型节目还需要不断的探索，因为，追求没有止境，就像电视本身需要不断的探索与发展一样。

第四节　专题型新闻栏目

专题型新闻栏目相对于杂志型新闻栏目而言，是指每期内容只有单一专题报道的新闻栏目。由于这种类型栏目着重于事实深度的挖掘与分析，因此深度报道就成为其主要特征。

对于深度报道的定义，美国哈钦斯委员会在其报告《自由而负责的新闻界》中，这样阐述："所谓深度报道，就是围绕社会发展的现实问题，把新闻事件呈现在一种可以表现真正意义的脉络中。"这种脉络的展现，相对消息来说，实际上就是在空间上对事件做出背景网络的呈现和拓展；在时间上是对事件过去、现在和未来的交代与预测。

深度报道最早产生于20世纪40年代的西方报界，本是报纸在广播电视迅速崛起的强大压力下的产物，后来逐渐应用于电视领域。CBS于1951年创办的《现在请看》应该是最早运用此种形态的新闻栏目。创办于1968年的《60分钟》的大获成功，更是加速推动了电视新闻专题栏目的发展与繁荣。我国最早的专题型深度报道栏目，是中央电视台1980年创办的《观察与思考》。目前，中国电视屏幕上此种栏目形态的典型代表则是中央电视台的《焦点访谈》和《新闻调查》。

专题型新闻栏目由于其深度报道的典型特征，使得其无论在题材的选择，还是形式的设置上，都有自己较为鲜明的特色。

一、题材的选择

题材的选择，对于节目的重要性不言而喻。正如朱羽君教授所言，节目"要好看，选题是第一关"。而且，题材的选择是否规范化、条理化、有序化，也是一个栏目成熟与否的标志。专题型新闻栏目在选题上一般要注意以下几点。

1. 重大性

重大新闻事件因为其深切的社会影响、广泛的社会关注，而成为大多专题型新闻栏目所不愿放弃的关注点。《新闻调查》就把重大新闻事件称为其"主战场"。

仅以《新闻调查》开播不久的节目选题为例：《大国的握手》、《跨世纪的政府》、《腐败团伙覆灭记》、《保卫荆江》、《跨国追索走私文物》、《中国第一税案》等关注了克林顿访华、政府机构改革、陕西"11·8"大案、建国以来第一大税案等年内发生的重量级新闻事件。

2. 社会性

社会性就是表明新闻事件要具有普遍性或广泛的社会关切度。如《新闻调查》的一期节目《沈阳如何过冬》,关注的是沈阳冬季供暖问题。而沈阳其实只不过是我国众多面临同样问题的北方城市中的一个代表。节目披露的困难、问题与经验具有广泛的适用性。《面对分流的公务员》是在当年出台的国务院机构改革方案中明确规定"机关干部编制总数要减少一半"的大背景下对化工部人员分流状况进行的走访。虽然也只是个案的调查,却具有全国范围的普遍意义。

3. 故事性

"大时代背景下的故事一波三折",一波三折的故事对观众有着永恒的吸引力。所以,《新闻调查》的理想就是"内容上突出故事性……形式上创造一种电视调查文体"。新闻事件本身可能并不重大,但其背后隐藏的价值或文明的冲突,却能给节目足够的内容张力。这种小故事、大主题的题材选择,在《新闻调查》中为数不少。《走进大山的年轻人》、《从市长到囚犯》、《48 个孩子的特殊家庭》、《"黑脸"姜瑞锋》、《贩毒死囚的忏悔》、《精神损害如何赔偿》等,都是通过对个体生命故事的演绎,完成了对重要主题的彰显。CBS《60 分钟》的栏目执行主编菲利浦·席勒也认为,《60 分钟》基本的选题思想就是寻找一个小故事,但这个故事要能表现出一个大的主题。比如,对于那个帮助病人实施"安乐死"的医生的报道,就涉及医生的职业道德、人的生命权利等。无独有偶,《新闻调查》也曾做过一期《眼球丢失以后》的节目,涉及同样的问题,这恐怕不仅仅是一种巧合。《60 分钟》的制片人休伊特就曾宣称,有 300 多部好莱坞影片取材于《60 分钟》,这反映出《60 分钟》在选材上对故事性的重视程度。

4. 人性化

这里说的人性化,即指对题材及其思想的挖掘多从人性的角度着眼,尤其是以情感因素来打动观众。即使是对事件性题材的挖掘调查,也要关注其中的人物,包括人物的知识、欲望、情感、奋斗、处境、与他人的关系等都成为吸引受众的元素。如《新闻调查》早期的《宏志班》、《煤井塌方大营救》、《国家的孩子》,以及后来的《第二次生命》、《一个死囚的忏悔》、《藏羚羊之死》都有鲜明的表现。《逃亡日记》的编导甚至明白地宣称,自己是"从人性的角度关注一个逃亡者"。而《藏羚羊之死》在故事结尾那一句凄婉的追问:"藏羚羊都死光了,人类的路还有多长?"更是从灵魂的深处给人以振聋发聩的冲击与警醒。

《新闻调查》从 1996 年 5 月 17 日开播至今,已走过了 10 多年的历程,成为我

国著名栏目，其选题基本上遵循了以上四条原则。十多年来，《新闻调查》经历了三个发展阶段：第一阶段从1996年至2000年，提出“从现实到理想”的“三步走战略”，即从“主题性调查”到“事件性调查”、再到“内幕调查”；第二阶段从2000年至2002年，提出“探寻事实的真相”；第三阶段从2003年至今，提出做真正的“调查性报道”。经过10多年的探索，《新闻调查》以能做真正的“调查性报道”为栏目选题标准，制作完成了一批经典性节目：

1996年，《宏志班》，调查专为贫困生开设的中学班，这种办学思想和形式是否可以成功并作为教学体验在全国推广？（荣获中国广播电视新闻奖社教政治类二等奖）

1997年，《公交能否优先》，调查在我国的城市是否可试行“公交优先”？

1998年，《大官村里选村官》，记录了吉林省镇赉县大官村的村民第一次用全新的方式选择他们的村委会主任的事。（荣获第39届蒙特卡洛电视节女神银质奖）

1999年，《第二次生命》反映一位母亲捐出自己的肾为女儿实施换肾手术的故事。（荣获第36届亚广联——多元文化贡献奖）

2000年，《婚礼后的诉讼》，调查一起有关伦理、法律和习俗之争的案件。（荣获第38届亚广联电视信息类节目奖）

2001年，《范李之死》，调查18年前家住重庆的李裕芬儿子死因之谜。（荣获全国法制好新闻一等奖）

2002年，《与神话较量的人》，调查一股市神话被质疑后的风波。（荣获2002年度全国电视评论类一等奖）

2003年，《北京：“非典”阻击战》。（荣获卫生部“礼来”杯抗击“非典”好新闻奖）

2004年，《张润栓的年关》，调查8年前涉及100万元的民工工资债务问题。

2005年，《以生命的名义》，调查预防艾滋病有效干预问题。

这些专题调查节目始终关注中国的社会问题，毫不手软地揭示那些故意掩盖、损害公众利益的“真相”，支撑起《新闻调查》栏目，成为专题型新闻栏目的典范。

二、叙事的技巧

由于专题型栏目的报道多属深度报道，因此，专题型新闻栏目必须更加注重对事件叙述和理念表达的技巧把握。

CBS《60分钟》的缔造者唐·休伊特认为，《60分钟》受到广泛欢迎的原因在于其成功的“叙述传统”：“过去纪录片的收视率差别不大，不论它们是在ABC，CBS

还是NBC上……都是相同的15%—20%的观众占有率。我告诉自己，我敢打赌，如果我们能使节目主题多样化，并采用个人新闻——不是处理事件，而是讲述故事；如果我们能像好莱坞包装小说那样来包装事实，我担保我们能把收视率翻一番。”

这种讲故事的叙事传统，不仅从此使《60分钟》长盛不衰，也给后来的深度报道提供了一种参考的模式。一般来说，对于故事的讲述，主要是通过记者的调查过程而实现。《新闻调查》原策划、编导刘春说，记者的调查过程是我们展示的重点，做好了会比事件本身的发展过程更精彩。因为事实是比较固定的，而我们的调查则可以成为一个很有魅力的过程。国外一般把这种着重展示记者调查过程的报道模式，称为侦探模式。

这种模式一般用于犯罪新闻和事故新闻(国外叫做揭丑新闻)的调查取证与归纳推理之中。节目往往以记者或主持人对新闻事件的概述为开端。然后，带领观众深入内幕。由于案情往往是一波三折、扑朔迷离，再加上编排技巧的使用，整个节目常常就在结构上表现为跌宕多姿、悬念叠生、有起有伏、环环相扣，不断给观众制造兴奋点，吸引观众看下去。美国三大电视网的许多记者常常冒着生命危险，以隐性采访的方式深入事件内幕，成功地揭露事件的真相。他们对案件的调查、推理与突破能力，有时甚至超过了政府专门机构。

近年来，类似的调查报道在我国的电视屏幕上也不断涌现。像《焦点访谈》播出的《粮食满仓的真相》就是一个较为典型的代表。1998年5月22日，朱镕基总理前往安徽省南陵县视察时，在鹅岭粮站看到了粮食满仓的情景。但是，朱总理走后，《焦点访谈》就收到群众举报，声称其中有假。《焦点访谈》的记者迅速赶到南陵。先通过暗访的手段，获知事实：粮仓不满。因此粮食满仓有假便是千真万确的了。那么，他们欺骗总理的目的又是什么呢？在记者的一再追问下，当地领导承认，是为了面子。按说，这个官僚主义的理由是可以搪塞过去的。但记者却敏锐地发现与事实不相符，问题背后应有“大文章”。最终，在记者们的穷追不舍下，当地官员终于承认，由于当地未按政府规定以保护价收购粮食，而是压低粮价，导致农民不愿卖粮。因此，造成粮仓的空虚。在朱总理视察前夕，他们就从其他五个粮站急调了1 031吨粮食以掩盖真相。这样，随着记者层层深入的调查，整个事件的全貌也就一步一步清晰地呈现在观众面前了。节目播出之后，引起了较大的社会反响。

另外，像《焦点访谈》播出的《雄县追车记》、《惜哉文化》、《看病哪能添心病》；《新闻调查》播出的《透视运城渗灌工程》、《查处虚假统计》、《腐败团伙覆灭记》等都是通过记者的深入调查，把记者调查的睿智与艰难、事件本身的多头与迷离，以破

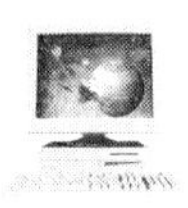

除悬念的形式铺展开来，从而为观众创造一个又一个收视亮点。

故事归根到底是人的故事，而人物的命运往往最能打动观众的情感。1998年5月8日，《新闻调查》播出的《面对分流的公务员》中，就选择了三位面临分流的公务员作为报道的对象。其中，化工部干部刘先生在设计自己的余生和表示对国家政策的理解时，感叹道："做一介书生，此生足矣！""作为我们这一代国家的公务员，没有任何理由不和我们的总理一起来蹚地雷阵，过万丈深渊。"对命运无常的感叹和对国脉民瘼的关注，使这位面临分流的局级干部的话听来让人悚然动容。

结构主义叙事学认为，任何叙事都是按一定的模式进行的。叙事学的使命就在于探寻并解读这些模式。电视深度报道同样具有自己的叙事模式——叙事的故事化即是其中一种。而更多的叙事方法与技巧还有待于我们的探索和发现。

三、专题型新闻栏目的发展趋势

1994年4月1日开播的《焦点访谈》异军突起，迅速开创了一种风格鲜明的报道模式。一时间，全国上下纷纷效仿，"焦点"类专题新闻栏目热遍全国。但随着电视媒体与观众的日渐成熟与理性化，这类专以揭丑、曝光、批评式专题报道为主的节目也发生了明显的转变。

1. 栏目定位：从揭露曝光到理性建设

《焦点访谈》类专题报道的意义在于它开创了一种报道的崭新模式。这种以批评性报道为主的栏目，对于当时正处在艰难改革进程中的中国社会来说有一定的现实意义。所以，这种节目刚一问世，即火爆全国，一时间，中国的电视屏幕上处处闪动着"焦点"。但是，这种一味地曝光与揭露，由于缺乏理性思考与深度的论证，从一开始，就注定了它难以普遍维持持久的命运。

所以，在持续几年的"焦点热"逐渐降温的时候，《焦点访谈》栏目于1998年把定位语由原来的"时事追踪报道、新闻背景分析、社会热点透视、大众话题评说"调整为"用事实说话"。改变后的定位语不仅在于它变得简洁了，更表明了新时期新闻媒体对于舆论监督和批评权力的内涵理解的转变，那就是以事实为报道依据、以理性为思考工具。

以此为标志，各地的"焦点"节目在经历了几年的喧闹之后，都渐渐归于平静。电视舆论监督的终极目标是推动社会进步而非一时的疾恶如仇。所以，更多的关注点投向了具有建设性的意义和题材，报道与老百姓息息相关的话题。于是，城市交通、环境污染、住房困难、产品质量、下岗再就业等就成了"焦点"栏目的着眼点。比如，改版后的上海东方电视台《东视广角》栏目就提出了以"老百姓的期望值为标

准”的选题口号。该栏目报道的《最后的“残的”》，对弱势群体倾注了深切的人文关怀，但又不去激化矛盾，在政府与群众之间起到了很好的“桥梁”作用，使“上海取消机动三轮车”这项复杂的社会工作进行得平静而有序。

2. 栏目视点：从法官侠士到社会现实的记录与思考者

在前几年“不怕上告，就怕上报”的奇特社会背景下，记者的地位与作用被扭曲地夸大了，而“报纸审判”、“电视审判”的现象也确实发生过。记者不是法官侠士，也不是钦差大臣，在一个民主、文明、法制健全的社会中，法律才是最终的裁定者。

在经历了最初的疾恶如仇、侠肝义胆之后，深度报道的栏目记者们终于找准了自己的定位——社会现实的记录与思考者。

《东视广角》曾播出过一期《期盼阳光》的节目，讲述了一对年迈的老夫妻因为一幢大厦的遮挡而终日不见阳光，决定告到法院以满足这余生中最大的愿望，而法院的几次判决都使老年夫妇失望而归。在这种情况下，《东视广角》没有为达到“煽情”的效果而情绪化地处理这件事。他们对此事进行了客观的报道，只是在结尾的评论中说：“我们相信法院的判决是慎重的，但是，应该指出，在我们的生活中，合法又不合理的事情还是不少见的。即使我们现行的法律条文和有关规章还不能裁定把阳光还给这对老人，我们就能心安理得地让他们在没有阳光的冬天里‘正常’地生活下去吗？”

在这里，栏目主持人没有武断地指责任何一方，但人性化的评论还是让人感到了屏幕后面深切的人文关怀。而且，最后的追问，也足以引起世人对情与法这个让人争论不休的话题的再次深入思考。

3. 栏目形态：从专题报道到调查报道

传统的专题节目制作是以观点的表达为核心，组织声画素材围绕主题剪辑合成。而当代的专题型新闻节目更注重采用调查报道的方式，寓事实于调查过程展现，增强节目的悬念性和故事性。由于调查报道已在第六章专门论述，所以，这里不再赘述。需要强调的是，调查报道能通过调查发现问题、揭示问题，能透过现象看本质，揭开鲜为人知的事实真相，包括被权力遮蔽或被利益遮蔽的内幕和黑幕，以及被偏见、道德观念和认识水平所遮蔽的真相，因此特别受到青睐。像在2005—2006年度中国广播影视大奖中获奖的优秀专题节目《天价住院费》（中央电视台《新闻调查》）、《不容忽视的“毒品”》（吉林电视台），前者以严谨的调查揭示了医患纠纷背后的公共医疗资源流失的问题，回应了老百姓看病贵的民生问题。后者通过大量的调查，揭露出处方药“盐酸曲马多”使许多不知情的群众和青少年深

受其害的怵目惊心的事实。记者以一个“扮演者”的角色明察暗访，深入调查，将种种丑恶行径一一展现在观众面前，将医院由于追逐利益导致对病人权利的侵害与漠视、将药品商店唯利是图、公然违反医德、随意出售处方药的行为暴露得淋漓尽致。

本章小结

电视新闻栏目化是电视媒体的发展趋向。电视栏目的形态有：集纳型、杂志型、专题型和谈话型新闻栏目。集纳型新闻栏目的定位应充分考虑到时段的选择、内容的选择和形式的选择因素。在编排技巧上要注重峰谷技巧、节奏安排和主题式编排。同时，在遵循普遍编排规律的基础上，应特别注重栏目的个性化创作，在我国成功的案例是电视民生新闻栏目的创新。

杂志型新闻栏目编排主要有两种：事件组合式和栏目组合式，前者的代表为 CBS 的《60 分钟》，后者的代表为 CCTV 的《东方时空》。通过多样化的叙事方式展开报道，是这类节目成功的关键。

专题型新闻栏目的创作要注重题材的选择与叙事技巧。

一般说来，题材的重大性、社会性、故事性及人性化，是这类节目选题的原则。要关注当代电视专题报道的发展趋向，注重调查报道方式在独家采访报道中的作用。

思考题

1. 集纳性新闻栏目的编排方式有哪些？
2. 杂志型新闻栏目的组合方式有哪些？
3. 试述电视新闻栏目的创新。
4. 分析中央电视台《新闻调查》的调查方式。
5. 分析中央电视台新闻频道新闻栏目的形态类型及其特征。

第八章　社教型电视栏目创作

电视社教节目，是以社会教育为宗旨的各种电视节目的总称，简称社教节目，常与新闻类、文艺类节目并称为电视节目的三大支柱。“社教节目的题材内容十分广泛，其表现形式多种多样，既有传播信息的作用，又有供人们欣赏娱乐的作用，但它的基本社会功能是教育。”①而电视社教栏目，是为了便于观众收看，将各种社教节目纳入固定专栏之中，实行周期、定时播出的节目形式。

关于电视社教节目，在世界发达国家的电视节目表里没有这一类别的提法，他们一般将电视节目分为新闻、公共事务和娱乐三大类。但在公共事务节目中却包含了社会教育的内容，如公众利益节目、政治事务节目和教育节目等。美国的电视节目虽然充满了商业化的气息，但美国公共电视的内容则是侧重于社教性质的教育、文化、知识类的节目。始建于 1955 年的芝加哥 WTTW 电视台的使命即是：“教育、启迪和鼓舞公众，满足公众在公共事务、教育和艺术方面的利益和需求。”②美国公共电视的宗旨标榜为“提供更多的节目选择”，其主要特点就是重视教育节目、关注社会问题、为儿童提供宝贵的精神食粮、注重为特定观众安排节目，这些都在提供教育方面起了不可低估的作用。

社教节目作为面向公众、以社会教育为宗旨的各种节目的总称，广义上应包括教育性节目和教学节目，本章主要讨论教育性社教节目创作的有关问题。

第一节　社教节目的地位

作为社会的人，一生要经历家庭教育、学校教育和社会教育三大阶段，而社会教育是要相伴终生的，在知识爆炸的信息时代，这点显得尤为重要。美国著名传播

① 赵玉明，王福顺：《广播电视辞典》，北京广播学院出版社 1999 年版，第 143 页。
② 马庆平：《外国广播电视史》，北京广播学院出版社 1997 年版，第 137 页。

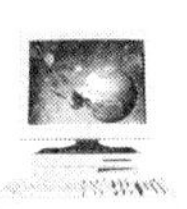

学者施拉姆说："所有的电视都是教育的电视，唯一的差别是它在教什么。"以电子声像为传播媒介的电视社会教育，是社会影响中最广泛、最生动、最活跃的一部分。

电视社教节目内容包罗万象，形式多样活泼，可以兼容纪实与表现、谈话与调查、外景报道与室内表演、电视杂志与单一形态、动画与实景、文艺表演与事实报道等多种表现手法，从而形成社教节目形式的多样化和独具魅力的多种风格。社教节目在对电视传播功能的开发和拓展中起着独特的作用，即使是国外电视台，也很重视这类节目，他们把社教节目的水平看成是电视台综合实力的表现。

社教节目的宗旨是社会教育，它每天通过电视向观众传播国家政策法令、道德规范、重大时事政治、先进人物、先进典型事迹和民族政策等。电视通过社教节目介绍国家的建设，对人们进行爱国主义教育；通过典型人物的事迹介绍进行道德规范和道德情操的教育；通过科技知识的传播，对人们进行科学文化、现代生活知识的教育，充分发挥了电视社会教育的功能。

广播电视作为党、政府和人民的喉舌，其任务是教育、鼓舞全国人民为实现党在社会主义初级阶段的总任务而奋斗，而电视社教节目在其中充当着重要的角色。因此，从我国电视诞生之初，就开办了一定数量的社教栏目，如：《电视台的客人》、《科学知识》、《文化生活》和《国际知识》等。相应的制作机构从建台初期的社教组，随着电视事业的发展，也先后逐步扩建成社教部和社教节目中心。社教节目也从单个节目扩展到栏目、直到现在的专业频道，像中央电视台的科教频道、一些省市电视台的法制频道等。

随着社教节目重要地位的奠定与发展，电视社教节目有了长足的发展，电视社教专栏也进入了空前繁荣阶段。据有关资料显示，在20世纪80年代末期，中央电视台的栏目构成中，社教节目就已占22%，从播出时间上看，则占46.9%。

我国的电视社教节目，在经历了20世纪90年代中、后期"娱乐"旋风冲击的低潮之后，从2005年开始，由于一批具有广泛社会影响的社教栏目的兴起，再度受到社会的关注和媒介人的青睐。

以中央电视台第十套科教频道为例，自2005年12月26日改版以来，好评如潮。改版第一周收视率大幅上涨达到30%以上，观众忠诚度和满意度节节攀升，《探索·发现》、《走近科学》和《百家讲坛》等一批自主创新节目引起很大反响。

此前，中央电视台"社会与法"频道在2004年12月28日（由原西部频道）改版开播后的第一年，频道平均收视份额就比2004年翻了一番。2006年前47周平均收视份额又增至1.77%，最高达2.55%，跻身全国上星频道前10名。

这些调查数据充分表明，我国电视社教节目正呈上升趋势。

在当代，随着我国电视改革的进程，中外电视交流和电视节目的交易活动进一

步扩大,境外电视节目从各种渠道进入中国,也进一步推动了电视制作市场化的发展。许多社教类节目,特别是纪录片的大量引进,满足了我国正在推进的频道专业化对节目的大量要求。像武汉电视台第三套节目每晚播出的 Discovery,就是引进美国探索(发现)频道的节目,它主要为观众提供来自世界各国的优秀纪录片,内容包括科学与科技、自然生态、人文历史、全球风貌、人类探险等,寓知识于娱乐,具有较高的收视率。目前,Discovery 作为专业的科教纪录片频道节目已成为全球十大知名品牌中唯一的媒体品牌,覆盖面积遍及全球共 160 个国家超过 14 400 万个电视用户。

第二节　社教栏目的类别

正确认识社教栏目的类别,是规范社教栏目创作、搞好电视社教栏目策划以及创新发展的基础和前提。但由于社教栏目题材范围十分广泛、表现形式最为多样、接受对象特别庞杂,且是电视台节目种群最多、比重最大的栏目类型,其本身构成了一个庞大的节目体系,因而也是分类最为复杂的一个节目类型。

按照"同一律"分类的基本规律,任何一种分类都是以相同性和相等性为条件的。通行的分类方法是"三分法",即按传播内容属性、传播对象属性和传播形态属性分类。

一、按节目题材(传播内容属性)分类

社会教育节目的内容涉及政治、经济、文化、军事、历史等各个领域,注重开掘人文及自然环境类的题材,取材十分广泛,且互有交叉现象。要想将客观世界广阔的领域归于简洁、清晰的分类条目中,的确是一件比较困难的事。从全国历年电视社教节目评选情况看,其分类也是在不断变化之中的。1990 年全国首届优秀电视社教节目评选类别为栏目类、社政(社会政治)类、文教类、知识类和服务类。1991 年度全国社教节目评奖类别有了较大的变化,除保留 1990 年度的 4 个类别外,另增加了经济类、科技类、教育类、系列片类。到 1998 年至 2000 年,电视社教节目评奖类别又有较大的改变,除保留栏目类、经济节目、科教节目和系列片外,其他均不作单独评奖类别,另外增加了长、短片奖项目。2004 年,电视社教节目评奖项目变化最大,项目共六项:优秀专题、优秀纪录片、优秀科普节目、优秀少儿节目、优秀电视动画节目和优秀电视广告。

全国电视社教类节目评奖是中国广播电视新闻奖的一个重要类别,也是对当年全国电视社教类节目的一次大检阅,代表了我国电视社教类节目评价的最高权

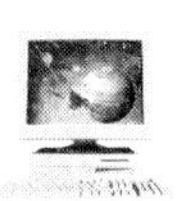

威。因此，该奖项的评奖类别应是电视社教节目内容属性分类的重要依据。由于上述教育类不在本章社教栏目的狭义讨论范围内，且系列片及纪录片、专题片又属节目的结构方式和形态，那么，余下的类别当是本节的题材分类内容。

（1）社会政治类。以反映一个时期内的重大社会问题、社会现象、历史事件等为题材的节目，如获首届电视社教节目奖的《神州风采》（中央电视台）、《同心曲》（北京电视台）和1999年1月2日开播、至今仍然受到欢迎的《今日说法》栏目。

（2）经济类。即以经济信息、经济政策、经济活动和经济服务为中心内容的节目。这个类别是在1991年全国优秀电视社教节目评选中首次增设的。原广播电影电视部副部长刘习良在当年全国优秀电视社教节目颁奖会上谈到改革电视社教节目时指出：各类电视社教节目必须紧紧扣住经济建设大环境做好节目，在经济建设和改革开放中，找到自己合适的位置，发挥特有的作用，体现自身存在的价值。

（3）文化类。即以文学、艺术、音乐、舞蹈、美术等方面的人物和事件为主要题材的节目。文化类的栏目如中央电视台的《文化访谈录》和《子午书简》，在观众中都有很大的吸引力。近年来，异常活跃的《百家讲坛》更是将文化类的叙事节目推向高潮。

（4）科技类。即以普及科学技术、关注科学问题、贴近科技生活、阐释科技现象、弘扬科学精神、展现科学魅力为题材的社教类节目。特别是于2001年7月9日正式开播的中央电视台科教频道，更是以“教育品格、科学品质、文化品位”的定位亮相，展示了科技类节目的发展前景。事实上，美国的“探索”频道和“地理”频道，还有英国的“Beyond 2000”等都是制作精良的科技频道，并将其视为电视传媒发展的新趋势、新标志，已成为国内外电视业内人士的共识。

（5）人物类。即以人物事迹为主要内容，反映人物精神面貌、性格特征和思想品格的节目。中国电视社教节目评奖在1991年度开始增设了人物类奖项，当年获得社教人物类奖的节目有《军中铁汉》（中央电视台）、《扬州第九怪》等。近几年社教节目的评奖项目虽没有人物类，但自1998年开始设立的短片与长片奖项目，实际上都是人物类的长、短片。如2004年获得优秀纪录片奖的《嵩山丰碑》（河南电视台），反映了人民的好警察任长霞的先进事迹。同年获优秀系列专题奖的《学者》（50集，山东电视台），记录了一批中国近代知名学者和历史上有特殊贡献的人群。

（6）生活服务类。即与个人日常生活的各方面实际需求相关，以提供直接具体服务为主的播出单位。如中央电视台第二套节目中播出的《生活》、《为您服务》、《中国房产报道》、《学烹饪》等栏目。

二、按受众对象(传播对象属性)分类

当代电视乘电子传播技术发展之风,正迅速产生裂变,电视节目传播渠道资源短缺的状况基本消失,人们坐在家中可以选看到100套左右的电视节目。电视频道的增多和双向沟通的可能使受众可以在中国3 600多个电视频道中任意自由选择。传媒的媒介环境发生了巨大的变化,对传媒本身也带来了极大的冲击和影响:收视份额被瓜分,市场“蛋糕”在减少。虽说“多频道”、“多媒体”传播是其中的一个原由,但电视传媒对受众层次细分的忽视、媒介传播方式的固守,不能不说是一个重要因素。随着业内人士和理论研究工作者的调查分析,将受众细分化的传播方式逐步提出并普遍给予重视,应该说是一剂富有效应的“良方”。因此,随着频道的增多和受众的细分化,我国电视以综合频道播出为主的栏目制作现象正在逐渐淡出,代之而起的是对栏目受众对象定位更进一步的区分,对象型节目的传播正在形成栏目编辑的共识。

我们知道,对象型节目是指向特定对象播出,并侧重表现特定范畴或兼而有之的专题节目的形态,它与电视栏目类型的划分标准一致,一般根据观众的职业、年龄及其他方面的特点分别设置。

按职业对象分类,可分为工人节目,如《当代工人》(中央电视台);农民节目,如《乡约》(中央电视台)、《乡村发现》(湖南电视台);军人节目,如《和平年代》(中央电视台)等。

按年龄对象分类,可分为老年节目、青年节目和少儿节目,如中央电视台的《夕阳红》、《十二演播室》、《第二起跑线》和《七巧板》等。

按性别对象分类,突出表现为妇女节目,如中央电视台的《半边天》,湖南长沙电视台女性频道的《21世纪我们做女人》等。

按地域对象分类,有港澳台胞节目和对外节目,如中央电视台的《天涯共此时》和《海峡两岸》等。

按其他对象分类,可根据特定对象的生活习性、群体爱好等特殊需要划分,如根据民族对象而设的少数民族节目,根据人种对象而设立的黑人专栏节目,还有以残疾人为服务对象的残疾人节目等。

三、按节目样式(传播形态属性)分类

电视社教节目是最具综合性、最能反映电视的现代性特征的节目类型。电视节目的各种体裁样式、制作方式、传播方式都可为电视社教栏目所用。因此,社教节目也是最能体现电视媒介特性的节目类型。其主要类型有——

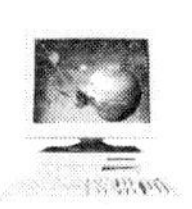

（1）纪录片型节目。电视社教栏目最基本的制作样式。电视纪录片本是报道类节目中的主要节目样式，但它适用于任何一种形态，既是新闻类节目也是社教类节目制作最基本的体裁样式。除了为专门播放纪录片而设置的栏目外，在社教类其他体裁的栏目中也大量运用，并取得了良好的传播效果。前者如中央电视台的《见证》栏目，后者如《第一线》。中央电视台科教频道的《探索·发现》，也是采用纪录片的基本形态，以人文发现的眼光和科学探索的态度，讲述中国的历史、地理、文化故事，探究自然之谜、历史之谜、生命之谜，并同时介绍中国博大精深的文化遗产。

（2）谈话型节目。电视社教栏目最经济的制作方式。电视谈话节目是从美国广播谈话发展而来的，到20世纪80年代成为非常流行的电视节目形式。在我国，从20世纪90年代末期才在全国电视界流行起来，并成为社教栏目的主要形态。2003年我国广播电视奖首设十佳栏目奖，在当年获奖的10个优秀栏目中，就有9个是谈话栏目（另一个是杂志型栏目），包括：中央电视台的《对话》、《实话实说》、《相约夕阳红》，重庆电视台的《龙门阵》、安徽电视台《记者档案》、河北电视台《真情旋律》、北京电视台《真情互动》、湖北电视台《往事》、黑龙江电视台的《当事者说》。谈话型节目最常用的有两种基本形态，一是“脱口秀”式，按话题、嘉宾、现场观众和主持人因素而建构，像我国著名的谈话栏目《实话实说》（中央电视台）、《往事》（湖北电视台），就是典型的“脱口秀”式谈话节目。二是访谈式谈话节目，形式上只有主持人与嘉宾的访问、谈话，以此展开叙述，表现一定的主题，如《记者档案》。节目构成形式，除了以谈话为主题，还兼容了纪录片、新闻节目形式，如中央电视台和凤凰卫视中文台在2002年初同时分别播出的《极地跨越》和《极地之旅》，就是采用演播室谈话与极地现场纪实相结合的编排方式。

（3）杂志型节目。最常用的栏目编排形式。杂志式编排方式，是在一个统一名称的栏目之下，由几个相对独立的节目单元组合而成。“杂志型节目”虽然在新闻类节目编排中采用，并产生了一定的影响，如美国CBS的《60分钟》，但大量采用这种形式的还是社教类节目。尤其是在20世纪90年代末期的全国电视栏目改版潮中，几乎所有的社教栏目都采用“杂志式”编排方式。这种方式的优点是每期节目可以容纳更多的内容，适应了广大观众的不同要求，并且在形式上采取多样组合，满足了受众求新求异的心理。但在实施过程中，有的栏目过于追求“丰富性”而将每个社教栏目内的子栏目设置多达10个左右，每周7天播出几乎都是轮流置换子栏目。从表面上看，每天栏目都有新的面貌，但在浩如烟海的电视栏目中，谁还能记得住这个栏目的定位特征呢？失去个性的庞杂栏目是很难吸引住稳定的收视群体的，这种乱用“杂志型”的节目样式，给人以“杂乱”、“肤浅”之感。目前，屏幕上

出现的栏目专题化倾向，似对“杂志型”的一种过正矫枉。不过，杂志型节目仍然是社教类栏目创作的一个重要形态，对杂志型节目操作中的部分失误并不影响杂志型节目形态本身的优势。

以上从三个方面对电视社教栏目进行了分类，均尽量按“同一律”原则，对同一类节目作了具有合理的“可比性”安排。但由于社教类节目涉及的内容十分广泛，表现手法多种多样，三种类型相互交叉、相互渗透的现象比较突出，尤其是当代作为具有典型后现代特征的电视，其“拼凑”手法的流行，有时更难以对社教栏目给予非常明晰的划分。如在对象属性类别中，按职业性质划分的各类栏目，实际上绝不可能脱离老、中、青、少和男、女职业的属性交叉。在节目样式属性中，交叉现象更为普遍。诚然，任何分类都不可能做到十全十美，尤其是处在迅速融合发展中的电视社教节目，交叉、渗透现象将会一直存在。但这并不妨碍我们尽可能地通过科学划分，对社教栏目有一个清晰的认识。只要把握住社教栏目的本质特征，在实践中就较容易把握住它们的规律。

第三节　公共型社教栏目的创作

公共型栏目是相对于对象型栏目而言的，它是指面向广大电视观众播出的栏目类节目，对应于按节目题材分类的社教栏目。“公共型节目无特定对象，面向全社会，其选题也应选择电视观众普遍关心的题材，栏目类中的多数节目属于此种类型的节目形态。”①

一、社政类节目创作

社政类节目一般是反映社会生活领域所发生的一些较为重大或有一定典型意义的事件和现象。尤其是社政类中的法制节目，由于涉及个人、家庭、社会团体的行为、伦理与法制等，通常成为人们的热门话题和关注的焦点，容易在社会上引起较大反响，因此，这类节目在全国电视媒体迅速发展，已形成了一种独立的报道形态，被称为“电视法制节目”。

电视法制节目，是“以电视为载体，借助电视的制作和表现手段，以宣传法律为主题，以法制与社会生活方面的密切联系为切入点的各种节目形态”②，也是社政类节目中最为活跃、报道最为频繁、最有“观众缘”的一类节目。下面主要以电视法

① 杨伟光：《中国电视专题节目界定》，东方出版社 1996 年版，第 28 页。
② 李东生：《电视专题文集》，北京出版社 1998 年版，第 386 页。

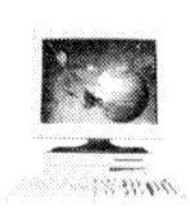

制节目作为社政类节目的典范创作，对之进行较为深入的解析。

我国的电视法制节目，创始于“二五”普法时期，至今已有十余年的历史。今天的法制节目比任何时期都要繁荣兴盛，这固然有法制新闻本身所蕴含的永远值得传媒追寻的趣味性价值因素，但更为重要的现实动因还在于随着法制的建树，人们对法制问题的关切度和对法律知识的需求度也在不断提高。正如中央电视台《今日说法》等栏目的原总监尹力所说：“不是我们做得有多好，其实是观众真需要。”现在全国所有省级以上电视台均开办有法制栏目，不少省市电视台还陆续推出了多个固定法制栏目，如上海电视台的《案件聚焦》、山东电视台的《金剑之光》、黑龙江电视台的《走进千万家》、江苏电视台的《人与法》等。另外，1999 年长沙电视台还推出了全国第一个政法频道。目前又有黑龙江、河南电视台等台也办起了法制专业频道。中央电视台的“社会与法”频道（2004 年 12 月 28 日开播），秉承“公民、公正、公益”的核心理念，致力于制作好看、有用和高品质的电视节目，受到广大观众的喜爱，2006 年下半年全国观众满意度调查显示，该频道观众满意度和期待度在全国上星频道中名列第 3 位，观众规模居第 4 位。

在法制栏目、专业频道数量增多的同时，节目质量也在提高，如中央电视台的《社会经纬》第 103 期《吴越打官司的故事》、黑龙江电视台制作的《为了农民的权力》均获中国广播电视新闻奖电视社教节目一等奖；中央电视台的《今日说法》还获得中国广播电视新闻奖电视社教栏目一等奖。与此同时，电视法制栏目的收视率也在不断攀升，栏目影响力在日益扩大。

1. 栏目定位

任何栏目要办出特色，都要有明确的定位。法制节目如何定位？原中央电视台副台长李东生说：“电视法制节目重在‘普’、根在‘法’、淡于‘奇’、贵在‘引’。”①在具体节目的制作中要始终遵循“普及法律知识，提高法律意识，弘扬道德风尚，宣扬精神文明”的宗旨，将其相互关系融入节目制作之中，充分表现法制节目的特征。

我国电视法制节目的产生，以上海东方电视台 1985 创办的《法律与道德》栏目为标志，初期承担了“普法”的功能，因此，以“说教式”节目居多。到 20 世纪 90 年代后期，以中央电视台《今日说法》栏目（1999 年 1 月 2 日开播）为代表，标志着“举案说法”节目的异军突起。该栏目在开播后的短短两个多月时间里收视率就逐渐上升到 CCTV 排行榜的第 7 位。栏目总制片人王新中认为，这个栏目受欢迎的主要原因是具有实用性，为老百姓提供实实在在的法律帮助。而这种实用性是通过

① 李东生：《电视专题文集》，北京出版社 1998 年版，第 372 页。

准确的节目定位和独特的节目形态实现的。记者采访+法制故事+法律专家权威点评，这种形态的最佳组合，凸显了普法特点——“举案说法”，从而受到了观众的欢迎。

近年来，以北京电视台的《法制进行时》(1999 年 12 月 27 日开播)、中央电视台的《法治在线》(2003 年 5 月 1 日开播)为标志，强调将新闻及时性、现场性的特点引入法制节目创作，取得了很好的效果。

2. 栏目选题

题好一半功，这是被许多文本作者验证过了的。一期电视节目的成功与否，与选题有很大关系，纵观许多名栏目、优秀节目的成功，无一不是对选题重视的结果。中央电视台的《焦点访谈》栏目在这方面作出了有益的探索，该栏目除了正确制定选题原则外，还专门建立了“三会一报”制度，即每周一次例会，通报上级有关宣传工作精神和各方面情况，明确最近哪些题目不能做，哪些题目必须做；每周一次报题会，确定下一周各栏目的节目选题；每周一次制片人碰头会，总结上周节目采制及各方面反映情况。“一报”，即选题报批把关制度，经过三道关口，最后才确定选题，从而保证了选题的准确性和成功率，这对法制节目的选题方式有一定借鉴意义。

法制节目的选题，有其特殊性。根据以往成功的经验，衡量法制节目的选题标准，一般要做到“三贴近”、“两依托”，就是要贴近生活、贴近观众、贴近时代，依托已经审理或正在审理的形形色色的案件作为报道的线索。在具体运作上，要从实际出发，走出法制节目报道“重刑事、轻民事”的误区，将选题重点转向对违法事件的报道。对那些游离于传统道德与现代法律及民族陋习之间的话题，也是观众非常感兴趣的选题，如《社会经纬——父子争房纠纷案》。

法制节目的选题，要以新闻敏感去发现问题，戴上法律的眼镜去看世界，就会有取之不尽的题材源泉。在采访过程中注意寻找观众关心、注意的焦点，抓取鲜活的生活事件中的悬念，这样就会引起观众的共鸣和思考，引起人们对相关法律问题的兴趣，从而使每一个选题都能成为“法律就在我身边”的阐释。

3. 栏目结构

结构是一部作品的组织方式和内部构造。电视节目制作者根据对生活的认识，按照事物的发展逻辑和表现主题的需要，运用各种表现手法将一系列生活材料、人物、事件等分别轻重主次，合理而均匀地加以安排和组织，使其既符合生活的规律，又适合节目体裁的要求。合乎逻辑的结构是法制节目制作的基本要求，是能

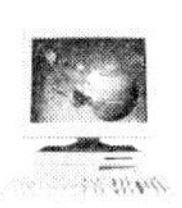

否实现最佳传播效果的关键。否则，即使再好的栏目定位和选题，也会因为节目制作思路的混乱，让人不知所云。

中国电视法制节目委员会理事长尹力先生曾在一篇文章中说，衡量法制节目的结构标准是看其如何运用悬念。这实际上是涉及结构的一种方法。他认为法制题材的节目常常都涉及人物的命运和事件的发展变化。如果能充分利用这两点，稍加结构，就能引起观众的关注。法制节目的结构，一般由三个方面组成。

（1）社会背景展示：栏目首先要交代好案例的社会背景，包括社会影响度、百姓关注度和案例相关的政策法规。

如《吴越打官司的故事》开头交代背景：最近以来，一些文章的作者，或是刊登文章的媒体因为侵犯名誉权而被推上被告席，有甲A足球裁判陆俊诉《羊城体育报》因披露涉嫌"黑哨"事件的侵权案，有歌星解晓东诉科技时报社侵害名誉权案，还有马俊仁就《马家军调查》一书欲将作者推上被告席等。结论认为，近两年来新闻报道引发的名誉权官司，再次成为人们关注的焦点，这就是该节目的社会背景。

（2）主题故事叙述：要努力做到展示矛盾、抓住细节、制造悬念、讲好故事。特别是要注意运用悬念，即在案件审理的每一个要害处，人物命运的每一个转折点，埋下伏笔，留下想象空间，从而抓住观众的解谜、求知心理。在《吴越打官司的故事》中，作家吴越因出版社出版其改写的《海上花列传》一书，不但几年来未得到稿费，反而被出版社以名誉侵权将作者推上被告席，官司谁输谁赢？一直牵动着观众的心。而对被告作家吴越来说，事关重要的关键证据是否能取出？这一个接一个的悬念，把故事戏剧性地层层展开。

（3）专家分析评述：专家的评述，因其权威性，可以帮助当事人和观众从法律的角度去明辨是非，了解并掌握相关的法理。同时，由于专家讲评往往是从案例入手，容易谈得具体、生动，对相关的法律问题也能够从感性上升到理性的认识，使观众易于接受和理解。在《吴越打官司的故事》节目中，主持人邀请专家就吴越败诉的行为作评析，给观众以启示：维权的手段必须合法。

4. 栏目形式

自1994年4月中国广播电视学会法制节目委员会成立后，我国的电视法制节目步入了一个较快的发展时期。据称，全国已有150余家电视台开办了电视法制节目（栏目），其中有近20家电视台还开辟了第二个法制专栏①。各电视台法制节目制作方法尽管有所不同，但总体看起来，不外乎以下三种形式。

① 《电视研究》，载《法制节目专刊》1999年第15期。

(1) 专题式

本章前面已论述过，纪录片或专题片是社教节目的基本样式，我国初期的电视栏目多为专题报道式。电视栏目在经历了“杂志式”的喧哗后，现在似乎又有点向专题方向转化的趋向。这种专题式的节目往往关注普通人的生活命运、当事人的心理状态以及在当代社会大背景下，追踪案件的发生、庭审等过程进行叙事，充分展示了司法程序，表现了当事人起伏跌宕的心理变化。如中央电视台原《社会经纬》栏目中的《吴越打官司的故事》、《父子争房纠纷案》等，都是以纪录片的拍摄方式，追踪报道了“打官司”的故事。

电视法制节目题材往往充满了矛盾冲突、悬念和错综复杂的变化，如果能运用纪实手法对这些案例作真实的纪录，可以增强法制节目的可视性、可信性和说服力。因此，在专题式的法制栏目中，往往以庭审为依托，以调查报道为手段，聚焦案件情节，穿插对人物的纪实、交谈，“形成故事性、知识性、人物命运、生存状态并行的具有厚重感的栏目”。

在2004年度中国广播电视奖评选中，获得优秀电视专题节目的《法制进行时·惊心动魄22小时》(北京电视台)，就是采用全程纪实拍摄方式，专题报道了22小时解救著名演员吴若甫的全过程：2004年2月3日凌晨，吴若甫在北京朝阳区三里屯酒吧街遭遇绑架，犯罪嫌疑人向其家属索要200万元赎金，并扬言自己身上带着手雷，谁抓他们就和谁同归于尽。案发后，北京电视台《法制进行时》女主持人徐滔带领节目摄制组冒着生命危险随警拍摄。当侦察员按住怀揣手雷的犯罪嫌疑人时，当特警全副武装冲进关押人质的房间时，摄制组紧随其后，记录下了一个又一个惊心动魄、震撼人心的场面。

(2)“说法”式

“说法”式，是对电视访谈节目样式的延伸或移植。这种形式的节目是以访问、谈话的形式展开叙述视角、表现鲜明主题的。在实际运作中，节目往往采用演播室和外景案件(事件)的穿插展示与点评形式相结合。或者是在节目的形式构成中，以访谈为主，兼容纪录片、新闻节目、模拟表演等样式，使节目形式表现丰富多样，防止了枯燥的侃谈。

中央电视台的《今日说法》是这种“举案说法”的典型栏目。该栏目在1999年1月2日开播时就标明“重在普法、监督执法、促进立法”，并通过新闻介入、大家参与、专家评说的方式进行，给老百姓一个“说法”。

这类节目的话题，一般选自和老百姓生活贴近而又在人们心目中有误解或误区的小事件，而且这一事件在老百姓中可能有两种以上的观点，如“离婚了，财产该如何分割”等，选题涉及赡养与抚养、家庭暴力、婚姻纠纷、邻里矛盾、交通事故、青

少年犯罪、诈骗、名誉权、著作权纠纷等。这些或在我们身边，或离我们并不遥远的已经发生过的或正在发生着的事情，我们都要给个说法。有的案例看上去似乎很小很平淡，缺少悬念和冲击，但都明晰地体现着一种公平、一种秩序、一种理性、一种法制精神的张扬。由于大多数民事中的话题在观众中可能会有不同的理解，这种认识矛盾的本身就是"说法"节目成功的一个因素。

（3）庭审式

2001年4月21日上午，轰动全国的张君、李泽军特大系列抢劫杀人案在重庆、常德两地同时开庭审判，中央电视台对这一事件作了庭审"特别节目"的直播报道。据中央电视台调查，这一节目的收视率达到6.41%，观众7 013万人，市场占有率为6.27%，在白天时间段(特别是上午)电视节目能达到这样的收视率应当说是比较可观的。这从另一方面也说明了庭审节目是非常受欢迎的。

所谓庭审节目，是以法庭审判过程为结构依据的节目形式，包括庭审直播和庭审录播两种，以往我们经常在电影或电视剧中看到法庭上控辩双方的激烈交锋，往往被那些鞭辟入里的辩词、敏捷严密的思维所折服，观众似乎在看一场精彩的辩论赛，不时从庭审的千变万化情节和能言善辩的艺术中获得一种审美满足。实际上，在庭审直播的当初，也的确给观众带来一些新奇与兴奋，但随之而来的却是庭审中繁琐的程序、冗长的陈述以及纠缠不清的细节，让观众乏味至极。认真分析庭审直播中的现状问题，以引起电视法制节目制作人的注意，是改进庭审直播节目的必要前提。

从近几年关于法制节目的理论研讨中可以看出，庭审直播节目主要存在下列问题：

第一，庭审模式问题。大多数业内人士认为，我国的庭审模式与英美"对抗制"模式不同，是属法官主导型。律师和检察官不能随便走动，也不能随便施展自己的辩论魅力，只能是被动地回答法官的提问，程序显得沉闷乏味。特别是庭审节目"对于那些没有利害关系的人们来说，看庭审过程简直是受罪"。为此，有人提出"录播"的良策。就是把冗长的法庭陈述过程删去，经过精心编辑，将庭审辩论的话锋接到一起，使之更激烈。但是司法的程序又受到伤害，很难体现司法的公正。

第二，案件选择问题。庭审直播节目，事先必须征得法院的同意，使电视台的想法尽量获得法院的支持。但往往在案件的选取上，双方意见可能不一致。电视台希望选取具有轰动效应、案情曲折复杂、内幕层出不穷的案件。而法院则愿意直播那些便于操作，便于向公众交代，不会影响自身形象的小人物、小事件的案件，这当然不会引起观众的兴趣。

第三，庭审栏目化问题。电视栏目的长度和播出时间一般是固定的，但是庭审

时间却不可控制。况且,每周一期的栏目播出时,不一定有所需的庭审案件直播,这对栏目化的庭审节目制作来说,是一个很大的挑战,弄不好甚至"无米下锅"。有人甚至对庭审直播本身提出质疑,其论据是,包括美国在内的许多国家,通常都禁止对庭审现场进行摄影、直播或做了许多限制。

曹瑞林在《关于庭审直播的若干思考》中提出,美国,除极少数州以外,已从1981年开始准许摄影、摄像进入法庭。事实上,在1994年至1995年,洛杉矶法庭电视台和其他电视台已经实况转播了辛普森谋杀案的审理。在日本、法国,也是允许对公审庭的活动进行摄像或直播的①。

为避免我国庭审直播过程的冗长和"庭审"过程的枯燥,中央电视台在《张君、李泽军特大系列抢劫杀人案庭审特别节目》中,采用了庭审直播+演播室访谈+专题片的形式,较好地解决了上述问题,对改进庭审直播有一定启示和借鉴作用。如在"特别节目"中邀请了刑法专家、刑侦专家和案件有关人员,配合直播作了一些深入的分析,讲述了庭审幕后一些不为人知的故事,调节了整个直播的气氛,特别是穿插播出的相关专题片《张君、李泽军犯罪团伙覆灭记》和《常德庭审纪实》,对观众有很大的吸引力。

关于庭审直播节目,有人还提出了"庭审直播干扰庭审"的疑虑,容易导致庭审人员的"做秀欲",甚至妨碍庭审过程的庄严与严谨,进而影响案件的公正审理。事实上,恰恰如此,方能将庭审过程置于大众监督之下,使庭审活动更加庄重与严谨。实况转播,无非是扩大了公审听众的范围,只要是全面的报道,并不会影响法官独立审判。关键是要在直播过程中把握分寸,将人们所担心的负面影响减至最低程度。

二、经济类节目创作

经济类节目是专门报道经济问题的节目。从概念上说,经济节目不同于财经节目,后者是以金融的视角为出发点,以泛金融领域为报道题材,包括财税、金融、证券等方面的内容。经济节目除上述领域外,还应包括工业、农业、交通、基建、市场、贸易等方面经济生活的报道。

经济节目是随着经济的不断繁荣而逐步发展起来的。在我国,则是国家的工作重心转移到以经济建设为中心上来以后,电视经济节目才作为一种独立的节目形态提出来,逐步受到全国电视界的重视。中央电视台在1984年率先组建了经济部,并于1985年1月1日推出了全国第一个经济节目《经济生活》。此后,全国各

---

① 《中华新闻报》,载2000年6月5日,第3版。

省、市电视台相继成立了专门制作经济节目的部门，甚至成立了相对独立的经济电视台。由于经济电视台具有相对活跃的管理体制，因此，在节目制播、社会影响、经济收入等方面，有的经济电视台甚至达到和超过省级台的水平及状况。近年来，随着广播影视集团的建立和频道专业化的实行，一些省、市电视台合并后，对电视频道进行了专业化的调整与设立，纷纷设置了经济频道，或以经济为主的经济、生活频道。

"经济节目的对象是全民性的，它通过对国内外各种经济问题的报道，阐释我国经济政策，分析多种经济现象，普及各种经济知识，提供各类经济信息。经济节目对更新我国国民的现代化经济意识，真正把经济建设作为中心工作，起到了积极的舆论引导作用。"①但在实践中，有人对经济节目的社教功能认识仍然不很明确，因此，需要对此进一步地分析。

1. 经济栏目的社教属性

传统观念认为，社教节目是指教、科、文、卫、法制、民族等社会知识、社会服务类节目，也就是能通过栏目弘扬民族优秀文化，使人增长见识、开阔眼界、陶冶情操、提高道德观念和思想素质要求的电视节目。而对经济节目的社教属性，却很少提及。实际上，经济节目的社教作用是显而易见的，尤其是在经济专题节目中更为突出。

1991 年度全国优秀电视社教节目评选，首次列入"经济类"节目，当年获得一等奖的是广东电视台的《物价——改革的突破口》和甘肃电视台的《一条增值的通道》，均为经济专题节目。再从 1998 年至 2002 年全国电视社教节目的评选情况看，获经济类节目一等奖的也都是以专题面目出现，如 1998 年度广州电视台的《成品油走私大追踪》，1999 年度中央电视台的《为了绿色家园——1999 世界环境日特别报道》和《1999〈财富〉全球论坛上海特别报道》，2000 年度大连电视台的《大连思路》和山东电视台的《透视冷热"圣人游"》，2001 年湖南电视台的《麦德龙"透明发票"带来的启示》、中央电视台《蜀道难》和广东蛇口电视台《面对"巨人"——"人人乐"的故事》，2002 年中央电视台《小康中国》、北京电视台《创业进行时》等。

社教类经济节目大多运用专题节目形态制作播出是毋庸置疑的。问题在于这种观念的强化，影响了人们对部分经济类栏目的社教属性认识与运作，以至于在实践中将经济类栏目全部划归新闻信息类，而弱化了部分经济栏目的社教功能。为了澄清模糊认识，有必要对经济栏目的类型先作一简明的分析。

① 杨伟光：《中国电视专题节目界定》，东方出版社 1996 年版，第 29 页。

按照传播功能划分，经济节目有新闻信息类、服务类和社教类。新闻信息类经济栏目，如1992年8月31日开播的《经济信息联播》(中央电视台)，每期30分钟，以传播各类经济技术信息为主，汇集国内外最新消息，分宏观、财经、服务、国际、新产品五大类，每一类分别以小栏目形式出现。中央电视台2000年6月在经济生活服务频道全新推出的《中国房产报道》，也是以物业、城建、房产、地产为报道对象，面向消费者的信息节目。服务性经济类节目以中央电视台的《为您服务》为代表，该栏目以都市家庭为主要服务对象，在秉承细心周到、全心全意的同时，更贴近观众的需求，更关注市民身边细微的变化。在轻松幽默的50分钟时间里，观众通过栏目《家事新主张》、《生活培训站》、《法律帮助热线》、《旅游风向标》的导引，紧紧把握时尚的脉搏，精心体味高品质的生活。社教类经济栏目以中央电视台的《经济半小时》为代表，节目以社会经济热点事件的持续追踪与经济个案的独家调查为栏目的主体形态，在追踪调查中又以具体事件为载体，展示事件的过程和前因后果，揭示事件背后的真相，给人以较强的震撼力和教益，其社教功能是显而易见的。

按照传播形态划分，经济类节目又分为杂志型栏目和专题型栏目。前者如中央电视台的《中国财经报道》、《世界经济报道》等栏目，后者如《地球报告》栏目，其节目内容是以荣获美国艾美奖等国际大奖的优秀纪录片展播为主。专题型栏目类似于纪录片型，每期以一部专题片为主干，对有关经济节目作深度报道。

事实上，电视作为一门综合性很强的媒介，在栏目属性的判别上，又是很难将新闻性、文艺性、服务性和社教性的界限划分得一清二楚的。各种属性的经济节目互相渗透，你中有我，我中有你，栏目与栏目之间交叉的情况大量存在，比如，经济信息类节目《中国房产报道》就具有很强的服务性，其宗旨就包含有“传播现代物业知识和理念，带动消费市场，沟通并引导房地产消费市场的需求”等服务性功能。再如，服务类经济节目《为您服务》，定位于家庭指南类，其本身就包含有衣、食、住、行、财等方面的服务信息。而《经济半小时》，既有“年广久：商场没有父子兵”之类的矛盾冲突和真相调查，又有以“最快的时间传递最前沿的经济信息”；在节目形态上，有时是杂志型，有时又采用专题报道式。总之，只要做得“好看”，难免综合利用，颇有点“后现代电视”的特征。

在确定一个栏目的属性时，应当按统一的标准划分。目前，我国电视栏目基本上是按功能划分类别，在西方也大体如此。但在2000年中国广播电视新闻奖电视社教节目评选中，荣获经济类节目一等奖排名第一的则是中央电视台的《开心辞典》，这有点令人费解，不知评委会出于什么考虑作如此安排，或许是因为本期《开心辞典》竞答内容是以经济知识题为主体。但《开心辞典》栏目本身的定位和观众的收视认同，都将之认定为“一个集趣味、知识、紧张、惊险、幽默于一身的益智游戏

节目；一个真正牵动亿万个家庭，通过层层选拔奋力攀登光辉顶点的全民互动节目；一个引进国外先进电视形态，由高科技网络、声讯手段支持的游戏节目”。作为中国电视社教节目最高级别的政府奖项与节目制作者和受众对栏目认识的差距之大，可见对经济类节目属性的界定难度以及对这类问题的深入探讨显得多么必要。

2. 经济栏目的经典案例

随着经济全球化时代的到来和我国经济改革开放的深入发展，与人们生活息息相关的经济领域将受到世界经济的挑战与冲击，日益变化的经济生活将越来越受到人们的关注。作为当代最具影响力的电视媒体必将因受众注意力中心的转移，而将媒体报道的中心移向泛经济领域。经济频道的设置也成为各大媒体实施频道专业化的共识，经济栏目的开办不再作为媒体的点缀，而成为媒体竞争的重心，湖南电广传媒当初用 8 600 万元巨资打造《财富中国》一档栏目就是明证。经济节目在所有电视节目中的比例也有较大的上升。在这一系列变化的电视经济现象之中，值得关注的是中央电视台的《经济半小时》，通过对这一栏目的追踪分析，可以看出我国电视经济节目的发展变化历程及走向。

《经济半小时》是在 1989 年 12 月 18 日，对原《综合经济信息》改版的基础上新开办的电视经济栏目。《综合经济信息》于 1987 年 2 月 1 日推出，通过中央电视台第二套节目向全国播放。该栏目每天的节目内容除了一般的新闻消息外，从周一到周日每天还分别安排了《经济纵横》(周一)、《经济博览》(周二)、《世界经济窗口》(周三)、《科技与效益》(周四)、《企业家园地》(周五)、《信息发布会》(周六)、《消费者之友》(周日)。另外还有《周末热门话题》、《外汇牌价》、《广告》等板块。这种栏目设置与编制方式，后来被许多电视媒体仿效，其初衷是想使栏目内容更为丰富，但实际效果并不理想，隔周一次的子栏目既不利于形成社会影响，又给观众定期收看的稳定性带来一些障碍。但子栏目中的小专栏《周末热门话题》的成功，以及后来在《综合经济信息》栏目中所播出的 6 集政论专题片《时代的大潮》在社会上获得的好评，都给后来《经济半小时》的全新改版提供了重要的启示和借鉴作用。尤其是小专栏《周末热门话题》，内容贴近百姓生活和现实，形式上较早运用了主持人面对面的谈话方式，既轻松又活泼，给观众留下了较深的印象。小专栏《消费者之友》也为日后社会影响较大的《中国质量万里行》和每年的保留节目《“3・15 国际维护消费者权益日”消费者之友晚会》创造了一些经验。

《经济半小时》栏目在开办之初，形式上并没有脱出《综合经济信息》的窠臼，依然是由小而全的众多子栏目构成，除每天都有的《经济信息》外，周一为《桥》，周二为《消费者之友》，周三、周日为《看市场》和《经济博览》，周四为《开眼界》和《世界经

济窗口》，周五为《七十二行》，周六为《经济透视》，后来又增加了《祝您致富》、《警世钟》和《新书架》。值得注意的是，《经济半小时》在开播后不到3年的时间里所播出的大量专题节目，在社会上都引起了极大的反响，从而奠定了该栏目在社会上的地位。如《中国质量万里行》，受到了党中央和国务院领导人的高度赞扬与肯定。《"3·15国际维护消费者权益日"消费者之友晚会》，已成为消费者每年3月15日的节日。《经济半小时》播出的6集专题片《商战》(1991年)，全面、客观地反映了中国商界深化经济体制改革，展开社会主义竞争的情况。它把当年郑州股份制集体企业亚细亚商场，与其他五大国营商场之间的明争暗斗、扑朔迷离的情景，真实而生动地展示给观众，受到了中央领导的好评。这部片子当年还获得了全国优秀电视节目评比一等奖。《经济半小时》栏目也在1990年度、1991年度全国社教节目评比中两次获优秀栏目奖。

1992年后，《经济半小时》推出了一系列重大题材的报道，为日后该栏目从经济信息报道向深度报道转换做出了有益的尝试。如：16集大型系列节目《试点追踪》(1996年)，12集系列片《世纪的呼唤——市场经济与职业道德》(1996年)，4集系列片《温州人》(1997年)，10集系列片《跨世纪的转变》(1997年)，5集专题片《软着陆》(1997年)，12集系列片《千秋万代话资源》(1997年)等。

上述一系列经济节目的深度报道在社会上均引起了广泛的注意，同时也证明，只要更新观念，努力开拓经济节目的题材内涵，经济节目同样能办得让人爱看。

《经济半小时》自开办以来的成功探索，为日后的改版积累了丰富的经验。1996年7月1日改版后的《经济半小时》，打破了原有的板块设置，每天做单一主题报道，从而达到凸显形象、提升栏目档次和提高节目质量的目的。改版后栏目又陆续推出了一批有分量的主题性系列报道，如上所述，集中体现了该栏目深度报道社会经济生活的宗旨。

作为频道专业化改革的重要步骤，中央电视台又于2000年7月，对第二套的经济生活服务节目进行了大规模调整，新增了一批适应社会、创意独特、制作手段先进的新型栏目，而《经济半小时》也成功地进行了改版。这次改版以新闻化为方向，以"追逐新闻、捕捉热点、揭示内幕、力求独到"为追求，以"质疑的精神、研究的态度"为宗旨，致力于做到给经济新闻更多的理解，给事实更多的背景。

2002年7月《经济半小时》再次进行全面改版，提出了"创造当日需求"的口号，要求从每天纷繁复杂的新闻事件中，挑选出一至两条最重要的经济新闻，进行有学术、有评论、有多元观点的报道。"做透一条"成了《经济半小时》的新选择。

二十年来，《经济半小时》从20世纪80年代末的中原"商战"到90年代国企改革试点追踪、软着陆以及90年代末的财富对话，直至新世纪推出"CCTV中国经济

年度人物”,《经济半小时》一直走在中国市场经济改革与发展的最前沿——用经济的眼光关注社会热点,以贴近现实、关注民生及大众化的社会经济新闻拓展更为广泛的收视群体。

3. 经济栏目的发展方向

2001 年 12 月 28 日,上海文广新闻传媒集团在发行量极为可观的《环球时报》第 13 版做了一整版全新推出的包括财经频道在内的 11 个专业频道的广告。12 月 31 日,上海电视台财经频道又在《21 世纪财经报道》第 36 版,单独用更大的篇幅以醒目的“新版财经频道”黑体字推出了整版平面广告,配以简练有力的文字介绍,显示出咄咄逼人之势:“财经世界,如同剑场,唯有具备敏锐、迅捷、精确、强悍、自信的专业素质,才能出剑完胜,笑傲天下。上海电视台财经频道,是中国实力最强的财经专业频道之一,内容涵盖经济、金融、贸易、证券投资等各个领域。专业、权威、亲民,新年频频出剑,《第一财经》、《近日股市》、《经济观察》、《财经开讲》……招招是好剑。财经世界,舍我其谁。”素有“第一媒体”之称的电视传媒,居然也在平面媒体上做起了经济节目的广告,这固然是一个进步,但另一方面也说明了在当今文化消费社会里受收视率支配的经济节目可能会存在一些危机。

中国电视经济节目从 1985 年 1 月第一个栏目《经济生活》开播以来,发展到今天的专业经济频道,对国家建设和人民经济生活的确发挥过不可忽视的作用,但面对信息化、娱乐化趋向的盛行,经济类节目似有被冷落之感。收视率的调查也难令人满意。据某大城市电视媒体对所属的专业频道的“观众满意度调查”显示,经济类节目在各项指标调查评估中均不理想。在栏目指数①、栏目关注度②、栏目忠诚度③前 15 名中,经济类节目均榜上无名,只是在综合分析的栏目知名度④前 15 名中,与另一档娱乐栏目并列置于最后。

上述排名结果虽是个别地区电视媒体的受众调查,却具有警示意义。以中央电视台为例,尽管第二套(经济生活服务频道)节目的覆盖率达 55.2%,仅次于中央电视台第一套节目,早在 1999 年的满意度调查中,中央电视台第二套的入户率

① 栏目指数:指该栏目在所设定的六项指标中所得分数的平均值。栏目指数实际上是该栏目的满意度水准。

② 栏目关注度:指观众在看电视时,心目中比较关心、倾向于收看的节目程度。

③ 栏目忠诚度:指该节目在平时播出时能够锁定多大群体的观众程度,电视节目忠诚度是该节目收视率的最基本保障,忠诚度越高,收视率的水准越高。

④ 栏目知名度:指一个节目被观众记住、认识、了解到建立信赖关系,最后甚至崇拜的程度。程度越高,越有市场价值,也就是品牌效应。

也在九成以上，明显高于除中央电视台第一套之外的其他卫星频道①。但作为一种特例，如果仅此产生对经济节目传播效果的盲目乐观，势必掩盖全国绝大多数地方电视媒体的危机状况。

经济节目传播效果不佳，与节目制作者的思维方式、制作方式、报道视角等不无关系。枯燥的"数字化"报道、"严肃"的经济"工作"报道、领导者的长篇大论、具体工作技术罗列等，使电视经济节目成了专为领导制作的工作情况汇报(其实领导也未必看了)，致使经济节目远离观众、远离普通民众。针对这些问题与原因，许多业界人士进行了研究与探讨，专家们也对此开出了一些良剂药方，认为经济报道类节目的核心应该是"人"。只要有了"人"，节目和观众就有了交流的对象感，人物在经济活动中的悲欢苦乐、矛盾冲突等，必然会引起观众收视的兴趣。长期以来，我们的电视经济节目中有关人的活动并不令人满意，有的见物不见人，有的见人不见物，把人的活动和经济建设人为地割裂开来。因此，在经济节目制作中，首先要确立起经济报道社会化观点、经济报道的主体是"人"的观点和经济报道要以小见大的观点。中央电视台第二套于2000年7月推出的全新栏目《对话》，在不到一年的时间就迅速引起了广大观众的注意，同时获得了可观的广告赞助，其原因就在于把《对话》栏目作为一个风云人物会聚的舞台，一个智慧与思想碰撞的空间。它通过现场主持人与嘉宾的充分对话、交流，直逼新闻人物的真实思想和经历，展现他们的矛盾痛苦和成功喜乐，折射出经济社会的最新动向和潮流，同时，又充分展示了对话者的个人魅力及其鲜为人知的另一面，这应当是《对话》经济节目的成功之处。

三、文化类节目创作

文化作为一种"外显"与"内隐"的行为模式构成，在人类生活中无处不在，似乎又捉摸不定。文化的内核是观念与价值，它是人类通过劳动、社会实践协调人与自然的关系和人与人的关系，是为满足人的需要、欲望、要求而创造出一定的生活方式的过程和物质与精神成果。广义的文化应是包括知识、信仰、艺术、道德、法律、习惯以及其他人类作为社会成员而获得的种种能力、习惯在内的一种复合整体。电视媒介在文化传播中发挥着重要的传承作用，同时，本身也作为大众文化的一部分，成为人们吸取知识、接受教育、文化娱乐的媒介对象。在我们这样一个信息时代，电视作为占统领地位的社会教育手段，其在文化普及中的作用是不能低估的。

电视文化本身是一个涵盖极为广泛的文化现象。从广义上说，几乎可以认为

① 《关注经济、感受生活、强化服务——中央电视台第二套节目全面改版》，《中国电视报》2000年6月26日，第1版。

所有的电视节目都是电视文化的组成部分。从狭义上讲，电视文化节目是指那些专门报道、传播文化方面的现象和问题，并对之进行深入探讨的节目。本文是从狭义概念上来探讨电视文化节目创作的有关问题。

1. 文化专栏的演进

文化专栏节目是我国电视媒体开办最早的节目之一，从1961年的中央电视台正式开办《文化生活》栏目至今，已形成了电视文化节目的多样化格局。

《文化生活》栏目开办之初，并不像现在的栏目定位单一，而是包含内容广泛、形式多样的综合性栏目。初期文化生活栏目既有文化知识介绍，又有文化人物访谈，还有文学新书推介。有时，为了满足系统传播文化知识的需要，还开办了"戏曲知识"、"音乐知识"、"书法讲座"之类的系列节目。一个栏目几乎涵盖了当今综艺频道的所有节目类别。

受"文化大革命"的影响，文化类节目一度被停播中断达10年之久。1977年5月23日，在纪念毛泽东同志《在延安文艺座谈会上的讲话》发表35周年之际，《文化生活》栏目恢复播出，成为文化节目复苏的标志。之后在1981年5月，中央电视台在昆明召开了第一次全国电视《文化生活》专题座谈会，29个省市电视台的代表出席会议并进行了经验交流，这次会议首次明确了文化节目的基本特性是思想性、知识性、欣赏性三者的有机结合。这次会议的另一个收获是，通过研讨会，进一步开阔了思路，文化专栏节目题材得到进一步开拓，内容也进一步扩大，从文学艺术家的专访，到文学作品的赏析，影视剧的评价以及文化知识的竞赛活动等相继出现。一批较有影响的文化节目先后获得全国优秀专栏节目评选一等奖。

1992年9月，随着电视杂志型节目样式的引进与借鉴，中央电视台《文化生活》栏目进行改版，栏目名称改为《文化园林》，每期节目制作打破了单一的专题片样式，代之而起的是若干小板块式的组合设置。主要的小板块有：评论性的《辣椒园》、介绍海外文化的《海风堂》、文化精品的《集粹楼》、获奖作品介绍的《金榜台》、文化人物介绍的《撷英殿》、文化赏析品味的《赏心篇》等。新颖的栏目样式、丰富的信息容量，加上融趣味与思辨一体的表现方式，极大地吸引了观众的收视兴趣。此后出现并活跃在中央电视台屏幕上的《精品赏析》、《文化视点》等，都可以看出当年《文化生活》的踪迹。

到了20世纪90年代中期，电子技术的发展使电视频道资源获得了迅速的开发与广泛的利用，观众对电视节目有了较大的选择余地，受众分化趋向开始形成。为满足不同层次观众对文化知识的需求，文化节目的分流细化势在必行。1994年5月，《文化园林》(原《文化生活》)撤销，美术栏目《书坛画苑》(1995年)、读书栏目

《读书生活》(1996年)、评论栏目《文化视点》(1996年)等相继诞生。

"文化"的知识性、欣赏性成为文化专栏节目的主流。但随着观众需求的多样性发展，电视媒介也注意到文化节目新样式的开发。CCTV-9于2000年9月推出了一档文化信息类的栏目《文化报道》。这个栏目每天汇集中国和世界的文化、艺术、教育、娱乐等领域的新闻和故事，及时呈现给观众。《文化报道》汲取国内文化娱乐节目的精华，采用新闻与专题相结合，自采与编译共存的编排制作方法，调动一切手段宣传中国当代文化。

2. 文化专栏的分类

用系统论的方法研究文化问题时，将世界文化的结构分为三个层次：第一层次为最高层次的世界性系统，它的单位是文化圈，如东亚文化圈。第二层次是国际性系统，即在各大文化圈内的民族文化集团，如中国文化。第三层次是民族文化，它的单位是地区性文化，如汉、藏文化等。这是人们生活方式、观念形态等大文化角度的分层划类。电视文化的传播既是世界文化的延续与传承，也是通过具体内容的反映，在知识层面进行扩展。根据节目内容范畴，文化专栏可分为以下几种类型——

(1) 文化风情类

这是以介绍、赞美某一地域、民族、地区独特的风土人情为主要内容的栏目。观众通过这类节目，增长了关于某一地域、民族的地理特征、历史发展、文化构成及风俗习惯知识。因此，这类节目既需要展示具有鲜明特色的地域风土人情，更重要的是展示各民族、地区的文化价值观。

中央电视台于1978年9月30日开办的《祖国各地》栏目，主要就是介绍我国的山川风光、名胜古迹、民族风情，以此传播地理、历史、文化知识。一批优秀节目就产生于此栏目，如《大连漫游》、《长白山四季》等。1991年该栏目推出《当地一绝》系列节目，介绍各地特殊风情，如中国的桥、文物史话、名山、名川、名楼、名塔、名亭以及特殊城市的介绍。1995年至1997《祖国各地》不断改进，内容定位在"爱家乡、爱亲人"上，形式为杂志板块节目。1997年后确立《城市年轮》、《旅游探奇》和《中国一绝》三个板块为一期节目。

2002年9月2日，CCTV-4创办了《走遍中国》栏目(每日播出)替代《祖国各地》。这是一档以弘扬中华民族优秀文化，展示现代中国改革发展为宗旨的大型电视文化栏目，不同于以往单纯的"祖国游"。《走遍中国》包含3个板块：《历史中国》用跨越时空的方法讲述传说典故、名人古迹的历史记忆;《魅力中国》用独具慧眼的视角展现风土民情、自然山水的人文魅力;《今日中国》则用引人入胜的故事表现经济发展、时代脉搏的活力变化。该栏目主创人员在深入中国每一座城市的时

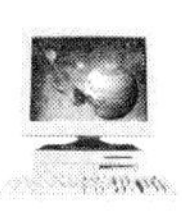

候，都试图探寻独具魅力的个性特征，精心为城市塑造“文化名片”，构筑“交往平台”，如《真假赤壁》中关于“三国”时期赤壁的话题从南北朝以来就众说纷纭，争论不休。在湖北省境内就出现了5个“赤壁”，分别是“汉阳赤壁”、“汉川赤壁”、“武昌赤壁”、“蒲圻赤壁”和“黄州赤壁”，那么，当年的曹操、孙权、刘备在长江的大战究竟发生在哪一个赤壁呢？节目将带领观众走进湖北。

如果说《祖国各地》这类栏目主要是介绍国内的地域风貌，那么，《环球》（中央电视台，1993年5月开播）则是一个“看世界的窗口，跨文化交流的桥梁”重在展示国际优秀电视文化作品，介绍国外科技和社会发展的成果，内容涉及文化艺术、社会经济、科技发现、人文风情各个方面。栏目前身相继为《环球45'》、《'94环球》、《'95环球》直至《'99环球》。栏目形态主要为杂志型，其子栏目有《越过大洋看世界》、《异域剪影》、《神奇的世界》、《人物》、《科技传真》、《电影魔术》和《金唱盘》等，同时还不定期地推出具有欣赏价值的系列专题节目，如《失落的文明》、《我们的宝贝》等。栏目改版后，对国际文化界热点问题和热点人物更加关注，对东西文化底蕴和内涵异同进行比较，对人类古代文明追寻和对人类文明起源的探讨等，都使观众较为直接、形象地了解到五彩缤纷、深奥莫测的神奇世界。文化风情类电视栏目，真正成了观众看世界的一个重要窗口。

(2) 文化生活类

美国著名传播学者威尔伯·施拉姆曾说过：“电视的出现让大众媒介占有我们醒着的时间的三分之一，不仅改变我们的闲暇时间的使用，也改变了对媒介的使用。”人们通过电视除了了解信息、娱乐游戏外，还需要电视提供高雅的艺术作品、高品位的文化生活，以得到心灵的慰藉和审美情操的熏陶。于是，一批以文化人生、作品赏析、艺术入门等为主题的文化生活栏目不断涌上屏幕，成为人们闲暇的精神大餐。

《读书时间》（中央电视台，1996年5月12日开办）正是在这样的背景下，为顺应时代的要求而开办的具有一定文化品位的栏目。该栏目以引导人们多读书、读好书、提高读书兴趣为宗旨，力图使栏目成为加强精神文明建设、倡导高雅文化的窗口。栏目创办之初为板块式结构，其子栏目《新书信息》给读者推荐近期出版的有影响、有意义的好书；《百家书话》请作者和编译者来到演播室与主持人对话，就一部有影响的作品的时代背景、内容结构、写作技巧、社会影响及有争议的问题进行讨论，使观众增长见识，从中汲取精神营养；《书里书外》讲述有关书或与书有关的趣味故事，使观众陶冶性情，获得艺术享受。此后，该栏目在内容和形式上都做了改进，加大了深度和张力，注重了画面的生动。如节目《庄孔韶——“独行者”人类学随想丛书》，由书及人，谈出了人类学研究不同一般社会科学研究的特点，再由作者的人类学研究谈到人类学纪录片，真实地反映了作家的人类学研究生活。《读书时间》的"本期专访"是该栏目采用了近年来颇为流行的谈话节目形式,对著名作家嘉宾进行的深入访谈。如对著名女作家铁凝的专访,铁凝自20世纪80年代初发表成名作《哦,香雪》以来,就一直不断地用她的新作吸引着广大读者,其中篇小说《永远有多远》还获得了鲁迅文学奖。在演播室里,她娓娓道来,从中学时代的一篇作文谈起,向观众介绍了自己投入写作的整个历程。同时与主持人讨论了她的《玫瑰门》、《大浴女》、《永远有多远》等代表作以及由此引出的关于写作、关于文学等多种话题。非常遗憾的是,《读书时间》在中央电视台首次栏目末位淘汰中被撤销,单纯用大众的收视率来评判高雅文化栏目的传播效果不能不说是一种悲哀。

文学的魅力是永恒的。尽管它受到了电子媒介的强有力的冲击,但文学的地位与影响是无法取代的,因此,电视试图与文学联姻、嫁接。在20世纪90年代初起,我国电视屏幕上开始兴起电视散文、电视诗歌、电视小说、电视报告文学的创作。电视诗歌散文的展播、电视诗歌散文的赏析也大大丰富了人们的文化生活。《电视诗歌散文》(中央电视台1998年2月1日推出)栏目以清新淡雅的风格,满足较高文化层次的观众对电视文学的需求。该栏目分若干板块,以欣赏为主,介绍文学作品和作家为辅,使诗歌散文的主旨通过电视可看、可听、可想、可感、可悟,最大限度地满足观众对文学作品的多层面了解和对文学意境的想象。特别是那种文字优美、情感真实的抒情叙事诗歌散文,经过电视的声画处理,把热烈的情绪传达给观众,达到了情感上的共鸣和审美上的沟通。一位观众曾经写过一篇"关于电视散文的话"真实地表达了观众对这种节目形式的心声。

"都市的大厦建得越来越高了,马路上流浪的人越来越多了;外面越是车水马龙、人声鼎沸,我们越是孤单茫然,听不到自己心灵的声音。'失语',失去的不是内心的话语,而是对话的人和话语存在的环境、氛围。"

"这个时期,我们需要一种声音,一种静悄悄却发人深省的声音;我们需要一种关怀,一种灵魂被呵护被尊重的深层关怀;我们需要一种力量,一种可以触动心扉、唤醒爱的力量。电视诗歌散文给予我们的正是这样一种静悄悄的空间和悄然的关怀。"

"诚然,电视诗歌散文的负载是有限的。它承载不了人作为独立个体与生俱来的孤独,承载不了对社会整体层面上的'世纪末的关怀',但它可以是我们喧闹后的小憩,可以是我们盛宴席后一杯沁人心脾的香茗,可以带我们中的一部分人回到童年,回到初恋,回到美和爱,回到我们自己这几年来的一条林荫小径。沿着这条铺满花香的小径,流浪的心将找到自己的家。"①

① 弯弯:《默默的关怀》,《中国电视报》1999年1月28日,第18版。

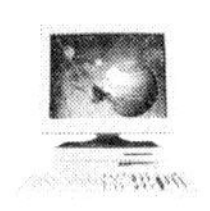

电视诗歌散文里真有这样的魅力吗？我们不妨随手辑录一段《神女峰》，让您自己品味、体验一下：

在向你挥舞的各色花帕中，
是谁的手突然收回，
紧紧捂住自己的眼睛，
当人们四散离去，
谁 还站在船尾，
衣裙漫飞 如翻涌不息的云，
江涛 高一声 低一声，
美丽的梦留下美丽的忧伤，
人间天上 代代相传，
但是 心真能变成石头吗？
沿着江岸，
金光菊和女贞子的洪流，
正煽动新的背叛，
与其在崖上展览千年，
不如在爱人肩头痛哭一晚。

人类的文化蕴含着灿烂的瑰宝，不仅净化着人们的心灵，也为电视文化的开掘提供了取之不尽的源泉。电视屏幕上有《岁月如歌》（中央电视台）式的文学专题欣赏，也有《瞬间世界》的故事，还有《美术星空》的艺术知识。前者如《城市系列》、《乡情系列》、《诗词欣赏系列》，形成了高品位的全新电视文学节目。

（3）文化人物类

文化人物属于公众性人物，和一般人物相比具有更大的关注度，比如画家、作家、音乐家，特别是表演艺术家，由于在青少年中拥有一批“追星族”式的群体而尤其引人注目。对文化人物的报道，在电视发展初期的栏目中，就产生了一批较有影响的节目，从《雕刻家刘焕章》直至后来的《斯诺与中国》，以及用纪实手法表现郑小瑛普及音乐文化的《舞台下的指挥家》等。

近年来，表现文化艺术人物的栏目更呈上升之势。借助音乐家、歌唱家、影视明星本身的知名度，这些嘉宾被纷纷请进各栏目演播室内，一面畅谈艺术人生，一面做精彩的艺术表演，自然吸引了不少观众，这在当前屏幕以收视率为指挥棒的情况下，似乎成了各地电视台另外一种无法抗拒的选择趋向。如中央电视台的《艺术人生》，聚集了国内著名的歌手与艺术界人士到中央电视台演播室，回首人生，演示

音乐，展示自我。《电影人物》(CCTV－6 于 2000 年创办)则是通过对名编剧、名导演、名演员的采访，来回忆他们个人的经历，回顾中国电影的发展，为今天的观众打开一扇通往电影历史的窗口。

从 2001 年 8 月起，在北京生活频道热播的《阳光文化》，把嘉宾扩大到世界名人的范围，并且除了艺术家外，还走访了各国政要、科学家、企业家以及杰出的华人。栏目以名人为中心，紧紧围绕名人这个主题，介绍名人的成长过程，呈现相关历史事件的资料背景，特别关注他们的性格特点和命运发展，以历史的深度和时代的广度，表现名人在波澜壮阔的历史背景下，其个人魅力对历史潮流的引领，形象地再现其叱咤风云的历史瞬间，更揭示出一些鲜为人知的“历史背后的历史”，以名人的故事抓住观众的心。

3. 文化专栏的定位

文化专栏节目作为社教栏目的一个类别，相较于新闻和娱乐节目而言，显得不那么火爆和轰动，这除了“社教”功能的本质区别外，与大部分文化栏目的雷同有关，尤其是缺乏从“大众”的角度对文化栏目作准确的定位。在这方面，《百家讲坛》既有过受观众冷遇的痛苦，也有观众热捧的喜悦，对之深入分析，将对文化栏目定位有所启示。

《百家讲坛》是中央电视台科教频道于 2001 年 7 月 9 日正式开播的一档日播学术讲座栏目，时长 43 分钟。栏目开办几年来，从初期的险遭“末位淘汰”(2002 年，央视在市场大潮中开始在全台推出“栏目警示及末位淘汰”的考核机制)，到如今不断引起轰动效应，成为科教频道的品牌节目，以致在 2006 年该频道第一季度栏目综合排名中名列榜首，是什么成就了《百家讲坛》，使之成为前后收视效果反差极大的一个栏目？按照该栏目制片人的话说，《百家讲坛》成功的关键，在于该栏目清晰、准确的定位，更加贴近受众、符合受众的需求。

该栏目对象目前定位于初中以上文化程度的大众，这来源于两个原因：一是来源于人口统计学的调查。据国家统计局 2005 年全国人口抽样调查显示，我国 13 亿人口中，大学以上占 5.42%，高中 12.59%，初中 36.93%，小学 30.44%。其中，初中文化程度的人口数量占比重最大。因此，该栏目的对象定位正是出于最广泛传播基础上的文化普及考虑，定位于初中文化起点的观众。二是来源于栏目初期不当定位的教训。栏目开播初期，主讲嘉宾以固有的讲座模式，像给博士生讲课一样作学术性发言，这样，只适用于“窄众”的收视需求。后经过摸索、调整，定位于“一座让专家通向大众的桥梁”，用通俗的演播方式、知名的专家学者和引人入胜的历史事件，成就了该栏目的品牌，也使传统文化中的精华迅速在民众中普及。

《百家讲坛》栏目内容定位：从初期人文科学、社会科学、自然科学的百科杂陈，到如今只定位于中国优秀的传统文化和历史，使栏目的“约会”意识增强，让有预约收视的观众产生了一种稳定度和到达率。简要回顾一下《百家讲坛》的发展历程，我们便可以看出该栏目是如何从初期的混沌状态发展成如今的清晰定位的。

《百家讲坛》在2001—2002年开办初期，内容选择有点曲高和寡，如“美与物理学”、“空间叙事艺术”等，深奥晦涩，普通老百姓被排斥在外。

2003年后开始渐变，内容选择从知识普及和兴趣入手选题，比较接近百姓生活了。

2004年，从历史题材中找故事，以悬念的方式吸引人。如阎崇年的《清十二帝疑案》创下当时10套节目0.57的最高收视率，这使该栏目受到很大启示：开始将栏目定位转向人文。

2005年，从大众熟知的文化、科学现象入手，挖掘悬念故事，并从百姓兴趣中寻找突破口，尝试用“系列”节目的方式，以便获得观众的持久关注率，这已接近如今的《百家讲坛》定位。

2006年，《百家讲坛》随着一批“学术明星”的出现而开始走红。如刘心武“揭秘《红楼梦》”、易中天“品三国”等，在全国掀起一次次文化热潮，既提升了栏目的整体形象，也促进了观众对科教文化知识的渴求。从《百家讲坛》发展历程可以看出，文化专栏的准确定位正是一个栏目的生存基础。

四、科技类节目创作

科技类节目指传播科学知识，介绍科技成果类的专栏节目。综观世界电视传播发展趋势，包括美国、英国、德国、日本等国都非常重视科技节目的开发与建设。美国有专门播放有关自然、科学、历史和冒险的纪录片为主的“发现”频道、“地理”频道，英国有“Beyond 2000”等，都是耗巨资以高成本打造的。这些节目制作精良，主题充满文化内涵，画面极具冲击力，音效也是世界一流的，其艺术魅力足以使人“惊叹”。因此，大力发展科技节目创作，并将其视为电视传播发展的新趋势、新标志，已成为国内外电视从业人员的共识。

1991年，武汉电视台在全国电视台中率先成立了科技部，并于1995年5月创办了大型科普专栏节目《科技之光》，通过中国电视教育网向亚太地区传播。后又在1996年9月与中央电视台签订科技宣传合作协议，自此，《科技之光》栏目又通过中央电视台卫视频道向更广泛的范围传播。

“科教兴国”是我们国家的战略方针，要建设经济强国、建设现代化国家必然要发展科技，要赶上和超过世界先进发达国家，最重要的是要先提高国民的科技素

质。教育为本,科技为先,科学技术是第一生产力,这些都是我们的基本国策。适应当代社会发展需要,传播科技文化知识,是电视媒体的重要职能。在世界经济日益“全球化”的背景下,发展科技节目,创建科技频道,加强与世界各国科技领域的交流与传播,具有深远的意义。

以中央电视台 2001 年 7 月 9 日正式开播的科学教育频道为代表,我国各省市电视台,在实行频道专业化的今天,大都已开办了科技(科教、科技生活)频道。在中央电视台科教频道中,共设置了 30 多个栏目,其中包括《探索·发现》、《绿色空间》、《走近科学》、《科技之光》等新办栏目。

《探索·发现》栏目(2001 年 7 月 9 日创办)旨在介绍我国的地理探索、历史发现及博物大观。栏目采用纪录片的基本形态,以人类发现的眼光和科学探索的态度,探索隐秘的历史事件、神奇的地理故事,发现自然与人文景观中蕴含的规律与文化内涵。《探索·发现》的题材分为两大类,即自然地理和人文历史之谜。自然地理之谜,着重展示地质地貌、水文气候等自然现象和奇异景观等。如《寿山石》的探索,过去在民间曾有“一两田黄三两金”的传说,讲的是以(福建)田黄石为首的寿山石曾经是清朝皇族收藏的稀世珍宝,慈禧掌控政局时,同时拥有两个寿山石印章……寿山石,产自福州市一个叫寿山的山脉,它经由怎样奇妙的过程才形成有限的资源?它如何被开采下来?寿山石怎样成为人们争相追求的把玩品?节目带领我们去探索自然规律,发现人对大自然的选择与适应。

《探索·发现》侧重研究人类历史,对重要的历史遗存、历史现象进行发掘探秘。如《世纪战争》(48 集大型纪录片),通过回首 20 世纪所发生的主要战争事件,研究战争、理解战争,从而引发人们对于战争与和平问题的进一步探索。

《探索·发现》秉承栏目的宗旨:“在未知领域,我们努力探索;在已知领域,我们重新发现”,致力于成为中国的地理探索、中国的历史发现。自 2003 年开始,栏目又奉行“娱乐化纪录片”的制作理念,努力探索实践,以期为中国纪录片制作提供一种全新的样式。

《绿色空间》栏目是采用纪实拍摄和主持人与专家对话相结合的方式、发挥多种影视表现手段特点的综合性谈话节目。该栏目每期一个话题、一个事件或人物,既传播了自然生态知识,倡导了绿色生活理念,又进行了环境警示教育。

《走近科学》是中央电视台最早开办的大型科技栏目。每期由一条新闻线索引出,讲述新闻线索背后的科学问题;对社会生活中焦点、热点、难点及疑点等现象给予科学的解释;对科学事件进行真实记录,引发观众对事件的兴趣。如此,通过对多种领域内存在的现象、问题进行调查,澄清人们对科学的认识,弘扬了科学思想和科学精神。

《科技之光》由武汉电视台创办，并一直承制至今。栏目旨在介绍电子、通讯、生物等各科技领域的最新发现，并以全世界科技的进度为报道内容，作深入浅出的科普。该栏目同时在中央电视台和武汉电视台播出，据武汉地区电视观众满意度调查结果显示，6项指标（信息量、制作质量、主持人素质、可视性、可信度、知识性）均居武汉科教生活频道栏目的前列。在武汉电视台6个频道（新闻经济频道、文艺频道、科教生活频道、影视频道、体育休闲频道、外语频道）栏目的综合分析中，《科技之光》栏目的知名度、关注度、观众需求度均列前15名之内，其综合评价指数在武汉电视台6个频道的栏目排名中名列第8位。这说明科技节目在观众需求市场中还是受欢迎的。

纵观全国科技节目，仍有相当一部分栏目没有跳出传统科普作品的表现手法：貌似权威人士的生硬说教，占统治地位的画面加解说的呆板形式，脱离生活实践的高新科技介绍，枯燥无味的苍白配音，这些都与当代观众的收视要求产生了一些距离。要弥补这一鸿沟，尽可能广泛地争取科技节目的受众，就必须探索科技节目创作的特征，加大科技节目的改进与创新，最大限度地提高科技节目的传播效果。

科技节目首先要讲究科学性，这是不言而喻的。要从揭示事物的本质规律入手，从观众能够真正学会并掌握知识出发，强调科普性，注重高新科技的发展趋势。其次，要注重科技节目的趣味性，就是要增强科技节目的兴奋点，使观众产生对科技节目的浓厚兴趣。过去的科教片偏重叙述，长于灌输，激不起观众的收视兴趣，这就要求科技节目创新。比如可吸收当代电视节目的一些表现手法，融合在科技节目的制作之中；可以采用纪实风格，增强节目的参与感和现场感；注意让人的活动穿插其间，从而弥补沉闷、单调的说教，而代之以趣味性、动感性和丰富性。较好的例子有《永远的探索者——达·芬奇与爱因斯坦》（1999年中国电视获奖作品）。美国的探索频道在世界科技节目制作方面堪称典范，其选题广阔、制作精良都是最高水准，像《海啸》、《地震》、《火山爆发》、《动物大观》和《认识与发明系列》、《蓝色星球系列》等都是经典之作。与国外优秀的科技节目相比，我们的制作手段还十分落后、保守、缺乏想象力，这需要进一步改进。

第四节　对象型社教栏目的创作

当电视以一种生活方式存在于我们身边的时候，由受众需求的变化而引发的电视传播观念的转变也正在悄悄地发生。过去，信息发送者完全掌握信息传播的主动权，人们被动地选择收视内容，受众的生活习惯和文化素养整齐划一。如今，受技术的推动，整个社会的产业结构和人们的生活方式都在从单一向多元发展。

电视对人们文化意趣和生活习惯的统摄力逐渐减弱，不同的人越来越倾向于选择收视不同的节目和频道。这种受众的分野，可以称之为收视的分众化，这也就是现今越来越多的对象性栏目和专业频道产生的动因。

自从托夫勒首次使用“分众”(demassify/demassification)这个词以来，“分众”在欧美及我国的传播学界一再被谈论。在传媒业十分发达的美国，这样的分众观念早已渗透在电视的商业运作中，除了电视台和频道的专业化，就是同一类别的电视节目也会针对不同的收视人群作出内容和形式上的不同选择，并取得良好的收视业绩。据美国一个传媒研究机构梅耶(Myers Group)所做的一次全美媒体影响指数调查显示，排名前十位的媒体中，传统的综合电视台——美国国家广播公司、哥伦比亚广播公司和全美广播公司仅排名第五、第九和第十位，而其他榜上有名的都是专项的主题电视频道。如排在前四位的 A & E 电视网络、Discovery 探索频道、体育频道 ESPN、新闻频道 CNN，以及排在后面的 Learning 学习频道和 History 历史频道等，可以看出，专业频道的利用率高于大众资源频道。

从经营者的角度看分众，我们可以借用经济学上的“公地悲剧”概念：在大众传播中，大众的注意力资源就是一块公地，它成为众多电视台进行掠夺性利用的“公地”，每家电视台都以争取最大数量的观众为目标，争夺的方式就是尽可能使自己的节目“通俗”，迎合尽可能低的文化趣味，拒绝一切深度和力度。这种低水平过度竞争的结果，只能使节目越来越缺乏实质性内容，内容的一次性、垃圾化成为大势所趋。只有用“铁丝网”把公地隔开，将产权明晰，每个经营者才会严守自己的阵地，用心经营。“分众”的道理也在于此。

基于这样的社会背景和自身的实践，中央电视台也在逐渐转变自己的传播理念和节目设置。从一个“大而全”的综合频道发展到多个各具特色的专业频道，各类节目也在不断改进，向个性化方向发展。如社教中心专题部的节目，过去有一个栏目《与你同行》，内容既有文化、科技，又有民族、社会服务以及对残疾人的关注等等，几乎无所不包，恨不得把男女老幼观众“一网打尽”，结果却适得其反，由于各个部分尽失其个性而让口味不同的观众无法找到自己喜爱的节目，不得不“铩羽而退”。随后的新栏目就摒弃了原来“大而全”的节目理念，开始新的思路。栏目个性鲜明、目标观众相对清晰。如《半边天》栏目就确立了性别意识、性别视角的节目理念。《当代工人》栏目把转播车开到工厂，主持人走进车间，同最基层的一线工人直接对话，探讨他们关心的话题。这样的例子还有《中华民族》、《今日说法》等，这些节目都以顺应了分众化的市场需求而取得了良好的收视效果。这也充分说明，雅俗共赏已被雅俗分赏所取代，电视分众化时代已经到来。

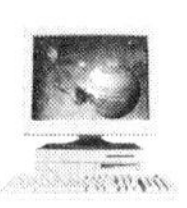

一、年龄层次的栏目分析

在我国的电视栏目设置中，明显以年龄层次划分的对象型节目只有青少年节目和老年节目。

1. 青少年节目

青少年节目是指以青年、少年、儿童为特定收视对象制作播出的、以反映青少年及儿童日常学习和生活为主要内容的节目。这个年龄层次的对象较广，从3岁能看懂电视的儿童开始到大学里的学生，都在这个范围内。为满足这一群体对电视内容的选择需要，各大电视媒体都专门成立了青少部，有针对性地设置了一些对象型栏目，如中央电视台针对儿童的心理特点和欣赏习惯及接受能力开办了以益智为主要功能的《七巧板》，以知识性为主的少年节目《第二起跑线》，富有时代气息的青年节目《十二演播室》等。在这个层次的电视节目中，儿童电视节目最受欢迎，收视对象早就跨出了儿童的界限，年轻的父母、年老的爷爷奶奶都饶有兴趣地陪小孩一起观看、欣赏，不时还充当画外讲解员。因此，儿童节目的制作者应充分考虑到这一有利的条件和更高的要求，力求创作出一些老少皆宜的少儿节目。

目前我国有近4亿儿童，加上青少年，数字将更大，这是一个世界上最为广大最为固定的收视群体。青少年是祖国的未来，电视在青少年的社会化方面起着重要的作用。电视已成为儿童渴望了解社会的一个窗口。2004年4月8日，国家广电总局发出了《关于开办少儿频道的通知》，要求中央电视台要进一步办好少儿频道，省(区、市)和副省级城市电视台要创造条件逐步开设少儿频道。一年后，我国至少已开播了33个少儿频道。

办好少儿节目，应做到四个关注——

(1) 关注少儿节目定位问题

从目前我国少儿节目现状看，主要存在以下问题：一是泛儿童化问题。我国未成年人(未满18周岁的公民)人数有3.67亿，占全国总人口的1/4。对于这样一个年龄跨度大的庞杂群体，如果只按传统的学前节目和学龄节目对电视对象分类，显然过于宽泛，指向不准确。比如学龄节目的对象范围划为7—18岁，实际上7岁的孩子和10岁、14岁、16岁的孩子收视需求具有很大的区别。另外，性别上的无区别对待，也有可能影响传播效果。美国FOX就专门开办了男孩频道和女孩频道。日本已细分到10岁女孩频道和10岁男孩频道。二是节目结构失衡。少儿节目多限于做游戏、做手工、儿童歌舞和木偶剧等，而对一多半的农村和小城镇的孩子来说，很少有关注他们需求的节目，更别说能亲身参与节目。

（2）关注少儿收看电视时间

据2004年1月1日至3月20日全国样本测量仪收视率数据分析：4岁以上观众总体日均收视时间为167.76分钟，4—18岁日均收视为157.83分钟。两类相差约10分钟。

表8-1　不同年龄青少年周末和平时收看电视时间比较(分钟)

不同年龄段	4—6(幼儿园)	7—12(小学)	13—15(初中)	16—18(高中)
周一至周五	149.41	156.41	151.36	152.34
双　休　日	167.81	189.1	190.58	168.16

这些调查数据为电视节目的有效编排提供了科学的依据。

（3）关注少儿收看兴趣

表8-2　中学生爱看的央视栏目表

高中生最爱看的央视十大栏目			初中生最爱看的央视十大栏目		
序号	栏目名称	高中生	序号	栏目名称	初中生
1	同一首歌	69.2	1	同一首歌	70.6
2	新闻联播	66.5	2	开心辞典	64.1
3	开心辞典	59.7	3	幸运52	60.3
4	焦点访谈	56.4	4	新闻联播	58.1
5	幸运52	53.4	5	大风车	54.8
6	今日说法	49.3	6	动物世界	53.7
7	人与自然	44.0	7	焦点访谈	49.9
8	动物世界	43.7	8	今日说法	49.6
9	实话实说	42.3	9	人与自然	48.5
10	体育世界	41.1	10	三星智力快车	39.4

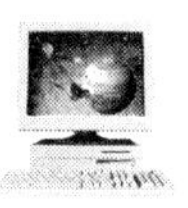

从上表看出：高中学生已不再是青少节目的主要观众，十大栏目中没有一档是青少节目；娱乐类节目占很大比例。

我们知道，CCTV-少儿频道栏目有：《七巧板》、《智慧树》、《大风车》、《同一片蓝天》、《芝麻开门》、《第二起跑线》、《三星智力快车》、《神奇之窗》、《异想天开》、《名师名校》等。在这些少儿栏目中仅有《大风车》和《三星智力快车》两个栏目受到初中学生欢迎，这应当引起我们的深思。

（4）关注少儿收视心理

据专家介绍，儿童身心发育过程中的心理需求有七点：

- 被关怀的需求；
- 归属感的需求；
- 成就感的需求；
- 满足好奇心的需求；
- 自尊心的需求；
- 活动的需求；
- 参与的需求。

而目前少儿电视节目制作者普遍缺乏针对儿童心理特征制作节目，这是一块有待进一步开发的领域。

2. 老年节目

老年节目是专门向老年观众这一特定对象播出或以反映老人日常生活为主要内容的节目。据报道，我国已进入老年化社会，全国的老年人口已达一亿多人，成为一个很大的社会群体。这批人从工作岗位上退下来以后，仍需得到社会的关怀，需要信息的交流，需要得到服务、享受快乐。因此，老年节目的特点是以服务性为主，知识性为辅，目的是要使老年节目办得有趣、好看、轻松，有娱乐性。

中央电视台 1993 年 10 月 22 日开播的《夕阳红》，就是一个以老年观众为收视对象的综合性栏目。每天早上 8 点 50 分，在《最美不过夕阳红》的优美旋律中，《夕阳红》栏目正式开播。“最美不过夕阳红，温馨又从容。夕阳是晚开的花，夕阳是陈年的酒。夕阳是迟到的爱，夕阳是未了的情。多少情爱化作一片夕阳红。”内涵丰富、极富哲理的“夕阳红”词曲，不知感染了多少老年人的心，也激荡着不同层次观众的情怀，精心的创作，明确的定位，使这个栏目一直受到老年观众的普遍欢迎和喜爱。

《夕阳红》栏目的定位：注重时代性，紧跟时代，贴近社会主流生活；开放性，把老年生活放在一个开放的社会系统中来考察；服务性，既强调实际生活的服务，更

强调精神上的人文关怀;参与性,既注重行为上的介入与参与,更强调精神和心理的介入与参与;多元性,在社会主流价值原则下,尊重个人的价值选择;多样性,根据电视媒介的迅速发展,节目形态呈现出一种与时俱进的多样性。其节目编排如下:

周一,社会版。《关注夕阳》及时宣传党和国家关于老龄工作的方针政策,交流老龄工作经验,维护老年人合法权益,弘扬尊老敬老美德,倡导爱老助老新风。

周二,健康版。《祝您健康》通过提供权威医疗咨询,介绍自我保健方法,倡导健康新观念以及促进老年健身运动,提高老年人的身体素质,改善老年人的生活质量。

周三,人物版。《不老人生》以老年人的人生经历和现实生活为内容,以纪录片手法讲述老年人自己的故事,探索和寻找人生的价值和真谛。

周四,生活版。《生活新视窗》通过点点滴滴、实实在在的服务,帮助老年人排忧解难,架起与老年人沟通的桥梁。

周五,旅游版。《潇洒走四方》把电视旅游和休闲旅游合二为一,让观众朋友可以直接感受到各地的旅游景观和不同的地域文化,增长旅游知识,及时地掌握一些最新的旅游信息。

周六,谈话版。《相约夕阳红》交流思想,沟通情感,增进老年人与家庭、社会的相互理解,密切代际关系,化解老年人心中的郁闷,给老年人以精神慰藉。

周日,娱乐版。《智慧老人动脑筋》搭建祖孙同乐的忘年空间,让"老小孩"与小小孩之间展开无邪的交流与对话,填补老年娱乐节目的空白。

《夕阳红》作为中央电视台唯一的一档面向老年人的栏目,在全国中老年观众中享有很高的声誉,节目以老年人的不同视角观照老年人,反映了老年人眼中的世界与世界眼中的老年人。

二、性别层次的栏目分析

如何运用电视强势媒体,在男女平等没有完全实现的情况下凸显女性群体、张扬性别旗帜,传递女性声音,更加实际地关注女性群体的生存状态,显得十分必要。

借联合国第四次世界妇女大会在北京召开之风,中央电视台于 1995 年 1 月 1 日正式推出了一档妇女栏目《半边天》。该栏目以向社会介绍女性,向女性介绍社会为总体原则,由社教中心"一批事业心强,有创新精神的同志"开始筹划这个风格温馨、轻松、健康的反映妇女生活的杂志型栏目。子栏目设置有介绍女性人物的《我是女人》;有反映妇女生活的《休闲时光》;有维护妇女权益的《女性社会》等。该

栏目当年便获得了中国电视新闻奖(社教类)栏目一等奖,其中反映贵州贵定瑶族女童及她们的母亲渴望文化学习的《几代女人一个梦》,也被评为全国优秀社教节目社会政治类一等奖。

此后,《半边天》栏目做了较大幅度的调整。以展示女性的社会形象,传播女性关注的科学、生活知识,促进男女两性在社会生活中的和谐发展为宗旨,更加突出女性的时代形象。栏目始终坚持"把握时代潮流,展现当代女性风采"、"把握性别视角,讲求男女平等"的基本原则,在竞争激烈的中央一套站稳了一席之地。

女性栏目的对象主要是妇女观众,在这个大的群体中,由于文化程度高低不等,生活环境千差万别,年龄经历也各有不同,所以,这类节目必须在注意到妇女共性的基础上,将妇女的个性加以考虑。作为女性节目,应该办得雅俗共赏,通俗易懂,既能满足城市知识女性的要求,也能顾及乡村广大妇女的现实需要。在这方面,辽宁电视台的《女性世界》、广东电视台的《女性时空》和湖南电视台的《天下女人》都是典型的代表作品。

"用女人的眼光看世界、用世界的眼光看女人。"女性节目的成功与发展,同其他社教栏目一样,开始由栏目向频道延伸。1999 年 3 月 28 日,在长沙,我国境内首家以女性命名的专业频道——长沙女性频道正式开播！该频道以女性的视觉"完全关注"世纪女性的"世界生存",致力探索 21 世纪女性如何在社会中成功扮演女性角色。"触摸女性生活、传播时代风尚",成为女性频道的准确定位。女性频道中的《女性完全关注》是一档杂志型栏目,它以"传递女性声音、反映女性需求、表现女性话题、关注女性问题"为宗旨,体现出一种对女性的人文关怀。

当长沙女性频道开播一周年后,频道的主管们又在琢磨每日为生计操劳一天的女性朋友们,该以怎样休闲的方式来收看节目。也许,"她们不想沉重,但她们并不拒绝深刻;她们需要生活的坐标,但不接受说教。她们很希望从自己局限的圈子里跳出来,但需要可以参照的榜样"①。媒介也需要理性地、认真地就女性关心的生存与发展问题进行一些探讨和研究。于是,长沙女性频道的女性电视人,又有了《21 世纪我们做女人》栏目的策划与实施。于是,一批中国各领域中的卓越女性,开始相约走进了"电视论坛",她们中有中国妇女研究专家李小江、著名女性节目主持人张越、中国电视说新闻第一人陈鲁豫、中国首席化妆师徐晶、著名女作家毕淑敏、著名经济学家何清涟等等。"她们是当代中国最有思想的女人,她们是最为传媒关注的女人,她们在各自的领域解密中国女人的成功,每一个故事都是女人的经

① 陈晓玲,霍红主编:《21 世纪我们做女人》,第二版,湖南大学出版社 2000 年版,第 5 页。

典,每一个细节都是女人的感动。"①这样的节目不仅吸引着女人,而且也吸引着男人们。其原因就在于"论坛"的声音都是"从她的内心深处流泻出来的心声,都会让人们真切地体验到这些智慧女人们的心之清韵、心之彻悟和心之大智。于是我们就要清除许多浮躁、固执、迷茫、徘徊、狭隘和忧虑,而获得更多的冷静、沉稳、思想、理智、勇气和自慰"。

近年来,随着省级卫视频道个性化、特色化建设时代的到来,许多卫视一改综合面貌,而以"独特"的定位置身于境内外电视媒体的竞争中。广西卫视在这场全国收视份额之争中,以"女性频道"的定位大见成效,一批体现女性特色的栏目,如《寻找金花》、《唱山歌》和《时尚中国》等,为广西卫视进入全国卫视前列奠定了坚实的基础,同时,带动了广告收入的大幅上升。

三、职业层次的栏目分析

社会职业千差万别,要想一一对应地开办电视栏目是不现实的。按照传统的工、农、商、学、兵阶层办对象型电视节目,是目前电视媒介通行的做法。如工:《当代工人》;农:《今日农村》、《农民之友》、《乡村发现》;商:《商界名家》、《商务电视》;学:《十二演播室》和教育专业频道节目;兵:《人民子弟兵》、《当代军人》等。

对象型节目的重点是"社教",其焦点是在于"教"什么,难点在于如何教,我们知道,新闻节目和文艺节目分别满足了观众的信息需求和娱乐需求,而作为支柱节目之一的社教类栏目如何克服貌似权威的教化,摒弃高高在上的宣讲圣坛,这些都影响到对象型社教节目的创作与播出。

当我们进入到一个文化学者所谓的"话语时代"的时候,社会话语的多样化表达正在成为电视人的一种追求。社教栏目的形式创新,正是在实践的不断摸索与改进中实现的。以中央电视台 1997 年 5 月 19 日正式播出的《当代工人》栏目为例,经过几年的艰苦摸索,已基本形成了相对稳定的表现形态模式。从初期的"专题片+主持人评论"的司空见惯的模式,到"主持人导语+外景演播现场谈话+主持人结语"的实验模式,应该说是一大进步,特别是将演播现场搬到生产第一线,首开演播形式之先河。

《当代工人》栏目由专题片样式向谈话节目样式的转型,表明该栏目的编导能以平民化视角关注受众,开始以"观众为本",要求观众"你们讲给你们听,你们表现给你们看"。但"实验模式"版仍有演播室背景与工厂车间现场背景下的两种主持风格的不协调。后又经过短时期的实验与摸索,《当代工人》彻底摒弃了旧的模式,

① 陈晓玲,霍红主编:《21 世纪我们做女人》,第二版,湖南大学出版社 2000 年版,第 6 页。

形成了独一无二的“外景谈话节目”，充分体现出编导人员日益成熟的现代电视观念。

在《当代工人》开播四周年的一次栏目学术研讨会上，有专家评论说，该栏目既没有明星加盟的耀眼，也没有亮丽舞台的背景衬托；既没有口若悬河的侃谈，也没有故弄玄虚的作秀，一切都是那么的自然而然——节目演播室设在了第一生产线，电视镜头所对准的是普普通通的劳动者，话题的焦点是社会转型时期人们最为关心的悲喜、困惑和权益，节目的起承转合所展现的是职工群众的心路历程，但正因为如此，在不经意间，这个每周一次的节目已渐成为我国3亿多职工群众最具家园感觉的电视栏目。

社教节目是一个庞杂而又充满着变数的体系，在激烈的媒体竞争中，它既没有新闻节目传递信息的优势，也没有传统娱乐游戏节目的休闲，它在承载社教功能的前提下，需要调动一切手段为之服务，让人们在知识信息的传播和快乐电视的氛围中受到教益，这将是社教节目制作人员为之努力奋斗的方向。

第五节　服务型社教栏目的创作

传统的电视栏目分类有三分法、四分法，即将电视栏目分为新闻栏目、娱乐栏目、社教栏目或再将生活服务栏目从社教栏目中独立出来，成为第四种栏目类型。

一、生活服务栏目的发展

长期以来生活服务类栏目是电视台众多节目中的“鸡肋”，食之无味，弃之可惜。但关注荧屏的人都会发现，近几年生活服务节目已由“鸡肋”变成了“香饽饽”，备受专业人士及观众的青睐。

生活服务类栏目根据不同时期成熟程度的不同，其发展历程大致可分为雏形期、独立期、发展期三个不同的历史阶段。

雏形期(1960—1979)以中央电视台建台之初开办的知识性、教育性栏目《集邮爱好者》、《摄影爱好者》、《生活知识》、《医学顾问》等为标志。这个时期还没有完整意义上的生活服务类栏目，只能说在社教节目中有一批带有生活服务性质的栏目，即栏目内容是为广大群众生活服务的，但传播形式上却是不折不扣的“教育灌输”式，从创作意识上来说也是教育人，而不是服务于人。

独立期(1979—1995)以中央电视台《为您服务》的开播为标志。1979年8月12日，《为您服务》栏目第一次与观众见面。最初，这个栏目主要介绍电视节目及烹饪、衣着、养花等家庭生活小常识，节目内容、长度和播出时间都不规范。1983

年1月1日,《为您服务》经过改造后以新的面貌出现,固定了播出时间和主持人,沈力也因此成为第一个因栏目而知名的主持人。节目还扩大了服务面,将集邮、摄影、市场信息等内容收罗进来,并不定期举办绒线帽编织、时装设计等比赛。《为您服务》在1990年度社教节目评奖中获优秀栏目奖,成为当时中央电视台最有影响的综合服务型栏目。至此,生活服务栏目已经从社教节目中独立出来,具有标志性的栏目形式、内容和特征,成为一种形式完备的栏目类型,在当时具有一种独特的魅力。同时代的节目还有《实用知识》、《电视与观众》、《生活之友》等。这时期的生活服务栏目内容大多是医疗卫生、节目预报、生活小常识等,范围十分狭小,且节目形式仍以讲解为主。

发展期(1996—)以中央电视台第二套节目中《生活》栏目的创立为标志。1996年7月1日,《生活》栏目开播。此栏目围绕老百姓的衣、食、住、行、用、休闲(玩)进行多方位服务,强调反映生活、服务生活、介入生活、引导生活,以科学、健康、智慧的新生活方式服务百姓、引导百姓。《生活》栏目一经创办便掀起了一股生活服务类栏目的制作潮流,不仅中央二套节目频频创办生活服务栏目,省、市电视台也争先恐后创办此类栏目,不久便从全国部分省、市台扩展为一股遍及全国的电视制作潮流。同年,北京生活频道成立,开创了用一个频道的空间传播生活服务节目的理念,使生活服务类栏目的制作更加专业化、集中化、精致化,将此类节目的制作水平及规模都提升到了一个新的层次。在随后的几年,湖南生活频道、河南生活频道、福州生活频道、浙江经济生活频道、山东生活频道的相继成立,使生活服务节目彻底改变了以往在其他类型节目的夹缝和边缘中求生的形象,与其他类型的节目共同构成了中国电视完备的栏目类型网。

生活服务类栏目的逐渐兴起,既与飞速变化发展的我国社会历史背景息息相关,也与电视行业本身的自我完善发展有关。

纵观生活服务类栏目的发展时期,不难看出,此类节目的产生、兴起与我国社会发展的大背景是密切相关的。由于我国经济的稳步发展,人们的生活状况有了很大的改善,加上国家规定每周实行双休日,人们闲暇时间大大增加,于是对生活质量有了较高的要求,"休闲"也成为一种流行时尚,这一切催生了生活服务类节目,也促进了其快速发展。

服务性节目是一个庞大的节目类型,多年来,经过广大电视工作者的不断探索,在发展中逐步改进完善,使服务类栏目呈多样化发展态势。

按节目性能划分,有直接服务型栏目、咨询服务型栏目和指导服务型栏目。

按主要表现手法分,有综合型、专题型、新闻型和谈话型。在创作实践中,有的生活服务节目表现手法则呈现出交叉融合的形态。如《生活》中就曾采用新闻采

访、纪录片拍摄、短剧演绎、统计调查等多种表现手法。有的生活服务节目则只采用一种表达方式，如河南生活频道的《阳光生活报告》，就是一种生活新闻栏目，其表现手法就是如实记录，简要播报。而湖南生活频道的《大当家》栏目，则是一个典型的谈话节目，每期由现场观众、嘉宾和主持人围绕一个生活话题侃侃而谈。

按栏目形式划分，有普及型和特定对象型。普及型服务栏目内容广泛，具有普遍性，一般适合各种职业和不同年龄、文化层次的观众。如《为您服务》（中央台）、《百姓家事》（浙江台）。特定对象型节目主要是为有共同的生理特征或社会特征的受众开办的，如专门为老年人、残疾人提供服务的栏目，专门为白领职业女性、待业青年提供生活服务的栏目，这类栏目的受益人是特定的。

栏目形态的发展呈现出多样化，我们按照通行的节目形态进行分析。

1. 综合型生活服务栏目

这种类型的节目，服务项目多，涉及普通生活的方方面面，多以人们在日常生活中经常碰到的问题、疑惑、矛盾以及日常消费、生活常识为主要报道对象，栏目针对居家过日子所必备的知识、资讯、观念，来构建节目内容，一般只固定板块，而不固定内容，可以今天谈“房子”，明天说“锅子”，后天聊“车子”，无所定势。这类节目就像是一道南汤北菜、五味俱全的“生活大餐”。其收视对象模糊了年龄、性别、职业、收入等具体对象特性，而抽象出普遍的“当家人”，只要是手握家中财政大权，管理家务大任的“人”，都是节目的收视对象。该类节目的优势就是无所限制，只要与老百姓有关，凡是老百姓关心的事，都可以去关注、去报道、去反映，利用媒体的优势为老百姓排忧解困，答疑解惑。

辽宁电视台北方频道的《生活导报》就是一档集多重资讯、超大信息量的综合型生活服务栏目。该栏目设置了以下几个常规栏目：《在线沟通》——以新闻播报的方式，为观众提供政策信息，解答疑难问题。在一期节目中，该栏目试图揭开购物券的神秘面纱，看看它带给您的到底是银子还是套子。节目还对在很多商场促销活动条款中常见的“最终解释权”，进行法律上的探求，看看这“最终解释权”到底对消费者有没有约束力。《特别参考》——为观众提供多方位的生活方式解答及技术操作层面的服务；《资讯点击》——网罗报纸、网络、广播等其他媒体上的最新生活方面的资讯。在一期节目中，该栏目提示：电磁辐射威胁健康；七成新居弥漫有毒气体。《个案解说》——以个案的形式，重点解答生活方面的困惑、疑问。

2. 专题型生活服务类栏目

这类节目只为受众提供某一方面的具体服务，其内容单一而集中，观众收看的

目的性强。专题型生活服务栏目可分为单一“专业”型服务类栏目、单一对象型生活服务类栏目、单一目的型生活服务栏目。

(1) 单一“专业”型生活服务类栏目

它是指生活服务类栏目中，专门为衣、食、住、行、用、玩的某一个方面提供集中的、全方位、细致入微的服务，且多为知识性、实用性的服务。如重庆卫视的《食在中国》栏目就设有《食俗采风》、《美食沙龙之陈太厨房\食事新闻\电视菜谱\热力竞猜》，不仅传播关于饮食文化的知识，而且教你做菜，播报最新有关“食”的新闻，围绕“食”这一方面，做深做透，为观众提供关于“食”方面的专业服务。再如湖南生活频道的《清风车影》在一期节目中先是介绍了 4 条车坛动态的消息，再请观众欣赏了上海车展中的玛莎拉蒂车，接着又有专业人士提供的夏日开车保修知识，为一故障车的车主提供维修方案，提供驾车出游到湖南郴州所需费用、沿途路况、驾车线路等实用性很强的信息……在这种专业化的具体服务中，观众的收视目的性很强，往往能得到有效而又实用的服务。

(2) 单一对象型生活服务类栏目

它是指生活服务类栏目中，专门为具有共同特征的收视群体提供独特服务的栏目。如山东卫视的《老友》栏目，就是旨在全心全意为老年人的精神生活和现实生活服务，以亲人的温暖，社会的关怀，使老年人领略人生乐趣，提高生活质量。如《老友》中的《养生有道》就是专门针对老年人的身体状况而设置的，因为只有老年人才有时间和精力来“动静结合，形神共养”。如果对青壮年谈养生，对老年谈蹦极，那就不切合实际了。

(3) 单一目的型生活服务类栏目

这类栏目的特征就是栏目设置的目的性十分强烈，专为一个服务目的而设。一般生活服务类栏目都有多个服务目的，如传播信息、回答问题、改变观念、传授知识等等。但单一目的型栏目的目的性十分明显，如《天气预报》，重庆卫视预告节目的《重视情报站》、广州电视台的《荧屏速递》、广西卫视的《相聚荧屏》、浙江生活频道的《求职》等，就是专门提供求职的供需信息。

在对专题型生活服务类栏目进行观察和分析时，我们发现一种变形的专题型节目形态。从形式上看这种栏目每天由一个独立的“子栏目”构成，依次进行周期循环，但总体上又互为补充，互相联系，我们姑且称之为单元型。如凤凰卫视中文台的《完全时尚手册》，就由星期一的《天桥云裳》，星期二的《饮食文化》，星期三的《科技前线》，星期四的《车元素》，星期五的《周末任你游》5 个不同的子栏目组成，内容涵盖衣、食、住、行各个方面，包罗万象，丰富多彩，同时每个子栏目在自己的领域又获得了如同一个独立栏目的自由发挥空间。所以单元型生活服务节目既具备

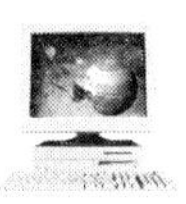

了专题型生活服务类节目的优势，同时又避免了由于栏目划分过细而导致栏目众多繁杂的弊端。

二、生活服务栏目的制作

我国的生活服务类节目经过40多年的发展，无论在内容还是形式上都有了长足的进步，在逐渐与世界电视业发达国家的同类节目接轨的同时，也逐步形成了自己的特色，探索出一些基本规律和原则。

1. 生活服务栏目的创作原则

(1)“生活服务”的虚实结合

“实”，无需多言，即指通过传播实用信息而提供实用有效的直接服务。这是此类节目一个共通的本质特征，国外的“公共服务”节目提供的服务也绝大多数属于此类。“虚”，则是指在很多主流生活服务类栏目中，也含有诸如陶冶情操、引导观念、思想升华的内容，甚至还有如《生活空间》的百姓故事等精神生活方面的内容。有的生活节目甚至将此类服务作为节目的特色之一加以宣传，如《生活》栏目，在很多研究文章中，都对其“引导消费观念”的独特方式，称赞有加。这类被“虚”化的服务内容，也如同其他新闻、娱乐、社教等节目的效果一样，是潜移默化的而不是立竿见影的。

“虚”、“实”结合服务的特色，是与我国电视事业的性质以及生活服务类节目的历史渊源分不开的。我国电视是党和人民的喉舌，担负着高于商业利益的社会责任。在社会转型期，各种社会思潮、生活方式相互冲突碰撞，人们的生活准则和消费秩序受到了前所未有的挑战。电视媒体意识到引导人们走健康生活、科学消费道路的责任之重大，因而以“反映生活、服务生活、介入生活、引导生活”为己任的生活服务节目应运而生。从生活服务节目的历史形成看，服务类节目脱胎于社教节目，最初的服务节目，直至现在都还有研究者将之归于社教节目，因此“指导”、“引导”之类的意识根深蒂固地存在于电视媒体从业人员的脑海中。

(2)“生活服务”的多元化

生活服务栏目从最初内容单调、形式单一的状态，发展到今天，已经形成了多形式、多层次、多渠道的多元化生活服务。最显著的变化是，“生活服务”已经从最初的花花草草、柴米油盐扩展到生活的方方面面。最初列入社教节目的摄影、集邮，都已成为人们生活中的一部分，并随之融入生活节目中。

从表8－3中可看出生活服务节目中吃、穿、住、行、用、玩一个不少，有专门关注消费投诉的《真相3·15》(湖南生活频道)，有关注时尚生活的《时尚放送》(广东卫视)等。另外,服务的层次也从单一的“过日子”型发展到社会生活的各个层次,有温饱、小康层次的《服务在线》(河北卫视),也有为先富起来的人服务的《时尚中国》(浙江经济生活频道)、《车行天下》(河南生活频道)等;有夹杂在众多节目中,偶尔让你眼前一亮的生活服务栏目,也有用整个频道资源来“打造生活”的专业生活频道。最近在山东济南电视台还出现了导视频道。在这个频道中,屏幕可以同时出现 13 个频道正在播出的画面,为没有“画中画”电视机的观众打开了方便之门。

表 8-3　全国 23 家省市电视台生活服务栏目设置情况表

节目类型			栏目名称及所属电视台
综合型			《日子》(重庆卫视)　《大家》(上海卫视) 《服务》(宁夏卫视)　《服务在线》(河北卫视) 《伴你生活》(河北卫视)　《生活自助餐》(湖北卫视) 《生活导报》(辽宁卫视)　《科学大观园》(四川卫视) 《生活无限》(福州电视台)　《时尚放送》(广东卫视) 《阳光生活报告》(河南生活频道)　《购物乐园》(济南电视台) 《为您服务》、《生活》(CCTV-2)　《完全时尚手册》(凤凰卫视) 《时尚中国》、《新生活》(浙江经济生活频道)
专题型	单一目的型		《重视情报站》(重庆卫视)　《荧屏速递》(广州电视台) 《卫视飞鸿》(河北卫视)　《凤凰太空战》(凤凰卫视) 《收视情报站》、《观众与屏幕》(四川卫视) 《荧屏快报》、《电视与观众》(辽宁卫视) 《凤凰气象站》(凤凰卫视)　《求职》(浙江经济生活频道)
	单一专业型	食	《食在中国》(重庆卫视)　《妙厨阿鸿》(凤凰卫视) 《美食全搜索》(河南生活频道)　《学烹饪》(CCTV-2) 《八方食客》(北京电视台)
		住	《置业周刊》(重庆卫视)　《都市选房》(黑龙江卫视) 《人居》(浙江经济生活频道)　《都市雅居》(四川卫视) 《房产超市》(河南生活频道)　《中国房产报道》(CCTV-2)
		玩	《湘女出行》(湖南卫视)　《周末导游》(广州电视台)
		行	《汽车杂志》(广州电视台)　《车行天下》(河南生活频道) 《车迷俱乐部》(福州电视台)　《清风车影》(CCTV-2)

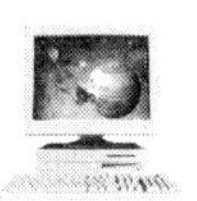

（续　表）

节目类型			栏目名称及所属电视台
专题型	单一专业型	用	《周末家电时空》(天津卫视)
		医	《求医问药》(重庆卫视)　《名医大会诊》(上海卫视) 《健康俱乐部》(湖北卫视)　《周末新学堂》(凤凰卫视) 《健康》(安徽卫视)　《健康》(山东卫视) 《健康之路》(CCTV－2)
		其他	《真相3·15》(湖南生活频道)注：关注日常消费生活 《网络空间站》(广州电视台) 《百姓专利》(广西卫视)
	单一对象型		《老友》(山东卫视)　注：针对老年人 《金土地》(四川卫视)　注：针对农民 《金土地》(CCTV－2)　注：针对农民

(3)“生活服务”的时代性

生活服务栏目是当地社会发展的风向标，人们生活中的新思想、新动向、新潮流、新问题都成为我国电视台生活服务节目的反映对象。如中央电视台第二套的《生活》栏目的理念就是“与消费时代同行，关注市场经济条件下中国普通消费者的生活”。另外，针对我国消费市场上越来越多的消费投诉现象，湖南生活频道开设了谈话类服务节目《真相3·15》，专门解答观众的消费疑问和消费投诉。而在反映日常生活的报道中，更多地将目光投向了时尚生活、健康生活、科学生活。强烈的时代感是当今优秀生活服务栏目的共同特色。

时代性的原则还要求注意展示生活的“现在时”，抓住与生活有关的新闻由头作为切入点，寓新闻性于服务性之中，力争与现实生活同步，为观众提供最新、最快的生活信息。因此生活栏目的编导不仅要当个婆婆妈妈的“大管家”，而且要当个快手快脚、行动敏捷的记者，用新闻的思维去发现去传播生活中能为人民服务的信息，或者说用为生活服务的眼光去发现新闻。《生活》中采用调查新闻学的手法，揭示消费现象之间的因果联系，取得了良好的收视效果。在一些地方台中甚至出现了完全以新闻方式播报生活服务信息的栏目，如湖南生活频道的《生活晚报》，辽宁卫视的《生活导报》，等等。这些新闻的关注点与一般新闻的关注点是有区别的，它关注的是新闻事实对百姓生活产生的影响。比如，对于一条修路的新闻，一般报道

主要对工期、质量、进行关注。但生活新闻则需要告诉观众的是修路会不会影响附近居民的供水、供电、出行等问题。

(4) "生活服务"的娱乐性

用轻松、幽默的手法所表达的内容往往能使人在心情愉悦的状况下自然而然地接受节目所传达的信息,即"寓服务于乐"中,实用性与娱乐性兼备,往往可以收到更好的效果。北京电视台的《八方食客》之所以受欢迎,就是一改过去饮食教学节目方式,采用厨师打擂的方式,从而增强了栏目的娱乐竞争性。栏目"导吃"的"馋丫头"其造型也打破了一般主持人主持节目的风格,而是一个自由的角色,以各种适应节目主题角色的"扮演",赢得观众的人缘。其实,在生活服务节目中,无论是表演、音乐歌曲,还是竞赛、抽奖、游戏等都可大胆运用,不必受什么限制。生活服务节目反映的应该是生动活泼、充满乐趣的生活,这样才能让观众心驰神往。

(5) "生活服务"的知识性

在服务节目中所传达的很大部分信息应是知识性的,让观众受益无穷的东西。除传播一些如二手车信息,停电公告之类的生活动态信息外,更应着力传达能够积累、增加观众阅历,提高观众生活能力、技巧、质量的信息,这就是生活知识。服务栏目的知识性是提升节目品位的一个重要砝码。知识性的成功运用是生活服务节目避免琐碎、庸俗的重要手段。但在保证节目知识性的同时,应注意方法,尽量用朋友式、建议的口吻来传达,千万不能本末倒置,分不清主次,把服务节目做成了教学节目。

2. 生活服务栏目的定位

栏目的定位主要有两个方面,一是对象的定位,二是内容的定位。对于生活服务类栏目来说,对象的定位是十分关键的。从客观存在来看,收视对象的多元化已是不可逆转的大趋势。多元,即表示着对人群中多样异质的肯定。现代社会除了由于人的既存的心理、性格、地域、习俗、道德、教育、利益等导致的分层,又无可避免地增加了诸如技术变迁、市场分割、消费文化等对群体进行重新划分的力量。在这种越来越充满现代气息的多元社会活动中,中国电视的受众想必也"已经变成了一个个有不同节目需求的目标受众群",在他们之间形成了不同群体风格的生产生活方式。而生活服务类栏目的收视对象分层、分群的要求相对于其他节目就更为重要,因为不同的目标受众的差异性首先就体现在生活方式、生活要求、生活观念的区别上。如果说新闻、娱乐节目还可以说自己拥有广泛对象的大众,那么生活服务类栏目是绝对不存在能够服务于所有观众的节目,它必然是为某一具有共同生活习惯、生活理念的收视人群提供服务的,因此在栏目对象定位时必须有针对性。

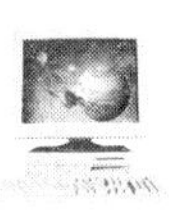

中央电视台第二套节目的《生活》在对象定位上非常明确，就是针对收入在2 000元/月以上以女性为主的有购买力、有生活享受欲望的白领阶层。但是从总体上来看，特别是地方台的生活服务栏目在对象定位上是比较模糊的，有的就算在创办之初有条文定位，但执行起来，也是三天打鱼两天晒网的。如某家电视台将自办的健康栏目对象定为：老年人；身患疾病的观众；专业人士；中青年妇女。这种狮子大开口的架势，恰是反映了自身内容的空虚、迷茫和杂乱。

在对象定位上，生活服务类栏目可借鉴美国期刊的经验。美国期刊由于市场竞争的激烈，市场细分的程度已达到令人观止的地步。比如妇女期刊市场就细分为给工作女性看的《悟性》、《自我》和《工作女性》，专门给住在芝加哥的女性管理层看的《今日芝加哥妇女》。甚至这个趋势还远没达到一个期刊发行人建议的程度，他开玩笑说，可能在不久的将来还会出现这样一些期刊：《工作着的祖母》、《左手乒乓》等。虽是笑谈，但仍可以给生活服务类栏目的创作者以启示。

生活服务类节目内容的定位，需要相对专一。生活本身是丰富多彩的，从衣食住行到家庭建设、子女教育、人际交往、审美意识、道德观念等等，无一不是人们生活中必须关心的问题。所以对于包括如此庞杂内容的生活栏目，如果不对自身的内容加以限定，就会使制作者和观众都不知所措，一跟头摔在这个“杂”字上。事实上，我国生活服务栏目在内容上已经呈现出“专业化”的趋势。由表8－3可看出，单是内容十分明显的专业化的栏目已经占相当大的比重。并且在综合栏目中也有相对内容集中的关注消费生活、时尚生活的栏目出现。

在内容专业化定位的同时，我们也看到了一些发展不平衡的现象，电视节目预告栏目、健康栏目、家居栏目，相对来说发展得充分一些，而旅游栏目、家用栏目则薄弱了很多，关于家庭教育的服务节目更是缺乏。事实上根据《中国都市生活报告》(中国统计出版社)的统计显示，“教育支出脱颖而出，旅游消费增势强劲”，调查表明，城市消费向软性消费及精神文化消费的趋向得到进一步加强。80%的家庭表示，将会增加教育支出。其中35%的家庭选择各类培训技能，强化知识的短训班，26%的家庭选择将为子女教育增加支出。与此同时，40%的被调查家庭表示有远游祖国山川的打算，19%的家庭选择了有空会在市郊走走，另外分别有7%的家庭表示要到港澳台地区和东南亚旅游。有如此旺盛的消费需求，就一定会增加对服务于这类消费需求的栏目的兴趣，因此创作人员在内容定位时，不妨多考虑这些方面。

有了好的定位，就为栏目的运作确立了一定的方向，但如何按照这一方向走下去，将节目做得好看，还需对节目的具体创作运筹帷幄。策划，就是生活服务类栏目具体创作中的点睛之笔，没有了它，栏目就不可能焕发生机。生活服务类栏目大

概是最难以产生轰动效应,最平淡无奇的节目了。正如生活的本质一样,生活服务栏目也是“平平淡淡才是真”。但生活要有亮色,有兴奋点,才不会变成死水。栏目也一样,要有吸引人的亮点,才不会永远当个不知名的灰姑娘。策划,是点石成金的魔棍,能将平淡的日子点拨得喧闹喜人。

CCTV-2的《生活》就是策划成功的范例。《生活》栏目有一个专门负责策划的班子,他们每隔一段时期就适时地推出一批精心策划的节目,不断地刺激观众的最佳兴奋点。这些精心策划的节目穿插在日常报道中,形成一张一弛的收视合力,稳住了收视率。为了进一步扩大栏目的社会影响,《生活》编创人员有时策划一些大型节目,以大制作、大手笔的气势,联合全国30多家电视台一起,对中国普通百姓的消费行为、消费特征、消费心态进行调查,制作出一系列专题节目。如1997年的《生活报告》,对当年16大消费热点进行了总结分析;1999年春节联合制作的大型消费调查《百姓下一步买什么?》,使生活服务类节目产生了深远的影响,好评如潮;2001年《生活》在“七一”、“十一”期间栏目又连续两次推出系列节目《今天》,分别反映了17个城市的今天:通过《认识这个城市》,展示每个城市里最有特色的几个地方;通过《城市故事》里几个普通居民或家庭的故事,反映整个城市面貌的改变和居民生活质量的提高;通过《市长与市民的对话》,就生活中关心的问题进行现场交流。通过策划进行新的尝试,使《生活》栏目获得了成功,而它所带来的创作理念、表现手法和运作模式上的创新,也为生活服务类栏目的明天打下了良好的基础。

3. 生活服务栏目的选题

生活服务类栏目选题的大前提是贴近生活,贴近观众,贴近时代。贴近观众,就是要认真分析节目的收视对象,分析他们的心理和需求。许多文章指出生活栏目的收视对象是“当家人”,这只是针对以“家居指导”为主的生活类栏目的主要对象,实际上生活栏目的收视对象是千变万化的,不同的栏目有不同的收视对象,需要区别对待之。贴近生活,贴近时代,则是要求编导在选择题材时,要选择那些与现代生活背景同步的题材。这个同步,第一就是要选择时代的热点、焦点问题,从生活服务的角度去报道。比如,假冒伪劣商品的日益猖獗是一段时期讨论得比较多的一个话题,老百姓十分关心。那么生活服务栏目就应该告诉观众甄别假冒伪劣商品的方法。又如,针对农药公害这个越来越被人们所重视的问题,就应该告诉观众怎样识别有毒蔬菜水果,以及蔬菜水果消毒、解毒的方法。同时也可热中求冷,不必是社会的焦点、热点,只要是与广大观众日常生活密切关系的题材,也可成为这类节目不可或缺的内容。冷热交替地办节目,既要有热点,又要有正常的日常

生活，有时还可以爆爆冷门，只要有时代特征，就都未尝不可。

栏目选题在考虑大时代背景的同时，还要考虑"小时代"背景——季节性的特点。如夏天到了，生活服务节目中大多是介绍消暑的内容，像什么空调病、夏日饮料、游泳等，这都是夏天特有的。另外编导人员最好还要熟知中国的传统节日、传统风俗，提前应变，适时地推出与特定季节、时段相关的节目。

总之，生活服务栏目就是要贴近受众，服务观众的最大需求。当即将进入夏季时，《生活》栏目就告知我们要《明明白白买空调》；电信部门要调整电话资费，就提醒人们《电话还要精打》；当房地产商推出了"买房赠车"的销售宣传后，栏目及时推出了《买房赠车咋回事》；当有人为买保险好还是储蓄合算犯难时，栏目马上为您制作出《保险与储蓄的比较》。

做生活服务栏目的选题还有一个原则：尽量选取地域特色的内容作为栏目的主打内容，尤其是由地域特色取胜的地方台，千万不要为了求全、求广、求高而丢了这块金字招牌。选题要有自己栏目的特色，多在选题上花心思，选题好了，节目就成功了一半。

从当代受众对媒介的需求看，首选仍然是新闻，但这并不意味着生活服务类栏目地位的下降，相反，可在生活服务节目的新闻性上下一些工夫，也不失为创作选题的一大突破。过去，电视生活服务节目总爱从小报小刊中去寻找选题，找那些生活的边边角角，这当然激不起人们的收看兴趣。事实上，重大的新闻事件往往隐藏和蕴含着许多适合做生活服务类栏目的资源。如2001年上海APEC会议上，与会国家首脑都穿着具有中华民族特色的"唐装"，精明的生活编导，就应当充分运用新闻信息与资料，以此发挥制作成关于唐装的历史、式样、洗涤、选购以及与之相关的节目。如此，就要求生活服务类栏目的编导也应当具有新闻敏感和工作热情，善于从新闻题材中挖掘具有自己独特视角的选题。

生活服务类栏目是一种很能体现创作人员能力的节目，节目要取得成功，就要求制作人员必须具备多方面的素质和特殊的创作意识。

首先是"仆人意识"。有人说，做服务节目，应该有种"平等意识"，听起来感觉是给了观众莫大的恩惠。其实，仅停留在平等层次是不够的，因为观众不必反过来为你服务。生活服务节目的编导应把自己当成观众的"仆人"。因为服务，就是为别人工作，说穿了就是做人家的仆人，创作思维必须以"主人"为核心，围着需求转，挖空心思地揣摩"主人"的心思，投其所好，只有这样才能做出贴心贴意的好节目。

但从另一方面看，"仆人意识"又容易使节目的创作走入歧途，被观众的一些不良习惯及观念所左右，所以，创作人员还必须有"引导意识"。这种意识不是通常理解的"教导"，而是指创作人员在遴选题材时，应在观众需要的范围内，选取积极

向上、有利于人民身心健康、符合时代大潮的题材来制作节目，以期在潜移默化中感染观众，让其自觉放弃一些不良的生活观念、生活习惯。这就需要创作人员有高人一筹的识别能力，选择出能代表社会主流意识和生活的题材。在这两种意识的结合下，才能做出既让观众爱看，又让观众受益匪浅的节目。

生活服务类栏目的编导还必须有“公正意识”，正确处理生活服务和广告宣传的关系。生活服务类栏目是除广告之外最有广告宣传意味的节目。从其服务的性质及范围来说，在很大程度上都是带有广告色彩的，甚至节目中为投资商制作有偿服务的节目也是允许的创收手段之一。但广告和服务节目的本质区别就在于两者所代表的利益主体不同，生活服务节目是为观众谋利，广告是为客户谋利。生活服务节目就应该像新闻报道一样客观公正，不为贤者讳，也不为庸者美。在制作有偿服务的节目时更应把好选题关，高标准、严要求，不做假冒伪劣商品的保护伞。

三、生活服务栏目的案例分析

1. 栏目个案：《为您服务》（中央电视台）

《为您服务》是生活服务类栏目中历史最悠久的栏目，它见证了生活服务类栏目在中国电视节目中的发展历程，本身也经历了由盛至衰又重新崛起的过程，所以选择其作个案分析具有典型意义。

1979 年 8 月 12 日《为您服务》开播；1983 年 1 月 1 日改版，固定了播出时间及栏目主持人；1991 年获社教节目优秀栏目奖；1994 年 1 月因专题栏目调整停播。

2000 年 7 月 3 日复播改版，栏目形式为板块结构，子栏目由 4 部分组成：《家事新主张》、《法律帮助热线》、《旅游风向标》和《生活培训站》。栏目倡导“从概念到动手”、“从信息到解疑”和“从指导到帮助”的全方位服务。

2003 年 7 月《为您服务》再次改版，设置了 6 个子栏目：《健康新主张》、《律师出招》、《火线答题》、《生活智多星》、《寻宝智多星》和《旅游风向标》。从近几年改版足迹看，该栏目更突出了消费时代的服务性，突出了时尚品位。

《为您服务》前期的内容涉及家庭生活的方方面面，包括衣食住行、妇幼保健、购物旅游、花鸟饲养、家庭文化、生活窍门等等，为观众提供了全方位的生活服务。2000 年改版后复出的《为您服务》，定位于以现代都市家庭为主要收视对象，在秉承了细心周到、全心全意的同时，更贴近观众的需求，更关注受众身边细微的变化。栏目力图在轻松幽默的 50 分钟时间里，让观众紧紧把握时尚的脉搏，精心体味高品质的生活。

现在节目的常规版块是《家事新主张》、《法律帮助热线》、《旅游风向标》，播出时间是中央电视台第二套（经济频道）星期一至星期五的 18:00。改版后的《为您

服务》更为成功。

第一，是其“人文性”运用的到位。生活服务节目“以人为本”是其根本理念，即生活节目的创作都必须以观众为轴心，观众的需求是一切节目创作的动机，观众的眼光是一切节目制作的角度。《为您服务》栏目真正做到了这一点。在《旅游风向标》这个板块中，每期选一名曾经到游览地游玩过的游客讲亲身体验，来传达旅游途中应该注意的信息，如景点、特产、费用等，以一名普通游客的眼光而不是电视拍摄者的眼光，介绍游览地，评价游览地。观众似乎在听朋友讲述不久前的旅游故事，自然而然地接受了节目中所传达的信息。这是对观众心理的一种深切体会，大部分的信息通过游人自己的亲身经历来传达，是最容易获得观众信任的一个途径。通常的节目为了表现平民性，总是认为放低姿态，就变成了与观众平行的视线，就是人文关怀，其实不然。节目中的平民性、人文关怀应该是经过电视人用一种感同身受的方式，对观众、百姓的需求用平视甚至仰视的态度来对待，来关注，来体认。在电视“平民化”的风潮中，有一部分节目把平民化仅仅理解为赢取观众的一种手段，只把形式上的调剂，内容上的肤浅，等同于平民化，等同于人文关怀，这是一种误解。而在《为您服务》中，为满足观众需求而在形式上的创新，内容上的转换，都让人感受到一种真正的“人文性”的光芒。

第二，是《为您服务》的“个性化”服务。个性的哲学含义是指一般事物区别于其他事物的个别的、特殊的性质。当今时代，是越来越讲求个性化的时代。在生产领域，已经有商家提出了个性化服务的理念，即根据客户个人的要求专门为他设计产品。这样做的难度很大，投资很多，但这是一种趋势，一种赢得顾客好感的拉动性投资，因为能根据顾客的需要而生产，减少了盲目生产所造成的不必要的浪费。而且现代人类确实存在着很多根本无法统一，各式各样的需求，统一的服务根本无法满足。所以反观我们的电视节目，尤其是为多姿多彩的生活服务的电视生活服务栏目，也应该提供这种个性化的服务，让“服务”这个词从高呼“实用”的虚幻中走进真实，减少盲目传播造成的无谓浪费。《为您服务》的《法律帮助热线》就是这种个性化服务的典范。每期节目中，记者和随行律师绝不是旁观者，只会冷静地分析对错，而是介入纠纷，站在当事人的立场，从法律、从人道主义角度为当事人解决问题。在一期关于老人赡养费问题的节目中，随行律师除有针对性地介绍法律知识和提供解决方案之外，还当场为文化层次不高的主人公——两姐弟书写了一份正式向法院提交的申诉书。从某种意义上说这个服务节目就完完全全只为这姐弟俩而做。在国外的生活服务类节目中，个性化服务也是其发展潮流之一。如有一个专门替人解决生活苦恼的服务节目，有一期就是反映一位女士不知为晚上的宴会准备什么礼服而苦恼时，节目主持人就带她来到商店，与店员一起为她出谋划策，

选好衣服，让她满意地去参加宴会了。这种个性化的服务不仅赢得了被服务对象的高度好感，更重要的是也能让观众对节目产生强烈的认同感、依赖感以及信任感。为什么有些节目，观众觉得可看可不看，缺少个性化的服务就是其中的一个原因。个性化服务的最大优点是能赢得观众极高的信赖，就像有事打"110"电话一样。

当然，从另一个角度来看，个性与共性又是辩证统一的，共性存在于个性之中。任何一个个性化的服务，都蕴含着可以提供给大众的普及服务。因此，普及服务也是必要的，关键是要处理好普及服务与个性服务的关系。《为您服务》的《法律帮助热线》在服务于个人的同时，总结出对大家可能有帮助的法律知识，作为"律师提示"提供给大家。而且即便不这样做，个人的现象、说法仍然能起到提示作用，观众也能从中汲取经验教训。

第三，《为您服务》的成功，还表现在经典性上。所谓经典，应该是指能经受历史考验而流传的东西。栏目的经典性策略就是要用严谨真诚的态度考察反思栏目，对精髓刻意保留，对枝节断然舍弃，面对变幻莫测的世界，恪守自己的一些历经时间考验仍可以保留的东西，这种以不变应万变、塑造经典的策略恰是一个名牌栏目保持长久生命力的法宝之一。名牌栏目之所以成名，总有其经典之处和最吸引观众的动人之处，这就是其"不变"的基础。以这个"不变"应对瞬息万变的观众市场、媒介市场，就好像有指路灯照明一般，不会让自己迷失方向。

《为您服务》是一档历经十多年的老牌栏目，它数十年如一日，始终坚持自己的主体内容、主体风格不变，其不变之处，就是其温馨、妈妈味十足的家庭风格以及以家政为中心的内容。《为您服务》是从家政服务开始的，在停播前也一直没有脱离过这个中心内容。直到 2000 年的重新开播，它仍然走的是家政服务的路线。《家事新主张》自不必说，绝大部分选题都是从家居生活而来。《法律帮助热线》似乎与家政不搭界，其实仔细分析它的选题，就会发现仍然多为清官难断的家务事。《旅游风向标》也尽量从传统风光片的窠臼里走出来，让一位类似您家庭成员的游人游历大江南北，临了还不忘替您精打细算拟个出游方案，巨细无靡，家庭味十足。在生活如此快节奏的今天，《为您服务》仍然是事无巨细，不怕麻烦，甚至有点啰嗦地传达着它认为观众需要的东西，就像家中妈妈的叮咛一般，使人感觉非常温馨。时代在变，生活在变，《为您服务》却一直固守着自己宁静的家园，默默耕耘，虽没有如《生活》节目一样的时尚、新潮、大气，但它却也为自己赢得了固定而忠实的观众群。

当然，作为名牌栏目在固守经典之处时，也需要跟上时代的步伐；在保持栏目一些本质性的东西外，具体选题应该跟随时代的发展，在变中求新。《为您服务》在固守自己的阵地的同时，也时时翻新，不断以新的成果与观众共享。栏目在经历两

次大的改版后，从最初的烹饪、衣着、养花等家庭小常识到摄影、集邮、购物、家电，再到如今的电磁波辐射、绿色消费、科学减肥，无不映透着时代的变化与发展，再加上旅游、法律专版的出现，也体现出栏目创作人员对时代热点、时代脉搏的准确把握。

有些栏目之所以名噪一时，又迅速消失，其主要原因要么是盲目追赶潮流，轻易抛弃自己的特点优势，搞面目全非式的改版，要么就是守着老本度日，不思进取，最终也仍会被淘汰。而《为您服务》合理地运用经典性策略，成了观众难忘的栏目之一。

通过以上的分析，《为您服务》毫无疑问是一档优秀的生活服务栏目，但为什么它的名声与收视率反不如后来居上的同为中央电视台第二套节目的《生活》呢？《为您服务》收视率的低迷，关键是自身存在的一些缺陷。第一，新闻性较弱。三个板块的时效性跟专题差不多，有的更慢，难以吸引"过路"观众和新观众。我国观众的收视吸引时间平均只有5.5秒，而《为您服务》的内容比较平实，很难在几秒钟之内吸引住观众的视线。第二，策划的水准还有待提高。《为您服务》不是没有策划，比如2001年8月份播出的关于"绿色承诺"（源于奥运承诺）的系列报道，题材好，但内容不新，依旧是做滥了的绿色消费等，而且形式也是平铺直叙，没有什么新点子。而《生活》的成功就多半归功于高水准的策划，《百姓关注的十大经济话题》的成功就是让其名扬天下的经典策划。

从客观原因来说，《为您服务》的播出时间不利。它的首播时间为18:00，此时人们正下班回家，赶不上趟，就算在家，打开了电视机，各个地方台的新闻或动画片又狂轰滥炸，收视率当然难以保证。而且《为您服务》属于节奏比较缓慢的节目，更适合茶余饭后慢慢品味。再看重播时间，将近深夜零点，相对于特定收视对象，实在太晚了。

2. 频道个案：上海生活时尚频道(Channel Young)

我国出现电视生活专业频道只是近十年的事。自1996年北京生活频道创办至今，全国至少有9个省（市）级电视台开办了生活频道，包括北京、湖南、河南、福州、浙江、山东生活频道、上海生活时尚频道、海南旅游卫视和江苏数字靓妆频道。上海生活时尚频道作为较早创办的生活频道之一，在业界和社会上产生了一定的美誉度，下面以该频道为例，分析生活服务频道的运作。

上海电视台生活时尚频道是上海文广新闻传媒集团所属的11个专业电视频道之一。Channel Young于2002年1月1日开播，每天24小时播出，其中首播栏目时间约为5小时。

Channel Young以倡导优质的生活态度、传播时尚的生活方式为宗旨，以自由、当代、优雅、前卫为节目风格，自开播以来，就备受业界和广大观众的瞩目。随着业务的发展和涉足领域的不断拓宽，Channel Young超越了单纯的电视频道的概念，而成为中国时尚领域的一个品牌，一个标志，一个不可或缺的组成部分。

上海生活时尚频道采用公司化运作方式，由上海文广新闻传媒集团的全资子公司上海时尚文化传媒有限公司经营。公司从内容、渠道、运营三方面入手，不断加强节目的生产、研发、渠道的拓展，为观众提供优质的生活方式、资讯和服务。

2003年1月，上海生活时尚频道为获得观众的注意力，在对该频道的目标观众和市场准确定位后，制定了一整套具体的品牌营销方案。先就频道定位重塑频道标志、标记logo，然后按照A-I-R方式进行频道品牌的战略部署，也就是通过活动获得注意力(Attention)，然后吸引观众的参与兴趣(Interest)，最后让观众对活动产生反应(Response)。经过一个月的调研和设计，确定了橙色+态度的logo设计方案。3月，又推出一个名为"young是什么"的活动方案，并开始在上海各类媒体上登出，目的就是获得观众的注意力。方案设计出来之后，他们采取了以下六个步骤实施：第一步由报纸启动；第二步用电视广播解释活动内容；第三步是播放宣传片，告诉观众有什么内容需要你来参与及联系的方式；第四步是播出一组形象宣传片来鼓励大家参与；第五步是收集整理答案并且在屏幕上打出来；第六步是组织颁奖。最后需要媒介和社会研究公司来开发收到的观众答案。活动启动后，社会反响热烈①。一时间，"young是什么"的活动不断出现在上海市民眼前。

该频道以20—45岁的城市人群为目标观众，立足上海，面向全国，把国内最新的时尚资讯以及时尚生活的专题节目带给上海和全国的电视观众。同时，Channel Young还与美国、英国、法国、意大利、日本及东南亚的媒体和商业机构合作，把世界范围内的时尚盛会、品牌发布、流行趋势等资讯同步地带到上海，带到中国，成为中国观众了解国际时尚的窗口和桥梁。Channel Young的主打栏目包括《今日印象》、《人气美食》、《心灵花园》、《十字街头》、《大城小事》、《相伴到黎明》、《超级模特》、《风尚东方》、《时尚领地》、《新食尚》和《生活前沿》等，单从栏目名称的设计看，就显示出时尚的气息。

《今日印象》用大众最能接受的眼光解读时尚，让风尚为我所用、随心所用，让优质的生活理念渗透入每一个生活细节。节目将进一步拓展节目的创新空间，更全面的风尚，更新奇的传播样式，影响更广泛受众的生活。

《人气美食》是一档以探访上海人气小店，搜寻民间美食，讲述开店故事为特色

① 罗军：《问题·根源·案例》，载《中国广播电视学刊》2004年第2期，第16页。

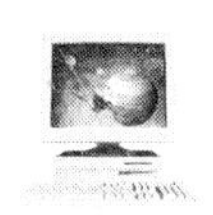

的风格独特的专栏节目。同时，又增添了改造生意不好的小店、人气店不定期回访测试、失败店挑刺找原因、市民访吃团等街头小型真人秀板块，使节目形态更趋完整。

《心灵花园》是一档情感类谈话节目，以“讲述都市真实的情感故事”为主线，通过加入心理、社会等学科的深入分析和讨论，在真实故事的基础上为观众提供现实生活的指导，引导人们面对生活困境和心理疾患做出智慧的选择。

《十字街头》为沪上第一档“圆梦真人秀”，它以市井间的老百姓为人物基点，以小人物的大梦想为内容核心，讲述平凡人的生活，实现普通人的梦想。圆梦行动明星助阵，街头寻找百姓参与，用爱心传递方式一起来帮助当事人完成一个愿望、送出一份惊喜。

《大城小事》这档节目讲的是在我们这个大都市里发生在普通百姓身上的点滴故事，采用的节目形式是时下红遍大江南北的电视栏目剧，力图在平凡生活中寻找素材，主要表现为都市人的情感生活、都市中的人际关系。

《相伴到黎明》被称为全国第一档在电视、广播和网络多个平台同步直播的谈话节目。有不同人生的精彩故事，有只言片语的人生感悟，更有不同风格的主持人与千万颗难眠的心相伴。深夜，抚慰心灵，感受温暖。节目以平和亲切的传播态度，与更多深夜不眠人相伴至天明。

《超级模特》是一档以打造专业模特为内容的全新时尚类综艺节目。每周六晚，都会有一群新生模特与您相约荧屏，一个小时的节目中您将亲身感受秀、时装和美女俊男的魅力，将会给您视觉、听觉的全方位享受。

《风尚东方》定位于大型电视时尚杂志：时尚、优雅、精致、深度，展示上海时尚魅力，关注全球时尚动态，发布独家时尚资讯深度报道，制作各色时尚板块。

Channel Young 不仅是立足上海的媒体经营企业，同时也是国内电视市场的时尚节目提供商。无论在华南、华中、华北、东北和西部，全国 70 多个地级以上城市的观众都可以通过当地的电视频道收看到 Channel Young 出品的电视节目。

Channel Young 非常注重频道包装。2004 年 6 月 24 日，生活时尚频道(Channel Young)之宣传片“Too Young”，以其独特的创意与精良的制作脱颖而出，获第二十六届 Promax(国际电视宣传与营销联合会)2004 全球“对内营销宣传片”银奖。生活时尚频道系列“ID Young Attitude”同时入围 2004 Promax(国际电视宣传与营销联合会)频道 ID 评选，与新加坡都市频道、英国 VH1、VH2 等多个国际频道共同参与角逐。这是中国内地媒体首次入围并荣获该大奖。Promax & BDA 国际奖被业界公认为电视包装界的“奥斯卡”奖，是电视媒介中宣传与营销领域唯一的全球性奖项。

本章小结

电视社教节目，是以社会教育为宗旨的多种电视节目的总称。从总体上可分为公共型和对象型社教栏目。

公共型社教栏目以法制类、经济类、文化类、科技类栏目为代表。其中，法制类节目制作形式主要有三种：专题式、说法式和庭审式。

文化类节目的兴起以《百家讲坛》为标志，表明一个栏目只要定位准确、选择适当的叙事方式即可获得成功。

对象型栏目按照年龄层次、职业层次可分为不同的类别，并遵循不同的创作规律。尤其是对少儿类节目，应注意把握少儿的收视兴趣与收视心理。

生活服务栏目，以实用信息为核心内容，以"以人为本"的理念为精神内核，以"杂烩化"的手法为表现特征，其创作应遵循虚实结合、多元化服务、贴近时代和寓服务于乐的原则，避免对实用信息理解的表层化、类型化，对服务对象理解的偏颇，以及生活服务节目的隐性广告倾向和生活服务节目的"克隆"现象，注重栏目选题的贴近性和服务性。

思考题

1. 试述公共性社教栏目的类别。
2. 试述对象性社教栏目的类别。
3. 试述法制节目创作的一般方法。
4. 举例分析经济类、文化类或科技类、健康类栏目的创作方法。
5. 简述生活服务节目的选题原则？
6. 请对某一生活服务频道的栏目设置进行分析？

第九章　娱乐型电视栏目创作

“不论人们对电视在文化中所起的作用有多少争议，有一点是毋庸置疑的：人们喜欢看电视，而且看电视是人们生活中快乐的主要来源之一。”①巴尔特用“小乐”来指主要源自文化的快乐。这是在精神层面上界定的“快乐”意义。诚然，快乐也可侧重在广义的社会方面，但从电视文化的角度看，最直接的快乐恐怕还是从娱乐型电视节目（包括体育节目）中得到的。不然，这么多年来一直雄居全国省级卫视收视第一位的湖南卫视，何以定位于“快乐”频道。

自 1997 年 7 月 11 日，湖南卫视推出《快乐大本营》栏目并在社会上获得巨大反响后，其他电视媒体从中看到了娱乐节目的巨大商机。一时间，娱乐节目如雨后春笋般迅速发展，在中国电视界形成了一种“电视娱乐节目热”现象，直至《超级女声》真人秀节目的出现，达到高潮。

电视娱乐节目是综艺节目发展的新形式。较之传统综艺节目，它具有更纯粹的娱乐性、游戏性、消遣性、商业性和大众性。娱乐节目是目前电视上最常见的一种节目形态。

第一节　电视娱乐节目的基本类型

一、电视娱乐节目的基本样式

电视娱乐节目在发展中出现了相当丰富的文本类型，同其他类型节目一样，由于具有交叉性与多变性，很难作界限分明的类别划分。本文依据形式作为基本的分类标准，尝试区分了以下一些基本节目样式：

---

① 〔美〕约翰·菲斯克：《电视文化》，祈阿红、张鲲译，商务印书馆 2005 年版，第 324 页。

1. 游戏类

游戏类娱乐节目是大众参与的，以竞技竞赛项目为核心的娱乐节目。所谓游戏，荷兰学者约翰·赫伊津哈定义为："是在某一固定的时空中进行的自愿活动或事业，依照自觉接受并完全遵从的规则，有其自身的目标，并伴以紧张、愉悦的感受和'有别于'平常生活的意识。"[①]这个定义告诉我们三个特征：自主性(自愿行为)；非功利性(它不作为平常的生活)；隔离性(在特定范围的时空中"演出")。它是电视娱乐节目的一个重要类别，目前在"游戏"的冠冕之下，这一类节目又演化、发展出多种子类型，它们之间有区别也有联系，本节把它们分为三个子类型：益智游戏节目、综艺游戏节目和电子游戏节目。

(1) 益智游戏节目

益智游戏节目在国外又叫 Game Show 或 Quiz Show，是指为得到某种物质奖励或奖金，在一定规则下，大多由普通百姓参与，偶尔有明星参与的智力游戏节目。通常是由电视台制定游戏规则，通过主持人和选手一问一答的形式层层递进，最终赢取奖品或奖金。

益智游戏节目可以说是由传统知识竞赛发展和演变而来的。随着电视的普及，报纸、广播、电视之间的竞争日益激烈，要想在各媒体中立于不败之地，就必须尽可能争取更多的受众群体。以收视为第一要义的西方电视媒体注意到，电视的娱乐功能在此方面将大有可为。于是，电视的娱乐功能被放大，在众多肥皂剧、文艺节目充斥荧屏的时候，以知识竞赛为蓝本，将竞争引入荧屏，用知识赢得财富的益智游戏节目悄然登场。这种知识与电视结合的最初想法源于20世纪三四十年代的电台智力竞赛，早期的电视益智节目有英国的《一本万利》和《任你选择》等。真正在世界范围内引起轰动的是英国的《百万富翁》。

1995年，英国电视导演戴维·布里格斯开天辟地地以百万英镑的高额奖金为诱惑，要制作一档益智游戏节目。1998年，这个名为《百万富翁》的节目终于问世，并且迅速蹿红，不仅占领了市场59%的份额，而且更以不同版本在美国、荷兰、日本、澳大利亚等世界六十多个国家和地区播放，收视率居高不下。到2004年初，使用该节目样式的国家已达108个。游戏参与者不仅可以在镜头前炫耀自己的学问和勇气，更有机会拿到梦寐以求的大奖；旁观者则可以边看节目边学知识，时不时还可以把玩一下参赛者的"尴尬"和"洋相"。这一切都保证了把观众牢牢地"贴"在电视机前。

① 〔荷兰〕约翰·赫伊津哈：《游戏的人——关于文化的游戏成分的研究》，中国美术出版社1996年版，第30页。

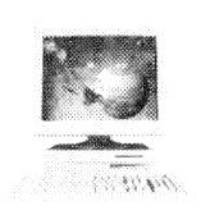

在欧美电视娱乐圈，绝大多数娱乐节目都是在以营利为目的的前提下，对节目进行不断地改版和创新。看多了名人、明星的丑态，在注重纯娱乐的西方电视，还有什么比百万巨奖更能让观众为之疯狂呢！《百万富翁》的游戏规则是这样的：在全国范围内选取十名参赛者，通过一道抢答题选出其中一个用时最短并答对问题的人，此人获取机会问鼎100万英镑的奖金。他将依次回答15道多项选择题，如果全部回答正确，那么，他将赢得全部的累积奖金；如果出现不确定的问题，选手可以使用三个锦囊：去掉四个答案中的两个错误答案，留下50%的机会在剩下的两个答案中作答，或者电话求助亲友，或寻找现场观众帮助；如果在任何一个阶段出错，奖金就将跌至安全线上，或者1 000英镑，或者3.2万英镑，游戏也将到此结束。这种巨额奖金的诱惑，也让某些具有投机心理的观众成为相对固定的收视群体，甚至为此跃跃欲试。虽然在《百万富翁》节目开播三年之时，全球六十多个国家只有二十多人因此成为百万富翁，但是这丝毫不会削减参与者挑战的热情，反而会激发他们的斗志，燃烧他们求胜的欲望。

在《百万富翁》的带动下，2000年，英国广播公司(BBC)又推出《最弱一环》(又译作《最薄弱的环节》、《智者为王》)来与其抗衡。同样是巨额奖金，同样创下了收视新高。而后便是不同版本的《百万富翁》和《最弱一环》的全球电视娱乐领域的遍地开花。

在中国，电视承担了过多的政治功能和教化功能，对电视娱乐功能的意识觉醒可以说是近几年的事情。但是说到益智游戏节目，它的出现却远远先于其他游戏类节目。早在1981年7月，赵忠祥就曾和一位老师在中央电视台共同主持过一档"北京市中学生智力竞赛"节目，面向全国播放；1985年，电影演员王姬和总政话剧团导演金翼在北京电视台主持了"家庭百秒知识竞赛"，并且伴有些许奖品。这些可以算得上是中国电视益智游戏节目的前身。真正在全国范围内掀起益智游戏节目高潮的是中央电视台的《幸运52》和《开心辞典》，这两档节目分别借鉴了英国的*Gobingo*和《百万富翁》。随后，《才富大考场》、《超级英雄》等一批益智"劲旅"纷纷踏上中国的娱乐荧屏。总体来讲，从《幸运52》和《开心辞典》等中国益智类节目出现到今天，短短几年时间里，益智类节目发展迅速，被证明是一种极具市场潜力的节目形态。但是，由于国情、体制、文化以及价值观等方面的差异，益智游戏节目在借鉴的过程中又不断改进，形成了具有中国特色的本土化版本。

在全球信息化和知识化时代，"知识"无疑给益智游戏节目穿上了最华丽的外套。益智游戏节目毕竟不再是原来的知识竞赛，"知识"的外套包裹的是诱人的财富，大多数选手穷尽智慧、"殚精竭虑"，不只为在大众传媒上展现风采，其最终的目标就是那诱人的奖金。而观众观看这类节目，一方面虽可以获得很多实用性的知识，但更为重要的是想看到选手财富梦想的实现。这样既给观者以强烈的刺激，又满足了娱乐的需求。

菲斯克在《电视文化》读本中，将益智节目做了更细的分类，见图 9-1。

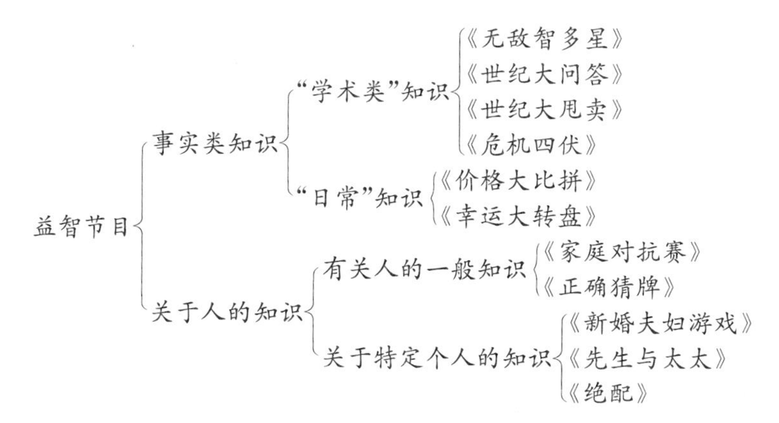

图 9-1　益智节目分类图

按照菲斯克的解释，图 9-1 最上面的两个节目要求参赛者拥有学术知识或专门知识，而这种知识的大众化变体就是"一般性的知识"(《世纪大甩卖》、《危机四伏》)。在该图中，比较靠下的分类与节目一般在白天或下午晚些时候播出，其观众主要是女性或儿童。由于这类节目考察的"知识"比较家庭化，喜爱看这类节目的多是没有什么社会权力的人。认真研究这种分类，对我国益智类节目的细分化是具有启示意义的。

(2) 综艺游戏节目

综艺游戏节目，是指大众广泛参与的，以一定游戏规则为主导，综合众多艺术形式的电视娱乐节目。综艺游戏节目由两大基本要素构成——综艺和游戏，在节目的整体结构中二者所占分量、所发挥的作用都不尽相同。

任何一种新节目类型的产生，都不是凭空策划出来的，综艺游戏节目亦然。从其称谓中，我们不难判断出它与综艺节目的关系甚密。一方面，综艺游戏节目脱胎于综艺节目而产生，二者具有亲缘关系；另一方面，综艺游戏节目归根结底是游戏因素比重较大的一种综艺节目，二者在概念上是从属关系。

中国的综艺节目内容涵盖范围一般集中于文艺表演方面，它将音乐、舞蹈、戏曲、杂技、魔术、武术、相声等多种艺术表演形式融为一体，构成了满足观众多方面审美需求的电视综艺节目，偶尔也会出现游戏的因素。然而，在综艺节目发展历程中，观众的收视需求发生了很大转变，以往以艺术欣赏性来满足观众审美需求的节

目越来越遭遇冷落，于是，游戏、竞赛、益智、猜谜等形态也被加进综艺节目的大拼盘中。因此，当游戏因素在综艺游戏节目中得以充分运用，并上升至关键环节，成为其他节目因素的载体时，综艺游戏节目便从综艺节目的母体中分离出来，独立门户。

中国综艺游戏节目的产生，是电视娱乐本性回归的结果。在 20 世纪 80 年代前期与中期，电视节目的娱乐化倾向并不明显，担纲娱乐功能的节目主要还是电影、电视剧，但电视文艺晚会已开始出现了，并且逐渐普及，进而发展成固定栏目。这类定期播出的晚会形态的电视娱乐节目已初具综艺节目的雏形，发展到 90 年代已盛极一时。综艺游戏节目也正是在此时开始崭露头角，出现了北京电视台的《开心娱乐城》及上海东方电视台的《快乐大转盘》等。两家电视台开中国综艺游戏节目先河之作的举措在当时带动了一批省市电视台的综艺游戏节目纷纷上马，形成了一个不小的高潮。这股旋风到 1997 年前后又受到港台娱乐电视节目的影响，继之又催生出了以《快乐大本营》、《欢乐总动员》为代表的全新姿态的综艺游戏节目。这在当时还被认为是新鲜事物的节目类型来势汹汹，不但迅速抢占了每个周末的黄金时段，还取代了原有综艺节目在中国娱乐电视界的龙头地位，更引发了电视娱乐节目的某些根本性变化。

在此之前，几乎所有的电视娱乐节目都是以演员的艺术表演为主体。如中央电视台的《综艺大观》节目，其节目组织与晚会的节目组织颇为类似，节目形式也与晚会的形式大体相同，大多是明星们表演节目，主持人串场。而综艺游戏节目则不然，它的主体虽然仍是明星艺人，但是一改在综艺节目中以本行表演为主，而是参与到各种游戏中，以轻松、热闹、搞笑的姿态出现在观众面前。如果说电视综艺节目是在艺术表演、艺术欣赏方面下工夫，那么，综艺游戏节目的主要目标和兴奋点则主要落在游戏娱乐上。综艺游戏节目的平民化风格，拉近了广大电视观众与节目的距离，在观演关系的层面上，激起了观众强烈的参与意识。

今天的综艺游戏节目更能够尊重人的游戏天性，从平等的理念出发，在近乎面对面的交流互动中，把天南地北的人们聚在一起。观众们不再是置身于节目之外的被动旁观者，而成为游戏的主动参与者。开播于 2003 年 10 月 26 日的《非常6＋1》，它打出的口号是："梦想在你心中，机会在你手中。"它的目标是"成就普通人的明星梦想"，这一口号的打出进一步激活了人们的娱乐神经，从此，人们不但要成为节目参与者，还要展现自我，进而实现自我。正因为如此，节目一经推出即反响强烈，迅速掀起了一股全国范围内的平民选秀热潮。

(3) 电子游戏节目

电子游戏节目是指电视观众可以直接或间接（通过电话连线、短信、互联网等

方式)参与的、在电视平台进行实时电子游戏竞技的节目。

传统生活游戏可以分为脑力和体力两种,电子游戏是脑体并重,而基本上更注重脑力方面的游戏。与其他电视综艺游戏节目相比,电子游戏作为一种"纯游戏",不但具有趣味性、互动性等传统游戏形式的特点,而且还有它自己的优势——华美漂亮的画面,动听优美的音乐音效,引人入胜的故事情节、环境设置或任务安排,最大限度的交互性和可操作性等特点,这些是其他游戏形式无法比拟的。

自从电子游戏出现之日始,它就改变了人们的休闲娱乐方式,其影响力引起了专家和学者的很大关注。以电子游戏竞技为主要内容的电视节目,除了包含电子游戏本身的特点外,还产生了其自身作为电视节目的新特点,因而受到很多观众的喜爱。

20世纪80年代,电子游戏随着计算机的发展深入到普通民众之中,改变了世人的娱乐观念。但电子游戏真正的发展是从1990年开始,技术的进步推动了电脑、电子游戏的流行和发展。伴随着游戏产业的蓬勃发展,电视上的电子游戏专题节目孕育而生。从最初开始仅仅是某些资讯节目的一条或是一个板块,逐渐发展成为专题资讯节目,再到可以直接在电视上玩游戏的电子游戏节目,由此,电脑显示器上的游戏内容开始进军电视屏幕。

从20世纪90年代开始,电视娱乐在中国快速发展。娱乐改变了电视节目的语境,并引进了更多新的形态供电视人学习借鉴,电子游戏节目就是电视娱乐大潮中翻滚出的一朵小浪花。到今天,电子游戏产业的成熟,使它与电视媒体的合流成了一种必然的趋势,而这种趋势最直接的产物就是电视媒体的电子游戏节目。

2001年,以电子游戏各方面资讯为内容的电视专题节目在中国大陆出现,代表节目有北京后方国际影视文化传播有限公司的《电玩GO GO GO》(后更名为《电玩方舟》),旅游卫视的《游戏东西》,央视的《电子竞技世界》等。但此时的游戏节目还只能算是资讯类节目形态,并不是真正的电子游戏节目。直到《游戏东西》的衍生节目《东西争霸》和《电子竞技世界》的《玩家擂台》板块的出现,才具备了电子游戏节目的雏形。

现如今,电子游戏节目往往与数字电视、机顶盒、收费电视等新名词联系在一起。原因在于,游戏节目的互动特点决定了其必须依托于数字技术,而数字电视正是电子游戏节目的理想载体。目前,经国家广电总局批准,我国已有多套数字付费有线游戏频道。

人类对于竞技游戏有着与生俱来的爱好,电视的人性化传播特性又强化了游戏的竞争性、公平性和刺激性,由此不难理解为什么在电视出现伊始就有这种观众参与的游戏节目。在此类节目中,表演者和参与者融为一体,竞技、游戏的过程即

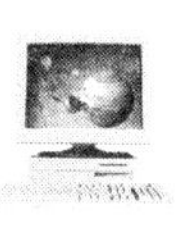

为节目的内容，具有相当的互动性，观众和参与者也由此获得身心的松弛和愉悦，充分体现了电视在娱乐方面的社会性和大众化特征。

2. 公共舞台类

公共舞台类娱乐节目是以观众自我抒发、自我表现为目的，提供观众表演空间、满足观众表演欲望的娱乐性节目。中央台的《梦想剧场》、《星光大道》，福建东南台的"模仿秀"娱乐节目《开心 100》都属于这类节目。

在《开心 100》的"开心明星脸"、"走近大明星"等子栏目中，来自全国各地的自愿者在台上或唱歌、或跳舞、或演小品，充分展示才艺，改变了以往以名人、明星唱主角的娱乐节目形式，观众翻身做了"主人"，从被动的接受角色转变为主动的表演角色。在这个栏目中，被邀请的明星不再是荧屏上的主角，他们大多扮演的是嘉宾、评委的角色，所以在节目中他们首先表露的是作为观众的心态，然后才有评判的权力。而参与"明星脸"的模仿者才是节目真正的主角，他们从全国四面八方赶来，在荧屏上一展自己的艺术才华，既满足了表演的欲望，又有了出头露面的机会，一举两得。

这种娱乐节目为普通人提供了一个公共舞台，个人从中自娱自乐。而观众在对他人的自我表现中也会产生一种同质共振，获得替代性的表演愉悦。此外，由于这是一种非专业的介入，在各种日常鲜有机会表现的内容中，才智与梦想之间的落差，业余与专业之间的距离，均让节目天然地融合在一起。

公共舞台类节目扩展成为"舞台秀"，让大众通过电视媒介这个"公共舞台"来充分展示自己的表演才能。由于这类节目也引入了竞争元素，因此，使得节目既充满紧张、刺激，又将一环一环的悬念留给观众，让大家在互动中一起见证优秀表演者的胜出。如中央电视台的《星光大道》就是通过 4 个环节的竞技演唱，让获胜者一步一步走上"星光大道"的顶端：第一环节"闪亮登场"，第二环节"才艺大比拼"，第三环节"家乡美"，第四环节"超越梦想"。每期节目都以同样的环节、不同的表演给观众一种熟悉的"陌生"感。

3. 娱乐资讯类

娱乐资讯类娱乐节目是以娱乐资讯报道为主的节目，它融合了新闻性和娱乐性，并以报道的方式固定播出。这类节目有《娱乐现场》(原《中国娱乐报道》)、湖南卫视的《娱乐无极限》、北京生活频道的《娱乐通天下》、凤凰卫视的《相聚凤凰台》等。以电影资讯为主要内容的节目也非常典型，如 CCTV - 6 的《世界影视博览》等。

至今，在世界各国的节目构成中，娱乐资讯报道节目都占有不可或缺的位置。据统计，美国的ABC、CBS、NBC、CNN等电视网每天都有半小时左右的娱乐资讯报道，欧洲多数国家的电视台也有专门的娱乐资讯节目。

娱乐资讯节目有娱乐的资讯（内容上的娱乐）和娱乐化的资讯（方式上的娱乐）两种表现形式。娱乐资讯指的就是“娱乐界”或“娱乐圈”中的明星逸闻、近期动态等内容。娱乐资讯节目以报道娱乐圈的新闻满足观众对娱乐的兴趣，在新闻素材选取上注重明星效应，内容上强调娱乐性，既包括电影、电视、音乐、舞蹈、戏剧、曲艺、文学界的最新人物动态，也包括文化娱乐产品、文化娱乐市场、政策、管理、从业人员和机构动态以及文化艺术教育、国际文化娱乐业动态等等，其中不乏一些娱乐界人士的趣闻、秘闻。《中国娱乐报道》开创了国内娱乐资讯节目的先河，使娱乐界的种种人物、事件从专题的形式走向了新闻报道的形式。

在报道形式上，娱乐资讯节目也强调娱乐性。由于娱乐资讯节目的特殊信息类别，对文化娱乐作品及其活动的展示在节目中占了相当的比重，譬如，在报道演唱会的信息时，对演唱会现场会有较长时段的展示，同时还有后台的花絮、观众的反应、对明星的个人情况介绍等；在新片报道中，有对影片较为完整的段落演示及在拍摄现场的采访等。《花样年华》在内地上映之际，《娱乐人物周刊》先对相关新闻进行了一定的报道，现场采访了王家卫、梁朝伟、张曼玉，紧接着就安排了“中场TV秀”。当吊起了观众的胃口，使其欲罢不能之时，又进入了“明星到场”单元，在演播室现场采访该片的男主角梁朝伟，同时还结合了网民的提问及事前采制的现场观众提问，较为充分地满足了观众对这一影片的娱乐需求。在这种“集团式”的展示中，营造出娱乐的情绪和氛围。

娱乐的资讯仅仅是一种内容特殊的资讯，而所谓娱乐化的资讯，就是被“娱乐”手段处理过的一般资讯。这种“娱乐化的资讯”中的“娱乐化”其实就是新闻的一种表达方式。资讯的娱乐化，实际是对资讯传达语境的个性化设计，也是将资讯传播人性化的尝试。央视新闻频道的早间新闻就颇有娱乐化的味道，主持人以稍带调侃的口吻发布着每条新闻，娱乐这种新表达方式给传统的新闻节目带来新的看点。

娱乐化的新闻资讯节目与娱乐的资讯节目有相似之处，那就是它们在内容上都偏重于软新闻，减少严肃新闻的比例，将名人趣事、日常事件、带煽情性和刺激性的犯罪新闻、暴力事件、灾害事件、体育新闻、花边新闻等软性内容作为新闻的重点。但与单纯的娱乐新闻不同的是，娱乐化了的资讯节目并不仅仅关注娱乐界的琐碎资讯和明星逸闻，而是竭力从严肃的政治、经济变动中挖掘其娱乐价值。此类的资讯节目在内容的表现形式上，强调故事性、情节性，走新闻故事化、新闻文学化道路。节目主持人也以调侃休闲的话语取代传统的播报方式，整个节目的布景，主

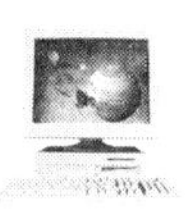

持人的着装、形体、色彩搭配上都实现生活化、趣味化，最大限度地实现节目的娱乐属性。当然不是任何新闻都可以娱乐化，娱乐化有它既定的题材和范围，一般社会新闻、文化新闻、体育新闻等与娱乐业紧密相关的内容才较可能做成娱乐化的风格。

4. 娱乐谈话类

由于电视谈话节目从它诞生之日起就以娱乐性为其特征，因此从广义上说，谈话节目都是具有娱乐性的。从狭义上来说，所谓娱乐谈话节目，是以谈话为载体，充分展现话语的幽默和情景的滑稽，极力营造轻松愉悦的收视氛围，以取悦观众。娱乐谈话类节目或具有娱乐的内容，如《超级访问》、《娱乐串串秀》、《艺术人生》、《鲁豫有约》等，这类节目多以娱乐人物作为嘉宾，或就娱乐圈的热点事件进行讨论；或谈话具有娱乐的形式，如《东方夜谭》、《锵锵三人行》等，这类节目娱乐的内容不是很多，但它的目的也是让观众觉得好笑、好玩，节目的诉求和娱乐节目相同，因此也属于娱乐谈话类节目。

在西方，尤其是在美国，电视谈话节目都被称为 Talk Show，港台媒介引进这一节目样式的时候将它形象地称为“脱口秀”。这一译法将美国“脱口秀”节目的精髓体现得很传神：脱口而出、即兴发挥正是“脱口秀”的主要特征。与西方相比，中国的电视谈话节目从一开始就不是按照娱乐节目来运作，这和美国“脱口秀”有着本质的区别。中国的电视谈话节目更强调节目的“谈话”性质，它的目的是为人们提供一个相互沟通的场所，通过主持人、嘉宾以及现场观众在演播室的谈话，来引起全社会对某些问题的关注。

经过近十年的发展，电视谈话节目逐渐从只注重内容走向内容和形式的结合，越来越多的节目形态和电视技巧出现在娱乐谈话节目中，如《艺术人生》、《超级访问》、《东方夜谭》等娱乐谈话类节目异军突起。此外，越来越多的电视谈话节目在节目形式上体现出娱乐化趋势。这似乎预示着国内电视谈话节目正在经历着一次转型。同时，随着主管部门对谈话节目的限制逐渐放开，给国内“脱口秀”节目的出现提供了契机。一些与美国“脱口秀”具有相似特征的国产“脱口秀”也风风火火地发展起来，其代表如湖南电视台的《玫瑰之约》，凤凰卫视的《非常男女》、《性爱学分》，上海电视台的《相约星期六》等。

这些娱乐节目的内容多涉及男女之间的敏感区——情爱话题。由于情爱话题一向被公众视为“绝对隐私”，而窥探“隐私”又是观众好奇心理的普遍表现，同时这些娱乐节目主持人的主持又“深得人心”，这就使得这些娱乐节目更有观众“卖点”。整个节目加入了很多游戏的因素，娱乐性很强，因此，把它们归为谈话娱乐节目。

这类节目以演播室中的访谈部分为主，陌生男女在主持人的引导下，探讨家庭、婚姻、感情等方面的问题，然后互相选出自己中意的男女朋友，进行现场速配。

5. “真人秀”类

“真人秀”类节目，也有人称之为“游戏秀”、“真实电视”、“纪录片式的肥皂剧”等。自从1999年荷兰的“真人秀”类节目《老大哥》播出获得成功后，这种纪实性的游戏节目便风靡了整个世界，成为近年来在西方最为火爆的一种娱乐节目形式。

“真人秀”类节目基本上采用了纪录片的拍摄制作方式，表现真实人在真实场景中的活动情节，同时也有游戏、竞技比赛、荒岛及室内生活、记者的现场采访和脱口秀式的演播室访谈等。这是一种集纪录片、游戏、益智、竞技、谈话、新闻报道等多种形式，融知识性、娱乐性、可视性等多功能于一体的节目类型。

“真人秀”对应的英文名称为“Reality TV”或“Reality Show”。所谓“真人秀”节目是指：由普通的人(非扮演者)，在规定的情境中按照制定的游戏规则，围绕一个明确目的去做出自己的行动，同时被记录下来而做成一集节目。有人认为，“真人秀”节目是“制片方给选手提供一个封闭的环境，一个刺激的游戏规则，让选手在规定的情境里自行其是，然后对他们进行全天候、全方位的拍摄，真实记录他们的言行、情感、心理以及隐私，也有人称其为‘窥探电视’”①。

“真人秀”节目的火爆虽然是近几年的事，但它的产生可以追溯到20世纪中期。20世纪50年代，美国便出现了“真人秀”节目的雏形，如始于1948年拍摄真人生活的《公正的镜头》，50年代拍摄的《美国家庭滑稽录像》，以及1973年公共广播公司制作的追踪一个家庭一年内真实生活的《一个美国家庭》等，但当时这些节目的播出并没有造成太大的影响，直到1999年荷兰的《老大哥》节目播出后，才真正开始在全球范围内掀起了一股“真人秀”节目的收视狂潮。

《老大哥》这个节目的名字出自乔治·奥威尔的著名小说《1984》中的一句话：“老大哥在看着你呢。”节目游戏规则是：选择10名青年男女，让他们共同生活在一个特制的有着花园、游泳池、豪华家具的大房子里，大家共享一间卧室、一套起居室和卫生间。《老大哥》设置了25台摄像机，32个麦克风和40公里长的电缆，一天24小时记录他们的一举一动，制作成每天半小时或一小时的节目，向电视观众展示屋内发生的大事小事。

在共同生活的10周左右的时间里，选手们每周六要选出两个最不受欢迎的人。而每天守候在电视机前的狂热者们则用声讯电话，在这两人中选出一个他们

① 纪辛：《西部黄金卫视再造内容看点》，《国际广告》2003年第11期。

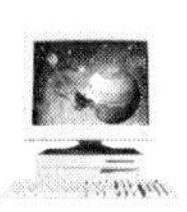

最不喜欢的、最没有人缘的选手出局。为了坚持到底获取 25 000 美元的奖金，选手们必须努力改变自己的态度和表现。

《老大哥》节目由 4 个基本元素构成：最原始的生活条件、竞争淘汰制、《老大哥》每周布置的任务和一个秘密"谈话室"。谈话室供选手们表达各自的想法、情绪，并说出他们希望淘汰的对象。《老大哥》现已成为全球最大的真人秀（或真实电视）节目之一，也是目前传播最广泛的"真实电视"节目。

《老大哥》的节目模式派生出大量的"真人秀"类节目，如《幸存者》、《诱惑岛》和《阁楼故事》等。《幸存者》节目是由美国哥伦比亚广播公司（CBS）于 2000 年 5 月开始推出的另一档风靡全球的真人秀节目。从近万名应征者中挑选出的 16 名参赛对象被送到一个荒岛上参加"幸存者"游戏。这 16 名男女选手在漫长的 4 个月时间里，既要迎接自然界的生存挑战，还得为在岛上"居留权"处心积虑绞尽脑汁，因为他们每周要召开一次"部族会议"，宣布将其中一个人逐出小岛。依此类推，经过 4 个月的"优胜劣汰"，最后一位岛上居留者将成为唯一的赢家，获得广播公司颁发的 100 万美元奖金。由于"游戏规则"规定人们可以发挥除暴力以外的任何手段，所以这实际上意味着竞赛者们除了极尽其说服能力外，还得把人性中最隐秘的一面——造谣中伤、欺软怕硬、欺骗狡诈发挥得淋漓尽致，才有可能最终获胜。

"真人秀"类节目虽然整个过程都是真人真事，但仍然只是一种基于真实的节目，是一种经过设计的真实。首先是参与人员的精挑细选；其次是特定环境和人物心态使节目具有一定的刺激性，人与人之间的争斗也具有很强的娱乐性，特定情境的设计和媒介所具有的距离感，又更加激发了这种娱乐性。游戏者虽然几个月每天都生活在镜头下，但是最后制作出来的节目毕竟只有几十小时，既是真实，又是一种浓缩过的具有表演性质的真实。

参与"真人秀"类节目游戏的已经不仅仅是因逐渐淘汰而减少的几名参赛者，人们通过观看和各种方式的参与而成为这一场真实娱乐中的一员。如《幸存者》节目吸引美国电视观众的总人数超过美国其他几大电视网观众人数的总和，达到了 4 000 万人，居美国电视节目收视率的首位。随着最后一位幸存者产生日子的临近，全美上下掀起了一股《幸存者》狂潮。不仅到处有这款节目的"模仿秀"，连最后 4 位幸存者的衣着、发型等在一夜之间都成了美国人的时尚。市场上充斥着有关这个游戏的书籍、录像带，几乎所有的酒吧都举行"幸存者"派对，并且向那些扮相最像最后 4 位"幸存者"的顾客颁发奖金，从而使游戏节目演变为举国上下的一场狂欢。

"真人秀"类节目在西方的电视屏幕上创下了收视率和广告收入的新纪录，在我国也产生了广泛的影响。中国"真人秀"节目的产生几乎与国外同步进行，广东

卫视成为中国本土第一个吃螃蟹的电视台，于2000年推出的《生存大挑战》成为中国本土最先涉足“真人秀”的节目。目前，这种“真人秀”节目仍在引导中国新一轮的娱乐节目潮流。除了像中央电视台和凤凰卫视直接引进播出外，由于社会形态，价值观和审美习惯等的不同，中国的“真人秀”节目从一开始就多是移植国外节目的形态，然后加入中国元素后才开始亮相本土。如维汉公司制作的《走进香格里拉》就是经过改造的《幸存者》类型节目，上视纪实频道和上海卫视联合制作的《走通黄浦江》节目，CCTV－2的假日特别节目《欢乐英雄》，北京维汉与湖南经视联合制作的《完美假期》，浙江卫视推出的《夺宝奇兵》，贵州卫视摄制的《星期四大挑战》等，节目形态较之国外更加复杂，往往融入了益智、竞技、综艺等多种元素。广东电视台在其《青春热浪》栏目中推出的《生存大挑战》的专题系列节目中，以一定情景设置，让青年去求生存，然后以摄像机跟踪偷拍的方法记录、制作节目。如让参赛的青年人只带着5元钱和身份证件去一个陌生的城市环境中生活两天一夜。在节目中，摄像机始终跟随其后，拍下了参赛者的不同表现。

尽管“真人秀”在中国只有几年的时间，但事实上已经走过了一个从兴起到衰落再到复兴的发展过程，节目形态也从单纯模仿到引进模式和自主设计进行多种尝试。以2003年中国电视“真人秀”论坛为标志，前期电视真人秀节目除《完美假期》外，其他节目几乎千篇一律是“野外生存挑战”类的“野外真人秀”，而后期则以“海选”、“全民娱乐”、“民间造星”为主要特征的“室内真人秀”。

2004年2月，湖南卫视以《美国偶像》为蓝本，推出一档全新的娱乐节目——《超级女声》，这种由地方电视台制作播出的电视娱乐节目，从湖南长沙开始，迅速波及广州、成都、杭州、郑州及武汉等地，使无数怀揣着梦想的女生纷至沓来，以致在全国演变成一场声势浩大的全民娱乐游戏，也形成一种独特的电视现象和文化现象。根据央视—索福瑞媒介调查公司对全国31座城市进行的收视调查，《超级女声》的播出让湖南卫视的白天收视率从0.5%上升到4.6%，市场占有率上升到20%，最高为49%，并且该活动播出时，同时段收视率仅次于中央电视台一套，排名全国第二名。

此后，上海东方卫视和中央电视台也分别推出两档同类型节目《莱卡我型我秀》和《梦想中国》。《梦想中国》是央视品牌栏目《非常6＋1》的特别版，上海东方电视台在“真人秀”节目的制作上与湖南卫视打起了擂台，分别于2006年和2007年推出的两档节目《加油，好男儿》和《舞林大会》将这种“真人秀”再次推向了一个新的高潮，大有进入全民狂欢时代的迹象。

根据上海文广新闻传媒集团节目研发中心推出的《07－08节目模式报告》，2007年以来，欧美国家新推的流行节目真人秀并正在播出的如下——

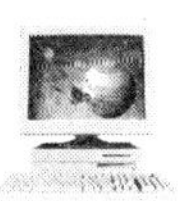

（1）荷兰《为了慈善》：每期节目跟踪拍摄某个个人或团队，表现他们为建立自己的慈善组织而放弃个人利益的过程。

（2）美国《造型师》：每星期，来自两个小镇的发型师为人们设计发型，获胜者获得“银剪刀”的称号。

（3）英国《WAG的流行服饰小店》：两支队伍在伦敦各自建立、经营流行服饰小店并相互竞争，最后由获利最多的赢得冠军。

就人的心理而言，真实娱乐节目的产生本身就是个契合现代人心理的创意，这种真实娱乐节目满足了人类的好奇天性，让人在一个不受特定道德规范约束的情况下满足自己的窥视欲望。因此，这种真实与扮演结合的真实娱乐节目成为近年来颇受欢迎的一种娱乐节目类型。纪实和娱乐之间不是不可以逾越的，真实性娱乐节目的隐含意蕴就在于模糊了现实与游戏的界限，以挑选出的个体的实践行为在集体的意念上使得游戏与生活内外融为一体，让人们在一个意念的模糊地带去感知一些隐隐约约的冒险与冲动，既有刺激又没有逾矩。

社会发展到今天，娱乐已经渗透到了生存活动的各个方面，人们也有了更大娱乐游戏的时间和精力，节目也因此有了更大的市场。在围绕着对人天性的满足和调动中，电视娱乐节目还在不断发展。

二、电视娱乐节目的特征

表面上看来，娱乐节目形式上出现了很大的变革，传统的歌伴舞、舞伴歌，相声加小品的晚会形式被多姿多彩的形式所取代，各种游戏、竞技填充在节目之内。不仅如此，娱乐性节目与传统的综艺节目在文化内质上也有了本质的区别，那就是：拒斥和取消电视文化所透射的意义和价值，淡化与解构了传统综艺教育、导向功能，对严肃审美基调进行革命性颠覆，对纯娱乐性极度推崇。

1. 无价值深度的、轻松的游戏

当前的娱乐节目正是以这样一种娱乐倡导者的形象出现在观众面前的。这些娱乐性节目，提供的大多是一些无深度但却轻松、流畅的情节和场景、令人兴奋而又眩晕的视听时空，是消除了时间感、历史意识、与现实生存的真实性联系的自我封闭的文本游戏。在这些娱乐性节目中，文化的认知功能、教育功能，甚至审美功能都受到了抑制，而强化和突出了它的感官刺激功能、游戏功能和娱乐功能。有娱乐节目的主创人员甚至直言不讳：“我们的节目就是玩，就是娱乐。”即使有些娱乐性节目的创作人员认为他们的节目依然具有寓教于乐的特征，但揭开表象可以看到，目前所有的娱乐节目的主持人、嘉宾、现场观众完全本着游戏、找乐的调侃态度

来参加，玩乐占据节目的主体地位；节目的最终目的不再是为了教给人们某种知识，让观众得到启迪，“玩”才是节目最本质的追求；它抛弃了“寓教于乐”的传统模式，更倾向于给观众带来感官上的轻松愉悦。

这些娱乐节目都有一个共同点：即对崇高感、悲剧感、使命感、责任感的放弃和疏离，过去文化中那些引以为豪的东西，如深度、焦虑、恐惧、永恒的情感被淡化，取而代之的是一个个世俗梦想、儿童乐园和文化游戏，它不需要我们殚精竭虑，它甚至可以把我们的智力消耗降低到几近于零。这是一个巨大的诱惑，它用对矫情的贵族意识的嘲笑、对那些虚伪的道德寓言和价值观念的瓦解，以及那种进退自如、宠辱不惊，超然于胜利与失败之上的人生态度，为处在生存压力下的大众允诺了一种“解放”；它兴高采烈地抛弃了那些由意义、信念、价值强加给人们的重负；它是非常放松的娱乐，是一次性的消费文化；它是一种近乎表层化、平面性的节目形态；它不要道德劝诫，不要知识灌输，不要心智的深入思考，主题模糊随意，以游戏为主体，有时甚至显得场面混乱和狂欢化；结构也很散漫，主持人和嘉宾一种满不在乎的态度满足了人们一种游戏的天性和放松的欲望。娱乐性节目带来了一股叛逆精神，它消解了综艺节目中的教导权威地位，将娱乐简单化、纯粹化了。

2. 平民性、互动性的现场

娱乐节目的最新发展是日益向平民化靠近，平民化节目的特征是反映普通人的生活，满足普通人的参与欲望和兴趣，全方位地表现出“平民意识”。首先是参赛选手的平民化，无论是中国的《星光大道》，还是美国的《美国偶像》，都体现出一种媒体的草根倾向、平民意识。从《美国偶像》的形式与规则看，其实就是一个平民歌手选拔赛。节目制作者的宗旨就是为有音乐才华的普通人提供一个舞台，通过有戏剧冲突的比赛进行选秀，直至达到总统选举式的节目高潮。

其次是节目主持风格的平民化，以前主持人声音的处理原则是在咬词吐字上下工夫，既夸张又严肃，现在讲求自然亲切。

再次就是娱乐节目十分强调观众参与，强调互动，非常注意人际交流整体氛围的传播。现场保留了很多自然生发的内容，画面容易制造激情，特别是在直播类节目中，画面内容的节奏和观赏心理的情绪相互激荡，构成一个交融一体的传播空间，台上台下打成一片。从传播角度而言，电视娱乐节目进行的是一种多点对多点的群体式的传播，讲求的是一种情感的互动和交流，所提供的是群众性的娱乐活动，是一个可以充分拓展的时空。观众是游戏节目的再创造者。屏幕内观众的参与直接联系到屏幕外观众的参与，而观众的参与直接影响到节目的质量，影响到节目的存在价值。这样的节目让观众感觉不仅仅是在看电视，而且还在和嘉宾以及

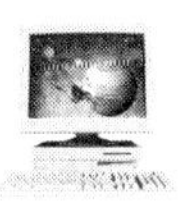

场内的人一起活动，不仅调动了现场观众，活跃了现场的气氛，拉近了普通人与明星之间的距离，也调动了电视机前观众的情绪，缩短了电视与观众的距离。应该说，这是一种进步。

观众通过发手机短信等形式，参与投票，决定娱乐节目选手的最后去留，是互动的第二种表现形式。《美国偶像》2004 年 5 月决赛时，吸引了 6 500 万人次投票，相当于 2000 年美国总统选举投票人数。《超级女声》在 2005 年单场手机短信收入就超过了 1 500 万元，可见投票互动的巨大社会效应和经济收益。

3. 类型化、模式化的制作

类型化的概念来源类型电影（或称样式电影），是好莱坞技术主义电影在全盛时期所特有的一种影片创作方法，即一种艺术产品标准化的规范。在一个商业化的美国社会里，当一种类型影片受到观众的欢迎后，制片商就对这种类型不断复制。这种经过市场检验的类型影片可以最大限度地避免盲目创新而带来的巨大经济损失。

借用到电视媒介中，这种模式化的运作方法在"真人秀"类节目中也获得了成功的验证。《生存者》(CBS)于 2000 年 5 月开始推出，在每周四晚上八点的黄金时段播出。开播第二周，其收视率就跃居至当时全美黄金时段榜首，广告收入也随之大涨，最高价格达到每 30 秒 60 万美元，创下了单集 3 600 万美元的天价。最后一集大结局播出时，当晚的收视观众超过美国其他几大电视网观众总和，全美约有 44%的家庭收看。

《生存者》第一季让 CBS 打了个翻身仗，其总收视率从美国四大电视网的最后一名一跃而上。因此，《生存者》又接着从 2001 年 1 月至 2005 年 9 月，连续制作了第二季至第十一季节目，并打破了每年只推出一季新节目的惯例，在每年春、秋分别推出两季节目，尽管后来受到《美国偶像》的冲击，但还是取得了不错的成绩，这就是类型化电视的魅力。

目前，我国的娱乐节目多为"拿来主义"，有的直接引进，有的移植过来。比如，中央电视台的《城市之间》就是法国《城市之间》的中国版。收视率极高的湖南卫视的《快乐大本营》与香港 10 年前的《综艺 60 分》同出一辙。《玫瑰之约》、《相约星期六》则如同台湾的《非常男女》。其他的栏目《欢乐总动员》、《假日总动员》等节目则更像是《快乐大本营》的北京版、浙江版。

实际上，当一个概念被集体性地一再重复时，它所意味的不再是类型电视的魅力，而是节目的匮乏。所以当打着"快乐"、"幸运"、"欢乐"等旗号的娱乐节目一拥而上的时候，它意味着其实是人们在这方面的需求没有被真正满足。同一层面的

重复起到的是一种隔靴搔痒的作用，并将最终连这种浅层次的快乐都消失殆尽。

4. 商业性、博彩性的刺激

娱乐性节目让观众得到娱乐的目的是为了什么？最终是为了赢得高收视率，获取经济效益。不论是请明星嘉宾出场表演比赛，还是以热线电话抽奖，都是为了吸引场外观众的参与；不论是新鲜的招数、有趣的游戏、火爆的场面、快速的节奏，还是礼品、钻戒、出境旅游等数额巨大的奖品，甚至比较浅俗的节目格调，都是为了聚集广告客户。娱乐性节目迎合了观众的欣赏口味，用娱乐找到了经济效益，这就是它的商业运作模式。

电视娱乐节目是消费性的娱乐，是一种商业娱乐。在引导观众走进游戏的欢乐之时，也使人们感受到了浓浓的商业气息。几乎每台节目都设有幸运抽奖，奖品价值动辄成千上万，有些节目甚至当场发给现金。《生存者》、《百万富翁》奖金都高达百万美元、百万英镑。此外，节目主持人在演播过程中不时介绍企业、产品，或者请赞助商讲话，都使娱乐节目呈现出浓浓的商业味，为娱乐节目打上了浓厚的博彩特征。

5. 约束性、操作性的游戏规则

节目运作中的规则是游戏节目非常重要的因素。“所有的游戏都有其规则。它们决定着由游戏划分出的这个暂时世界中所尊崇的东西。比赛规则是完全无情且不容置疑的，因为规则所蕴含的原则是不容摇撼的真理。”①电视游戏节目的成功与否，关键就在于游戏规则、游戏环节设置的严谨性，操作的公平性和制作的可复制性。《星光大道》节目每期不变的即是 4 个环节的规则性，可变的则是每期参赛对象的不同，因此，每期节目都能给人以全新的感觉。《美国偶像》和《生存者》的成功制作，也在于其不变的坚守游戏规则，可变的生存环境和参赛选手。

《生存者》从 2000 年 5 月第一季，到 2005 年 9 月第十一季，游戏环境绝不相同，分别是婆罗洲、澳大利亚内陆、非洲、马克萨斯群岛、泰国、亚马孙、珍珠群岛、瓦努图、帕劳、危地马拉等。16 名参赛选手分别来自不同的地方，职业五花八门，年龄层也是老少搭配，参赛者的种族、性格和政治观点也多有不同，充分代表了美国社会的各个阶层，成为一个当代美国社会缩影，这也是为了吸引美国社会各阶层人员的广泛观看。

① 〔荷兰〕约翰·赫伊津哈：《游戏的人——关于文化的游戏成分的研究》，中国美术出版社 1996 年版，第 13 页。

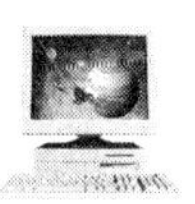

《生存者》游戏全过程一般分为三个阶段，第一阶段为团体间竞赛；第二阶段为个人间竞赛；第三阶段为最后对决。每一阶段的一个游戏进程持续三天，由若干竞赛项目胜出者决定淘汰人员，直到最后一个幸存者的诞生。

《美国偶像》于2002年6月登陆美国后，也获得巨大成功。其节目规则类似于业余歌手大奖赛，即最初从全国报名到歌手参加比赛、评委点评，再到观众投票选拔，直到最后优胜者诞生并签约唱片公司。其游戏规则与基本样式为4个阶段比赛过程：第一阶段为初选阶段；第二阶段为比赛阶段，评委根据选手的综合表现选出30个人；第三阶段为淘汰赛，历时3周，将30个选手分成3组，每组10人，观众投票选出3个最喜爱的歌手。这样有9人进入决赛。同时，评委们从其余的21人中选出1个幸运儿，共10人进入总决赛。第四阶段为决赛阶段，产生出最终的超级明星。

真人秀节目由于没有剧本，因此，规则设置就成为这类节目的核心，而对规则的描述和设计就成为一种节目模式，对模式的总结有利于节目制作公司（部门）提高制作水平。

第二节　电视娱乐节目的消费语境

在社会生活中，如果某一种社会现象突然、普遍地影响到人们的社会生活，并广泛受到社会的欢迎，我们称之为“热”，如房地产热、开发区热等。随着社会政治、经济的变化，消费主义观念开始渗透到电视娱乐节目创作和传播过程中，在社会上迅速形成一种娱乐电视潮流。

一、消费文化的滥觞

消费文化的滥觞并迅速在全球范围内蔓延，为“真实电视”等娱乐节目的风行提供了土壤。

消费文化本质上是种快感文化。在这样的文化状态下，大众文化生产会吸纳一切有消费潜能和娱乐价值的资源，包括我们的生存，我们的人际关系，我们的感情。在《老大哥》中，人们消费的是同居一室的男女情感与关系；在《生存者》中，人们消费的是残酷竞争中的钩心斗角。

消费文化也是一种商业文化。商业和资本逻辑已成为电视媒体背后越来越重要的“看不见的手”。追求收视率已成为电视媒体的重要目标。

哈贝马斯在论述“公共领域”如何在商业化的力量之下成为文化消费的领域时说过：曾经作为理性——批判论争私人场所的公共领域，逐渐蜕变为一个文化消

费的领域。而大众媒体由于商业化必然走向非政治化、个人化和煽情，并以此作为促销手段。

电视的商业化趋势使得电视的娱乐节目获得了合法性的发展空间，而娱乐节目又一直是西方商业电视提高收视率的重头戏。在目前，我国电视既要服从主流意识形态，又要服从市场逻辑。市场和意识形态因素的共同作用使得电视的观念和运作方式发生了很大变化，而且，二者可通过策略化运作达到一种共谋，形成一种基本的策略：爱国、民族、集体主义精神＋男女情感或复杂的人际关系模式。

有人说，中国的观众是靠电视剧培养起来的，电视的故事化已成为节目生产的一种泛文化背景。即便是新闻报道，也较为重视新闻事件的故事性，突出事件的冲突和矛盾，如《焦点访谈》、《新闻调查》等。

大众文化的兴起彰显了普通民众和消费者的地位，使电视的平民化和日常化成为一种潮流。“讲述老百姓自己的故事”，成为当下一种电视理念。日常生活中的小人物往往更容易获得人们的喜爱和认可，因此，日常化已成为一种文化征候。

二、电视娱乐节目的“热潮”

20世纪末以来我国电视出现“娱乐节目热”，虽然电视批评界对于电视娱乐节目缺乏深层次的理性研究，但还是有些专家学者和电视界从业人员关注到这个问题，对此进行探讨。如李立的《电视娱乐热留给我们的思考》(《现代传播》2000年第2期)，刘宏的《透视中国电视的娱乐节目热》(《新闻战线》2000年第6期)，《娱乐节目何以再度火爆?》(《电视研究》1999年第2期)，对电视娱乐热现象进行了探讨。具体说来，“电视娱乐节目热”体现在以下几个方面。

1. 媒体“热”播

电视娱乐节目兴起于20世纪80年代末，90年代初在我国迅速发展，有的开办专门性电视游戏节目，如上海电视台的《智力大冲浪》、东方电视台的《快乐大转盘》等；有的在社教类栏目中设立电视游戏节目的小板块，不过当时并未形成“娱乐热”。

20世纪90年代中期，以《综艺大观》为代表，形成“综艺节目热”。90年代末期，自湖南卫视的《快乐大本营》推出之后，游戏、明星、奖品，这种种“刺激”在把观众充分调动起来的同时，节目的高收视率也把全国的电视台调动起来了。各地的同类节目纷纷出笼，带动了全国电视的“快乐热”：像湖北台的《幸运千万家》、江苏台的《非常周末》、上海卫视的《幸福快车》、浙江台的《假日总动员》、辽宁台的《七星大擂台》、云南台的《快乐周末》、山东台的《快乐星期天》、江西台的《非常快乐》、北

京台的《欢乐总动员》，而且这些栏目大多是上星的节目，全国都能看到。在这股“娱乐”风潮中，中央电视台也概莫能外，闻风而动，体育部从法国引进《城市之间》，经济部从英国引进了《幸运52》等。新世纪之交，以《生存者》、《超级女声》为代表，又在全球形成真人秀节目热潮。

2. 观众“热”看

“电视娱乐热”让观众过足了“娱乐”瘾。每逢“非常周末”，观众就会“欢乐总动员”，搭上“幸福快车”，走进“快乐大本营”，摆起“七星大擂台”，相约“非常男女”，过一个“快乐星期天”。“娱乐”旋风感染了电视界，也形成了一股收视热潮，特别是在青少年观众中受到普遍欢迎。人们对娱乐类节目的喜爱程度，可从收视率调查中窥见一斑。据中国人民大学舆论研究所2000年5月进行的“北京居民电视收视行为与收视意愿的调查”显示，“北京人每天收看娱乐综艺类节目的平均时长为46.3分钟，这一收视时长在本次调查所列的11类电视节目中，仅次于影视剧节目(74.8分钟)，高于时事新闻类节目(38.3分钟)，位居第二。”对这次调查数据的进一步分析表明，“目前在北京地区电视传播市场上，各类电视节目的收视份额为：(1) 影视剧类，占23.4%；(2) 娱乐综艺类，占14.5%；(3) 时事新闻类，占12.0%；(4) 体育类，占9.3%；(5) 音乐戏剧类，占9.2%；(6) 法制类，占8.1%；(7) 青少年类，占5.5%；(8) 生活服务类，占5.3%；(9) 科技教育类，占4.6%；(10) 专题类，占4.4%；(11) 经济类，占3.7%。换言之，在北京人每100分钟的收视选择中，有23.4分钟是用于收看影视剧类电视节目；有14.5分钟是用于收看娱乐综艺类电视节目(约占电视收视市场份额的1/7)。”①就全国而言，据上海电视节CSM媒介研究《中国电视综艺娱乐节目市场报告2006—2007》，2005年我国电视综艺节目播出总量为14万小时，其中真人秀节目在全国范围内大规模举行，使得2005年观众收看娱乐节目时间大大增长，占总收视时长的7.4%。

观众不仅“热”收看，而且积极参与电视娱乐节目的项目中，如做电视台的嘉宾或现场观众，虽然直接参与节目的观众和嘉宾只是一小部分人，然而通过参与电视节目的有奖竞猜和热线电话，则是一个庞大的观众群体。

《新周刊》通过观众每年投票选出的年度最佳电视节目显示，娱乐节目往往榜上有名，并居前列。对此该刊大加评论说：对游戏精神的鲜活演绎和大胆倡导，不仅为中国电视，更为中国人的生活注入新鲜元素，其热烈的现场气氛，成功营造出电视与观众的兴奋点，而其层出不穷的游戏样式更是充分代表了娱乐节目不断创

① 喻国明：《关于大众娱乐类节目的走向与思考》，现代传播2001年第1期，第84页。

新的趋势。

3. 市场“热”销

娱乐节目观众“热”看，媒体“热”播，市场自然“热”销，娱乐节目做得好的电视台和制作公司由此获得了非常可观的经济效益。靠《快乐大本营》和《玫瑰之约》在全国声名鹊起的湖南卫视就不用说了，另一个靠娱乐节目起家的新秀——北京光线电视策划研究中心，靠10万元起家，以小作坊的方式制作完成了一档将新闻信息与娱乐相融合的独创性节目《中国娱乐报道》(现改名为《娱乐现场》)，向全国推出一年多时间，就已在全国300多家电视台签约播出，现在该公司资产已过亿元。香港亚洲电视台也正是靠引进的娱乐节目《谁想成为百万富翁》，于2001年7月彻底打败了它的长期强劲对手无线电视台的百战百胜的港姐竞选。《谁想成为百万富翁》其实就是知识竞赛而已，只不过，它把竞赛的奖金额多加了几个零，而正是这几个零，创造了疯狂的知识经济。虽说强劲的参赛对手可从节目娱乐现场赢得百万甚至数百万大奖，但制作节目的媒体却能获得数十倍的巨额经济效益。2005年《超级女声》的火爆就带动了湖南电视台的广告收入，其综艺节目广告投放额达到8.39亿元。2006年《超级女声》广告招标，就凭标的物揽入1.337 6亿元。而中央电视台第三套更以17.52亿元的广告投放额排在全国综艺娱乐节目广告投放的首位。

三、娱乐节目的接受心理

不论电视的本质是以娱乐消遣为主还是以实用为主，“娱乐”是电视传播的一个非常重要的功能，这一点是毋庸置疑的。所谓“娱乐”，就是获得感性愉悦或使人获得感性愉悦之意。按通常理解，审美文化(如各种艺术活动)的主要目的正是要使人获得娱乐。但由于我国的特殊国情，从我国电视诞生的那天起，电视就确定为党的新闻宣传机关。长期以来，电视台本身被视为是一个制度性的象征和代言人，它的职能是对受众进行引导和教育，按照集体升华的模式来聚合电视受众。看电视只是一种集体行为，或者说是一种社会性行为。电视主要承载的是宣传、教化、导向、信息传递等功能，电视的娱乐功能被有意地忽视了。

中央电视台的前身——北京电视台，于1958年9月2日正式播出时就确定：电视台是综合性质的宣传机关。电视台的任务是：宣传政治任务；传播科学技术知识；充实群众娱乐生活，但实际上，娱乐功能被削弱。虽然从1961年到1963年共举办过三次《笑》的晚会，但由于当时阶级斗争扩大化的影响，许多节目被禁播，《笑》的晚会中还有许多节目受批判，此后文艺节目的选择范围越来越窄。到“文化

大革命"时，以前所制定的"宣传政治，传播知识，丰富人民文化生活"的电视节目方针被斥之为"修正主义"而予以否定。所办的知识性、教育性、娱乐性节目被说成是封、资、修，受到批判和取消。当时的文艺节目只播《东方红》、"八个样板戏"和"老三战"(《地道战》、《地雷战》、《南征北战》)。粉碎"四人帮"后，文艺工作开始复苏，1979 年 1 月 28 日春节，中央电视台举办迎新春文艺晚会。1981 年后，中央电视台开辟了文艺栏目，并且每年举办大型综合晚会节目和智力竞赛节目，80 年代后出现了《正大综艺》、《综艺大观》等综艺节目。传统的综艺节目，如各种主题文艺晚会、节庆晚会，宣传色彩浓郁，强调主题的宏大，突出的是教育功能。虽然当时社会呼唤电视的"娱乐"进入人们的生活，但这种呼声太微弱。

20 世纪 90 年代中期，电视媒体在主观诉求上开始有了更好地满足人们日益增长的物质和文化生活需要的强烈愿望。电视媒体也开始在遵守法律和游戏规则的情况下追求利益最大化。因此，在遥控器时代，电视媒体必须用新的方式接近观众。其中，最直接的就是要让观众有视觉的狂欢感。

视觉狂欢在此指的是一种把传统的戏剧元素与创造性的摄像和制作技巧结合起来的全新感受，具有视觉上的冲击力。不管这种冲击是来自对节奏的把握，还是视觉设计本身独特的视角，要给人一种完全的视觉的启迪，在一种共生和相互转换中产生新的内涵，让人看了之后产生新的视觉概念。显而易见，娱乐节目无疑是最能实现视觉狂欢的。

游戏娱乐是人的一种本能，它是无时无刻不通过其他样式来表达的，当前游戏娱乐节目的走红实际上是人们把游戏娱乐的本能愿望通过电视来宣泄、来表达。不过，所有的补偿都是阶段性补偿，一个浪潮的兴起是对过去开发不足的补偿，一旦补偿到位，它的历史使命就完成了，它就变成了一种常规的观念和常规的样式。这种波折起伏的过程，是世界各种文化发展过程中共有的经历，也是受众接收心理变化使然。

心理因素可用来解释人们使用媒体的动机和来源。按照心理学的一般观点，人的行为是由动机支配的，而动机是由需要引起的。所谓需要，就是客观刺激通过人体感官作用于人脑所引起的某种缺乏状态。客观刺激，既指人体外部的，也指人体内部的；可以是物质的，也可以是精神的；或兼而有之。

动机引起行为，维持行为，并引导行为去满足某种需要。动机源于需要，当人产生某种需要而又未能得到满足时，人体内便出现某种紧张状态，形成一种内在动力，促使人去采取满足需要的行动，这就是心理学上所说的动机。

行为决定于动机，动机来源于需要。但是，并不是说，有某种需要，就一定产生某种动机；也不是说，有某种动机，就一定发生某种行为。因为，一个人同时可能存

在多种需要，不是每一种需要都产生动机，也不是每一种动机都引起行为。动机之间不但有强弱之分，而且有矛盾和冲突，只有最强烈的动机即"优势动机"才能导致行为。根据消费者的需要设置某些刺激物，激发足以引起消费者行为的"优势动机"，这在市场营销学中叫"激励"。

在西方，现代最流行的激励（动机形成）理论有两种：一是西格蒙德·弗洛伊德的理论；二是阿伯拉罕·马斯洛的理论。

弗洛伊德的动机形成理论的主要意义是：它指出了消费者行为同时受到心理和产品两方面因素所激励；而马斯洛的动机形成理论又被称为"需要层次理论"（Hierarchy of Needs），这种理论认为：人是有需要和欲望的，随时有待满足，需要的是什么，要看满足的是什么，已满足的需要不会形成动机，只有未满足的需要才会形成导致行为的动机；人的需要是从低级到高级具有不同层次的，只有当低一级的需要得到相对满足时，高一级的需要才会起主导作用，形成支配人的行为的动机。马斯洛将人的需要分为从低到高五个层次：生理的需要、安全的需要、社交的需要、尊重的需要、自我实现的需要。

近年来，随着社会主义市场经济建设的快速发展，我国城镇居民的收入大幅度增加，消费结构继续改善。因而，生理需要、安全需要基本上获得满足以后，我国的公众便产生了更高层次的需要。由于现代竞争的加剧，生活节奏的变快，使得人们需要一种文化形式，以解脱烦恼、消除疲劳，他们不求严肃、高雅，而是寻求轻松、流行、时尚和刺激。

现在流行的多种多样的娱乐节目，拒斥和取消电视文化所透射的意义和价值，淡化与解构传统综艺教育、导向功能，对严肃审美基调进行革命性颠覆，对纯娱乐性极度推崇，正是与人们的心理需要相契合。

（1）情感宣泄。现代社会激烈的竞争使人们普遍背负着沉重的心理压力，这些心理压力一方面可转化为动力，使人们在物质生产领域不断进取以求改变现状；另一方面，按弗洛伊德的理论，压力还可通过移情的方法在非现实的虚拟空间获得释放。在游戏类娱乐节目中，人们在夸张、怪诞的游戏情境中暂时忘却了现实的烦恼，使平日被压抑的情感得以宣泄。

（2）对抗心理。人的潜意识深处隐藏着不为人所察觉的战争情结，即对抗、胜负心理，并潜意识地渴望自己在对抗中处于优胜的地位，为他人所关注。在游戏、竞赛制造的假战争情境中观众的自我意识得到极大的突现，完成了向征服者的过渡。

（3）游戏心理。新型娱乐节目制定了游戏规则并被主持人再三强调，但在游戏中却又在嬉笑怒骂间不把它当一回事，迎合了人们潜意识深处渴望游戏人生，冲

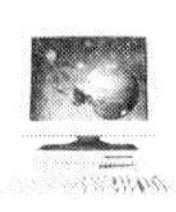

破现实樊篱的欲望。

(4) 窥视心理。人的潜意识深处希望了解别人秘密的心理,如婚恋类娱乐节目和"真人秀"类节目。这类节目满足了人类的好奇天性,让人们在不受特定道德规范约束的情况下满足自己的窥视欲望。

(5) 参与心理。如今的游戏节目真可以说是台上台下不分了。在观众参与意识越来越强、电视也越来越迎合这种参与意识的过程中,我们觉得观众越来越关注的并不是节目的本身,而是节目现场和背后的东西。看惯了或看多了精心制作好的节目,了解现场和幕后的情景成了人们的渴望。满足了观众的这种探知欲和参与感,电视节目才能真正吸引人。观众的参与直接成为节目的构成元素。在互动中,观众利用自己的主动参与进行生存的观照,心灵的交流,电视艺术将更为平民化,艺术由此而有了更深远的意义。

按照市场营销学的解释,在消费者购买动机的形成过程中,内在需要是产生购买动机的根本原因,而外界刺激因素包括商品实体和促销服务的刺激,如商品良好的质量、精致漂亮的包装等,也是激发消费者购买动机的重要原因。也就是说消费者购买动机是消费者内在需要与外界刺激相结合,使主体产生一种动力而形成的。我国出现"电视娱乐热"现象,观众之所以对娱乐节目"热"收看,从社会心理学和市场营销学的角度来看,就是因为一方面我国观众有强烈的娱乐的需要,另一方面,现在的娱乐节目与以前以宣传教育为主的综艺节目相比,更能给观众带来一种视觉的狂欢,具有更纯粹的娱乐性、更强的互动性等特点,能满足观众多方面的娱乐需求。

娱乐节目用对矫情的贵族意识的嘲笑、对那些虚伪的道德寓言和价值观念的瓦解,以及那种进退自如、宠辱不惊,超然于胜利与失败之上的人生态度,为处在生存压力下的大众允诺了一种文"解放",观众看娱乐节目时"不需要去仰视一种崇高的大雅,而是在全身心地去体味其中的乐趣"①。娱乐节目兴高采烈地抛弃了那些由意义、信念、价值强加给人们的重负,它提供的是一个欢乐的平面,一个世俗化的万众同乐世界。它以纯娱乐性、消遣性和平民化掀起了对电视综艺节目的一次激烈的改革。

纵观娱乐节目特征——无价值深度、轻松的游戏,类型化、模式化的泛滥,商业性、博彩的狂欢,平民化、互动的现场等等,不难发现娱乐节目的这些特征充满了大众文化的特征,强化了世俗的认同,是一种消费性的文化。娱乐节目的这些特征正好与大众文化和后现代文化的特征相吻合,它实际上与大众文化和后现代文化思

① 舒伯:《简论电视游戏栏目的审美取向》,《荧屏世界》1996 年版,第 2 页。

潮一脉相承，打上了大众文化和后现代文化的烙印。

大众文化是一种很晚才出现的文化现象，有学者认为："大众文化是指一种随社会发展而出现的信息化、商业化、产业化的现代文化形态。"①还有学者进一步从大众传播的意义上，对大众文化作了这样的界定："大众文化是在工业社会中产生，以都市大众为其消费对象，通过大众传播媒介传播的无深度的、模式化的、易复制的、按照市场规律批量生产的文化产品。"②

从制作动机上看，大众文化不是创作主体为抒发个人意志、探索未知领域、拓展精神领域而进行的创作，而是以利益驱动、被市场控制的行为；从制作方式上，它不是个体精神激发下的灵感张扬与技艺展示，而是以科技促进的，以大规模协作拼凑、反复制作播出的；从制作机理上，它追求时尚，制造和追随潮流，把深度平面化，它以感官刺激为最高标准而不是追求对深度的发掘和对灵魂的探究；从产品形式上，它又具有图像性，以曲折的线条、缤纷的色彩、感人的形态去刺激受众的感官。大众文化通常被认为是一种后现代文化。

后现代主义文化是一种世界性的社会文化思潮，它于20世纪60年代兴起于美国，迅速波及整个西方发达工业社会并逐步影响到其他地区。它是指建立在高度发达富裕的经济生活基础之上的，生长于信息社会条件下的，以大众闲暇为消费条件的，以满足大众精神消费欲望来赢利的一种新兴文化。商品性和娱乐性无疑是其本质的特征。这意味着后现代主义不再具有超越性，它不再对精神、价值、终极关怀、真理、美善之类超越价值感兴趣，后现代在琐碎的环境中沉醉于愉悦之中。

后现代文化是以解构主义哲学为基础的，是"消费的"、"闲暇的""大众文化"，而不是"审美的"、"严肃的""精英文化"，是对传统文化风格的审美基调的一次深刻的"裂变"。后现代主义文化已经完全大众化，高雅文化和通俗文化、纯文学与俗文学的界限基本消失。商品化进入文化意味着艺术作品正成为商品，甚至艺术美学理论和文化理论本身，也成了商品，商品化的逻辑浸渍到人们的思维，也弥散到文化的逻辑中去了。至此，"后现代文化宣布自己已从过去那种特定的文化圈层中扩展出来，打破了艺术与生活的界限，文化彻底置入了人们的日常生活，并成为众多消费品中的一类。"③"后现代主义宣布：我们追求的是大众化，而不是高雅。我们的目标是给人以愉悦。"詹姆逊曾这样描述："后现代主义文化已经无所不包了，文化和工业生产和商品已经是紧紧地结合在一起，……商品化的逻辑已经影响到人

① 孙占国：《论当前的大众文化形态》，《人民日报》1995年6月20日。
② 陈刚：《大众文化与当代乌托邦》，作家出版社1996年版，第22页。
③ 王岳川、尚水：《后现代主义文化与美学》，北京大学出版社1992年版，第25页。

们的思维。总之，后现代主义文化已经从过去那种特定的'文化圈层'中扩张出来，进入人们的日常生活，成为消费品。"①

大众文化对娱乐功能的强调舒展了人们的生命张力，那种肯定享乐、肯定现世利益、强化具体感受而拒绝超越、消解神圣、远离崇高的内质，正好迎合了人们的心理需要。大众文化关注现实生活，关注道德改良，注重文本的表层娱乐，对于被思想禁锢过久的中国人也是一种放松。而且，大众文化产品常借助大众喜闻乐见的形式出现，往往轻松而浅显，这对于文化素质相对较低的一部分观众来说是易于接受的形式，它的平民面孔使大众感到易于亲近，觉得轻松、愉快，相对于快节奏、日益紧张的生活是一种调剂。在日常生活领域，娱乐成为人们实际生活的一种新时尚，与80年代人们对严肃的理性反思的追求相比，不假思索的快节奏和轻松的享受似乎成了日常生活的本来面目。

所以，在社会文化转型的刺激下，随着科技的进步和大众传播媒介的普及，那些以娱乐消遣为目的的文化"快餐"几乎垄断了中国的文化市场：流行音乐、卡拉OK替代了古典音乐，迪斯科替代了芭蕾舞，通俗文学替代了严肃文学，亚文学替代了纯文学，千篇一律的肥皂剧替代了风格化的艺术电影。曾几何时，曾经令人肃然起敬的人道主义的责任感和使命感在各种戏谑调侃下变得虚弱，甚至虚伪，在一种以宣泄和释放为目的的消费文化铺天盖地的席卷下，那个悲壮而崇高的普罗米修斯形象似乎正在从中国文化中悄然淡出。到20世纪90年代末，以"娱乐"为特征的大众文化更是勃然兴起，成为一种消费和产业。

第三节　电视娱乐节目的文化批评

电视娱乐节目热现象的产生，是社会进步的一种表现，也是我国电视传媒功能进一步开发的结果。它不但丰富了大众文化生活，也造就了新的娱乐休闲观念。目前，大众的家庭休闲活动还主要依赖电视，因为电视在制造着流行，推动着时尚，它是大众文化中最活跃的一部分。不过，大众娱乐的"狂欢"，也难免泥沙俱下，以致在电视娱乐性节目中出现了一些格调低下、低级庸俗等不良倾向。为此，我国电视的最高政府主管部门，于2002年初发出通报，要求制止娱乐性节目中的不良倾向。

通报列举了娱乐节目出现的一些主要问题：一是胡乱调侃政治经济事件以及突发性事件，"戏说"我国发展市场经济过程中遇到的一些困难及"热点"问题；二是

---

① 詹姆逊：《后现代主义与文化理论》，北京大学出版社1998年版，第165页。

一些节目语言低俗、表演媚俗、动作无聊、创意荒唐；三是一些节目热衷于谈论女性身体；四是一些节目拿儿童的纯真开心取乐；五是一些节目聚焦"性"话题，以此来取悦观众；六是一些节目竞相抬高竞猜中奖的奖金额；七是一些节目主持人在主持节目时，学说一些不伦不类的"港台腔"。为此，通报提出一些改进意见和要求，强调了"唱响主旋律"，要加强对娱乐性综艺节目的管理，以确保娱乐性综艺节目的健康发展。

以上问题的表现，实际上反映了对电视媒介本质及功能的认识问题。针对这类问题，在电视传播界也曾引发了许多批评和争议，争论的焦点主要有三个方面。

一、电视的本质是以"娱乐"为主还是以"社会"功能为主？

关于电视的首要功能究竟是"育人"还是"娱人"的问题一直争论不休，以致有人提出疑问，电视究竟是新闻媒介，还是娱乐媒介？持前一种观点的人认为：电视应有社会责任，电视的社会功能不可动摇，电视应该把自己的位置放在时代、文化的中心，表现时代重大的主题，反映时代精神，追求高品位的审美。如果媒介内容培养的价值与教育相抵触，诸如享乐主义、缺乏纪律等都会抵消教育机构的努力，流于庸俗化的节目内容和格调不高的游戏设计，会对人们的生活态度和生活方式有一定的不良影响；强烈的物质和精神刺激，会给人的心理承受带来物极必反的不良影响；他们认为：所有的电视都是教育的电视，问题是在教什么，应寓教于乐。

持后一种观点的人则认为：电视是一种消费文化，是一种商业娱乐，不应承担过多的社会功能，不负有教育的重任。在未来十年里，板着面孔以教化为目的的电视节目将不复存在，会被淘汰出局。电视的娱乐功能将得到更大的强化。作为大众化的电视，其本质就是娱乐。这从目前在全国各地形势极为火爆的电视游戏娱乐节目中可得到充分的验证。

这场争论从 1999 年初春在北京举行的全国"电视游戏娱乐节目理论研讨会"上便可窥见一斑。会上，一种声音是"以电视节目策划人为代表，满怀激情地呼唤以电视娱乐节目为代表的大众文化的到来，认为作为大众文化的电视，其本质就是娱乐，娱乐节目其首要标准就是满足观众宣泄、好奇、刺激的需要，满足过一把瘾的感官享受……"另一种声音以专家、学者为代表，认为"伴随着大众文化的到来，电视的大众化不可避免，娱乐节目应在电视中占有一席之地，但应该坚信电视的社会功能是不能动摇的，因为对于中国人来说，游戏心态还未成熟，仍以社会使命感、忧患意识为重，创造游戏很难，呼吁大干快上的游戏节目赶快悬崖勒马"①。

---

① 李立：《电视娱乐热留给我们的思考》，《现代传播》2000 年第 2 期。

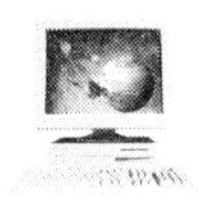

应该说，这两种话语的碰撞集中体现在对电视本体的认识上。电视到底是一个娱乐工具，还是一种观照现实的信息传媒？这两种功能哪个更接近电视传播的本质？游戏精神该不该倡导？

其实，远在电视诞生之时，这个问题就得到了回答。1936年11月2日，英国广播公司(BBC)在伦敦郊外的亚历山大宫转播了一场规模盛大的歌舞演出，从而宣告了世界电视的诞生。电视呱呱坠地时的这个最初的信号，就像咒语般地牢牢画定了此后电视传播的主体内容框架。在后来的近半个世纪中，在西方，电视和早期的电影一样，被看成是一种类似于"杂耍"的娱乐形式，娱乐观念已经渗透到了电视传播，尤其是商业电视的每一个环节。电视的主要社会职能似乎始终局限于为大众提供娱乐。各式各样的电视剧、旧影片、竞赛类娱乐节目充斥了屏幕，高雅的演出和低级的调笑交替登场。

与此相比，电视新闻节目则好像是一个迟到的配角。直到1948年，在美国才出现了世界上最早的电视新闻固定栏目。当年哥伦比亚广播公司(CBS)创办了简要式的新闻节目"电视新闻"，在美国东部时间晚上7:30播出；次年，全国广播公司(NBC)在晚上7:45播出"新闻片"节目；紧接着，美国广播公司(ABC)也在傍晚播出了新闻节目。而最早发展电视事业的英国，则迟至1950年才开办了第一个电视新闻栏目。直至今日，虽然电视新闻在电视节目系统中受到前所未有的重视，但在美国，电视还是主要被作为一个娱乐产业来看待的。

电视到底是一个娱乐工具，还是一种观照现实的信息传媒？这两种功能哪个更接近电视传播的本质？理论界对此也存在两种不同的看法。

在理论界，电视一直是被纳入"新闻媒介"这个范畴中来研究的。早在1948年，政治学家、传播学的先驱哈罗德·拉斯韦尔在提出大众媒介的社会功能的时候，仅仅指出了三项：① 监视环境；② 联系社会；③ 传递遗产。这三项社会功能无不和信息传播、社会现实有关，具有实用性。很显然，这主要是从传播的工具用途来谈的。至于新闻媒介"提供娱乐"的功能，则是在1975年，由社会学家查尔斯·赖特在《大众传播：功能的探讨》一书中补充了进来。

同传播的工具用途似乎形成对照的观点认为，我们在大众媒介中寻求大量的娱乐。即使在我们最认真的公开发言人中，即使在我们最严肃的报纸或新闻广播中，我们也重视轻松的风格。

以上所介绍的两方面的观点片面强调了某种功能。虽然电视是一种消费文化，是一种商业娱乐，但不等于电视的本质就是娱乐，娱乐和教育都是电视的功能之一。

正如施拉姆所评论："如果斯蒂芬森的著作读起来比较容易，而且如果他像麦克卢汉那样是一位新词的创造者，商业娱乐媒介本来可能选择他而不是选择麦克卢汉捧为名流。他的游戏理论比麦克卢汉的世界村的说法为盛行的媒介内容提出了更好的解释。人们一旦接触了这种构想高超的理论后，就再也不可能忽视传播的玩要——愉快因素的重要意义。”[①]施拉姆还认为：最有价值的是传播能给人带来快乐的与游戏相当的功能。

但是，施拉姆认为这一理论作为传播功能的全面解释，还是有缺陷的。毫无疑问，传播行为中有相当一部分可被称为是游戏，正如另外相当一部分可以被称为是工具行为，以及还有一些部分可以被称为是自我中心行为一样。它们之间的差别并不是多么明显，有许多自我中心的传播是游戏，因此也不难设想某种游戏是工具行为。

考虑到电视是儿童社会化过程中最有力的影响因素，电视的教育功能更不能忽视。

娱乐和教育都是电视的功能之一。电视的每一个本体建设阶段其实都是对于以往某种观念的开发不足或开发不到位的一种补偿。在我国，我们以往的电视过于重视说教，比较少地顾及它的游戏娱乐功能。而在美国，由于电视从一开始就是作为娱乐工具，忽略了其他功能，现在也开始注重新闻，注重社会功能。

美国媒介巨头、时代华纳副总裁、CNN总裁泰德·特纳在谈到当前美国的电视节目时，要求电视节目制作人清洁自己的言行。他称现在的电视愚蠢、低劣、糟糕，充满暴力。他认为电视对青年人思想的影响大于家庭、教堂、学校或政府。他认为世界上没有其他哪个产业像媒体这样有巨大的影响力。“我们有责任像牧师或大学校长那样去生产出一些值得生产的东西，但广播电视行业中太多的人太关注挣钱了。”[②]他呼吁电视节目制作人应该履行他们的职责，生产出他们引以为自豪的节目来。

二、娱乐节目是“社会麻醉剂”还是“社会减压阀”？

我们看娱乐节目是为了逃避现实？还是为了能更充分地去面对现实？传播游戏会不会把个人诱入现代生活中的奢侈享受，却不顾对个人或社会秩序造成的长期影响？

有专家认为，电视节目成了一种麻醉剂而不是一种推动力。电视节目，特别是娱乐节目对观众起到一种催眠作用。由于电视节目的轻松性和刺激性，收看电视

① 〔美〕威尔伯·施拉姆、威廉·波特：《传播学概论》，新华出版社1984年版，第29页。
② 胡正荣：《竞争·整合·发展——当代美国广播电视业考察（下）》，《现代传播》2003年第6期。

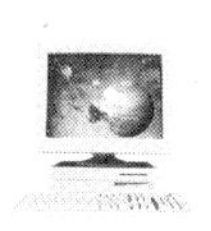

就成为一种不费脑筋、不费气力的事情，使人处于一种麻醉状态和睡眠状态。在这种日常的消遣中逐渐形成一种习惯，每天守着电视机消耗岁月，不愿或不能集中意志于艰苦做事。对电视娱乐的高度依赖心理，犹如烟瘾一样，造成对人的意志的消磨，使人思想疲软。

"从另一个角度看，电视也常常是一部残缺不全的世俗的百科全书；对于大众来说，电视像相互久已麻木了的情人；电视也是任谁都可以用来闲聊的超级公共茶馆；电视又是由一群出类拔萃之辈操作出来的平庸的'文化快餐'。"（尹吉男，1997）于是，人们被告知电视是散布愚昧的罪魁祸首，电视是一种社会麻醉剂，是一种旁观者文化。

曾任联合国教科文组织总干事的马约尔的论点也颇具代表性，一方面他认为："电视以其力度和敏锐能激发我们，使组织我们的感知的形式发生变化，并且，可能首先是它已经打开了我们的眼界，使我们知道，在我们的日常生活经验之外还有许许多多我们需要知道的。"另一方面，他也尖锐地指出："我们已经开始享用的自由也可能转化成消极和智力的孤立，因为如果让视听传媒、电脑游戏之类的东西取代了思想、个人意见和社交聚会的话，我们的日常生活就会逐步地陷在这些'外在化的东西'当中。个性正在屈从外在的力量：由不同的社会公共机构发展出来的'文化产品'正在夺走越来越大的一部分自我。"①

娱乐电视节目兴起于西方资本主义国家，西方对这个问题也早有论战。

关于大众传播广泛深远的社会影响和潜移默化的内在效力，拉扎斯菲尔德和默顿在《大众传播、流行趣味和组织化的社会行为》这篇颇有深度的论文中，分析了三个不可低估的方面，最后也是最令人警醒的，还是他们对媒介所作的精辟比喻——"社会麻醉品"一项。拉扎斯菲尔德与默顿尖锐地指出，巨量的传播往往使人陷于麻痹而非活跃状态。为什么呢，可从两个方面来看。第一，媒介占去人们本该用于"社会行动"的时间，人们看、听、读的时间越多，接触媒介的时间越长，则投身实际的时间就相应地减少。第二，媒介极为有效地使人沉醉在虚幻的满足之中，误将"了解某事"（knowing something）当作"从事某事"（doing something），使人以为知道什么便等于参与什么……"就这一点而言，大众媒介可以算是最体面最有效的一种社会麻醉品，它如此有效，使得上瘾者都察觉不到自身中毒的病状。"②

《当代美国电视》一书也谈到："媒体，特别是电视，是我们了解世界的重要信息来源。但是，媒体带给我们的东西要比简单的信息更多。它们至少也在某种程度

① 马约尔：《冷战之后》，中国社会科学出版社 1997 年版，第 83 页。
② 〔美〕威尔伯·施拉姆、威廉·波特：《传播学概论》，新华出版社 1984 年版，第 205 页。

上影响了我们感受外部世界的方式。或者换一句话来说，媒体影响了我们建构社会现实的方式。当媒体准确地表现现实时，这不是一个问题。但是有许多方面，电视所表现出的世界是非常不同于现实的。当然如果人们能把电视和现实两个世界区分开来而没有任何混淆，这不是一个大问题。但是对某些人来说，把两者区分开来不是那么容易。"①

与上述观点相反，哈洛·曼得颂和威廉·斯蒂芬森则告诉我们，基于他们的理论和对传播效果研究的回顾，不要担心传播游戏会把个人诱入现代生活的奢侈享受，传播游戏不会对个人或社会秩序造成长期影响。

哈洛·曼得颂在《大众娱乐》一书中指出，逃避并非坏事，因为成人皆有目的地使用虚幻，这种使用亦不影响正常工作的能力。曼得颂是在阅读许多社会心理学研究著作后慎重地提出这些论点的。在他看来，大众娱乐通常有他们所希望的效果，负面效果可能发生于误用的不寻常情况下，如孩童。因为他们无法区别虚幻与真实，而且他们会受娱乐内容误导。另外，大众娱乐的嗜用者，也很可能滥用。一般成人则被忽略，因为认为这些人可以不受负面影响。

对大众娱乐看法更乐观的要属威廉·斯蒂芬森。他主要是作为关心传播的个人功能的心理学家进行写作的。他的《大众传播的游戏理论》一书中主张：大众娱乐属于大众传播的正面用途。在书中他集中谈的不是传播的旨在实现改变的工具行为，而是有关传播的目的不是完成任何事情，而只是一种满足感和快乐感的部分。斯蒂芬森仿效荷兰学者赫伊津哈的著作《游戏的人》和匈牙利精神病学者索斯的满足理论，他的见解是以游戏和工作之间的鲜明区分为基础：工作是所有社会机构的职能，但是大众媒介的关注中心不是工作，而是传播愉快，使人们能把自己从社会控制中解放出来回到玩耍的土地上去。斯蒂芬森认为游戏是假托，是为了让自己跳出义务和责任的世界，游戏是一天中的插曲。它不是一种任务或一种道义职责，从某种意义上说，没有个人利害关系，只提供暂时的满足。

根据斯蒂芬森的游戏理论，大众传播是一种游戏，是普通人在业余时间以主体性的方式进行自由体验的一种娱乐。游戏是一种文化的源泉，人类的每一个时代和每一种文化都创造了多种闲暇时间的竞技活动、玩具和游戏方法。游戏是人类文化的演习和培育，游戏精神对文化的发展至关重要。其实，我们当前文化中的许多特点，也往往植根于游戏。通过游戏，人们学会了建立法律秩序、设计经济规则和实现社会平等(怪不得人们称一些规章制度为游戏规则)。

斯蒂芬森认为传播—愉快在心理学上是有益的。这是"一个对自我个性各方

① 陈犀禾：《当代美国电视》，复旦大学出版社 1998 年版，第 187 页。

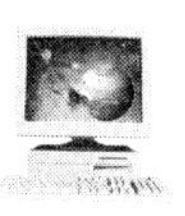

面的丰富”，是“自我发展和自我提高”。这提供了“为我们自己生存，满足我们自己和在某种程度上摆脱社会控制的机会”。当大众传媒被用于社会控制时，它必须坚定地面对根深蒂固的非常难以改变的信仰和态度。当它被用于游戏时，它可以“向广大群众暗示某些行为标准……为这样一些人提供消遣，……使他们生活得轻松些”①。

斯蒂芬森认为游戏不会干扰工作，反而有利于生活上自我表达，也确能有效改进工作效率。游戏既不影响社会团体控制的正式活动，传播游戏提倡的选择也不会干扰这些正式活动。斯蒂芬森认为，其他理论家在探讨大众传播媒介时曾带着很重的良心负担，希望大众媒介按照他们自己的价值观念做得好一些。因此，往往大惊小怪地看待娱乐媒介提供的琐事，逃避现实问题的引诱。他一再强调说：这并没有什么不好：大众媒介的游戏行为是有益的，如果主要是从说教和社会效果的角度来研究大众传播，那是错误的，应该从它游戏和愉快因素的角度来研究。出于这个原因，他决意发展大众传播的游戏理论而不是信息理论。

另外，Shearon A. Lowery 和 Melvinl. De Fleur 著的《传播研究里程碑》一书中也谈到了电视作为“松弛器”的作用：电视可以降低刺激，看些有趣的节目对冲动或暴躁的人有镇静的效果。

荷兰的约翰·赫伊津哈著的《游戏的人》中也有这样一个观点：“游戏先于文化”。且不论这个观点是否正确，这至少说明了游戏的重要性。对于现代人而言，其实也是离不开游戏的。因为从小就是伴随游戏长大的，当游戏不再是原始意义的游戏，而变成带有功利色彩的传播功能时，游戏节目就产生了。

笔者认为游戏精神应大为发扬，在实际生活中人们也都需要游戏，需要放松。

人类经过几千年的奋斗，不断改造自然界，正日益显示出无穷的威力，人类已在自然界面前获取越来越多的自由。但就每个人来说，都并非是全能的，在他们理想需要与能力之间，永远不可能是相等的。人在理想和幻想的支配下，可能产生无限的需要和追求，但每个人只能生活在有限条件所规定的现实生活中，从这个意义上可以说，人都是有缺陷的。这种缺陷受着意识的调节和控制，但并不能完全消失，而是潜伏在人的潜意识之中，形成人的心理上的不平衡。人们虽然也经常为自己所取得的成就、表现出来的能力而沾沾自喜，但并不能因此完全消除这种不平衡，因为这种成就和能力与客观的需求相比，与自己的理想、幻想相比，总显得不完美。要消除这种心理不平衡，当然可以通过增长自己的能力，取得更高的成就来缓解，但每当能力有所提高、工作取得一些成就时，又出现新的需求，自己的理想也会

① 〔美〕威尔伯·施拉姆、威廉·波特著：《传播学概论》，新华出版社 1984 年版，第 27 页。

相应提高，因此，还会出现新的不平衡。人生之旅可以说就是一个不断满足需要、不断经历自身心理从不平衡到暂时平衡，又到不平衡的过程。心理不平衡就会引起紧张不安，就要设法加以缓解和消除。缓解和消除的重要方式之一就是使潜伏在潜意识中的缺陷得到宣泄和释放。

电视娱乐节目有这种效应，是因为大众传媒所传播的内容，不论是真实的，或是虚构的，剧中的人物、人物的经历和命运都是与受众或相同或类似，因而能形成受众自我与非我的同一。而传播媒介所传播的人物及其经历、命运又仅仅是信息的内容，与受众自我存在着距离，比如各处一方（空间上的距离），互不相识（心理上的距离），无利害关系（人际上的距离）等。因而对于受众来说，宣泄情感又是无害的。这种同一和距离，就使受众的感情得以找到一个安全释放的渠道，获得无害的快感。受众此种情感的宣泄和释放是通过移情机制来实现的。人不仅会对外界的刺激产生相应的情感体验，并通过多种方式表现出来，而且能将自己置身于外界的特定环境所形成的情绪氛围之中，设身处地地去感受这种情绪。这在心理学上称为“移情说”。

最早提出“移情说”的是德国心理学家立普斯，他认为人在审美欣赏中获得的快感是通过移情来实现的。在审美欣赏中人把自身的感情外射到表现了我们精神生活的对象中去，人与对象同一，在对象上实现了自己的激动和意愿，从而获得愉悦和满足。立普斯认为移情有两种：一是实用的，即人们在实际生活中因感受到别人的快乐、痛苦而产生同情；二是审美的，它排除实用的目的，排除各种利害关系的考虑，是在纯粹的审美观照中所产生的。移情的含义也包括以上两者。美学主要讲的是后者，而心理学则兼指两者。娱乐节目的移情无疑主要指的是审美上的。我们不难看出，电视的娱乐宣泄功能体现在两个方面：补偿情感，让大众在电视上投射自己的心影，替代欲望的满足；宣泄白日梦，以释放压抑的能量，使情感得以释放。

不过，在娱乐节目的主题设计中需要注意的是，娱乐节目作为一种减压阀是有一定的限度的。娱乐是以不干预实际生活的方式释放情感、平衡心态的一种方法，但也存在着一种危险：一旦唤起了一种情感，它就会有可能渗入生活，并让人由此对生活产生一种幻象。也就是说，当游戏走过了一定限度的时候，其节目就不再是对人的减压，而成了对人的一种莫大嘲弄，这时的娱乐节目就成了一种增压，而一旦出现这种状态，游戏节目也就走到了尽头。因此栏目（节目）的设计始终要注意对受众心理需求、社会效果的研究，在游戏内容、方式选择、奖品设置等方面都保持一种平衡法则，在节目的品位、社会责任感上有良好的“度”的把握，在满足人的天性的同时，朝着健康的方向发展娱乐节目，以达到平衡、愉悦、和谐人际关系为最终

目的。

三、电视娱乐节目应该追求“雅”还是“俗”?

这场争论实质上是电视娱乐节目到底应该是“精英文化”还是“大众文化”?

电视被批评为没有文化、品位低、太俗,早已经不是什么新鲜事了,特别是自电视娱乐节目在全国掀起热潮后,对于电视没有文化的批评更是一浪高过一浪。从这些文章的标题就可见一斑:《弱智的中国电视开始狂欢——姜昆、冯骥才批评电视娱乐节目》:“明星在台上打打闹闹,或者一问一答一些无聊的问题,靠出丑来博人一笑。面对这样的电视娱乐节目,你还乐得起来吗?”① 人们批评娱乐节目粗制滥造,思想苍白,格调不高,品位低下,甚至庸俗卑劣,制造噱头,迎合观众中的消极心理和低级趣味。让嘉宾出丑、拿孩子开涮、大谈性爱,成了不少综艺节目吸引观众的“三板斧”。全国政协委员姜昆呼吁:有关部门应当规范电视娱乐节目,促使其提高文化品位。更有人担心,当娱乐文化与文化工业相结合、文化生产与经济利润相一致的时候,金钱乃是评判所有这些需要是否得到满足的一个公分母。

娱乐节目很可能因为其经济利益的诱惑,在市场机制的操纵下成为一种新的霸权文化,它将平民化的文化趣味作为主流的、甚至是唯一的文化趣味,它迎合的是文化公民“最低的共同文化”或者“最低的大众素养”,它排斥包括精英文化、边缘文化、前卫文化,甚至现实主义文化在内的所有其他非平民化的文化理想和文化需求,这是以大众名义所施行的一种一元化专制。我们将只有一种宣泄性的、游戏性的娱乐文化,在这样的文化状态中,文化失去了发展的丰富性和多样性,大众也失去了获得丰富多样的文化营养的可能性;同时,我们认识现实、把握现实、批判现实的精神需求,我们从文化中获得知识、智慧、思想的精神需求,我们体验那些永恒的审美经验的精神需求都将被忽视和否定。文化工业所关心的始终是金钱而不是人,因而它所建立的文化帝国是一个能够换取利润的娱乐文化的帝国,而人的发展所必需的全面的精神需要对于文化工业来说,则被称为“票房毒药”、“收视率毒药”而被禁锢。

对娱乐节目持赞成态度的则认为电视本来就是大众文化的主要载体,娱乐节目本来就是为了好玩的,认为批评娱乐节目媚俗,这是精英知识分子对自身的边缘化状况和失落感的一种宣泄。

笔者认为,批评电视娱乐节目没有文化,这与中国文化人传统上将电视定位于艺术,并对它怀抱高于生活的期望和标准有关系。即使口头上不否认电视媒介是

---

① 《南方都市报》2001年3月13日。

大众文化的载体，实际上却经常用精英文化的美学尺度和评判标准去要求它、衡量它，电视评论中常出现这种悖论。实际上是关于电视这一传媒手段究竟是什么，节目应该给谁看的问题没有解决好。尽管电视文化并不排斥精英文化，但如果认为它只能是精英主流文化独占的意识，实际上只能是精英人士一厢情愿的看法。电视的"大众传媒"这一定义已决定了为谁服务的本质问题。

电视文化是一种图像文化，它由声音和画面两个最主要的元素构成。图像文化具有明白易懂的特点。孩子能看，成人能看；中国人能看，外国人能看，甚至文盲也能看。所以受众面广，收视率高。电视的图像文化的特点决定了电视在大众文化的发展中具有特殊的地位。大众文化几乎是与电视结伴而生的。这也注定了电视娱乐节目主要是为大众服务的，是一种大众文化。而且，当代的潮流是，大众传播日益成为一种生活的背景、生活的环境。媒介的表达是越来越像生活本身，而越来越不是单纯的艺术了。

不过，认为批评娱乐节目媚俗，是精英知识分子对自身的边缘化状况和失落感的一种宣泄的这种看法也未免失于简单。当电视的各种信号有意无意地发射出拒绝思想、不要深刻、推崇感觉时，精英知识分子那种出于人文关怀的批判话语，如果不被理解为绝对必要，也应受到全社会的宽容和理解。而且，承认电视文化和电视娱乐节目是大众文化的合理性，并不是放弃了对娱乐节目的理性批判。肯定电视娱乐节目的"通俗"也并不就是肯定"庸俗"、"媚俗"、"粗俗"。

毕竟，大众文化本身有许多消极影响。不过，人们在听到的对大众文化的声讨中，理论源于土生土长的本土话语并不多，更多的是来自西方现当代文化批判理论，尤其是法兰克福学派的大众文化批判理论。这一学派的一些代表人物，特别是阿多诺、马尔库塞、弗罗姆等人的理论，更是时常被人用来引经据典。法兰克福学派标榜社会批判理论，批判的矛头直接指向现代西方资本主义社会。在对大众文化的批判上，阿多诺处于首当其冲的位置。在他看来，大众文化起码存在这样几个弊端："大众文化呈现商品化趋势，具有商品拜物教特性"；"大众文化生产的标准化、齐一化，导致扼杀个性"；"大众文化是一种支配力量，具有强制性"；大众文化"剥夺了个人的自由选择"①。

电视娱乐节目是一种大众化的商业娱乐，大众文化本身有负面影响，这就需要电视娱乐节目的从业人员有强烈的社会责任心，在传播中注意避免负面影响。值得注意的是，电视娱乐节目从业人员和大众文化的接受者即一般大众的素质都不容乐观。

---

① 于海：《西方社会思想史》，复旦大学出版社 1993 年版，第 473 页。

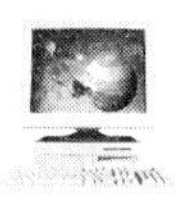

接受者与从业人员双方的低素质形成了恶性循环，从业人员习惯于在低要求、低水平状态下工作，消费者也习惯于接受低档次、低质量的文化产品，以致中国的大众文化市场异常混乱。目前电视娱乐节目确实存在许多问题，节目大多是拿来主义，而且更多的节目还处于"弱智阶段"，好东西没学来多少，而粗俗的搞笑、巨额博彩、贩卖"真情"、明星"走穴"、暴露隐私等等娱乐垃圾却比比皆是，在一片繁荣的泡沫之中露出了非常难看的"借来的尾巴"。它以通俗易懂的方式向大众施加影响，在这种庸俗文化影响下，导致观众缺乏推理能力，影响观众哲理思维的提高，降低观众的审美水平。因为媚俗，电视推销低级趣味；因为趋俗，电视迎合观众层次的要求，造成一些观众不搞智力投入自甘平平庸庸，收看电视成为一种日常仪式。过分迎合观众的精神消费心理，也不利于人们审美情趣和知识素养的提高。

可以说，电视娱乐节目的出现既是一种自身演变的必然，又是对人类本质天性的认知。在发展中既不能将娱乐节目直斥为庸俗进而鄙弃其存在——因为这样有悖于人的天性和媒介规则；但如果不对其加以规范，它所具有的积极价值就有可能向消极面转化，而那些弊端则会不断膨胀。

所以，电视娱乐节目虽然是一种大众化的商业娱乐，其运作机制是利益驱动，但是，绝不能把它看作纯粹物质性的商品。电视娱乐节目制作者应该将人文精神向娱乐文化渗透、将其提升，拓展其精神向度，使其逐渐接受价值理性的制约。

坚持对电视娱乐进行批评、提升，不仅是知识分子的使命，以人文精神注入娱乐文化，也是我国大众的需求。中华民族有自己的审美情感与审美趣味。刚刚从传统农业文化温情脉脉的襁褓中走出的我国民众渴望亲情，渴望友谊，崇尚理性，追求善美。挣脱了"存天理、灭人欲"的封建理念束缚的中国百姓，虽然对种种传统理念有必然的逆反心理，鄙夷、拒绝各种伪精神，但其心灵深处仍然肯定理性，渴望精神的崇高，不放弃对意义的追寻。毕竟，浅薄的声色之娱和油腔滑调的胡说乱侃绝不是我们追求的娱乐；将一切神圣和崇高都变相撕毁为生活的碎片，也不是我们所提倡的消遣；淫靡之风、感官主义和畸形心态的泛滥更不是我们所理解的通俗。

因此，虽然电视是大众媒体，是大众文化载体，但娱乐节目所表现的娱乐性和消遣性，不仅应体现为感官和情绪的表层快感，更应表现为心理和情感的深层美感；它向观众心灵渗透的不只是愉快本身，更多的是与愉快交融的审美情趣；它的通俗必定还要注入高雅的精髓，否则，就会导致文化生态的失衡、人文精神的失落、精神生活的失调。所以，我们在以市场为导向策划选题时，必须注意消遣功能与审美功能的结合、娱乐功能与认识功能的结合，做到外俗内雅，似俗实雅，化俗为雅，容雅于俗。

第四节 电视娱乐节目的发展策略

如前面所述，过去由于我国电视的娱乐功能开发很不够，一旦条件成熟，电视的娱乐功能重新得到确认，便掀起一股开发的热潮，各个电视台都一哄而上，制作电视娱乐节目。不过，所有的补偿都是阶段性补偿，一旦补偿到位，它的历史使命就完成了，就变成了一种常规的观念和常规的样式。受众的娱乐需求得到充分满足后，“电视娱乐节目热”势必会在达到顶峰状态后降温。可以预见的是，一大批娱乐节目将惨遭淘汰。但由于娱乐始终会是人的一种需要，好的娱乐节目将会仍然保持在一个较高的收视率水平，不过，要使娱乐热潮继续保持“高温”，电视娱乐节目必须接续从以下几个方向努力。

一、电视娱乐节目的市场化细分

目前的电视节目形成这样的局面，一方面仍受到政治因素的制约，忠实地担当着党和政府的喉舌，如新闻节目、社教节目、大型政治主题性文艺晚会；另一方面，服务性、娱乐性节目则走出主旋律文化的控制，朝市场化运作迈进。

1956 年美国市场学家温德尔·史密斯提出了“市场细分”的概念。市场细分也称为“市场分割”，它是指从顾客的购买欲望和需求的差异性出发，按照一定的标准将一个整体市场划分为若干个需要不同的产品和不同的市场营销组合的市场部分(分市场)，从而确定企业目标市场的活动过程。

市场细分概念的提出，引起了企业家的高度重视，得到了广泛的运用。现在，世界各国越来越多的企业都是在市场导向的指导下，通过进行市场细分，实行“目标市场营销”，也就是企业通过市场细分，了解各个不同的顾客群的需求情况和需求得到满足的程度，从而了解各个不同的顾客群的哪些需求没有得到满足。在需求满足程度较低的市场部分，就可能存在着很好的市场机会。通过对各种市场机会的评价，选择那些与企业的任务、目标、资源条件等比较一致，与竞争者相比有最大优势，从而能产生最大“差别利益”的市场机会作为企业机会，确定出企业的目标市场，集中力量为目标市场服务，发展适销对路的产品，以适应和满足目标市场的需求。

电视娱乐节目在美国的发展对我们有些启示。美国娱乐节目的发展正是走过了从“大量市场营销”到“细分市场”的转变，许多年以来，美国全国性电视网的主要目的是吸引尽可能多的观众。关于如何最好地达到这一目的，在节目编排上有一些有趣的理论，即“雅俗共赏原则”(Lowest Common Denominator，简称 LCD)操

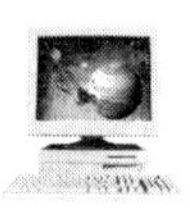

作。这一理论认为，为吸引尽可能多的观众，节目的设置需要满足尽可能多的观众的趣味，它不能对任何人有任何歧视或自命清高只为少数精英服务。然而，近来，LCD理论被修正，商业电视的雅俗共赏原则受到批评。社会日益多元化，美国受众呈现出加速分化的趋势，即受众的信息需求越来越多样化，对于娱乐节目也相应有着多样的要求。为了满足这些要求，节目来自广泛的各不相同的渠道。在美国，20世纪70年代，付费节目作为在家里观看剧场上映的电影、重大体育赛事及特别娱乐节目的一个方法已逐渐流行起来，观众必须支付额外的费用以收看这些节目，作为回报，付费节目频道一般不带广告；美国公共电视也是其中一条渠道，它不播广告，资金依赖政府基金会和观众的支持。事实上，公共电视的观众通常只占美国家庭的2%，收视率最高的系列节目《南北战争》也只吸引了平均不足9%的家庭。如果换了美国广播公司(ABC)或哥伦比亚广播公司(CBS)，它可能马上会被取消。但是，公共电视的观众在收入、教育和社会影响上却是高水平的。有研究材料证实，公共电视台观众的观看习惯不同于“平均观众”，他们受的教育更好，口味更挑剔。另外，他们通常比商业台的观众更少看电视，不像普通商业台那些“沙发里的土豆”式的观众。为了吸引这些观众，公共电视台的节目不但必须刺激眼睛，而且更要刺激头脑。与其追求高收视率，公共电视台的节目编制者宁可寻求一个相对小的观众群，但这些观众在他们所在社区是消息更灵通、教育程度更高的“意见领袖”。

现在，综艺节目的形式在美国几乎消失了。“什么都有一点”的观念在电视的早期更有效。随着节目的编排更成熟，他们能够更直接地针对观众整体中的不同的受众群。有些走“大众商品”的路子，试图用便宜的价格和整销的方式吸引大量的顾客；另一些则走“专门商店”或“时装专卖店”的路子，专门瞄准少量的挑剔的客户，更有文化、层次较高的节目出现。“许多电缆电视节目制作者都希望能像专业杂志那样去赚钱，他们的明确目标是大众中的某个固定的团体。这也是一些广告商愿意做独家广告的范围。现在的观念是狭窄覆盖。‘人口统计’式老少咸宜的电缆电视节目正在消逝中……于是一个重要的问题是，面对新技术的进步能创作出相应的有想象力的焕然一新的节目吗?”①

在我国，目前电视娱乐节目的发展也具备了市场细分的条件。

20世纪90年代以前，由于社会经济关系、社会历史发展过程因素影响，社会矛盾和问题具有社会性，人们的情感和思维方式大致相同，计划经济体制又使人们

① 〔美〕丹尼尔·杰·切特罗姆:《传播媒介与美国人的思想——从莫尔斯到麦克卢汉》，中国广播电视出版社1991年版，第211页。

处在一个主动接受状态下，对主流电视文化有本能的认同感，因此，这一时期的审美趋向带有相当的一致性，而个体的主体选择意识淡漠，处在潜意识状态中。因此，共赏成为自觉，而整个这一时期的电视作品大都强调教育作用。

20世纪90年代中后期，由于经济生活的多元化、市场经济成为社会生活主流，由此带动了文化生活的多元化，个人主体意识开始增强，个人有能力介入社会活动，社会民主政治进程加快，民本思想开始有了真正的意义。这一切反映在电视文化中，反映在观众的收视需求上，便出现了较为完整意义的"消费"概念，个人的电视文化消费已不再为群体所左右，个人完全可以根据自己的喜好、兴趣来进行选择。特别是走过了那个特别的回顾时期，进入到一个崭新的社会形态中，人性摆脱了束缚，个人意志可以充分表述，人的合理欲望可以得到满足，新的社会矛盾已不再带有全民族性，人们关注的事物可以更广泛，而且大都和切身利益相关，对文化产品的选择，也从受教育的单一选择到娱乐、服务、致用等多方面。同时，由于人们所受教育程度的不同，文化修养的不同，兴趣爱好的不同，社会阅历的不同，社会职业的不同，经济地位的不同，理想追求的不同等等，都使人们在进行电视文化消费时有不同的审美需求和不同的选择方向。受众变成了一个个有不同节目需求的目标受众群。而物质条件的丰富更为这种选择提供了可能。上星节目的增加，有线电视带宽的增加，电视节目市场化运作，这一切，都为观众分层、分赏，即节目的市场细分奠定了基础。

2006年，我国电视娱乐节目三足鼎立，湖南台的《超级女声》、上海卫视的《加油！好男儿》和中央电视台的《梦想剧场》。2007年，湖南台《快乐男声》和上海卫视的《加油！好男儿》又分别拿到了节目生产的批文。由于电视原生态选秀节目的大量泛滥，观众的逆反心理与审美疲劳也随之快速出现，"草根化"与"原生态"的电视选秀节目很快显出衰老现象。于是，2007年的电视选秀节目有从底端的平民选秀向高端"精品化"与"国际化"市场发展的倾向。这已从当年最有影响力的两档节目：东方卫视《舞林大会》（高端的电视选秀节目）、湖南卫视《名声大震》（国际化版权合作）可看出端倪，还有精英和平民相结合的《名师出高徒》。

上海卫视最先推出的这一高端市场的娱乐选秀节目以国标舞为传播载体，大搞明星真人秀，迅速蹿红，在娱乐节目中独占鳌头。据有关统计数据表明，《舞林大会》收视率最高时达到16.8%，创造了上海综艺类节目收视之最。《舞林大会》选择了雍容华贵的传播符号——国标舞。国际标准舞作为一项高贵优雅的运动，不但可以调适现代人忙碌的生活，舒展身心，并且有良好的社交功能，曾作为贵族生活的代表。《舞林大会》的策划者选中国标舞，无疑是吸引了对"贵族生活"向往的部分受众。以《舞林大会》为代表的一类高端真人秀节目之所以能够脱颖而出，就

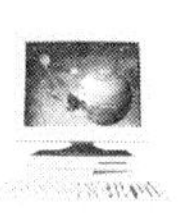

在于它能独辟蹊径，细分受众市场，在求新求异求变中，实现了传播效果的最大化。

市场细分的基础是顾客欲望和需求的差异性。这种差异是由于受到一些因素的影响而造成的，这些因素称为细分变数，是市场细分的依据。

具体说来，细分市场的依据可以概括为地理变数、人口变数、心理变数和行为变数四大类。当然，细分变数的标准不是固定不变的，在具体操作时，要注意变数的综合运用，进行多变数细分。而且，要确保市场细分最有效，它应该具备三个特征：

- 可衡量性。即各个受众市场部分的规模大小应该是可以加以测定的。
- 可进入性。即企业能够进入所选定的市场部分。
- 规模性。即细分市场的规模要大到足够获利的程度。一个细分市场应该是值得为之设计一套方案的尽可能大的同质群体。

综上所述，市场细分是企业确定目标市场和制定市场营销策略的必要前提。因此，对于电视娱乐节目制作者来说，面对产业市场的日益细分化和竞争的日益白热化，首要问题就是要在激烈竞争的媒介市场，乃至更大的信息产业市场上，进行受众市场细分，然后才能选择一个或几个准备进入的细分市场，找准节目的定位，寻求发展。

二、电视娱乐节目的规则化控制

娱乐节目的快乐之一就在于它能让人探究规则与自由之间的关系。“规则是社会控制赖以维系的手段，其结果就是控制破坏性的、无政府主义的自然界力量的社会秩序。”而游戏则“激起了自由与控制之间、自然与文化之间的对立”。菲斯克在谈到赫伊津哈关于“游戏”的结论如是说：游戏是自愿的，因而是自由的；而且它能产生秩序。它产生的秩序体现在玩家们的控制之中。游戏的主要结构法则就是秩序与自由或与机会的“自由”之间的紧张关系①。

纵观中外娱乐节目，无论是游戏型还是真人秀型节目，表面上看令人眼花缭乱，实际上都是在一定规则之下的电视游戏而已。各种娱乐节目，特别是竞赛型的娱乐节目，看起来千变万化，其实都有该节目的游戏规则或环节。每个娱乐节目的制作，都是在同一规则下的竞技环节的连续完成，即固有的形式模式。而节目的常看常新，则表现在参与娱乐节目的人员及技艺变化与智力展示点。

以中央电视台的《星光大道》为例，每年一度的周赛冠军、月冠军和年度冠军，均是在同样的竞技环节中完成的，每期节目都由四个环节构成：“闪亮登场”、

① 〔美〕约翰·菲斯克：《电视文化》，祁阿红、张鲲译，商务印书馆2005年版，第339页。

“才艺大比拼”、“家乡美”、“超越梦想”。在第一个环节，由五位参赛选手逐一“闪亮登场”，一展歌喉，通过嘉宾点评，评委打分，淘汰一个选手。其余的四位选手进入第二环节的“才艺大比拼”，通过歌舞才艺、特色绝活等现场比拼，再淘汰第二位选手。第三环节则要求选手通过多种文艺形式来说唱家乡，遵从艺术的评比标准，淘汰第三位选手。第四环，由剩下的两位选手“自选动作”（仍然为歌舞表演），分别登台表演，在嘉宾点评、评委决定、主持人与现场观众的热情关注下，公布最后一位胜出者为周冠军。依此类推，在相同数位的周冠军中产生月冠军乃至年度冠军。

关于娱乐节目的游戏环节与规则的论述，在前面的“真人秀”节目类型和电视娱乐节目的“约束性、操作性的游戏规则”已有基本阐述。现在需要进行讨论的是，带有程式化特点的娱乐节目何以能为观众带来快乐？对此，菲斯克作出了解答，他说：“游戏和文本建立起的是有序的世界，玩家或读者能在其中体验出自由和控制的双重快乐。”[①]观众在观看过程中，积极选择与谁“认同”，以及选择在“参与—摆脱”过程中认同与否，都是通过游戏进行控制的行为。当代的电视观众越来越精明，他们要求了解电视的表现模式，并从电视的参与和控制中得到快乐。“游戏的快乐直接来自玩家能控制规则、角色和表现——这些因素在社会中是由社会支配的，但在游戏中却是解放的、赋予权力的因素。”[②]从这个意义上说，游戏类娱乐节目成功的关键在于制定游戏规则，这是娱乐节目制作的依据，也便于观众的积极参与，得到电视媒体所提供的一些“授权式”的快乐。

三、电视娱乐节目的个性化经营

根据受众市场细分后才可以选择、确定目标市场，确定节目的市场定位后，就要根据节目的定位进行节目的个性化经营。

个性化是生存之本，是电视栏目的生命。节目要有个性，就必须从形式到内容不断创新。创新就是要求节目拒绝“克隆”。除了要改变眼下一味突出搞笑和彼此的内容与形式的雷同外，要求节目创作者们在艺术上不断探索，节目才能生存发展下去。

但是，国内的电视娱乐节目现在存在的一个最大的问题就是“克隆”。节目太多太滥、内容重复雷同、抄袭模仿成风、缺乏新意。据不完全统计，目前全国有30多家省级电视台、40多家市级电视台开办了以游戏为主的综艺节目。看似丰富多

① 〔美〕约翰·菲斯克：《电视文化》，祁阿红、张鲲译，商务印书馆2005年版，第333页。
② 同上书，第341页。

彩，但其运作模式却基本相同，无非是两个主持人带领嘉宾及其支持者的观众方阵，做一些老套的游戏和有奖竞猜，中间插播歌舞表演和大量广告。一些节目策划者不思进取、互相抄袭，往往一家抢得头筹、办得火爆，其他电视台就一拥而上、竞相模仿。湖南卫视的《快乐大本营》一炮打响，于是就有了一系列"快乐"节目照猫画虎。而号称内地综艺节目创始者的湖南电视台的《快乐大本营》，从节目结构、游戏类型、搞笑手段，乃至行为语言，都可以从不同的境外娱乐节目中找到它的原型。不仅如此，目前大部分占据电视排行高位的娱乐节目，都可以在我国台湾地区、香港地区以及欧美国家的电视中找到它们的原型。中央电视台的游戏博彩节目《幸运52》基本上是英国的同名版本，《开心辞典》则来自英国的《谁想成为百万富翁》，100多家有线电视台曾热播的《走进香格里拉》，与美国的"真人秀"类节目《生存者》有着异曲同工之妙。就这样，节目千人一面，毫无个性，更无新意。所谓"学我者生，似我者死"，自2000年以来，《城市之间》、《幸运2000》、《艺能连环炮》、《快乐新干线》等曾经占据各大电视台周末黄金时段的节目已风光不再，不少节目纷纷落马，幸存下来的节目的收视率也直线下降。不可否认，在目前我国电视娱乐节目刚刚起步的阶段，学习借鉴我国的港台地区和国外的一些节目样式无可非议，但是一味模仿，不思创新却只能走入死胡同。

美国和西欧国家的电视娱乐节目，虽然由于社会意识形态、价值观念的不同，其娱乐节目体现的价值观我们不一定赞同，但其在节目的个性化经营即创新方面确实有很多值得我们学习的地方。

美国和西欧的广播电视业竞争非常激烈，如美国有11 000多家电台，近2 000家电视台，还有众多的有线电视频道。一个普通美国家庭可以收看到的电视频道都在100个左右，它们多是专业化的频道。受众选择的范围相当大。所以美国和西欧的广播电视业很早就有"受众本位"的意识。他们一直重视对受众的研究、分析，目的在于了解受众的人口统计资料等。在获得有关受众的信息、资料之后，分析、整理，有针对性地设计节目结构、制作、播出节目，不断地在创新上下工夫，以求得较高的节目传播的有效收视率。所以在美国和西欧，新的节目样式不断出现。英国独立电视台原创的游戏竞猜类节目《谁想成为百万富翁》自1998年推出后，在全世界每个引进这个节目的城市都获得了最高收视率。美国全国广播公司(NBC)为与其抗衡，修改了竞猜的游戏规则，制作了《最弱一环》。据说在世界上的每个城市，只要有一家电视台引进《谁想成为百万富翁》，这个城市必然会有另一家电视台引进《最弱一环》来与之抗衡。正当《谁想成为百万富翁》和《最弱一环》斗得正酣之时，"真人秀"类节目又出场了，其中美国哥伦比亚广播公司(CBS)推出的"真人秀"类节目《生存者》是其中的佼佼者。2000年《生存者》开播当年，即创下美国夏季节目收视率的新高，不仅打败了《谁想成为百万富翁》，也创下CBS在该时段13年来的收视纪录，让CBS打了个翻身仗，其收视率从四大电视网的最后一名一跃坐上了头把交椅。

可见，节目确实要有个性，要有自己与众不同的特色，才能吸引观众，获得成功。节目要有个性，就不能嚼别人嚼过的馍，就要不断创新。创新是艺术永葆青春的秘诀，只有认真分析观众的欣赏心理，不断推出新人新作，在节目的思想性、艺术性和观赏性上下工夫，才是娱乐节目不断创造辉煌的唯一选择。

那么，怎么创新？兴趣是文化欣赏的原动力，因此，趣味性是创意的首要因素；思想性是创意的关键，没有思想的节目只是徒具空壳；没有感情的分量，节目就会冰冷无味，人情味应是创意的应有之义。创意应求新、求奇、求美，办出特色，节目才有底气。具体说来，电视娱乐节目创新包括形式和内容两个方面。

1. *形式求新*

娱乐节目是多种艺术的一种杂交体，要使其不断地发展和创新，就要不断地进行多种艺术的杂交，甚至可以与现代的高科技成果相结合，找到结合点，不断创造新的节目样式，从而让观众耳目一新。

形式求新并不单纯指创造新的节目样式，即使当某个节目很受欢迎，具体的节目形式处于相对稳定的状态时，形式上也不应一成不变，应不断注入新意，加以改造，这样才能给人以新鲜感。如美国哥伦比亚广播公司(CBS)推出野外生存游戏"真人秀"类节目《生存者》，就是打破了游戏节目不能采用叙事文本的神话，在游戏节目版式上做出的重大突破。尽管叙述是电视的主要文本，但一般而言，电视游戏节目是不采用叙述文本的。电视游戏节目一般都是在限定的时段，如一至两小时内完成，而且一般每集之间没有逻辑上的联系。它不具备真正意义上的故事情节，不具备所谓的"情境"所包含的三要素：① 人物活动的具体时空环境；② 人物面临的具体事件或情况；③ 由此构成的特定人物关系。著名的传播学者萨拉·科兹洛夫在《叙事理论与电视》一文中也谈到："唯一的一种贯穿始终都避免叙述的电视节目版式是那种依自身的交替规则结构十分明显的节目：例如游戏节目，体育锻炼节目，记者招待会，访谈节目，音乐节目，体育竞赛等。"[①]但是《生存者》却大胆采用了叙事的节目版式，而且是长篇连载式的叙事版式。它从头至尾就是在讲故事。它不但具备了真正意义上的故事情节，具备了情境三要素，而且借鉴了好莱坞电影

① 〔美〕罗伯特·艾伦：《重组话语频道》，麦永雄、柏敬泽等译，中国社会科学出版社2000年版，第47页。

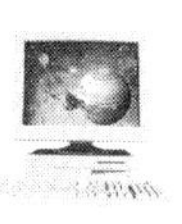

的叙事风格，故事充满了悬念和挑战，突出了故事的不可预测性，像是一部精彩而刺激的电视连续剧。它开创了游戏节目的一种新的电视形式，开创出一种新的创作风格，给观众带来一种新的审美感觉，这是《生存者》最大的突破，也正是节目成功所在。《生存者Ⅰ》的推出获得巨大成功后，哥伦比亚广播公司又接着推出《生存者Ⅱ》，沿用了《生存者Ⅰ》的模式，但在节目形式上如节目的前奏作了些小的改动，不断地给观众以新鲜感。

2. 内容求新

内容的新集中表现为节目本身，包括节目的思想内容、情境的设计、使用的资料、制作手段等。

还以《生存者》为例，在《生存者》出现之前，就有其他的"真人秀"类节目，如《阁楼故事》、《诱惑岛》、《老大哥》等，但没有获得《生存者》这样大的成功。《生存者》之所以有如此大的魅力，就在于它不仅形式新，而且内容也新。它在一个特定的实景模式里导演了一出充满对抗与矛盾的现代人的野外生存游戏。参加游戏的有16个人，节目制作者有意选择了来自各行各业的人参赛，他们中有公司职员、海员、导游、学生、音乐家、酒保和卡车司机等等，年龄、性别各不相同。从某种意义上来说，它是人类社会现实生活的某种缩影。在荒无人烟的野外，参赛者被分成两组，他们被没收掉随身携带的物品，每天的食物配给只有一把大米和两个罐头。在玩各种生存游戏的同时，生存者必然要处理两对矛盾：一是要处理人与自然界的矛盾，他们必须面对恶劣的自然环境：那里既没有房屋以供居住，也没有现成的食物以供食用，为了生存，他们不得不像当年鲁宾逊一样自己搭帐篷、捕鱼、砍柴、生火，过着挨饥受冻的生活。另一方面，他们还要处理人类社会内部的矛盾，即处理人与人之间的关系。为了赢得那100万美金，为了取得居留权，他们可以使出除暴力外的诸如造谣中伤、拉拢欺骗等各种手段来相互竞争。他们为了取得在岛上的"居留权"不得不绞尽脑汁，因为他们每周要召开一次"部族会议"，投票将其中一人逐出小岛，并将每个人所投的票公布于众，这样做必将树敌或结盟，使岛上"居民"的关系变得错综复杂，注定有不停的争论、吵架和钩心斗角。《生存者》节目每星期播出一集，每集讲述三天内发生的故事。每一集都是严格按照时间顺序进行叙述。每一天相当于一个小段落。一天比一天紧张，一天比一天刺激，因为最后一天将进行最重要的游戏竞赛——"免疫权竞赛"，竞赛过后将举行部落大会，会上有一个人将被淘汰。"谁将获得'免死金牌'？""谁与谁是盟友？""谁将被淘汰出局？"故事将怎样发展、怎样结束？每一步都是当事人和旁观者无法预知的。部落大会是每一集的高潮，直到部落投票结果统计出来，谁也不知谁会被淘汰出局。随着那个被淘汰的

成员背着包裹走过桥头回顾他挑战生存者的历程之后，节目也就戛然而止。“谁将成为下一个被淘汰者?”“下一集他们将遇到什么困难？会有些什么游戏?”观众刚刚因为悬念的揭晓松一口气，马上又处于悬念和期待的状态之中。它又重新唤起观众新的期待，新的愿望。

电视诸功能应由不同形态的节目、栏目分别去体现，媒体要在诸多功能中充分体现娱乐功能。过去唯政治化思维的电视节目是荒谬的，同样，娱乐超过限度，一切节目唯娱乐化，同样是极其荒谬的。

而且，尽管电视是一种大众传媒，但新世纪的中国电视娱乐文化，不仅仅是一种被平民化、单一化、模式化的“大众”的文化，而应该是一种多元的丰富的现代娱乐文化，这是一种真正意义上的大众文化，它不仅是那些数量上占优势的大众的文化，而且也是那些在数量上并不占多数的大众中的若干小众的文化；它不仅要满足受众宣泄、松弛、好奇的娱乐性需要，也要满足人们认识世界、参与社会、变革现实的创造性需要；它不仅要适应受众已经形成的主流电视观看经验和文化接受习惯，而且也要提供新鲜、生动的前卫和边缘的文化经验以促进受众文化接受水平和能力的不断提高。总之，它应该是一种多元的文化，一种大众与小众、共性与个性、高雅与通俗、主流与边缘、认同与超越、正统与前卫、男性化与女性化、国际化与本土化、传播与接受相互补充、相互参照的并存、互动的文化，它承认所有人的文化权利，它尊重人们所有的精神需求，只有这样，电视娱乐节目才能真正成为现代文化的一个充满活力的组成部分，而不仅仅是电视台和商人获取经济利润的工具。

本章小结

- 电视娱乐节目的类型有：游戏类、公共舞会类、娱乐资讯类、谈话类和真人秀类。
- 电视娱乐节目的特征：无价值深度、轻松的游戏；平民性、互动性的现场；类型化、模式化的制作；商业性、博彩性的刺激。
- 电视娱乐节目与人们的接受心理相契合，包括情感宣泄、对抗心理、游戏心理、窥视心理和参与心理。
- 电视娱乐节目的热潮引来了理论界的文化批评，主要集中在：电视的本质是以“娱乐”还是以“社会”功能为主？娱乐节目是“社会麻醉剂”还是“社会减压阀”？电视娱乐节目应该追求“雅”还是“俗”？从媒介性质看，电视虽是大众文化载

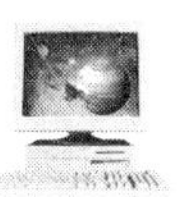

体,但娱乐节目所表现的娱乐性和消遣性,不仅应体现为感官和情绪的表层快感,更应表现为心理和情感的深层美感。它的通俗必定要注入高雅的精髓,否则就会导致文化生态的失衡、人文精神的失落和精神生活的失调。

思考题

1. 举例分析电视娱乐节目的类型。
2. 解析某一娱乐节目的制作环节和规则。
3. 试对娱乐节目热理性认识与文化批评。
4. 分析欧美近期电视娱乐节目新形态。

第十章　谈话型电视栏目创作

美国学者吉妮·格拉汉姆·斯克特在她的专著《脱口秀——广播电视谈话节目的威力和影响》引言中说:"电视谈话节目已经成为影响我们思想和行为方式的一种新权威。它们像是城镇议事厅或社区集会场所,在这个日益数字化和原子化的地球村中把我们集合在一起。我们可能不认识隔壁的邻居,我们可能也根本就不想认识他们,我们也许害怕街上的陌生人,怕他们是潜在的罪犯。但广播和电视中的谈话节目却是受欢迎的客人,它们能够帮助我们知道在这个越来越危险,越来越难以沟通的世界上发生了什么事情,应该怎样行事。"①吉妮·斯克特这段话充分说明了谈话节目在当代电视媒体中的地位与作用,同时,也被我国电视节目的发展所证实。

第一节　电视谈话节目的发展历程

一、电视谈话节目的发展背景

电视谈话节目最早兴起于美国的广播谈话节目,然后由一批广播节目主持人移植到电视节目制作中。从 20 世纪 50 年代的《今天》和《今夜》开始,确立了明星闲聊式的谈话方式。在我国,电视谈话节目的开端以 1993 年 1 月上海东方电视台开播的《东方直播室》为标志。而真正在全国掀起谈话热潮的则以《实话实说》(1996)为标志。

《实话实说》的原制片人时间在谈到《实话实说》的创办时说:"现在回忆当初创办《实话实说》的动机,只有两个:一是顺应社会发展的需要,电视人应有所反应;

① 〔美〕吉妮·格拉汉姆·斯克特:《脱口秀——广播电视谈话节目的威力与影响》,新华出版社 1999 年版,第 1 页。

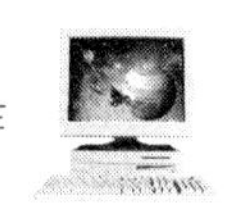

二是丰富电视本体的语言表达能力，从业者应有所拓展。”①

确实，电视谈话节目的出现首先是社会发展的产物，这体现在：

第一，我国正处在社会转型时期，这一时期为电视谈话节目创造了良好宽松的谈话氛围。“社会转型是对近代以来世界上发生的一系列创造性变革的总称，它是人类在生存方式上，在处理自身事务方面发生的伟大革命性转变。”“这种整体的社会模式变革或转型主要体现在三个方面：即经济领域由非市场经济模式向市场经济模式的转型；政治领域由集权政治制度向现代民主政治制度的转型；文化领域由过去封闭、单一、僵化的传统文化向当今开放的、多元的、批判性的现代文化的转型。”②

俄国思想家巴赫金把转型时期的文化特征概括为众声喧哗、语言杂多，其间各种话语互相对话、交流，以实现自我和他人的价值。他认为，社会转型时期的特点是：① 文化从单一、统一思想的民族语言所塑造的民族文化的神话和文化封闭圈中解放出来，走向一个多语言、多文化交流与对话的时代。② 文化与文化之间的互相融会、撞击，对话呈多层次、多向度的局面，即传统与现代、异邦与本土、高雅与俚俗、“官话”与方言之间的各种话语，纷纷在语言文化的竞技场上，争奇斗艳，百家争鸣，众声喧哗。③ 语言杂多、文化多元的离心力量冲击、颠覆、瓦解着向心力的中心话语霸权，使之崩溃解体，中心话语的意识形态权力中心摇摇欲坠，不得不从封闭、合理化、自足的现有体系与框架中努力挣脱出来，接受语言杂多、文化多元的历史事实。④ 这个时代的文化主体中，占主导地位的不是中心权威的“独白式样”话语和神话话语，而是各种语言与价值体系同时共存的“对话式”小说话语。“大说”日趋式微，“小说”日益鼎盛③。巴赫金所论述的开放、多层次、离心、对话式这些转型时期的文化特征，在当代中国文化中十分突出。“文革”结束后的20世纪70年代末，随着社会的改革与开放，中国重新从一元统一思想的封闭文化中走出来，各种文化相互之间展开了规模空前的交流和对话，出现了主流文化、精英文化和大众文化共存的局面。

主流文化，从文化哲学的角度来看，是特定历史时期占统治地位的生产方式所决定的、作为社会的统治思想的文化。当代中国的主流文化是中国共产党领导下的具有中国特色的社会主义文化，它正逐渐适应市场经济的发展，对其他文化形态持日渐宽容的态度。但主流文化不可能放弃对文化市场的控制，它以政权作为强

---

① 时间、乔艳琳：《实话实说的实话》，上海文化出版社1999年版，第9页。

② 李钢：《社会转型代价论》，山西教育出版社1999年版，第14—15页。

③ 刘康：《对话的喧声——巴赫金的文化转型理论》，中国人民大学出版社1995年版，第157页。

大后盾，将它的一系列价值观念渗透到社会生活的方方面面，形成有利于既有统治体系的“共识”，以维护现有的社会秩序。精英文化，指的是知识分子的文化，是知识分子阶层中的人文知识分子创造、传播和分享的文化。在当代中国社会转型和市场经济的环境中，精英文化在商品大潮的冲击下，出现了分化，一部分投入市场经济的大潮与大众文化融为一体，而另一部分始终坚守自己的文化阵地。大众文化是在市场经济基础条件下，伴随着中国工业化的历史进程，以都市大众为主要消费对象，通过现代传媒传播的文化形式。随着市场经济的深化，大众文化正以各种形式广泛渗透于人们日常生活的各个领域，已成为人们最重要的生活需求。

三种文化并存且相互对话这样一个开放的文化态势，是谈话节目产生和发展的前提，因为只有多种文化之间的相互交流才可能使得谈话节目真正展开，才能使社会各界坐在一起共同讨论一个话题。离开了文化开放和文化相互对话这样一个背景，谈话节目就会是“一言堂”，从而也就谈不上真正的对话和交流。

在谈话节目身上，充分体现了各种文化交融的特点。主流文化对于电视谈话节目的影响表现在它决定节目的基本价值取向、具体指导原则以及整个节目的基调。例如，《实话实说》制片人曾说：“国外的‘talk show’往往拿政治和性作为一种玩笑或者幽默的表演，而这对我们是不适当的。我们的谈话内容既不能政治化也不能隐私化。”[①]而湖南电视台的《有话好说》也因一期节目涉及敏感问题而停办。这些例子都是主流文化对谈话节目施加影响的结果。而精英文化对电视谈话节目的影响，则体现在其主体——知识分子对提升电视谈话节目的文化品位和思想内涵所做的努力。知识分子参与社会的方式，在20世纪90年代与80年代的重大区别，就是以自己的专业知识面向公众发言，为社会发展提供思想和意见。电视谈话节目为知识分子参与社会提供了良好的途径，知识分子借助谈话节目所实现的面向公众、面向社会舆论，而不是主要面向少数决策者的文化参与，更有利于新思想、新观念、新价值的传播。大众文化，则使电视谈话节目的选题和叙述视角努力接近于平民化。

第二，社会转型时期为电视谈话节目提供了丰富的话题来源。社会转型作为一场现实的社会大发展、大变革的运动，它的产生和持续离不开相应的合理的社会思想文化、价值观念的支持和推动，而且内在地包含着这种文化价值观念的变革。就此意义上讲，社会转型的过程实质上就是价值取向模式转换的过程。传统的价值观念日渐衰微但仍有相当市场；新的价值取向具有强劲的进取性和挑战性，如竞争观念、功利观念、新型平等观念等，给人们的思想和心理产生愈来愈深刻的影响。

① 时间、乔艳琳：《实话实说的实话》，上海文化出版社1999年版，第10页。

因此，在社会转型过程中，各种价值观念的相互冲突是难以避免的。这种冲突势必导致一定程度的社会失序，造成一定程度的社会心理混乱、失衡，人们的行为选择迷茫、失范[①]。电视谈话节目就是在社会存在价值冲突、人们心理存在失衡、行为选择存在失范的情况下诞生的。一方面，价值冲突使谈话节目的论辩成为可能，另一方面人们心理的失衡，行为选择的失范，以及由此而"日益增长的个人痛苦和对社会的怨气为这些谈话节目提供了丰富的原料"[②]。

第三，社会转型时期，在以市场为取向的经济体制改革的大背景下，我国的传播媒体逐步朝着适应社会主义市场经济体制的要求转变，在一定程度上改变了在计划经济体制条件下形成的一些特点，传媒工作者的观念也随之发生了重大变化，他们不再把传播媒体看做是完全的公益性事业，而是把它看做是可以赢利的第三产业的主要组成部分。在这样的思想观念下，电视作为"喉舌"、"工具"的传统理念被相对削弱了，电视节目制作的重点转化为与百姓息息相关的生活：内容上多注重从日常生活中提取话题，形式上多强调平民百姓的广泛参与和使用平实质朴的交流语言，从而打破了我国电视以往居高临下传播的局面。

观念的转变带来了我国电视节目的繁荣，电视谈话节目体现了这种观念转变。正如《实话实说的实话》前言中所写的："由于历史的原因，电视媒体常以'官话''套话'为主体表现形式。它那居高临下的架势和声调，让人只能仰视着接受。这与其说是受众的直觉，不如说是媒体自身的下意识的惯性。正是这种惯性使电视与民众产生了距离，以至于传达的信息本身的魅力大大降低。然而，有这样一群电视人风云际会，以现代文化观念及行动能力，产生出思想的聚核效应，从无到有地创造了一种全新的电视文化形式，将弥散的民众话题引入一条妙趣横生又独具规范的河道——《实话实说》，使一群各怀衷肠、各抒己见的平民百姓，从城市的四面八方涌来，在一个极具平民风范的主持人的引领下，开始畅所欲言的对话。"

综上所述，处于转型时期的我国社会，不仅为谈话节目创造了宽松的谈话氛围，提供了丰富的话题来源，而且也促进了电视从业者的传播观念的转变，在考虑意识形态要求的同时也考虑到了市场经济的要求，努力创造出像《实话实说》等谈话节目这样为大众喜闻乐见的节目样式和节目内容。

电视谈话节目的产生和发展不仅是社会发展的产物，而且还是电视人充分发掘电视声音传播符号潜力的结果。

---

① 李钢：《社会转型代价论》，山西教育出版社1999年版，第25—26页。

② 〔美〕吉妮·格拉汉姆·斯克特：《脱口秀——广播电视谈话节目的威力与影响》，新华出版社1999年版，第11页。

电视是综合运用画面和声音两种传播符号的媒介，这两种传播符号各有自己的功用，有时声音符号甚至占据主要地位。“电视声迹——言语、音乐、音响效果——通过把握观众什么时候将目光投在屏幕上而在图像中居于支配地位。声迹传达的意义充分并且明确肯定，以至于我们只听声迹就能了解电视上播放的内容。因为电视是一件我们在做别的事情(例如，做饭、进餐、聊天、照顾孩子、清洁东西)时习惯地将它打开的家用电器，所以我们与电视机之间的关系常常是我们这方面成了听众而非观众。奥尔特曼坚持认为，诸如掌声、节目主题音乐以及播音员的言语这类的声音往往先于它们涉及的图像，起的作用主要是把观众的目光召回到屏幕上。”①

英国学者尼古拉斯·阿伯克龙比则进一步主张，电视是一种谈话的媒体：“许多类型的电视节目，包括言谈节目、肥皂剧和情景喜剧，基本上都是围绕着交谈来组织的。至于其他节目，例如新闻和纪实节目，谈话似乎是其主要的组成部分。还有其他一些节目，例如警察节目，则更注意可视的图像。然而，也有迹象表明，不管电视上演播的是哪种节目，人们常常不注意观看其可视的图像，而是把电视当成一种谈话的媒体。”②

可是，声音在电视中的地位长期以来被我国电视界所忽视，取而代之的观念是，电视是以画面为主的媒介，而声音则只是画面的辅助。电视谈话节目的出现和盛行，对这种观念不啻是一种挑战。而且，在电视谈话节目中，声音符号充当了主角：新闻事件的发生和发展，被邀嘉宾的情感和经历，通过口头语言被“绘声绘色”地描述出来，各界人士对所讨论话题的看法也在节目中得到充分表达。

二、电视谈话节目的发展历程

在美国，电视谈话节目归类娱乐节目，而我国电视谈话节目的名牌栏目《实话实说》则是由中央电视台新闻评论部创办的，这从一个侧面说明了我国电视谈话节目的源起：它脱胎于电视新闻评论节目，侧重运用于社教节目。

电视谈话节目《实话实说》实际上是电视评论的一种继承和发展。关于继承，首先，谈话节目继承了新闻评论节目所包含的三类信息：一为事实性信息，常作为引发或佐证论点的证据；二为意见性信息，常作为论点的组成部分或中心论点和分论点；三为情感信息，常作为事实性信息与意见性信息的黏合剂或发酵素。其次，

① 〔美〕罗伯特·C·艾伦：《重组话语频道》，麦永雄、柏敬泽等译，中国社会科学出版社2000年版，第18页。

② 〔英〕尼古拉斯·阿伯克龙比：《电视与社会》，张永喜、鲍贵、陈光明译，南京大学出版社2001年版，第207页。

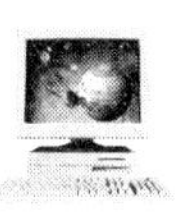

谈话节目像新闻评论节目一样，或多或少要经历一个展现或再现事实发生发展、意见传达、感情经历的过程，即有事实过程的展现或再现(可通过当事者或旁观者的转述)，意见性信息发出者的议论，以及采访对象情感变化的展示等等。关于发展，其一，谈话节目加重了新闻评论节目的意见性信息部分。谈话节目对于事实过程，更多的是再现而不是展现，事实信息相对电视新闻评论来说较少；意见性信息、情感信息则相应成了谈话节目的主体部分。其二，谈话节目的意见性信息更多的来自群众意见，很大程度上拓展了新闻评论节目意见性信息发出者的范围。其三，谈话节目更大程度上促进了主持人的个性化。新闻评论节目的主持人多半是正襟危坐在演播室中，一脸严肃地给新闻加上评论。而谈话节目的主持人更多的是与谈话对象平等交流，其语言表情、感情性格更让人感到实实在在，有血有肉。

我国电视谈话节目，不仅脱胎于我国电视新闻评论节目，而且也是借鉴外国电视节目样式的结果。世界电视早期就有这种谈话节目样式，电视史学家一般都把美国全国广播公司(NBC) 1954 年推出的《今夜》看做是第一个电视谈话栏目。但是随着电视的“成熟”，人们觉得电视更应该发展它的“看”的功能，而谈话更多地属于“听”，所以后来这种样式就没有得到充分发展。然而，自 20 世纪 80 年代以来，西方电视再度兴起谈话节目热，这种节目开始成为许多电视台的重头戏，“脱口秀”主持人成了西方社会的明星，发展到今天，谈话节目在国外的电视荧屏上已经占据了电视播出时间的近 1/3。这一现象为我国电视人所注意。1993 年上海东方电视台开播的《东方直播室》为我国内地最早的谈话节目，而且是采取直播的方式，但其影响限于上海一地。1996 年中央电视台《实话实说》一炮打响，从此一股强劲的“谈话风”抢滩电视黄金档，各种各样的谈话节目相继推出，如中央电视台的《对话》、《五环夜话》、《艺术人生》、《讲述》和《时空连线》，北京电视台的《国际双行线》、《荧屏连着我和你》，上海电视台的《有话大家说》，东方电视台的《东方直播室》，湖南电视台的《新青年》、《大当家》以及湖北卫视的《财智时代》、《往事》等等。

概括说来，我国电视谈话节目经历了两个发展阶段：从 1993 年《东方直播室》的创办到 1996 年中央电视台《实话实说》的开播为第一阶段，属于开创期；第二阶段从 1996 至今，属于飞速发展期。

第一阶段：1993 年 1 月—1996 年 3 月，这一阶段以《东方直播室》为开端到《实话实说》创办前，这时谈话节目刚刚出现，数量不多，尚未引起重视，但是也有较高水准的谈话节目。

东方电视台首创的电视直播谈话类节目《东方直播室》，是一档涉及社会、家庭、法律、经济、文化、历史等各方面热点问题的谈话节目，其特色可从其编导王韧对崔永元主持的谈话节目的评价中可见一斑。这段评价由崔永元转述而来：“王韧话不多,看完我(指崔永元——作者注)录制一期节目后,不紧不慢地发表意见。你有没有觉得今天大家紧紧巴巴的。我说,当然,我控制着现场呢。他说,大家不轻松,算不得上乘的谈话。不容我反驳,他紧接着说,当然,在录制现场让大家争相开口已经不容易,但如果大家说的不是自己的话,不是自己熟悉的方式,不是自己确定的语言,即便是很中听,又有什么意义呢?我听得有些心凉,感到自信心受到打击。王韧接着说,我们现在不很好吗,抽着烟,散着步,信马由缰,想到哪儿说到哪儿,刚才我看你沉默不语,难道这沉默没有意义吗?其实,沉默里也有很丰富的信息。沉默是金。可是你们的谈话现场为什么没有金呢?所有的空隙都被语言、掌声、笑声填满了,我认为,这并不是一场真正的谈话。好的谈话就像漫步聊天,话题忽上忽下,忽左忽右,却不会偏离主题。一会儿,你是谈话的组织者,一会儿,他是谈话的发起者。有话则长,无话则短。因为轻松所以避免了言不由衷。"①不难看出,《东方直播室》讲究谈话的自然,追求谈话的真实,而这一点正是当今许多电视谈话节目所欠缺的,包括《实话实说》也是如此。《东方直播室》的创办者能在谈话节目刚刚开始的时候就认识到这一点尤为可贵。

随后而起的有上海电视台的《三色呼啦圈》。一位作家在一篇题为《信》的文章里这样描述了《三色呼啦圈》的一期节目:"接到上海电视台一位朋友的电话,他说十月九日是世界邮政日,《三色呼啦圈》节目和市邮政管理局共同搞一个纪念活动,要我也去谈谈关于'信'。"②这位作家后来讲述了自己在北大荒时期与"信"有关的一段感人经历。由此可见,和当今大多数谈话节目一样,《三色呼啦圈》常就一个话题邀请各界人士来谈自己的经历和感受。

另一个颇具代表性的节目是中央电视台的《东方之子》。"1993 年,我(时间——作者注)应总制片人孙玉胜之邀参与创办《东方时空》,负责《东方之子》专栏。我选择了主持人访谈这一节目形式。我记得当时的一个最根本的冲动就是要实现尊重人的主张,而尊重人的标志就是让人说话。"作为人物访谈节目,《东方之子》将镜头对准那些中华民族的优秀儿女和杰出人物,通过对他们的生存状态、人生信念及性格特点的集中展示,再现他们所具有的人格魅力,并借此将人生经验性的东西传达给观众。它一改中国电视对人物理解和刻画的模式化、表面化的传统,以面对面访谈的形式,通过人物自己的叙述来展示人物的人生经历和人格魅力,从而挖掘更深层次的人文内涵。这种谈话节目,充分体现了对人的尊重,电视传媒也实现了从以往的单向传播到双向传播的一大跨越。

---

① http://www.prcedu.com/exam/text/file01/083604.htm.

② http://www.shuku.net/novels/prose/luxinger/luxinger31.html.

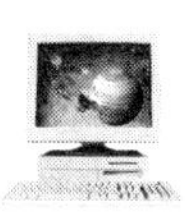

第二阶段：从1996年3月《实话实说》的创办至今。这一阶段的特点是，在《实话实说》的带动下，我国电视谈话节目蓬勃发展，并逐渐有了各自的特色，话题、形式越来越丰富，各个谈话栏目之间形成了相互竞争的态势。

《实话实说》与第一阶段的《东方之子》有着继承和发展的关系。时间说，"随着时代的发展，我逐渐感觉到《东方之子》的谈话局限。……虽然它具有符合电视规律的一种形式，但仍然没有解决让老百姓说自己话的问题。它有两个局限：一个是谈话者的标准，它必须是'东方之子'。也就是说它必须先符合入选《东方之子》人物的标准，才可以成为一个谈话人；另一个是节目只有8分钟的长度，只能讲重点、要点，其他有趣味性的东西、带有过程性思考的东西就没有篇幅容纳了。然而，最感染人的往往是吸引人们广泛参与的、能够容纳不同观点的场面的出现，所以我们就想有一种更大的谈话空间。1995年初，当《东方时空》广获好评的时候，我们已经冷静地意识到这一点，并开始注意到国外的'Talk Show'，即谈话节目。"①

1995年5月4日，在《东方时空》两周年的时候，时间组织制作了一个由崔永元主持的，一个武汉的工人为了救落水儿童而全身瘫痪的节目，"争论"作为一个题材在中国电视节目中首次出现了。这是《实话实说》的雏形，它为日后开办《实话实说》打下了基础，也使我们认可了主持人崔永元。

1996年3月16日，《实话实说》播出了第一期节目《谁来保护消费者》，随后又成功播出了《鸟与我们》、《吸烟有害，为什么吸烟》等一系列贴近老百姓现实生活的节目，颇得观众的喜欢，成为新闻联播、娱乐、电视剧、体育节目以外的又一收视热点。自此，谈话节目一发不可收，仅中央电视台就产生了一大批谈话栏目：《对话》、《真情》、《艺术人生》、《足球之夜》、《五环夜话》、《挑战主持人》、《讲述》等等。原来的许多栏目也加大了谈话的成分，有的也基本上是一档谈话节目了。例如《夕阳红》、《半边天》、《生活》、《经济半小时》等等。与此同时，各地方台也纷纷推出有地方特色的谈话节目，如湖北电视台的《往事》，重庆电视台的《龙门阵》等，连不擅长"谈话"的浙江人也侃侃而谈起来（浙江电视台钱江都市频道《谈话》），并且节目收视率很高。

谈话节目发展至今，从最初的一哄而上、单纯靠话题的异和奇来吸引观众，走向了以个性见长而生存发展的阶段，不同定位、不同特色的谈话节目出现在众多电视台的节目表上。

谈话节目不再是单一的谈话，而是在谈话的同时融合了多种电视文体——新闻、纪实、娱乐等等。如湖南台的《零点追踪》，它以发生在中国各地的大案要案为

① 时间、乔艳琳：《实话实说的实话》，上海文化出版社1999年版，第9页。

主要关注对象，通过对一个个扑朔迷离的具体案件的追踪式的纵深报道，来展示法律的神圣，净化人们的心灵。栏目采取全新的运作方式，把电视新闻的快捷、专题片的叙述和营造，纪录片的客观纪实、电视剧的逼真表现、小说与戏剧的严谨结构和扣人心弦的悬念设置、电视谈话节目的观众参与，全部融为一体，发挥各种艺术形式的优势和特长，来一个“综合艺术”的“再综合”，追求出“杂交优势”。中央电视台的《经济半小时》，把新闻题材和谈话形式合为一体，主持人约请演播室的“特约观察员”(多为经济界专家)对新闻的来龙去脉进行深入剖析，在谈话中加深了节目的力度和深度。

当代谈话节目在栏目定位、话题选择、嘉宾邀请方面都具有明显的个性化趋向，同时，还出现了许多新形式。如《谁在说》的首席观察人点评、网上直播。河南电视台还引进了综艺形式，如按键选择、题版注释、纸条交流、外景报道和互联网调查等。有的电视台还大胆采用了直播，并利用热线电话，吸引更多的观众参与。

第二节 电视谈话节目的基本类型

电视谈话节目的分类同其他任何电视节目形态一样，因其创作实践中相互交叉、相互渗透的现象比较突出，很难作出泾渭分明的界定。本着“涵盖周全、分类准确”的原则，本章采用按节目的内容构成、结构形式标准进行基本的分类，以对创作实践具有一定的指导和借鉴作用。

一、按节目内容分类

根据我国电视谈话节目的现状，参照美国电视谈话节目的内容分类方式，谈话节目可分为5类。

1. 新闻性谈话节目(或称时事类谈话节目)

主持人、嘉宾或观众共同对某一新闻事件进行讨论，以帮助人们了解新闻事件和公众舆论对这一事件的看法。讨论、辩论甚至发生在不同参与者之间，不同意见是这类谈话节目的亮点，注重思想性而非参与者的个人特性是这类谈话节目得以流行的原因。

较为著名的新闻性谈话节目有：《会见新闻界》(NBC)、《面对全国》(CBS)、《拉里·金现场》(CNN)、《麦克尼尔和莱尔新闻小时》(PBS美国公共广播公司)、《新闻会客厅》(CCTV)、《面对面》(CCTV)和《时事开讲》(凤凰卫视)。

《会见新闻界》(*Meet the Press*)创办于1947年，由美国全国广播公司(NBC)

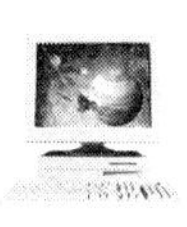

播出，是世界上最早也是存在时间最长的新闻访谈型节目之一，是每周日午间的关于公共事务、时政舆论方面的访谈类节目。每期节目由一位政界或社会知名人士嘉宾、一位主持人和四位参与讨论的人士组成，以开记者招待会的形式发表谈话。

《拉里·金现场》(*Larry King Live*)，创办于1985年，由美国CNN每晚9:00—10:00黄金档播出。这个栏目曾十次获得美国电视艾美奖(Emmy Award)。主持人拉里·金也被美国《电视指南》称为“迄今以来最杰出的脱口秀主持人”。作为一档新闻谈话节目，其话题一般是围绕近段发生的热点事件或热点人物，邀请相关嘉宾作现场访谈，并同时直播；也邀请部分娱乐明星作访谈；更多的是对普通人物的访谈以及对当今社会一些问题的讨论。从话题选择看，并没有像我国的大部分谈话节目，只定位于某一类人士，这样，易造成节目话题的枯竭和嘉宾选择的困难。

《时事开讲》创办于1999年8月22日，是凤凰卫视每周一至周五深夜时段23:35—24:00播出的时事评论谈话节目，由主持人与曹景行、何亮亮等著名媒介人针对当前最热门的新闻话题，包括国际或区域政治局势、中国外交战略、海峡两岸形势等重大时政内容，从华人的视角作出分析评论，被《南方周末》评价为“不可复制的《时事开讲》”。该栏目播出半年以后，就被卖出了中国电视频道午夜时段的最高广告价格。

《新闻会客厅》，创办于2003年5月1日，由CCTV新闻频道周一至周五22:00播出。该栏目关注的是当日或近期国内发生的重大新闻事件中的人，强调开掘新闻事件中当事人和关联人的亲历、亲为和亲感，突出了新闻中人性和新闻性的结合。在形式上，以一位主持人和两位嘉宾为主体构成。

以上所述新闻性谈话节目均属于独立播出的栏目。另有一类为新闻杂志节目中的某一子栏目，其形态与上相同，只不过不能单独播出，像中央电视台的《时空连线》就属于这类节目。它选择公众关注度最高的新闻事件，以“新闻短片＋主持人访谈”的形式完成对新闻事件的透视分析。其中新闻短片主要是披露事件的精彩焦点，描述事件的相关背景，而主持人访谈是对当事人进行互动式采访，观点相互渗透补充，交叉碰撞，层层推进，从而产生一个又一个高潮。有的“焦点”类子栏目，则是选取一定时间内有影响、典型性的焦点、热点新闻事件，从起因、过程、结果、影响等方面进行深入采访，并剪辑成几个片断，层层深入；在演播室内通过“抖包袱”的方式，由嘉宾对每一阶段予以评说，并对事件背后所寓含的意义予以揭示，从而构成对整个事件全方位的深度报道。其话题涵盖社会、经济、文化、娱乐、法制等众多领域，所选取的新闻事件涉及商界(如微软中国总经理吴士宏辞职事件)、社会(如某女士10万元广告大征婚)、文化(如王朔金庸论争事件)、娱乐(如“小燕子”走红及其遭受批评)、法制(如牟其中被推上法庭、香港黑社会头目张子强案)等各个

方面。

这类谈话节目对新闻事件的选取标准一般是那些具有广泛的社会关注度，或具有某一方面的典型性，为广大观众所欲知，而已有报道又未能深入分析和详尽展示的事件。另一方面，由于新闻事件和新闻人物是分不开的，所以这类谈话节目也常常邀请新闻人物到演播室作客，与之访谈，如《对话》节目中的《感受吴敬琏》、《跨世纪的柳传志》、《对话韩寒》、《约会王家卫》等等。新闻性在这类节目中处于首要的位置，新闻人物常常是他们的座上宾，节目常常以新闻人物为由头，在此基础上构筑对话的空间，由此引发出深层次的思考。

2. 娱乐性谈话节目

这类节目主要是和著名娱乐界人物之间的谈话，气氛温和，避免争论，同时还可挖掘明星们不为人知的一面。对观众来说，这种节目是对日常生活的一种调节，因为其中不仅充满了耀眼的明星，而且还以一种轻松的谈话为特征。

中央电视台的《艺术人生》是这类谈话节目的典型代表。栏目于 2000 年 12 月 22 日创办，以文化关注和人文关怀的姿态，对邀请到节目中的艺术家的艺术历程和情感经历做深刻的阐述，以现场谈话形式和观众共同分享艺术家的人生故事和人生感悟。栏目致力于从每一位嘉宾中选取“人生转折点，情感好故事”，逐渐成为中央电视台的品牌栏目。《艺术人生》栏目的特色在于：用文化引导娱乐，以文化视角关注演艺界，将艺术家还原为普通人，并通过艺术家的人生启迪普通人的人生，用艺术点亮生命，用情感温暖人心。

当《艺术人生》走向顶峰的时候，有网络舆论批评说，该栏目过于煽情，似乎已危及栏目的生存。其实煽情只不过是栏目的一种手法而已，更大的危机在于栏目选题面临着枯竭。按照艺术明星的嘉宾选择标准，似乎难以支撑年复一年的节目需求。于是，该栏目在发展中探索将嘉宾的定位从最初的歌手、影视明星发展到现在的影视、音乐、舞蹈、曲艺、文学、戏曲等文化领域；从单纯的国内艺术家发展到海内外的名人；从最初的重量级明星向故事化人生、情感化人生、趣味化人生和哲理化人生转变，特别策划节目还从单个嘉宾到艺术群体，由作品到演艺人扩展，大大开掘了嘉宾的资源，也扩大了节目的文化影响力。在表现形式上，该栏目除了访谈外，还将纪录片手法运用到现场节目中，并糅入大量的戏剧创作方法，使《艺术人生》在同类谈话节目中独树一帜。

英国学者尼古拉斯·阿伯克比在《电视与社会》中曾说过：电视主要是一种娱乐媒体，在电视上亮相的一切都具有娱乐性。除了以娱乐明星为主要嘉宾，以娱乐资讯为主要谈话内容的节目外，还有一种将娱乐与新闻资讯相结合的方式构成的

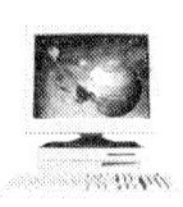

另类娱乐谈话节目，如凤凰卫视曾于2001年创办的《娱乐串串烧》(2004年年底停播)“用娱乐的方式解读政治、经济民生问题”。节目对娱乐的理解超越了简单的搞笑，而是投入了思考，使娱乐体现了潜在的深度建设力量。

在娱乐秀谈话节目方面，最能代表美国流行文化的节目是CBS于1993年推出的《大卫·莱特曼深夜秀》(*The Late show with David Letterman*)，被称为美国的“夜间谈话节目之王”，曾13次获得美国艾美奖。该节目的主要特征是调侃政要、戏说新闻，将正式严肃的新闻信息以个性化的调侃和口语化的叙说方式讲出来。如在2004年美国总统大选之年对布什的调侃：“如今，总统选举之战正全面升温。布什的竞选活动比前段时间要好多了，他的民意支持率也在急速上升，自从他抓住了——玛莎·斯图尔特!”此外暗指布什曾因抓住萨达姆而使民意支持率上升，布什想民意支持率再度攀升可是抓不到拉登，只好抓了个“家居女王”玛莎。

3. 普通话题谈话节目

这类节目的选题一般不具新闻性，但为公众所关注，节目注重普通人的生活，讴歌普通人的真实情感。如《荧屏连着我和你》的大量节目，曾经的话题有：喝酒的人、街头巷尾修理工、传达室的老大爷、围城中的暴力、居委会主任、小保姆、想结婚的人、不想结婚的人等等。又如《半边天》周末版，它的选材也基本上向普通人方向靠拢，“以人性为表达目的”，节目更多地趋向于展示型而非讨论型。主持人张越说：“罗大佑说过的一句话：最让我感动的是每张脸背后的故事，我很受启发，决定进入生活当中，进入命运当中，去寻找那些有故事的人，让他们来说。”①

以故事为载体成为当今许多谈话节目制作的法宝和原则。普通话题的谈话节目以普通人或具有特殊经历的人物为主体，通过讲述来展现人物背后的故事，拨动人类内心深处最敏感的情感与观众一起见证历史，思索人生。在我国大陆首开此类节目先河的，当是湖北电视台的《往事》(2000年)。此后较有影响的是中央电视台的《讲述》(2001年)，以及凤凰卫视的《鲁豫有约》(2002年)、《冷暖人生》(2003年)等。

《讲述》突出用真实的情感打动人，用朴素的爱心感染人，用真实的力量震撼人。为了形成这种强有力的真实力量，《讲述》除了要求记者采访的材料真实，事件背景真实，事件的思想真实外，在表现手段上也极力使用真实场景、真实语音进行再现。

美国的《奥普拉·温弗瑞节目》(*Oprah Winfrey Show*)被称为这类谈话节目

---

① 黄晶晶、王军：《媒体的力量：谁是今天最有影响的“对话人”》，《新周刊》2001年5月16日，第38—39页。

的经典。它由“国王世界”(King Word)节目制作公司于1986年推出,这个栏目9次获得艾美奖杰出脱口秀奖。该栏目话题的重点包括三个方面:有关女性生活、情感方面的内容;对明星、名流的访谈;有关社会问题的话题,主要是关注一些新近发生,具有一定新闻因素的社会事件。对明星访谈的卖点主要是基于揭秘性和情感性的挖掘,对其他两个话题的讨论,包括几组嘉宾故事陈述、观众与嘉宾冲突的调节,专家提出治疗的方法。

这一大类还包括人际关系和心理的谈话节目:这是以个人情感历程、心态和人际关系为题材的节目。比如浙江电视台的《情感夜话》,它以情感、婚姻、家庭、生育等话题为主,通过专家与观众的互动交流,化解情感困惑,沟通两性理解,解除心中烦恼,激发生活激情,追求心灵健康。

4. 专题性谈话节目

这类节目注重服务性和知识性,其中包括理财与经营顾问节目、健康或其他主题相关的其他专题特别节目。如中央电视台的《健康之路》,它每天一个主题,由主持人邀请国内各学科最著名的医学专家到演播室介绍疾病的预防保健知识。节目还在直播过程中开通热线电话和互联网站,观众有什么问题,可以直接向专家提问。

5. 拟社会事件谈话节目①

这属于模拟新闻谈话节目,它使用电影的概念,将电影的艺术手法与电视的写实手法结合起来表现现实题材。例如《人民法庭》节目就是用模拟的形式展示各类错综复杂的案例,以此来满足观众对类似法律案件的兴趣。

事实上,我国目前有许多谈话节目并不能严格地把它区分为上述哪一种类型,相反,它们常常是各种类型的综合体。

二、按结构形式分类

按谈话节目形式分类,是目前比较通行并被业界认可的一种划分标准。这种分类采用粗线条的勾勒方法,参照文体写作的一般体例,便于操作与管理。

1. 叙事型谈话节目

叙事是被表述出来的故事,因此,叙事型谈话节目也就是以讲故事为主要形式

① 马庆平:《外国广播电视史》,北京广播学院出版社1997年版,第124页。

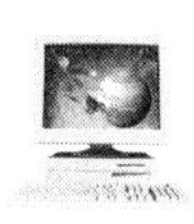

的谈话节目。不过，这类故事是发生在现实生活中，是节目嘉宾亲身经历过的真实感情，而不是虚构的故事。按照叙事的定义，故事是指未经任何特定视点和表述歪曲的“客观的”事件结构。这种“客观的”故事事件创造出人物生活情境中有意味的变化，而这种变化是用某种价值来表达和经历的（事实上，任何一种被讲述出来的故事都没有完全的“客观”地位），并通过冲突来完成。若无冲突，故事中的一切都不可能向前发展。

故事是生活的比喻，而生活的本质就是冲突，人们活着就是置身于看似永恒的冲突之中。冲突可以来自对抗力量的任何一个、两个或所有三个层面，即内心冲突、个人冲突及个人与外界冲突。纵观我国的叙事型谈话节目，不论是中央电视台的《讲述》，还是湖北电视台的《往事》、河北电视台的《真情》，或是凤凰卫视中文台的《鲁豫有约》，都不同程度地在三个冲突层面展示故事情节，即使在所有冲突层面的一个之上，也会有简单的故事纠葛。

湖北电视台的《往事》，即根据主人公所回忆的自己刻骨铭心的人生“往事”来展开叙述。像首期播出的《故事，铭刻在雪山》，就把人们带回到了40多年前中国登山运动员首次登上珠穆朗玛峰的动人时刻，同时，也给人们讲述了当时一段鲜为人知的动人故事。主人公刘连满舍己为人，在离顶峰只有140米的地方主动做人梯，帮助战友登上最后的顶峰，而自己留在原地，宁愿选择死亡而把自己的氧气留给了战友。在面临个人牺牲和帮助战友活着登峰，安全撤离的两难选择中，不能排除刘连满个人内心的激烈冲突。当队友们在珠峰展开鲜艳的五星红旗向世界宣布的时候，刘连满则在不远的珠峰下默默地与死神搏斗；当鲜花与荣誉伴随着战友的时候，刘连满则退出登山队一直在为家人的生计奔忙。这样的“往事”展现，这样强烈的反差，使人们在与主人公充满真情话语的平等交流中得到了一种心灵的净化。

中央电视台的《讲述》栏目就定位于讲故事，讲述普通人的故事，其宗旨是——

一段终生难忘的经历
一段刻骨铭心的故事
一片魂牵梦萦的土地
一种催人奋进的力量
一种激荡灵魂的身影

《讲述》栏目以一种新鲜的“讲故事”的方式，将发生在芸芸众生普通百姓身边的那些感人至深的故事挖掘出来，向观众娓娓述说。栏目把观众的情感需求放在第一位，坚信“再草根的生命也会发出绚丽的光彩”。该栏目制片人梁红说：“我们

在感知观众的情感需求，而且真、善、美一直是人性追求的主题，社会越是发展，人间越是渴望真情，越是把是非、善恶、美丑的界限区分得更加清晰。”《讲述》无形中引导了观众的价值观——以情励人。该栏目于2005年末进行了改版，使故事增强了悬念，观赏性更强，更贴近普通百姓。并且融合了新的创作元素，如讲故事技巧、镜头语言、剪辑方式、音乐蒙太奇等。

2. 议论型谈话节目

议论型的谈话节目，是就某一抽象话题，通过嘉宾和现场观众的讨论、辩论进行思想和观点的交锋。节目最后一般没有定论，而是把判断的权利留给观众，给观众以思考的空间。《实话实说》的许多节目——《为什么吸烟》、《该不该减肥》、《夫妻是否需要一米线》等都属于这一类。

议论型谈话节目又根据谈话的方式、话题的设计不同，而分为讨论型谈话和辩论型谈话。

讨论型谈话是指谈话参与者在节目中就某种现象或某个问题展开讨论，对其产生的原因、应对的观念、发展趋势、最终结果、现实意义等进行多角度、多层次的分析，或从某具体的个案、现象入手，在谈话中逐渐深入故事以及现象的背后展开讨论，为公众提供一个话语平台。像《实话实说》大多数节目选题都属于讨论型谈话范畴。这类节目已成为当今电视谈话节目的主流类型，是“主流话语、精英话语、大众话语合谋最为成功的电视谈话节目类型之一”。

讨论型谈话节目更多地展示的是嘉宾围绕某个问题所进行不同层次、不同侧面的交流与探讨。观众在讨论型谈话节目中希望得到的是对问题更深入、更全面的了解。讨论型谈话可以是就某个问题充分展开讨论，也可以从具体的个案或某种新现象入手，在谈话中逐渐深入故事或现象背后展开讨论。如中央电视台《对话》栏目中关于少年作家韩寒的一期节目，就是把韩寒作为个案，通过讲述韩寒的故事、专家的讨论、韩寒自己的感受，使讨论形成一个共识：一个成熟的社会应以平和的态度包容这样一个极富个性的年轻人。

在讨论型谈话节目中，有一类因话题的争议性而带来两种观点的激烈交锋、两种语言的激烈碰撞，而被有的人称为辩论型谈话节目。这种节目的即兴性最为突出，也最能展现语言的魅力。同时，节目的理性思辨、严密的逻辑、高水平的论争也是这类节目的突出特征。像《实话实说》中的相关节目：《拾金不昧要不要回报》、《不打不成材》、《高山旅游区要不要建索道》等，都是现实生活中经常遇到、且容易产生困惑的问题，也容易产生争论，引起双方的辩论，这样的选题才能激起观众的一种参与欲望。

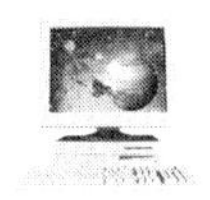

辩论型谈话是语言对抗色彩最为强烈的一种谈话形态。它通常围绕一个特定话题，由持有不同观点的双方各抒己见，在交锋中形成冲突。如凤凰卫视的《时事辩论会》，以辩论形式评论时事。该节目每次设定一个时事热点话题，并特意从中国内地、香港或海(境)外邀请相关人士参与，运用多视窗形式，由多位背景各异的嘉宾"紧扣时事，让事实越说越清，交锋观点，使真理越辩越明"。通过多角度的辩论，使观众能洞悉事件的不同视点，透彻地了解事件的真相、本质。

随着我国电视谈话节目的发展，新出现了一种把上述两类谈话节目综合在一起的电视谈话节目，如湖南卫视的《大当家》。节目由两个环节组成：第一环节"萝卜白菜"由某一普通而特殊的家庭生活现象、热门生活话题或突发新闻事件导入当期节目话题，通过捕捉嘉宾、观众当中鲜活的生活事件，引发有见地的争鸣，从而折射出社会生活的最新动向和潮流，探讨提高家庭生活质量的方略，着重突出思想交锋和智慧的碰撞；第二个环节"比较生活"则将走进与上一环节主题相关的家庭角色，展现他们的内心世界，演绎戏剧般的人生冲突，同时展现主角的个人魅力及其生活当中鲜为人知的另一面。通过引发主角一吐为快的生活宣言，来挖掘家庭生活的无限情感情趣，着重以真实记录的个案经历，更深层次地挖掘和体味话题的内涵。不难看出，《大当家》的两个节目环节既有讨论型的，又有叙事型的，是两种类型节目的综合体。

无论是讨论型还是叙事型，基本上都有一个主题，但也有谈话节目是没有主题或多主题的，呈现出意识流式的谈话。美国心理学家威廉·詹姆斯的《心理学原理》认为，人的意识并非以一段段的形式出现并连接起来的，而是流动的，因此称之为"思想流"、"意识流"或"主观生活之流"。他认为人们除了存在着理性的意识之流外，更重要和主要的是存在着非理性的和无逻辑的意识之流，这就带有非理性的倾向①。运用意识流的谈话，就是不设定一个目标或规则，不做结构，也不期待解决什么问题，自由转换，如行云流水。它虽有一个话题的由头，但这个由头不是中心，甚至会在谈话中被淡忘。《锵锵三人行》是典型意识流结构。它的"今日话由"大多来自时事，但往往并不是谈话中心——因为谈话几乎没有中心，完全是自由漫谈，如此而已。如一期节目谈的是"两岸电脑均被黑客入侵"，但谈话开始却说的是夫妻情感、结婚纪念日的荒诞，然后才慢悠悠转到两岸局势，接着从黑客名字的由来谈到"黑色"。

谈话节目的分类，有利于创作实践的类型化操作与节目竞争，但不能以此束缚创作人员的手脚。事实上，随着电视节目的发展，各种表现形式的互相融合，同各

① 黄展人主编：《文学理论》，暨南大学出版社1990年版，第192页。

种手段的综合运用，进一步丰富了谈话节目，使其更具感染力，这都是值得提倡与鼓励的。

第三节　电视谈话节目的创作要素

电视谈话节目的构成有三大要素：谈话人、谈话话题和谈话方式。谈话人包括主持人、嘉宾和现场观众（有些对话节目无现场观众）。谈话话题可以是新闻性的或非新闻性的，也可以是具体的或抽象性的。谈话的方式一般分为群言模式和对话模式。

但仅此并不能使所有的电视谈话节目都进入成功的保险箱，关键还在于节目的策划运作。进入21世纪以来，我国的电视谈话节目得到了空前的发展，但也有一批曾经辉煌的谈话节目由于种种原因退出了荧屏，或淡出黄金时段。《实话实说》曾引领我国的电视谈话节目潮流，自进入CCTV-1精品节目带播出时段后，却未能与其他六档精品栏目（新闻调查、艺术人生、曲苑杂坛、同一首歌等）一样守住高收视率的阵地，被置换到CCTV-新闻频道非黄金时段，其原有位置被后起之秀《大家》置换。

在谈到《实话实说》及谈话节目的命运时，该栏目的制片人海啸在2006年4月18日接受《中国广播影视报》记者采访时说过一段话，值得我们深思："这10年《实话实说》，实话难说，实话难说也得说。……节目形态曾引领过潮流，现在归于平静，仍能把握住自己的节目，找到百姓需求的并不多。"他认为，要利用现场观众的几张"嘴"，"说"动电视机前的观众看"别人说什么"，真是难！他说，谈话节目要经久不衰，就要把握住社会跳动的脉搏，找准观众诉求的心理，精心选择话题；主持人要善于调动和控制现场观众的情绪，引导大家做真实表达，把想要说的话"照实说"、"照好说"、"照电视机前的观众想听的说"。

一、话题

话题即节目选题。对一期节目来说，选择一个好的话题就意味着迈出了成功的第一步。

20世纪50年代，西方思想史中最杰出的女性思想家汉娜·阿伦特最早提出了公共领域的概念，后经哈贝马斯创造性的再论证，公共领域从一个比较单薄的概念成为一个被知识界公认的厚实的"理性类型"。媒介的出现，又大大扩展了公共领域，并成为这一公共领域的主要机构。而电视谈话节目的出现，由于其话题的更加广泛，从而在荧屏上营造了一个较为活跃的民间的公共空间。

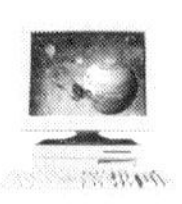

在美国，由于“天赋人权”、“言论自由”的思想由来已久，追求自由、崇尚冒险、信奉个人主义的社会价值观更是深入人心，根深蒂固。再加上美国的电视采取的是商业化的操作，追求的是利润的最大化。因此对于美国电视谈话节目而言，只要能带来利润，没有什么是不能谈的。而且，话题越敏感、越微妙、越刺激就越好，于是暴力、吸毒、婚外恋、性变态等在屏幕上层出不穷，谈话现场的奇闻、怪谈、怒骂、打斗应接不暇。

相比而言，中国的传统文化向来注重人与环境的协调统一，认为人只有在“和谐”中才能保存自我。而且，我国的电视节目一直偏重于舆论监督方面的功能，大众传媒作为教化手段被一再强调。电视谈话节目作为一种强调参与性的新型电视传播形态，仍然责无旁贷地承担着传播优秀文化、教育社会民众的功能。因此，在话题的选择上，我国电视谈话节目强调的是教育性、指导性，由此选题的范围大受限制，讨论的主题大多集中在不太敏感的社会问题上。崔永元在主持《实话实说》节目的时候，题材非常广泛，收视率较高。但不久后，节目停播，后来又出现了改版的《实话实说》，尽管它为通常不公开谈论的题目开一个窗口，但是它往往给人一种选题缺乏足够吸引力、现场讨论偏向内向和保守的感觉。这种现象在其他谈话节目中也可多多少少看到。

为了寻求突破，谈话节目话题的选择一定要在以下两方面努力改进。

1. 话题选择原则

谈话节目的前期策划是节目成败的关键。许多重要的环节，如话题选择、嘉宾选择等，都是在这个阶段完成的。虽然不同的节目形态、不同的栏目风格决定了话题选择的不同，但它们还是有一些基本规则可遵循的。

(1) 必须符合栏目的定位

栏目定位是每个栏目在开播之前都要进行的一项工作，一般包括栏目的基本功能、受众群以及样式和风格等内容。不同的栏目有着不同的定位，话题选择必须符合定位的理念。

美国 CNN 著名的电视栏目《拉里・金现场》，由于所在频道为 24 小时全天候播出的新闻频道，因此该栏目无疑定位于新闻谈话栏目。与此相适应，栏目的话题选择遵循新闻性原则，即一般选择观众比较关注的新闻事件或新闻人物。如围绕美国总统克林顿卸任前签发的特赦令，引起美国民众议论纷纷，于是该栏目就请来了卡洛斯(被特赦的犯人，据传其家属曾给克林顿提供巨额费用)的调查官和辩护律师等与此案有关联的嘉宾，通过现场采访提问、穿播有关短片及嘉宾间的对话，使节目充满了吸引力。

CCTV的《相约夕阳红》栏目定位于：满足老年人的精神需求，加强与老年人的思想交流和沟通。因此，该栏目选题就集中在老年人所关心的话题，注重话题的时代性，紧跟时代，贴近社会主流生活；注重话题的开放性；把老年生活放在一个开放的社会系统中来考察；注重话题的服务性，既强调实际生活的服务，更强调精神上的人文关怀；注重话题的多元性，在社会主流价值下，尊重个人的价值选择。如《母女之间》、《为健康喝彩》。

中央电视台的人物访谈栏目《面对面》，在经过充分的市场调查与论证之后，为避免与已有的《新闻调查》、《东方之子》的定位相冲突，栏目组把《面对面》定位为"面对面交流、在交流中探寻、在探寻中求证、在求证中质疑"。作为长篇人物访谈，《面对面》追求的是用"人"来解读新闻，记录历史。栏目认为，新闻是由人来构成、人来推动的，人永远是新闻的主体，所以栏目选题重点关注的是新闻事件中的新闻人物，包括新闻事件中的核心人物、新闻话题中的焦点人物和时代变革中的风云人物，单纯的历史人物、名人或政要。正是这种独特的栏目定位，才使它具有了自己的节目风格，在央视的新闻频道中脱颖而出。特别是在2003年北京"非典"的特别时期，栏目深入"抗非第一线"，对市长、专家、医生、护士进行了专访，制作了全方位、立体化的"抗非"系列报道，得到了观众的认可，在社会上也产生了强烈的反响，一时声名鹊起，节目仅播出四个月就成了央视的名牌栏目。谈到该栏目的成功，主持人王志认为，最主要的是在选题上做到了三点：第一，是不是有足够的张力可以做到40分钟；第二，是不是有关注度，我们的人物要有新闻性；第三，适不适合用谈话来讲述。

栏目定位的不同决定了栏目选题的不同，即使均采用面对面访谈形式的栏目，也会因定位的不同，而选择不同的嘉宾：《对话》邀请的是政府官员、经济名人、专家等；《面对面》虽也面对官员与专家，但其内涵则在新闻人物；《艺术人生》更是大相径庭地选择了艺术界人士。

(2) 话题必须具有"卖点"

话题的选择确定，除了要考虑栏目的定位外，还要考虑话题是否具备"卖点"。卖点是节目赖以出售的那个部分。节目好不好卖，有没有观众市场，能否引起广告主和观众的注意，特别是能否让广告主慷慨解囊，就看卖点如何。

有人说，卖点就是商机。有人说卖点就是节(栏)目的定位。还有人说，节(栏)目的卖点，就是它自身具备，又能符合受众需要，是媒体中存在的空白。也有人认为，所谓节(栏)目的卖点就是节(栏)目最具有吸引力的个性化品质特征，这是媒体策划的灵魂。因此，既有价值，又有卖点的节目话题才能吸引观众。找到了具有"卖点"的选题，节目的收视率才会有保证。

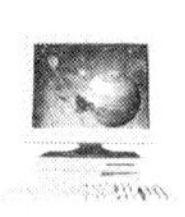

第一，备受关注的新闻性话题。在当代信息社会，人们对新闻资讯的追求仍是电视媒介传播首要考虑的问题。每当突发事件、重大新闻事件发生时，人们首先需要了解事实的真相，弄清新闻的来龙去脉，对具有代表性的社会舆论进行归纳分析；其次，还希望听到从各方面得到的相关说法，对事件做出详尽的分析与判断。正是凭着对媒体解释权的充分运用，凤凰卫视的《时事开讲》一直受到观众的青睐，其话题选择自然也有较高的关注度。如2000年台湾举行“大选”期间，凤凰卫视高度关注台湾政治生态的演变，作了总题为《台湾“大选”之生旦净末丑》的系列选题，从港台邀请到一批特邀嘉宾，对台湾政情进行分析，从“3·18”陈水扁当选，到“5·20”政党轮换，连续两个月集中展示台湾政情，使之成为大陆了解台湾政治的主要窗口。

时效性与轰动效应是这类选题吸引人关注的重要原因。美国的电视新闻谈话节目在这方面体现得最为充分，在新闻事件发生的当天，观众就可以在节目中看到当事者，或是有关的专家发表自己的看法、分析事态发展。这就使得电视谈话节目不仅能成为许多历史事件的见证者，而且在某种程度也以自己的力量在改变着这些历史事件的进程。《时事开讲》等新闻谈话节目，就是邀请有关方面的专家就当今社会关注的热点、焦点问题展开分析和评论。例如“9·11”事件、我国成功加入世界贸易组织等，这样的选题就很有卖点。除了这种全民关心的热点、焦点问题外，特定观众群的需求也能成为“卖点”，例如每年大学生的就业问题，都会牵涉到许多家庭的心，以就业问题作为话题，也能得到不少观众尤其是青年学生的关注。

第二，增强好奇感的叙事性话题。好奇是人的一种本性，满足人们的好奇心是使谈话节目保持永久的吸引力的一大法宝。因此，大凡成功的谈话节目都在论题的新颖性方面颇下工夫。如《奥普拉·温弗瑞节目》话题中，情感与心理话题、明星访谈、生活话题分别约占27%、12%和31%。如“你的房子花了你多少钱”、“家庭情感暴力”、“改变我人生的人”等，即便是战争问题，也选取不同的话题视角，如“美国应该攻击伊拉克吗”、“为什么如此多的人不喜欢美国”、“你怎样对你的后人讲述‘9·11’”等。

悬念与新奇感之所以能成为节目的“卖点”，是因为电视谈话节目有很多选题立足于满足观众的窥视欲望与好奇心理，把各种奇闻轶事作为话题，让观众闻所未闻、见所未见，这样的选题在一定程度上能够提高节目的收视率，但负面作用也不小。中国电视谈话节目不能像美国电视谈话节目那样走极端，但也可以有所借鉴。

2. 话题选择的范围

根据我国谈话节目类型的不同，话题大致可以分为两大类：一是以事件为

主的话题，二是以人物为主的话题；这两类话题也分别对应于谈话节目的两大类型，一是讨论型的谈话节目，二是叙事型的谈话节目。一般来说，以事件为主的话题，主要侧重于观点的交流与碰撞，以事带理，以事议理，辩论与讲述为重；以人物为主的话题，则侧重于人物的情感经历与心路历程，以人带事，以事入情，倾诉与展示注重。当然，这两者是不能绝对分开的，事件中必有人物，人物中必有故事才有卖点。

(1) 以人物为主的话题

这类话题侧重人物的情感经历与心路历程，以人带事，以事入情，倾诉与展示并重。其选择标准：

第一，明星、名流人物话题。明星人物因其本身的知名度、关注度而成为各类谈话节目的常态话题，不论是议论型的谈话节目，还是叙事型的谈话节目，都离不开对明星的访谈。以美国最著名的两档电视谈话栏目为例，《拉里·金现场》与《奥普拉·温弗瑞节目》均有对明星、名流的访谈。在前者的选题中占到了约46%，在后者的话题选择中虽然所占比例并不高(约12%)，但由于它的播出频率固定(每周一位嘉宾)，播出单元固定，播出内容固定(对明星名流的访谈)，因此，对观众来说，仍有较高的辨识度。

凤凰卫视的《鲁豫有约》中的采访对象，尽管就当前看来已不再是引人注目的公众人物，但他们都有一段特殊的经历，可以说是见证了一个历史时代。通过他们的讲述，我们可以更好地深入历史，去寻找记忆中被遗忘的东西。在话题选择策划上，凤凰卫视"注意对某一段历史中的人物集中采访，这些人作为不同的个体组合在一起，从而还原了一段完整的历史记忆"①。从采访我国前世界乒乓球冠军庄则栋开始，许多那个时期的历史人物走进了《鲁豫有约》：乔冠华的夫人章含之、毛泽东的儿媳刘松林、周恩来的侄女周秉建、胡风夫人梅志、赵丹夫人黄宗英、传奇文人张贤亮、吴法宪夫人陈绥圻、大寨村的郭凤莲、知青榜样邢燕子、陶铸的女儿陶斯亮等等。通过对上述历史名人或与之相关的亲人的访谈，《鲁豫有约》栏目开创了"口述"历史的先河，不仅造就了节目的影响力，也为我们的时代留下了一部宝贵的历史片断②。

第二，新闻事件和焦点事件中的人物话题。这类话题在话题选择原则已有阐述，在此不再赘述。

第三，普通百姓的生存状态、弱势群体的情感生活的话题。以这类话题定位的

① 钟大年、于文化：《凤凰考》，北京师范大学出版社2004年版，第88页。

② 钟大年、朱冰：《凤凰秀》，中国友谊出版公司2006年版，第102页。

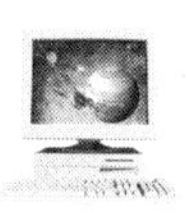

栏目成了我国当代电视谈话节目的主流，湖北卫视的《往事》应视为此类节目的首创，其“小人物、大命运”的定位语，高度凝练了这类栏目的精神。此后，中央电视台的《讲述》，讲述的是平民阶层人士的朴素而又生动的典型故事。而凤凰卫视中与《鲁豫有约》相对应的栏目《冷暖人生》，则以另类的话题选择产生了非常强烈的感染力：

在一场大火中幸存的打工妹、“苦力大军”一员的张老汉、“乞丐大学生”小李、艾滋家庭的大学之梦、抗日战争幸存的国民党军官“老兵”等。《冷暖人生》就是要记录这样一些生存与生活的故事，通过小人物呈现大时代，通过一个个真实鲜活的人物记录一段段真实鲜活的历史。在这些选题中，最让人难忘的是《老兵》。

老兵是一个有着特殊经历的军人，曾经是台儿庄战役敢死队队长，做过师长，也当过囚犯和强制劳动的工人，30 多年以后才回到他的家乡。如今已经 90 多岁的老兵现在是陕西的一个普通农民。

陈晓楠轻声地对老兵说：“我们应该称呼您为将军。”

老兵用他浓重的陕西腔说：“实在不敢称将军，我实在担不起那么一个高尚的名称，只是抗日战争一个幸存的老兵。这就够我光荣的啦。”

老兵谈到自己人生的起落，从威武的将军到屈辱的囚犯，都是笑谈，但是说到当年牺牲的兄弟们时，老人哽咽了，他用苍老的手指着自己的胸口说：“我没有死，我没有达到我的目的。几千人跟着我干，跟着我送了命，我自己怎么能不难过。都是睡在一起的兄弟，受伤三四次，回来仍然战斗”；“我说中国人民有这样的好儿女，中国亡不了。”

老兵的妻子和他做了 30 年夫妻，但待在一起的时间不到一年。妻子带着两个孩子千里迢迢来到丈夫的故乡等待他的归来。等到老兵回去时，妻子已经死了。谈到妻子，老兵痛哭，觉得太对不起她。摄制组知道老兵五年没去上过妻子的坟，就叫了一辆出租车，载着老兵来到半个多小时车程之外的墓地。老兵在妻子的坟头放声大哭：“今年有香港（凤凰）卫视的几位把我带这儿来，我今生没有再拜你的时候了，这是最后一次，我到你坟上来看你，我对不起你……”闻者泪下。

在夕阳的剪影中，老兵敬了一个军礼，一个本来身体佝偻，耳朵也听不清的老人在最后敬军礼的时候又显出了军人的风采。这就是《冷暖人生》，在偏远的陕西径阳县龙泉镇，抢救下了一位老兵的苦难人生。老兵的命运纠结着每个观者的心①。

① 钟大年、朱冰：《凤凰秀》，中国友谊出版公司 2006 年版，第 41 页。

不久，突然从凤凰卫视传来消息，“老兵”在陕西“悄然而逝”。为此，《冷暖人生》又为“老兵”做了一期节目《老兵不死——仵德厚》。节目是这样解说的：

解说：2007 年 6 月 6 日，陕西径阳县龙泉镇雒仵村的一个老人在家中去世，老人的去世让这个宁静偏僻的村庄突然喧闹了起来，每天都有数百人自发地从各地赶来吊唁。台湾国民党名誉主席连战写下了“民族之光”四个字托台湾商人送到村里；冯玉祥将军的后人也送来了花圈和挽联。数十个记者先后赶来采访报道，一时间雒仵村挽幛无数、花圈林立。村里的老人说，这样的场面，雒仵村百年未遇。

村民：在村里是个普通的村民，九十多岁他还下地(干活)哩。

村民：他是雒仵村这样的一个人(竖起大拇指)。

解说：这位在村民眼里就是一个普通农民的老人叫仵德厚，享年 97 岁。

陈晓楠：仵德厚，陕西泾阳县的农民，曾蹲过三十年的监狱，曾经当过十几年的工人，最后落叶归根。在三年以前几乎没有人知道，这位在村子里长时间沉默着的老人其实还有一重身份，他是当年台儿庄战役的敢死队队长，他是那场战役活下来的最后一位指挥官，他是一个将军。三年之前一个很偶然的机会，我们有幸发现了这个名字，也有幸在之后记录下了关于老人跌宕起伏的冷暖一生。那个时候我们其实还无法完全料想，节目播出之后，老人的故事所辐射出的力量如此之巨。他的话语、他的身姿、他的表情，被重新嵌入了那一段关乎民族命运惊心动魄的历史，而同时被写进那一本历史的，也被人们开始口口相传的，就是老人从将军到农民这传奇而悲凉的一生。因此三年之后，当仵德厚将军去世的消息传来的时候，其实我们的心情一时难以用语言说得清。我想我们真的很庆幸吧，在那一段惊心动魄的历史随着一个个生命的消失渐渐变得模糊的时候，我们还真能有幸抓住了这最后的机会，获得如此鲜活的记忆和证明。而与此同时，可能对我们来讲更重要的是，如果因了这样的相逢能够让老人在生命的最后一段路上，卸下些许遗憾，我们更会感觉到无比的荣幸。如今老人走了，此刻我们唯一能做的也是最愿意做的，就是重温。重温那一段历史，重温那一个人。

……

解说：当已是 80 岁高龄，身体虚弱的杨凤鸣得知师长去世的消息后，一个人就偷偷地离开了家，从百里外的西安辗转赶到了雒仵村，执意要为师长守灵，送师长最后一程。

记者：站好最后一班岗。

杨凤鸣：哎。

解说：老兵杨凤鸣在师长的棺木旁守了一夜，一夜无语。第二天出殡，四五公

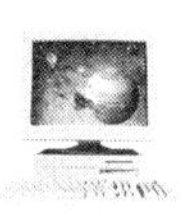

里的路，老人一个人走在了最后。

杨凤鸣：师长我来送你最后一程。

(2) 以事件为主的话题

从谈话节目大量的话题选择中可以看出，许多话题来源于多种社会事件，包括政治事件、社会热点事件、普通人物的事件，甚至也包括一些娱乐事件。在这些具有较强新闻性的事件访谈中，侧重于观点的交流与碰撞，以事带理，以事议理，辩论与讲述并重。一般来说，这类话题应具有争论性，嘉宾对话题所涉及的问题存在分歧，有一定的讨论空间，这样才能增强节目的气氛，使节目一次次走向高潮。

在美国，为了追求高收视率、获取更高的商业利润，电视谈话节目推出了大量容易引起争议的话题。曾有研究者对美国部分电视谈话节目的话题做过统计分析，认为美国常见的以事件为主的话题有：性和暴力问题；婚姻家庭问题；社会问题，多涉及社会伦理；医疗保健问题等。

在中国，电视谈话节目多涉及关系国计民生的大事、社会热点问题、婚姻家庭和子女教育问题。如浙江钱江都市频道的获奖节目《谈话·我的孩子不完美》，其选题就涉及子女教育问题，具有现实普遍性。节目围绕是否应追求孩子的完美问题展开讨论，围绕怎样面对自己不完美的孩子、怎样实施正确的教育方法而展开谈话。通过讨论谈话，围绕孩子完美问题显示出不同的态度，如宽容、无奈、理解等，结论是：对子女的要求应是"好不累、坏不罪"（专家观点）；对家长要求"爱孩子、懂孩子"（教育者观点）；对孩子的看法应是"金无足赤、人无完人"（主持人观点）。

实际上，无论是以人物为中心的话题，还是以事件为主的话题，两者都不能决然对立分开，在社会事件中必有人物，在人物访谈中必有故事才能支撑节目运行。

3. 话题选择的渠道

话题的选择有着多种渠道。有的栏目成立了"选题组"，选题组负责搜集各种信息，从中挑选出适合自己的选题；有的栏目则由编导自己寻找选题；有的栏目充分发动观众，设立奖项，鼓励观众报题。目前，我国电视谈话节目的管理制度一般采取三种模式：一是制片人制，二是主持人制，三是编导制。制片人制的运作中一般设立了一个非常强大的策划组，这样节目选题的初选，话题制作的思路，都由这个策划组集体商讨运行，因此，采用这种模式的栏目，容易形成品牌效应。主持人制是西方许多谈话节目采用的模式，因为在西方谈话节目中主持人是节目的灵魂，主持人的风格、魅力、思维方式、言谈举止等极具个人化的因素融入节目中，成为节目的风格与特色。在这里，主持人往往参与节目的采、写、编，从前期策划到现场录制,从话题确立到推广发行,主持人起着举足轻重的作用。目前在我国,这种全能型的主持人很少,有些主持人虽然比较优秀,但一旦成名他们常年在几个栏目中游走,往往只是在现场录制的前一两个小时,才进入节目。所以他们对整个栏目的定位、节目的内涵、嘉宾的特色、话题承载的意义,都没有时间与精力认真体味,只是依靠一些熟练的主持技巧进入到主持人的角色。这样,主持人与嘉宾与现场观众缺乏真诚的交流与沟通,谈话也无法深入。关于编导制,这是目前我国电视台采用最广泛的节目运作模式。编导自己选择话题,可以调动起编导强烈的创作欲望,但是由于编导的水平参差不齐,对节目的认识也不一样,找到的选题往往在质量、风格方面都有较大的差异。

二、谈话人

如果说谈话话题的选择是解决谈什么问题的话,那么,谈话人的选择则是解决由谁谈话的问题。话题确定之后,谈话人就成为电视谈话节目成功的决定要素。谈话人包括主持人、嘉宾和现场观众。

1. 主持人

有人说,主持人是电视谈话节目的核心,也是节目最有效的"金字招牌",这话有一定的道理,因为谈话节目与其他形态的节目不同,即使编导与策划事先进行了充分的准备,考虑到了各方面的因素,现场录制时仍然会产生各种意外。面对现场的这些变数,编导与策划是无能为力的,唯一能解决问题的只有主持人。因此主持人的个性色彩和个人魅力,主持人的反应能力就直接影响节目的质量。

美国的电视谈话节目十分突出主持人的号召力。许多谈话节目直接冠以主持人的姓名,如《唐纳休节目》、《奥普拉节目》等等。采用这种"明星策略"是因为电视节目制作者在长期的实践中意识到:谈话节目十分依赖主持人的个性色彩和个人魅力,观众常常因为喜欢某位主持人而成为该节目固定的收视者。从某种意义上说,主持人就是节目最有效的"金字招牌",把主持人培养成为明星或由已成名的明星来担当主持人,便意味着节目能拥有成千上万的崇拜者,节目的收视率、影响力也会随之上升。在我国也是一样,可以说,没有崔永元就没有当年的《实话实说》,随着崔永元的离去,这个栏目也受到了不同程度的影响。

主持人与嘉宾和现场观众一样,也是一个参与现场谈话的谈话者,他以平等友好的态度对待嘉宾,向嘉宾提出问题,共同就某一个问题进行讨论,并在适时的时候对嘉宾的发言进行总结或评点。同时,主持人还与现场观众进行交流,倾听现场观众的意见与问题,询问他们的真实想法。他与现场观众的谈话扩大了交流范围,

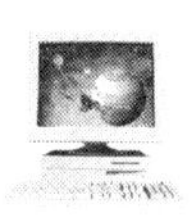

活跃了现场的气氛，推动谈话向更深层次展开。

主持人还是现场谈话的组织者。主持人通过提问、暗示等技巧调动嘉宾的情绪，控制谈话的走向，调节谈话的节奏，并按照事先设计好的方案诱导嘉宾进行谈话，最终使编导和策划的意图得以实现。

主持人还是现场谈话的调度者，通过利用各种技术手段为谈话服务，活跃现场气氛。在谈话过程中，主持人常常在适当的时机用大屏幕播放事先准备好的影像资料，主持人可以利用这些影像资料来设计悬念、加深观众与嘉宾对话题的了解、引发故事情节的发展和场内讨论。在节目中还可使用热线电话与网络，把场外观众引入节目中，扩大交流范围，使录制现场与场外联结成为一个巨大的“谈话场”。

主持人更是谈话节奏的控制者。节目依靠主持人现场控制能力、语言激励来营造气氛。首先，主持人要具备亲和力。奥普拉·温弗瑞决不以展示、挖掘嘉宾的痛苦隐私、悲惨往事为节目的卖点。相反，她用自己的体态语，无时无刻不在向人们传达这样的一个信息——我和你们一样，我是真的理解你们。

在《如果一个儿童猥亵犯是你的邻居，怎么办》这期节目中，奥普拉紧紧围绕生活，探讨儿童猥亵犯的心理、识别和防范的方法以及社会对有过犯罪记录的人的相关政策。其谈话中就像日常生活中的聊天，不以揭露和羞辱困境中的人为乐事。而是想办法抚慰和帮助他们，让他们感觉好一点，从心灵出发，自我改善。为那些受到心灵折磨的人群开掘一个出气孔，让他们痛快地把压抑释放出来。

2. 嘉宾

从广义上说，谈话节目的嘉宾是指被邀请到节目现场，参与录制的所有人。其中包括现场观众；狭义的“嘉宾”则是指坐在主持人身边，参与现场谈话最多，也最为观众关注的某位或某几位人士。

嘉宾在节目中的主要功能是参与现场谈话。在主持人的引导下，嘉宾可以自由地表达自己的观点、讲述自己的故事、释放自己的情感，也可以与主持人就某个问题展开讨论。

一个成功的谈话节目，选择有特点、有说服力的嘉宾是一大看点。

中央电视台《大家》栏目经过收视率分析认为，一个栏目的高视率创造，除了依靠嘉宾的高知名度外，特色鲜明的嘉宾和具有“与众不同的经历的嘉宾”容易创造高收视率。如画家黄永玉、科学家钱伟长等。

《大家》栏目于2003年5月18日播于中央电视台第10套节目，2005年9月进入央视综合频道的晚间黄金时段，取代每周二22:39播出的《实话实说》栏目，成为与《新闻调查》、《艺术人生》、《幸运52》、《曲苑杂坛》、《同一首歌》、《开心辞典》并列

的央视七个精品栏目之一。

《大家》栏目所有的谈话都围绕着这样的基本问题展开：是谁影响了我们的今天？是什么造就了他的非凡的人生？——他的家世如何？父母对他有怎样的影响？他怎样选择专业？又如何选择职业？他的人生有哪些重要转折点？什么人或什么事对他产生了重大影响？他如何面对苦难、寂寞、荣耀与生命等等，力图做到在时代背景下追寻个人的人生轨迹，从个人的人生道路中反观时代的风云变化。

通过对《大家》栏目2004年7月至2005年7月播出的节目分析，证明嘉宾人物的话题与收视率的对照具有以下一些特点，即节目开端话题围绕嘉宾设置悬念，能迅速抓住观众眼球；能够体现嘉宾独特之处的话题容易带动收视；能体现嘉宾智慧的话题容易带动收视；能体现嘉宾坦诚的话题容易带动收视；能体现嘉宾真情流露时的话题容易带动收视；能表现嘉宾特定历史背景下的典型事件容易带动收视①。这些分析、总结，对我国电视谈话节目发展具有普遍借鉴意义。

对嘉宾的选择，应强调要有较强的语言表达能力和人格魅力。

如果是讨论型谈话节目，应选某一问题的专家和与话题有密切关系的人。如是叙事型谈话节目，则就尽量邀请到当事人。

《奥普拉·温弗瑞节目》在嘉宾选择上不拘一格，只要是愿意出现在大众面前的，又有故事内容可挖的嘉宾都可坐在嘉宾席上。即使有过犯罪前科的人，只要给予真诚和人文关怀，他就能够突破心理的和社会的各种障碍，自愿开诚布公的交谈。

总之，一个成功的脱口秀，需要多种因素的综合，从选题到嘉宾选择，再到主持人的完美"脱口秀"，都是至关重要的环节。

3. 现场观众

现场观众指的是演播室受众，这一角色并不是在所有谈话节目中都出现的，但是作为一个完整的谈话场的构建，作为现场故事讲述的一个重要角色，演播室受众是必需的。演播室受众的成熟是对受众"内容主权"和传授双方角色定位的全新诠释。他们扮演着电视文本创作者的角色，而非单纯的文本解读者。出现在电视节目中的这些普通人，既属于一般意义上的媒体接受者群体，同时又是基于自身社会经验与认知结构的思想和意见的传播者。他们是那些坐在电视机前的受众的一面镜子。他们从普通受众的社会情境出发，积极参与到电视的传播活动中去，通过对

① 李向东：《〈大家〉的节目内容要素及收视状况解析》，《中国电视》2007年第1期，第1页。

有关问题发表自己的见解和意见，构建起相应的文本意义，并同时推动节目的发展。受众也非常容易在他们那里找到与自身的认知、感受的相通之处，因为他们本身就是受众群体中的一部分。这种认识上的相通之处使电视传播的文体意义生成更易于达成传授双方的共识，并产生相应的社会影响。在我国目前的谈话节目中，对于观众的重视远远不够，很多谈话节目往往把观众当作一个摆设，没有提供他们发言的机会，这样就没有从根本上体现一个交流的空间。

被邀请到节目现场的观众应是精心挑选的。节目组一般是通过网络来征集观众，也可以通过公关公司来寻找合适的观众。无论通过哪种形式，都有必要在节目录制前同观众进行沟通，把那些真正对话题有兴趣的人请到现场，使他们有谈话的欲望，关注谈话的进程，并以自己的方式来影响谈话的进程，给节目增添多样化的个性色彩。在这方面做得比较好的有《实话实说》、《对话》以及《艺术人生》。《对话》不仅关心观众的想法，把观众的问题融入节目的设计中，而且对观众的外表和衣着也有具体的要求，这与它精英化的节目定位是相符合的。

在很多谈话节目中为了活跃现场气氛，实现编导的特定意图，编导事先沟通并有意安排了一些特定观众坐在观众席上，这被称为"预埋观众"或"钉子观众"。有了这部分观众，一方面保障节目顺利的进行，但另一方面，又破坏了节目的真诚感。所以，编导在设计时要把握住这个尺度。

三、谈话方式

1. 谈话模式选择

谈话方式因栏目而异，也因制片人的风格而有所不同，但从形式上看，无非有两种模式——

（1）群言模式

即有现场观众参与，由主持人、嘉宾和现场观众组成的"三结合"的大场面谈话节目，属于"脱口秀"的范畴。在这一模式中，主持人对场面的引导和控制尤为重要。既要启发、活跃场面，又要对表现欲过强的嘉宾和现场观众进行适当的控制。如《实话实说》、《对话》等，这是一种典型的"脱口秀"模式。

这种模式的出现，与节目定位的普遍性原则和争取高收视率为目标有着密切的关系。《实话实说》的成功更是奠定了这一模式在谈话类节目中的不可动摇性。这种大场面的群言模式从最初的主持人侃谈表现逐步发展到主持人对场面的引导和控制，有效地起到了在保持节目整体感方面穿针引线的作用。当嘉宾和现场观众表现得过于拘谨时，主持人必须善于引导、启发甚至活跃场面；当嘉宾和现场观众有着过强的表现欲而大段大段地谈论时，主持人又必须能够不露痕迹地控制场面。这样，谈话节目的质量就与主持人、话题和嘉宾以及现场观众等因素有关，甚至可以说嘉宾在某种程度上成了节目主持人。

下面以《拉里·金现场》栏目为例，分析“脱口秀”节目的一般流程。

表 10－1 《拉里·金现场》节目谈话流程

序号	主要内容	时　长	节目形式	节目案例
1	片头 热点新闻人物	2′—3′	几个外拍镜头、嘉宾介绍、旁白	就写实文学《百万碎片》造假问题，与该书作者及揭露者等的谈话
2	介绍嘉宾	6′	主持人介绍嘉宾	“烟枪网站”编辑、专栏作家、写实文学女作者、电视女记者
3	提问	5′38″	主持人开始提问	嘉宾温弗瑞质问嘉宾佛雷的短片，接着问网站编辑等
4	谈话	4′38″	嘉宾回答问题	专栏作家及电视女记者谈看法
5	谈话	4′	采访和对话、介绍下个环节	网站编辑与专栏作家就写实文学的真实性问题展开激烈争论
6	介绍嘉宾	5′48″	介绍嘉宾及嘉宾意见	主持人对弗雷的采访短片
7	观点冲突	6′42″	嘉宾的看法	嘉宾间开展争论
8	谈话交锋	5′56″	话题交锋	争辩和讨论
9	谈话意见对立	2′20″	采访谈话继续	主持人对佛雷的采访短片，观众热线电话提问
10	结语		主持人介绍网址，结束	主持人预告下期节目，结束

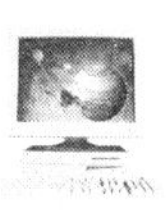

（2）对话模式

对话模式一般有三种形式：

- 一对一模式：如《面对面》；
- 一对二模式：如《锵锵三人行》；
- 一对三人模式：如《三个女人一台戏》（湖南长沙女性频道）。

中央电视台的《面对面》（新闻频道）即是典型的一对一模式。该栏目宗旨是："我们相信，新闻是由人来构成、人来推动的，人永远是新闻的主体。所以，我们试图用'人'来解读新闻，见证历史，我们渴望了解那些新闻中的人——他们知道什么？做了什么？隐瞒了什么？影响了什么？为什么？"

《面对面》秉持的创作理论就是面对面的接触、交流、碰撞和印证。栏目的嘉宾都是重量级的，他们中有新闻事件中的焦点人物，有新闻话题中的权威人物，有时代变革中的风云人物，有备受关注的公众人物。通过记者对嘉宾一对一的专访，完成对新闻人物新闻性和新闻背后的人的魅力挖掘。

《面对面》的风格，如主持人王志所说，"您想知道的，您应该知道的，您从其他渠道无从知道的，都可以从步步紧逼的追问中得到答案。"冷静、质疑、深刻、尖锐是王志的风格，而这也是《面对面》的风格。

在《锵锵三人行》中，主持人窦文涛和他的两个伙伴（嘉宾主持）就一些时事、人物或话题，做一些即兴式的、随意的评述和交谈。目前，这类谈话节目也已形成了自己的特色和固定的受众群。《面对面》更是以它那新锐的魅力引起了更多人的关注。在2003年4月那场突如其来的SARS灾难中，主持人王志从广州之行开始，先后与钟南山、王岐山、北京人民医院院长、香港卫生署署长以及奋战在抗击"非典"最前线的医务工作者张积慧等进行了面对面的访谈。其鲜明的质疑、尖锐的提问、审视与挑剔的眼神、适度煽情的"追问"，似乎过于冷峻犀利，但更多的是情感的投入。正是这种理性、挑剔但不轻狂的质疑使得《面对面》的访谈充满着鲜活的生命力。

2. 谈话氛围营造

在一档电视谈话节目中，话题的设计和谈话的策划要尽可能搭建一个广阔的话语平台，包含和展现不同观点。主持人要与嘉宾和现场观众密切配合，营造出一个和谐的谈话场。在这个节目话语场，不但需要主持人的机智、幽默与从容，也需要谈话者敞开心灵真诚述说。目前，我国电视谈话类节目在氛围营造上，可以根据不同情况采用以下的种种方法与措施。

（1）场地设计

大多数谈话节目都是在演播室现场录制的，只有少数谈话节目采用外景地录

制，如《当代工人》以工厂、货场、机场、林地为场地，树立了独特的风格。而对于演播室现场录制的谈话节目，其场地设计要根据节目的整体定位、节目风格特色而迥然不同。

演播室谈话节目的场地设计一般分为主景区和观众区。主景区是主持人与主嘉宾谈话的区域，是现场的中心；观众区是次嘉宾和现场观众所处的区域。一般而言，场地设计与以下几个因素密切相关。

首先，现场观众的参与程度决定了主景区和观众区距离的远近。现场观众越多，观众区离主景区越近。《艺术人生》为了方便观众的参与，观众就坐在离嘉宾和主持人四五步远的地方，离主景区较近，营造一种观众与嘉宾间亲密无间的氛围。而在观众较少参与或不参与的节目中，观众则离主景区比较远。

其次，不同的谈话节目由于风格不同，诉求点不同，演播室的个性化设计也截然不同。如《艺术人生》和《鲁豫有约》同属于人物访谈节目，它们的现场设计是截然不同的。艺术人生的现场由舞台和观众席组成，四周还悬挂了若干显示屏幕，可以引出场外的人物、景象，类似于一个大舞台，有利于嘉宾与观众的互动。而《鲁豫有约》的访谈地点，往往选择在一间客厅、咖啡厅、宾馆房间里，环境相对比较私密，适合于相对隐私深入的访问。在技术上，演播室的场地设计还要考虑到观众的观看习惯，方便现场机位的调度等。好的现场设置能够很好地展现节目的风格，让观众产生深刻的印象，也有利于谈话流畅的进行。

(2) 电视手段

在我国，电视谈话节目的时间一般在一个小时之内，时长从30分钟到50分钟不等。而对于时长30分钟的节目来说，在节目进行到12分钟到13分钟时话题就容易散，因此，适当运用外景采访、现场游戏、音乐电视、片花隔断等多种手段，可丰富节目的表现力，增强节目的说服力。目前，电视谈话节目能用的几种手段有以下几种。

第一，娱乐手法的运用。谈话节目的本质是谈话，但在30分钟的节目中，如果只是谈话，很难持久吸引观众的注意力。所以，很多谈话节目加入娱乐的成分。无论是新闻性严肃谈话节目，还是脱口秀性质的表演类谈话节目，游戏的成分都不可少。在新闻性的话题节目中，编导会设定一些预先设计好的情境，使用特定的提问和游戏，调动嘉宾的情绪，活跃现场气氛。如中央电视台的《对话》栏目，每期节目中总有一个情境问答。如在采访诺基亚集团董事长兼首席执行官约玛·奥利拉时，主持人就请出了一对双胞胎姐妹，请奥利拉先生当场为她们设计一款个性化的手机。游戏成分的加入，使得节目避免了程式化，也增添了可看性。在《对话》中，每期节目都会针对嘉宾的职业、个性特征来设计不同的情境游戏推动谈话进程。

而在以明星演艺界人士为主角的娱乐脱口秀节目中，表演成分更多了。中央电视台的《艺术人生》，就在节目中使用了特定的道具。比如“刘欢专辑”中，开场就是朱军拿出一瓶“玉泉山”牌啤酒，与刘欢对饮。这瓶酒不仅松弛了现场气氛，而且由这个80年代的“玉泉山”品牌，迅速切入了刘欢的大学时代——他音乐生涯的起点。在每期节目中，道具的出现都有着精心的设计，都能够给嘉宾意外的惊喜与感动，在最短的时间内引领话题的深入，触动嘉宾的心灵，使节目内涵更加深刻。

第二，背景短片的运用。在国外的谈话节目中，背景短片一般有二十多个，占节目播出时间的三分之二。短片的播出，在整个节目的进程中，不断地制造出悬念与意外，从而让现场及电视观众不断有新的刺激。在中国的谈话节目中也采用了这种方式，即演播室现场与外景片的双重叙述结构。如在湖北电视台的谈话节目《往事》的一期节目《故事，铭刻在雪山》中出现的外景短片，展现了主人公刘连满的生活景况。镜头通过哈尔滨冰冷冬日的萧瑟树叶，刘连满找工作深夜才归的背景，把一个处于生活困境的老人的形象生动地展现出来。在外景拍摄中，展示的是第一叙述时间，即过去时的叙述时间，一般通过纪录片、老照片或模拟摆拍等方式来建构起往事的叙述时间。《往事》在每次节目的开头(有时在节目中)加入相关的纪录片片断、照片等来“作旧”，给观众和嘉宾带来一种回归历史的心理感受，这是《往事》的第一叙事时间，即过去时间；观众在演播现场以耳闻目睹的方式品味“往事当事人故事”的延续，这是《往事》的第二时间，即现在时间。这样，有利于观众更好地理解谈话的内容，加强观点的说服力。在谈话节目的现场，除了外景短片的运用，还可以播放一些预先采录好的演播室外的访谈，如一些无法到场的嘉宾的观点，与邀请到场的嘉宾密切相关的人物的访谈，甚至可以采用现场连线播出的方法，实现异地的同步交流，远程访谈。如湖南台的《超级访问》，每期采录到的演播室外人物访谈常常有二三十位，围绕一个现场嘉宾，节目组能采访20个以上与嘉宾有各种各样关系的人。当嘉宾还在主持人面前装模作样时，大屏幕却向观众“展示”了他们鲜为人知的一面。嘉宾大都惊异“这些人是怎么搞的”、“这些资料是怎么搞到的”？甚至有一位明星在做节目时连连求饶，因为他的许多少年时期的恶作剧都被朋友或家人一一揭发了出来。节目中插入大量的背景专题短片，可以丰富节目的内容，也使谈话有了扩展的空间，不会拘于演播室。背景短片的拍摄制作必须十分精良，画面、配音以及音乐的使用也要求精美，这样才能发挥短片的作用，极大地增强节目的感染力。

第三，场外介入。扩大谈话的氛围，实现场内外的互动一直是电视谈话节目制作者追求的目标。为了实现这一目标，热线电话和网络被引入到谈话节目的现场，成为场内外联系的有效工具。热线电视一般只适合于现场直播的谈话节目中运用，美国著名的新闻谈话节目《拉里·金现场》就把热线电话引入作为一个重要元

素，极大地扩展了谈话场的范围，把小小的演播室同整个世界联系在一起。在我国，直播类的谈话节目比较少，所以，这种场外互动没有得到很好的利用。除了利用电话和网络外，利用卫星技术联结不同地域的人，让更多的人参与谈话也是当今谈话节目发展的一个趋势。

第四，背景音乐的运用。背景音乐的运用目前已经出现在很多谈话节目中，特别是在人物讲述的谈话节目中应用更为广泛。音乐可以调节人的情绪、情感及心理状态，谈话节目中加入与主题气氛相关的音乐作品还可以很好的调节现场气氛。如在《实话实说》节目中，不时地穿插现场打击乐、电吉他的间奏乐，当台上争锋正浓时加入轻缓的音乐，在嘉宾主持人遭遇尴尬时，加入调笑的轻音乐。音乐已经成为节目整体的一个组成部分，为了很好地发挥作用，乐队也需要参与节目整体设计，如了解节目的内容，嘉宾个性特征，节目的整体结构，这样乐手才能够在合适的时机选择演奏合适的音乐。

3. 谈话节奏把握

电视谈话节目在进行过程中，要做到有张有弛，既有舒缓的情感流露，又有悬念丛生的矛盾冲突，这样，在起承转合之间才能建构起故事的开头、发展、高潮与结局。谈话节目的现场节奏主要可以从两个方面来营造。一是依靠主持人现场控制能力、语言激励来营造，二是通过编导创造出各种戏剧性元素和特定情境。

一个优秀的谈话节目主持人首先要具备亲和力，亲和力是能让观众感到亲切与放松的一种气质与魅力。主持人这种亲和力来自他对嘉宾与观众的正确心态，并在现场节奏控制中发挥有效的作用。主持人在现场要懂得尊重嘉宾，适当的恭维、真诚的赞扬、巧妙的侃谈，都可以带动嘉宾谈话的欲望，在一个和谐的氛围下，每个人都回到了自我本色中，只有这样才能真诚的谈话。

其次，主持人在谈话中要善于倾听。主持人耐心倾听嘉宾和观众的发言是由谈话节目的本质决定的。谈话节目作为一个公众论坛，决定了它不应当完全成为媒介制作者向受众灌输自己理念的传声筒，因此主持人在节目中不能垄断话语权，要让各种声音都能够得到充分表达。美国著名谈话节目主持人奥普拉·温弗瑞，她主持的《奥普拉节目》大受欢迎，就在于她能“满怀兴趣和同情地倾听”。奥普拉仔细倾听嘉宾们的谈话，并且利用谈话的内容把主题步步引向深入。同时，主持人也要有控场能力，掌握话语权，以保证谈话节目的方向与主旨。话语权不等于话语霸权，主持人可适当地运用打断技巧不使话题过分的偏移与散乱。但要注意这种话语的打断与插入不能显得生硬。主持人要充分运用谈话技巧，一方面促成语言的交锋，激发出谈话者的思想火花；另一方面也可以利用其话语权使主题得到引导

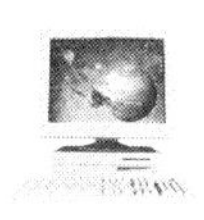

与升华，从而使话题得到充分的开掘。

谈话节目作为一个文本的创作，必须要有完整的故事结构，把琐碎的话语片断组接成完整的故事，并在现场讲述时通过节奏的把控营造悬念。电视谈话节目的这种戏剧性首先要求是存在于生活本身的，而不是经过刻意组织或主观想象而臆造出来的。生活中的事件具有不可预测与不可把握的悬念，命运的巧合与冲突，如此突兀而又如此真实，在生活中充满着无限的可能。如在艺术人生的《秦怡专辑》中，主持人将视角对准秦怡的个人生活，尤其集中谈秦怡与患精神分裂症的儿子之间的关系，其实不为别的，只因编导事先找准了秦怡这个人物身上最大的矛盾冲突，那就是"惊人的美丽"与"惊人的苦难"之间的对立。外貌的美丽是有目共睹的，内心忍辱负重、坚强柔韧只有通过对苦难的揭示才能展现，节目一开头就摆出了发生在一个美丽女人身上的"爱情空白、家庭不幸"的人生遗憾，实际上就摆出了人物身上最大的突出点。突出点的定位，决定了整个节目节奏的形成。正是在这些冲突、对立的起伏之中，营造了戏剧性的悬念与冲突。

第四节　电视谈话节目的拓展空间

一、谈话节目的交流特质

作为一种新兴的节目样式，我国电视谈话节目开始形成一些自己的特色，主要有：

1. 即兴感与现场感的融合

谈话节目首先是即兴的，它的英文为 Talk Show，港台译作"脱口秀"，音义皆近，很形象地反映了谈话节目的第一大特点——即兴性。

谈话节目的即兴，不仅是情绪的表达，而且是情绪的即时表达，其表达方式主要包括口头语言和身体语言，如面部表情和肢体语言。谈话节目的即兴表达的特性，对节目的参与者——主持人、嘉宾和现场观众都提出了严峻的挑战。这也是为什么每一个电视谈话节目不但重视选择主持人，而且在每次节目开始前都要仔细甄选嘉宾和现场观众的原因。

嘉宾和现场观众选好了，主持人的即兴发挥就成了节目的重中之重，只有主持人善于即兴表达，节目才可能进行得流畅，有趣味。反观我国电视谈话节目的主持人，能够满足这一点的还不多，有的甚至还"停留在过去的'纯文本操作'的层面"，成了"有稿播音"的"语言表演"。

这里不可误解的是，谈话节目并不排斥文本操作，但这主要是指"半文本操

作”,即在既定的思路基础上即兴发挥。这种在既定思路上的即兴发挥,有助于主持人更好地引导话题的深入和进展,而不至于是一场漫无边际的闲聊。

洪堡德在《论人类语言结构的差异》中说,语言是精神的不由自主地流射,这是语言的本质。谈话节目的即兴,恰恰暗合了这个本质,正所谓“明于心而现于口”,谈话节目中往往呈现出前言引动后语,一个思想火花引燃另一个思想火花,一个形象激活另一个形象的场面,这样语言在自身的组织运动中成为灵动活泼的现实,对观众来说,具有极大的魅力。

此外,谈话节目不仅有口头语言的即兴表达,而且还有身体语言的即兴表达。谈话参与者的一颦一笑,一举手一投足等等,这些丰富而细微的面部表情和肢体语言是对口头语言的最好补充,它丰富了谈话节目中人际交流的气息,同时也增强了谈话节目的现场感。

2. 个性化与多元化的融合

个性的展示和碰撞是谈话节目的一个特点。谈话节目中的信息是由个人发布的,观点不论偏颇与否,是“我”的声音而不是长期以来的“我们”的声音。这种个人话语作为一种个体的文化观,与社会的价值观的联系相对松散,而比较多地在价值取向、审美趣味、社会行为上体现着自我的意志和特征,是个人化的表现。

此外,谈话节目的即兴交流也为个性展示于不经意间提供了良好端口。例如《实话实说》有一期节目是《鸟与我们》,谈话进行到最后,一位老人脱口而出:“听来听去,我有点儿纳闷,好像是养鸟的不如不养鸟的爱鸟。”一句不经意的话,便把老人率真爽直的个性跃然“屏”上。

谈话节目在展现个性的同时,也突显了它的多元特征。作为个性展示的舞台,谈话节目邀请各色人等直接进入演播室,围绕相关问题独立发表见解,它直接反映着这个流变的社会及其话语,它的多样见解几乎透视出全社会。这种多元性是符合电视的本性的。“电视所产生的意识形态意义与观念并不是浑然一体的或是铁板一块,相反,一系列互为交织的有时甚至是矛盾对立的意义贯穿了节目制作的过程,从而为大多数人提供了某种东西,提供了一种意识形态观念的常规领域,以迎合广大潜在观众的兴趣、利益与需要。这意味着电视这种媒体通常并不是走极端的,它在表达多种多样的意见和观点时十分强调对它们加以平衡或调适以保持温和的立场。”①谈话节目往往进行到最后并无定论,各种观点之间的相互碰撞并不

① 〔美〕罗伯特·C·艾伦:《重组话语频道》,麦永雄、柏敬泽等译,中国社会科学出版社2000年版,第188页。

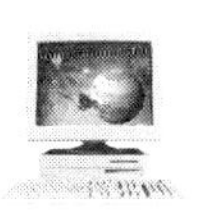

会肯定地改变其中一方的观点。这样，电视谈话节目容纳了多种意见，体现出多元性的特点。

谈话节目的多元性还体现在其传播符号的多样性，它除了以声音符号为主要传播符号外，还辅以其他传播符号。譬如电视谈话节目中常常利用录像或影片、图片资料等图像符号，作为“话题”安排在谈话节目的开头或是在节目中插入，以对谈话进行补充。图像符号的运用在新闻信息谈话节目中更为常见，这种谈话节目的一开头往往是对近来重大新闻事件的总体回顾，往往有记者从新闻发生地作报道，这样，图像符号的比重就更大了。例如《时空连线》有一期关于“神州”三号回收的节目，不但请来了中国载人航天工程总设计师王永志院士、“神州”三号的总设计师戚发轫院士、载人航天工程航天员系统总指挥兼总设计师宿双宁，就我国载人航天工程技术展开对话，还派了记者从现场发回相应报道，飞船、草原以及满天的星斗等现场实况都呈现在观众面前。随着节目制作手段的日新月异，电视谈话节目的形象资料画面会越来越丰富多彩，以弥补略显枯燥的侃谈画面。

谈话节目的多元性，还在于它不仅是谈话这个样式，而且在谈话的同时还融合了其他电视节目样式，如娱乐节目、纪实节目、新闻节目等等。例如湖南台的《大当家》，大胆把综艺成分融入谈话现场，以娱带谈，以娱“活”谈，将娱乐成分作为谈话的引子、花絮点缀其间，从而创造了轻松愉快的谈话氛围，符合电视观众的收视心理和收视习惯。新版的《实话实说》也走娱乐路线，以前《实话实说》的笑点大多靠崔永元发挥，这主要是由于当初的定位不同。现在，则特别看重娱乐效果。

最后，谈话节目的多元性，还在于它是各种传播技术的综合体。电视、电话、互联网等各种传播技术被应用于谈话节目。

3. 人际传播和大众传播的融合

尽管我们在谈到传播的分类时常常把它分为四个不同层次，人际传播、群体传播、组织传播和大众传播，但是“每个层次都既包含其他层次的某些因素，同时又拥有自己的东西”[①]。

大众传播和人际传播有一部分是重叠的。这种重叠在电视谈话节目中更加明显，不仅如此，电视谈话节目中人际传播所占的比例更大，它几乎是以人际传播为主进行的大众传播。

所谓人际传播，探讨的是人与人之间、通常是面对面的、不公开的场合中的交际。电视谈话节目把这种面对面的不公开场合的交际移入大众传播，使之相互

---

① 〔美〕斯蒂文·小约翰：《传播理论》，陈德民、叶晓辉译，中国社会科学出版社 1999 年版，第 27 页。

交融。

从传播主体来看，主持人的个性张扬弱化了往日冷漠的大众传播。电视谈话节目的主持人作为媒介与受众之间的“感情、信息交流的桥梁与纽带”，一改往日的正襟危坐、不苟言笑、神情肃然，变成神情自然、亲切随和、落落大方，在视觉和听觉上都给受众耳目一新的感受。主持人通过对人际传播中语言符号与非语言符号的恰当处理，使大众传播摆脱了媒介机器的冷漠与单调，赋予了大众传播一定程度上人际传播的亲和性与感染性，在空间轴线上缩短了荧屏与受众的心理距离。主持人以直接的形式将电视节目风格化、个性化和具体化，在媒介与受众之间营造了一种虚拟的人际交流情境，最大限度地拆除了电视与受众之间的藩篱，使受众在接受电视提供的信息的同时，感觉自己面对的不再是冰冷的媒体，而是活生生的、可亲可信的与自己相同的人。总之，主持人个性的张扬和个人魅力的展现，不仅给受众一种平等感、亲切感，更重要的是通过个性传播产生引导和感染作用，把大众传播的社会化功能融入亲切自然的人际传播样式之中，从而使大众传播充满活力。

从传播内容来看，谈话节目以真实的个体生存状态、个人情感及态度，取代对观念意识作直白的传达和图解。在“还生活以真实状态”的节目理念下，以促进人与人之间的沟通，满足受众了解社会、学习他人人生经验等需求为目的，从尊重和表达人的个性及社会多元性出发，营造正常的谈话氛围，还镜头前的交谈双方以真实的心态、真实的思想、真实的情感。尊重人的个性和社会生活的多样性，以人为本，通过谈话的形式最大限度地逼近人物心灵，在交流中走进人的心灵、展示人的个性，同时折射出整个社会的状态，在充满人情味的人际传播中实现大众传播。

从接受主体来看，电视谈话节目中，观众在传播活动中的地位，已从被动转向主动。主动观众有五个特征：其一是选择性，即主动的观众在媒介的选择使用中被认为具有选择性；其二是实用性，即主动的观众总是利用媒介满足特定的需要和目标；其三是目的性，即带有目的地去使用媒介信息；其四是参与性，即观众主动地参与、思考和使用媒介；最后，主动的观众被认为不受干扰或是不易仅仅被媒介说服。电视谈话节目中观众的主动性最明显地表现在参与性这点上。受众直接参与到谈话节目中来，而且是谈话节目中不可或缺的一部分。崔永元曾说：我们《实话实说》没有观众，现场的每一位朋友都是参与者、谈话者。此话道出了谈话节目中观众的主动性。谈话节目中观众的主动参与，构成了谈话节目人际传播中的一个重要组成部分，大众传播以人际传播的方式体现出来。

4. 平民化与精英化的融合

电视谈话节目是在电视“平民化”的过程中诞生的。20 世纪 80 年代末 90 年代

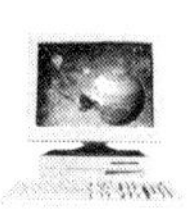

初，电视开始从“贵族”向“平民”身份过渡，抛弃了以往那种视点单调、没有交流的权威说教，更加贴近生活、贴近百姓，于是，一批以反映普通受众群体为内容的栏目如《东方时空》、《焦点访谈》相继出现了。它不仅在取材上贴近普通大众，而且在形式上也深深地大众化。

首先是参与者的平民化。先说主持人——看过《实话实说》的人，都对主持人崔永元留有极深刻的印象，他没有衣冠楚楚的外表，没有一本正经的说教，他就像一个正在和朋友随意交谈的普通人。这种平民化主持形象的确立，使得他主持风格亲切、轻松和自然。崔永元曾经说过：我希望大家看到的主持人就是这样，不是个完人，身上有很多毛病，也有很多可爱之处。他一看到我，就想到他的一个兄弟，想到插队的一个战友，想到当兵时同班的一个战士，想起邻居大妈的一个儿子。其次，平民化还体现在嘉宾和现场观众的参与。组成谈话现场的嘉宾和观众来自社会各个阶层，不仅有各界名人，也有农民、下岗工人、小学教师、学生和打工仔等等，这充分体现了当今谈话节目的一大特色——平民化。电视谈话节目是即兴的，参与者用的大多都是鲜活朴实的口头语言。再者，由于参与者基本上是普通人，他们的身份也决定了谈话节目的语言趋向于直白、朴实。

平民化是电视谈话节目吸引广大观众的一个手段。美国的《奥普拉节目》，走的就是平民化的路子——主持人出身平民，她的平民式的坦诚使她能谈论任何其他人无法谈及的话题，她本性中透露的脆弱同样使她显得真实，正是这份真实打动了数以万计的人心。几乎99%的美国家庭、遍及64个国家的人收看她的电视谈话节目。她的观众不受信仰、性别、文化程度和年龄限制，每天观众人数约有1 400万。她被称为美国人“最便捷、最诚实的精神病医生”。

平民化并不会使电视谈话节目平白无味。相反，由于它一般从普通百姓的生活视角来观察生活，并以白话式的叙事展开，遵循事件发生、发展的自然形态，以原生态材料稍加组合构成节目，真实、有趣，从而使节目获得了长久的生命力。

但是，一味强调的平民化也不能满足观众的要求。社会分工的存在，经济文化发展的不平衡，从而使人群也呈现多层次状态。于是，在平民化电视谈话节目风行的今天，另一类电视谈话节目——精英型的谈话节目诞生了，例如《对话》。它的内容主要是对新经济的思考和追问，有一定的思想性和深度。一群受过良好教育、专业素质较高、“关注经济改革动态并具有决策能力的社会精英人士”为其定位观众。

二、谈话节目的时空跨越

电视谈话节目的诞生，实现了电视传播的五大跨越，它不仅是我国电视发展史上的一个里程碑，而且也对个人和社会产生了巨大的影响。

1. 跨越之一：从画面为主到声音为主，给人感性也给人理性

电视的出现为当代人看见和想看见的事物提供了大量逼真、快捷、直观的图像，这一方面与当代观众渴望参与、追求新奇与刺激、追求轰动的心理欲望相合拍；另一方面，画面以其直观的现场感、巨大的冲击力猛烈冲击人的感官，这种感官刺激容易消解文化与理想。近年来的电视娱乐节目更是助长了这一倾向，纵观近几年的综艺娱乐节目，观众的好奇心、追寻感官刺激的心理成为娱乐节目制作的核心，刺激性、对抗性、博彩性的比重不断增大，而知识性、鉴赏性内容比重下降。一些游戏节目只顾取悦观众，甚至以主持人、嘉宾出丑为乐。真情模式的节目也日趋无聊庸俗。甚至曾经出现主持人对男嘉宾说"你们反正只是假情侣，不抱白不抱，多抱一会儿吧"的情况。还有一些娱乐节目甚至赤裸裸地从空中掉下钱币以增强博彩性。

本来娱乐节目是电视传媒内容的重要组成部分，也是电视文化娱乐功能的集中体现。相当数量的娱乐节目的出品也可谓是摸准了观众的需求脉搏。但如果把握不好娱乐节目的数量和质量，电视就很容易被指责为浅薄与庸俗的代名词，如何处理好娱乐性与思想性的位置就成了摆在节目制作者面前的一道难题。而电视谈话节目，寓娱乐与思想为一体，给人轻松快乐的同时也给人思想启迪。

首先，大众传播本身就是一种游戏，是"普通人在业余时间以主体性的方式进行自由体验的一种娱乐"，是"以非真实的关系、主观选择的方式、为满足个人的心理需求而采取的行为方式"。"游戏也是一种交流的方式，游戏式的语言交流，即闲聊，并非无意义的举动，而是一种精神需要和心理疗法。"①

于是，电视谈话节目这种语言交流也就成了一种游戏，虽然它与综艺性的娱乐节目有很大形式的差异，但其终极功能却是相近的：无论是那些不登大雅之堂的鄙俗笑话，还是那些聪明的、机智的谈话，都能给人们带来快乐感觉和精神享受。归根到底，这就是游戏。

电视谈话节目在游戏中给对于生活紧张而单调又总是要面对太多严肃问题的普通大众以抚慰和放松作用的同时，也以媒介的方式参与了社会文化讨论，体现了理性的光辉：

其一，它对语言符号的着力运用深化了节目的思想内涵。在所有的符号语言中，人们日常的口头语言是最基本的、最主要的。著名语言学家萨皮尔曾说："如果设想一个人不使用语言而能基本上适应现实生活，或认为语言不过是解决传播或

① 朱光烈：《火凤凰》，现代出版社1999年版，第99页。

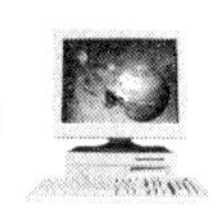

反映具体问题的辅助手段，那么这种设想纯粹是一种幻想。”[①]但长期以来，我国电视界在对电视语言的运用中一直由画面主导，对画面的过分崇拜导致电视屏幕上充斥着光怪陆离的视觉表象，虽然非语言符号的最大优势在于形象展示，能生动地再现客观世界的真实境况，但它缺乏传播深度，远远不能透视人的心灵深处，体现思想的丰富内涵。而电视谈话节目对语言符号的充分利用，把思想清晰地呈现在世人面前。语言对思想的作用，索绪尔有一段精辟的话，他说，思想在没被词汇语言表达之前，只是一团没有定型的、模糊不清的浑然之物，只有当语言将思想组织为语言符号序列时，才能为他人所感知、理解。

其二，谈话节目的选题往往以小见大，平凡中蕴含了深刻的文化理念。崔永元在《不过如此》一书中开列了一张表格[②]，对此是一个最好的注脚(见表10－2)。

表10－2

节目表面文章	讨论弦外之音
拾金不昧要不要回报	道德与法律的关系
远亲不如近邻	固守社会传统与尊重个人隐私的分寸讨论
夫妻间是否需要一米线	东西文化的碰撞
捐款结余怎么办?	良心与规范
装修的滋味	尊重个性与宽容共性
城市垃圾何去何从?	环保的理念与切实可行的操作
面对克隆	医学科学进步挑战传播伦理
家有琴童	功利与素质
村里的故事	大法与乡规民约关系

① 〔美〕威尔伯·施拉姆、威廉·波特：《传播学概论》，陈亮、周立方、李启译，新华出版社1984年版，第89页。

② 李焕征：《也谈〈实话实说〉的平民化——兼与刘庆传〈电视谈话节目是平民化节目吗?〉一文商榷》，《电视研究》2002年第4期。

（续　表）

节目表面文章	讨论弦外之音
对不起，老师	忏悔与宽容
我的左手	弱势群体的社会地位和尊重的理念推行
名字的故事	社会人和人格的确立
家	尊重差异

其三，知识分子的参与，提高了谈话节目的思想内涵。前面谈到，电视谈话节目体现了当前主流文化、精英文化与大众文化的三种融合。精英文化在谈话节目中的最大体现，就是知识分子的积极参与。知识分子以其专业知识为谈话节目的话题提供了有深度的见解，提升了谈话节目的文化思想内涵。

由此可见，电视谈话节目在证明“好的谈话本身是一种娱乐”的同时，对于营造良好的文化空间，追求高品质和健康的生活，也是极有益处的。正是在这个意义上，电视谈话节目在一定程度上化解了电视节目的娱乐性和思想性之间的天然矛盾，实现了娱乐与思想共存。

2. 跨越之二：从单向传播到互动传播，提高了电视传播的效力

前面谈到，电视谈话节目的一个重要特点是人际传播与大众传播的共融，人际传播的介入一改电视媒介以往的单向传播方式，把嘉宾和观众请进演播室，主持人、嘉宾、观众畅所欲言、各抒己见，整个谈话现场和谈话过程成为一个开放的系统，成为一个各种信息多向流动，不同思想相互撞击的“场”。在这个“场”内，观众不再被动地接受信息，而是以强烈的参与意识、积极主动的反馈使传播通畅进行。

同时，电视谈话节目邀请各界人士从各自不同的角度去分析、认识问题，评述更加全面，从而大大提高了电视传播的效力。实践证明，有关方面的专家、权威，或有关问题的当事人、知情者，是对某一事件或问题最有发言权的人士，而电视谈话节目经常邀请他们参与讨论，比较容易对人们的态度、观点产生影响。另外，参加谈话节目的观众与多数观众的社会地位、身份相近似，他们的话可以代表广大观众的利益、愿望，容易产生说服效果。有时候电视谈话节目的参与者意见不一致，即对问题有不同看法的“双面传播”，既讲事物正面，也讲负面；既讲赞成意见，也介绍

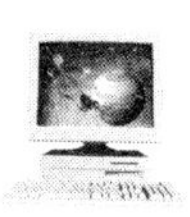

反对意见，所以它没有强加于人的感觉，对有一定文化程度和阅历较广的观众说服力更大。

3. 跨越之三：从独白话语到公共话语，大大拓展了公共领域

最早提出公共领域概念的，是从20世纪50年代起就致力于复活共和主义理想的汉娜·阿伦特。这位西方思想史中最杰出的女性思想家，将人的活动分为"劳动"、"工作"和"行动"三种，前两种属于私人领域，后一种属于公共领域。所谓的行动正是古希腊城邦国家的公民所从事的政治活动，它是人与人之间唯一不需要物质或物品为中介而相互交往的活动。

后来，公共领域经过哈贝马斯创造性的再论证，从原来一个比较单薄的概念成为一个被知识界公认的厚实的"理想类型"。在18世纪资产阶级社会中出现的俱乐部、咖啡馆、沙龙、杂志、报纸，是一个公众讨论公共问题、自由交往的公共领域。在这个空间里，个体、共同体可以正式或非正式地控制国家：正式控制通过政府选举，非正式控制通过公共舆论的压力。媒介的出现，大大扩展了公共领域。媒介因提供独立论坛成了公共领域的主要机构①。

电视谈话节目更是媒介这一功能的领头羊。王元化先生曾盛赞上海东方电视台的谈话节目《东方直播室》"营造了民间的公共空间"。实际上，20世纪以来我国新闻传播媒介发展的过程，可以视作在构建公共领域的过程中不断寻找和调整自己位置的过程。改革开放前，我国新闻传媒进行信息传播的特点是单向的、自上而下的，表现为"千报一面(声)"、"舆论一律"。改革开放后，国内新闻媒体在市场和观念的双重鼓励下，结合自身特点对反映民意和社会多元声音做出了许多尝试。报纸的小言论、读者来信、专题讨论，广播的热线传呼各具特色、多姿多彩，尤其是电视谈话节目，更是相当成功的公共领域的例子。可以视作是对以往逐渐消失的社会空间的一个拯救，它默默地拓展着社会的文化空间和生活空间。

然而，这种成功也仅限于象征意义。因为在任何一种传统媒体，版面有限，时间有限，"把关人"的控制作用十分明显。对于一个成熟、健康的社会正常发展所需要的讨论、交流空间的构建，传统媒体常常表现得力不从心。在市场经济手段运作及媒体竞争加剧的今天，即使一些新闻传媒的报道和言论不时有"越位"现象发生，但很快就会被加以"校正"，保证在"主旋律"的宣传中没有"杂音"。

---

① Peter Dahlgren and Colin Sparks, *Communication and Citizenship: Journalism and the Public Sphere in the New Media Age*, London: Selectmove Ltd. 1991,29.

4. 跨越之四：从注重事件报道到注重人情探讨，为个人和社会提供了良好的解毒剂

美国学者斯克特在《脱口秀——广播电视谈话节目的威力与影响》一书中说，"越来越多的人愿意在广播和电视中谈论几乎所有事情，包括他们自己的痛苦和心灵创伤，供所有人欣赏。事实上，人们对于所有的生活难题，从悲剧和丑闻到人际关系故障，都表现出前所未有的兴趣。其中的原因之一，也许是我们不但喜欢看到一个人战胜困境或是一个小人物成为胜利者，而且也想要看到人们的恼怒和痛苦——因为那能使我们在面对自己困难和缺憾时感到好受一点。因此，在某种意义上，这些谈话节目是在一个无序、绝望、愤怒的时代里为社会和个体提供的一种解毒剂。"①

正处于转型期的我国社会虽然不完全是斯克特所说的"无序、绝望、愤怒的时代"，但是市场经济在我国的全面推行，在给人们提供了广泛的获取成功的机会和自由的同时，也给人们施加了无穷的生活压力，人际关系在人与人的竞争中也日渐淡漠，深深的不安、无力量、孤独和忧虑的感觉随之产生。电视谈话节目在这个时候应运而生，一改往日无穷无尽的事件报道，另辟了一个人情交流的场所，人们在这儿打开心扉，倾诉情感，与他人对话、沟通，这对个人和社会来说，无疑是个良好的解毒剂。

5. 跨越之五：从平面宣传到立体刻画，张扬了人文精神

人文精神是一种以人为本的精神，是一种普遍的人类自我关怀，表现为对人的尊严、价值、命运的维护、追求和关切。它既活跃于精英文化之中，也存在于大众文化之中；它既为知识分子所特有，也为社会大众所共有。

如今的电视谈话节目，让人强烈地感受到了体现在创意、编导、制作中的一种"以人为主体、以人为对象的思想"，"一种对人的关注"的人文精神。它不同于以往电视节目样板式的宣传，而是不但关注生存状态中的人和事件流程中的人，而且还关注历史与现状事件中的人和他们的心理状态。这种从平面到立体的转变，说白了，就是以往电视传媒所关注的是你在干什么？发生了什么事？今天的电视谈话节目所关注的是，对于你正在做的和曾经做过的事情，请告诉我们你为什么要这样干？你内心深处的动因是什么？在事物进展的整个过程中，你遇到的事件和困难是什么？怎样克服的？在发生的大小国事和家事中你的感受如何？你对将来的自

① 〔美〕吉妮·格拉汉姆·斯克特：《脱口秀——广播电视谈话节目的威力与影响》，苗棣译，新华出版社1999年版，第4页。

己和环境有什么打算？对于你即将要接触或已经接触的事或人、生活的理想和形式有怎样的看法或建议？等等。事实上，电视谈话节目不仅在于让人看到人，还在于让人看清人，充分体现了百姓的思想、情感、意愿、性格和情操，充分体现了对人的尊严、价值的关怀和维护。

三、谈话节目的改进策略

我国电视谈话节目产生历史不长，其不足之处是不可避免的，也是显而易见的，因此，必须针对性地加以改进。

1. 针对真实性的缺乏，加强平等交流

当前我国电视谈话节目最大的一个弊病在于真实性的缺乏，主要表现在参与者不敢讲真话。谈话节目中很多嘉宾和观众不敢讲真话已是事实。《实话实说》主持人崔永元说，在他的节目发表抱怨意见之后，有些嘉宾遭受惩罚。例如，其中某研究机构组长，后来受到批评，要检讨“错误思想”。一名社会科学学者上了节目之后，因为“爱出风头”而被单位领导批评，没有得到晋升。还有一名电台播音员在节目中坦率谈论中国新闻行业的问题之后，被指控拿出场费而受到调查。在这样的情况下，嘉宾自然在说话时就有顾虑了，从而影响了谈话的真实性。就连主持人也并没有真正放松，没有进入一种真实说话的状态。中国传媒大学的高鑫教授曾对电视谈话节目有一番评论：目前电视谈话节目的气氛太拘谨，不够放松，影响了语言的表达以及思维上一些闪光点的出现。主持人总的说来比较拘谨，包括崔永元等一批优秀主持人。尽管他们在台上谈笑风生，但从精神境界上讲并没放松。

不吐真言，除了受我国目前的社会环境影响外，交流暗示的存在也是一个原因。根据交流缺失暗示理论，“在一种媒介中如果效果的渠道或编码越少，使用者在交流中就越少注意到其他社会参与者的存在。”如果社会影响力越小，那么信息就很少受人的影响。在电视谈话节目中，“效果的渠道或编码”非常丰富，不仅有语言符号，而且还有非语言符号（如参与者的身份）。主持人、嘉宾以及现场观众，尽管宣称是平等的，但是潜在的身份暗示却客观阻碍了谈话参与者的有效沟通：主持人、请来做嘉宾的专家学者具有较高的身份，而另外一些人则具有较低的身份，如普通的现场观众。按照人际沟通理论，通常“具有较高身份这一方会威胁具有较低身份那一方，这就会导致具有较低身份那一方的防卫行为。尽管他们防卫的程度不尽相同，但有一点是共同的，就是那些存在防卫心理的人们一般是不愿意感情投入的……他们可能具有较少的诚实，当然也就很少有意自我暴露。……具有防

卫心理的人花费如此多的精力来自我防范,以致他们没有什么剩余的时间或精力来理解他人,由此沟通渠道被阻塞,信息被曲解”①。可见,谈话现场的身份暗示导致了部分人的防卫心理,虚假信息也就在所难免地存在于谈话过程中,谈话节目也就难以达到真实沟通的境界了。

要想使电视谈话节目走出虚假境地,必须强调电视谈话节目的纪实本质。纪实性是电视谈话节目与其他许多电视节目的最根本区别。

这里所说的纪实包括两个方面:其一,话题的选择要尽可能广泛。尽管我们不能像美国的电视谈话节目那样片面追求新奇、刺激,纯粹以商业化机制运作,但同样应该看到,这种运作机制和竞争机制也为把节目做得更好看、更富生命力积累了经验和技巧。其二,是指谈话人尽可能地说真话,倒不一定是不见真理不罢休的深刻挖掘,也不一定是连一个哈欠都不放过的细枝末节的忠实记录,而是另外一种主张及其延伸,即:尊重人的权利,让人开口说话,说真话,并把这话语尽可能地记录下来,传播出去。如果从主持人到嘉宾到现场观众都是戴着面具遮掩假话连篇,那么节目的可观性就可想而知了。主持人要依靠真诚和主持技巧使每一位到场的嘉宾和观众愿意说话和愿意听人说话,并且能够实话实说或者积极而真诚地有所反应。

美国社会学家詹尼弗·霍尔特这样解释道:“一群陌生的现场观众会幻想他们和节目的明星主持人之间,有着面对面的亲密关系。这种有距离的亲密关系,使观众把电视人物,特别是像脱口秀主持人这样的电视人物,视同她们自己的家人或朋友一般。轻松的、步骤清楚的沟通式脱口秀主持人,通过很多方法鼓励这种关系。如聊天一样的对话,主持人眼睛直视摄影机,和电视机前的观众直接对话,使每个观众都进入了角色。这种做法他们觉得和她之间有一对一的关系。每个星期有5 000人写信给奥普拉,还有观众说出以下这段话:‘奥普拉就是我,我们都是黑人,年纪相同,我们待人方式也一样,她可能就是我。’”②真诚,为主持人赢得了观众的信任,有利于谈话节目的顺利进行,容易使谈话节目走向真实。真实,是谈话节目追求的最高境界。

2. 针对互动性的缺乏,注重提升观众地位

目前许多电视谈话节目看似很重视主持人、嘉宾和现场观众的互动。但实际上,很多谈话节目中的观众往往只是用来“填补空白”。他们围坐在主持人、嘉宾身

---

① 〔美〕泰勒等著:《人际传播新论》,南京大学出版社1992年版,第158页。

② 〔美〕珍妮特·洛尔:《奥普拉·温弗瑞如是说》,海南出版社2000年版,第37—38页。

旁，聆听、鼓掌，偶尔接过话筒提几个问题或匆匆发表几句简短的评论，他们看起来更像看客或者拉拉队，与台上嘉宾形不成真正意义上的互动。湖南电视台的欧阳国忠在总结《新青年》的问题时也谈到了这一点："以前，我们做节目把绝大部分精力都放在邀请主讲嘉宾上，而在观众身上下的工夫远远不够。演播厅里往往是一眼望去尽是年纪轻轻、意气风发的大学生。场上场下互动交流时，现场观众大多谈不出自己独到的见解，而且提出的几乎全是请教式的问题。演播厅里竟成了大学课堂。"[①] 如有一期《实话实说》，北大校长和剑桥大学校长在台上从各自角度谈了中西教育的一些差别。待崔永元和两位嘉宾谈完了，就开始了场下和场上的"互动"，结果所谓的互动不过是一场学子与剑桥校长的"追星"式的你问我答，真成了"大学课堂"。很显然，嘉宾和观众的不对称阻碍了谈话的深入开展，彼此之间形不成真正的互动。

其实，如果我们的节目制作者比现在更多地重视现场观众，充分调动他们的积极性来推动谈话的开展与深入，而不是用他们来充场面、当配角，那么谈话节目也许能够进行得更好、更生动一些。

《对话》在这方面就堪称典范。面对在世界范围或某一领域有相当成就的嘉宾，为避免嘉宾和观众的不对称，节目不仅让观众带着问题去现场，还在观众席上安排或许与嘉宾同样重量级的人物。如有一期节目，台上请了 TCL 的总经理杨伟强和一位海外归来的 MBA 博士，台下在座的既有企业老总，也有 MBA 教育专家，台上台下你来我往，彼此谈得很是深入，不亦乐乎。此时的现场观众早已远远不是用来充场面、出掌声的了，而是能够与嘉宾形成真正的互动，推动谈话的进展。

当然，我国现场观众在谈话节目所表现出来的弱参与性也与他们长期所受的传统文化的熏陶有关。中国传统文化对说话是颇有微词的。孔子说"敏于行，讷于言"，老子则是"知者不言，言者不知"，到清代有俗语"病从口入，患从口出"……类似格言，举不胜举。人们长期受这种文化熏陶，自然更多地选择"沉默是金"。

与中国人的谨言慎行、温文尔雅形成鲜明对照的是，美国观众在谈话现场表现出的参与性要强得多，他们往往狂放不羁、热情如火。在美国的谈话节目现场，常常能看到观众与嘉宾激烈争辩的场面，也不乏对着嚷、对着骂乃至于大打出手的情景。有一段时间，热拉尔多・里韦拉主持的《里韦拉讨论》，因其强烈的对抗性而名声大噪。比如，在一个节目中，观众和嘉宾因争论种族问题而大吵大嚷。

所以，针对我国观众的特殊情况，谈话节目尤其要注重提升观众地位并且充分调动他们的积极性，使之能够畅所欲言，能够与嘉宾形成真正的互动。这样不仅能

① 欧阳国忠：《如何营造谈话类节目的"谈话场"》，电视研究 2002 年第 4 期。

够增添谈话的趣味性，而且也能够弥补主持人的一些盲点。因为，谈话节目的话题毕竟是十分广泛的，主持人不可能事事都通，存在一些“盲点”是必然的。这样，有分量的现场观众就可以和嘉宾一样，时不时地“点拨”主持人，造就主持人在现场看似“内行”的谈吐。

3. 针对刺激点的缺乏，创造“出新点”

如今的谈话节目，自从崔永元在节目里让大家笑起来以后，谈话类节目的现场似乎已经不能再缺少笑声。嘉宾们在一起说说笑笑，观众也充当欢乐气氛的配角，随着工作人员的手势鼓掌、叫好。嘉宾们更像是绕着圈的朋友，坐在一起挑些无关痛痒、惹人发笑的事件讲讲，主持人在其中也是嘉宾的呵护者。记得有一期节目，有位观众对一位导演提出了些温和的意见，主持人马上接话“你会打垒球吧，看你挺善于用棒子敲人的”，观众们哈哈一笑，现场已经不再是可以探讨某些问题的气氛了。

一味的笑不是真正的谈话，也给人一种沉闷、单一的感觉，对观众来说缺乏提神剂，缺乏“刺激点”。那么怎样寻找“刺激点”以激活节目呢?

以娱带谈、以娱“活”谈是一条路子。如湖南生活频道的《大当家》，节目不只是一味强调观点的冲撞、理性的思辨，而是找到一条符合自身节目形式与定位的新方式：大胆地把综艺成分引入谈话现场，将娱乐成分作为谈话的引子、花絮点缀其间，从而创造出轻松愉快的谈话氛围。

此外，加强节目的冲突性、戏剧性也不乏为一个策略。2001 年发生的谭盾中途退席事件是个绝好的例子。当时，北京电视台《国际双行线》节目组在谭盾(《卧虎藏龙》主题曲作者)不知情的情况下，请来了与之素有音乐理念分歧的著名音乐家卞祖善与之对话。台上二人寒暄未过，卞先生就连珠炮般地开始了对谭盾音乐的批评，哪知谭盾丢下一句“这问题我没有回答过，今天我也不会回答”就走了。而这时远远不到节目结束的时候。主持人匆匆跟了出去，灯光黯淡下来，卞先生孤零零地坐在台上。5 分钟后演播室的灯又亮了起来，明亮的灯光下主持人笑得痛苦，但很真诚。他说这节目还要继续进行。结束的时候，主持人说：“相信这节目让我们学到了很多东西，包括做人。”

不能不说，《国际双行线》对这次“事故”的处理是科学的，它原生态地记录了富有戏剧性冲突的整个谈话过程，而戏剧性、冲突性正是西方许多电视谈话节目所刻意追求甚至刻意制造的。最典型的莫如美国，为了增强节目的收视率，为了求得最大商业利润，美国电视谈话节目从来不回避冲突，甚至刻意加强和利用各种潜在的冲突。在这些谈话中，不仅观点的对立被摆在桌面上，唇枪舌剑、针锋相对，而且情

感的对立、利益的纠葛，甚至文化、种族的差异都被当成戏剧性因素，得到尽情发挥。古人云"文似看山不喜平"，作文如此，谈话亦如此。波澜起伏、高潮迭起的谈话才是谈话节目所应该追求的效果。

4. 针对"理性对待"的缺乏，加强CI策划

在电视谈话节目"风风火火闹九州"的今天，很少有人能够理性地对待它，主要表现在——

第一，生搬硬套。看看如今的电视屏幕，似乎每一个节目都在"谈话"，原本没有谈话成分的，也给节目硬性加入"谈话"这味调料；原本就带谈话的，更是加重了谈话在节目中的分量，好像"谈话"是无往不胜的，只要有了它，节目就能添彩，就能起死回生。看看《时空连线》，有一期关于如何处理旅游与自然资源保护这样一对矛盾的节目。节目不可谓无新闻性，因为它的播出正逢国人的长假期间；节目不可谓无创意，因为它把张家界、九寨沟、北京三地通过北京主持人与景点记者的对话连接起来。可是这样的对话给人的信息量远不如一则一般的新闻报道，因为主持人一个问题一个问题地"审"问着景点记者，像挤牙膏似的，费了半天的工夫才终于把一个景点的情况问清楚。如果采用传统手法，让主持人露一次镜，然后把镜头切换到景点，由景点记者一次性地把情况报道完，那么信息既来得快也来得直接。但是《时空连线》偏偏要以主持人与景点记者之间的对话来完成对新闻的报道，让人感觉生硬、冗长，有画蛇添足之感。

可见，谈话这个节目形式虽然有它自身的优点，但并非是一个万金油，放在哪里都能发挥大作用。如果不根据节目特点有选择地使用"谈话"这个新形式，其结果可能会适得其反。

第二，跟风的多，缺少原创意识。也许是在计划体制下禁锢得太久的缘故，我国内地的传播媒介在传播竞争方面，缺少原创意识，习惯于模仿式的"跟风"和"扎堆"。谈话节目也是这样，不少节目不但在内容形式上雷同，甚至节目播出时间也挤在所谓的晚间黄金时段。对于告别了短缺经济格局的市场竞争而言，简单的模仿和形式的相似无疑会造成彼此间极强的可替代性，从而使个体的生存价值大打折扣。

生搬硬套，栏目之间相互克隆，很大程度上要归咎于节目制作者没有对自己的栏目进行CI(Corporate Identity)策划，即企业形象识别。企业形象识别，包括理念识别(MI＝Mind Identity)、行为识别(BI＝Behavior Identity)和视觉识别(VI＝Visual Identity)。理念识别是CI战略中具有活力和动力的灵魂，企业只有塑造出独具特色的经营理念才能使企业在激烈的市场竞争中打开局面，突围而出。视觉

识别则将企业理念、企业价值观等抽象寓意转换为具体符号，以标志、标准字、标准色为核心完整地系统地展开视觉传达。行为识别则指企业通过一系列的企业行为，形成特定的企业风格与措施，从而使企业特征鲜明。

对电视谈话节目来说，理念识别主要是指节目制作人对节目的内容和风格等方面的目标定位，它体现在节目的选题、节目的受众结构和节目的文化底蕴等各个方面。目前我国有部分电视谈话栏目已有自己的理念识别。例如，北京电视台的《谁在说》，节目从成功者平和地袒露真我与奋斗史这一角度，体现出鲜明的节目理念：成功、财富、名流、都市化、文化味。与之形成鲜明对照的是，同属于北京电视台的《荧屏连着我和你》栏目，一直唱着普通人的歌谣。主持人田歌说过，她喜欢发现普通人的伟大与伟大人物的普通之处。看得出，田歌追求的是一种平民意识，一种大众趣味，这也就不难理解节目中处处透着的平民化理念了。

在电视谈话节目的视觉识别中，除了为节目设计的固定图标外，能够对谈话节目的视觉识别起重要作用的就是主持人。主持人的外在和内在都将成为谈话节目形象识别的重要标志。如《半边天》周末版的主持人张越，其胖胖的形象在当今电视节目主持人年轻貌美居多的情况下可谓是石破天惊；又如崔永元，一笑起来嘴角就歪向一边，眼睛也眯成一条缝。他们独特的外貌都给观众留下了深刻的印象。当然，这并不是说主持人非要长得“丑”一点才能引人注目。实际上，除了主持人的相貌、体形外，主持人的谈吐举止及其所透露出的语言功力、知识底蕴、人格品质等才是谈话节目主持人视觉识别的根本，谈话节目要通过主持人的个性来确立、调整和加强谈话节目的视觉识别。

这就涉及一个当前困扰谈话节目风格的问题：是根据节目定位来设计主持人风格还是根据主持人来设计节目风格？目前学术界有两种意见：一是主张根据节目定位来挑选和设计主持人，另一种则主张根据主持人来设计节目内容风格。前一种说法固然有一定道理，但是，依据主持人的具体情况，灵活地处理节目风格，而不是让活人去削足适履的做法更为科学，同时也可以一举两得：既让主持人有广阔的空间展现才干，又使节目风格个性化，容易形成节目独特的形象识别。

单单依靠主持人自身的个性魅力还不足以构成强有力的形象识别。谈话节目还应该大力扶持主持人，包装主持人。对主持人的包装宣传，实际上已构成了谈话节目行为识别的一个部分。

观照我国电视谈话节目的发展，不仅要针对当前谈话节目自身所存在的弊端提出其改进方针，而且也要结合当前我国电视所面临的新的外部环境，思考我国电视谈话节目的未来。

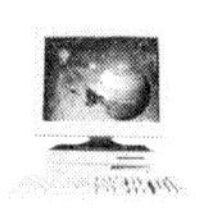

我国电视当前所面临的新环境，主要是互联网的出现所造成的新的传媒竞争形势。互联网，以其信息传播的快捷性、多样性和传播方式的强互动性赢得了受众的广泛欢迎，对报纸、电视等传统媒体造成了巨大的冲击。而且，对于电视谈话节目，这种冲击更大，因为，互联网的互动性、构建公共领域的能力比电视谈话节目要强得多。充分体现互联网这一优势的是互联网的电子论坛。电子论坛包括电子公告板(BBS)和新闻组(Usenet、Newsgroup)。Usenet 是个人向新闻服务器所投递电子函件的集合，也可以视为世界范围的电子公告板，在国外使用颇多，但在国内，受各种条件(尤其是语言)的制约，目前使用的范围和产生的影响还很小。在电子公告板中，用户可以随意注册进入其中的公共论坛区，在论坛的不同主题下贴帖子(posting)，通过它提供信息、发表观点，和他人展开讨论。将电视谈话节目的互动性、所构建的公共领域与电子公告板作个比较，不难发现，互联网的互动性更强，构建公共领域时更便捷、更自由、更开放。

应该看到，互联网的出现对电视谈话节目来说并不仅仅意味着挑战，它也意味着一种机遇。我们已经看到，多媒体早已成了电视谈话节目的好帮手，在很大程度上加强了电视谈话节目的互动性。比如，在谈话节目的前期策划阶段互联网被用来收集话题，征集现场观众；在谈话节目现场，观众通过互联网发来电子信函表达自己的看法；谈话节目结束之后，BBS 论坛上继续着话题的讨论，有的还对谈话节目提出根本性的建设意见。可以说，互联网延伸了电视谈话节目，它的出现对电视谈话节目有着积极作用。

另外，互联网比之电视谈话节目，也存在显而易见的缺陷。例如，进入公共领域的用户的匿名性削弱了互联网信息的真实性和说服力。而电视谈话节目中的嘉宾往往标明身份，这种现身说法加强了信息的说服力度。再比如，互联网在当代中国的普及度不如电视，有条件上网的人群基本集中在城市，广大农村群众对互联网还是相当陌生。因此，互联网所传播的思想文化观念远不如电视谈话节目那样广泛。总而言之，电视谈话节目可以针对互联网的劣势找出自己的优势所在并加强这种优势从而与之竞争。

本章小结

“电视谈话节目已经成为影响我们思想和行为方式的一种新权威”，从《东方直播室》的开端到《实话实说》的推动，我国电视谈话节目飞速发展、迅速普及。

电视谈话节目按结构形态可分为议论型和叙事型谈话，前者还可分为讨论型和辩论型谈话节目。如按谈话内容分类，可分为新闻性、娱乐性、普通话题、专题

性和拟社会事件谈话节目。

成功的谈话节目离不开三大要素：话题、谈话人和谈话方式。话题的选择必经符合栏目的定位，必须有卖点。话题的选择范围有以人物为主的话题，包括明星、名流人物、新闻人物、普通百姓人物话题；也有以事件为主的话题。谈话人要素包括主持人与嘉宾，主持人是现场谈话的谈话者、组织者、调度者和控制者。嘉宾应选择有特点、有表达能力的人士，或与话题相关的专家。

我国电视谈话节目开始形成自己的特色：即兴感与现场感的融合；个性化与多文化的融合；人际传播和大众传播的融合；平民化与精英化的融合。

谈话节目的拓展：从画面为主到声音为主；从单向传播到互动传播；从独白话语到公共话语；从注重事件报道到注重人情探讨；从平面宣传到立体刻画。

思考题

1. 试述电视谈话节目的类别。
2. 举例分析叙事型谈话节目的基本特征。
3. 举例分析议论型谈话节目的基本特征。
4. 试述谈话节目的话题选择。
5. 电视谈话节目主持人的基本要求。
6. 谈话节目嘉宾的选择标准。

第十一章　整合型电视栏目编排

电视栏目编排，即节目组合的艺术、时间分割的艺术。日本学者上藤竹晓认为，从广义上讲，电视节目编排是指广播电视机构在自己的主体立场上，对作为电视传播机构最后的产品——节目的各种条件予以选择和决定的一切活动。从狭义上讲，是指决定具体的节目、播送时间、播送顺序和播送结构等。

也有人认为，电视节目编排是各个电视传播机构在具体的传播过程中，按照一个台或一个频道的性质、服务宗旨，有比例、有步骤地将一个一个编排好了的节目和专栏以时间为序，集中起来以“套”的形式不间断地播出。这里的“序”如何排列，“集”如何串联，依然有一个编排的过程。

一个节目，即使它本身做得再好，如果没有放在一个合适的时间播放，还是难以达到预期的收视效果；一档栏目也是这样，即使做得再精致，如果组合、搭配不当，仍然激不起观众的兴趣；一个频道，即使有很多精品，如果不能通过节目编排营造出一种整体风格，又不研究播出策略，势必缺乏竞争力。正因如此，栏目的整合编排日益受到媒体的关注。本章力图通过对栏目整合编排理论的考察和实际案例的分析，对相关问题作出较为细致的阐述。在阐述的过程中，我们将吸收国外部分最新研究成果，以期从中得到启示。

第一节　编排的基本原则

节目是电视台与观众之间的桥梁和纽带。打一个通俗的比方，节目就好比是一道菜，节目编排则是决定在什么时间上这道菜，如果在合适的时间上菜，顾客可能胃口大开一扫而光，如果上菜的时间不恰当，顾客可能连筷子都懒得伸出来。所以时机的把握很重要，一定要讲究“火候”。对于节目编排而言，这个“火候”的考虑要兼顾节目资源、观众需求、时段划分乃至竞争对手的相关资料等几个方面。

一、编排基本要素

在常规型栏目编排中，首先要确定编排思想，即根据电视台的工作和观众的需要，确定各类节目的播出比率和播出时间。它具体表现为以周为单位的节目时间表，刊登在各地的电视节目报上。

编制节目时间表时要综合考虑以下因素：

第一，根据本台的工作任务和观众的实际需要，将不同节目合理搭配，既符合播出比率又能产生出最好的整体效应；

第二，针对其他电视频道的情况，采取相应的竞争策略；

第三，考虑临时可能出现的特殊情况以及应急措施，如凤凰卫视针对美国“9·11”事件的新闻直播；

第四，节目时间表要相对稳定，以形成相对稳定的受众群。如果节目播出时间每周都游移不定，对收视率会大有影响，比如《实话实说》在调整播出时间时就流失了一部分受众，虽然新的时段会渐渐赢得新的观众群体的青睐，但这一切毕竟又要经过一段时间的磨合才能建立和稳定。正是因为具体实施时要考虑到诸多方面，所以编制节目时间表被认为是一项技术和艺术相结合的创造性的劳动。

目前国际上通行的节目时间表编制方式有三种：

第一种是“带式”编排。即在每周固定的时段固定地播出某类节目，以形成周节目播出“带”。这种编排的好处是，各类节目的播出时间固定，观众容易记忆，可以根据自己的喜好按时收看。但是这种做法可能导致为了某个时段的安排不得不找相应的节目填充。尤其是在节目资源有限的情况下，难以保证节目质量。

其次是“花式”编排。这种编排可以不受时段的限制，认为某个时间安排什么节目合适，就安排这档节目。比如配合人大、政协会或奥运会等重大报道的特别节目。这种编排的优点是灵活，但是节目收视率往往得不到保证。

还有一种方式是“抽屉式”编排。即把某个时段作机动处理，根据临时出现的情况安排节目播出。这种方法使时段、节目、观众都处于一种随机的状态，难以产生规模和效应，所以目前国内极少有电视台采用。

二、编排时段划分

不同的时段，受众群体不同，对节目的需求也不一样。比如白天时间大部分成年人在外上班，儿童在外上学，适宜安排老人或家庭妇女爱看的节目，像中央电视台一套节目就把《夕阳红》安排在早晨8:50播出。好的时段可以提升节目的知名度和社会影响，央视《焦点访谈》的迅速走红除了节目本身的质量外，也与它被安排

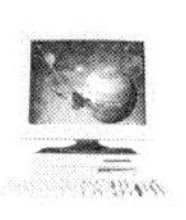

在晚上的黄金时间有关；而好的节目也可能造就出好的时段，央视《新闻 30 分》和《东方时空》两档节目的推出，就曾提升了中央电视台一套节目中午时段和早间时段的收视率。

节目时段的划分可以分为两种情况：一种是一天之内的时间安排，一种是一年之内所有节假日的时间安排。

一般而言，一天中人们的生活大致是：清晨 6:00—8:00 点起床、用餐、准备行装出门上班、上学，这时的生活节奏紧张，电视台主要安排简洁明了的新闻信息和服务节目。如中央电视台一套节目安排了早间新闻以及之后的天气预报、出行参考等。

上午 8:00—12:00 时和下午 14:00—18:00 时，是工作时间，一般安排老人、妇女爱看的节目。在这段时间的 12:00—14:00 时，是午餐和午休时间，这时可以安排一些较为轻松的节目，作为两段工作时间之间的调整和过渡。中央电视台一套在这段时间内以《新闻 30 分》这档软新闻为主，并安排节奏平缓的《今日说法》、《东方时空》作为这一时段的支柱，使这一时段形成了一个收视的小高峰。

晚上 18:00—23:00 时，人们经过一天繁忙的工作和学习之后，终于迎来了休闲时间。在这段时间里，人们从身体到心理都需要放松，同时也渴望在信息、文化、休闲、娱乐等方面获得满足。所以这段时间可以播放新闻、专题、电视剧、谈话类节目等。这个时段被称为电视播放的黄金时间。

所谓黄金时间，就是人们的休闲时间与节目播出时间交会和结合最多的那段时间。黄金时间的播出效果是最佳的，所以，全世界各地电视台都对黄金时间的安排十分重视，往往把最有竞争力的节目放在这段时间，以争夺收视率，扩大影响，最终争取到更多的广告客户。

世界上大多数国家的电视媒体都是将一天的播出时间分为四级：一级时间在 19:00—21:00(周末延伸到 22:30)；二级时间在 18:30—19:00；三级时间17:30—18:30；其余是四级时间。这四级时间中，一级时间被称为“黄金时间”，二级时间被称为“亚黄金时间”或“准黄金时间”。黄金时间效应也就是在黄金时间和亚黄金时间推出本台最有代表性、最可能赢得高收视率的名牌节目。这种黄金时间与名牌节目的结合，既可以使名牌节目的影响增大，又可以使黄金时间的价位增值，所以是一项双赢的策略。

就整体而言，节目安排在黄金时间播出会比安排在其他时间播出赢得更高的收视率。但是对于一档具体的节目而言，因其受众的具体情况不同，所以“黄金时间”的概念又不能绝对化，应当说，最适合这个节目播出的时间才是这个节目的黄金时间。如我国的少儿节目一般安排在三级时间，但是对于儿童而言，这个时间正好是少儿节目的黄金时间。

在节假日里，人们的闲暇时间较多，生活节奏和收视心理也较平时更为松弛，所以节假日也被视为节目播出的“黄金时间”。为适应人们节假日时在休闲、娱乐方面的需要，电视台往往打破常规，加大文艺、娱乐、体育类节目的比重，以吸引观众的眼球。一些适合在节假日收看的节目以及平时不便安排的大板块节目，也可以在节假日找到播出时机。这种在节假日以灵活、非常规的编排获取人们对节目的关注的编排，被称为节假日效应。

美国商业电视网的节目编排一般把节目分为六块：① 晚间黄金时间；② 晚间新闻；③ 白天时间；④ 凌晨；⑤ 深夜；⑥ 周末白天时间。这个节目安排计划所列的各个时段，基本上能反映观众的兴趣[①]。

晚间黄金时间，聚集在电视机旁的电视观众人数最多。各电视网的黄金时间节目在东部标准时间 20:00 时开始，通常播出三个小时的适合于一家人收视的节目，包括喜剧、戏剧、杂耍、新闻杂志及某些体育和特别节目。

晚间新闻时间，主要是美国全国性的电视网各半小时的新闻广播。地方的附属台可以在电视网提供的两种内容中做出选择。大多数地方附属台在他们自己的半小时本地新闻广播之后联播电视网的此项新闻广播。

白天时间段，指美国电视网节目从东部标准时间上午 10 时至下午 4 时，大部分节目是系列戏剧、比赛性游戏和重播前晚黄金时间的演出节目。操持家务的人是这个时间的主要收视对象。上班的妇女日益增加，在这段时间里她们不再在家看电视，这种情况越来越引起严重关注。有许多观众把他们喜欢的肥皂剧录下来，在工作完了之后来看。收视白天的系列节目的男子增加了，这是在大学里出现的某些男子形成的一种习惯。

电视网的凌晨节目主要包含新闻和信息方面的内容，全国广播公司以其名为《今天》的节目首创在这个时段的播送。美国广播公司的《早安，美国》成为全国广播公司的最大劲敌，而哥伦比亚广播公司也在这个时段开播了《今日早晨》。凌晨这个时段的观众大部分是成年人和少年。

美国电视网深夜时段还是由全国广播公司以其《今夜》开先河。这个时段的节目所吸引的观众主要是年轻人和夜班工厂职工。美国广播公司现在播出的是《夜间》新闻访谈专栏。哥伦比亚广播公司播出的是戴维 · 莱特曼访谈，与《今夜》的杰伊 · 伦诺的访谈竞争。

这些电视网还利用周末白天时段向在一周之内难以吸引的观众播送节目。一

① 〔美〕赫伯特 · 霍华德、迈克尔 · 基夫曼、巴巴拉 · 穆尔著：《广播电视节目编排与制作》，戴增义译，新华出版社 2000 年版，第 197 页。

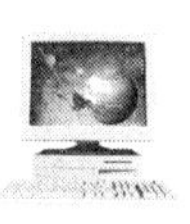

般来说，卡通演出和其他儿童节目是星期六早上的主要电视内容。中午时段，则针对年龄较大的孩子和十多岁的少年安排节目。每家电视网还在星期日播送记者招待会，由记者访问全国或国际著名人士。

三、编排基本原则

电视节目编排从总的方面来看，要遵循客观性、稳定性、整体性三项基本原则。

1. 客观性原则

即根据不同观众群体的生活规律安排播出时间。具体做法包括——

(1) 把节目放在最合适的时间播出。现代电视传播中通行的做法是，将可供一家人观看的节目安排在黄金时间，因为这个时候的观众包括成年男子和妇女，以及十多岁的少年和儿童；“成人”节目在深夜播出，这时候年幼的孩子一般认为是不会看的；卡通节目在星期六早上上演，这个时候年幼的孩子通常在家里；体育节目主要放在周末，因为喜爱它的大多是男性，而这时大多数男子不用上班。从这些做法可以看到，每个具体的时间段里，其收视对象的具体情况都不一样，每种类型的节目都只有放在最适合于它的时段才能赢得最佳的收视效果。

(2) 以强势节目开端，再接连安排类似的节目。下面以中央电视台第二套节目每周晚间“黄金时间”段的节目安排为例进行分析：

19:25　生活
20:13　经济与法
20:45　经济信息联播
21:25　经济半小时
21:55　今日观察

在这个时段，中央电视台二套节目采取避让策略，避开 19:00 开播半小时的《新闻联播》，把 19:35 作为黄金时间的开始，首先推出的是《生活》强档节目，以生活时尚与服务小板块吸引大量观众，随后安排晚间龙头栏目板块，从《经济与法》到《经济信息联播》、《经济半小时》，在 100 分钟的时间内，以“大众、综合、实用”为宗旨，贴近现实，关注民生，用大众化的社会经济新闻拓展更为广泛的收视群体，用信息报道、深度报道与央视一套的电视剧和晚间新闻错位，最大限度地减少观众的流失。

(3) 在不同节目的板块之间或不同类型的节目播演之间安排过渡性节目以减少观众流失。因为不同节目的受众群体各不相同，两档风格各异的节目编排在一起，极有可能破坏已经形成的收视格局，造成观众的流失。而如果安排一档合适的

过渡性节目，不仅可以顺利地实现节目的转换，使观众继续往下收看，还有可能吸引新的受众。如中央电视台一套节目黄金时段编排：

19:00　新闻联播

19:38　焦点访谈

19:55　电视剧

《新闻联播》属于新闻类节目，电视剧则是文艺类节目，两类节目的目标受众是有区别的，而过渡性的节目《焦点访谈》属于深度报道类节目，其"用事实说话"的节目宗旨，将新闻性、故事性融为一体，很自然地实现了前后两类不同节目的转换，也稳定了原有的受众群体，并且加入了新的观众。

(4) 将收视率不高的节目排在不引人注目的时段。有些节目，虽然品位较高，但受众面比较窄，出于整个频道的节目构成考虑，又需要这样的节目，因此就把它安排在不引人注目的时段。实施这种原则的方法包括：① 把观众比例低的节目放在不测定收视率的时段；② 在竞争对手播放强势节目时播放自己的弱势节目，如同田忌赛马一样；③ 在观众人数少的时段安排收视率低的节目。

(5) 尽早吸引住关键性的收视者。因为电视节目的家庭收视环境是很随意的，不知道观众什么时候会打开电视机，也很难让观众处于一种时时留意的收看状态。所以要迎合最可能控制电视机的人。比如中央电视台一套从 19:00《新闻联播》开始进入黄金时间，但是怎么样让电视机在这个时间是一种开机状态呢？通常认为儿童在下午靠近晚上的时候是电视机的主宰，所以中央电视台一套在 18:18 安排了《大风车》。这样，电视机在黄金时间开始前就已经打开，并且很自然地延续到《新闻联播》开始。

2. 稳定性原则

即节目播出时间不轻易变化，以便观众掌握节目播出的规律，逐渐养成相对稳定的收视习惯，最终培养一批稳定的受众群。比如中央电视台一套在早晨 7:00 固定安排了《朝闻天下》，在中午 12:00—13:00 固定安排了《新闻 30 分》、《今日说法》，在晚上 19:00—19:55 固定安排了《新闻联播》、《焦点访谈》。这种固定的节目时间安排，可以培养一种社会性的收视习惯，这种稳定的编排对于扩大节目的影响，赢得广泛的收视是十分有益的。

3. 整体性原则

即把各类电视节目作为一个整体对待，在编排的时候考虑到它们之间的关系，

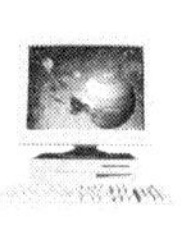

并使它们的连接、组合能够产生出整体效应。这时需要注意到两个方面：一是要让节目之间相互照应。也就是说两个相邻的节目之间要相互配合，不能相互干扰。二是要让经过编排之后的节目形成整体优势。也就是将播出的各种节目视作一个有机整体，最终的播出效果应是整体效果大于各个节目单独播出的效果。这种效果的获得可以通过多种途径——

第一种途径是组合式编排。就是把几个不同类型的节目，或同种类型的节目有机地组合成一个"节目群"，安排在一个特定的时间区。这种"节目群"，比单个节目更具吸引力。目前中央电视台的节目安排就是采用这种方式。

第二种途径被称为载波式编排，也就是以某类节目为基础，把一些重要节目有规律地附在上面。目前各专业频道的节目编排就属于这种形式。比如海南旅游卫视，就是以旅游节目为基础，主要节目有《玩转地球》、《世界游》、《城市惠生活》、《有多远走多远》等，均与旅游有关。

第三种是串联式编排，也就是通过主持人把各种节目连接起来，形成一个有机的整体。这种编排可以是一天的节目，也可以是一个时间区的节目。这种形式在日常播出中用得不多，但在某些重大的纪念日已经有了成功的运用。如《香港回归》特别节目，《北京申奥》特别节目等。这些节目的直播场次较多，主要采用主持人串联的方式编排，一气呵成，体现出极强的整体感。

第二节　编排的竞争策略

在电视节目资源稀缺时代，我国电视观众能够收看到的频道屈指可数，无外乎中央和省、市的几个频道，于是捡到篮里都是菜，观众没有选择余地，电视台也缺乏竞争意识，对节目编排的研究几乎为零。现在，我国已经是世界上拥有电视频道最多的国家，随着数字技术的发展，付费电视频道急速增加，且境外电视频道陆续落地，现在可供观众选择的频道越来越多。频道之间的竞争越来越激烈，于是对节目编排的研究也日益受到重视。美国电视网、台在竞争中总结出一些行之有效的策略，可供我国媒体借鉴。

一、栏目编排的策略①

1. 板块式节目安排

这是一种把观众由一个节目带到下一个节目而最常采取的策略，就是利用观

① 〔美〕赫伯特·霍华德、迈克尔·基夫曼、巴巴拉·穆尔：《广播电视节目编排与制作》，戴增义译，新华出版社2000年版，第210页。

众收视类似节目的倾向，在整块的时间里连续安排对观众有相似吸引力的一系列节目。典型的板块常称为“垂直性”节目安排，节目通常延续两个或两个多小时，这种做法最终能起多大作用，与其牵头节目是否有强势吸引力密切相关，因为观众一旦被一档强势节目所吸引，就会继续收视随后所播的节目。所以，这种策略又被称为“牵头节目”效应。比如中央电视台一套晚间的黄金时段是以《新闻联播》这档目前国内信息量最大，影响最广泛的电视新闻节目作为牵头节目，其后又紧跟一档同属新闻类，在舆论监督方面颇有权威的深度报道类节目《焦点访谈》，使这个时间段的收视率始终稳居前列。

2. 全盘式节目安排

这种做法也被称为“横带式”或“水平式”节目安排，它是利用一些人形成的每天例行的收视习惯，把一定的节目排在每天的同一个时间播出，通常是从星期一到星期五。大多数白天节目、晚上的新闻广播和在黄金时间播出的专栏都是遵照这种方式编排的。央视十套每天晚 21:00 的《讲述》栏目就是遵循这一策略方式编排的。

与之相反，在一周里每天的同一个时段安排不同精品节目的做法也是经常被采用的。如中央电视台一套曾经从周一至周日，在每晚 22:35—23:20 这个时间段分别安排了《新闻调查》、《实话实说》、《艺术人生》、《幸运 52》、《曲苑杂坛》、《同一首歌》、《开心辞典》等七个不同的节目。这样就在编排上形成了绵延不断的精品节目流，让栏目与栏目之间靠名牌关联，构成一个相对完整的精品节目带，解决了由于单个栏目播出时间间隔过长，观众很难记住播出时间而容易流失的问题。

3. 重型打击式编排

重型打击措施，即是安排一个强势的、单项的、历时 90—120 分钟的节目，直接同对手较短节目的板块竞争的措施。在有些情况下，重型打击措施节目在对手的板块开始之前就先发制人播出，使对手不敢把板块推出来。无论是在哪一种情况下，其意图都是及早抓住观众并一直把观众的兴趣保持很长的时段，以取得削弱对手节目的效果。

重型打击措施可以是一周的定期系列节目、一个专栏节目，或者是一次性的特别节目。

4. “顶梁柱”式编排

这种策略与前面讲到的重型打击措施类似，只是作为“顶梁柱” 的节目，长度

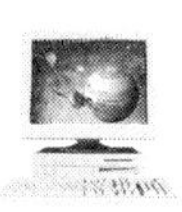

不一定在90分钟以上。"顶梁柱"效应是对实力较弱的电视媒体而言的。对于那些自办节目不多或不具备办名牌节目实力的电视媒体来说,重视"顶梁柱"效应,是提高收视率的一种策略。

"顶梁柱"效应有两层意思:一种是指在一天之内,不在每个节目上与其他电视频道争夺观众,也不期望每个节目都有较高的收视率,而是在最合适的时间推出自己的"顶梁柱"节目,并以此为基础,逐步加强这一时段的节目实力,稳扎稳打,步步为营。比如湖南卫视是一个以娱乐节目为其特色的卫星频道,它在每晚的17:50播出的《娱乐无极限》,就是这种策略。

另一种是在一周之内,力争在某一天以"顶梁柱"节目扩大自己的地盘,待条件具备后,再以同样的办法向另一个播出日进军,逐步使自己的实力壮大起来。比如湖南卫视曾经在每周五20:30推出《玫瑰之约》,之后又于每周六20:30推出了《快乐大本营》。

5. 赛实力式编排

这种策略是指一个台或电视网播放占据优势的节目的时候,其竞争者也播放另一个强势节目与之相拼。比如每晚17:50当湖南卫视播放《娱乐无极限》的时候,福建东南电视台则于每晚17:56播放《娱乐乐翻天》与之抗衡。这种情况下,收视者被迫在两个节目中进行选择。虽然赛实力的节目安排在有些情况下能起到一定作用,但电视台常常因为进行这样的拼实力竞争而浪费了强势的节目,分流了娱乐节目的观众,竞争的双方在收视率方面受到一些挫折。

6. 逆向式编排

这是一种"人进我退,人退我进"的灵活战略,它也是针对实力较弱的电视台而言的。这种编排的基本出发点是,在那些占上风的电视台较为忽略的观众和时段中,推出自己的强势节目。

逆向安排节目的另一种做法是,如果强台已经用收视率较高的名牌节目控制了某一播出时段的主动权,那么,弱台可以在同一播出时段里安排另一个内容和风格截然不同的节目。

二、节目编排的策略

上述六种做法,是电视节目编排中的主要竞争战略。随着媒体间竞争的日趋激烈,一些电视节目编排人员另辟蹊径,探索出了一些次要的竞争策略。

1. 特别节目安排

在电视媒体中大多数是经常性的日播节目，但如果电视台能配合时势策划一些特别节目，对树立本台形象、扩大社会影响、提升知名度都有明显的效果。如中央电视台1997年的《香港回归》特别节目，2001年7月13日的《北京申奥》特别节目，以及凤凰卫视的《千禧之旅》特别节目等。这些经过周密策划、精心制作的特别节目隆重推出的时候，常常受到广泛的欢迎。

2. 吊床式节目安排

这种做法是在两强节目之间，安排一个新节目或一个弱节目。由于观众看了前一个成功的节目之后，又不想错过后一个成功的节目，于是处在中间位置上的节目就既受益于后面节目开始时的承袭因素，又受益于前面节目结尾时的预先共鸣。比如中央电视台一套19:38的《焦点访谈》是一档社会影响大、收视率高的名牌节目，其后播出的电视剧也都是弘扬主旋律的精品，原在这两档节目之间安排的《科技博览》，自然也深受其益，带动了收视率的提高。

3. 帐篷支柱式安排

帐篷支柱式安排是在某个时间安排一档有吸引力的节目，通过这个节目的强势及热效应来拉动前后节目的收视率，就如同搭帐篷。

4. 节目的系列化安排

这种做法是将具有重要意义的内容或者观众广泛感兴趣的题材制作成一系列的节目，在一段时间里连续播出，这种持续不断的密集播放容易形成浩大的声势，产生轰动的社会效果。比如配合奥运会、亚运会制作的系列专题节目，还有每年“3·15”期间关于产品质量问题的系列报道等。

5. 延长强势节目的安排

这种做法是把一个受观众欢迎的节目延长，以拓展高收视率的时段。如有时某部电视剧热播，电视台会将原来每天播出一集的编排改成每天播出两到三集，这样，在这部电视剧播出的时间里，这个电视台就会赢得高收视率。

延长强势节目还有一种做法是将一个栏目的时间延长，比如将半个小时的节目扩充到整整一个小时，或者一个小时的节目延长到两个小时。这种做法通常用于一流节目，但要注意结构的紧凑和节奏的流畅。目前，大多数民生新闻栏目都采

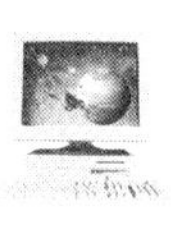

用了60分钟直播的结构形态，保持了这类节目的高收视率。

6. 提供特殊类型节目的安排

这种做法是为有特殊需求的群体提供特殊类型的节目。这类节目争取的不是广大的观众，而是目标受众。它们既可以对现有的节目构成有益的补充，又可以在目标受众中赢得高收视率。比如中央电视台第二套节目的《对话》，其收视对象锁定的是关注经济改革动态并具有决策能力的社会精英人士，它在这类人士中享有的高收视率，使其在广告市场的竞争中占据了优势地位，广告收入在央视的知名栏目中位居前列。

三、成功编排的经验

关于电视节目的编排，在广播电视业竞争异常激烈的美国已经积累了一些成功的经验。英国《国际电视业务》(1989年10月号)介绍了美国电视节目编排的10条经验。

1. 认真研究竞争对手

电视台成功的诀窍是什么？采取同样的措施，也许你能获得成功，但应注意播出时段的慎重选择。一位美国喜剧大师曾经说过，模仿是电视制作中最实用的工作方法。但是，若想在高手林立、竞争激烈的电视界开创一片基业，则必须设法避免与对手发生正面冲突。在对方已经站稳脚跟，一时恐怕难以取而代之时，应当认真分析对方在哪一方面比较薄弱，对哪些电视观众采取比较忽略的态度，并以此为突破口，创办自己的节目，形成自己的风格。

2. 密切注意时代思潮

在制作或购买电视节目的时候，必须结合电视台所在国家和地区的实际情况，务必做到使节目内容与社会流行思潮统一起来。电视观众的收视兴趣经常处于变动之中，电视要适应社会变化，求生存、谋发展。

3. 集中精力安排演员阵容

电视是一种大众传播媒介，某些电视节目是以演员所塑造的形象和表现的个性来感染观众的一种艺术形式。一些演员在电视屏幕上能够表现出一种独具吸引力的个性，而另外一些演员则无法做到这一点。我们注意到这样一个有趣的现象，就是一些人所熟知的电影明星在电视节目中客串演出，并未使他们成为电视明星。

电影和电视是两个不同的领域,电影观众和电视观众也有很大的差别。电视节目编排人员在安排节目播出计划时,首先应当选择对节目对象具有最大吸引力的个性演员。安排演员阵容的目的应当是为了在竞争过程中超越并击败对手。应当注意,演员阵容的选择和确定并无固定的公式可沿用,一些已经确立了地位的电视明星在新节目中败北的事例并不罕见。

4. 掌握电视节目成功的要素

风格是使电视节目与众不同的重大因素。摄影、编导、对白等都能充分体现出电视节目所追求的不同风格,都能使电视节目分别列入出类拔萃或平淡无奇的类别。欢快的节奏比沉闷缓慢的节奏更具吸引力和娱乐性。但是,节目的成功最终还要依靠优秀的电视脚本和恰如其分的表现手法。电视节目成功的诸要素中,脚本的选择和确定占有决定性的重要地位。

5. 研究自己的电视观众

在激烈的竞争环境中,舍不得把投资用于观众调查是一种缺乏远见卓识的短视行为。应当认真调查和分析电视观众现状,了解男性、女性、青少年、儿童等不同层次的观众对一个电视节目的不同反映。重要的广告厂商需要了解收视反馈方面的详细材料,这方面的调查结果也构成了电视节目编排工作中最重要的决策依据。

6. 争取最佳节目编排效果

节目播出计划并不是电视节目的简单组合。一个播出计划的制订必须与电视台或电视频道的战略发展规划结合起来;必须与争取更多的电视观众这一近期和长远目标统一起来。播出计划的制订应做到各个节目有机地连在一起,并使每一个节目都能发挥承上启下的作用。多年以前,美国电视节目编排人员就发现了电视观众固定收看某一频道节目的收视倾向。如果一个电视频道的节目能够持续不断地吸引观众的注意力,电视观众就可能不再频繁地变换频道,乃至成为某个电视频道的忠实观众。

7. 注意观众流向

电视节目编排工作的基本原则是使一套节目具有相对较固定的收视对象,并使观众在看完一个节目以后能自然而然地继续收看下一个节目。如果在一个儿童节目后面安排播出一个成年人谈话节目,由于观众流向突然中断,两个节目都将受到影响,两个节目的收视率都可能因此而下降。

8. 掌握反向节目编排的技巧

如果竞争对手已经用收视率极高的名牌节目完全控制了某一播出时段的主动权,在同一播出时段里则应该安排一个风格和内容都与其截然不同的电视节目。这种反向节目编排的手段也许在试用多次以后才能奏效,竞争对手播出综艺节目,你可以用惊险故事片或电视系列片来与之相抗衡。如果以上方法仍然效果不大,可以用每天在同一时段内播出一集电视连续剧的办法挤出一个"窗口"。只要有人收看你的节目,就不愁无法扩大收视范围。另外你还可以采取"先发制人"的策略。如果对手在9点钟开始播出自己最受欢迎的综艺节目,你可以在8点半开始播出一部恐怖影片,或安排一小时的武打功夫片节目。坚不可摧的电视节目为数极少,绝大多数电视节目总有某些薄弱之处,竞争对手总能设法与之抗衡。

9. 加强地方性节目的比重

"离家越近,乡情愈浓。"一般情况下,人们都更加关注与自己的切身利益息息相关的事物。某些观众收看电视节目的目的是为了逃避现实,但是他们无法使自己与外部世界断然分开。天气预报、地方性灾难、地震预报、战争的逼近等等对他们的生活影响最大的事情也应该是最重要的电视新闻。娱乐性节目对所有的电视观众都具备一定的欣赏价值。但是,观众对那些能向他们提供需要的信息并能解决他们在生存道路上面临的难题的电视节目,总是表现出极其明显的收视倾向。

10. 购买节目应适合节目编排的需要

选购电视节目的时候,应该按照电视台的长远规划和现时需要安排采购,应当努力避免按个人的意愿办事的倾向。

本章小结

在电视媒体资源、频道资源、节目资源日益丰富的今天,电视业的竞争除了要提高节目的质量外,还迫使各个电视机构研究"电视编排艺术",尤其是"时段"的编排、"时机"的选择与确立,往往成为各媒体竞争的焦点。许多电视台在充分吸收国外媒体经验的基础上,总结出了一些行之有效的编排原则、策略和方法。

栏目编排要遵循客观性、稳定性和整体性原则。

栏目编排的主要策略包括板块式、全盘式、重型打击式、顶梁柱式、赛实力式、逆向式节目编排。

思考题

1. 简述电视编排的基本原则。
2. 选择相近的几个电视媒体，从整合性栏目编排中，分析其主要策略。
3. 举例分析全盘式节目安排策略。
4. 试分析“顶梁柱”式编排策略在卫视竞争中的应用。
5. 比较分析吊床式栏目安排和帐篷支柱式栏目安排的不同。

参考文献

[1] 〔美〕罗伯特·赫利尔德:《电视广播和新闻媒体写作》,华夏出版社,2002。
[2] 〔法〕马赛尔·马尔丹:《电影语言》,中国电影出版社,1985。
[3] 〔美〕特德·怀特 等:《广播电视新闻报道写作与制作》,中国广播电视出版社,1987。
[4] 〔美〕吉妮·格拉汉姆·斯克特:《脱口秀——广播电视谈话节目的威力与影响》,新华出版社,1999。
[5] 〔美〕罗伯特·C·艾伦:《重组话语频道》,麦永雄、柏敬泽等译,中国社会科学出版社,2000。
[6] 〔美〕丹尼尔·戴扬:《媒介事件》,北京广播学院出版社,2000。
[7] 〔美〕赫伯特·霍华德、迈克尔·基夫曼、巴巴拉·穆尔:《广播电视节目编排与制作》,新华出版社,2000。
[8] 钟大年:《纪录片创作论纲》,北京广播学院出版社,1997。
[9] 杨伟光:《中国电视专题节目界定》,东方出版社,1996。
[10] 高鑫:《电视专题片创作》,中国广播电视出版社,1997。
[11] 梁建增:《焦点访谈——从理念到运作》,学习出版社,1998。
[12] 罗明,孙玉胜等:《电视新闻评论的理论与实践》,中国海关出版社,2002。
[13] 叶子:《电视新闻学》,北京广播学院出版社,1997。
[14] 李良荣:《西方新闻事业概论》,复旦大学出版社,1997。
[15] 石长顺:《电视栏目解析》,华中科技大学出版社,2003。
[16] 张海潮:《电视中国——电视媒体竞争优势》,北京广播学院出版社,2001。
[17] 中央电视台总编室研究处:《中央电视台课题研究报告》【2002】3 号。
[18] 赵淑萍:《电视采访与写作》,中国广播电视出版社,1997。

后　记

全球化背景下的中国电视传媒，面临着境外媒体的严峻挑战和国内强势媒体的竞争压力，一方面加快进行体制和机制改革，一方面频繁改版以应对瞬息万变的媒体市场。在这种形势下，新闻传媒研究与教育如何适应时代的需要，提供强有力的理论指导和实务教学就显得十分必要。

本书根据编撰总体要求，将电视专题与专栏融为一体，力求体系的科学性；并吸收国内外相关研究的最新成果，力求内容的前沿性；注重理论与实务并重的探索，力求教材的实用性。

在本书的写作中，既有对以往学术研究的审视，又有近年来教学与传媒经验的总结，同时还带着研究生对相关问题进行专题研究。尤其是在修订的过程中，加重了电视专题创作部分研究的内容，使本书更适用于综合型大学新闻与广播电视学专业教学的需要。本书修订稿是在美国新泽西州纽瓦克完成的，回国后，我的研究生唐甜、柯芳、池莹、刘慧怡分别对各章电子版进行了整理。在修订过程中，复旦大学出版社及编辑章永宏先生对本书的出版给予了大力支持，在此一并表示感谢！

石长顺

2008 年 8 月修改于美国

2009 年 8 月定稿于喻园

图书在版编目(CIP)数据

电视专题与专栏——当代电视实务教程/石长顺著.—2版(修订版).
—上海:复旦大学出版社,2009.11(2019.4重印)
(复旦博学·当代广播电视教程·新世纪版)
ISBN 978-7-309-06897-9

Ⅰ.电…　Ⅱ.石…　Ⅲ.电视工作-教材　Ⅳ.G22

中国版本图书馆CIP数据核字(2009)第174482号

电视专题与专栏——当代电视实务教程(第二版)
石长顺　著
责任编辑/章永宏

复旦大学出版社有限公司出版发行
上海市国权路579号　邮编:200433
网址:fupnet@fudanpress.com　http://www.fudanpress.com
门市零售:86-21-65642857　团体订购:86-21-65118853
外埠邮购:86-21-65109143　出版部电话:86-21-65642845
上海春秋印刷厂

开本787×960　1/16　印张29.25　字数540千
2019年4月第2版第10次印刷
印数40 601—44 700

ISBN 978-7-309-06897-9/G·854
定价:43.00元